经典教科书系列

应用发展科学

Applied
Developmental Science

[美] 理查德·M·勒纳 (Richard M. Lerner) 等/主编

张文新 常淑敏 陈光辉 等/译

北京师范大学出版集团
北京师范大学出版社
BEIJING NORMAL UNIVERSITY PUBLISHING GROUP

版权声明

Applied developmental science: an advanced textbook / editors Richard M. Lerner, Francine Jacobs, Donald Wertlied.

Copyright©2005 by Sage Publications , Inc.

Sage 为原作品出版商，在美国，伦敦和新德里均有办事处，该翻译版权已取得sage授权。

图书在版编目（CIP）数据

应用发展科学／［美］理查德·M·勒纳等主编，张文新
等译.—北京：北京师范大学出版社，2013.3
　ISBN 978-7-303-14676-5

　Ⅰ.①应… Ⅱ.①勒… ②张… Ⅲ.①应用心理学—发展
心理学—研究 Ⅳ.①B849②B844

中国版本图书馆CIP数据核字（2012）第 254613 号
北京市版权局著作权登记号：图字01-2010-2273

营 销 中 心 电 话　010-58809014
北师大出版社教育科学分社网　http://jykx.bnup.com
电 子 信 箱　bsdjykx@126.com

出版发行：北京师范大学出版社 www.bnup.com.cn
　　　　　北京新街口外大街 19 号
　　　　　邮政编码：100875
印　　刷：北京东方圣雅印刷有限公司
经　　销：全国新华书店
开　　本：170 mm×230 mm
印　　张：32
字　　数：580 千字
版　　次：2013 年 3 月第 1 版
印　　次：2013 年 3 月第 1 次印刷
定　　价：66.00 元

策划编辑：周雪梅　　　　　　　　责任编辑：陈红艳
美术编辑：毛　佳　　　　　　　　装帧设计：毛　佳
责任校对：李　茜　　　　　　　　责任印制：陈　涛

译者序言

　　20 世纪以来，随着影响人类发展的各种社会问题日益增多，如何运用科学知识来解决这些问题成为科学事业面临的新挑战和新使命。在这样的社会历史背景下，日渐成熟的发展心理学与社会学、护理学、生态—人类发展学、生物学、社会工作、经济学、政治学、医学、人类学和犯罪学等学科相融合，于 20 世纪 80 年代形成了一门以应用或干预为主要目的的新兴分支学科——应用发展心理学（ Applied Developmental Psychology ）。由于在实际的应用实践中所解决和干预的问题涉及更广泛的社会层面上的问题，需要心理学和其他学科或专业的研究者和实际工作者协同工作，因此，后来的研究者更倾向于将这一新的学科分支称为应用发展科学（ Applied Developmental Science ）。

　　经过近 30 年发展，发达国家中应用发展科学的学术研究与实践服务已经形成了较为成熟的范式，并在服务社会和人的发展方面取得了显著成效。相对来说，我国心理学工作者对这一学科领域和其发展趋势的认识较为滞后，在实践层面上，运用应用发展科学的范式来促进和优化人与社会发展的实践项目更几近空白。为此，2009 年，我们曾以"应用发展科学——一门新兴的学科领域"为题（张文新、陈光辉、林崇德，2009 ），在《心理科学进展》上发表了一篇综述文章对这一新兴学科进行了介绍。鉴于目前国内还没有关于该学科领域的教材和专门著作，为了给有兴趣的同行提供一些有用的学习研究资料，同时也为高等学校相关专业开设该课程提供一种可供选择的教材，我们选择翻译了本书《应用发展科学》。本书的第一作者理查德·M·勒纳（ Richard M.Lerner ）教授是应用发展心理学以及应用发展科学的主要倡议者和建构者之一。他现任美国塔夫茨大学应用发展科学研究所主任，曾与 William Damon 教授共同主编《儿童心理学手册》（ Handbook of Child Psychology ）第六版（ John Wiley & Sons, Inc., 2006 ）。第二作者弗朗辛·雅各布斯（ Francine Jacobs ）副教授供职于美国塔夫茨大学艾略特—皮尔逊儿童发展系和城市与环境政策和规划系，她的研究兴趣主要集中在儿童和家庭政策、项目评估等领域，为促进应用发展科学的发展做出了重要贡献。第三作者唐纳德·沃特莱博（ Donald

Wertlieb) 教授是美国塔夫茨大学艾略特—皮尔逊儿童发展系的前任主任和儿童应用发展中心以及塔夫茨大学儿童中心的创始理事，也是应用发展科学的早期倡议者之一，其研究工作强调心理健康发展与人类服务体系的相互融合。

以 1980 年《应用发展心理学杂志》的创刊为标志，应用发展科学作为一门独立的学科分支已有 30 余年发展历史。期间，应用发展科学的学科内涵、研究领域、研究范式、工作思路都日益明晰、规范和成熟。本书的内容包括四大部分：应用发展科学的基础、改善个体⟷情境关系、强化政策和项目、改善服务系统。通过这四个方面，勒纳教授对应用发展科学的理论基础、应用领域、研究范式进行系统介绍和阐述，并对该领域发展现状和成果做出了系统的总结与反思。因此，本教程不仅是一本关于应用发展科学的重要理论著作，同时也是该领域各项具体工作的一个指导范本。我们希望该译著的出版能够为国内同行和实际工作者更深入系统地了解这一重要的新兴学科领域提供一些便利，并能够在一定程度上促进应用发展科学在中国的发展。

为便于读者更好地理解应用发展科学的理论基础、视角和范式以及本译著的内容体系，在此提三点建议以供参考。第一，要从发展系统理论的角度来理解和把握应用发展科学的产生与发展，以及其与人的发展、社会发展间的关系。或然渐成论、动力系统观、毕生发展观、生态系统论、人—情境交互作用论、发展情境论等从属于发展系统理论 (developmental systems theory) 的各种具体理论均论证并证实了人发展的或然性、可塑性、毕生发展性、影响环境的嵌套性、人的积极主动性以及发展的时程性等特征。现阶段，社会发展和人的发展过程中出现的问题趋向于相互交织与嵌套，发展科学家不应继续单纯基于问题主体自身来寻求干预措施，而应该基于其与所处物理环境、社会环境及其与发展时程的相互关系来设计系统性干预方案或提升计划。本译著所讨论的应用发展科学恰恰顺应了这种通过系统性研究干预来解决人的发展与社会发展问题的需求。应用发展科学强调以问题为中心，打破学科界限和知识领域束缚，整合基础研究与应用研究来解决问题。在这一视角下，就不难理解为何应用发展科学在解决青少年的发展问题时，需要涉及政府机构、社会组织、社区、学校、家庭、科研机构以及公共政策和青少年的早期发展经历等多个水平上影响个体发展和适应的因素及其关系，以及为什么说应用发展科学关注的焦点在于促进人的积极发展与良好适应。

第二，克服传统经院哲学的研究范式的束缚。传统经院哲学倡导追求所谓"纯粹"的知识，认为知识不是对特定历史时期的认识，也不是与现存社会情境有关的偶发性认识，反而认为那些与现存文化情境越不相关的知识越有价值。然而，随着社会的发展和社会期望的增加，学者们不得不考虑那些情境性、暂时性知识（可能只适用于某个时代或某个地域的）的有用性或存在方式。发展心理学家应该并且已经认识到，科学知识在实践中的应用是证明科学价值的有效途径，通过应用研究来解决实际问题也日益成为科学工作者承担社会责任的更有效证明。与传统发展心理学相比，应用发展科学更强调生态化研究、发展性研究、积极干预和发展知识的普及。它力图实现多学科间知识的融合增效以及深入社会的知识研发和应用，从而更好地以问题为中心来解决影响个体发展的社会问题。应用发展科学能够为有关人类发展的科学研究和实践应用提供新的知识经验，同时，它又通过直接参与和影响社会政策的制定与实施来促进社会的积极发展。简而言之，引导社区公民积极参与社区儿童、青少年的积极发展过程，或者积极影响和改善国家公共政策，或者改善媒体的不良舆论导向等都将成为应用发展科学范式下的研究路径和成果。

第三，立足本土问题对西方学术研究和实践经验进行批判性借鉴。应用发展科学的学科范式是顺应整个人类发展和社会发展的现状需求而产生的，在此意义上它具有跨文化的一致性。然而，应用发展科学的具体研究问题、参与主体和干预模式会因文化背景、社会结构与社会发展阶段的不同而存在差异。例如，美国的种族歧视问题伴随美国的整个历史，种族歧视与个体发展、社会发展的问题理应受到重视。而中国正处于社会转型时期，经济发展和文化的多元化给民众带来了重大影响。改革开放使得劳动力和资源流向城市，城乡儿童青少年的发展资源严重失衡。国内儿童青少年的发展面临着许多实际问题需要解决，如婴幼儿的护理、独生子女的教养、离婚家庭对个体发展的影响、留守儿童青少年的发展、祖父母教养、网络成瘾、转型期的诚信、高考公平、城乡教育资源失衡和贫困等问题。故此，我们应立足本国人的发展与社会发展的实际问题，借鉴应用发展科学以问题为中心的应用研究范式、对家庭功能的强调及参与公共政策的制定和实施的研究思路，批判性吸收国外实践工作中积累的经验与教训。唯其如此，才可能充分发挥应用发展科学这门学科在促进和优化我国儿童青少年发展方面的功效，并在这一过程中使这门新兴科学在我国得到发展推广。

本书的主要内容及特色著者已在序言中阐述了，故在此不再赘述。同刚刚出版发行的《人类发展的概念与理论》（理查德·M·勒纳著，张文新主译，北京大学出版社，2011）一样，《应用发展科学》的翻译出版是一个团队工作的结果，山东师范大学的同事和研究生为此投入了大量的时间和精力。在此，首先感谢本书作者理查德·M·勒纳教授在该书翻译出版过程中给予的多方面支持与帮助。该书的顺利出版，还受助于北京师范大学出版社周雪梅、陈红艳编辑在译校过程中所做的大量协调工作和编辑工作，在此一并表示感谢。本书各章的译者分工是：前言，张文新；第一章，陈光辉；第二章，张良、邬钟灵；第三章，于凤杰；第四章，曾玉；第五章，徐伟、任淑芳；第六章，于凤杰；第七章，常淑敏；第八章，汪姣；第九章，陈红禹；第十章，任淑芳；第十一章，吕娜；第十二章，曹丛、杨菲菲；第十三章，李焕宁；第十四章，李春；第十五章，杨菲菲；第十六章，张迎春；第十七章，李荣凤；第十八章，张静；第十九章，刘萌萌；第二十章，周利娜。常淑敏、陈光辉、李春、于凤杰、周利娜对各章译稿进行了仔细校对，并协助我对全书进行统校、定稿。

由于原著中展开阐述的许多主题主要基于美国文化环境和实践工作，其中涉及的专有名词和通俗用法难以与中文词汇完全对应，因此，虽然我们已尽力为之，仍难免在译文中存在错误和不当之处。敬请读者不吝指正。

张文新

山东济南

2011.10.1

序　言

在 20 世纪的过去几十年里以及在 21 世纪的头几年中，世界各国都经历了无数社会问题，有些是老问题，有些是新问题，但都对脆弱的儿童、青少年、成人、家庭和社区的生活造成了影响。很多学者和实践工作者都试图通过预防这些问题的出现来应对它们。另一些人——人数正越来越多——则力图用提升来对预防进行补充(如果不是取代的话)，他们试图通过关注人们的优势(strengths)及其社区资源(assets)来促进人类发展。

在通过预防或者提升的途径，尤其是通过提升的途径去改善儿童、家庭和社区的生活际遇方面，学者们已经把关于人类发展的动态发展系统论与一系列量化和质化的方法结合起来，通过研究、政策和项目应用来解决那些一直持续的和当前正影响着个体、家庭和社区生活的问题。总而言之，这些问题都涉及建设、维护和完善公民社会的需要。

本书反映并促进了人们对应用发展科学(Applied Developmental Science，ADS)日益浓厚的兴趣。事实上，在过去的 20 年间，越来越多的来自不同学科的发展科学家已经很内行地将自己认同为应用(applied)发展科学家，成为建设公民社会的伙伴。在这个伞盖之下加入进来的都是来自生物、心理、社会和行为科学以及那些辅导行业中有关学科和专业的同行，他们都共享 ADS 的目标和愿景，即，运用有关人类发展的科学知识去改善世界上不同婴儿、儿童、青少年、成人、家庭和社区的生活际遇。

为了反映与应用发展科学有关的这些人文学科和科学的现状，也为了进一步扩展在一些与增进儿童及其家庭和社区中的积极发展有关的学术及项目和政策的应用中迅速发展的愿景，我们在 2003 年编写了包含约 100章、4 卷本的《应用发展科学手册：通过研究、政策和项目来提升积极的儿童、青少年和家庭发展》(Lerner, Jacobs, & Wertlieb, 2003)。我们相信，婴儿、儿童、青少年和家庭都拥有健康生活的优势和重要能力，而且所有人都拥有个体的和生态的资源，他们可以利用这些资源去创造幸福，包括有一个健康的生活开端、生活在一个安全的环境中、接受可以获得实用技能的教育、有参与社区生活的机会，以及远离偏见和歧视。幸福个体的标志是表现出关心和同情、能力、自信、与他人积极联系及积极品格。这些个体，以及支持他们的家庭和社区，可被认为是蓬勃发展的。基于这样的信念，我们在这本《手册》里明确了我们努力推进的愿景。

由于学者、从业者、政策制定者以及学生们对《手册》的反响良好，所以我们编写了本教程，它呈现了4卷本中的基本理论思想、研究领域和来自实践的经验教训。《应用发展科学》是通过与使用《手册》的读者的合作，从4卷中选取了一些章组织而成的。这些章既反映了应用发展科学的广度，也反映了在该领域内所选取的有代表性的正在进行的工作的学术深度。因此，组织编写本教程的目标就是让研究生知晓应用发展科学的基本思想，为他们提供该领域内研究、项目与政策的视角的若干重要实例，传递人类优势的积极愿景和整个生命历程中提升健康发展的潜在可能性。这些标志着发展科学应用中的所有方面（这正是贯穿《手册》各卷的内容）。

关于人类行为的积极的、基于优势（strength-based）的观点是应用发展科学领域固有的观点，在这里对这一观点进行更全面的评论是有益的。

积极的人类发展观

积极心理学运动是积极人类发展观的一个实例，这一运动涉及很多当代学者，例如，参与了由Seligman和Csikszentmihalyi主编的《美国心理学家》（ ）2000年1月这一期讨论的诸多学者。然而，积极心理学运动只不过是人类发展领域内范围更广的范型转变的例子之一，这个范型已经根植于发展科学和青少年发展项目实践的行业中达几十年之久。

长期以来，行为科学和辅导行业一直致力于人类行为和发展的消极方面，如风险、失调、病理和人们的问题、缺陷和弱点。积极心理学，还有那些独立的但在概念上符合积极心理学的思想观点，通过阐明基于优势的方法之效力来取代这些缺陷取向（deficit-oriented）的方法。这些在概念上符合积极心理学的思想观点是在"积极的青少年发展"、"儿童幸福"、"社区青少年发展"、"发展资源"和"蓬勃发展"的标签下提出来的。

因此，那些参与积极心理学领域的同仁的贡献和现在一些组织，如美国4-H理事会（National 4-H Council）和国际青少年基金会（International Youth Foundation）的目标追求是一致的。这些组织致力于提升社区青少年的发展或积极的婴儿、儿童和青少年发展已经长达十多年之久。这些组织的工作分别代表了从业者和博爱团体越来越重视增强世界上年轻人的积极品质和幸福的目标追求。相应地，这种重视也反映在搜索研究院（Search Institute）的工作中，他们致力于个体资源和社区生态资源的联合以促进婴儿、儿童和青少年的健康发展。《手册》里呈现了这些团体的成就和其他一些人对应用发展科学作出的贡献。本教程也呈现了很多这类组织的工作。

对促进积极发展日益浓厚的兴趣为学者、从业者和政策制定者提供了一系列崭新的和令人兴奋的理论思想、数据库、规划策略、评价方法以及政策选择。然而，在某种意义上，迄今还没有一本研究生教材把这些学术成果组织起来，以便研究生在一个学期之内就可以了解它们。《手册》的目的是对关于儿童、青少年和家庭项目、政策的应用发展科学取向进行全面系统的讨论。相反，本教程则对该领域的基础、当前一些尖端研究和项目维度的重要实例进行了具体阐述，并对该领域在21世纪头几十年中的走向作出了一些预测。

由于在新千年之初婴儿、儿童、青少年和家庭所面临诸多挑战的特点，以及采用应用发展科学的视角和方法工具培训新的一代学者和从业者以促进积极的人类发展所具有的重要意义，我们认为本教程的出版是一个特别适时的事件。

这些培训，我们相信，无论对科学还是对社会都是极其重要的。每年，随着世界自然资源储量的减少，儿童人口却在以每年1亿的速度增长。在2020年，将如何供给这些超过10亿的新增加的儿童食物、衣服和住房？如何满足他们对能源的需要？世界经济将如何增加所需要的数以亿计的工作岗位，以便这些年轻人能有效地和富有成果地促成他们自己的幸福和他们家庭及社区的幸福？最后，我们将怎样成功地降低年轻人的边缘化——这在美国和全球依然发生——以便所有年轻人都能作为一个单一的相互联系的公民社会的参与公民而蓬勃发展？本教程的各章为解决这些关切和建设我们全球化的公民社会提供了分析和建议。

如果我们的目标不仅仅在于预防世界上婴儿、儿童和青少年行为的和发展的问题，而且还希望提升积极的生活结果并推进社会公正和公民社会的发展，就必须大力拓展为应用提供支持的科学的广度，提升其复杂性。虽然在政策和项目领域面临的挑战极大，科学所面临的挑战也绝不更少。从当前占主导地位的理解人类生活的理论和实证研究取向，也就是以发展系统模型为框架的观点来看，情况尤其如此。这些取向把人类的行为和发展作为一个过程来定义和研究，这个过程涉及构成人类生活的那些生物的、心理的、精神的、社会的、文化的、物理的、生态的和历史的变量之间整合的和变化着的关系。以这些模型为框架的发展科学的应用议程在某种意义上就是去适时地引导学术活动，以提供最高质量的、在内容和伦理上具有敏感性的能够有效且高效地满足多样化的和复杂的社区需要的学术成果。

正如本教程中的撰稿者们所阐明的，这个议程中包括如下重要项目：

• 开发对变化和情境敏感的测量工具，以测量儿童的幸福或健康发展，以及那些能提升不同婴儿、儿童和青少年积极发展的个体和社区资源。

• 设计和实施项目评估：（1）当项目效应出现时去识别它们；（2）提高项目的日常质量；（3）授权项目参与者和其他利益有关方扩大规模和维持有效的项目。

• 使用诸如这些"延伸学术"的工具服务社区，进行需要评估、资源描画、问题识别、技术支持、咨询、继续教育和培训、论证研究和参与式行动研究。

• 促进高等教育机构的资源主动与社区机构合作，例如，这些合作包括：（1）社区合作性研究、项目设计、实施和评价；（2）共同的经济发展、商业/工业合伙和街区复兴；（3）在非营利/非政府组织（NGO）部门与社区的政府部门的合作背景下进行大学生学习服务和研究生/专家培训。

• 通过宣传吸引政策制定者和投资者，这些宣传涉及：（1）社区项目提升儿童幸福的有效性；（2）当前政策对儿童幸福和积极发展的影响；（3）政策改革提升儿童幸福和积极发展的潜在可能性。

简而言之，在参与培养健康一代的过程中，一些个人和机构正在实施大量的相互联系的研究、项目和政策行动。在公民社会中，所有公民都是这一协作网络的一部分。现有机构、专家和服务青少年的组织团体都在发展创新性思想和大胆的行动日程去解决今天和明天的儿童所面临的挑战。此外，新的概念正在被提出，新的、有希望的个人的和集体的努力正在产生并接受磨炼以解决这些挑战。下面描述一下本教程是如何传递这些令人兴奋的重要工作的。

本教程概览

本教程分为四个部分，反映了《手册》中所包含的一系列学术成果和应用情况。本教程的第一部分，"应用发展科学的基础"，介绍了应用发展科学的历史发展、为开发促进积极的儿童、青少年和家庭发展的政策和项目、当前科学和职业两个领域所做的各种努力的理论的、方法的和实际问题领域的体系结构。这部分的几章为整本教材的组织提供了概念框架，并强调当前学术和应用领域的一个核心主题：必须开发一些政策和项目来适当地处理多样化个体和它们与多样化环境之间的双向（或者，换句话说，相互的、动态的和系统的）关系。

此外，这部分还强调了另一水平的关系，它对于理解多样化的和相互影响的个体↔情境关系中所包含的独特发展轨迹非常重要。该水平是存在于理论和应用之间的双向联系，这些理论和应用涉及提升积极的婴儿、儿童和青少年发展。

因此，本教程的第二部分通过介绍那些整合理论和应用的工作来关注"改善个体↔情境的关系"。该部分各章的关注点是儿童和青少年与他们父母和学校的关系，以及接下来在一个生态系统中研究儿童↔情境关系的重要性，这个生态系统的范围从社区水平到文化和历史，包括旨在预防和提升积极人类发展的那些政策、项目和服务系统。

本教程的最后两部分讨论了人类发展的环境支持的一些实例。本教程第三部分"强化政策和项目"的各章关注有关投资人类发展系统的问题，既为了解决在婴儿、儿童和青少年生命中头二十年间存在的健康发展风险，接下来也为了解决有机会利用婴儿、儿童、青少年和他们社区的资源来提升积极发展。这部分还以如下方式讨论了关于提升积极的婴儿、儿童、青少年和家庭发展的这些机会：（1）设计与实施项目；（2）制定公共政策来研发、扩大规模和维持有效的儿童和家庭日程。

本教程最后一部分"改善服务系统"的各章讨论了公共的服务儿童和家庭的系统可能以何种方式培养健康发展。从那些关注个体和家庭的系统到那些试图改变人类发展的教育、生活环境和经济背景（如，通过福利改革或慈善事业）的系统都在这些服务系统的范围内。这几章很好地阐述了在许多背景中出现的婴儿的、儿童的、青少年的和家庭的服务项目和政策的设计、实施和评价，也涉及公民社会大量代理机构和公共机构的行动。

总之，通过本教程的各部分和各章，读者可以了解应用发展科学的理论的和方法的基础；了解源自基于优势的、积极的人类发展路径的研究为什么以及怎样增强个体↔情境关系；推断当前儿童和家庭项目和政策的特征，在某些情况下也推断支持特定创新项目的研究基地的优势；了解那些旨在改善个体、家庭和社区生活的服务系统的功能和面临的挑战。那么，当每个撰稿人——除了他/她工作的特殊关注点之外——考虑到了动态发展系统的广泛性以及该系统内的活动和机构的广泛性，贯穿本教程始终的背景/主题就很自然地转换为促进积极的人类发展。

致谢

关于本教程的准备工作有很多人要感谢。首先和最重要的是要感谢那些本教程的撰稿人，当然，他们也是规模更大的《手册》的撰稿人，很多章节都是从《手册》中摘出来的。他们的学术、他们在发展科学及其应用中的对卓著和社会意义的追求使得本书得以产生，并且在学术如何既促进知识创新又能促进人们一生中的积极发展方面起到了榜样作用。

我们塔夫茨大学(Tufts University)和艾略特—皮尔逊儿童发展系(Eliot-Pearson Department of Child Development)的同事和学生在本书编写中为我们提供了重要支持。我们感谢青少年发展应用研究所编辑部的总编 Jennifer Davison 和助理编辑 Katherine Connery 专业的编辑支持和指导。我们塞奇出版社(Sage Publication)的编辑 James Brace-Thompson 一直为我们提供极好的建议、鼓励和同事般的支持,我们很高兴地向他表达谢意。

最后,我们深深地感谢在我们编写本教程过程中给予我们爱与支持的家人。他们一直是我们最珍视的发展资源,我们愿以此书献给他们。

理查德·M·勒纳
弗朗辛·雅各布斯
唐纳德·沃特莱博

目 录

第一章　应用发展科学的历史和理论基础

Richard M. Lerner , Donald Wertlieb, Francine Jacobs

20 世纪后半叶，公众开始为诸多社会问题担忧。这些问题或新或旧，但它们都在影响着易受害儿童、青少年和成人的生活，以及家庭和社区的发展（Fisher & Murray, 1996; Lerner, 1995; Lerner & Galambos, 1998; Lerner, Sparks, & McCubbin, 1999）。例如，在美国，在前所未有的范围和程度上出现的一系列问题涉及经济发展、环境质量、卫生和医疗保健、贫困、犯罪、暴力、药物和酒精滥用、不安全性行为、学业失败等相关问题。

的确，从 20 世纪最后 20 年至今，美国和其他国家中的不少婴儿、儿童、青少年以及抚养他们的成年人因这些社会问题的不良影响而相继离开人世（Dryfoos, 1990; Hamburg, 1992; Hernandez, 1993; Huston, 1991; Lerner, 1995; Lerner & Fisher, 1994; Schorr, 1988, 1997）。即使他们没有死去，也会因为国内局势动荡、种族冲突、饥荒、环境威胁（如水源质量、固体垃圾处理）、学业失败和辍学、青少年怀孕和青少年父母、缺少工作机会和就业准备、被延长的福利依赖、健康威胁（如缺乏防疫、忽视残疾人、生前护理不足、缺乏充足的婴儿和儿童医疗服务）、普遍性和持续性的贫困后遗症等减少了未来成功的机会（Dryfoos, 1990; Huston, 1991; Huston, McLoyd, & Garcia Coll, 1994; Lerner, 1995; Lerner et al., 1999; Lerner & Fisher, 1994）。上述这些问题对美国及世界的未来社会生存能力和资源提出了挑战（Lerner, Fisher, & Weinberg, 2000a, 2000b）。

有关人类发展的科学知识在阐释个体、家庭、社区、社会层面上的问题时发挥着潜在作用，这致使人们对应用发展科学（Applied Developmental Science, ADS）的兴趣和所开展的活动不断增加。的确，在过去 20 年中，越来越多的来自不同领域的发展科学家将自己称为应用发展科学家。这一旗帜下的同行涉及来自生物、心理、社会、行为科学和助人行业等领域或专业的工作者，他们所持有的共同目标和梦想促生了

ADS 领域中许多更为正式的内涵界定。

在某种程度上，ADS 是"新瓶装旧酒"，也就是说 ADS 作为迅速发展的领域实际上具有重要的历史前提(Wertlieb, 2003)。因此，有必要在此对这段历史进行简要概述，下文将着重概述 20 世纪最后 25 年里发生的与当下 ADS 的形成有关的重大事件。

应用发展科学：简短的历史

ADS 根源于许多与人类发展有关的领域，例如，家庭经济学或家庭与消费者科学(Meszaros, 2003; Nickols, 2002)、人类生态学(Bronfenbrenner & Morris, 1998)、比较心理学(Tobach, 1994)、发展心理学(Wertlieb, 2003)。以最后一个领域为例，我们注意到被公布于众的发展心理学历史文献中大都提及人们对于应用性、实践性或社会性问题的兴趣和优先关注度的兴衰，而那些应用性、实践性或社会性导向的问题正是 ADS 中的核心问题。Bronfenbrenner、Kessel、Kessen 和 White(1986)、Cairns(1998)、Davidson 和 Benjamin(1987)、Hetherington(1998)、McCall(1996)、McCall 和 Groark(2000)、Sears(1975)、Siegel 和 White(1982)、Parke、Ornstein、Reiser 和 Zahn-Waxler(1994)、Zigler(1998)、Zigler 和 Finn-Stevenson(1992,1999)对发展心理学与 ADS 的这种特殊关联性进行过讨论。Hetherington(1998)阐述了她的独特分析，"分析中强调她所使用的发展科学这一术语，并以此强调发展研究的科学基础和多领域性基础，重新认识到发展并不仅仅局限于儿童期，而应该拓展到整个生命历程"(p. 93)，认为过于局限的儿童心理学(child psychology)这一术语会丧失或弱化对人生其他发展阶段的关注。Hetherington 阐释和扩展了 Sear(1975)的经典分析，重新确认了"不像心理学中的许多领域[基于 Boring(1950)、Koch 和 Leary(1985)记载的心理学史]那样，发展科学是始于解决实际问题的需要，在改善教育、健康、福利以及儿童与其家庭的合法地位的压力下得到不断发展的"(p. 93)。

Cairns(1998)提供的发展心理学年代表是一个非常有用的框架，可被用来详细说明 ADS 的许多不同的或创新性的构成部分。Cairns 将发展心理学的发展分为三个阶段：发展心理学的形成期(1882—1912)、拓展与体制化时期(1913—1946)、现代时期(1947—1976)。他的时期分割方式符合一种约定，即 20 年后界定 ADS 的重要里程碑式的事件(下文中提及）才会被确认为是一个新历史时期的标志。虽然 Cairns 概括了希望和呼吁出现更整合性跨学科科学的理由，但是这超出了他所阐述的领域（发展心理学，译者注），而所呼吁的新科学时代与被我们称之为后现代或当代（1977 年至今）的新时期非常一致。在概括历史脉络之后，我们可以从最近的发展时期中引出许多 ADS 的实例。

包括 Cairns（1998）的"形成"分析在内的多数解释都描绘了基于ADS 的辩证法，这种辩证法首先由 G. Stanly Hall 所提倡。Hall 是美国第一个心理学教授（1883 年被 Johns Hopkins University 聘任），是美国心理学会首任主席（1891），是第一个儿童发展研究所（位于 Clark University）的建立者，也是《教学法研讨》（*Pedagogical Seminary*）期刊的建立者。

Hall 是该领域的优秀教师和助推师。发展研究中的许多重要领域都是由他促成或预见到的，如心理测量、儿童研究、早期教育、青少年期、毕生发展心理学、进化对发展的影响。由于他所采用的方法和赞同的理论上存在不足，从而使得很少有研究者将其称为科学导师。在计划将新科学原理应用于社会的行动中，Hall 的影响超出了他所控制的范围。心理学中的原理过于保守，而社会中的问题过于庞杂。或许我们应该采用新的阐述来评价 Hall 的贡献，需要考虑到他对个体、领域和社会带来的多方面影响。旁观者将会发现，所有立志改善儿童和青少年的人都应将 Hall 奉为导师。（Cairns, 1998, p. 43）

White（1992）指出 Bronfenbrenner 的工作与他自己的观点是一致的。例如，Bronfenbrenner 等人（1986）指出，

简单的事实是 G. Stanly Hall 使得实验心理学转向对儿童的研究，这一转型得益于美国社会存在的至少六种不同的支持者，如今基本上依然是儿童研究的支持者，即科学家、大学行政人员、儿童养护者与社会工作者、心理健康工作者、教师、父母。这些支持者希望获得关于儿童的某种知识。说来奇怪，即使他们还没有成为发展心理学家，我们这些发展心理学工作者还未出现之前，他们就已经跟现在一样来收集数据了。因此，如果你查看一下儿童研究运动兴起时的社会史，你会逐渐获得一个结论：或许我们所描绘的知识积累和知识分析趋势的职业化在我们到来之前就存在于社会中。这种情况不仅没有把我们完全从心理学史的主流中分离出来，相反却很好地指出了该领域的出现和演进及其基础问题。（p. 1221）

根据 White（1992）所说，Hall 最重要的贡献包括在自然情境中对儿童的描述以及较早地提出需要"一方面，实现科学综合；另一方面，提出实践性建议"（如 Cairns 所引，1998，p. 43）。当今的 ADS 一直重视自然情境中描述儿童的价值，并期望克服科学研究与实践应用过于二分化的现状。ADS 强调科学研究与实践应用之间的互惠性和交互性，这也是 Hall 时代的象征性特征。

20 世纪的最后 25 年里，详细推介应用发展科学的里程碑是 1980 年《应用发展心理学》期刊的创刊，该刊是一个关注毕生发展的国际性多学科期刊。刊头声明：

> 为人类毕生发展领域中工作的研究者和实践者提供交流平台，为概念、方法、政策以及行为科学研究应用于发展心理学、社会行动与社会问题解决中的相关问题提供展示平台。

Zigler（1980）在新期刊欢迎会的就职演讲中将该期刊范围的界定缩小了，将其称为"领域内的领域"（假定应用发展心理学处于发展心理学之中），但是他却设立了既高又宽的期望："本刊将证实基础研究与应用研究的协同关系。"（p. 1）

约 20 年之后，Zigler（1998）在一篇名为"应用与政策研究的价值所在"的重要短文中提出了对该期刊的希望和祝贺的类似注解。这次是在《儿童发展》中进行阐述的。《儿童发展》是儿童发展研究协会（the Society for Research in Child Development, SRCD）的享有盛誉的档案性期刊。《儿童发展》独特地贡献于……

> 理论驱动和基础研究。如今，60 多年来的科学发展扩增了有关人类发展的知识，SRCD 正式出版的主要期刊研究报告都是关于儿童发展的科学知识……SRCD 内部逐渐发生转变，由一种科学家的科学转向一种更加公众化的科学。（Zigler, 1998, p. 532）

应用研究与基础研究之间的裂隙与协同关系不断发生变化，这将成为历史脉络中的一个主题，下文中将加以阐述。

1991 年，应用发展科学国家任务局（the National Task Force on Applied Developmental Science）召集大量不同的专业机构代表（从很广泛的范围选取，但是并没有囊括全部）协商应用发展心理学知识来解决社会问题的事宜。机构代表包括美国心理学会（American Psychological Association）、美国老年医学协会（the Gerontological Society of America）、国际婴儿研究协会（the International Society for Infant Studies）、国家黑人儿童发展研究所（the National Black Child Development Institute）、家庭关系国家委员会（the National Council on Family Relations）、青少年研究协会（the Society for Research on Adolescence）和儿童发展研究协会（the Society for Research in Child Development）。会议的目标是根据这一新兴多学科领域的研究生培养方案来阐释清楚 ADS 的内涵和外延。协商之后达成了 ADS 的四点复杂性界定，在此一一呈现以说明 ADS 在内容、过程、方法和价值四个方面的特征：

1.1　应用发展科学涉及研究与应用的规划性整合，并以此来描述、解释、干预以及提供预防性和增强性的有关人类发展的知识应用。ADS 的概念基础反映了一种观点，即个体功能和家庭功能是持续变化、演进的物理与社会环境跟生物因素融合交互的产物。ADS 强调人与人之间、人—环境之间的互惠性交互作用，并在多学科取向下强调个体和文化的多样性。这一导向是通过三个连在一起的强调词来界定的：

应用： 直接暗示出个体、家庭、实践者和政策制定者所应该做的事情。

发展： 人类毕生过程中发生的系统性、承继性变化。

科学： 基于一系列研究方法来系统地收集可靠、客观的信息，以便用来检测理论和应用的有效性。

1.2　ADS 认识到人类发展知识的有效应用需要依赖对多水平、规范性和非典型性发展过程（整个生命历程中不断变化）的科学性理解。

1.3　ADS 反映出在促进不同人群发展的服务中存在的一种整合相关生物、社会和行为科学领域的整合观。

1.4　ADS 的运行属性是互惠性的，科学促进应用，应用推动科学。ADS 注重针对发展现象研发实证性知识的过程与从事职业实践、服务和政策制定以促成社会成员幸福的过程之间的双向关系。因此，研究与理论指导干预策略，对发展性干预结果的评估为未来干预的调整和理论再建提供了基础。（Fisher et al. , 1993, pp. 4 –5）

截至 1997 年，这些界定 ADS 的特征被采纳进一个新的期刊《应用发展科学》之中，并进一步进行了涵盖更多方法学内容和吸引更多读者的阐释。根据 Lerner、Fisher 和 Weinberg（1997）所言，该期刊发表：

对人类毕生过程中发展科学的应用具有重要意义的任何不同方法学基础上的研究，例如，多变量纵向研究、人口学分析、评估研究、集中测量研究、人种志分析、实验室实验、政策分析和/或政策实施研究以及动物比较研究。与毕生发展中发展多样性有关的手稿均受本刊欢迎，如跨地区或跨文化研究、心理病理学系统研究、与性别、民族、种族有关的多样性研究。……（读者包括）发展、临床、学校、咨询、老年、教育、社区等领域的心理学家，生命历程、家庭和人口学领域的社会学家，健康专业人员，家庭和消费者科学家，人类进化和生态学生物学家，政府和非政府的儿童与青少年机构中的实践者。(p. 1)

这一扩充后的 ADS 界定假定了 ADS 的许多标志性特点，而这对于讨论它的历史、内容和关注问题至关重要。这些标志性的特点如下：

1. 一种历史性的背景和观点反映了相关概念的反复性平衡，如基础研究与应用研究、科学与实践、知识研发与知识运用。这包括对于历史情境和社会政治情境的敏感性，ADS 中将此概念称为：

学术是为了我们这个时代。当进入 21 世纪，我们越来越认识到，如果社会要成功地摆脱 20 世纪时社会、经济和地缘政治对于人类发展的遗留性不良影响，那就需要对科学与服务之间、知识研发与知识应用之间的常规性区别与人为性区别进行重组。学者、实践者和政策制定者正逐渐增加对发展科学的作用的认识，认识到发展科学能够阻止由于贫困、早产、学业失败、儿童虐待、犯罪、青少年怀孕、物质滥用、失业、福利依赖、歧视、种族冲突、健康与社会资源匮乏等原因导致生活机会遭到破坏的趋势。(Lerner, et al. , 1997, p. 2)

2. 一种伦理挑战和规则上的广泛且深刻的认识涉及 ADS 的实施范围。这种认识源自新方式中使用科学方法面临的挑战，例如，被试的幸福与自主性的保护变得日益复杂。研究被试在质询过程中变成了参与者，各种多学科间的专业人员和团体间的新型复杂合作关系成为界定研究问题与困难以及搜寻答案与解决措施的重要组成部分。

此外，如本章前文所示，许多 ADS 领域的领军人物已经发现需要进一步拓宽该领域的潜在范围，建议蓝图中还应涵盖促进民主社会和社会公平的部分以及对该领域主旨和伦理导向进行激发性详细阐述的部分（Lerner, et al. , 2000b）。其他一些学者则专注于更为传统、学术或增值性的评估点来界定 ADS，并且注意增加大量的知识基础和方法学内容

（Schwebel, Plumert & Pick, 2000; Shonkoff, 2000; Sigel & Renninger, 1998）。即便如此，基于这一系列兴趣和活动的出现，如今 ADS 已被认可为"一个已成型的领域"（Fisher, Murray, & Sigel, 1996）。该领域虽然已经被多种工作专注点具体操作化了，但是各种具体工作所处的框架结构都与一个共同的人类发展概念或理论相联系：发展系统理论（developmental systems theory）。理解当代 ADS 的实证性、方法性、伦理性兴趣和活动的多样性，重要的是需要重视发展系统理论导向，也正是该导向使得采用发展科学促进人类积极发展和增强公民社会变得合理化。

从发展系统理论到应用发展科学

Paul Mussen，《儿童心理学手册》（第三版）编辑，预言今天人们会非常清楚人类发展系统理论面临的当代压力。Mussen（1970）说，"发展心理学领域当代主要的实证和理论重点似乎是对心理变化、成长和发展的机制与过程的解释"（p. vii）。这一愿景使得发展科学家的兴趣日益浓厚，不是对结构、功能或内容本身，而是对发生的变化和变化的过程感兴趣，对人类发展过程中功能演进和结构转型的方式感兴趣。

如今，Mussen（1970）的愿景已经具体化了。当代发展心理学理论的前沿已经表现为结构如何发挥功能和功能如何随时间被结构化的系统概念。因此，关于人类发展的发展系统理论不再必然与某一特定内容领域联系在一起，尽管特定实证研究问题或实质焦点问题（例如，动机发展、成功老化、智慧、超长认知成就、言语获得、自我、心理复杂度、概念形成）也会成为特定理论中所描述过程的典型样例（Lerner, 1998a）。

发展系统理论的效力在于它不会局限于或受扰乱于对发展中个体的单维度的描述。在发展系统理论中，个体既不是生物的，也不是心理的或社会的。相反，个体是系统化的。一个人的发展根植于组织机构的多个水平基础上的变量整合矩阵中，发展被概念化为这种多层矩阵中变量间的动态关系。

发展系统理论所采用的对立性两极在过去的发展理论里已被使用（如天性与教养、个体与社会、生物与文化，Lerner, 1976, 1986, 2002b）。这些对立两极不是让研究者遵守难以置信的概念性规则和实证性反事实规则（Gollin, 1981; Overton, 1998）或者在两个错误两极之间进行迫选（例如，遗传或环境，连续性或非连续性，稳定性或变化性，Lerner,

2002b），也不是用来对发展过程进行"割裂性"的描述，相反，对立性两极概念是为了理解人类发展中机构的多个水平间存在的整合。这些理论一定比以前的单方面的理论更复杂。这些理论同样更精确、更灵活和更平衡、更节俭甚至更不易产生可笑的见解：例如，脱离教养的天性能够促成人类发展，某一个基因控制孤独症、军国主义或智力，或者当证明社会环境影响发展时，这种影响最终却被还原到一个遗传因素上（Hamburger,1957; Lorenz, 1966; Plomin, 1986, 2000; Plomin, Corley, DeFries, & Faulker, 1990; Rowe, 1994; Rushton, 1987, 1988a, 1988b, 1997, 1999）。

这些过去的机械论和原子论观点已经被强调多分析水平间动态整合的理论模型所取代，这一观点根源于生物发展的系统理论（Cairns, 1998; Gottlieb, 1992; Kuo, 1930, 1967, 1976; Schneirla, 1956, 1957; von Bertalanffy, 1933）。换句话说，发展应该被理解为构成人类生活及其生态（从生物到文化再到历史）的不同组织在多个整合性水平中进行系统变化的性能，它是与人类发展的发展系统模型有关的支配性概念框架。

解释与应用：一种整合

个体与其所处情境间的动态关系引发的压力致使人们重新认识到需要一个多领域的整合观来理解有关人类发展的多水平整合。此外，去理解人类发展的本质过程，必须在人们生活的现实生态中实施描述性研究和解释性研究。

解释性研究实质上构成了干预研究。发展研究者实施解释性研究的作用在于理解人—情境间关系的变化方式，这些人—情境间的变化则可以说明人类发展轨迹的特征以及真实世界的天然实验室中人的生活路径特征。为了理解人—情境关系在进行理论上的相关变化后会如何影响人的发展轨迹，研究者可以采用政策和/或计划来对近端和/或远端自然生态进行实验操纵。这些干预结果的评估成为数据影响与人—情境关系相关的理论问题的一种手段。更具体而言，这些干预可以帮助应用发展科学家理解人类发展中的可塑性（存在于人类生活中或用于增强人类生活）（Csikszentmihalyi & Rathunde, 1998; Lerner, 1984）。

个体内变化产生的个体间差异是一种自然性干预的结果，这证实了结构和功能可在多大程度上发生系统变化——可塑性（人类生活的特征）。即便如此，解释性研究也是必需的，它有助于理解来自组织的哪个水平上的哪个变量涉及某种已经被发现的可塑性事例。此外，这种研究对于判定某种可塑性是由科学还是社会造成的是十分必要的。换句话说，解释性研究需要去确定人类可塑性的程度或者检验人类可塑性的局限（Baltes，1987；Baltes, Lindenberger, & Staudinger, 1998；Lerner, 1984）。

从发展系统观来看，实施这种研究会使科学家改变了他们所正在研究的人或群体的自然生态。这些研究要么会涉及人类发展的近端环境变化，要么则涉及远端环境的变化（Lerner & Ryff, 1978）。但是任何情形下，这些操纵都会构成个体或群体生命历程中阶段内或阶段间的角色和重大事件的变化。

这些变化的确是干预的结果：设计这些研究以便尝试改变人—情境关系的系统（构成了基本变化过程），实施这些研究是为了确认人类可塑性的具体基础或者验证某种人类可塑性的具体局限（Baltes, 1987；Baltes & Baltes, 1980；Baltes et al. , 1998）。这些干预是一个研究者用来替代自然情境中人—情境关系的一种尝试，从而有助于理解为人类发展提供基础的人—情境关系的变化过程。简而言之，人类发展的基础研究是干预研究（Lerner et al. , 1994）。

因此，人类发展的理论和研究前沿位于人类发展科学家将概念性和方法性专门知识应用于真实世界的天然个体发育实验室中。将基础关系过程的解释性研究置入人类发展的现实生态中，这会涉及基础发展科学与应用的融合。为了致力于从发展系统观的角度开展个体发生学研究，专注于多样化个体与多样化情境间关系的研究实体或应用实体会被推向研究前沿（Lerner, 2002b）。此外，人类发展的基础解释性研究本质而言是干预研究，这一观念必然会引发参与这种研究的学者产生至少两种其他担忧。

与个体和情境多样性的某种或某些情形有关的人类发展研究对于理解所有人的毕生过程并不一定是有用的。同样，某个研究者会在某个情境中验证有关人类可塑性的想法，其所采用的源自该研究或与该研究有关的政策和计划并不一定能够应用于或同样适合于和有用于所有情境或所有个体。因此，政策的发展和计划（干预）的设计与推广（发展的和适应个体差异的）必然是我们所呼吁的应用发展研究取向的重要组成部分。

人们生活其中的情境会发生改变，这意味着研究标准（如一个受控制的）环境中的发展并不会提供现实（生态的、有效的）中不同个体与其特定情境（例如，特定家庭、学校或社区）间与发展关系相关的信息。这一点强调出需要在现实世界的情境中实施研究（Bronfenbrenner, 1974；Zigler, 1998），也注重了以下的观点：（a）政策和计划构成了自然实验，并被设计为对人和机构的干预；（b）这类活动的评估成为发展系统中研究实体（前文中提到过)的核心关注点(Cairns, Bergman, & Kagan, 1998; Lerner, 1995; Lerner, Ostrom, & Freel, 1995; Ostrom, Lerner, & Freel, 1995)。

在此观点下,政策和计划方面的努力好像不会在收集研究证据之后再实施派生性应用工作或形成次级工作了。恰恰相反,政策的发展与实施和计划的设计与推广是 ADS 研究取向下的整合性组成部分。对这些政策和干预的评估部分为研究实体所依据概念框架的不足之处提供了重要反馈(Zigler, 1998; Zigler & Finn-Stevenson, 1992)。

本质上讲,发展系统观使我们认识到,如果我们拥有合适且充分的人类发展科学,那我们必然会以关系性和暂时性的方式来整合研究组织的个体性和情境性水平(Bronfenbrenner, 1974; Zigler, 1998)。我们也会力图通过科学来服务美国民众和家庭,通过我们的学术努力来帮助建立成功的政策和计划,从而促进人类的积极发展。在做这些工作时,我们会充分利用个体与其所处情境间的整合性、暂时性、关系性模型,而该模型恰恰根植于人类发展的发展系统理论中。

从发展系统理论到 ADS 的核心原则

正如之前 Fisher(Fisher et al., 1993; Fisher & Lerner, 1994)、Weinberg(Lerner, et al., 1997, 2000a, 2000b)、Sherrod(1999a, 1999b)、Eccles(Eccles, Lord, & Buchanan, 1996)、Takanishi(1993)、Lerner(Lerner, 1998b, 2002a, 2002b)和 Wertlieb(2003)等所主张的那样,ADS 是基于发展系统理论观的一种学术研究。在这一背景下,Fisher 等人(1993)总结出 ADS 的五个概念性构成,这五个概念性构成也是 ADS 的五个核心原则。综观而言,这些概念性原则使得 ADS 成为理解和促进人类积极发展的一个独特取向。

ADS 的第一个概念性构成是暂时性或历史嵌入性概念以及与个体、家庭、机构和社区变化有关的观念。情境或个体的许多构成会保持跨时间的稳定性,其他一些构成会发生历史性变化。因为人类行为和发展现象会发生历史性变化,因此我们必须评估跨时期的一般化结论是否合理。因此,暂时性对于研究设计、服务提供和计划评估具有重要启示意义。

干预的目的在于改变个体自身变化的发展轨迹。为达成这一目的,ADS 的第二个概念性特征即是应用发展科学家所重视的个体间差异(如种族间、民族间、社会阶层、性别间的差异)和个体内变化(与青春期有关的变化）。

ADS 的第三个概念性特征强调情境的中心性。集中关注人类发展生态中组织的所有水平间的关系。这些水平涉及生物、家庭、同伴群体、学校、商业、邻居与社区、物理或生态环境、以及社会文化、政治、法律、道德和社会经济机构。同时，发展系统中的这些水平间的双向关系使得在系统取向下开展研究、计划与政策的设计以及计划与政策的实施成为必然。

ADS 的第四个原则强调详述的常态发展过程、初级预防和最优化，而不是救治。应用发展科学家强调健康的常态的发展过程，并致力于确定个体、群体和情境所拥有的优势和资源，而不关注个体、家庭或社区的缺陷、弱势或问题。替代详述人们所面临的困难，应用发展科学家的目标在于发现与人的繁荣发展（Benson, 1997; Benson, Leffert, Scales, & Blyth, 1998; Leffert et al., 1998; Scales, Benson, Leffert, & Blyth, 2000）有关以及与个体积极发展的"5C"（能力、自信、联结、品德、同情心）有关（Hamilton & Hamilton, 1999; Lerner, 2002b; Little, 1993; Pittman, 1996）的个体和生态资源的组合体。

ADS 的最后一个原则是重视知识研发和知识应用间的双向关系。认可这一双向性之后，应用发展科学家认识到了个体、家庭、社区中存在的生活和发展知识的重要性。对于应用发展科学家而言，社区与研究者或大学的合作与共同学习是学术事业的必要特征（Lerner, 1998a, 1998b）。这种社区协作性尝试被称为延伸学术（outreach scholarship）（Lerner & Miller, 1998）。

换句话说，既然 ADS 依附发展系统观，那么应用发展科学家的假定如下：

> 科学与应用之间是一种交互作用的关系。因此，研发实证性发展知识的工作与提供专业服务或设计政策以影响个体和家庭的工作是互惠性的。这样一来，研究和理论可用于指导干预策略，而对干预和政策的评估又可为重构理论和日后研究提供基础……结果，应用发展（科学家）不仅向从事增强他人发展的父母、专业人员和政策制定者传播了发展知识，而且还将社区中这些成员的观点和经历整合到了理论重构和研究与干预设计中去（Fisher & Lerner, 1994, p. 7）。

即便理论上假定了用来界定 ADS 的一系列原则，也并不是发展科学的所有可能领域都会将自身置于这一学术观点下（例如，人类发展的遗传还原论取向就不符合 ADS 取向，关于该观点的更详细讨论见 Lerner（2002b））。之后，讨论由应用发展科学（由发展系统论建构出的）所引出的前沿科学工作的维度将十分有用。

应用发展科学的关注点

人类发展科学长期以来一直与基于实验室的学术研究联系在一起，这些研究致力于抛开情境性影响来揭示发展的"普遍性"特点（Cairns et al.，1998；Hagen，1996）。即便如此，人类发展的任务与方法正在被转化进应用发展科学中，以便通过考察个体与情境（人们所生活的综合性发展系统）的动态关系来致力于揭示多样化的发展模式（Fisher & Brennan，1992；Fisher & Lerner，1994；Fisher & Murray，1996；Horowitz，2000；Horowitz & O'Brien，1989；Lerner，1998a，1998b，2002a，2002b；Lerner et al.，2000a，2000b；Morrison，Lord，& Keating，1984；Power，Higgins，& Kohlberg，1989；Sigel，1985）。发展分析的目标发生了从关系元素到水平间关系的理论修正，这对于将发展科学应用到促进人类积极发展的政策和计划上具有重要意义。应用发展科学的理论、研究和应用实体的最根本特征是这样一种观念：有关发展的基础关系过程的研究与专注于个体发育过程中增进人—情境关系的应用是同样的尝试。在基础研究和应用研究的这一综合取向中，应用发展科学家从事于几个具体学术领域。

应用发展科学国家任务局（Fisher et al.，1993）表明，ADS 活动横跨知识研发到知识应用的每个环节（Wertlieb，2003）。这些活动包括（但不局限于）如下内容：自然有效生态情境中将科学理论用于成长与发展的应用研究；重要社会现象的发展性相关研究；建构和使用对发展和情境敏感的测量工具；发展性干预和增强计划的设计与评估；通过发展性教育、印刷版与电子版的资料、大众媒体、专家鉴定和社会合作来向个体、家庭、社区、实践者和政策制定者传播发展知识。

为了说明这一点，表 1.1 列出了 ADS 探究与行动的部分主题。最近出版的教科书（Fisher & Lerner，1994）、综述性章节（Zigler & Finn-Steveson，1999）、手册（Lerner，2002a，2002b；Sigel & Renninger，1998）、期刊专期（Hetherington，1998）、期刊常期专栏（如《婴儿和幼儿》中的"应用发展理论"部分）都在持续推介应用发展科学研究。《应用发展心理学》、《应用发展科学》、《儿童服务：社会政策》、《研究与实践》都是新近应用发展科学研究成果的主要交流和传播平台。

应用发展科学与延伸学术的概念

假定（a）ADS 的支持者坚信，在人类发展生态中系统整合所有组成部分的发展性分析十分重要，（b）他们重视通过合作和共同学习来整合研究者的专业特长与社区的专业特长，那么他们会认为，研究者及其工作所在的机构都是发展系统（ADS 致力于理解和增强的）的组成部分。他们强调，学术与社区和大学与社区的合作关系（他们尽力促成的）是将知识情境化的必要手段。通过在多样化生态环境中开展人类发展的嵌入性学术研究，应用发展科学家促成了研究与实践的双向关系。在这种关系中，发展研究指导着基于社区的干预效果，同时又受到社区干预效果的指导。

表 1.1　应用发展科学调查和行动的领域

主题	研究或调查的样本
儿童早期的护理和教育	Lamb（1998）; Scarr（1998）; Zigler & Finn-Stevenson（1999）; Ramey & Ramey（1998）
儿童早期教育	Elkind（2002）
教育改革与学校教育	Fishman（1999）; Adelman & Taylor（2000）; Renninger（1998）; Strauss（1998）
读写能力	Adams, Trieman, & Pressley（1998）
父母教养 / 父母教育	Collins, Maccoby, Steinberg, Hetherington, & Bornstein（2000）; Cowan Powell & Cowan（1998）.
贫困	McLoyd（1998）; Black & Krishnakumar（1998）
发展资源	Benson（1997）; Scales & Leffert（1999）; Weissberg & Greenberg（1998）
成功的儿童和家庭	Masten & Coatsworth（1998）; Wertlieb（2001）
婚姻创伤和离婚	Wertlieb（1997）; Herthrington, bridges, & Insabella（1998）
发展心理病理学	Richters（1997）; Cicchetti & Sroufe（2000）; Rutter & Sroufe（2000）; Cicchetti&Toth（1998b）
抑郁	Cicchetti & Toth（1998a）
家庭暴力和虐待	Emery & Laumann-Billings（1998）
青少年怀孕	Coley & Chase-Landsdale（1998）
攻击与暴力	Loeber & Stouthamer-Loeber（1998）
儿童目击报告	Bruck, Ceci, & Hembrooke（1998）
儿科心理学	Bearison（1998）
大众媒体、电视和电脑	Huston & Wright（1998）; Martland & Rothbaum（1999）
干预科学	Kaplan（2000）; Coie et al.（1993）

延伸学术的发展（Lerner & Miller，1998）对先前有关世界本质的概念提出了学术挑战（Cairns et al.，1998；Overton，W.，1998；Valsiner，1998）。所有知识都与其所处的情境相关联的思想使得当前学术中的经典本体论发生了变化。这一改变已经成为关系主义中的聚焦点，同时也避免了分裂现实的观念，如天性与教养（Overton，W.，1998）。本体论上的改变促成一个观点：所有的存在对于特定历史时期的特定物理和社会文化条件而言都是暂时的（Overton，1998；Pepper，1942）。与本体论改变相联系的认识论的变化以及暂时性知识都只有在研究关系之后才能得到理解。

因此，任何情形的知识（如特定领域的核心知识）都需要与（a）情境性知识和（b）知识与情境间的关系进行整合。脱离情境的知识不是基础知识。相反，与所处情境关联的知识才是基础知识，例如，与有效生态化社区情境关联的知识（Trickett，Barone，& Buchanan，1996）。生态化、嵌入性和暂时性知识的本体论使得 ADS 学者去学习整合所知知识与情境关联知识变得合理化了（Fisher，1997）。因此，需要强调学者与社区成员（也是知识研发过程的重要组成部分）间的共同学习式合作的重要性（Higgins-D'Alessandro，Fisher，& Hamilton，1998；Lerner & Simon，1998a，1998b）。

总之，社会科学家、行为科学家以及更具体的人类发展学家已经发生了重要变化，他们已经认识到自己对社会的任务和责任更应该在 ADS 领域（Fisher & Murray，1996；Lerner，2002a，2002b；Lerner et al.，2000a，2000b）。即便如此，对整合性关系思想（应用发展科学家所持的）有用性的关键检验在于证明该思想对综合性关注点（涉及人—情境的关系）的理解和应用存在更大优势（这种优势是相比于分离个体与其情境或分离发展系统中的不同水平的发展分析而获得的，例如，遗传还原主义将生物水平从个体/心理或社会水平中分离出来）（Rowe，1994；Rushton，1999，2000）。换句话说，我们是否能够通过采用关系观和发展系统论（ADS 的理论依据）来改善对于人类发展的理解？是否能够增强促进人类毕生积极发展的能力？

本著作的计划

我们认为上文中问题的答案是肯定的。为支持我们的观点，本著作中我们所呈现的学术研究阐释了对人—情境关系的关注是如何增进对人类发展特征的理解的，以及如何以积极的方式实现人与情境的应用性联结，从而增强人类的毕生发展。本著作中所呈现的学术研究思考了理解和促进人类健康积极发展时理解匹配、一致、拟合质量或整合（个体属性与所处情境特征间的）的重要性。

本著作的关键主题

纵观本书，当前 ADS 强调的中心主题是：发展适合探究不同个体与所处情境间双向（换个术语就是互惠的、动态的或系统的）关系的政策与计划的需要。此外，本著作的诸章突出强调关系的另一个水平，这一水平对于理解涉及不同人—情境关系的多样性发展轨迹具有核心性作用。该水平是理论与应用之间的双向性联结。本书中，作者们解释了，青少年发展系统观是如何同时成为对理论与应用的关系（促进青少年积极发展）进行整合性理解的产物和发生器的。

发展系统观同样还对 ADS 的方法和伦理规范具有启示意义。关于方法和伦理规范的思想观点同样是本书中各章的主题性维度。讨论一下这些主题在当下和未来的 ADS 研究工作中的作用显得很重要。

ADS 的伦理维度和方法学维度

除去发展系统理论导向的框架结构，本书中还包括大量学术领域，且 ADS 中的学术领域更宽，我们必须强调学术研究的其他特征也是 ADS 的象征性特征。即是那些涉及该领域工作的方法学和伦理特征的具体观点。正如我们在本章前文中所提到的，传统研究方法和设计只在很局限的程度上阐述了 ADS 的实证性特征。

相关发展情境理论和生物生态理论迫使概念复杂性得到确认，这使得复杂性方法学取向不断增强。一个研究者对于一系列问题的观点与一个社会面对问题（他们考虑如何为儿童提供一种关爱或者如何保持一个生病儿童的健康和发展）时的观点如想协调一致，就需要应用发展科学家来延伸和变革。许多延伸和变革是相对递增的。

例如，儿童适应疾病的研究变成儿科医师、儿科心理学家、护士和儿童精神病家这一跨学科团队的职责。当（a）家庭和社区被认识到并被吸纳为研究工作的合法合作者，（b）研究的受众或"消费者"拓宽到包含服务提供者和政策制定者，（c）与大学"象牙塔"有关的传统机构的结构和功能受到挑战或被调整的时候，大胆的变革则会推动 ADS 的发展。获得这些延伸与变革的主要观点便是前文提到的延伸学术（Chibucos & Lerner, 1999; Lerner & Miller, 1998）。

Jensen，Hoagwood 和 Trickett（1999）比较了基于大学的研究和基于延伸模型的研究。基于大学的研究通常会受到国家健康研究所（the National Institute of Health）的支持，在效能模型（efficacy model）中开展研究。延伸模型则反映了与 ADS 特征相一致的研究新取向，是表 1.1 中所列的许多探究和行动领域的基础。延伸研究或延伸学术描绘"参与大学"（Kellogg Commission, 1999）的特征多一些，而不是"象牙塔"大学（McCall, Groark, Strauss & Johnson, 1995）。在延伸学术中，知识推进了大学与社区的合作和合作关系，这样一来，科学家与儿童、家庭、社区（科学家致力于理解和帮助的对象）可以共同确定问题、方法和解决措施。社区包括政策制定者、家庭和服务提供者，他们共同实施和"消费"干预与计划。Lerner 等人（2000b）恰如其分地写道，"以这种方式开展研究的学者会发生重大变化"（p. 14），然后阐释了 ADS 中描述这些专门合作与方法的延伸学术原则。这些原则包括如下几个：

> （1）增强了对外部效度的关注度，针对人类发展的现实生态开展研究……而不是开展人为（即便设计精密）的实验室研究；（2）纳入了社区合作者在研究活动中的需要和价值；（3）发展结果的评估和所有概念是全面理解研究性干预计划对青少年及其所处情境的直接与间接影响的保证，也是测量这些发展结果的保证；（4）拟合当地需要和环境的弹性，即是……根据研究工作所在社区的变迁进行调整研究设计或过程的可能性；（5）能够为了拟合当地社区的环境而调整研究方法；（6）坚持长期性观点，即大学留在社区的时间要足以实现社区所重视的发展目标，如促进青少年发展……共同学习（社区与大学两个专业系统间的）、大学和大学工作人员变得谦逊从而使得对等主体间实现真正的共同学习与合作、文化整合从而使得大学与社区之间相互借鉴对方的观点。（Lerner et al.，2000b，p. 14）

正如本章中所阐述的 ADS 的界定性特征以及探究与行动的具体样例中所反映出的，延伸学术中所涉及的研究扩充和变革为应对科学与实践在发展与协同增效时内在的概念性和方法性挑战提供了方法。伴随这些工具和潜能所出现的是反映了研究者和实践者责任的一系列伦理规范。这些复杂的挑战已经成为 ADS 的核心性担忧，而且从当代最早由 Fisher 和

Tryon（1990）（一直致力于发展 ADS）提出 ADS 概念框架时就已如此。

Fisher 和 Tryon（1990）指出，为推动该领域的发展，研究与应用的整合与协同增效致使应用发展科学家受束缚于研究伦理和职业服务伦理以及二者的混合。此外，延伸学术使得应用发展科学从有限的传统研究被试、患者和来访者的概念转移到特有的搭档、消费者和合作者的概念上，这样一来就出现了已有领域和职业的伦理标准所未阐明的许多领域。的确，这一改变引发了挑战。ADS 中的伦理行为与传统的应用性伦理规范有许多相通之处，并且不同领域或传统中的应用性伦理规范会在应用发展科学的任何一个探究和行动领域中被组合起来。当将基础性生物生态理论与情境理论共同用于方法、测量、研究设计、干预、计划和政策时，许多不同甚至独特的伦理问题就会产生。此外，无论在传统领域或在新兴的 ADS 中，伦理方面的思考都会因道德习俗和历史情境压力而被拖累或提高。因此，持续蔓延的多元文化与全球性的社会危机表明，当应用发展科学发展和验证他们的理论、设计与评估干预活动、提供健康或社会服务，或者担当针对社会计划与政策的政策制定者时，有关多样性和文化敏感性与能力的担忧对于应用发展科学家而言便是一种更为深入和持久的担忧。

ADS 必须应对伦理挑战，我们把有关儿童早期护理与教育的研究作为具体事例加以考察。如前所述，社会历史变迁使得更多的女性进入了工作场所，这刺激了社会和发展科学家的兴趣和担忧。Hoffman（1990）描绘了科学研究过程中产生偏见的方式，这也刻画出了关于母亲就业的早期研究中的一些特征。研发和应用知识需要重点描述出将儿童放在非父母日托中的缺陷或不足。随着更复杂的 ADS 概念和方法被用于解释非父母看护上的社会担忧，研究中会出现更微妙、更精确的直接与间接影响的见解。这些直接与间接影响是由基于家庭和基于托管中心的看护环境中存在的个体差异和质量变量引发的。此外，科学实践的目标是去理解不同看护安排所产生的影响，而可怕的是某些伦理性挑战却恰恰位于科学实践中，与公众和政策制定者沟通、交流研究发现可能会伤害或挫败他们。Hoffman（1990）通过以下见解总结了她的理由：

（科学家）有一种社会责任去帮助社会政策和个人决策做出有效决定，也有责任去传递准确的研究结果以及训练公众知晓研究数据所说明的和不能说明的。必须告知参与者研究发现的尝试性属性、不同解释的易受影响性、将研究发现转化成个人行动或政策行动的复杂性，这样才能实现伦理性科学的目标。（p. 268）

ADS 所面临具体伦理挑战的第二个样例与特定历史时期有关，在这一特定历史时期中 ADS 作为一个"成型的领域"正在被承认（Fisher, Murray, & Sigel, 1996, p. xvii）。造就下一代应用发展科学家的训练计划正在兴起。然而，许多原生领域或同源领域已经具备复杂的质量控制和值得信任的训练程序，这增加了 ADS 满足研究伦理标准的可能性，即便如此，构建 ADS 的伦理标准并不能完全从这些传统领域来借鉴。ADS 必须形成恰当的新标准。新应用发展科学家在表1.1 所列的多个或任何调查与行动领域中工作时会面临在具体方法（延伸学术或大学—社区合作关系）、期望和需要方面的紧要事件，ADS 的这些新标准必须能够反映出这些紧要事件。

例如，传统发展心理学家在研究生培养阶段受到训练，并被反复教导去遵循 APA 的伦理标准。再例如，临床心理学家通过研究生阶段的训练来接受教育和学会负责任，并在 APA 标准以及不同州、国家性许可和习俗性许可中度过职业生涯。目前应用发展科学家正在从传统的受管制领域（如临床心理学、学校心理学或咨询心理学）脱离出来的，并在传统伦理指导下具备一个起始点，但是他们与来自不同领域和多领域训练基础的同事并没有得到从事 ADS 实践的外显性伦理原则的许可。的确，Koocher（1990）十年前就已经意识到该领域的这一挑战。尽管社会政治情形已经以复杂的方式发展了，但是这一挑战仍然存在于 ADS 中，需要 ADS 非常严肃地处理与其宽广范围和深刻任务相称的研究生训练和伦理规范问题。

总结

对人—情境间关系的集中关注强调了发展系统模型对促进人类积极发展的研究与应用的意义。在个体发育和历史发展的任何特定时间点上，个体属性和个体所处情境（如父母对于某种气质类型的需求）的特征自身均不是健康机能的最重要预测因素。相反，儿童、父母、学校、社区与发展系统中组织的其他水平间的关系才是理解人类发展特征以及人类发展生态对于个体发育所起作用的最重要因素。

本质上讲，发展系统模型详细说明了，致力于理解和增强人类生活历程的应用发展学术研究应该集中关注人类发展的关系性过程，应该通过长期整合个体行动的研究与父母、同伴、教师、邻居、以及个体所处的更广泛机构性情境的行动的研究来实现研究目的。记住这一复杂关系系统的中心任务，综合性研究与应用事宜就似乎清晰了。应用发展科学家必须不断接受教育，学会如何用最好的方式提升所有个体和家庭的生活机会，尤其需要关注那些对公民社会具有积极贡献潜能但又可能被浪费的个体和家庭（Dryfoos, 1990, 1998; Hamburg, 1992; Lerner, 2002b; Lerner et al., 1999; Schorr, 1988, 1997）。

　　研究与计划推广社区的专门协作技术能够提供许多这类信息，尤其在与高度授权社区建立的合作关系中。这种结合能够成为儿童、家庭和人类发展整合性政策中不可或缺的组成部分。这些整合性政策的目标是建立关爱性社区，并有能力促进儿童、青少年、成年人以及家庭的健康发展（Jensen et al., 1999; Kennedy, 1999; Overton, B. J., & Burkhardt, 1999; Sherrod, 1999b; Spanier, 1999; Thompson, 1999）。美国和世界的家庭和青少年正面临巨大的前所未有挑战，如果期望在 21 世纪培养健康且成功的儿童来高效、负责、道德地领导公民社会，那我们需要抓紧发展这种合作关系了（Benson, 1997; Damon, 1997; Lerner, 1995; Lerner et al., 2000a, 2000b）。

　　在当初，对儿童、儿童发展以及儿童需要的理解某种程度上只是知识分子的恩赐。19 世纪后期，运用这些知识去增强儿童的生活质量逐渐形成了发展心理学领域，并且推进了 21 世纪的应用发展科学。人类发展领域有机会通过出版应用发展科学研究来服务世界上的公民，并能证明对于公民社会而言没有什么比一门科学采用其学术研究来改善所有人的生活机会更有价值的了。

第二章　神经发育与终生可塑性

Charles A. Nelson

在过去的 25 年中，对人类大脑的形成和发育研究无疑是最具吸引力的科学课题之一，虽然它尚处于探索阶段。在美国，20 世纪 90 年代被称为是"大脑研究的十年"，但很显然，随着我们步入 21 世纪，对大脑功能和大脑发育等方面的知识我们还远未掌握全面。通过这一章我希望强调的是，有关大脑发育的知识对于我们理解儿童发展的所有方面确实都非常重要。特别需要指出，尽管人们通常认为大脑主要是在基因和激素的控制下自我发展的，但下文将阐释大脑的发育成熟是受内源性经验和外源性经验双重影响的。在婴儿出生后的阶段这种共同作用尤其重要，然而遗憾的是，人们关于该阶段大脑发育的情况了解甚少。

在接下来的几部分中，我将描述人类大脑形成中的主要事件。一旦建立了这个框架，我将会接着来说明人的经验在影响大脑发育中所扮演的角色。我会将注意力放在早期和晚期经验上，来说明虽然大脑的发育很大程度上在生命前二十年就基本定型了，但是大脑的再组织会贯穿生命的始终。

大脑的发育：概要

正如人类胚胎学专业的学生所知道的一样，怀孕后短时间内，受精卵进行快速的细胞分裂形成囊泡。在怀孕第 1 周结束时，囊泡自身已经分裂成两层。较靠外的一层将作为支持结构而存在，如羊水、脐带和胎盘，而内层将会发育成为胚胎本身。在接下来几周时间里，胚胎开始进一步再分成更多层，这种再分过程从靠外的外胚层开始，外胚层将来会发育成为神经系统。当前研究的主题是，从非特定性组织的一个薄层发展到被称之为脑的高度复杂的器官，这种奇迹般的转变是如何发生的。在接下来的部分，我们将会描述在出生前和出生后那些促使脑形成的主要事件。其中，出生前发生的主要事件包括神经诱导和神经胚形成、细胞增殖、细胞迁移，以及接下来的细胞分化、细胞凋亡和轴突生长。髓鞘形成和突触生成在怀孕期间已开始发生（随后是轴突和树突的形成过程），两个过程要一直持续到生命的第 2 个十年。

出生前的发育

神经诱导

如图 2.1 所示，神经诱导要借助未分化的细胞来实现，这一进程中包括胚胎外胚层的一部分继续发育成神经组织本身。人类的神经诱导发生在怀孕期的第 16 天（O'Rahilly & Gardner, 1979）。允许这种外胚层发生转化的机制目前尚不清楚。传统观点认为，是一种化学信号促使外胚层背部"朝向后部的"发育成为神经系统，这一化学信号分泌于中胚层（Spemann & Mangold, 1924）。更多关于发展神经生物学的近期研究发现，转化生长因子 β（TGF-β）超家族（如活化素促进抑制素）的成员在诱导过程中发挥重要作用，而几种蛋白质（如卵泡抑素）可以通过抑制这些 TGF-β 来促成神经化的发生（Hemmati-Brivanlou, Kelly, & Melton, 1994）。

神经胚形成

神经胚形成涉及神经板转化成神经管的过程（如图 2.1）。在诱导过程中外胚层的背侧细胞沿外胚层背部的中线部分增厚，形成神经板。神经板一旦出现，会沿着吻尾径（由上到下）的方向变得细长（Smith & Schoenwolf, 1997）。通常，神经板转变成神经管，随后继续形成大脑和脊髓。神经板最宽的部分代表未来的前脑，神经轴的一个弯曲称为颅曲，通过颅曲可以辨别出未来的中脑（Sidman & Rakic, 1982）。

尽管我已很大程度上简化了这一非常复杂的过程，但是，人们仍可以发现这种极其复杂性可能使神经化的过程面临着失败的危险，神经管形成过程中可能会出现错误。所谓的神经管缺陷，通常会致使胎儿发育终止或者产生严重的出生缺陷，如先天无脑畸形。其他的发育缺陷，如脊柱裂，相比而言其灾难性程度要小一些，但是仍然会使儿童的生命非常脆弱：例如，这些儿童常会面临肌肉运动的问题，经常会出现继发性的医学并发症，如脑积水和感染。

我们假设神经管能够正确的进行封闭，那么神经管自身由祖细胞构成，这些祖细胞将会产生神经元和中枢神经系统的神经胶质细胞。具体来说，神经管的嘴部（"朝向前方的"）将形成大脑，尾部将形成脊髓。除此之外，毗邻神经管的部分和神经管的外部（例如，像三明治一样被夹在外胚层的外层和神经管中间；如图 2.1 所示）存在神经脊。组成神经脊的细胞最终会形成周围（植物）神经系统。

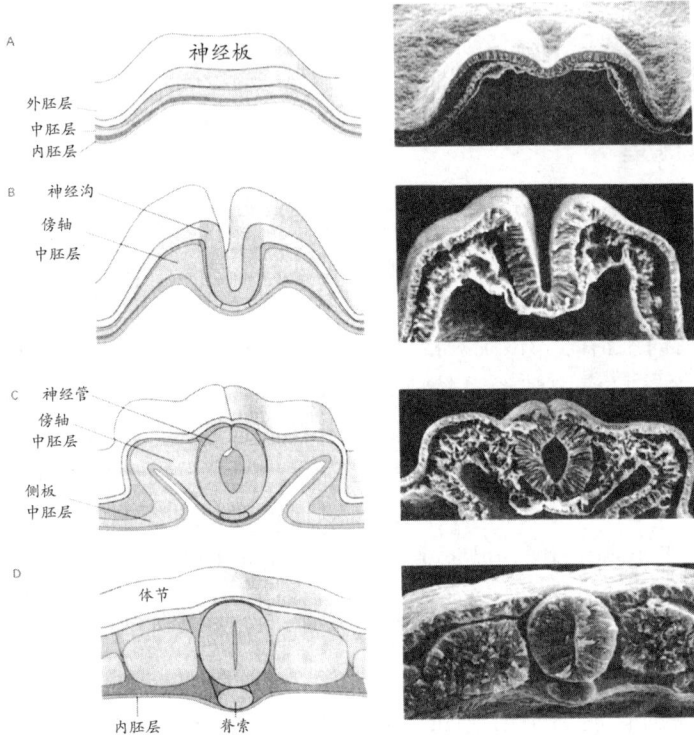

图 2.1　神经管的形成

细胞增殖

在灵长类和啮齿类动物中，细胞增殖包括一个对称的阶段和一个不对称的阶段（Rakic, 1988; Smart, 1985; Takahashi, Nowakowski, & Caviness, 1994）。在增殖阶段的早期，一个祖细胞是如何通过有丝分裂产生两个祖细胞的，Chenn 和 McConnell（1995）曾对这一问题进行了讨论。因为一个细胞分裂形成两个相同的细胞，所以细胞增殖的第一阶段被称为对称式的。细胞前后移动，游走在室管膜层（神经系统的第一层，早期复制在这里发生）内外。复制一旦发生，细胞向下移动到室管膜层，在这里细胞再次进行分裂。已分裂形成的两个祖细胞各自独立地开始有丝分裂过程。在增殖阶段，边缘层形成，它包括来自室管膜层细胞（轴突和树突）形成过程（见

Takahashi,Nowakowski, & Caviness,2001; 如图 2.2 对这两层的说明)。

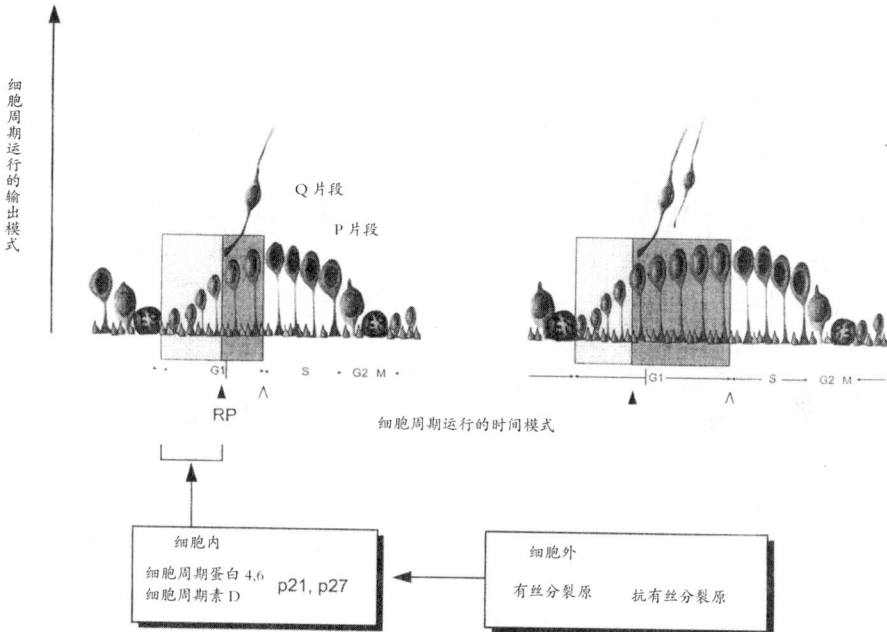

图 2.2　细胞迁移与增殖

　　人类细胞增殖的第二阶段(在这个阶段第一批神经元形成)大约开始于怀孕第 7 周,这个增殖过程一直持续到怀孕中期(Rakic,1978)。在这一阶段,祖细胞生成另外一个新的祖细胞和一个分裂后的神经细胞,这个新生成的神经细胞不再进行分裂。由于生成的是两种不同种类的细胞,所以这种细胞增殖形式被称为不对称式的。同对称性分裂阶段一样,当细胞前后移动,在室管膜层内外活动的时候,细胞合成 DNA,继续进行细胞分裂。尽管新形成的祖细胞继续分裂生成其他细胞,但是人们认为有丝分裂后神经元会停止分裂,开始迁移到它的最终目的地(Rakic,1988)。

　　这期间一定发生了众多微妙的分子间交互作用,使细胞增殖得以发生并且能够得到调节。结果表明,胚胎很脆弱,很容易受环境中的微小变化的影响。例如,脑过小(一个神经紊乱的异质组,其特征是个体的脑小于正常人)就是由神经增殖过程中的畸变引起的。脑过小可能由大量的外源性经验引起,包括个体暴露于辐射环境中,母亲患风疹和母亲酒精中毒(具体讨论参见 Shonkoff & Phillips,2000)。此外,在细胞增殖阶段个体如果遇到这些环境事件,可能导致对称式增殖阶段结束,结果致使神经元最终数量减少。

迁移机制

一个未成熟的神经元一旦形成，它一定会从室管膜层或者脑室下区迁移到它的最终目的地。在人类中，这种迁移大约开始于怀孕第8周，这时候祖细胞开始生成有丝分裂后神经元（Rakic，1978）。大约在怀孕第4到第5个月，细胞增殖结束，因此在这一时间段最后一批细胞开始它们的迁移。

迁移发生在完全不同的两轮浪潮中。在第一轮浪潮中，进行迁移的有丝分裂后神经元最初来源于室管膜层，而在第二轮迁移中，它们来自于室下区（Rakic,1972）。皮层神经元以一种由里到外的模式进行迁移，这就意味着"生日"早一些的神经元迁移到更低的皮层，"生日"晚一些的神经元跨过其他神经元的终止处，其迁移的最终目的地是更靠外侧的皮层位置（Rakic,1974; 如图2.3）。结果，神经元聚集在室管膜层，占据了脑内的更低的分层（第4层、第5层和第6层），从室下区剥离出来的神经元位于脑的更靠外区域（大体上是第2层和第3层）。但是皮层的分子层（第1层）是例外的（Chong et al.,1996）。在这里，细胞迁移的同时作为最内层存在，人们通常认为分子层和最内层可能会对将来属于中间层的细胞结构提供支持（Chong et al.,1996）。

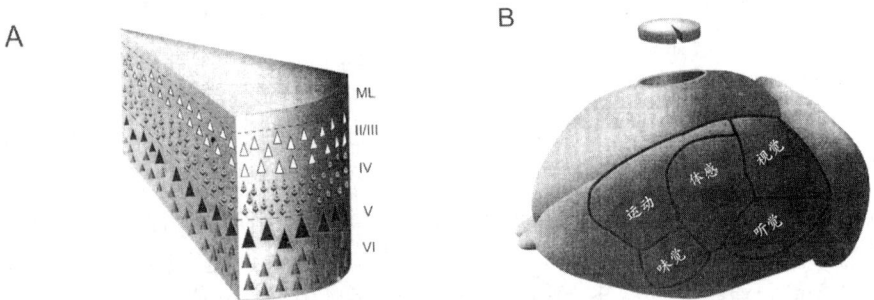

图2.3　细胞迁移示例

神经元细胞有两种迁移方式：射线迁移和切线迁移（综述见 Hatten,1999; Rakic,1995）。在射线迁移中，神经前体细胞沿着来自增殖层的放射性胶质细胞移动到中枢神经系统更靠外的区域（Rakic,1971,1972,1978）。结果，放射性胶质细胞为神经元提供了一条从增殖区的深层移动到最终目的地的路径。这一迁移阶段发生之后，接下来很多放射性胶质细胞转变成星形胶质细胞，星形胶质细胞是另外一种胶质细胞（Rakic,1990）。

相对于径向迁移而言，切线迁移能够使神经元平行移动到正在发育的脑的表面，因此神经元可以进出不同的脑区域（Rakic,1990）。在发育中的脑内，切线方向的迁移发生在什么位置？O'Rourke,Chenn 和 McConnell（1997）在胎儿的侦测脑中发现有关证据，能够证明在室管膜层和室下区，有丝分裂后细胞发生切线迁移。因此，至少是由于有丝分裂后细胞的运动产生了部分的切线方向的散射，这种有丝分裂后细胞的运动发生在细胞到达推定的皮层之前。正如在细胞分化部分我们将会讨论的一样，细胞是否以一种射线或者切线的路径进行迁移，将会决定是哪些影响会对细胞将来所在的精确位置负主要责任，这些影响主要指遗传的影响或者外在的影响。如果细胞放射状地散布，那么有丝分裂后神经元的祖细胞的生成时间和生成位置将会决定神经元定居位置。然而，如果也涉及切线迁移，这就暗示细胞的命运不仅仅是由生成时间和祖细胞的位置决定，环境线索也可能会影响细胞在皮层中的位置。

很多神经元需要迁移的距离达到成千上万微米（Rakic,1972），与神经元自身的尺寸相比这是一段极远的距离。因为迁移的神经元依靠一系列大量的分子信号来引导它们的迁移路线，因此在这一时期任何有害的微小变动都可能会导致迁移错误的发生。例如，脑回小畸形的发生，是由于在人类胎儿的细胞迁移阶段，环境损害导致移动中的神经元路线选择发生错误，随后导致整个脑中大量畸形的产生（McBride & Kemper,1982; Norman,1980）。人们更多的推测精神分裂症由细胞迁移错误引起的（参见 Elvevåg & Weinberger，2001）然而遗憾的是，人们对细胞迁移错误尚未有很好的理解与掌握。

增殖和迁移带来的细胞结构变化

未成熟的皮层最初是由祖细胞构成的单一的一片，随着细胞迁移的进行，它转变成由许多不同种细胞构成的复杂结构（如图 2.4）。到怀孕第 6 周，在靠近室管膜层的位置浅浅地出现边缘区。在怀孕第 6 周和第 8 周之间，室管膜层和边缘区之间出现过渡区。总的来说，中间区域的细胞是有丝分裂后的细胞。

在怀孕第 8 周和第 10 周之间，室管膜层和中间区之间出现了室下区（该区与细胞增殖有密切关系；见 Rakic,1978）（Sidman & Rakic,1973）。因为在第一轮迁移中，室管膜层细胞减少，室下区在第二轮迁移中提供大量的神经元（Rakic，1978）。外板（它后来发育成脑皮层中其中的 6 层）也是

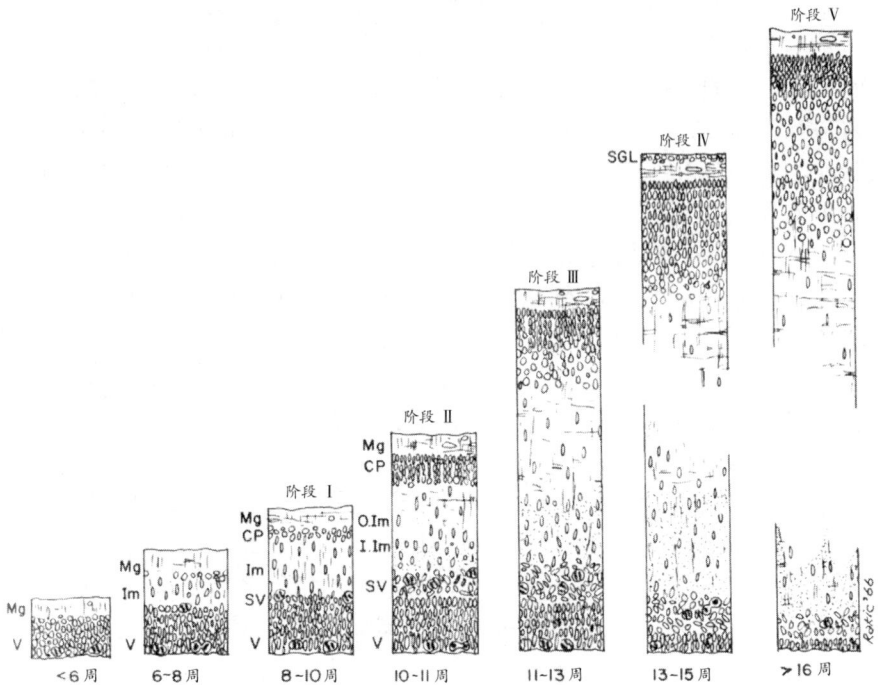

图 2.4　人类大脑皮层的早期发育

在中间区和边缘区之间形成的（Rakic，1972）。结果，来自外板的分支神经引起前板分成边缘区和子板块。这种子板块区域与决定脑皮层的组织结构有关（O'Leary，Schlaggar，& Tuttle，1994）。

　　在细胞迁移的第一轮中，室管膜层祖细胞的增殖导致神经管中囊泡或凸起的形成。到人类怀孕的第 20 天，神经系统由三种基本的囊泡组成（O'Leary & Müller，1994）。这三种囊泡是前脑、中脑和后脑。（如图 2.5）在第 5 周，进一步的细胞增殖产生了 5- 囊泡阶段。这时，前脑裂开形成端脑和间脑。此外，中脑不分裂，后脑分成了后脑和脑脊髓。

　　迁移的第二轮发生在怀孕的第 11 周和第 16 周之间（Rakic，1972），在这一时期，端脑戏剧性的扩大，并且分化形成脑皮层、基底节、胼胝体和其他结构，包括丘脑在内（Martin & Jessell，1991）。到怀孕第 20 周，外板分成三层，到怀孕第 7 周，人们能够观察到皮层中所有 6 层（薄层），这和成人脑中的层数是相同的（第 6 层是最深的一层，第 1 层是最表面的一层）。

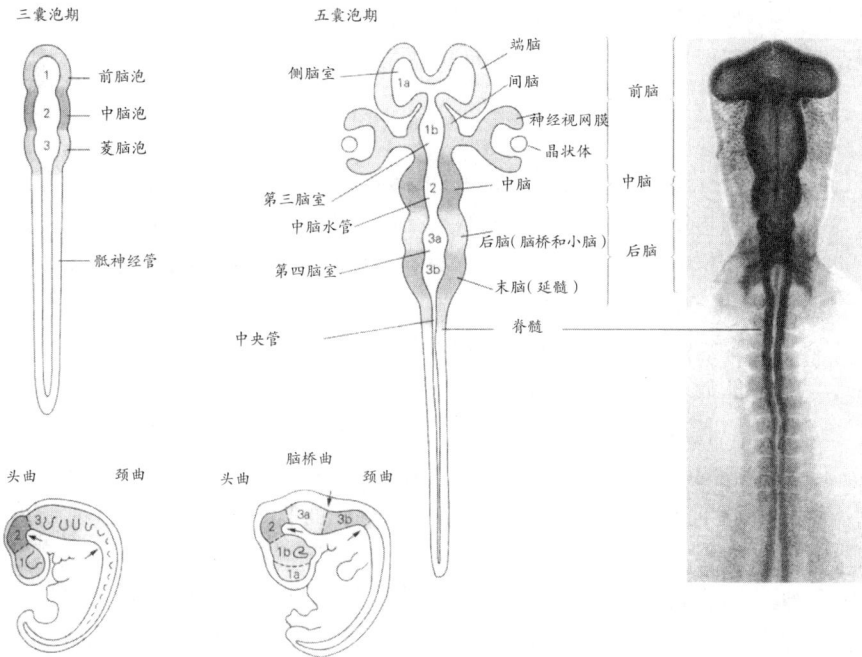

图 2.5　神经管从三囊泡到五囊泡的发育

轴突生长和突触发生

神经元一旦迁移到目的地，它们的轴突一定能够发生延伸，与其他神经元建立联系（Tessier-Lavigne & Goodman, 1996）。生长锥体（存在于移动轴突的尖部）在突触定位导航中扮演重要的角色。生长锥体由两种基本结构构成：板状伪足和丝状伪足（Suter & Forscher, 1998）。板状伪足呈扇形，丝状伪足作为尖状物突出于板状伪足，这些过程中它们通过伸展或回撤来对分子环境进行尝试，从而决定突触移动的方向。

一旦轴突到达目的地，就会形成突触联结并且这种联结会得到加强，这个过程与神经营养因子有关。神经营养因子是神经存活所必需的信号分子（Henderson, 1996）。例如，神经营养因子 -4/5（NT-4/5），脑源性神经营养因子（BDNF）。然而，超出或者高于这些（或其他）神经生长因子（NGFs）的影响，大部分突触的模化和重构要依靠经验来完成，在本章接下来的部分会再回到这个话题上。随着轴突扩张和树突分叉，正在发育的神经体系更加密集地聚成一堆，大脑的表面需要通过回旋（沟和回）来增

· 27 ·

大体积，容纳不断增加的皮质团。因此，通过这些轴突生长和突触发生的过程，脑的体积增大，各部分间的联系形成，脑在外形上也更加成熟。

分化

细胞的分化是细胞随着时间的推移变得更加专门化的过程。准确地说，一个细胞专门定居在一个特殊区域的过程是一个一直让人感兴趣的问题；不同的区域和皮层表现出有差别的神经性特征（Chenn，Braisted，McConnell，O'Leary,1997）。

有两个基本理论可以解释细胞何时具体地定居在某一特定目的地，以及这一过程是如何发生的。Rakic（1988,1995）的地图原形假说假设增殖的室管膜层内存在一个描绘了成年人皮层所有神经元位置的"蓝图"。水平方向上细胞的目的地由室管膜层中祖细胞的位置决定，垂直方向上细胞的位置由起始时间决定（Rakic,1995）。相对而言，皮层原型假说（Chenn et al.，1997；O'Leary et al.，1994）将重点放在具有外在性质的影响上，以及当神经元到达目的地时所发生的事件在这个过程中所扮演的角色。相对于地图原形假说，皮层原型假说假设在室管膜层中祖细胞之间的空间关系可能不是由皮层的子细胞所维持的。相反，来自共同遗传背景的细胞有能力通过切线迁移移动到脑的相分离的区域（Walsh & Cepko，1992，1993）。这种迁移的形式可能不会依据一个预先决定的模式进行，相反地，移动中的细胞会对决定它们命运的各种环境线索做出反应。因此，切线方向的迁移会带来积极的影响也会引起消极的影响，这些影响能够改变皮层神经元的运动和最终的分化。

总之，正如地图原型假说预测的那样，细胞以一种点对点的方式从室管膜层和室下区向外移动到皮层，有证据能够支持这一观点。然而，也有证据发现不是所有细胞的命运都是预先决定的。经过切线迁移，细胞运动（细胞形态学）从某种程度上来说是可以被塑造的。这种可塑性可能会使迁移过程和其他发展过程中的错误得到改善，但是同时这种可塑性也说明，环境中微小的变动可能会对胎儿发育后期正在发育中神经组织产生不好的影响。

程序性细胞凋亡

据估计，在发育过程中大约有一半的脑细胞死亡，这个过程被称为程序性细胞凋亡（Raff et al.,1993）。这是细胞的一种程序性的死亡形式（很可能受营养性因子调节），它的特征是细胞整体发生皱缩，该过程中细胞器和质膜不受影响（Kerr,Wyllie, & Currie,1972）。其他细胞或者巨噬细胞快速将死亡的细胞吸收（Jacobson, Weil, & Raff, 1997）。这种快速反应能够阻止细胞内容物漏出，防止细胞发炎。因为程序性细胞死亡涉及神经元的变性，这些神经元大约是发育过程中所有神经元的 50%，所以这一过程的恰当展开对于正常发展来说起重要作用。可以肯定的是，智力障碍与细胞凋亡过程中的微小变异有关。例如，研究发现唐氏综合征患者的神经在培养过程中细胞凋亡率，相对于控制组脑细胞要高（Busciglio & Yankner, 1995）。这种神经缺陷可能至少可以部分解释与唐氏综合征有关的智力障碍问题。

胎儿期发展的总结

中枢神经系统的形成要经过一系列错综复杂的过程，这些过程包括诱导、神经胚形成、增殖、迁移、轴突延伸 / 树枝状分叉、突触生长、细胞分化和细胞凋亡。一方面，在其中任何阶段，即使是最微小的变化也可能严重改变有机体的发育轨迹。另一方面，我们知道这些微小的干扰有时几乎不会对脑功能产生影响（例如，异位移植，它是一种病理学状态，一般只在程序处理所在的地方发现细胞体，异位移植在正常的功能性个体中并不罕见）。因此，未来研究的一个重要领域在于揭示个体差异的变动范围，这些个体差异会产生不同的功能性发展轨迹。

前面已经描绘了胎儿期脑发育的框架，下面我们将简要地来讨论出生后发生的一些至关重要的事件。

出生后的发育

正如开头提到的，出生后的两个主要事件是突触发生和髓鞘形成，现在让我们回到这两个主题上来。

轴突和树突的形成

要想生成一个功能性突触，轴突必须与树突形成恰当的联系。人们已经发现，怀孕期间有大量轴突产生（如在胎儿期结束和出生后的阶段），通过出生后竞争性的消减过程，突触数量最终确定下来。例如，处于婴儿期的恒河猴，其胼胝体中神经纤维的数量至少是成年恒河猴的 3.5 倍（LaMantia & Rakic, 1990）。同样，在恒河猴视皮层中，在出生后第 5 个月轴突数量达到最高值，在出生后第 8 个月左右，突触发生达到最高峰（Michel & Garey, 1984）。

在出生后第 1 年,皮层的所有 6 层中都能看到树突树和树突棘的生长,尽管这些树突棘尚未发育成熟。例如,在出生后的第 2 到第 4 个月视皮层快速发育,大约在出生后第 5 个月,树突分枝达到最大值,接下来到出生后第 2 年又回归到成人水平(Michel & Garey, 1984)。

不幸的是,在形成恰当的轴突投射的过程中,很多因素可能会扰乱其进程,例如,早期的头部创伤、缺氧、毒素、营养不良,或者遗传异常问题,同样,树突畸形可能与(在其他因素中)不恰当的细胞位置、神经毒素、营养不良以及发展性毒素(如,脆性 X 综合征;参见 Volpe, 1995)有关。例如,智力障碍的儿童存在树突树和树突棘畸形问题(例如,Huttenlocher, 1975, 1979; Purpura, 1975, 1982),这些儿童的树突可能偏小,树突棘的数量偏少或者茎秆偏短。在尸体解剖研究中,病因未知的严重智力障碍的个体,其树突树和树突棘在数量、长度和空间分布上存在缺陷。

突触发生

突触产出过剩

突触有两种,电突触(如细胞缝隙联结)和化学突触,我们将讨论的大部分的重点放在化学突触上,人们对化学突触的知识了解得更多。在一个化学突触中,来自突触前细胞的电信号被转化成一个化学信号,这个化学信号可以通过细胞外的空间传递到突触后细胞。在突触传递过程中,一个电信号从体细胞(细胞体),向下传递到轴突,然后将化学信息释放到细胞外空间。化学信息(通常是神经递质和神经肽)可以打开或者关闭树突棘上的离子通道,改变突出后细胞的电流。经过这一过程,细胞与细胞之间可以发生交流,大多数的细胞间交流发生在轴突和树突之间(也可以是轴突到细胞,树突到树突和轴突到轴突)。

自发的(Molliver, Kostovic, & Van der Loos, 1973)和环境诱发的神经活动形成突触并维持突触的稳定性。早发育的突触是不稳定的,这种机制的存在很有可能是为系统做好接受环境输入的准备。通过其中一种机制的作用,突触可能会变得稳定。例如,它们可能会在突触前和突触后部位表现出协调活动(Schlaggar, Fox, & O'Leary, 1993)。成人联结模式的形成涉及联结数目的减少,这些联结的数目是有限的,联结也是不成熟不稳定的,同时恰当的联结会更加精致,并且联结数目会有所增加。形成功能性联结的突触接受更大量的协调性活动,表现出稳定性,而那些没有功能性联结的突触可能会被清除掉或者被吸收(Changeux & Danchin, 1976)。

通过不同的神经营养因子(如 NGF)的局部释放,突触稳定性也可能会发生。例如，人们已经证实，如果轴突的母细胞在近期已被激活，那么这些轴突能够对神经营养因子做出反应（Katz & Shatz, 1996; Thoenen, 1995）。谷氨酸受体的 N 甲基 D 天冬氨酸（NMDA）亚种也可能以相同的方式，通过影响皮层细胞前突触的激活来发挥功能（例如，Schlaggar et al. , 1993）。

第一批突触可能早在怀孕的第 23 周产生。例如，Molliver 和同事（1973）在这一阶段的皮质板上发现最早的突触联结。然而，大多数突触在出生后，尤其是出生后第 1 年内发育。尽管突触发生的时间有差异，但是在听皮层、视皮层和额内侧回中，突触密度的成人值和巅峰水平基本相似，这说明，在皮层中突触巅峰值和突触减少的程度类似（Huttenlocher & Dabholkar, 1997）。例如，Huttenlocher 和同事（Huttenlocher, 1979, 1984; Huttenlocher & Dabholkar, 1997; Huttenlocher & de Courten, 1987）对死亡的组织进行细致的研究，证明了视皮层和前额叶皮层突触发生的存在。例如，在视皮层中，尽管一些突触早在怀孕的第 28 周就能被看见，但是突触发生增加最大的时间是出生后第 2 到第 8 个月，增加最快的时间是在出生后第 2 到第 4 个月（Huttenlocher & de Courten, 1987）。相比较而言，额叶皮层的突触形成始于怀孕第 27 周，直到出生后第 15 个月才达到它的最大密度值。人们通常认为与认知的更高级形式有关的一个区域——额中回（MFG），其突触密度在出生后的 3.5 年达到最大值（Huttenlocher & Dabholkar, 1997）。

有人已经提出，皮层中最初的突触产出过剩，可能与未成熟的脑的功能性特征有关，它可以有助于脑的焦点损伤或畸形后的恢复和适应（Huttenlocher, 1984），也可能能够说明这种最初的突触产出过剩阶段是一个关键期或者是一个易损的阶段。这种产出过剩也可能作为一种机制而起作用，通过这种机制的作用脑可以做好准备接受来自环境的输入。关于突触发生的研究已经证实了在出生后阶段确实存在这种重要的发育性增长，Goldman-Rakic（1987）提出，早期的突触产生过剩阶段对于认知功能的发生具有重要意义。

突触修剪

所有的神经系统可能都存在突触消除现象，基于大规模的退化事件脑内形成联结（Changeux & Danchin, 1976; Huttenlocher & Dabholkar, 1997; Rakic, Bourgeois, Eckenhoff, Zecevic, & GoldmanRakic, 1986; but see Purves, 1989）。修剪，或者是在细胞死亡之外的突触损耗，与环境调节引起的变化有关，主要表现为每单元树突长度的突触密度变化。突触消减发生在童年晚期和青少年期（Huttenlocher & Dabholkar, 1997）。尽管在突触形成和消减的时间过程中有地形学上的差异，但是定量测量已发现它们形成和消减的一个共有模式：在童年期突触的数量达到顶峰，随后减少 40% 左右，其数量达到成人水平（Huttenlocher, 1979; Huttenlocher & de Courten, 1987）。

前突触神经营养因子在突触的稳定性和皮层神经元活动的调节中起作用（Kostovic, 1990）。需要特别指出的是，兴奋性输入和抑制性输入的分布变化会引起突触修剪的发生。例如，Diebler 和同事（Diebler, Farkas-Bargeton, & Wehrle, 1979）提出在皮层突触中抑制性递质（GABA）的数量可能会影响突触消减的发生。

另外，人们认为，从目标神经中获得的神经营养因子数量有限，并且需要与传入的物质进行营养性的交互作用，这些原因会引起突触修剪的发生。突触修剪的发生可能需要借助具体的神经营养因子的作用，如 NGF、NT-3 或 BDNF 或促甲状腺释放激素（Patterson & Nawa,1993）。因此，只有具有电活性的侧枝可以对突触发生的因子做出反应，如果突触联结没有成为神经元环路中的一部分，那么这些联结可能会慢慢消减（Changeux & Danchin,1976）。

此外，很可能只有不恰当的突触和它们的分枝会消失，而在恰当层中的分支，其大小和复杂性都会增加。

有关突触发生的总结

总体来说，一些突触会早在胎儿足月前的 4 个月就已形成，尽管大量的突触在怀孕后期形成，并且这种形成过程会持续到出生后的阶段。现在人们确实已经证实，发育中的脑会发生大规模的突触产出过剩现象，随后突触数目又减少到成人值水平。产出过剩和修剪发生的阶段在不同区域会有变化，视皮层中突触达到成人值要到出生后第 5 到第 6 年，而在前皮层中突触数量直到青少年中晚期才达到成人值。正如在随后的部分将会详细进行说明的一样，人们相信经验会对产出过剩和修剪的过程产生有力影响。

髓鞘形成

髓鞘是一层厚鞘层，可以使轴突绝缘，髓鞘可以提供更多快速的冲动传导。在外周神经系统中，髓鞘由雪旺细胞组成，在中枢神经系统中，髓鞘由少突胶质细胞组成。

人们通常认为髓鞘形成是按照从尾到喙的方向发生的。我们发现重要的一点，大脑首先髓鞘化的区域与最先表现出发育功能的区域相同。例如，Gibson 和 Brammer（1981）发现皮层的初级感觉区和运动神经联结区域发育要早于相关联区域；促进与脑干和脊髓交流的层（第 1、4、5 层和第 6 层），它们层髓鞘化早于那些促进与皮质交流的层（第 2、3 层）

　　控制体位、方向和前庭系统的神经束在出生以前就已完全髓鞘化。视觉系统（视上丘、视束和视神经）的主要神经束在出生前已开始形成髓鞘并且在出生后 9 个月发育成熟（Brody,Kinney,Kloman, & Gilles,1987）。在出生后的头两年时间里，皮质脊髓（运动系统）的髓鞘形成与神经肌肉功能的增加有关（Brody et al., 1987），脑干中的髓鞘形成接近成熟水平大约需要 1 年时间，脊髓的髓鞘形成大约到 28 个月可以接近成熟水平。相比之下，与额叶相关联区域的髓鞘形成一直到青少年期仍然在发育（例如，Giedd et al., 1999; Sowell, Thompson, Holmes, Jernigan, & Toga,1999），也有一些人估计，这种髓鞘形成可能直到生命的第 3 到第 4 个十年才达到成人水平（Yakovlev & LeCours,1967）。

　　与脑发育其他方面的案例一样，髓鞘形成中发生的干扰可能会导致正常发展轨迹出现偏差。因而，髓鞘形成减少会导致很多问题，它可以使神经传导速度降低、使动作激发电位发生后的不应期延长、引起更经常性的传导失败、冲动的暂时性离散以及表现出对体外影响的易感性增加等问题（Konner, 1991）。髓鞘不足的起因有很多种，包括先天性甲状腺功能降低、营养不良和室周白质软化（早产儿中常见的一种病痛；Volpe,1995）。

总结

　　脑发育的基本元素在出生以前已经清晰地铺设好。它们始于怀孕仅几个周后神经管的形成，最后到怀孕第 5 个月细胞迁移完成。这时，随着最早期突触的出现，神经回路开始形成，紧随其后发生的是不同感觉系统中轴突的髓鞘形成。然而，大量的突触发生和髓鞘形成发生在出生后（如图 2.6 对这些主要事件的一个概论）。这两个过程是在内源性控制（如基因、

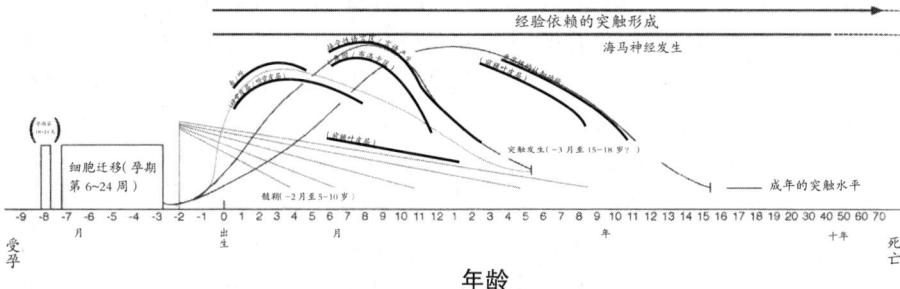

图 2.6　脑发育总体概况

体液)和外源性控制(如经验)的交互影响中发生的。在本章接下来的部分和最后的部分将会对后者的影响进行讨论。

神经环路的发展与改造：神经系统可塑性

在这一部分，我来讨论从胎儿期到青少年期，人脑是如何发育的。然而，限于篇幅，我不能详细讨论这些脑发育事件发生时的分子机制。很明显，发展的一些方面很大程度上受基因或体液的控制，而不受外源性或内源性经验的影响。可是，即使这样，"经验"也能产生影响。比如个体出生前接触畸胎形成因子或缺乏营养(见 Shonkoff & Phillips，2000)，二者都能影响细胞分化(如头小畸形)、髓鞘形成、甚至可能影响到神经胚形成(参见流行病学上叶酸缺乏和神经管缺陷的联系)。然而，脑发育中受经验影响最强最显著的领域是突触的形成。在这一方面，有非常多的证据表明，积极经验和消极经验都能影响到脑神经元的连接方式。在这里，值得注意的是 Greenough 及其同事们(如 Black，Jones，Nelson，& Greenough，1998；Greenough，Black，&Wallace，1987)认为，突触的产出过剩和回缩表明了一种可塑系统的原型：具体地说，这是一段机会性和脆弱性并存的时期。这样的话，如果一个孩子得到了某种经验，突触可能受到有益的影响(例如，对不适当的突触进行修剪，或形成新的、有益的突触)，也可能受到不利的影响(例如，对不适当的突触修剪失败，或形成了对有机体有不利影响的新突触)。鉴于此，我们最好回顾一下 Greenough 的可塑性模型。

Greenough(Greenough et al.，1987)提出，经验能以两种系统中的某一种对神经环路产生影响。在经验预期系统里，发展的基础是能够对适宜的环境(也就是适宜的经验)提供某种信息的预期，而大脑需要这种信息来选择适宜的突触连接子集。如此一来，对任何特定物种，我们就能合理地设想出该物种内的所有个体会预期什么样的经验，以及应该预期什么样的经验。在言语知觉和视觉发展的一些方面(如深度知觉)，都能找到经典的例证；依恋关系的形成方面(这里的假设是，人类中的未成年个体需要有人照料)则能提供一些不太完善的例证。与此相对，在经验依赖系统里，每个人的发展都是独一无二的，发展很可能涉及贯穿生命全程的新突触的动态形成，而这都以个体与环境的相互作用为基础。这方面的例证有学习和记忆，在言语方面，还有词汇习得。

均涵盖于经验预期模型和经验依赖模型中的观念是，"经验是一把双刃剑"。这就是说，经验本身的性质——连同经验发生时脑的成熟——会决定（至少是能影响）经验导致的神经改造对有机体而言到底是有利还是有害。在本节接下来的内容里，我会举出一些好结果和坏结果的例子，还有发展中的有机体独有的神经可塑性的例子，以及似乎不受年龄因素影响的可塑性的例子。不过，我会从讨论一些一般原则开始，这些原则说明了经验的结构如何成为脑的结构。

神经可塑性背后潜在的神经生物学机制

作为一项规则，经验可以通过许多机制促使脑发生变化。一种解剖学变化能反映出一个已存在的突触可以通过形成新轴突或扩展树突表面积来改造自身的活动特性。例如，正如我们将在学习与记忆部分看到的那样，在复杂环境里饲养老鼠会导致其树突棘增加，最终使新突触形成。已存在的突触能通过增加神经递质的合成和分泌来改造其活动特性则可能体现了一种神经化学变化。例如，现在已经确定，NMDA（一种用来识别特定的谷氨酸盐子集的兴奋性氨基酸）能够改造突触前成分和突出后成分的活动特性，并能引发新树突棘的形成（请参见 Yuste & Sur，1999）。此外，受经验影响的、皮层及皮层下代谢活动（如葡萄糖消耗量、氧气）的波动则可以作为代谢变化的实例。我们将在运动可塑性部分看到，学习杂技技艺的老鼠，其脑的运动区的毛细血管往往会增多（请参见 Black et al.，1998）。最后，据推测，在所有的情况下，经验能使基因表达发生变化；例如，最近 Rampon 等人（2000）表明，在丰富的环境中生活过一段时间（短则 3 小时，长则 14 天）的成年老鼠在各种关于 DNA/RNA 合成、神经元信号传导、神经元生长与构建和细胞程序性坏死的基因表达上表现出了变化。总而言之，经验能通过许多分子机制对脑产生作用。

在确立了经验赖以作用于脑的结构和功能的机制之后，接下来我将转入对具体的行为和能力，及其受经验影响的神经联系的讨论。

视觉发展

深度知觉是指在两只眼睛接收到不同视觉特性的基础上分辨深度线索的能力。这种能力发展的基础是视皮层眼优势柱的发展，优势柱表现的是每只眼睛与视皮层第 4 层的联系。如果出于某些原因，两只眼睛的排列位置异常，使之不能有效地汇聚于远处的目标（如斜视这种情况），如此一来，支持正常深度知觉的眼优势柱就不能正常发展了。如果未能在突触数量开始达到成年水平之前（一般是幼儿园末期或小学的初始阶段；见图 2.6）进行纠正，儿童就不能发展出正常的深度视觉。其结果不仅仅是深度视觉不好，一般也有可能致使单眼视力不佳。

直到最近，人们才想到眼优势柱的发展很大程度上受出生后的视觉经验推动。例如，David Hubel 和 Torsten Wiesel 于 20 世纪 60 年代报告说，对于猴子和猫，用双眼视物是眼优势柱发展的必要条件；因此，人们认为这些优势柱是因视觉活动才得以发展的。然而，近期又有研究报告说，实际上这些优势柱的初始发展完全不是活动依赖性的（Crowley & Katz，1999）；此外，Crowley 和 Katz 还认为这些优势柱的形成不依赖于视觉经验，可能大部分依赖于先天性的分子，这些分子能将生长中的轴突引领到目的地。虽然并不是所有人都能接受他们的观点，但是这些发现确实提出了一些有趣的问题，使人们思考经验在眼优势柱的发展中所起的作用。最后，他们认为这些优势柱在经验起作用前（即出生前）已经开始发展，这与 Bourgeois 及其同事的观察结果是一致的，他们发现早产的猴子、甚至是出生前被摘除眼球的猴子的视皮层突触产出过剩没什么异常（Bourgeois，Reboff，& Rakic，1989）；然而，对这些突触的回缩情况，人们知之甚少。

与此完全不同的是，Maurer 及其同事（Maurer，Lewis，Brent，& Levin，1999）对患有先天性白内障的婴儿进行了纵向研究。这个研究的精妙之处在于，研究者可以研究在不同年龄摘除白内障的婴儿。最基本的研究结果是，摘除白内障后，经验在增强视觉能力方面起到了重大作用；这就是说，比如出生后几个月内就接受手术的婴儿，仅仅几分钟的视觉经验就可以使视敏度发生巨大变化。而且，与事先的期望一致，婴儿越晚摘除白内障，经验对视觉造成的有利变化就越少。这个过程与前面讨论过的神经可塑性的经验预期模型很相似：由于进化，人类在一个特定的阶段里对某种特定的视觉经验产生预期，如果个体在这段敏感期之外被剥夺了这种经验，则会对发展产生有害影响。

言语发展

言语发展的很多组成要素都与我们对经验的作用所做的讨论有密切关系。其中包括言语知觉、第二语言习得 / 言语的神经表征、还有先天性耳聋对视觉功能的影响。

言语知觉

我们以一个言语知觉文献中的例子来展示经验对脑和行为发展的作用。一段时间以来，人们都知道，如果讲英语的成年人没有接触过瑞典语、泰语或日语的话，是不能辨别出这些语言间的差别的。这与他们那种极强的辨别自己语言（英语）中语音差异（例如，"ba"和"ga"）的能力形成了鲜明对比。其他的研究中，Kuhl（Kuhl，Williams，Lacerda，Stevens，& Lindblom，1992）的研究结果显示，6～12个月，婴儿分辨其没有接触过的语言中的音素的能力会大大降低（见 Werker & Vouloumanos，2001）。这即是说，即使一个成长在说英语的家庭中的6个月大的婴儿能够辨别出英语、瑞典语、泰语中的差异，但是在12个月大时，这些婴儿的辨别能力就变得与成年人差不多了。换句话说，婴儿失去了辨别外来语言中差异的能力。这些数据可以说明，在一段特定的时间内，言语系统对经验是开放的，但如果某特定领域的信息（如听到不同语言间的差异）没有来到，这扇窗户就要在人生的早期关闭了。同样，这也是一个经验预期模型的例子。

我们不应该把这些发现解释成言语知觉的所有方面都受限于敏感期或关键期。例如，有证据表明，在儿童期相当晚的时候，经验仍能改变言语知觉的某些方面。Tallal 及其同事（Tallal et al.，1996）推测，一些具有言语问题（语言学习障碍）的儿童在辨别正在说的话中的音素时有困难。据推测，这种缺陷的基础是听觉系统功能不足，致使儿童跟不上音素呈现的速度，也就导致了分辨语音时的困难。在此之前，Tallal 报告说，如果把语音过渡时的变化速率降低，则语音辨别绩效能得到改善（Tallal & Piercy，1973）。最近，Tallal 和 Merzenich（Merzenich et al.，1996；Tallal et al.,1996）报告说，如果对有语言学习障碍的儿童进行为期4周的强化训练，训练其短期语音加工能力，那么在语音辨别和言语理解方面都能获得大约相当于正常发展中2年的进步。

综上所述，虽然是在生命的第一个月获得最初的辨别语音的能力，且在12个月大后这种能力渐渐减弱，但是仍有证据表明，在婴儿期之后，也能对个体完成语音辨别训练。

第二语言习得 / 言语的神经表征

言语的神经表征是什么样子的？ Dehaene 及其同事（Dehaene et al.，1997）多年前报告说，如果个体真的达到双语化，那么第二语言的神经表征与第一语言完全一样；然而，如果对第二语言的掌握在强度上不如第一语言，从正电子发射断层扫描（PET）上来看，二者的功能性神经解剖形态是不同的。由于几乎所有参与本研究的双语者在年龄较小的时候就习得了第二语言，所以本研究的初步结论为，第二语言需在年幼时习得，如此才能使第二语言与第一语言有相同的神经表征。不过，近期这个结论受到了质疑。这些研究者们（见 Perani et al.，1998）想知道，关键性的变量是习得第二语言时的年龄，还是被试说第二语言的熟练度？在一项追踪研究中，考察了掌握第二语言时的年龄与说第二语言的熟练度的交互作用。该研究的作者发现，后者才是关键性的因素。因此，无论第二语言何时习得，如果能把第二语言说得像第一语言一样熟练，那么两种语言的神经表征就是一样的。近期，在关于先天性耳聋个体手语掌握的研究中也得到了类似的结果：在耳聋个体的大脑中，与用手语"说话"有关的区域正是听力正常个体用于说话的区域（见 Petitto et al.，2000）。这些结果共同对习得第二语言的关键期假设提出了质疑。

不过要注意，不要把多种语言具有相同的神经表征与说第二语言不带口音混为一谈。比如 Newport（例如，Johnson & Newport，1989）证明，10 岁之前习得第二语言的个体说第二语言时不带口音的可能性，远远高于 10 岁之后习得第二语言的个体。

先天性耳聋对视觉功能的影响

一般认为，先天性耳聋者的视觉功能比听力正常者更强。虽然这种说法是不足凭信的，但是耳聋者与听力正常者在一些视觉功能上确有差异。例如，Neville（Neville et al.，1998）的研究显示，在观察边缘视野中目标的时候，先天性耳聋者较听力正常者有优势。Neville 解释说，因为缺少向上膝状体（听觉系统的主要中转站）的信息输入，所以外侧膝状体（视觉系统的主要中转站）被重组。

以上这些关于语言的几个方面的研究清楚地表明了经验对脑功能的作用。然而，我们也应该清楚，这个过程不存在关键期；经验起作用的程度在被研究到的特定领域中也各不相同。这是我会多次提到的一个主题。

学习和记忆

在经验能影响脑和行为这个背景下，没有任何领域能比学习和记忆受到的关注更多。例如，二十多年前人们就知道，在某些认知任务上，饲养在复杂的实验室环境（即含有很多玩具和社会性交往的环境）里的老鼠比饲养在隔离环境里的老鼠的绩效高（例如，前者在空间知觉任务里犯的错误更少；Greenough，Madden，& Fleischmann，1972）。在细胞水平上，在饲养在复杂环境里的老鼠身上可以观察到一些变化，包括：（a）背侧新皮层（如视觉区）的几个区域更重、更厚，每个神经元有更多的突触；（b）树突棘和分支在数量和长度上的增加;(c)毛细血管分支增多,于是血流量和供氧量增加(示例见 Black et al.,1998;Greenough & Black,1992;Greenough,Juraska,& Volkmar,1979;Greenough et al.,1972;另见 Nelson,2000)。很重要的一点是,这些结果的产生并非仅仅因为身体活动的增加;例如,Black 及其同事证明,进行学习任务的老鼠身上能发生一些变化,但是进行不涉及学习的重复性身体活动(例如,只是在跑步机上跑步)的老鼠身上发生的变化只是前者的一部分(见 Black et al.,1998)。

研究者们已经对大脑中发生的与学习和记忆有关的长期性变化的神经基础进行了多年的广泛研究。Hebb 曾提出一个假设,认为反复使用一个突触环路会使该环路得到加强(Hebb,1949),该假设最终使人们发现了长时程增强电位(LTP)(Bliss & Lømo,1973)。LTP 过程借助突触前膜活动和突触后膜去极化而实现,这二者是几乎同时发生的,能使谷氨酸盐更方便地与突触后膜的 NMDA 受体结合,并排出镁离子(Mg^{2+}),而镁离子通常会阻断 NMDA 受体门控性离子通道。该过程继而会使大量的钙离子(Ca^{2+})流入。LTP 使突触强度发生变化,另外很重要的一点是,能促进新树突棘的发展。至于我们说 LTP 是所有形式的学习和记忆产生的原因,这是不太可能的,但是现在,LTP 确实提供了一种机制(或者至少是一种模式)。

遗憾的是,对 LTP 的研究仅限于细胞培养。那么,系统水平上与学习和记忆有关的功能性变化是什么样子的? Erickson,Jagadeesh 和 Desimone(2000)最近报告了一项研究,在该研究中,要向猴子呈现具有多种颜色的复杂刺激(一些物体,一些抽象的图案)。其中一些是新奇性刺激(猴子从来没有见过),其他的刺激是猴子所熟悉的。同时,记录嗅周皮质(颞叶的一个区域,对情境记忆有重要作用)中单个神经元的活动。作者报告说,仅在观察熟悉的刺激物 1 天之后,周边神经元的活动变得高度相关,而观察新奇性刺激物的猴子几乎不存在神经元活动的相关性。这些结果能够说明,视觉经验可以导致与记忆有关的脑区的功能性改变。可能在表面上看来,这个发现没什么奇特之处,但是这是最早的能为"经验可以影响脑功能"提供支持的具体证据之一。

综上所述,现在已经确定,在从分子水平(如受谷氨酸盐受体介导的突触前膜和突触后膜功能的变化)到克分子水平(如神经元放电的变化),学习与记忆和脑的变化在多个水平上都有关系。没有任何迹象表明,学习和记忆的发生存在关键期(关于学习和记忆发展的知识,见 Nelson,1995,2000)。实际上,从某些意义上说,一些牵涉到学习和记忆系统的活动可能会为学习和记忆系统的终生运转提供保障(讨论见 Nelson，2000)。

运动和体感系统

除了年龄对有机体的影响外，现在没有很多研究能说明经验能改造运动和体感系统。在 20 世纪 70 年代，来自国家精神健康研究所的研究者 Edward Taub 研究了猴子体感皮层上的传入神经阻滞效应。一个动物权利保护者伪装成该实验室的工作人员，对实验条件进行了偷拍，结果致使该实验室关闭。一场官司随之而来，一方提出这些动物要被实施安乐死；另一方认为这些动物应被放生到佛罗里达州的保护区。因为这场诉讼发生在美国，所以本案被拖了许多年。然而，就在这些动物要被实施安乐死之前，Timothy Pons 和 Edward Taub 以及他们的同事们对这些动物的脑进行了研究。具体而言，Pons 等人(1991)在体感皮层记录到了神经元反应，一般来说,这个脑区与四肢被阻滞的部分 [如手指、手掌及临近区域(S1 区)] 有联系。因为四肢是 12 年前被阻滞的，所以研究者并没有在很大程度上认为这是皮质重组的结果。然而，令他们吃惊的是，这个脑区现在可以对面部一个区域的刺激做出反应(一般来说，此脑区毗连被阻滞的四肢所支配的脑区)，说明体感皮层上一块相当大(10～14mm)的脑区上发生了重组。

此后又出现了许多研究(讨论见 Pons，1995)，这些研究共同说明皮层受损伤后，会发生大范围的皮质重组，即使成年灵长类动物也是如此。例如，Ramachandran、Rogers-Pamachandran 和 Stewart (1992)推测，如果个体的一部分肢体被截除(如截除前臂)，那么该个体与被截除肢体代表区相邻脑区所代表的身体区域的敏感性应该会增加。研究者对不同种截肢者进行了测查，结果发现他们可以体验到来自已经被截除的肢体的感觉。Ramachandran 对一位截肢者面部某区域对触觉刺激的敏感性进行了测验，支配面部该区域的脑区临近先前支配被截除的肢体的脑区；该截肢者报告说，在面部和已被截除的肢体上都产生了感觉。利用脑磁图(MEG)技术，Ramachandran 确定了在多大程度上皮层表面发生重组，以接管断肢支配的脑区。

在以猴子和人类为被试的研究中，研究者都认为来自身体上毗邻被阻滞 / 被截除肢体的刺激使得皮层重组得以进行，也就是一种"自然"干预。为了更直接地评定运动和 / 或体感皮层能否在经验的作用下重组，Nudo、Wise、SiFuentes 和 Milliken (1996)在猴子的脑部制造了缺血性损伤，并在此前后都进行了脑皮层定位。如同人类在同一脑区遭受中风一样，梗塞使得猴子的肢体出现功能缺陷——在该研究中，猴子失去了抓取食物小球的能力。接下来，对动物进行强化训练，训练其使用爪子的能力，结果，动物的操作绩效向着受伤前水平有所回升。皮层定位显示，损伤脑区周围控制爪子运动的区域发生了重大调整。

从猴子和人类身上得出的结论显示，经验能够改变成年灵长类肢体运动的控制区。基于此模型，Taub（2000）于近期开发出一种康复方式，该方式需要抑制患者使用未受损的肢体，从而"教会"（由中风所导致的）受损肢体如何活动。该方式有相对简短的抑制周期（以星期为序），并伴有大量的受损肢体的活动训练，在应用中显示出了非常好的效果；也就是说，患者使用受损肢体的能力发生了很显著的变化。

综上所述，现在有证据可以证明，对于成年人类和除人类外的灵长类来说，外周神经系统受损伤后大脑皮层有可能会发生重组。类似的重组有可能发生在未受损伤的、"健康"个体身上吗？Elbert，Pantev，Wienbruch，Rockstroh以及Taub（1995）也借助了MEG进行了研究，他们对有过或没有过弦乐器（如吉他、小提琴）演奏经验的成年人的体感皮层进行了皮层定位。研究者们报告说，在音乐家那一组里，体感皮层上左手手指（用来按指板）的代表区大于右手（用来拉弓）的代表区，而且还大于非音乐家组的左手代表区。而且，能从中发现一种趋势，10岁之前接受音乐训练的个体皮层上的代表区更大。本研究说明，使成年人的脑发生重组的不仅可以是消极经验（如受损伤），也可以是积极经验（如接受音乐训练）。

脑损伤

我要讨论的最后一个话题是关于脑损伤对脑和行为发展的影响的。

在20世纪早期，Kennard在新生猴子的中央前皮层（运动皮层）中制造了单侧病变（Kennard，1942）。有点令人吃惊的是，相对于成年个体，这些病变造成的影响很小——似乎这些动物幸免于难，其脑损伤部位的对侧并没有发生显著的运动功能缺陷（即事先预期这些猴子会出现轻度偏瘫）。这个研究产生了一条原则，即早期的脑损伤不会令有机体"遭受"严重的行为方面的后遗症，至少与生命较晚期时受伤相比是这样的。不过，Kennard对她的猴子被试进行了追踪，结果发现这些早年受过脑损伤的猴子在成年时表现出了学习困难，如此就对婴儿期全神经可塑性的概念提出了反驳。

过去75年间，研究者们以动物和人类为对象进行了数不胜数的研究，最终能达成的共识是，功能恢复或保留（没有什么功能受到影响）的程度很大程度上受以下因素的影响：（a）受损伤的是哪个特定的区域；（b）损伤发生时的年龄（也即损伤发生时结构的成熟程度）；（c）个体差异。因为上面这些因素的最后一条是众所周知的（虽然是众所周知的，但也是最有趣的），我会重点评论前两条。下面我会借鉴三个方面的文献：对遭受局部性脑伤的人在空间认知和言语发展方面的研究，以及以老鼠为对象，研究在不同发展时间点上造成其局部性脑伤的影响。

人类早期脑损伤的恢复：空间认知发展

Stiles 和同事们（见 Stiles，2001）曾研究了遭受过局部性脑伤（局限在脑中一个区域的损伤）的同出生队列的儿童的空间认知发展。该研究解决了两个主要问题。第一，儿童在部分与整体的基础上辨认物体的能力的一般发展轨迹是什么；例如，被要求画一座房子的时候，儿童什么时候能兼顾房子的整体特征（如整体形状与轮廓）和个别特征（如窗子和门）？我们都知道，对整体信息的知觉由右半球掌管，而左半球掌管的是对更零碎的、特征性的信息的知觉。这就引出了第二个问题：右半球或左半球受过伤的儿童是表现出正常的还是不正常的空间认知能力发展轨迹，并且，如果是不正常的，那么能否或多或少地代表发生了功能保留和/或功能恢复？众所周知，右后半球受损的成年人将永久性地在对整体信息做出反应方面存在问题，相反地，左半球受损的个体将在对零碎信息做反应时显现出问题。本研究中一个早期的假设是，损伤越早发生，则功能恢复程度越高，或功能保留越全。可是，与预期不同，事实显示虽然这些儿童表现出了一些功能恢复，但是没有完全恢复；也就是说，即使在损伤发生（一般发生于围产期）后的很多年，这些儿童仍然表现出后遗症。

人类早期脑损伤的恢复：言语发展

Bates 及其同事也对儿童进行了研究，其研究对象与 Stiles 所研究的儿童是一样的，不同之处在于他们的兴趣在于早期受局部性脑伤的儿童的以下情况：（a）多大程度上能发展正常的言语能力；（b）功能恢复之前表现出早期缺陷的程度。这里可以提出两个假设。第一，如果某人对言语发展持有很强的先天论观点，那么他会预测说，若某人负责言语功能的脑区在早期受伤，则此人将终生存在言语障碍，因为精细的神经硬件被毁坏了。与此相反，持有更偏向神经心理学观点的人可能会说，受早期脑损伤的儿童比成年人（如布罗卡区或威尔尼克区中风）表现出更强的功能恢复力。

在以这种观点为指导的研究中，Bates（Bates & Roe，2001）证明了损伤部位和言语发展情况之间的具体关系。然而，在成年个体身上，这些损伤部位与言语发展情况的关系大不相同；更重要的是，这些关系随着言语发展进程的推进会逐渐消失。下面引用 Bates 和 Roe（2001）的话：

在正常成年人身上观察到的言语的经典脑组织模式可能是言语学习的结果而非原因，这种模式会体现出加工与言语有关的信息时出现的脑区偏差，但与言语本身只有间接的联系。如果这些脑区在生命早期遭受了损伤，脑的其他区域则能够解决言语学习问题。(p.281)

空间认知和言语领域中早期神经损伤功能恢复的研究展现了二者极为不同的模式，前者的功能恢复和功能保留较少，而后者远远多于前者。同样，在这两个领域，受脑损伤的儿童都比受同样损伤的成人受影响少。这加强了最初的论点，即行为受神经损伤的影响程度随损伤发生时个体年龄和所研究的目标行为功能的不同而不同。

早期与晚期脑损伤的功能恢复：对老鼠的研究

虽然上面回顾的研究提供了大量关于发展中人脑的强大可塑性的信息，但是这些研究也有明显的缺陷，即几乎不能控制脑损伤发生的位置和时间（如 Stiles 和 Bates 的研究中，儿童的脑损伤通常分布在两个或更多的脑叶，而且也往往不知道其脑损伤发生的时间）。在这里，动物被试就很重要了，因为可以非常精准地控制脑损伤的发生部位和时间。Kolb 及其同事们的研究非常好地体现了这种研究方法（见 Kolb & Gibb，2001）。

二十多年来，Kolb 不仅对神经损伤对行为功能的影响做了系统性的研究，更重要的是，他阐明了功能保留和 / 或功能恢复的机制。比如，他报告说，在神经发生期（胚龄 12～20 天）造成的损伤一般不会导致不好的功能性结果，但是如果损伤发生在细胞迁移期（出生后第 1 周），则会有很不好的结果。最大的星形胶质细胞发展期和突触形成期（出生后第 2 周）的脑损伤也会有好的功能性结果。最后，于出生后的 2 周后（即发生突出修剪时）越晚发生的脑损伤，会造成越不好的结果。Kolb 和 Gibb（2001）强调，结果决定于发生脑损伤时脑的发育状态，而非被试的时序年龄。具体情况如图 2.7 所示。

总的来说，这个关于可塑性的动物研究文献的简短讨论使我们知道，在考察成人的脑或发展中脑的可塑性的时候，我们需要认真考虑时间问题。

发展中个体的脑与成人的脑之间是否存在可塑性的差异

在本章的第一部分，我给出了一种对脑发育的泛化描述，而在第二部分，我讲了经验如何对脑的结构和功能产生巨大影响。在本章第三部分，我转而论述脑损伤后脑的可塑性问题。这里，我们要讨论脑损伤的结果与损伤的时间和部位的关系。

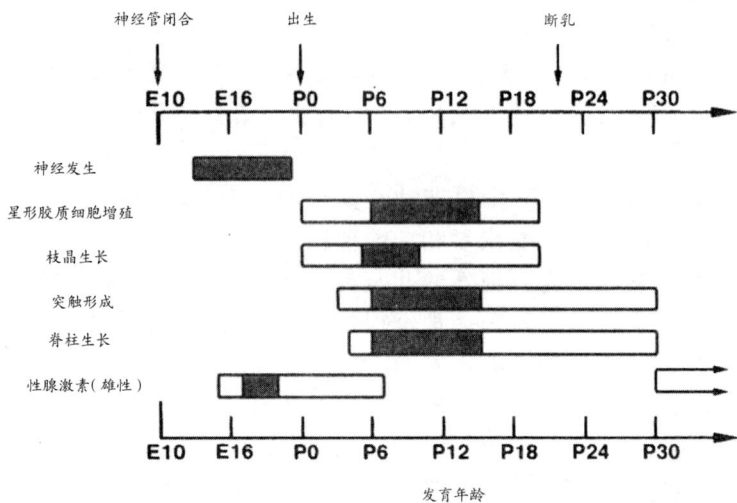

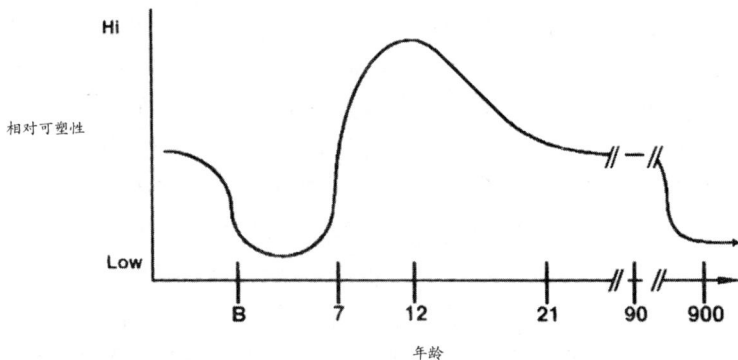

图 2.7　鼠脑中神经损伤发生时间与可塑程度的关系

　　本段讨论所暗含的一个假设是，少年与成年人有机体的可塑性可能不同。举例来说，语言中枢的早期损伤相对来说不会造成严重的、长期的言语障碍，可是较晚期的损伤能造成更严重的、且往往是长久的障碍。鉴于此，我们要问，发展中个体的可塑性机制真的与成人的可塑性机制不同吗？对于这个问题，当下还没有确切的答案，不过却有很多的线索，能给我们指出正确的方向。

　　我们需要回答的首要问题是，首次出现某种特定行为的机制——例如，习得语言的能力——是否同成人习得一种新行为的机制——例如，习得第二语言的能力——相同。答案很可能是"不"。因为缺少能证明先天的硬件模块存在(如果存在,则会导致大脑缺乏可塑性,而事实并非如此)的神经科学证据,所以大量证据表明经验能有力地影响脑的发展。例如,在面部识别研究中,我提出婴儿天生具有一种神经生物学基质,它具有获得专门的面部识别功能的潜在可能。然而,是因为婴儿看到人脸才使得后续发展得以进行,并使脑的表面区域(如梭状回,颞上沟)成为用于面部识别的专门区域(Nelson,2001;另见 Pascalis,de Haan,& Nelson,2002)。对于婴儿来说,其目标是针对某些行为而发展神经环路(据推测,对其他行为来说也是一样,比如言语)。然而对于成人来说,这些系统早已定型,只能为一些有关但并不相同的目的进行重新设置,例如,学习第二或第三语言。

发展中个体和发达个体(如果有这种说法的话)的脑的另一个基本差异点在于,前者还能产出新细胞、消除其他细胞(细胞凋亡)、在轴突外形成髓鞘、过度产出突触,等等。对于后者来说,当然上述功能已处于静态,经验也只能根据已存在的生物基质起作用——例如,不能将细胞从第4层移到第2层。

总的来说,我的主要论点是,虽然在人一生中大部分时间里经验能对脑功能的许多方面发挥强大的作用,但是是在不同时间点上通过不同途径实现的。一旦我们能更好地了解经验对脑的影响的准确机制,以及(a)有机体的年龄差异,和(b)所涉及神经环路的差异如何造成机制的不同,我们就能处在一个更佳的立场上,对行为发展以及行为修正的机制进行解释了。一旦我们明确了解开这个谜题的钥匙,我们就能更好地知道如何以一种有意义的方式在生活中对儿童和成人进行干预;继而,我们就能在处理心理病理学和神经病理学的疾病和失调时有更好的选择。至少,这是我们的希望所在。

第三章　积极心理学在儿童、青少年及家庭发展中的作用

Andrew J. Shatté, Martin E. P. Seligman, Jane E. Gillham and Karen Reivich

　　积极心理学运动的主要使命是创设干预措施，使儿童、青少年及成人能够建构人类优势（human strengths），并通过推广这些干预措施来提高全人类的生活满意度和满足感。本章综述了当前的一些公认的发展人类优势的方案，这些方案包括复原力、理性、乐观和希望、快乐的能力、勇气以及对未来的憧憬。尽管传统心理治疗沉浸于病理模型中，但我们认为它对积极心理学的研究内容仍有重要影响。最初针对儿童青少年抑郁的普遍干预项目就是迈向积极心理学精神的重要一步，因为它们关注的是健康个体，而不是"病人"。然而，我们的综述表明这些项目采用的主要方法是对消极的补救，例如，悲观的解释风格或是被动的或是挑衅性的互动风格，而很少有围绕提升优势设计的干预方案。本章简要概括了我们在公司领域所做的最接近积极心理学干预的工作，以及这些工作是如何启示我们设立针对儿童青少年的优势建构项目的。我们突出强调了新近的技术传播的现象，它促进了在大学中开发的智力成果向公众的推广。我们认为这是一条可行的途径，通过这条途径创设的积极心理学干预可能会产生最大的公众效益。

心理学被遗忘的使命

　　第二次世界大战以前心理学家的 3 项基本使命是：提高全人类的生活满意度和满足感、培养有天赋的人以及治疗心理疾病。然而随着 1946 年美国退伍军人管理局（Veteran's Administration）及其医疗费制度的建立，从业人员发现他们能够以治疗病人为生。紧接着 1947 年美国国家精神卫生研究所（National Institute of Mental Health）成立，理论心理学家们获得了研究经费——这使

他们能够专心研究心理疾病。自此心理学经历了一次巨大的变化，这个变化使它再也没能翻身。由于心理学采用几乎只关注病人的病理模型，从而忽视了在改善全人类的生活及培育天才方面的积极议程（Seligman, 1998a）。

积极心理学

在 1998 年，时任美国心理学会（APA）主席的 Martin Seligman 认识到机会之窗已经为重建心理学中被遗忘的孪生性使命的重要地位而打开。由于战后社会正处在威胁和经济赤字的状况下，这自然会产生这样的一种趋势：即关注生活的消极方面。然而在 20 世纪后期，美国正经历着前所未有的繁荣。随着"冷战"的基本缓和以及经济指标的持续攀升，心理学是时候比补救性工作更进一步了（Seligman, 1998b）。技术创新使人们能够对消极心理学状态进行分类和测量，并能够研究这些消极状况的神经基础，而且创造出有效的治疗方法。这些方法同样可以运用到人类优势及公民美德方面，包括勇气、人际交往技能、理性和现实主义、洞察力、乐观、诚实、毅力、快乐的能力、正确看待痛苦、憧憬未来以及实现目标等（Seligman, 1998b）。Seligman 呼吁建构一种新的科学与实践，从而致力于一度被忽视的另一孪生性使命。

这种新社会科学即积极心理学，其目的在于创造出有关人类最佳机能知识的经验性资料。积极心理学运动有两个基本的目标。第一个是通过生物分类学和心理测量学的发展增加对人类优势的理解。第二个是将这些知识融入建构参与者优势的有效项目和干预中，而不是补救他们的弱点。这一章我们只关注第二个目标。

积极心理学的重心转离病理模型意味着我们不再只关注病人。为了重新结合被遗忘的第一个使命，积极心理学旨在提升全人类的生活满意度和满足感。因而，我们如何学习专业知识与如何运用这些知识来改变多数人的命运——这一问题比以前任何时候都更有价值。因此，在这一章我们将考察两个基本的问题：优势建构干预的当前发展状态如何？如何更好地制订有效的项目，使之能够适用于开发项目的实验室以外的情境？

建构优势

这一章我们将描述建构人类优势干预的 3 个历史发展阶段：传统心理

治疗、预防方案和积极心理学干预。每个相继的阶段都更接近积极心理学的核心思想。前两个阶段进展良好，而最后一个阶段——完全致力于积极发展的儿童、青少年和家庭干预设计——还没有成为现实。

传统心理治疗

乍一看，根植于病理模型的传统心理治疗，似乎纯粹是一种对消极的补救。人们在接受治疗的过程中寻找或发现了自己，因为他们诊断出了他们希望解决的心理障碍或非临床缺陷。治疗专家们作为诊断医师和案例处理者描述出消极的具体情况：症状的数量、频次和强度，以及阻碍成功干预的社会和职业因素。而治疗的程序在某种程度上依赖于治疗学家所选择的模型。例如，精神分析疗法强调解决无意识冲突及释放固着的力必多能量。如果患者被诊断为病态的或者至少是受损的，那么治疗的核心就是重建正常的机能。在更现代的心理动力学治疗中，冲突的解决依然是治疗的核心所在，它不再强调力必多的冲突，而是关注病人人际关系中的核心冲突（Luborsky, Crits-Christoph, & Mellon, 1986）。在认知模型中，治疗的核心是病人的悲观的思维和功能失调的态度。然而一般来说，治疗的目标是确定哪一个受损了。

心理治疗的文献受困于令人苦恼和高度重复的研究发现。尽管心理治疗在应对许多主要的心理障碍中确实有效，但却很少得到确认的特定效果。也就是说，即便是非常不同的治疗模型，通常也有着非常相似的效应量（如 Kirsch & Sapirstein, 1998）。传统上，这种非特定性来自于所有疗法共有的理论之外的可变因素，包括权威人士的作用和个体的注意力、融洽关系的建立、报酬、问题标签以及建立的信任感（Luborsky, 1995; Luborsky, Singer, & Luborsky, 1975; Seligman, 2002）。

此外，"更深层"的非特定变量被假定可以增强治疗的效果（Seligman, 2002），而且在积极心理学领域中，这些变量是可以被辨别出的。有能力的治疗专家以及有效的疗法可以给予病人注入希望和乐观，帮助他们建立勇气、人际交往技能、洞察力、理性以及现实感。特定的治疗工具能够促进快乐能力、憧憬未来以及正确看待问题能力的发展（Seligman, 2002）。有效的疗法为病人树立诚实的榜样、培养毅力并引导病人发现目的。该学科由于受到病理模型根深蒂固的影响，很少研究这些重要的治疗结果。然而可以合理地推测，传统心理治疗对积极心理学的研究内容确实有影响，并且这些优势的发展是治疗结果和过程的重要组成部分。

预防性干预和积极心理学

在20世纪90年代后期产生积极心理学运动之前，只有少数的临床研究者对预防感兴趣。Martin Seligman参加了1984年的心理学家和免疫学家的学术会议，在这次会议上，与会者对心理神经免疫学（psychoneuroimmunology，PNI）这个当时新兴的领域进行了激烈的讨论。心理学家认为癌症风险确实与情绪压力有关。他们认为如果我们通过研究能够了解情绪状态是如何影响免疫功能并最终导致疾病的，我们就可以制订心理干预来扭转这些情绪状态，并预防免疫功能的衰退。免疫学家认为希望描绘出这种不切实际的因果关系的愿望是愚蠢的，暗指将研究经费用于探究疾病的疗法上会更好（Seligman, Reivich, Jaycox, & Gillham, 1995）。这场争论的焦点是：治疗还是预防。

在对抑郁的研究中，那些支持治疗的研究者关注的是经济成本。他们认为许多假设的风险因素并不能被完全地证实，而且其中许多因素只能用一些不可靠的问卷和访谈来测量。许多实际上有风险的儿童可能会被筛选出干预项目，而让那些根本不存在这些风险因素的儿童参与这些干预项目则会浪费成本。在这种观点看来，最好的方法是等待抑郁症状的出现，然后再治愈。相反地，那些支持预防的研究者关注的是抑郁的并发症。他们认为，如果我们一直要等到儿童表现出心理障碍再采取措施，那么这些孩子滥用尼古丁、药物和酒精（Covey, Glassman, & Stetner, 1998; Kinnier, Metha, Keim, & Okey, 1994; Riggs, Baker, Mikulich, & Young, 1995），学业成绩下降（Kaslow, Rehm, & Siegel, 1984; Nolen-Hoeksema, Girgus, & Seligman, 1992），休学、被开除或者是辍学（Blechman & Culhane, 1993; Chen, Rubin, & Li, 1995; deMan & Leduc, 1995），女青少年中的未婚妈妈（Blechman & Culhane, 1993），以及身体健康方面的问题（Koenig et al., 1999; Musselman, Evans, & Nemeroff, 1998）的风险性也会提高。当然，最终的代价是生命。儿童青少年的抑郁与自杀和自杀企图有着极其显著的相关（Pagliaro, 1995）。在美国，每年每100 000个青少年中大约有13个自杀（Lewinsohn, Rohde, & Seeley, 1996）。这样的统计数字预示着临床研究者应对预防的投入在增长，同时有更多的经费用于预防工作。那么，预防工作日益增长的重要性是如何为积极心理学运动铺平道路的呢？

　　相对于预防项目的其他子类型，某些子类型更加脱离病理模型。这门学科区分出了初级的、次级的和三级的干预项目，尽管在实践中这三类项目的界线并不分明（Gillham, Shatté, & Freres, 2000; Mrazek & Haggerty, 1994; Munoz, Mrazek, & Haggerty, 1996）。初级干预是针对那些没有心理障碍病史的人群，防止他们出现心理障碍。次级干预是检测并治愈症状出现之初的新病例。三级干预项目是针对已经存在的病例，旨在减少心理障碍的消极后果（Gillham et al., 2000）。医学研究所的干预委员会（the Institute of Medicine's committee on prevention）进一步区分出了普遍性、选择性和征兆性干预。

　　普遍性干预面向的是全体人群，它并不考虑个体所面临的特定障碍的风险水平。选择性干预的人群是一些当前没有紊乱症状的人，但由于他们经历的生活事件、身体的或心理的特征、或者由于人口学危险因素等而具有得病的危险。征兆性干预适用于那些已经表现出心理障碍的早期症状或迹象的人群。通常将选择性干预和征兆性干预合称为"定向性"预防。

　　由于初级干预方案是针对没有心理障碍症状的"健康"人，因此它比次级和三级干预方案更接近积极心理学的核心思想。由于那些基本的和普遍的方法适用于那些对心理障碍没有特定易受性的群体，因此它们最接近积极心理学这一题目。然而远离病理模型和"病态"群体只是评价某种干预多大程度上适合积极心理学的一个维度。关键问题是，即便是初级的普遍干预究竟又在多大程度上确实激发了积极心理学的精神？这些项目关注的是发展参与者的优势吗？或者他们的目标反而是预先防止和优先支持那些具有某些弱点和易受性（可能会使他们沿着一定的轨迹而产生心理障碍）的群体？

儿童青少年抑郁——预防性干预概述

　　单相抑郁可能是至今为止预防研究和实践中最为明确的靶向障碍。这是因为已经有大量的文献证明它是普遍的，而且它与人类、社会和经济成本存在关联。它是成人和青少年中最普遍的心理障碍，仅在美国每年就有 1 100 万个新的病例出现（Greenberg, Stiglin, Finkelstein, & Berndt, 1993）。多方面的评估表明在美国有 10%～25% 的居民在生命的某个时期会经历短暂的临床抑郁症（Munoz, 1987）。抑郁的并发症及其对儿童、青少年和成人机能的影响已经在大量的文献中得到了很好的证明（见前面的"预防性干预和积极心理学")。抑郁耗费了相当大的经济成本。每年单相抑郁和双相抑郁的花费估计约为 430 亿美元，Greenberg 等人对这个估计重新做了保守的计算：情绪不良的商业和卫生保健成本是 90 亿美元，而抑郁的商业和卫生保健成本接近 200 亿美元。实际上，从世界范围内的死亡率和致残率方面来看，在所有的身体和精神障碍中，抑郁居第四位（Murray & Lopez, 1997）。

抑郁在流行病中的比率在急剧增加。纵观 20 世纪的两代人，抑郁的发生率增长了 10 倍（Robins et al., 1984）。这尤其影响着年轻的一代：有 15%～20% 的儿童和青少年在 18 岁之前会经历临床抑郁，约有 9% 的儿童和青少年在 14 岁之前会有这样的经历（Harrington, Rutter, & Fombonne, 1996; Lewinsohn, Hops, Roberts, & Seeley, 1993; Garrison, Schluchter, Schoenbach, & Kaplan, 1989）。

关于影响抑郁的心理和环境方面危险因素的研究已经揭示出认知风格和家庭冲突对抑郁存在主要影响。因而，大多数针对儿童和青少年的抑郁干预项目可能都采用了认知—行为或者是家庭系统的疗法。近来对于这些干预的全面回顾得出这样一个结论：这个领域在过去的 10 年里有了显著进步，而且有一些干预在"改善与抑郁有关的风险因素和减少抑郁症状"方面是有效的（Gillham et al., 2000）。显然，研究者所提供的有些干预能够有效地补救消极发展。然而，它们在多大程度上探求建构人类的优势呢？

普遍干预和初级干预最可能关注建构优势，因为它们的目标群体并不是那些表现出抑郁症状，或者是已经确认有心理障碍风险的儿童和青少年。已有文献只报告了两种针对青少年抑郁的普遍策略。第一种策略是由 Clarke、Hawkins、Murphy 和 Sheeber（1993）设计的。在他们的第一个研究中，采用以班级为单位选取 9 年级和 10 年级的被试共 622 名，随机分配到实验过程中的干预组和正常的健康条件组，这些被试都属于中产阶级，而且绝大多数是白人。指导方案是以 Peter Lewinsohn（1974）提出的干预和治疗方案为大体框架而设计的，该方案由 3 部分组成，每一部分是 50 分钟，在每一部分提供有关抑郁的信息，并且训练学生如何去增加愉快事件的质和量。第二个研究遵循相似的程序，选取了 380 名有相似人口学变量的被试，这一研究包括五个部分，每一部分也是 50 分钟，各部分与第一个研究的程序相同。两个研究的焦点结果测量指标都是抑郁症状和疗效的实现程度。积极心理学的一个重要研究内容——快乐的能力——可能在干预的过程中已经被增强，但是很显然这个研究并没有对其进行测量。

Hains 和 Ellman（1994）也设计了一个普遍干预并进行了测量，所选用的被试是 21 名白人高中生。这个方案的基本成分是认知重构、放松和问题解决——包含在 13 个 50 分钟的阶段中。认知重构趋向于旨在补救消极的认知信念和压力放松，这表明该方案的焦点是补救消极影响。主要的结果测量指标是：抑郁、焦虑、健康问题和逃学。

定向性干预遵从类似的程序这并不奇怪。Clarke 及其同事（1995）从 9 年级和 10 年级中筛选出了 150 名学生，这些被试的抑郁症状水平相当高，把他们随机分配到两个小组中，其中一个小组接受的是普通护理，另一个小组要接受由 15 段关于问题解决和质疑消极思维的方案组成的护理。该研究得到的唯一结果是抑郁和精神分裂的病例和症状（Clarke, Hawkins, Murphy, Sheeber, Lewinsohn, & Seeley, 1995）。Petersen, Leffert, Graham, Alwin 和 Ding（1997）制订了这样一个项目，从表面上看，针对的是 486 名高抑郁得分的 7 年级被试，而该项目旨在积极影响他们的一些人类优势。这些项目的目标除了包括传统病理模型中的减少非理性思维的目标以外，还包括增加自我肯定的思维、确定的目标、头脑风暴和自信等。然而有趣的是，他们的结果强调的仍是症状，这些症状包括一系列抑郁及外化行为的自我报告和访谈项目。

研究已经确定了几个与抑郁有关的家庭和父母的风险因素，包括婚姻冲突（Downey & Coyne, 1990）、父母的批评（Asarnow, Goldstein, Thompson, & Guthrie, 1993）、过分保护（Parker, 1993），以及子女所感知的来自父母极少的关爱或支持（Parker, 1993）。父母的抑郁和孩子的抑郁有很强的相关（Beardslee, Versage, & Gladstone, 1998）。尽管这其中的确包含着遗传因素，然而适应不良的认知风格，如消极的解释风格对其也有着显著的影响（Cicchetti & Toth, 1998; Garber & Flynn, 1998）。此外，抑郁的成人更可能与有病理心理的人结婚（Downey & Coyne, 1990），这就增加了子女患病的风险。冲突、经济困难和离婚更可能发生在父母双方至少有一方患抑郁的家庭中（Beardslee et al., 1998; Downey & Coyne, 1990）。抑郁的父母对子女很少尽职，可能会更容易被激怒、很少关心子女，而且他们在与子女的交流中较少与子女保持一致（Beardslee et al., 1998; Cicchetti & Toth, 1998）。

这些风险因素明确表明了以家庭为导向的预防措施的可能性。Gillham 及其同事（2000）的文献综述揭示，只有一个研究小组研究这种方法，波士顿的贝克法官儿童中心（the Judge Baker Children's Center）的 William Beardslee 已经制订出针对抑郁父母的项目。这种项目关注的是告诉父母影响抑郁的风险因素，以及提升复原力，特别是教他们改良性的交流方式，以及减少子女因父母的症状和行为而产生的自责。这个干预由 6～10 个部分组成，包括只有父母、只有子女和家庭部分。在研究实验阶段，Beardslee 及其同事（1998）的测量中的确包含着积极特性的测量，如自尊、自我报告的亲子关系和整体功能、实现亲子关系和整体功能的重要改善。

我们的研究小组也积极运用宾夕法尼亚乐观项目（Penn Optimism Program, POP）参与抑郁预防活动。这一章我们将着重探讨 POP 的内容，以便更好地理解抑郁预防项目与积极心理学使命的关系。我们这样做并不是把 POP 作为一个模型，而只是把它作为现有抑郁预防项目的一个例子。

针对儿童的宾夕法尼亚乐观项目（POP）

19 世纪 80 年代后期，POP 最初是作为抑郁预防项目而制订的。POP 是一个基于学校的干预，其目标群体是 10～13 岁的高风险儿童，这些高风险儿童是通过纸笔测验，如儿童抑郁问卷（Children's Depression Inventor, CDI）（Kovacs, 1985）和儿童知觉问卷（Child's Perception Questionnaire）（Emery & O'Leary, 1982; Kurdek & Sinclair, 1988），从已经存在高于平均水平的抑郁症状的和 / 或感知到的高水平的家庭冲突或低水平的家庭亲和的儿童中筛选出来的。在没有任何辅助手段的情况下，这个 20 小时的项目已能够成功地预防儿童和青少年的抑郁症状达两年之久（Gillham, Jaycox, Reivich, & Seligman, 1995; Jaycox, Reivich, Gillham, & Seligman, 1994）。这个项目是以认知—行为模型为基础的，由 11 个核心技能组成。

技能 1：ABC。ABC 模型是由 Albert Ellis（1962）提出的，并在 POP 中被概念化为认知理论的核心特征。Ellis 和 Grieger（1977）基于观察得到的数据提出这样的假设：对于表面上相同的事件，不同的人会有非常不同的行为表现和情绪反应。如果按照这样一个假设，那么诱发事件 A 并不是结果 C（情绪和行为）最直接和最接近的原因。按照 Ellis 的观点，我们对于事件所产生的想法和信念 B 是重要的调节器，它们调节事件对我们的行为以及感受的影响。

这个技能的核心在于使我们意识到我们并不是对现实进行"直接阅读"——我们是通过我们的信念系统过滤有关这个世界的信息，因此所得到的信息可能并不准确，一些临床抑郁病人中所存在的普遍的无助和绝望就是典型案例。POP 的参与者通过运用三个一组的卡通动画来学习 ABC，这些呈现给他们的卡通动画中包括不幸的事件及其产生的情绪后果，要求他们必须用符合 ABC 逻辑的信念来填满思维。

技能 2：**检测解释风格**（*Detecting Explanatory Style*）。ABC 代表了一个即时快照，即个体针对特定的诱发事件形成特定的自动思维。然而，已有文献很好地证明了我们的自动思维并不是随意的。从某种程度上来说，我们形成了信息加工的风格，这些风格预先决定我们对刺激做出的反应。解释风格就是一个例子：日常生活中我们对于事件的习惯性、自发性解释方式（Abramson, Seligman, & Teasdale, 1978）。任何因果归因都可以沿着以下 3 个维度进行编码：

1. 消极事件是自己引起的还是由他人或环境所致（内部 VS 外部）？
2. 引发事件的原因是长期存在的还是相对暂时的（稳定 VS 不稳定）？
3. 这些原因只影响生活的某几个领域还是很多个领域（整体 VS 特殊）？

个体所形成的解释风格要么是内部的、稳定的、整体的（悲观主义者），要么是外部的、不稳定的、特殊的（乐观主义者）。例如，如果一个儿童将一次数学考试的失败归因于自己的愚蠢（"我是愚蠢的"），那么他\她的归因就是悲观主义的——他\她的失败是由于其稳定的人格特征，这些人格特征不仅仅影响他\她的数学成绩，而且影响他\她的机能发挥作用的绝大多数领域。另一种情况，如果一个儿童认为他\她数学测验的失败是由于"老师讨厌我"，那么他\她的归因是乐观主义的——是别人的错误导致了这样的问题，如果更换了老师，问题也就不存在了，而且这个问题只影响他\她的数学成绩。

大量实证研究的文献已经明确了悲观主义解释风格与未达到的成就以及身心健康的关系（如 Dweck & Licht, 1980; Peterson & Seligman, 1984; Peterson, Seligman, & Vaillant, 1988; Seligman & Schulman, 1986）。POP 最初是作为抑郁的预防策略而提出的，并且声明其目标是：引导儿童理解乐观主义的益处，及悲观主义思维所付出的代价（通过 ABC 而导致消极情绪和行为）。这个目标是通过运用幽默的故事来模拟乐观主义和悲观主义，以及教导参与者辨别内部的、稳定的、整体的悲观主义语言（"我把所有的事情都弄得很糟糕"，"我就是一个失败者"）来实现的。

技能 3：**形成备选方案**（*Generating Alternatives*）。当消极事件降临到我们身上时，解释风格会为我们的反应性问题"为什么？"提供现成的答案。消极解释容易导致无助和绝望。一旦儿童具备了理解他们的解释风格的能力，他们就能够以三个维度为指导，开始形成更多的乐观的备选方案。如果他们倾向于过多地做内部归因，那么就鼓励他们从他人或环境的角度去寻找看似合理的解释。如果他们的解释过分关注性格或者是稳定的因素，那么就鼓励他们去寻找可变的和暂时的因果因素。

　　技能 4：评价依据(*Evaluating Evidence*)。POP 的目标从来都不是盲目的乐观。20 世纪 70 年代的自尊运动鼓励儿童重复那些没有任何依据的积极语句，如"让喜欢自己成为一种习惯"和"每个人都能使我快乐"(Seligman et al.，1995)。然而，这在一定程度上与现实并不相符，因为仅仅是孩子的实际生活经历就可以推翻它。更重要的是，这条通向健康自尊最可靠的途径并没有为儿童提供能够使他们做得更好的技能。POP 一直强调精确性，它教导参与者要把原初风格生成的信念以及他们可选择的解释，当作需要证据检验的理论来看待。这样，形成备选方案和评价依据的工作就像科学家或 Sherlock Holmes 这样的好侦探的工作一样，后者会列出一组嫌疑犯，并利用线索来确定真正的凶手。

　　技能 5：正确地看待问题(*Putting It in Perspective*)。在技能 5 中，个体要将注意力从对于过去的信念(对于过去的事件的因果解释)转移到对于将来的信念。具有抑郁风险的儿童同样也有很高的焦虑风险，正如 ABC 所预期的，焦虑通常是由于未来的灾难化信念所导致的结果。在这个技能中，儿童要学习辨认并罗列出灾祸所暗示的最坏情况的想法。他们的想法会受到条件可能性的束缚，例如，"如果我的父母吵架，他们就会离婚；如果他们离婚了，我就永远见不到我的父亲了，我的母亲永远都不会幸福；如果是那样，我将离家出走，离家出走的孩子最终会进入监狱。"父母吵架和进入监狱之间的因果联系是极端微弱的，但是从一种联系到另一种联系环环相扣，这样看起来似乎就合理了。我们要教导儿童在只考虑最初发生的灾难(父母吵架)的情况下，学会评价每一种联系的可能性，从而引导儿童走出这种束缚。我们要教会参与者想象同样不可能的最好情况的情节，然后以想象的最坏的和最好的情况为依据得出最可能的结果。

　　技能 6：迅速反击(*Rapid Fire*)。在日常生活中，POP 的技能必须能产生持久的改变。意识到这一点，设计者在项目中加入了一项技能，儿童可以使用这项技能反驳在面对灾难时的悲观主义想法。在迅速反击技能中(结合技能 3、4 和 5 的原理)，教导参与者迅速形成可替代的备选方案("我不是失败者，我只是这次遭遇打击而已")，相反的证据("我得不到别人的信任是因为我一直在照顾我妹妹，这是不正确的")，或者正确地看待灾难化的问题("更可能的结果是我的父母会惩罚我，但是他们仍然会喜欢并照顾我")。

　　技能 7：果敢和协商(*Assertiveness and Negotiation*)。通过使用认知技能，儿童学会了质疑那些导致他们过分被动或者具有侵略性而非果敢的消极信念。学习果敢的 4 步法：他们要不加指责地描绘令他们苦恼的情形，说出他们的感受，要求有具体的行为改变，并使其他人知道他们的感觉是如何好起来的（Bower & Bower，1976）。

技能 8：放松技巧（*Relaxation Techniques*）。在这一模块中，教导儿童控制呼吸、渐进的肌肉放松、思维停止和积极想象。

技能 9：等级任务（*The Graded Task*）。儿童中普遍存在的问题之一是拖拉，通常这个问题的关键是消极想法。一些儿童认为他们缺乏完成任务的能力；而另一些儿童存在完美主义信念，这种信念会使他们拖拉（"尽管现在还是一片空白，但是我的文章仍然可以是完美的"）。在学习等级任务技能的过程中，参与者首先要把任务分解成较小的更易处理的部分，当他们成功地完成其中的每一小步时就对他们进行奖赏。

技能 10：决策（*Decision Making*）。任何一种选择都是各有利弊。二元选择（例如，是去参加聚会还是在家学习为数学考试做准备）会有四种可能性；而两种选择中的每一种都是有利弊的（去参加聚会或者是为考试做准备）。儿童的认知风格常常使他们只考虑其中的一种可能性，例如，参加聚会的快乐和在家学习的痛苦。在这个技能中，教导儿童认真考虑二元选择的四个单元，从更合理更全面的角度来对待选择。

技能 11：社会问题解决（*Social Problem Solving*）。具有抑郁风险的儿童可能会选择敌对性的线索，并把别人不明确的有歧义的行为归因于别人敌对的意图（Dodge，1986；Dodge & Frame，1982）。在这一模块中，参与者要学会去怀疑自己最初形成的因果解释，并形成新的选择和评价根据。他们要学会从别人的角度看待问题，并学会从这种相互作用中确定他们自己的目标。他们运用四个单元、每种选择的利弊和决策技术来选择并执行一条行动路线，如果这样不能实现他们的目标，那么就修改决策再尝试一次。

宾夕法尼亚乐观项目（POP）作为一项积极心理学干预的评价

POP 的大多数技能本质上都是用来补救的，这不足为奇，因为 POP 最初是针对具有抑郁风险的儿童所进行的定向性干预。这个项目注重使参与者具备辨认他们认知缺陷的技能，这些认知缺陷主要有——悲观的解释风格、灾难化倾向、敌意归因偏见和完美主义思维，并教导他们学会将这些解释风格产生的影响降到最小。即便是那些明显更积极的技能（如放松训练、果敢性、决策和社会问题解决）也都是从补救的角度提出的：即纠正过分活跃的交感神经系统，限制敌意或被动的思维倾向，减少目光短浅的决策过程，并防止在社会互动中做出的卤莽和草率的判断。

　　Aaron Beck 提出的治疗抑郁和焦虑的认知模型中的治疗技术已经被证实，而 POP 的技能来自于这些公认的治疗技术（1967, 1976; Beck, Hollon, Young, Bedrosian, & Budenz, 1985; Beck, Rush, Shaw, & Emery, 1979）。POP 假定的逻辑很简单。开发一项对抗流行病的抑郁预防项目。挑选出具有抑郁风险的儿童，因为这些儿童表现出了早期的症状或者有确定的抑郁基因的家族特征。假定这些症状是错误认知的标志。假定家庭冲突和低家庭亲和力通过儿童对事件的理解——儿童的解释风格和灾难化的倾向——对抑郁产生影响。最终使参与者具备认知疗法的技能，使他们在产生全面性抑郁之前处理那些错误的认知。尽管 POP 已经被证明是非常有效的项目（Gillham et al., 1995），但它确实来源于病理和补救模型，而且它的核心结果测量指标是抑郁、焦虑和外化问题行为的症状。

　　随着我们工作的进一步开展，我们开始在应用中把这些从治疗中借鉴而来的技能组合概念化为更为基础的概念。1994 年，我们意外地发现我们缺乏具有抑郁风险的儿童，而可用的 POP 设备却过剩。这样我们就把这个项目推广到所有儿童，不管儿童是否存在风险。POP 也因此成为一种更普遍的干预。由于这是一个抑郁预防项目，再加上我们所采用的风险因素，我们倾向于选择那些解释风格过分悲观的儿童。为了使他们接近准确，这在理论上需要帮助他们变得更乐观。而 POP 作为普遍性干预，它所针对的是具有各种不同解释风格的儿童。现在当我们以小组的形式来讨论一个儿童数学测验失败的原因时，我们听到的不再是意见一致的"因为他愚蠢"，而是那些具有乐观解释风格儿童的答案，他们将失败归因于"老师讨厌他"。

　　我们开始全面地重新思考我们的工作。解释风格领域最初出现在有关抑郁的文献中。大量的证据表明悲观的解释风格是抑郁的风险因素，而乐观的解释风格是对抗抑郁的缓冲器。悲观主义有害而乐观主义有益，一些心理学家认为这种观念几乎适用于生活的所有领域，同样在抑郁中也是适用的。但是这是否适用于问题解决呢？在我们重构我们的项目时，我们就意识到任何一种解释风格都是局限的，两种极端都是有害的。极端悲观主义者认为失败是因为他们的愚蠢，由于智力和"愚蠢"都是稳定的特质，他们会因此而感到沮丧，并变得无助和绝望。而极端乐观主义者认为失败是由于"老师讨厌我",那么他们当然不会抑郁。但是极端乐观的儿童很容易生气并感到受挫,他们会同悲观主义者一样,没有解决问题的办法。本质上,我们的解释风格会自动地产生一系列符合这些风格的因果解释的子类型。这就导致我们系统地忽略了其他的可能原因,而这些被忽略的原因存在于由内部、稳定性和一般性所创设的三维空间的其他地方。由于这个原因,无论我们的解释风格的构成是什么,它们都会把我们的问题解决资源导向相对不能改变的因素(如我们的智力水平和老师对学生的感觉),而系统地忽略了我们可以改变的原因,如学习习惯。不管儿童的解释风格是怎样的,如果我们教会他们形成可以选择的因果解释,那么他们就能够理解他们不幸的整个因果画面,从而利用所有可能的解决办法。这可以使参与者们更长时间地处于问题解决的模式中,从而转化成更大的复原力和毅力,因为参与者有更多可能的解决办法。当我们对 POP 重新概念化时,我们就认识到 POP 作为一个普遍性干预,它提升了复原力。1996 年我们正式将 POP 重新命名为宾夕法尼亚复原力项目(the Penn Resiliency Program,PRP)。

由于我们所采用的是非临床的无风险样本,而且我们的技能组合针对的是一般的问题解决和复原力,并不是抑郁的预防,因此这次转变使得我们的工作更接近积极心理学的精神。但是我们仍采用一些同样的补救技术,而包含在我们评价小组中的有关优势的措施还相对较少。这个项目几乎没有直接影响优势的明确尝试,而心理测量学中用来测量优势的工具的发展也落后于我们方案的发展。我们只有很少的经验证据,来证明 PRP 是一个积极心理学的干预。但是可以确定 PRP 确实促进了积极心理学一些研究内容的发展。

补救技能对人类优势产生的影响:案例证据

PRP 已经在国内和国际上的 20 多个地方使用过,而且我们收集了一些支持这个项目的案例证据。以下是挑选出来的。

勇气(*Courage*)。Joanne 加入我们的 PRP 小组时只有 13 岁,但是她已经在为承担成人世界的责任而努力了。她生活在单亲家庭中,是母亲所带的四个孩子中最大的一个,因此母亲的许多养育的责任就压在了她的身上。最近她 15 岁的男朋友一直跟她讨论性的问题。几周之前,她的男朋友就跟她说是时候尝试性生活了,而且还说如果她爱他,那么她也会想尝试的。上一周他还告诉她每个人都这样做,而且它还可以使他们像夫妻一样更亲密。就在昨天他还威胁说如果她不同意就"抛弃"她。Joanne 要疯了,她认为他们还没有为性生活做好准备，但是她又不想失去他以及他所给予的情感支持。她很矛盾。

Joanne 使用 ABC（技能 1）来确认她对于当前情境的信念，并追踪这些信念的后果，以便更好地理解她的焦虑和抑郁。她采用决策技能（技能 10）来确定不同选择的成本与收益，最终发现自己并没有为亲密的性关系做好准备。她承认她最大的担心是，如果她不同意，她的男朋友会生气并可能会因此而离开她。她运用正确看待问题技能（技能 5）使这些恐惧去灾难化，而我们帮助她形成对他的要求做出果断的反应（技能 7）。

在项目的最后，当我们和 Joanne 最后一次谈话时，她告诉我们她已经跟男朋友说明她还没有做好准备。尽管她并不确定她的男朋友是否还会跟她在一起，但是她确信如果他离开了，也并不意味着就是世界末日。她感谢我们帮助她获得了面对男朋友和面对抉择的勇气。

快乐的能力（*Capacity for Pleasure*）。Linda 是她们学校学生会的财务主管。她对学生政治抱有满腔热情。事实上，她承认有时候她的热情使她的心情很好，这种情况下她在会议结束后会接着去上课。Linda 是在几周之前参加这个项目的，我们注意到了她的变化。尽管她是其所在 PRP 小组的积极分子，但是她的领导者发现最近让她参加这个项目有点棘手。大约到项目的第四部分时，Linda 就停止提问问题和主动回答问题了。当 Linda 的领导者问她的想法和感受时，她含着眼泪说每一件事情都令她很厌烦。她还补充说她错过了几个学生委员会的会议，因为"它们花费太长的时间，尽管一直都是这样的"。她说她不想再做财务主管了。

Linda 的领导者让她首先写下竞选财务主管的理由（技能 1，ABC）。然后帮助她使用等级任务（技能 9）安排那些对于她来说有趣的活动。随着项目的进展，帮助 Linda 认真地检查她对自己和世界的信念，形成其他信念并评价这些信念的准确性（技能 3 和 4）。在项目的最后，Linda 找回了自己并仍然在做财务主管。

交往技能（*Interpersonal Skill*）。D. J. 是那种尽力想把每件事情都做好的孩子。他是一个天生的运动员，而且学习很好，得到老师的高度评价。他喜欢与父母保持亲密的关系，他的父母深深地为他的学业成绩和体育成绩而感到自豪。当 D. J. 来到我们的小组时，看到他与其他人相处得很好，我们都很高兴。他自信和沉着的风度可以使大家很快就感到轻松自在。

当 D. J. 说他很为和年长他 3 岁哥哥的关系感到烦心时，我们都感到非常吃惊。他告诉我们说："我们过去确实是好朋友,但现在我们却只是吵架。D. J. 感到他哥哥 Tony 经常生他的气，他们不再像以前一样"形影不离"。D. J. 感到自己失去了与哥哥的这份友谊，但他不理解这是为什么，而且也不知道该如何解决。他的交往技能使他能够跟同伴保持很好的关系，却不能使他跟哥哥保持良好的关系。

在接受（PRP）培训过程中，D.J. 学会了从他人的角度看待问题（技能11），他能够理解 14 岁的哥哥比 11 岁的他要有更多的隐私和个人空间。他学会了如何去询问哥哥的想法，并能理解哥哥的想法是如何影响他（Tony）的行为方式的（技能 1，ABC）。他学会了程序中的社会问题解决成分（技能11）的关键技能。他学会了移情。

洞察力（*Insight*）。Joe 属于那种比较粗暴难以控制的孩子，他一会儿高兴，一会儿又垂头丧气。有时候他充沛的精力把整个小组都带进了 PRP 的活动中来，但有时候又把他们引到另外的事情上。一天，Joe 来参加 PRP 的时候看上去非常生气。当他的 PRP 领导者问他发生了什么事，他说他刚刚发现他的数学考试成绩不及格。"这是因为数学老师讨厌我，他说，"他从一开始就讨厌我。"

PRP 领导者指出 Joe 的归因所采用的是外部信念：是其他人或环境的因素导致问题。领导者鼓励 Joe 采用问题的内部信念：从他自身方面去寻找原因，即他所做的导致不及格的事情。Joe 不能找出这样的事情。他尝试了一次又一次，但都不能找出哪怕是一件他所做的导致问题发生的事情。他的领导者跟小组成员们讲述了解释风格的事情，并引导 Joe 理解他倾向于做外部归因（技能 2）。Joe 开始意识到同样的情节也在他生活的很多方面上演：当他的足球教练让他退出比赛时，当他因为"第一个家伙并没有正确地教我"而更换吉他老师时，他都很生气。这让他对自己认识世界的方式有了深刻的洞察力。在项目的最后，Joe 能够对抗他最初的天性，并形成了更多内部信念（技能 3）。Joe 告诉他的领导者："可能是因为我只在公共汽车上学习的 15 分钟太少了，所以没有通过数学考试"。

憧憬未来（*Future-Mindedness*）。Jim 对生活中的许多事都不确定，但有一件事他很确定：他将要参加 NBA。他所有的时间都用来打篮球了。他不写作业，甚至逃课以便有更多的时间去打球。因此他的学习成绩很差，他的父母对他上一次的成绩很生气。然而他的篮球比赛成绩并没有提高。他 12 岁时身高只有 5 英尺 2 英寸，比他们班其他的男生都矮。他也没有一些男生所具有的球技，因此过去的两年他一直都是候补运动员。

拥有梦想并没有什么错误，除非是因为追求梦想而损害了其他核心目标或威胁到了安全。Jim 之所以想当 NBA 明星更多的是希望从中获得金钱，而没有考虑它的现实性，或者甚至没有在运动中实现自我的真正动机。Jim 的行为脱轨，这降低了他进入大学的机会及大学可提供的所有机遇。

PRP 帮助 Jim 更全面地考虑未来（技能 5）。Jim 学习相关的技能，使他能够考虑自己当前行为对未来产生的成本与收益（技能 10）。激情并没有离开他，过去的他只是希望在篮球中有更大的激情。但是现在他也将他的激情应用到学习方面。

复原力和毅力（*Resilience and Perseverance*）。Felicia 生活在一个混乱的世界。每周的工作日她都跟她的妈妈和兄弟姐妹在一起。而到了周末她和她的兄弟姐妹会跟她的姑妈或她姑妈家的朋友在一起，这样她妈妈就可以值夜班。他们居住的旧城市的单元公寓很小，而且服务很差，然而她妈妈所能做到的就是尽全力工作，以便维持他们的基本生活。

在这个项目进行的过程中，Felicia 告诉了 PRP 中领导者她的生活条件，但是这并不是她所烦恼的事情。她担心的是她的成绩。她在中学的成绩一直是 C 和 D，而她小学时的成绩是 A 和 B。她认为自己是"愚蠢的"，她并不能做什么来改善这种状况。她的 PRP 领导者帮助她辨别那些信念，并追踪这些信念对她的情绪（抑郁）和行为（无助）的影响（技能 1，ABC）。Felicia 学会了形成更不稳定和非整体的因果性的备选方案，比如"我没有好好学习"，"整个学期我都没有做作业"等潜在可变的原因。

Felicia 和她的 PRP 领导者制定了学习日程。Felicia 为此花费了数小时，而且她对自己在接下来的考试中的表现充满希望。然而令她惊奇的是，她的考试还是不及格。她难以承受这样的打击，但是她的 PRP 领导者引导她正确地看待问题（技能 5）。领导者引导她反复地形成其他额外的备选方案（技能 3、4 和 11）——Felicia 周末的时候经常忘记带数学课本，因此尽管她花费了必要的学习时间，但她并没有使用正确的材料。Felicia 最终获得了复原力和毅力，并以这种方式通过了数学考试。

理性和现实性（*Rationality and Realism*）。Trevor 是那种徘徊在小组边缘（并不是很合群），并且文静、有礼貌的学生之一。他总是按 PRP 小组领导者要求的做，但他好像总是脱离群体。Trevor 的周围弥漫着强烈的悲伤氛围。他好像并没有真实地生活在这个世界上；他更像一个阴影，而不是一个真实的 11 岁男孩。

他第一次主动给小组的领导者讲了一个故事，故事的开始像我们以前已经听过千遍的故事一样：一个父亲在一天的辛勤工作后，由于儿子没完成作业而生气，父子之间发生了激烈的争吵，争吵一直持续到第二天。但是 Trevor 的父亲第二天晚上并没有回来。他的父亲工作结束后在回家的路上出车祸死了。很多年来 Trevor 一直很内疚。他认为父亲的死是他的原因。他认为父亲的死是因为生他的气，并且父亲不喜欢他了。他觉得他是个没用的儿子，没用的人。他认为自己没有活着的资格——他应当就是一个阴影。

PRP 帮助 Trevor 辨别这些信念（技能 3 和 4）——更实际更理性地看待世界。他逐渐认识到这次事故并不是他的错误。他能够看到大量的、能够表明他父亲是多么喜欢他的证据。他感到可以自由地重新进入这个世界。我们最后一次见他是在他的高中，当时他已经从 PRP 毕业好几年。当看到我们时，他奔向我们，因为他希望把他的女朋友介绍给我们。他当时满脸笑容。

乐观和希望（*Optimism and Hope*）。Miguel 参加的是我们在奥斯汀的一个 PRP 的小组。他来自于一个充满爱的家庭，并且他很有能力。他是在一个旧城区街区长大的，而且他知道被暴力所围绕的滋味。由于害怕来自车上的射击，因此他经常害怕放学后步行回家。Miguel 知道他哥哥的很多朋友加入了不良团伙，最终以触犯了法律而结束。但是在他的父母吵架之前，他大部分事情都进展得很好。一开始他的父母只是偶尔吵架，而现在几乎夜夜都吵。他不能再忍受父母的争吵，他把自己锁在房间里戴着耳机，听着音乐大喊大叫。

随着时间一天天过去，Miguel 的恐惧有增无减。他认为父母将会离婚，这是不可避免的。他担心他的爸爸会离开这个城镇，他就再也见不到爸爸了。他的邻居中有很多就是这样跟爸爸失去联系的，并且其中有很多加入了不良团伙。"我害怕自己最后也会加入不良团伙"，他告诉他的 PRP 领导者，"我不想这样，但是如果我父母的关系破裂了，事情就可能是这样。"Miguel 吐露一旦他加入不良团伙，他知道触犯法律最终只是一个时间的问题。他会被送入监狱。"那些从监狱出来的家伙变得真正的坏了。他们最终会在监狱中度过。那样我就再也见不到我的妈妈了，"他含着眼泪说，"做其他事情又有什么用？事情就是这样。"Miguel 灾难化的倾向使他从父母之间的争吵联想到最终在监狱的生活。他感到无助和绝望；他不能找到任何方法走出这条他认定的命运轨迹。

Miguel 的 PRP 的领导者教导他通过想象评价最坏的情况、最好的情况和最可能的情节，来正确地看待问题（技能 5）。PRP 发展了 Miguel 问题解决技能，使他关注他能够控制的方面，而不是他不能控制的方面。Miguel 发展了乐观和希望。

超越学术

1997 年，宾夕法尼亚大学的心理学系正在确定社会心理学的候选教授职位。当时，Martin Seligman 收到了一封来自同事的电子邮件，同事询问他在确定社会心理学教授职位的过程中，是否应该把工业心理学家考虑在内。他回复说："当然——生活的三大领域是工作、爱和游戏，而工业心理学属于工作的心理学"（Seligman, 1998c, para. 3）。随后，Seligman 陈述说，当回顾国家的最好学术机构时，他不能回忆起哪怕是一个其主要的研究是集中在工作、爱或游戏的研究者。

第二天 Seligman 偶然遇到了 Jerome Bruner，他发现 Jerome Bruner 拥有惊人的现代心理学的历史知识。当提到这些主要的生活领域是如何被研究所忽略时，Bruner 回复到：

> 实际上这发生在一瞬间。大约 60 年前哈佛大学的主席 Princeton 和 Penn 一起参加了实验心理学家学会（Society of Experimental Psychologists）的会议，他们两个同意了他们不会雇用应用心理学家！就是在这一天，确立了许多大学科系的雇用模式。（引自 Seligman, 1998c, para. 6）

没有应用心理学家。没有在象牙塔之外为社会服务而分配的角色。这并不是大多数干预和积极心理学研究者所采纳的方法。他们的基本使命是开发出在真实世界中起作用的有效预防。作为科学家，他们理论的最好的检验信条是由这些理论而产生的项目是否有效。他们的看法得到国家最权威大学中新出现的技术传播现象的支持。

在大学里从研究中开发的新技术通过技术传播，正式地转换到商业部门。技术传播工业在 1980 年贝赫—多尔（Bayh-Dole）法案的通过之后繁荣起来，这允许大学、其他非营利研究组织和小企业等取得和拥有由联邦津贴所开发的改革专利权。1980 年之前，每年这个国家只有不到 250 个专利权是由大学出版，而商业化的和可以用于社会的专利权则相对更少。相比之下，根据大学技术管理者协会（Association of University Technology Managers, AUTM）的报告，在 1999 年财政年度有 3914 个新的许可证被注册（2002）。

有超过 300 所大学和研究机构注册了 AUTM，并积极参与了技术传播的过程。当然技术传播部门的成功部分是由谈判交易的数量和重新回到大学的版税的数量来测量的。但是这些部门的重要目标是交易所提供的公共利益的程度。AUTM 也开发了用于评价产品对消费者生活产生潜在积极影响的模型（AUTM, 2002）。

1997 年 10 月，在宾夕法尼亚大学的实验室发展起来的复原力项目中的三个（PRP，针对大学新生的 APEX 项目以及一项针对公司职员的项目）被纳入到适应性学习系统（Adaptive Learning Systems），这一系统是一家技术传播公司开发的，旨在促进项目的推广。为达到这一目的，Adaptive 在宾夕法尼亚州培训了来自地区学校协会的教师以贯彻 PRP。此外，Adaptive 已经资助和率先发展了针对公司的适应性训练，这个被证明是最接近积极心理学干预的。Adaptive 培训被输送到多种组织，其中包括几个财富 1 000 强的公司、小而完整的研究小组以及政府和准政府组织。广大的职员代表参加了 Adaptive 培训，这些代表既包括一线的销售和消费者服务代表，也包括工程师、中层管理者和高层管理者。Adaptive 培训遵从 PRP 采纳的认知模型加工过程。研究之前的问卷鉴别出参与者的工作场所的优势，以及他们的易受性，项目关注的是每种优势和易受性中潜在的认知过程。项目引导参与者更好地了解能够赋予他们优势、复原力、勇气等品质的认知风格，使他们能够在这些领域游刃有余——如与领导的交往或委派工作。项目通过活动引导他们，帮助他们在需要改善的工作领域应用相同的风格，如工作和家庭的平衡或者是延迟。同样地，Adaptive 代表的是为建构优势而设计的项目。

由适应性学习系统资助的项目的发展，促进了最新发展水平的团体项目的发展。反过来，这些知识被灌输到了 PRP 及其领导者资格认证的课程中。

积极心理学干预的未来发展方向

概括来说，如果说有，如今也确实有几个积极心理学干预在进行着。传统心理治疗可能影响积极心理学的内容，但最多也只是偶然发生的。积极心理学干预区别于病理模型的两个显著方面是：它们尝试建构优势，而不是补救脆弱性；它们有能力让所有人受益，而不只是让病人受益。尽管最新发展水平的抑郁预防方案代表了远离病理模型的重要一步，然而所有综述的项目仍然关注补救对未来障碍的可行性。可能针对企业界开发的项目最接近积极心理学干预，因为它们主要对功能健全的人群展开，并且是为提升生产力、表现以及工作和生活满意度而设计的。

为了实现积极心理学的这个使命，必须探索能够推广这些超越学术、超越病人的技术的方法，进而改善全人类的生活。技术传播的出现可能会被证明是实现这个目标的有用手段。

第四章　儿童和青少年幸福感

——社会指标领域

Brett V. Brown, Kristin Moore

引言

过去十年间，对于政策制定者、实践工作者以及旨在提升儿童和青少年幸福感的基金而言，社会指标已经是越来越不可或缺的工具。从国际舞台到地方邻里的各个水平上，社会指标领域正在繁荣发展，它对以下几个方面均有所帮助：

- ·确定存在需要的领域
- ·推进项目向可测量的社会目标方向前进一步
- ·协调各组织之间的活动
- ·增强促成积极发展结果的责任
- ·评估政策和项目的有效性

社会指标数据的收集和传播，促进其有效应用的实践技术和技术帮助，以及基础研究，这 3 个领域的发展推动了社会指标领域的繁荣发展。在国际、美国国内、美国各州和地方各水平上收集儿童和青少年数据的定期调查的数量自 1990 年以来有了显著增多（Brown, 2001; Brown, Smith, & Harper, 2001）。有关儿童、青少年及其家庭状况的报告数量也有所增加（Bradshaw & Barnes, 1999; Brown & Corbett, 2002）。此外，实践工作者已经联合起来组成了支持网络，彼此分享正确应用社会指标数据的信息和资源。为这些团体提供技术帮助的一系列美国国家中介组织也发展起来了（Corbett, 2001; 美国国家研究委员会和医药协会，2002）。

尽管社会指标是最重要且首要的实践工具，但是促进这一领域发展的研究和研究者也是至关重要的：

　　·帮助确定各个发展阶段中幸福感的最重要维度

　　·制定儿童和青少年幸福感的长期发展结果

　　·确定在整个发展历程中，家庭、同伴群体、邻里及社区对儿童和青少年生活产生的关键社会影响

　　·确定最能有效提高儿童和青少年幸福感的社会项目和政策

　　·发展高质量的、能够准确反映人口整体及其关键亚群指标的测量工具

　　·从连续测量中确定合适的、可取的临界点。临界点所代表的理想的或不理想的幸福感水平对于实践工作者、政策制定者以及公众是很有意义的。这些临界点是研究者的定期测量获得的。例如，确定基础、熟练和高级的临界水平[①]

　　本章对儿童和青少年指标领域进行了全面概述，由心理学研究者撰写，但是我们希望本章能够对所有感兴趣的读者都有益。首先我们会有一个背景介绍，对良好的儿童和青少年指标和指标系统的特点进行了讨论。然后，我们详细叙述了过去 10 年间社会指标研究、数据收集、传播和应用方面的主要发展。最后论述了以上各领域在未来 10 年间的主要机遇以及研究团体在其实现过程中所扮演的角色。

社会指标的标准

　　社会指标是幸福感的数量化测量。我们既可以随时间推移进行追踪测量，也可以在不同社会、经济和其他相关社会亚群中对其进行比较（Moore，1997）。社会指标的特征包括以下几个方面：

　　·**直观、易理解**。由于社会指标是反映社会行为的主要工具，因此对于包括政策制定者、服务提供商和市民在内的非科学团体而言，它必须是易于理解和有意义的。例如，国家教育目标提案（the National Education Goals Panel）报告了那些分数足够高而被认为精通数学的青少年的百分比，而不是在 0 到 800 的量尺上报告平均分。

　　·**定期测量**。社会指标的大部分应用要求其应随时间进行追踪测量。正因为此，绝大多数的社会指标来自定期施测的横断调查，如国家健康访

---

① 详情请见国家教育方案评估（2001）（National Assessment of Education Progress）。本章所说的国家专指美国。

谈调查(the National Health Interview Survey),以及定期收集的行政管理数据,如出生登记。

·**以科学和社会价值为基础**。当我们在政治背景下应用社会指标(经大量分析,这是社会指标的最广泛应用)时,其意义和我们所赋予他们的相对重要性要以科学和使用他们的社会参与者的价值观、目标为基础。

·**韧性**。社会指标集中关注通过个人和/或社会方式接受有意义变化而产生的那些幸福感。

·**收集的低成本—高效率**。由于任何调查工具都只有有限的空间,而社会指标又必须定期收集,因此社会指标的收集必须是相对节约的。基于深入细致观察和长期临床诊断的测量相对而言花费较多,也正因如此,将其作为社会指标的收集方法不太具有可行性。然而预先制定详细的索引或诊断框架,在定期调查中进行更加简短的测量是社会指标研究者常用的方法(例如,Moore, Halle, Vandivere, & Mariner, 2002)。

·**适用于各人口亚群和时间的推移**。指标必须适用于不同的性别、民族/种族、文化和社会经济亚群。只有这样,处于这些关键社会亚群中的儿童和青少年的经历才具有可比性。同样,它们的含义随时间推移必须是连贯的,即我们可以追踪其发展的时间趋势。例如,随着互联网、邮件和即时通讯的发展,"家里有一台电脑"的意义在过去十年甚至几十年间都有了巨大的变化。

·**代表性**。作为社会指标基础的数据收集和取样技术必须要能够得出一致的推论,并且要能够代表所感兴趣的人群。不严密的取样技术(如方便取样、滚雪球取样)会产生误导性的估计和错误的趋势信息。在实践中,这会导致产生与儿童、青少年利益相背的错误政策决定。

·**以高质量的测量为基础**。研究中,社会指标的测量应该是正确恰当的,能够准确反映研究者想要测量的结构,并且具有可信性,即观察到的行为代表了真实的变化而不仅仅是测量误差。当我们使用量表时,量表必须有中等至较高的内部信度。高质量测量的需要有时可能会与低成本—高效率的要求相冲突。这种情况下,社会指标领域的调查设计者所面临的挑战就是设计出一种以尽可能最少的题目来准确反映结构的测量。

儿童和青少年指标的整体系统须有以下特点:

·**范围广泛**。指标系统需要对所有主要的生活领域进行完整的描绘。研究者用许多类似的框架来确定关键的领域(Land, 2000;美国安全和人类服务部,2001)。一个框架最少需要包括社会和情感发展、身体健康和安全、智力/技能的发展。每个领域确定的指标体系要与科学理论、研究现状以及普遍持有的社会价值观一致。

·**对发展具有敏感性**。指标应该覆盖整个发展历程，并对各个发展阶段所面临的中心任务和风险都有恰当的测量。研究者一般将这些阶段操作化为婴儿期、儿童早期（0～5岁）、儿童中期（6～11岁）、青少年期（12～17岁）和成年过渡期（18～24岁）。这些宽泛的年龄范围有时也会再分为两个阶段，以反映儿童期的发展变化是非常迅速的这一现实。每个阶段会有其特有的指标，发展历程中相同的指标在各个阶段的操作化亦不同。

·**反映社会背景**。任何完整的儿童和青少年指标系统都必须包括影响儿童和青少年发展的社会背景指标。这些指标包括家庭、同伴、邻里和制度环境。

·**详细的地区划分**。对儿童和青少年产生影响的各种活动、政策以及项目会存在于所有的地理水平上，包括国家、各州、社区甚至邻里。近年来政府职责从联邦政府到州，到地方水平的转移不过是强调了建立一个基于以上各地区水平的强大指标系统的必要性。

·**人口亚群的估计**。创建的社会指标数据系统应该能够独立追踪由关键的社会维度所界定的亚群体幸福感。例如性别（男性和女性）、社会经济地位（如贫穷和不贫穷）、民族/种族（白人、黑人、亚洲人、西班牙人）和家庭结构（双亲和单亲）。

·**反映当下的幸福感和未来的幸福感**。社会指标的意义和相对重要性的一个重要方面就是青少年当下的幸福感和未来的幸福感，有时亦被称为正在变得幸福（well-becoming）。例如，青少年的抑郁是非常重要的，不仅因为它反映了个体当下的痛苦，而且它能够预测个体未来的发展以及向成年期的成功过渡。

·**积极发展和消极发展**。由于我们的政府制订了如此多的项目来关注社会问题和社会需要，为支持他们工作而发展起来的数据系统倾向集中于消极的行为、发展和状况。结果我们的儿童和青少年指标系统及相关的研究过度关注了消极发展和危险因素。然而过去10年间，制定积极发展框架的运动正在蓬勃发展，特别是青少年方案和各种以社区为基础的项目层出不穷（Pittman, Irby, & Ferber, 2000）。国际青少年基金会（the International Youth Foundation）的Karen Pittman概括总结了众多项目的工作人员、家长和青少年对她所谓的"没有问题并不意味着做好了充分的准备"的感受（Pittman & Irby, 1996）。这个领域需要在测量和数据发展方面做大量的工作。

·**展望未来**。指标系统需要在可能的范围内预先包括那些需要进行新测量的社会发展。这是非常重要的，因为它能够为即将出现的趋势提供基础数据。例如，儿童对互联网的使用、花费的时间和进行的活动都会很快成为他们日常生活的一个重要部分，可能都会对父母教养、教育、贫穷和特权重构以及总体的社会政策产生重要影响。

社会指标的美国简史

在美国，将社会指标作为实践工具进行使用至少可追溯到 20 世纪 20 年代，伴随着美国内政部教育局（U. S. Department of Interior's Bureau of Education）"社区记分卡"的发展而发展起来。记分卡是用来"将社区的注意力转向他们正在组织和维护的重要方面上，并且提供一种量尺，使他们能够参照其他社区评价自己"（Federal Council of Citizenship Training，1924）。记分卡涵盖了幸福感的以下几个维度：心理发展、健康和身体发展、职业发展、爱国情感的发展（公民的责任和权利）、社会与道德的发展[①]。不久之后"美国新近趋势"（Recent Trends in the United States）发表（总统社会趋势研究委员会，1993），这是一篇开拓性的国家报告，是在 Herbert Hoover 社会趋势研究委员会（Herbert Hoover's Research Committee on Social Trends）主席 William Ogburn 的监管下完成发表的（Land，2000）。

20 世纪六七十年代，国家水平上的社会指标的收集和应用又有了一次飞跃，其部分原因是联邦政府社会规划的扩大发展（Kingsley，1998）。到 20 世纪 70 年代，社会指标变得尤其重要，社会科学研究委员会（the Social Science Research Council）建立了社会指标研究合作中心（the Center for the Coordination of Research on Social Indicators，CCSC）。CCSC 的目标是建立一个包含儿童和家庭指标及其追踪方法在内的综合系统。虽然 CCSC 认识到他们的工作对政策的制定是很有帮助的，但他们更集中于此系统的科学内涵，并以提高我们对社会变化的认识为目的。

然而到 20 世纪 80 年代初期，对儿童、青少年和家庭指标的支持减少了。CCSC 倒闭了。在此期间只有少数活动仍在进行。儿童、青少年和家庭选举委员会（the Select Committee on Children，Youth，and Families）———一个国

---

① 社区记分卡方面的信息来自 2000 年 5 月青少年发展和政策研究中心（Center for Youth Development and Policy Research/AED）发表的对 William T. Grant 基金会的一项建议，自有利的一面看：青少年发展的社区访谈的关键指标（On the Plus Side：Key Indicators of Community Investment in Youth Development）。

会委员会，发表了许多由《儿童趋势》提供的有关儿童和青少年状况的综合报告，其中主要的指标数据选自联邦政府数据系统（the Select Committee on Children, Youth, and Families, 1983, 1987, 1989）。然而总体而言，相关活动是非常少的。

10 年之后，社会指标领域开始复兴，而且从此以后该领域在各个方面和各个地区水平上都有了强劲而稳定的发展。这次复兴既是因为权力从联邦政府到州再到地方进行了转移，也是因为当时正在进行的信息技术（IT）革命（Brown & Corbett, 2002; Kingsley, 1998）。权利的转移使各州和地方需要更多更好的数据来支持计划、目标追踪和问责制。同时也更加强调追求可测量的结果而不是执行特定的联邦政府设计的方案。IT 革命使得包括社会指标数据在内的所有数据的收集、操作和传播更加廉价。同时由于越来越多的人群可以直接接触功能强大的计算机和网络，IT 革命也极大扩展了潜在使用者。

儿童、青少年和家庭幸福感指标：十年间的进展

20 世纪 90 年代是儿童和青少年指标领域复兴和发展的 10 年。在本章的这一部分，我们呈现了该时期在实践、数据发展、传播和研究等领域的关键发展和活动。

实践领域的儿童和青少年指标

儿童、青少年和家庭幸福感的社会指标正用于满足各种不同的目的。尽管有时也用于纯粹的科学目的，但其大部分还是应用于实践。了解所有这些应用是很重要的，因为不同的应用对指标和用来追踪指标的数据系统有一系列稍微不同的要求。

监控和需求评估。我们一般用指标来监控幸福感、评估社会需求以及社会资源，这些通常都是行为的前奏。例如，美国疾病控制和预防中心（the U.S. Centers for Disease Control and Prevention, CDCP）成立了多种健康和疾病监控系统以在国家范围内监察对国家、特定社区和人口亚群出现的新的威胁。除了需要时时测量的监控作用外，指标也经常用于一次性需求，如评估资源以指导项目的进展和部署。例如，数以百计的关

注青少年需求的团体施测了研究协会的学生生活概况：态度和行为调查（the Search Institute's Profiles of Student Life: Attitudes and Behaviors Survey, PSL-AB），以确定青少年存在需求的领域以及那些可以聚集起来满足需求、促进青少年发展的个人和社会资源。

目标追踪。我们通常也会以整个社区、州或国家采用的可测量的目标为标准，用社会指标来追踪项目。一般先进行基准测量，以确定指标的当下水平（如进行定期锻炼的青少年百分比），并且着手采纳一个可以达到的目标，如在 5～10 年的时间内完成。这样做的意图是使政府和公民组织将注意力集中于有限的一系列共同目标上。参与的团体会采纳他们自己的可测量目标，这些目标与大目标相关但又会反映他们自己活动的成果（例如，提高青少年身体健康是社区范围的目标，地方学校系统可能会集中于提高公立学校参加体育课学生的百分比）。这种方法上的差异是建立在持续改进概念基础之上的，从这个概念来讲，指标可以用来随时追踪进展，尽管我们并不设定特定的目标。

美国联邦政府提出了两个主要的影响儿童和青少年的目标驱动议案，一个是健康方面的，另一个是教育方面的。由美国健康和人类服务部（U.S. Department of Health and Human Services）提出的健康群众议案（Healthy People initiative）是为了提高所有美国人健康所做的广泛努力。该议案的最新形式——健康人群 2010（HP2010）确定了未来 10 年间 467 项特定的可测量目标。其中很多目标与儿童和青少年直接相关。这些目标是由 250 个州机构的数以百计的国家组织确定的，其中大部分机构和组织已经制定了对完成目标至关重要的各种活动。基本上所有的州，大多数的社区都有他们自己的 HP2010 计划。这些计划以国家目标为导向，同时也为他们自己的民众群体设定了可达到的目标。为此，国家、州和地方水平的数据发展有了很大的进步。因此，我们可以对目标进行基准测量并可以随时追踪其进展。

于 1989 年提出，1994 年列入法律的教育目标 2000 议案（Education Goals 2000 initiative）提出了 8 个国家目标，其中包括：加强早期入学准备的目标；提高阅读、数学、科学、语言、公民学、经济、艺术、历史和地理方面的理解能力的目标；提高中学毕业率的目标。由两党组成，多级政府支持的国家教育目标评审团（National Education Goals Panel, NEGP）鼓励各州采用特定的教育标准（现在 49 个州设立了各种形式的教育标准）。同时，该组织也致力于增加可以进行比较的州水平数据，以测评教育进展。方法之一就是鼓励各州参加教育进展的国家评估（National

Assessment of Educational Progress）。其旗帜性报告、年度国家教育目标报告（National Education Goals Report）提供了对与国家目标相关的34项指标的州水平的评估[①]。

各州在积极参加联邦政府合作议案的同时，也热衷于自己的活动。俄勒冈州基准议案（Oregon Benchmarks initiative）是历史最长也是发展最为完善的综合性州议案，其目的是将跨机构（州和地方水平，政府内部和外部）的州计划建立在有限的一系列可以量化和随时追踪的可完成目标基础之上。此议案在1989年召开的一系列公开会议上提出并讨论。当下该议案关注90个基准，并设定了2005—2010年的特定目标。这些目标领域包括经济、教育、公民参与、社会支持、公共安全、社区发展及环境。各州机构在他们的年度预算论证中必须提出所有相关的基准目标。在地方水平上，每个县关注儿童和家庭基准的地方委员会都会参与综合性的社区计划以达到地方目标。

结果导向的问责制。 政府和私人基金会越来越多地以社会指标为标准来评估旨在促进儿童和青少年健康发展的州、社区、机构和个人方案。这代表了一种转变，即问责制由以过程为导向（某一方案或政策的进展情况如何）转向以结果为导向。该转变的部分原因是社会政策和方案的控制权转移到了更基层水平的政府，地方政府可以更灵活地在执行方案的同时对最终结果负责任。所采用的方法以及改进所要达到的水平通常（虽然并不经常）会通过商讨决定。如果没有达到预期的结果，项目可能会得到更多的技术帮助以克服困难，或者，某些情况下，项目会面临资金减少或权力丧失的窘境。

在儿童和青少年政策领域，尽管私人基金会和地方政府也开始在其他一系列方面采用这些指标，但其应用最广泛的领域仍是公共教育领域。例如，弗吉尼亚州通过其学习标准（Standards of Learning, SOL）议案要求学生学业表现未有明显进步的学校提供额外的报告，并对其提出了具体要求，同时对失信学校也会进行制裁。

问责制可以以奖励和惩罚为基础。作为SOL议案的一部分，弗吉尼亚州对表现良好的学校会予以奖励，这些学校在某些特定法令和报告要求方面会取得豁免权。在联邦政府水平，依据困难家庭临时获助（Temporary Assistance for Needy Families, TANF）的福利改革，非婚出生率减少最多而流产率没有增加的各州都会得到数百万美元的奖励。

---

① NEGR于2001年解放。

反映实践。社区和个人方案会以社会指标为标准，时时汇报自己的进展情况。以应用社会指标的方法来报告他们自己正在进行的实践活动。很多方案发展了形式逻辑模型，用一个清晰的变化理论将特定的方案活动与参加活动的儿童、青少年及其家庭的预期发展联系起来（Gambone，1998，United Way of America，1999；Weiss，1995）[1]。一个社区范围的议案，该模型应包括参与方案的各方（公开或私下）的投入以及该社区儿童和青少年的可测量发展结果。如果测量显示，方案正在高效率地贯彻执行且幸福感指标正朝着预期的方向发展，那么该方案就是有效的。如果儿童和青少年指标没有朝着预期的方向发展，那么该逻辑模型的基础假设就有问题，为其服务的方法在某个或多个方面就要做出改变。或者，如果逻辑模型是正确的，那么方案的贯彻执行方面则存在不足。尽管个人方案的结果大部分仅限于方案的参与者，但其分析方法也是类似的。

在实践水平上，反映实践的功能就像一个内部的方案评估。虽然缺少能够产生科学知识的方法学所具有的严密性，但却是一个管理儿童和青少年幸福感议案的越来越普遍的工具（National Research Council and Institute of Medicine，2002）。

评估。一般而言，社会指标并不是对方案和政策进行评估的正规、科学有效的工具。其评估主要依靠实验和准实验的方法（Hollister & Hill，1995）。传统上，指标在评估中所扮演的角色是非常有限的，就像确定那些特别有前景的（或功能失调的）以及需要应用更严密的技术进行正规评估的政策和方案中"矿工的金丝雀"所起的作用一样。

指标更显著的一个应用领域是综合社区议案（Comprehensive Community Initiatives，CCIS）的评估。CCIS 的干预模型特别复杂，包括众多方案、组织和行政部门，并试图对社区水平的发展产生影响。CCIS 的复杂性和普遍性使标准评估技术变得不再适用，因为反事实的比较是不可能产生的。相反，评估者正在开发一种称作理论—驱动型评估的方法。该方法建立在复合逻辑模型的构思基础之上，将干预所涉及的方案、行政部门和活动等方面的众多变化彼此联系起来，且与最终预期结果联系起来（例如，改良的早期儿童发展，见 Connell & Kubisch，1998）。这看起来像一种路径模型。该评估方法非常依靠社会指标，不仅包括模型中各元素的基准水平，而且还包括对各指标变化的时时监控。这是一种创造性的，同时也是备受

---

[1] 这个变化理论是以获得和利用其他的科学、最初参与人员的信念和预期为基础的。

争议的评估方法，现仍处于发展的初级阶段[①]。

克利夫兰正在执行一个类似的综合社区议案。克利夫兰社区—建设方案（Cleveland Community-Building Initiative）关注城市中的四个低收入社区，应用了一种包括健康、投资、教育、家庭发展和人类资源发展在内的综合发展方法。该方案的评估者、城市贫困和社会变化中心（the Center for Urban Poverty and Social Change）（所有研究者以华盛顿天主教大学为中心）与包括议案工作人员、管理委员会、地方议会在内的利益相关团体共同合作，拟定和协调他们各自的**变化理论**：他们关于如何达成目标的具体看法。除此之外，还有一个详细的逻辑模型来指导方案并为评估提供框架。该逻辑模型的关键要素选择了一系列的指标来反映，并确定了基准测量和时时监控进展所需要的数据来源。非常幸运的是，该方案有供其支配的最高级的由评估组创建的综合社区地理信息系统（Geographic Information System，GIS）数据库和克利夫兰地区数据和组织网络（Cleveland Area Network for Data and Organizing，CANDO）。CANDO 的数据为计划提供了信息，同时也对利益相关各方提供反馈，相应地后者也会时时评估和修改他们的活动。

其他科学应用。社会指标也会简单地用来让我们了解社会变化，并促进我们对社会变化的理解。社会科学家非常关注某些指标的一致性变化（例如，青少年就业率的降低和犯罪率的升高），并提出应该用更严密的方法进行假设验证。经济学领域，广泛应用社会指标数据的宏观模型可以用来模拟一个领域的社会变化对另外一个领域可能发生的涟漪效应。例如，在已有研究的基础上（如 Maynard，1997）可创建一个模型来预测青少年的出生率下降 10% 对众多其他领域发展可能产生的影响，从中学毕业率到结婚比率，再到家庭收入、婴儿健康等。

局限。社会指标是科学和社会政策的有力工具，但其仍存在重大局限性，可能会因其无意识的、偶然的、蓄意的滥用而导致不良政策的制定（详细讨论见 Brown & Corbett，2002）。其中一个主要局限就是儿童和青少年幸福感某些重要方面数据的缺失，特别是各州和地方水平上数据的缺失（Brown，1997；Coulton & Hollister，1998）。幸福感的许多方面只能通过调查来追踪，这些调查在国家水平上相对丰富，但在社区水平上却不容易获得。另外，众多发展结果，包括心理健康、残疾和积极青少年发展的许多方面都缺乏高质量的测量（Federal Interagency Forum on Child and Family

---

[①] 对目标—驱动方法的批判性评论见 Cook（2000）。

Statistics, 2001; Hogan, Rogers, & Msall, 2000; Moore, Evans, Rrooks-Gunn, & Roth, 2001）。

应用社会指标的实践工作者和政策制定者可能会因为缺乏足够的训练和技术帮助而低估其作用，有时也会滥用这些重要的工具。存在的普遍问题包括：低质量数据的使用、不适当或不权威测量的使用以及在没有数据和方法学支持时得出因果结论的倾向。除了缺乏训练，政治压力也会产生一系列相似的问题。当指标被用来实施问责制或其使用者存有因政治利益而使用积极或消极趋势的动机时，这些问题尤其容易发生。

这些局限可以通过基础研究、数据发展、扩展训练和技术帮助得到某种程度的解决。实际上，所有这些领域在过去10年间都有了重大进步(《儿童趋势》，2001)。然而挑战依然大量存在，我们应在头脑中牢记其局限。

数据发展

随时间推移追踪变化的能力是社会指标数据系统的一个标志。该类系统依靠两个来源：重复的横断调查和统计（例如，当下人口调查）以及行政管理数据（出生和死亡记录、残疾登记、儿童受虐待和忽视报告、学校毕业记录和方案数据）。

从国际到地方社区的各个地区水平上可获得的儿童和青少年指标的数据在数量和种类上都有了极大的进步。尽管在过去的十年间各州在数据收集方面有了最大的进步，但显然国家仍享有最丰富的资源（Brown, 2001）。

国际评估

美国参与了众多定期施测的有关儿童、青少年和其他方面的国际调查，这些调查在未来可能会重复施测，也可能不会。幸福感的国际比较是非常重要的，因为它们提供了一个评估我国儿童幸福感的更大的政治背景。此外，在竞争越来越激烈的全球背景下，这种比较具有重要的实践意义（对这些调查和其他国际调查的综述见 Brown, Smith, Harper, 2001）。

绝大多数的该类调查都与教育有关。包括数学和科学学习的趋势（Trends in Mathematics and Science Study, TIMSS, 于 1995 年、1999 年和 2003 年施测）、IEA 公民研究（1997—1998）（IEA Civics Study）、国际学生评估方案（Program for International Student Assessment, PISA）和国际阅读学习进展（Progress in International Reading Study, PIRLS,

2001）。TIMSS 收集 4～8 年级学生的数据，IEA 公民研究收集 14 岁儿童的数据，PIRLS 则收集 4 年级学生的数据。以上调查均收集了学生的详细数据，包括技能评估、公认的影响成就的活动（例如，学习和看电视的习惯）以及家庭和学校背景的详细测查。这些调查可以将美国学生与世界上其他很多发达和发展中国家的儿童在成就和社会环境方面进行系统比较。

此外，美国近期参与了两项与健康有关的青少年国际调查。学龄期儿童的健康行为（Health Behavior of School-Aged Children，HBSC）是一项关于 11 岁、13 岁和 15 岁儿童的健康相关行为及其决定因素的持续时间较长的调查。大约每 4 年施测一次，超过 27 个国家参与了最近的一次调查。HBSC 受到了世界健康组织欧洲分部（the World Health Organization-Europe）的支持，调查范围包括了东欧和西欧的国家以及加拿大、美国和以色列。美国参加了 1997—1998 年的调查，且正在参加 2001—2002 年的调查。该调查收集了种类繁多的积极和消极健康行为和状况的数据以及家庭、同伴和学校环境特征的相关数据。另外一项健康调查，全球青少年烟草调查（Global Youth Tobacco Survey），已在 40 个国家收集过数据，另外 38 个国家正在施测过程中。该调查于 1999 年第一次在美国进行施测，包括了 6～12 年级的学生关于烟草使用及态度的各种详细问题。

国家评估

尽管仍存有许多重要的空白，与世界上的其他国家相比，美国在定期收集儿童和青少年指标方面可谓是收集种类最丰富、调查程度最深入的国家。20 世纪 90 年代，数据系统对儿童幸福感进行国家水平评估的能力有了很大的巩固，但也许其最重要的发展是联邦政府机构间儿童和家庭统计论坛（Federal Interagency Forum on Child and Family Statistics）的创建。由 20 个联邦政府统计机构合作创建的该论坛在美国总统的行政命令下于 1997 年正式成立，并承担着"鼓励联邦政府在儿童和家庭数据的收集和报告方面进行协调与合作"的使命（Federal Interagency Forum on Child and Family Statistics, 2001, 封面语）。该论坛选择关注他们在儿童和青少年指标的发展和传播方面以及促进父亲角色和家庭结构领域数据收集方面所做的最初努力。其首要成果是年度美国儿童报告，我们将在本章后面的"传播"部分对其进行讨论。在收集必要的指标测量的同时，该论坛还确定了那些当下不可能进行高质量国家评估的幸福感的重要维度。这些维度包括：残疾、儿童心理健康、儿童受虐待和忽视、父母/子女互动、时间应用、邻里质量、早期儿童发展、无家可归和积极发展。各参与机构独立工作，并且与其他成员机构一起合作解决这些问题。当下的联合活动包括儿童残疾、父爱、婚姻和家庭结构以及心理健康方面的研究和测量的发展。尽管存在这些重要的空白，已有的数据系统已能够对儿童、青少年和家庭幸福感的数以百计的重要指标进行定期评估。

国家健康指标数据。儿童和青少年健康状况和疾病流行方面的数据是非常充足的。这些数据包括重要统计系统所提供的出生和死亡记录数据（持续收集）；国家健康信息调查（National Health Information Survey，NHIS，年度）提供的健康状况、行为和接受的服务；国家免疫调查（National Immunization Survey，年度）提供的早期儿童免疫信息；国家健康和营养测试调查（National Health and Nutrition Examination Survey，NHANES，大约每6年收集1次）提供的基于医学测试和访谈的详细的医学数据；国家药物滥用家庭调查（National Household Survey of Drug Abuse，NHSDA，年度）提供的青少年药物使用的详细信息；青少年危险行为调查（Youth Risk Behavior Survey，YRBS，每两年收集一次）提供的9～12年级学生的药物使用、性行为、暴力、自杀意念、体育活动和营养这几个方面的测量信息。监察未来（Monitoring the Future，MTF）自1976年开始每年收集一次12年级学生的数据，自1991年开始收集8年级和10年级学生的数据；MTF关注药物使用，但也有覆盖广泛主题领域的态度和价值观问题，同时也包括种族、政治和志愿行动；快乐、自尊和控制点；危险行为、暴力和犯罪的测量。

国家教育指标数据。教育方面，社会指标数据有3个首要来源。对学术成就进行评估的国家教育进展评估（National Assessment of Educational Progress，NAEP）自1969年开始对数学、科学、阅读、写作、历史、公民教育和艺术进行追踪和定期评估（2～6年1次，视不同主题而定）。同时也包括了许多已知或被认为能够影响成就的活动，如家庭作业花费的时间、看电视的习惯和在家中使用电脑的情况。NAEP关注的是4、8、12年级的学生（使用一个单独的样本来追踪长期趋势，并关注9岁、13岁、17岁的儿童和青少年）。

国家家庭教育调查（National Household Education Survey，NHES）是一个多用途的教育调查，它首要的任务是为政策的制定者、研究者和教育者就重要的争议提供线索信息。该调查涉及广泛、详细的主题领域，大约每4年循环1次。这些领域包括教育涉及的父母和家庭、幼儿参与计划、入学前和入学后的方案和活动以及入学准备等。

教育指标的第3个重要依靠是年度当前人口调查（Current Population

Survey，CPS）的十月增刊。CPS 每月收集一次职业数据。十月增刊也收集许多教育相关主题方面的数据，包括注册人数和实际入学人数、学龄前出勤率、语言掌握、残疾和电脑使用等。

国家社会和情感幸福感指标数据。令人惊讶的是，儿童和青少年幸福感的国家指标极其有限。YRBS 包含了青少年是否认真地打算或试图自杀的问题，NHIS 包括了有关儿童和青少年行为和情感问题的极为有限的几个问题。

社会幸福感的指标相对较多，但是它们倾向集中于与青少年暴力、药物使用和性行为有关的消极行为。这些数据的来源包括 YRBS、NHSDA、MTF 和出生记录数据。对儿童和青少年作为犯罪受害者的评估仅限于由国家儿童受虐待和忽视数据系统（National Child Abuse and Neglect Data System，NCANDS，持续调查）提供的儿童受虐待和忽视的数据，以及由国家犯罪受害者调查（National Crime Victimization Survey，NCVS，年度）提供的各种各样犯罪活动中青少年受害者的数据。

与公民卷入、志愿行为和亲社会价值观有关的一些积极测量可以从MTF 和 NHES 中获得。但 12 岁以下的儿童没有进行任何这些测量的重复国家评估。

国家社会背景指标数据。家庭是影响儿童和青少年发展的最关键的社会环境，其数据在国家统计系统中最为完备。详细的家庭结构和家庭经济特征可以从每年进行一次的三月当下人口调查（March Current Population Survey）中获得。该调查是此类指标的最主要来源。美国住宅调查（American Housing Survey）提供了儿童居住质量方面的数据，收入和活动参与调查（Survey of Income and Program Participation）是三月 CPS 未涉及的一些详细的家庭和经济特征的来源。不幸的是，影响家庭的社会动力（例如，父母和儿童共度的时间、教养方式、冲突解决技能、宗教活动）在定期施测的国家调查中并没有得到充分的关注，尽管他们在一些特定的调查中也有所涉及，如国家家庭和住户调查（National Surveys of Families and Households）、国家青少年健康纵向调查（National Longitudinal Survey of Adolescent Health）（Add-health）、收入动态的小组研究（Panel Study of Income Dynamics）、1997 年国家青少年纵向调查（National Longitudinal Survey of Youth 1997 Cohort）和早期儿童纵向调查（Early Childhood Longitudinal Surveys）。

国家数据来源中的社区环境指标主要局限于学校环境指标，后者在国家教育统计中心（National Center for Education Statistics）发起的一系列调查中有所涉及，包括通用核心数据（Common Core of Data，年度）、学校和职工调查（Schools and Staffing Survey，每4～6年一次）和NHES。儿童邻里的社会统计学指标（例如，邻居是贫困、单亲家庭或劳动阶层家庭的百分比）由美国人口普查局提供，但每10年才能获得一次数据。

儿童和青少年的朋友和同伴的数据在定期施测的国家调查中也十分缺乏。MTF中包括了一些关于同伴规范和信念的问题，HBSC包括了一些关于感知到的同伴支持和亲密朋友数目的问题。青少年期之前的发展阶段并没有这些测量的国家评估。

州和地方评估

过去10年间，通过联邦政府统计系统可获得的州和地方水平的儿童和青少年指标的数目和范围都有了显著扩大，尽管其仍远远落后于国家水平的指标数据。指标—驱动（indicators-driven）国家议案，如健康人口2000（Healthy People，2000）和国家教育目标2000（National Education Goals，2000），对该发展起了不可忽视的推动作用，同时这也是各州和地方政府对此类数据需求不断增多的结果（对儿童和青少年幸福感的州和地方水平指标的联邦政府来源的详细综述见Brow，2001）。

教育领域：NAEP在自愿基础上于1990年将阅读、写作、数学和科学领域扩展到了州一级的水平。2001年41个州参与了NAEP。此外，近年来大多数州都采用了各自对3年级以上儿童和青少年进行定期教育评估的综合系统，通常都可以提供学校水平的评估结果（Archbald，1998）。

于20世纪80年代后期首次施测且每4年重测一次的学校和职工调查（Schools and Staffing Survey，SASS）提供了以下指标的州水平评估：学生和职工的特征、编制模式、提供的方案和服务以及公立学校和私立学校的毕业率。这些指标中的一些也可以在每年一次的通用核心数据（Common Core of Data，CCD）中获得。CCD也能够对学区进行评估。然而CCD的数据仅限于公立学校。

健康领域：生命统计系统（vital statistics system）是与出生和死亡相关的指标社区水平数据的主要来源，这些数据包括所接受的胎儿期护理、低出生体重、怀孕期的抽烟和酗酒行为、各年龄阶段的死亡率以及儿童与青少年死亡的最主要原因。在许多小的社区,这类事件的发生概率非常小,因此为了得到稳定的评估必须结合该社区近几年的数据。

许多疾病监控系统提供了各州和主要大城市基于儿童和青少年的疾病评估，包括艾滋病病毒／艾滋病、肺结核和性传播疾病等。

自1990年CDC设计并完成了旨在帮助各州和主要大城市追踪青少年健康危险行为的大量调查。始于1990年的YRBS（详情见上文）在1999

年已经在 42 个州和 16 个主要大城市进行了施测。少数几个州利用自己的财政资源扩展了调查取样，因此我们可以获得个别学区的指标。

近来施测的国家青少年烟草调查（National Youth Tobacco Survey，NYTS）收集了青少年吸烟和烟草使用行为和态度的详细数据。1998 年只有 3 个州进行了该调查的施测活动，到 2000 年已经达到了 27 个州。该调查也施测了国家样本。视各州情况，每年或每 2 年都会收集一次新的数据。NYTS 的调查对象是 6～12 年级的学生，关注 7 个领域：烟草使用、与烟草有关的知识和态度、媒体和广告在青少年群体烟草使用中所扮演的角色、烟草获得、接触与烟草有关的学校环境、接触二手烟、烟草的持续使用。全球青少年烟草调查（Global Youth Tobacco Survey）也收集了国际水平的数据。

第 3 个调查：酒精、烟草和其他药物使用的危险和保护因素及其流行状况的学生调查关注影响 12～18 岁青少年药物使用、暴力和其他问题行为的危险和保护因素。虽然对青少年发展结果的直接测量都集中于这些消极行为，但是关于家庭、同伴和学校影响的测量更加全面，包括了许多积极测量，如亲密和支持性的亲子关系、青少年对在社区中获得有用角色的感知。绝大多数指标都建立在多项目量表基础之上，有很强的心理测量学特性和很坚实的研究文献基础。华盛顿大学的社会发展研究小组（Social Development Research Group）开发的调查①正在 6 个州施测，并打算推广到全国各州、社区和青少年组织中去。

除了这些努力，国家药物滥用协会（National Institute for Drug Abuse）最近扩大了 NHSDA 的取样范围，以便对 12～17 岁、18～25 岁青少年的药物滥用情况进行每年一次的州水平评估。尽管该调查没有我们上面讨论过的调查详细，但却包含了其他调查所未涉及的辍学青少年。

CDC 正在积极发展针对其他年龄阶段儿童的州调查。自 1994 年开始国家免疫调查（National Immunization Survey，NIS）每年提供一次对 50 个州和所选的主要城市的 2 岁儿童免疫情况的详细评估。另一个调查，妊娠风险评估监察系统（Pregnancy Risk Assessment Monitoring System，PRAMS）提供包括所接受的胎儿护理、妊娠期孕妇对怀孕的态度、疾病和妊娠期的其他健康相关问题、所接受的婴儿健康护理、睡姿、母乳喂养训

① 该调查是在美国健康和人类服务部 (U.S. Department of Health and Human Services) 的物质滥用和心理健康服务管理局 (Substance Abuse and Mental Health Services Administration) 的物质滥用预防中心 (Center for Substance Abuse Prevention) 提供的联邦政府资金的支持下开展的。

练等方面详细信息在内的数据。始于 1987 年的该调查正在 22 个州和纽约市每年进行一次施测。

　　儿童福利领域：过去 10 年间已经发展了 2 个国家报告系统对儿童受虐待、忽视、领养以及寄养进行州一级水平的评估。这两个系统就是国家儿童受虐待和忽视数据系统（National Child Abuse and Neglect Data System，NCANDS）以及领养和寄养分析系统（Adoption and Foster Care Analysis System，AFCARS）（U. S. Department of Health and Human Services，2000）。这些系统试图提供各州通用的核心指标，尽管各州对指标的界定和实践的不同会制约此目标的实现。

　　每 10 年一次的人口普查是州和地方水平上儿童及其家庭详细的人口统计学和社会经济数据的主要来源。其优势在于能够提供非常小的地理区域的数据，有些测量可以达到城市的街道水平。从使用者的角度来看，其最主要的缺点是每 10 年才能够收集一次数据。然而这种局限性正在被克服。从 2003 年开始，美国社区调查（American Community Survey，ACS）每年都会对每 10 年进行一次的人口普查所收集的所有测量进行重新评估。该调查每年会对州和大的社区进行独立评估，对人口普查追踪所到达的地理水平进行 5 年滚动平均估计。对于那些依赖州和地方水平社会指标的人而言，该调查的重要性很难被高估。

　　除此之外，人口普查局最近开始评估国内各县的贫困儿童。1989 年、1993 年、1995 年和 1999 年进行过此类评估。未来该局每年会对州进行一次评估，每两年会对县和学区进行一次评估。

　　应用 CPS（见上）也可以对儿童幸福感的一些有限的社会统计学指标进行评估。联邦政府机构发布了一些数量非常有限的此类评估。Annie E. Casey 基金会已广泛应用该方法为其每年一度的 Kids Count 报告提供州水平的评估。CPS 的小州样本规模意味着其必须综合几年的数据才能做出稳定的评估。但即使这样做，对更小的州做出评估也很容易出现错误。然而自 2001 年开始，CPS 特别是三月 CPS 的样本规模有了明显扩大，这可以提高州水平评估的稳定性。

传播

　　过去 10 年中，儿童、青少年和家庭幸福感指标数据的传播有了迅猛发展。原因包括：更多可获得的数据、更好的传播技术（如网络）和更多感兴趣的使用者。相关出版物包括针对具体问题和交叉报告的印刷刊物和在线阅读。多数报告是为广大读者而写的。

联邦政府机构发行了众多跨领域的汇编，囊括了儿童和青少年幸福感众多领域的趋势数据。美国健康与人类服务部的计划与评估助理办公室负责发布《美国儿童和青少年幸福感趋势》(*Trends in the Well-Being of America's Children and Youth*)，该报告包含儿童和青少年幸福感的 100 多项国家评估指标，且每年更新一次。每项指标都包括一个以研究为基础的涉及指标重要性的简要讨论，紧接着是对历史趋势的描述，以及以数字和表格呈现的显著的人口亚群差异(如性别、民族以及贫困状况)的描述。这些指标最初是在 1994 年举办的有关儿童和青少年指标的全国性大型研究会议上基于会议论文的推荐而选取的(Hauser, Brown, & Prosser, 1997)。

《美国儿童：幸福感的关键性国家指标》(*America's Children: Key National Indicators of Well-Being*)是一份向美国总统提交的年度报告。该报告于 1997 年最先发表，是联邦内部儿童和家庭统计论坛(Federal Interagency Forum on Child and Family Statistics)的旗帜性文件。该报告涵盖了儿童和青少年幸福感的 24 个稳定指标的趋势数据，涉及幸福感的 4 个领域(经济安全、健康、行为和社会环境、教育)，此外还包含一个或多个每年都不同的"特别收录"的趋势数据。

最后，美国国家教育统计中心(U. S. National Center for Education Statistics)大约每 3 年公布一次的青少年指标包括了遍及家庭、教育、工作、健康、行为和态度领域的 60 多个青少年指标的趋势信息。

此外，许多针对具体地区和具体调查的国家发布信息包含了众多由联邦政府通过印刷出版物和网络的方式进行传播的儿童和青少年指标数据。由 CDC 发布的《健康：美国》是一个年度报告，向公众呈现了健康和与健康相关的 140 多个指标的趋势信息。其中许多指标关注或包括了对儿童和青少年的评估。该报告有广泛的数据来源。另一个年度报告《美国儿童健康》每年提供一次儿童健康的 40 多个指标的趋势数据。

美国教育部提供了两个主要的教育统计年度汇编：《教育统计摘要》和《教育条件》。这两个汇编都有广泛的数据来源。国家教育目标委员会(National Education Goals Panel)，一个不复存在的机构，曾经发表过年度国家教育目标报告。

除了这些汇编，本书之前已经描述过的大部分数据来源都有它们自己的定期出版物系列。寻找那些我们不熟悉的刊物是种挑战。不过最近联邦政府机构间儿童和家庭统计论坛已经开始在其网站上按主题领域罗列出了此类出版物的名单，而且可以与个别机构的网站相链接。包括儿童和青少年幸福感州和地方水平指标在内的联邦政府报告手册的指南可以参见Brown（2001）。

Annie E. Casey 基金自 1990 年发起的 Kid count，在宣传儿童和青少年社会指标数据方面知名度最高，并且该非政府机构所做的努力也最为执著。国家 Kids count 小组发布的年度报告包含了 50 个州和哥伦比亚地区具有可比性的各种指标，同时该小组还利用各州和主要大城市的数据发布了针对特定主题的不定期报告。此外，各个州的 Kids count 组织也发布了他们自己的年度报告，且包含了县区水平的社会指标数据。儿童宣传组织发布并使用了绝大多数的州项目报告，这推动了儿童和青少年事业，尽管这些州机构只在极少数的州中是最主要的倡议者。

州政府和州机构在儿童发展和幸福感社会指标的宣传方面也变得越来越积极。许多州有了旨在宣传和积极应用指标数据的跨部门项目，为的是在州和社区水平上为计划和政策的制定提供信息。例如，佛蒙特州发起了名为社区概况的活动，以各种行政和调查数据资源为基础提供了各社区的儿童、青少年和家庭幸福感的重要趋势数据。明尼苏达州发起了儿童报告卡（Children's Report Card）活动，报告了该州各县区儿童和青少年幸福感的 26 项指标。马萨诸塞州成立了马萨诸塞州社区卫生信息专页系统，该系统中共有超过 24 个数据集涉及了儿童、青少年及其家庭测量在社区水平上的数据评估。

许多州利用自身的评估数据和学校行政数据定期发布和宣传教育"报告卡"。政府一般会用该报告来支持教育问责制，并且会对家长广泛宣传该报告。州健康和教育部门会定期发布此类关注青少年健康数据的报告。

最后，成立综合指标数据库以支持社会计划和强化问责制在各州和地方成为了大势所趋。而这之所以能够成为现实，得益于过去 10 年间不断降低的以电子形式收集、储存、处理和查询数据的成本。各州发起的创建数据库的运动，目的就是为了直接查询不同州机构收集的社会指标和项目数据。

社区水平创建的是基于 GIS 的数据库，此类数据库可以提供街道水平的指标数据。应用这些不同的数据资源，我们可以形成下至街道上至社区的多元数据图表，并以此确定存在需求的领域。我们也可以通过该数据库，为某一综合社区方案的任意评估提供数据支持（详情见 Coulton & Hollister, 1998）。

　　有趣的是，政府以外的非营利机构正在创建支持社区发展的社区数据库。通过国家邻里指标项目（National Neighborhood Indicators Project, NNIP），在城市研究所（Urban Institute）的协调以及 Annie E. Casey 和 Rockefeller 基金会的资金支持下，12 个城市彼此间分享信息并进行同行协商。也许这些努力中走在最前面的是城市贫穷和社会变化中心（Center on Urban Poverty and Social Change）的 Claudia Coulton 主持领导的 CANDO。在线互动数据库利用可获得的地方行政数据来源，允许使用者获得邻里在经济、出生和死亡、住宅、犯罪和虐待等个别方面的数据。

研究

理论与框架

　　基础研究在社会指标领域有很重要的作用，它可以帮助我们确定幸福感的关键结构，该结构对长期幸福感可能产生的影响以及影响发展的社会环境因素（家庭、同伴、社区）等。

　　此类研究大多是在某一发展阶段的特定框架下进行的。研究儿童早期的心理学家通常采用的是发展/生态模型，例如，Bronfenbrenner 的生态发展模型（Bronfenbrenner & Morris, 1998）。青少年心理学家采用的模型包括关注消极行为和发展结果的缺陷—危险复原力模型（deficit and risk resilience model）（Garmezy, 1991），以及最新的综合性更强的包括积极发展结果和行为在内的发展模型（Moore et al., in press; Moore & Glei, 1995; Seligman & Peterson, in press）。尽管近期研究采用了发展的范式来强调童年中期的某些发展结果对成人能力的发展提供了重要的基础，但是儿童中期（6～11 岁）的相关研究已经很少了（Ripke, Huston, & Eccles, 2001）。

　　社会指标领域的贡献之一就是明确了我们要建立一个更广泛的框架，一个包含了从婴儿到成人的各个发展阶段以及各阶段之间联系在内的框架。该想法并没有广泛渗透于基础研究中，但却被普遍用来确定研究团体需要加以注意的现行社会指标测量系统中的那些漏洞，也被用来组织数据收集的综合系统（Brooks-Gunn, Brown, Duncan, & Moore, 1995）。此类框架有 3 个基本特征：

　　·建立在所有儿童基础之上，涵盖幸福感的所有维度；
　　·具有发展性，关注各个发展阶段的基本发展任务（和危险）；
　　·具有生态性，包含各个发展阶段中影响发展的社会环境的关键因素。
　　社会指标研究。1994 年召开的大规模会议对儿童和青少年幸福感指标及其测量的研究现状，以及进行追踪时可利用的数据进行了评估。健康、教育、社会发展、经济安全和社会背景领域的顶级专家均提交了报告(Hauser et al.,1997)。每个报告都确定了特定领域和特定发展阶段(学前儿童的健康指标)幸福感的关键结构以及需要进一步研究以促进其发展的领域。这次全面回顾为以下报告提供了科学基础：美国健康和人类服务部(U.S. Department of Health and Human Services)的年度报告，包括100多项指标的趋势数据在内的美国儿童和青少年幸福感趋势(Trends in the Well-Being of America's Children and Youth)；前面提到过的美国儿童：幸福感的关键国家指标(America's Children: Key National Indicators of Well-Being)。会议同时确定了未来十年间需要填补的主要的研究空白。包括：

·更好地测量各发展阶段积极发展结果的需要(Aber & Jones, 1997; Takanishi, Mortimer, & McGouthy, 1997)；

·使儿童早期和中期社会发展和健康相关行为的测量与大量可以利用的青少年的测量相匹配；

·会议期间几乎没有涉及的邻里质量的进一步测量(Furstenberg & Hughes, 1997)；

·具有特定社会重要性的发展结果的更好地测量，包括儿童虐待和忽视、心理健康、入学准备、学习困难、教养和无家可归。

7年后的2001年5月召开了第3次会议，评估已制订的规划、确定未完成的规划并讨论出现的新问题(详情见《儿童趋势》,2001)。入学准备、父母/儿童关系和邻里社会背景方面的研究进展和测量发展都有了极大的进步(Eccles, Templeton, & Brown, 2001; Morenoff & Sampson, 2001; Ripke et al., 2001; Zaslow et al., 2001)。积极发展指标的研究已经开始前进，特别是青少年发展领域(Roth, Borbely, & Brooks-Gunn, 2001)。儿童中期心理和社会发展指标方面的工作也已经有了进步，而且非常可喜的是，儿童中期已经成为了一个独特的发展时期。这在MacArthur研究网络对儿童中期的研究工作中表现得非常明显，其代表在会议上也报告了他们的一些研究发现(Pipke et al.,2001)。

然而作者也指出在积极指标和儿童早、中期指标方面仍有大量的概念和测量方面的工作需要做。此外，已有指标在跨主要经济和文化亚组上的稳定性，也需要进一步的探索工作。最后，很明显我们有必要将社会指标领域的研究者和实践工作者的工作更紧密地结合起来，从而使我们的研究能够更好地反映使用者的需求。

近来，建立儿童幸福感的独立摘要索引，在概念上与国民生产总值相似，是讨论的中心焦点（Land, Lamb, & Mustillo, in press）。近年来，许多研究者致力于发展此类摘要测量（Bennett, 2001; Land et al., in press; Miringoff, Miringoff, & Opdicke, 2001）。构建此类测量的理由具有直观的吸引力，对那些记者和政治领域的人而言更是如此。由于我们可获得的儿童和青少年幸福感指标数以百计，由于一些趋势变得越来越好而另外一些趋势则变得越来越差，我们有必要利用摘要测量来了解儿童和青少年的总体状况。在 Kenneth Land 教授报告的研究中，他和同事详尽探讨了构建此类测量的潜在可能性以及当前可获得的数据对该方面工作的限制。

儿童和青少年指标领域未来十年的挑战

过去 10 年间，儿童和青少年指标领域在研究、数据发展、数据传播和实践应用方面可谓是大步前进。实际上，这些方面相互依存的本质也要求各方面都要进步，从而使该领域作为一个整体向前发展。下面，我们从研究者的特定视角找出了我们所看到的未来 10 年间该领域的各个方面存在的最大机遇。

研究

指导儿童和青少年指标研究的专门理论模型。从儿童早期研究的发展性模型到青少年期的危险／复原力模型再到成年期的成年过渡模型，界定社会指标领域基础研究的框架在不同发展阶段各不相同。每个领域一直都由不同的学科占据领导地位（儿童早期是儿童心理学家，青少年期是健康和教育研究人员，成年过渡期是社会学家和经济学家），且各有各的学术术语和学科倾向。

我们相信社会指标领域已鼓励各发展阶段的研究所使用的方法更具跨发展阶段的一致性，而这也使得关键结构越来越具有共享性。例如，积极发展的概念曾经只集中于儿童早期的研究，后来不断地渗透到了儿童中期和青少年期的研究中。如果以一种更加审慎的方式来实现这种融合，并发展一个专门的具有发展性和生态性的涵盖婴儿期直至成年早期的模型，整个领域都会受益。此模型要具有最大的跨发展阶段的连续性，并且要使一个发展阶段向另一个发展阶段的过渡具有良好的连续性；该模型能够从总体上丰富儿童和青少年的研究；该模型会帮助社会指标领域创建一种通用语言。

关注儿童早期和中期幸福感的指标。婴儿期和青少年期有相对丰富的指标，而二者之间的发展阶段的社会指标却非常少。过去几年中，大量研究对儿童早期和中期发展的关键因素以及促进和阻碍发展的背景因素进行了探索。如果该领域想要使用那些通用的关键结构，并且在支持我们社会指标系统的定期测量中加入自己的有效测量，那么就有必要继续开展此类工作。儿童早期的纵向研究对于儿童早、中期的未来研究和测量发展而言是一个非常有前景的数据来源。我们现在已经可以获得幼儿园队列数据（Data for the kindergarten cohort ECLS-K），并且随着他们被至少追踪至 5 年级，我们将会获得更多的数据。从儿童入校就开始追踪调查的一个单独出生队列（a separate birth cohort ELCS-B）将为儿童早期发展提供一个丰富和独特的数据来源。

有关积极发展指标和起促进作用的背景因素的更多研究。积极发展的指标在总体上是非常匮乏的，青少年发展领域尤其如此。联邦政府规划倾向于关注消极发展的事件和预防而不是积极力量的建立，并且在联邦政府发起的数据收集和研究中也存在该倾向。对药物使用、暴力、不安全和婚前性行为以及少年犯罪的测量是普遍的，但是有关善良、忍让、勇敢、志愿服务、社会能力、情感力量和其他积极品质的指标不仅在数量上没有得到发展，而且在已有的任何形式的调查数据中都很难找到（Moore & Halle, 2001）。

然而，许多社区水平的儿童和青少年领域的实践工作者更喜欢关注积极发展，即使是在高危人群中亦是如此，不过他们因可供自己使用的积极指标的缺乏而感到灰心（Murphey, 2001）。

该领域需要进行的研究包括（a）分析已有的包含积极发展测量在内的国家和地方纵向数据库以确定积极发展的前提因素和长期结果；（b）发展适合大规模调查和青少年自治调查的积极青少年发展的新测量和索引；（c）促进包括定性研究在内的方法学研究，这会使得将儿童和青少年的积极发展和今后人生的积极发展联系起来的指标得到发展。

提高新的和已有指标质量的技术工作。测量的发展在研究活动中并不最具魅力，但却是极为重要的科学工作。社会指标领域的重要活动包括：

发展可以纳入大规模调查中的更短的索引。与情感幸福感有关的许多测量是建立在并不适用于大规模调查的大量问题基础之上的。例如，基于冗长的儿童行为清单的简短索引已经建立并应用于国家健康访谈调查

（National Health Interview Survey）和 1997 年青少年国家纵向调查（National Longitudinal Survey of Youth 1997 Cohort）（Moore et al., 2001）。

确定对连续测量进行分类的合理分界点的研究。追踪幸福感的许多测量是连续的，但是使用者经常希望知道在哪个点他们应该行动起来，或者在哪个点他们应该对结果表示满意。通常这个问题的答案是主观性的或政治性的，但是当研究者能够确定重要的非线性特征，而该非线性特征能够用来确定有意义的分界点时，机会就出现了。例如，基于心理健康的连续调查测量获得的抑郁分界点已被证实不同于临床诊断结果（Devins & Orme, 1985）。

已有指标的跨文化和跨亚组的有效性。许多儿童和青少年幸福感指标并没有在少数民族和低收入群中得到很好的验证。在某些情况下，尽管结构具有跨群体有效性，但是具体的操作方法仍然需要修改或拓展。不同的群体，因为文化价值观的不同，其积极发展的指标可能也各不相同（National Research Council and Institute of Medicine, 2002; Zaff, Blount, & Phillips, 1999）。该工作是非常迫切的，因为许多关注特定少数民族和低收入群体的方案和政策，使用了已有的指标测量，结果发现是不适宜或不合适的。

确定那些能够最好地预测成功成年过渡期的儿童和青少年幸福感指标（和背景因素）的纵向分析。社会政策领域强烈关注儿童和青少年发展对成年发展和幸福感的长期影响。但令人吃惊的是，将儿童和青少年幸福感的关键指标与成人发展联系起来的研究却是极少的。儿童的年龄越小，该问题就越突出，甚至青少年幸福感的关键指标，如心理健康、积极发展的大部分方面与成人幸福感的联系都没有得到很好的解释。在某种程度上，该问题归咎于涵盖适当的时间跨度的纵向数据的缺乏以及可获得纵向数据的极广泛的一套测量的匮乏。一些新近研究，国家青少年健康纵向调查（National Longitudinal Survey of Adolescent Health Add–Health）、1997 年国家青少年纵向调查（National Longitudinal Survey of Youth 1997 Cohort,NLSY–97）和 1998 年国家纵向教育调查（National Education Longitudinal Survey 1998,NELS88）所包含的众多测量，可以从本质上拓宽我们对于促进向成年期健康和成功过渡的青少年期的关键因素的理解。

当前缺乏对关键发展结果进行充分测量的聚集性研究。除了我们以上讨论过的广泛的指标类型之外，对政治具有特定重要性的一系列离散指标仍缺乏充分测量。这包括心理健康、残疾、儿童虐待和忽视、无家可归和邻里质量指标。目前，其中的一些领域正在努力发展此类测量。例如，Brown 大学的 Dennis Hogan 博士联合了主要国家统计机构的学术研究者和工作人员，正在寻求发展一种测量，以期在未来的调查中对儿童和青少年残疾进行更好的评估（Hogan & Wells, 2001）。研究者和统计机构在儿童和青少年调查的设计和施测方面的积极合作可以帮助我们关注那些最被需要以及可以迅速将研究成果转化为指标数据的研究。

传播

只有当人们能够轻易地找到指标数据并快速理解其对自己工作和生活的重要性时才能够利用指标数据。过去几年中，儿童和青少年指标报告、数据书籍、情况报道、成绩单、数据库和其他数据承载资源的数量激增，其中大部分可以在互联网上获得。许多实践性和以研究为基础的措施都可以用来提高此类宣传工作的有效性。

儿童和青少年指标传播的有效性评估。 对于我们上面所列出的所有出版物，关于它们的影响，它们的阅读人群，它们是如何起作用的，我们所知甚少，而且我们的了解也主要是基于轶事。用来确定最为有效的内容、呈现方式和把握关键受众（如记者、青少年项目工作人员、父母等）的市场策略等方面的研究能够给予社会指标领域丰厚的回馈（参见 O'Hare & Reynolds, 2001）。

以儿童和青少年指标数据为特色的已有报告的获得。 目前，在州和地方水平上并不能有组织地获得包含青少年指标数据在内的大量相关报告。大多数情况下，他们出现在个别机构的网站上，甚至同一个州的其他机构的工作人员都不能获得。这种情况使得其他州试图发行类似出版物的机构生产了大量"重新发明的轮子"，而且这种情况也会限制用户的使用。可以使人们有组织地获得这些资源的互联网窗口能够真正地扩大他们的受众群，并且可以在全国范围内使此类报告的传播变得更加有效、快速。

确定儿童和青少年认为对他们最为重要的幸福感和社会支持的关键维度的研究。 我们相信儿童和青少年是对有关他们自己和他们所处社会环境的社会指标数据极为重要的但却没有被充分理解的人群。确定那些能够反映并联系他们对自身生活的思考方式的测量，发展使他们能够反思自身的传播策略是指标领域的一个非常有价值并有待发展的方向。

数据发展

未来 10 年我们可以采取一系列措施来提高儿童和青少年指标数据收

集的质量、深度和可利用性。

纵向调查(对指标发展起关键作用的调查大多为此类调查)和横断调查(随时追踪指标)两类测量之间更深入的合作。该建议也出现在了国家研究委员会和医药协会(National Research Council and Institute of Medicine,2002)中。纵向调查涵盖了儿童和青少年幸福感许多重要的维度,但却极少是(如果曾经是的话)研究者的设计准则,即获得更好的社会指标的结构。因此,研究者并不经常涉及那些对指标领域极为重要的问题。当他们对此有所涉及时,这类调查所使用的测量与横断调查中代表相同结构所使用的测量也极为不同。联邦统计机构在统一不同类型调查所涉及的不同测量方面的审慎努力,导致了我们在儿童和青少年指标存储方面称之为"持续修改系统"的产生。例如,纵向 ECLS-K 中早期儿童发展的测量,经过特别的分析,我们可以从中确定那些能够添加到定期施测的NHES 调查中的关键测量。

大型调查中儿童和青少年积极发展的更多的测量。对积极发展强有力的测量仍处于起步阶段。有前景的测量一有可能就应该添加到大型纵向调查中去,以支持能够确定积极指标的深入研究。一旦确定了积极指标,就需要不断努力将其添加到作为指标数据主要来源的横断调查中去。

支持州和地方水平评估的更多可获得和利用的数据。随着社区 GIS 数据库的出现以及在州和地方水平收集到的调查和评估数据总数的增长,该领域已经有了重大进步。对此类数据,特别是只能通过调查才能收集到的数据的需求远远超过了当下绝大多数的州和社区所能获得的数据。YRBS就是一个在州和地方水平收集指标数据的完美典范,其调查可以通过填充积极发展或其他被忽视领域的可选专题模块而得到扩展。

离校青少年指标数据的收集。离校青少年指标的缺乏是一个巨大的经济问题;收集学校中青少年的调查数据要便宜的多。绝大多数的大型青少年调查,包括监察未来(Monitoring the Future)、青少年危险行为调查(Youth Risk Behavior Survey)、教育进步的国家评估(National Assessment of Educational Progress)、青少年烟草调查(Youth Tobacco Survey)以及学生生活概况:态度和行为调查(Profiles of Student Life: Attitudes and Behaviors Survey),都局限于学校中的青少年。使特殊青少年参与以家庭为基础的调查的一些方法至少可以在国家水平上改善这种状况。1992 年实施了这种方法,即将 YRBS 中的问题对 NHIS 中的青少年进行施测。

实践应用

使用社会指标进行政策报告和指导实践是儿童和青少年指标领域发展的推动力。该领域的进一步发展将大部分依靠于研究团体能够为实践工作者开展工作提供其所需要的工具和技术帮助的能力。

这类工作有几个值得注意的例子。俄勒冈州立大学（Oregon State University）的 Clara Pratt 已经与俄勒冈州儿童和家庭办公室（Oregon Office of Children and Families）合作了几年的时间。他们试图克服整个州都在采用的基准方法的一个重要限制，即这种广泛的目标—驱动指标往往变化缓慢，而且受多方面工作的影响。Clara Pratt 及其同事正在进行对短期变化敏感并能与特定机构或组织联系起来的临时指标的确定工作。"我们试图帮助机构指出他们是大象的哪一部分"（Child Trends, 2000, p. 2; for details, see Pratt, Katzev, Ozretich, Henderson, & McGuigan, 1998）。

坐落于芝加哥大学校园的儿童查宾会堂中心是一个非营利性研究组织，已经实施了许多实践—驱动指标规划。例如，过去的几年间，工作人员已经为 14 个州的机构协会提供了技术支持。该协会旨在他们的州计划进展中，使儿童和青少年指标的应用制度化。Chapin Hall 研究者在社会指标的选择、测量和应用方面提供有价值的专家建议并帮助各州发展一个同伴互助网络。

坐落在华盛顿城市协会的国家邻里指标项目组（National Neighborhood Indicators Project）已经与发展和利用自身指标数据库的社区组织共同工作了很多年。发展过程中，已经开发出了社区基础数据系统建立方面的大量有用的手册和指南，并且在地方计划中进行了有效应用。

刚刚讨论过的研究工作类型对儿童和青少年指标领域的未来发展是非常重要的。目前，这方面的需要远远超过了正在进行的工作，部分原因是学术团体并不热衷于此类实践—驱动的研究。为促进此类工作，我们推荐以下做法：

使一流社会科学家更多地参与实践工具的开发。即时性指标的发展以及实践工具包和指南的开发（例如我们上面讨论过的）是极其必要的，而且我们需要做更多的工作以扩展我们可以召集到的参与此类活动的优秀科学家的群体。虽然改变学术文化是非常困难的，但是改变基金的流向以支持此类工作是可能的。如果政府机构和对社会指标工作感兴趣的基金增加支持此类研究的基金数额，那么更多的专业学者就会被吸引到此领域。

增加对感兴趣研究者的新培训机会。这类研究要求理解研究问题和测量问题，并全面把握对设计和执行儿童、青少年方案和政策的挑战，虽然这两方面的结合尚少。如果我们要极大地扩展这些关注实践活动方面的研究者群体，就需要有培训机会。支持此类训练的资金会有效地流向那些已经是该领域最活跃的团体，如 Chapin Hall、NNIP 和芝加哥大学 Pratt 博士的研究团体。

总结

儿童和青少年幸福感指标已经成为社会政策和实践的重要日常工具，能够支持从计划和需要评估到目标追踪、问责制、反映实践和某些情况下的方案评估等一系列的活动。这些指标在各个水平上都得到了应用，上至国际规划机构，如世界卫生组织，下至地方社区规划局和个别儿童和青少年方案。

过去 10 年间，社会指标的应用有了极大的拓展，并且随之支持了数据资源、研究和宣传活动的发展。儿童和青少年指标领域的所有方面都需要继续进步并且作为一个整体向前发展。本章我们已经试图特别强调该领域近来的成就并且确定了未来 10 年中该领域的各个方面会遇到的关键挑战。

未来的进步要求研究者、政策制定者、服务提供商和数据发展之间持续、协调努力。社会科学家在此进程中扮演了十分重要的角色。社会指标领域为研究者提供了一个能够直接影响儿童、青少年和他们家庭幸福感的独特机会。充分认识该机会可能要求学术文化及对其提供支持的奖励体系的一些变化，一种对实践世界的研究和信息更加赞赏和敏感的文化。我们相信这种努力是非常值得的，并且对实践团体、儿童研究以及对儿童都会产生丰厚的回馈。

第五章 参与者协商[①]
——与政策相关青少年研究的父母
许可与保密程序的伦理见解

Celia B. Fisher

　　21 世纪初，旨在消除威胁美国青少年发展的不良因素的社会政策失败了，这重新引起了社会对于下一代人命运的担忧。许多青少年仍然生活在贫穷中，或者在滥用药物和酒精、或者正在犯罪或遭受社区暴力侵害、或者遭遇学业失败、心理健康失调以及其他有损健康的行为问题，这增加了人们对青少年生活中发展性危机和发展性机遇间失衡的担忧（Dryfoos, 1990; Hamburg, 1992; Hammond & Yung, 1993; Jessor, 1993; Kuther & Fisher, 1998; Lerner, 1995; Lerner & Fisher, 1994; Peterson et al., 1993; Schorr, 1988; Takanishi, 1993）。

　　作为对公众担忧的回应，应用发展科学家们需要提供知识并凭借经验制定有效的干预策略，以阻挡健康问题和社会问题的侵袭，在青少年期的关键几年里，这些问题会危害创造性和适应性生活技能的发展（Fisher & Lerner, 1994; Fisher & Murray, 1996; Haggerty, Sherrod, Garmezy, & Rutter, 1996; Lerner, 1995; Lerner & Galambos, 1998; Lerner, Sparks, & McCubbin, 2000; Schulenberg, Maggs, & Hurrelmann, 1997）。人们对有实证根据、以青少年积极发展为目标的公共政策的迫切需要，向应用发展科学家们提出了挑战。他们需要改变传统的研究范式，重新评估他们所扮演的角色和对研究参与者的义务，以便能够为制定出更好地满足青少年需

① 原书注释：本章的工作得到国家科学基金（National Science Foundation）（#SBR-9710310）和儿童健康与人类发展国家研究所（National Institute for Child Health and Human Development）（#HD39332-02）的资助。作者感谢 Scyatta Wallace 对于本章焦点小组部分的贡献和对问卷开发的意见；感谢 Aixa Rodriguez、Clarisse Miller 和 Katherine Jankowski 对焦点小组实施和分析的帮助；感谢 Amy Karpf、Leyla Faw 和 Ronit Roth 在问卷收集、录入和分析中的工作。

要的政策作出贡献（Fisher & Murray, 1996; Hetherington, 1998; Higgins-D'Alessandro, Fisher, & Hamilton, 1998; Lerner, Fisher, & Weinberg, 2000a, 2000b）。

随着青少年发展科学从实验室转入青少年日常的生态情境，评估社会敏感性研究的成本与收益的需要也从一个抽象的伦理问题转变为一个具体的日常担忧（Fisher, 1993; Fisher & Rosendahl, 1990; Fisher & Tryon, 1990; Lerner & Tubman, 1990）。例如，调查、访谈被试以及把出现吸毒、性行为、自杀倾向、暴力、其他损害健康的行为和心理健康问题的青少年分入干预组和控制组进行研究，都可以促进社会对青少年的了解和形成可以改善青少年问题的策略。与此同时，这些方法可能会因为使青少年关注充满感情色彩的议题、在他们及其家庭没有准备的情况下冒险性地谈论青少年遭受的问题的相关知识（青少年可能还很幼稚）或者伴随着数据的传播累积个体或群体的偏见，而引入研究形式自身所具有的风险（Fisher & Wallace, 2000）。因此，在关注用什么方法将发展科学直接应用到我们社会青少年的健康和福利上之前，应该首先建立完整且适当的伦理程序。

参与者协商与政策相关的青少年科学的道德规范

在过去的二十年里，涉及人类参与者的研究，其伦理指导主要是基于仁慈、尊敬的道德价值观以及国家关于生物医学和行为研究中人类被试的保护委员会（1978）所发出的公正原则。这些道德价值被纳入美国联邦法规第46部分第45条的人类被试保护法规中（Public Welfare, 1991a），法规强调了科学家们以下几方面的义务：使研究收益最大化、危险最小化，尊重研究参与者的决策权和隐私，并确保所有社会成员机会均等地承担研究的负担和享受研究的成果。然而，关于人类实验的联邦法规是在确保种各样的研究活动、研究环境和参与者群体的适用性的一般背景下制定的。因此，制定复杂背景下政策相关的青少年研究的伦理决策，就需要对道德准则与联邦法规进行基于背景的敏感解释。

在从事该体系的解释时，关注于增进青少年发展的科学家们，从传统上已经吸取了机构政策、同行们和机构审查委员会（TRBs）的建议以及自己的道德标准，以制定能够对研究参与者及其家庭产生直接和长期影响的伦理程序（Fisher & Fyrberg, 1994）。然而，指导这些伦理实践的价值观可能并不适用于那些有独特个人缺陷和生活状况的研究参与者，如遭受社会剥夺、历史压迫和来自其他处于危险群体中的青少年及其家庭。因此，在保障政策相关青少年研究的伦理实践时，一个重要资源就是那些将会成为调查对象的青少年和家庭所持的观点（Fisher, 1997, 1999）。参与者协商模型使预期的参与者及其家庭成员参与到有关研究的伦理实践的对话中，并利用他们的观点来评估参与研究的风险与收益、知情同意程序的适当性、保密与透露策略的重要性，以及研究的激励措施对开发能够反映价值并值得研究参与者信任的伦理程序所造成的影响（Fisher, 1997, 1999; Levine, 1986; Levine, Dubler, & Levine, 1991; Melton, Levine, Koocher, Rosenthal, & Thompson, 1988; Osher & Telesford, 1996; Sugarman et al., 1998; Veatch, 1987）。

积极地使预期的参与者及其社区成为合作伙伴，共同构建实施研究的新方法，这种需要已经成为应用发展科学与文化心理学的一个基本条件（Ponterotto & Casas, 1991; Higgins–D'Alessandro et al., 1998; Lerner, 1995; Lerner & Fisher, 1994; Lerner & Simon, 1998a, 1998b）。参与者协商模型将这种合作取向拓展到了研究的伦理学审议中（Fisher, 1997, 1999, 2000; Fisher & Wallace, 2000）。这个模型来源于 AIDS 研究的社区协商方法，在 AIDS 研究中，调查者与社区成员们会谈，讨论研究的设计和程序，以了解他们的可接受性（Levine, 1986; Levine et al., 1991; Melton et al., 1988）。在青少年研究中，社区协商的一个潜在限制是，通常被邀请参与社区协商的社区领导者和政治拥护者的关注点和价值观可能并不总是能反映那些实际被招募来参与研究的个体的关注点和价值观。这些个体（尤其是那些来自决策制定者感兴趣的高危环境下的青少年和家庭）可能更无力、更缺乏教育、更贫穷、更缺乏公民权利和更渴望研究所能提供的服务。因此，他们可能会从不同的、比社区领导者更个人的视角来看待研究的伦理问题，社区领导自己可能并不会参与研究。

另外，一些额外的道德争论也支持了让预期的研究参与者及其监护人参与到科学研究的伦理决策制定的重要性。第一，仅仅基于学术团体与机构审查委员会成员的观点来制定规章制度和伦理判定，可能会产生将参与者当做实验材料而不是道德实体这样的风险。作为道德实体，参与者有权判断其所参与调查程序的伦理性（Fisher & Fyrberg, 1994; Veatch, 1987）。第二，不考虑参与者的观点会鼓励单一依靠科学推论或专家逻辑的行为，这样可能导致研究程序在知情同意阶段被误解。第三，不吸取参与者的意见可能会导致有潜在价值的（参与者及其家庭可能感觉有益的和有价值的）科学程序的流失。例如，在日常的科学实践中，调查者经常发现，旨在保护脆弱儿童免受实验性精神药理学治疗的指导原则在不经意间产生了制度上的障碍，这些障碍限制了参与者的自主性和使用某些研究计划的机会，这些研究计划可以提升参与者对其心理失调问题的科学理解与处理（Jensen, Hoagwood, & Fisher, 1996）。第四，使预期的参与者成为设计与执行研究的合作者（a）确保了对仁慈、尊敬和公正等伦理价值的充分考虑，（b）增加了社区支持与合作的可能性（Levine et al., 1991; Melton et al., 1988）。

参与者协商与共同性学习

参与者协商的一个主要假设是通过更好理解参与者期望和研究者义务之间的相互关系，共同性学习促进了科学家与参与者的道德发展（Fisher, 1999, 2000; Lerner & Fisher, 1994; Lerner & Simon, 1998a, 1998b）。参与者协商将科学家和参与者同样地看做是合作构建伦理程序的道德实体，这些伦理程序能够产生承载社会价值观、科学信度、公正和关怀的知识（Fisher, 1994, 1997, 1999, 2000）。调查者和参与者都被假定是所参与研究事业的专家：调查者带来专业的科学方法和现有的经验知识基础，预期的参与者及其家庭成员带来对研究的担忧和希望以及他们对研究预期的价值标准这两方面的专门知识（Fisher, 1999, 2000）。调查者可以使用共同性学习的程序，与预期的参与者分享他们在以下两方面的观点：使用科学方法来检验社会问题以及讨论当前伦理担忧的重要性程度和原因。进而，预期的参与者及其家庭或社区代表可以用他们的道德观点，去评论被提议研究的科学价值和社会价值，并与调查者们一起分享那些指引他们对计划的程序做出反应的价值取向（Fisher, 1999, 2000; Fisher & Wallace, 2000）。

本章的目的旨在阐明参与者协商是如何加强伦理决策制定的，以及如何挑战政策相关青少年研究中知情同意程序的传统假设的。接下来的两部分将要描述青少年研究的父母许可、保密和透露政策的伦理挑战。之后描述作者实施过的参与者协商的一种焦点小组的方法。然后，本章还专门描述了不同民族、种族和经济团体的青少年和父母是如何看待这些伦理实践的。本章最后讨论了参与者对于如何有效正确地进行社会相关青少年研究的观点的启示意义。

青少年研究中知情同意的伦理问题概述

许多研究者将知情同意看做是保护研究参与者自主权和福利的主要方法（Freedman, 1975）。知情同意的三个首要的要求是知情、合理和自愿。

同意的知情性

为了满足同意的知情要求，调查者必须为青少年及其监护人提供所有可能会影响他们自愿参与研究或者同意孩子参与研究的实验程序的信息。这些信息通常包括对研究程序的描述、参与研究的时间、调查者的职业和所属机构、参与者将面临的可预测的风险和收益、保密的范围、参与者的自愿原则，以及参与者如何获取研究结果与结论。在缺乏青少年和父母相关信息的情况下，传统上的做法是由调查者和他们的机构审查委员会来决定研究的哪些方面会影响参与者的同意决定。

父母的许可

联邦法规要求当未成年人因某些原因参与研究时必须得到父母的许可。除了少数情况之外，未成年人是不具有同意的合法身份的。而且由于青少年年龄和研究背景的复杂性，青少年可能缺乏领会研究性质及他们权利的认知能力（Fisher & Rosendahl, 1990; Keith-Spiegel, 1983; Koocher & Keith-Spiegel, 1990; Levine, 1986; Thompson, 1990）。然而，出于对儿童青少年是发展中个体的尊重，联邦法规也要求取得儿童青少年参与研究的肯定许可。根据联邦法规，未成年人仅仅是不反对，并不能被理解为赞同（Public Welfare, 1991b, 46.402[b]）。而且，未成年人的不同意（拒绝参与）高于父母的许可，除非研究可以为儿童或青少年提供直接的利益，并且这种直接利益对他们的健康有益且只在这一研究背景下有效（Public Welfare, 1991b, 46.408[e]）。

放弃监护人许可的条件

联邦法规同样提供了一些可以放弃父母许可的情况。例如，国家把"脱离父母的未成年人"的法律身份定义为：虽然没有达到法定年龄，但如果能够承担成年人的责任，如自立、结婚或者怀孕，在法律上则可以被当做成年人一样对待。同样地，"成熟的未成年人"是指没有达到成年人的法定年龄，但是依据国家法律出于某些目的而被当做成年人看待的人（例如，准许治疗性病、药物滥用或者情绪失调）。在这些情况下，法律允许青少年自主做出治疗决定。而且学者们认为，允许未成年人自主决定是否参与研究，并利用研究考察他们寻求这些治疗的原因或对这些治疗的反应，这既合理又合乎道德（Fisher, 1993; Holder, 1981; Rogers, D'Angelo, & Futterman, 1994; Scarr, 1994）。但是，青少年和父母对这种方法的合理性会有非常不同的观点。

儿童的最大利益

对于那些既没脱离父母也未成熟的未成年人来说，还是需要监护人许可的。这一许可的前提假设是这些未成年人来自相当安全的家庭环境，在这种家庭环境中青少年和他们的监护人共享爱的关系（Gaylin & Macklin, 1982; Levine, 1986）。然而，引起应用发展心理学家和政策制定者们关注的青少年身体和社会方面的高危情况（例如，儿童虐待、亚健康性行为、药物滥用），本身可能使获得法定监护人的同意变得困难，同时还侵犯了青少年的隐私权，或者是将他们置于危险之中（Brooks-Gunn & Rotheram-Borus, 1994; Fisher, 1993; Fisher, Hoagwood, & Jensen, 1996）。在缺少"儿童最大利益"的专门许可政策的情况下，是拒绝青少年或者放弃父母许可，还是为参与者设计对这种同意权的保护，让应用发展科学家们难以取舍。

同意的合理性

同意的**合理性**要求反映了这样一个普遍认识，即以青少年为预期参与者时可能会使他们及其监护人很难理解所描述的程序，或者很难认识到参与描述性而非干预性研究的收益是有限的或不存在的（Fisher, 1993）。例如，学业失败和没有专业支持的青少年，其家庭可能会将参与一个纯粹的描述性研究或被随机分配到控制组中，误解为一个可以帮助问题解决的潜在来源。让青少年及其父母参与到关于不同种类研究方法的性质和价值的对话中，有助于保证同意及父母许可的合理性。

同意的能力

越来越多的证据表明，青少年到 14 岁时，其理解知情同意协议里所呈现信息的能力就达到了成年人的水平（Belter & Grisso, 1984; Grisso & Vierling, 1978; Melton, 1980; Morton & Green, 1991; Ruck, Keating, Abramovitch, & Koegl, 1998; Weithorn, 1983）。但是，当青少年研究的对象是危险行为（如药物滥用）或心理障碍（如行为失调）时，与这些问题相关的认知损伤可能会干扰青少年的理解能力，即对研究相关信息的合理理解。另外，虽然青少年自主决策的机会一直在增多，但学龄阶段的青少年仍处于服从成年人权威、易受胁迫和权利易受侵犯的状态中。青少年和父母如何看待青少年自主权和脆弱性的想法可以帮助调查者和机构审查委员会（IRB）的成员们完成放弃监护人许可的伦理合法性的这项困难工作。

同意的自愿性

研究那些易受伤害和权利受到剥夺的青少年发展的调查者们必须尤

其小心，他们可能会违反监护人许可的同意**自愿性**（*voluntary*）（Fisher, 1993; Fisher & Rosendahl, 1990）。例如，正在联系和寻求社区精神康复或医疗机构帮助的脆弱家庭，可能会担心因为不同意参与研究而导致他们自己或孩子不能够继续接受服务。在这些情况下，就需要特别注意澄清接受服务的权利与是否同意参与研究无关，即便青少年已经同意参与研究，也依然可以退出。

被动同意

最近几年，取得处于危险境地青少年监护人许可的困难，使得人们重新开始讨论使用监护人被动同意程序。被动同意是指给监护人发送描述研究的表单后，要求他们只在不希望孩子参与研究时才进行回复的一种程序。有些调查者认为这样的程序在父母许可反馈率较低的情况下是必要的，因为这样保证了这些孩子能够从科学调查中受益。支持被动同意的一个隐含假设是一个体贴和博学的监护人会认识到研究对于他们的孩子是重要的、可取的，因此可能会默许孩子参与研究。这种看法的一个必然推论就是那些没有回复同意书的父母，要么是缺乏对研究重要性的理解，要么是不关心他们孩子的幸福（Fisher, 1993）。

这个论点的谬误就是它假定（没有实际检验过这个假定）调查者眼中的研究风险和收益在道德上优于脆弱青少年参与者父母的风险和收益（Fisher, 1993）。对智商的争论、相关的学校追踪运动以及政府批准的塔斯卡基梅毒研究[1]中出现的种族丑闻，都在不知不觉削弱了当研究主体是少数民族时，监护人对社会科学家伦理方面的信任（Fisher, Jackson, & Villarruel, 1997）。另外，称这样的程序为"同意"是不确切的、有歧义的，因为研究者们不确定青少年的监护人是否一定收到了相关信息，或者是监护人没能够表达出让他们孩子参与研究的意愿。考虑到青少年及其父母对这些程序的看法方面资料的不足，调查者家长作风式地用被动同意程序取代父母许可是有风险的（Fisher, 1993）。

政策相关的青少年研究中保密与透露决策的伦理问题概述

恰当的知情同意程序允许预期的参与者及其监护人决定他们所希望的

---

[1] 塔斯卡基梅毒研究：美国历史上一项著名的研究丑闻。在这项研究中，研究人员对于近四百位贫穷闭塞的黑人梅毒患者不予治疗，从而研究梅毒对人体的影响。这一过程长达四十年，造成一百多位患者死于梅毒或相关疾病。——译者注

个人信息透露的程度。但是，一旦参与者同意分享此类信息，调查者就有义务确保保密工作与知情同意协议是一致的。

保护参与者的隐私

在许多研究背景下，调查者可以使用一些常规程序来确保数据的保密性，包括（a）编码而非标识；（b）安全存储和限制访问；（c）清除不必要的信息；（d）研究人员的监督；（e）尽可能匿名收集数据。可能会有这样的情况，这些确保保密性的常规程序不足以保护参与者免受伤害。例如，关于暴力或违法行为、物质滥用或某种教养行为的数据收集可能会因刑事调查或监护权纠纷而受到传唤。在这些情况下，调查者可以申请根据公共健康服务法案第301（d）条规定的保密证书。这个证书可使调查者免受任何政府或民事的要求公开研究记录中标识信息的命令（Hoagwood，1994；Melton，1990）。授权研究的证书，可能被记录到病人的病历中或者具有敏感的特征，如果公开了，可能会导致偏见、歧视或者法律诉讼，而且可能损害个体的财政地位、雇用力或名声。证书不能超越国家法律对虐待儿童问题的规定或者保护研究不向父母透露儿童的数据，这样的保护只能通过监护人在知情同意阶段的许可才能确保。

保护参与者的福利或其他人的福利

关于青少年的危险与复原力的研究常发现，青少年的非法行为、心理健康问题和其他有损健康的行为可能并不为关心青少年参与者福利的其他成年人所知（Fisher，1993；Fisher，Hoagwood，et al.，1996）。对家长或专家们保密还是透露此类信息，对于调查者实施政策相关的青少年研究来说，是一个令人为难的伦理挑战（Brooks-Gunn & Rotheram-Borus，1994；Fisher，1994，2000）。此类研究可能会诱发一些敏感的信息，如果在研究环境之外透露这些信息可能会将参与者或他们的家庭成员置于社会或法律的危险之中。联邦和专业的指导方针认为，公开信息以帮助处于危险境地的青少年或者保护其他人，是法律或伦理上的义务。

报告虐待儿童的行为

根据1976年预防和矫治虐待儿童问题法案，所有50个州都制订了法规，要求报告疑似的或被心理健康专家忽略的虐待儿童行为，至少13个州将这项义务推广到研究者及普通市民身上。调查者需要回顾各自州的法律，来决定他们或其研究小组的成员是否是强制性的报告者，而且要决定在虐待行为被报告后，他们在法律上是否被要求将与虐待有关的研究记录向当局公布（见 Liss，1994）。

保护参与者免于自我伤害

在研究过程中，一些有心理障碍的青少年可能会表现出自杀观念或其他自我伤害的行为。这就需要调查者在识别和处理自杀意图的程序上有丰富的知识（Pearson, Stanley, King, & Fisher, 2001a, 2001b）。他们必须建立一个标准，用来确定对其他自我危害行为（如使用吸入性毒品来获得快感）是否需要采取行动，以及这些行动是否包括向其他关切的成年人透露信息或者帮助参与者获得适当的治疗。

保护第三方免受伤害

研究处于危险境地青少年的行为的调查者可能会得知参与者有伤害第三方的打算。尽管在该研究领域还没有出现判例法[①]，调查者仍需要适当地考虑他们与参与者之间的关系是否符合 1976 年 Tarasoff 状告加利福尼亚大学校董案件[②]中所列出的"保护的责任"：如果某个个体（a）与可能的攻击者有"特殊关系"；（b）清楚地预言暴力行为将会发生；（c）清楚地识别出可能的受害者，那么就需要提醒第三方有受到伤害的可能（Appelbaum & Rosenbaum, 1989）。

应用发展科学家们有帮助处于危险境地的青少年的道德义务吗

应用发展科学家们不愿透露青少年危险行为研究的信息，是由于担心这样的测量所得到的推断可能会缺乏诊断效度，以及透露信息所致的治疗及转介会威胁到追踪研究设计的内部效度，让参与者感觉遭人背叛或者导致招募危机（Fisher, 1993, 1994; Fisher, Hoagwood, et al. , 1996; Scott-Jones, 1994）。另外，如果向学校指导老师或儿童危险行为的保护机构透露信息，这样可能会起到惩罚性、无能性的作用，或者使家庭陷入刑事诉

---

① 判例法（Case Law）：是指由不同时期高等法院的判例所构成的一种法律规范。按照"遵循先例"的原则，在某一判例中所确立的法律原则，往往被作为一种先例适用于以后该法院或下级法院的案件，只要案件的基本事实相同或相似，就必须以先前判决中所确立的原则处理。——译者注

② Tarasoff 状告加利福尼亚大学校董案件（Tarasoff v. Regents of the University of California）：是加利福尼亚州最高法院所审理的一个案件。在该案件中，法院认定心理健康专家不仅有责任保护其来访者，而且也有责任保护其他个体免于受到来自其来访者可能的人身伤害。——译者注

讼中，那么透露消息可能会伤害参与者或其家庭。

青少年药物滥用和自杀行为决定因素的种族差异，以及对不同文化群体研究态度的差异，可能使保密性决策变得复杂（American Indian Law Center, 1994; Casas & Thompson, 1991; Fisher, Jackson, et al., 1997; Gibbs, 1988; Jenkins & Parron, 1995; Kilpatrick et al., 2000; Oetting & Beauvais, 1990）。新出现的证据显示，一些青少年可能需要调查者积极地帮助他们获得药物或自杀问题方面的帮助，这使上述问题变得更加混乱（Fisher, Higgins-D'Alessandro, Rau, Kuther, & Belanger, 1996; O'Sullivan & Fisher, 1997）。因此，对实验获得的青少年危险行为信息的保密或透露程度，在很大程度上取决于参与者及其父母的期望（Beeman & Scott, 1991; Fisher, 1999, 2000; Johnson, Cournoyer, & Bond, 1995）。

使青少年和父母参与到研究伦理问题的焦点小组对话中来

这部分描述的参与者协商方法是作为福德汉姆青少年研究项目（Fordham Adolescent Research Project）多年调查的一部分来设计和实施的，该调查的内容是青少年和家长对国家科学基金（#SBR-9710310）赞助的青少年危险行为研究中伦理问题的看法。这个项目的宏观目标是通过告诉父母和青少年（尤其是少数民族群体的成员）一些与青少年危险行为科学研究相关的伦理程序，来提高与青少年研究相关的伦理和价值的尺度。

参与者

1998 年春，46 位父母和 55 名 9～11 年级的学生参与了一系列焦点小组的讨论。参与者来自为学业成绩极低的学生服务的几所城市公立学校，包括（a）一所竞争激烈、国家认可的特色学校（提供专门的职业训练），其中包含了数目大致相同的黑人（非裔美国人或加勒比人）、东亚或南亚人、西班牙裔／拉丁美洲人和非西班牙裔白人学生；（b）处在贫穷和犯罪猖獗地区，辍学率很高，以黑人（非裔美国人）和西班牙裔／拉丁美洲学生为主的社区学校。依据小组成员的报告，父母们的受教育水平差异很大，包括没有受过学校教育的、上过一段高中的、高中毕业的和大学／研究生毕业的。父母的职业状况也差异很大。有些人是无业人员或家庭主妇；有些人从事一些半专业化和手工业的职业，如出租车司机、维修工人、秘书，还有人从事一些专业辅助性工作，如医药助理、法院监管等；其他人则从事管理、行政和专业性的工作。

焦点小组的形式

焦点小组是多民族的，但是他们的年龄段（初中、高中），代际（父母、青少年）和性别是同质的。每个焦点小组都从孩子们获得消息的途径或孩子们的年龄和性别这样的话题开始破冰交谈。在这之后将会讨论参与者认为的青少年在其学校和社区中所面临的各种问题。提到的压力问题有：药物滥用、抑郁、怀孕、高危行为、饮食失调、犯罪和暴力、同伴压力、辍学、紧张、家庭冲突、口头谩骂、认同缺失、贫穷、缺乏成人的榜样作用和种族压力。研究的替代性或直接经验也是讨论的内容。

然后，会谈会转向对以下科学研究的伦理问题的讨论：（a）研究的风险和收益；（b）父母许可和被动同意程序；（c）保密和透露政策；（d）金钱奖励。每一个伦理论题都是在多种多样的青少年危险因素（如物质滥用、性行为、自杀和抑郁、暴力、饮食失调、学业失败和虐待儿童）的研究背景下讨论的。同时，讨论者也被要求讨论以下五种研究方法中的伦理问题：调查研究、举报者研究、基于学校的干预研究、抽取实体样本（唾液、尿液、血液化验）的研究，以及青少年危险行为的基因遗传学研究。

为了帮助讨论，参与者们观看了三段取自范德比尔特大学电视档案馆（Vanderbilt University Television Archives）的电视新闻片段，这些片段描述了青少年危险行为的研究。第一个片段描述了一项比较研究的结果，该研究将安全套分配政策对青少年性行为影响效果作了比较，该安全套分配政策与纽约和芝加哥学校的性教育计划有关。第二个片段报告的是美国大学女性协会（American Association of University Women）关于在学校中女性受到性骚扰频次的研究。第三个新闻片段描述了国家精神健康研究所（National Institute of Mental Health, NIMH）由于主动检测城市背景下违法行为的生物学基础所引起的种族争论。

参与者协商中的"过程观"取向

伦理决策的制定是一项深思熟虑、前后相承、与努力相关的不折不扣的工作（Hoagwood, Jensen, & Fisher, 1996）。正如科学家们不希望从他们的同行那里获得不严谨的、绝对的伦理观点一样，他们也不能鼓励预期的参与者做此类的回答。因此，发展科学家们需要走近参与者，以期在青少年组和父母组中得到不同的观点，这些观点会随着对伦理问题各方面的不断探讨而发生演变（Fisher & Wallace, 2000）。为促进"过程观"取向，焦点小组的领导者与讨论者们分享调查者和生物伦理学家对每一个伦理问题的争论，并鼓励青少年及其家长去思考、批判并补充这些争论。

过程观取向也对焦点小组的讨论内容进行分析。根据基础理论方法，对13个录音会议的文稿分别进行单独分析（Glaser & Strauss, 1967; Guba & Lincoln, 1982; Krueger, 1988; Vaughn, Schumm, & Sinagub, 1996）。在每一份文稿中，根据小组成员重复的观点、想法或感受，将有力的、明显的伦理主题从不明显的伦理主题中区分出来。当观点上有变化时，评定者会追踪会谈的流程来确定这个变化是否产生了一个新观点，或主题是否发生了变化，这个变化与对不同研究范式和参与者人群的讨论有关。只表达过一次的观点也会被指出来，但不作为主要的参考点。提供专门信息的回答（例如，指出一个特殊观点为什么会被表达出来或提供解释性样例的陈述）比模糊的、不带个人色彩的回答更受重视。

在各焦点小组中，伴随解释性的陈述而出现的伦理主题将被整合到一个分等级构成的主题网格中，并按照学校、年龄和性别的分组进行频次分析。总的来说，相同的伦理主题会出现在所有小组中，尽管这些主题的情感效价和所花费的时间并不相同。焦点小组探索的目的不是分析科学价值观在伦理上的年龄、性别或者文化差异，而是为了了解广泛的主题维度，这些维度以青少年和父母对敏感的青少年研究的评估为基础。（作者会根据需求提供焦点小组的文稿和主题。）

在情境中进行参与者协商

参与者协商的前提是，将青少年及其监护人的伦理观点整合到研究设计的结构中，可以增加研究对青少年参与者、学科以及公共政策的价值，因为每一次参与者协商的尝试都会反映样本独特的社会历史。因此，这种形式的调查，目的不是去记录那些可以或可能支配某些专门研究的伦理实践（这些专门研究针对其他一些独特团体）的参与者观点（Fisher & Wallace, 2000），而是介绍一种可以在其他青少年危险行为研究的科学领域中应用的方法，并为那些参与者观点提供见解，这些观点可以挑战现有的思维方式且为伦理意识指明新的方向。这一章报告了青少年和父母对父母许可和保密政策的看法。参与者对研究风险和收益的观点可参见 Fisher 和 Wallace（2000）的描述。

青少年和父母对知情同意程序的观点

焦点小组中，参与者对知情同意程序看法的讨论围绕着父母许可政策的价值、放弃父母许可在伦理上合理的情况，以及被动同意程序的使用。总体上，父母组与青少年组所表达观点的差异很小。只有在涉及青少年使用自主性原则来证明放弃父母许可是正当的、父母特别强调保护青少年免受欺骗性招募的伤害时，才有一些差异。下一部分包含对一些深刻伦理主题基础观点的描述，这些伦理主题有：为什么父母许可是必需的、该在什么时候放弃它、被动同意的使用和对同意实践的建议。

父母许可政策的价值

当青少年及其父母讨论父母许可政策对青少年危险行为研究的价值时，出现了以下几个重要主题：

• 父母许可政策表达了对父母权利和价值的尊重。

• 父母许可政策保护了父母在社区中的名誉。

• 父母许可政策保护青少年免受强制性和欺骗性招募的伤害。

• 父母许可政策使父母能够帮助孩子克服力量上的不公平，这些不公平可能会阻碍青少年退出研究。

• 父母许可政策使父母能够察觉实验后的不良反应，尤其是当调查者无法或没有能力来处理这种反应时

下面是一些青少年和父母如何清晰表达这些观点的例子。

父母的权利和价值观

在所有的小组中，父母和青少年们都谈论到了父母许可对于参与研究的重要性，因为它显示了对父母权利和价值观的尊重。正如两位女生谈到的："他们【研究者】要知道，让他们征得父母的同意……而不仅仅是离开他们，那……就像在对抗父母。""父母养育了你，他们有权利知道。"所有的小组都认为父母有权利知道他们的孩子在哪里、他们正在做什么，而且父母拥有他们作为家长的角色和受尊重的宗教价值观。父母和青少年们也都认为研究者拥有以下两点认识是很重要的，即父母对他们的孩子负有法律责任、"有许多父母希望对孩子所做的事情有发言权"。就像一位家长总结的那样："我想我们【在焦点小组中】所听到的压倒一切的声音就是我们想知道我们的孩子在做什么，以及他们在哪里。"

出乎意料的是，讨论者们认为父母许可程序也可以使父母免受伤害。小组成员们表达了这样的担忧：对于不知情的父母来说，儿童参与者可能会损害他们的声誉。例如，来自社区学校的一名男生提到："如果某位家长是个重要人物，比如他是社区中的大人物。这样，如果该家长不知道这件事【他的孩子参与研究】，但是他却了解到自己的孩子正在告诉每个人

自己在做什么，这会影响父母的工作。"另一位来自学业竞争激烈学校的女生说道，如果不经父母同意，"就像是这位母亲不关心她的孩子，因为她对自己孩子正在做的任何事情毫不知情。"

保护青少年免于研究的风险

第二个主题反映的信念是：父母许可可以保护学生免于参与鼓励消极行为或侵犯他们隐私的研究。在每一个组中，对于参与青少年危险行为的调查或干预研究是否在实际中增加了该行为的发生，有不同的观点。要认识到学生对研究的敏感性可能不同，一个男生需要父母的许可是合理的，因为"即使可能只有一个孩子会受到影响，那也是一个孩子，父母许可程序就应该存在。"保密性面临的威胁也被认为是需要父母监督的一项研究风险。如一位家长所说，"一些看似无意义的流言蜚语可能会使那个孩子【以及家庭】落入警察之手。"

父母们尤其关心的问题是，要保护他们的孩子们免受可能的强制性、欺骗性招募的伤害。如一位家长指出的，"有时在征求参与许可时，那些招募者并不告诉你全部的真相……【然后】等到研究开始后，【科学家们就提出】更多的要求，有时候他们【青少年】已经在研究中而不能退出。"青少年和父母们也都指出：如果父母不了解研究，那么如果他们的孩子因为参与研究而感到痛苦，父母就不能识别孩子的痛苦或帮助他们。这是一个特别重要的担忧，因为许多人都觉得，研究者们可能不能胜任或者不能处理实验后的压力。其他小组的一些讨论者也表达了这样的担忧：在涉及实体样本的研究中，研究者可能"是一个性变态者"或者"是对异性无理的人"。他们也认为，如果父母知道孩子参与了这样的实验，他们可以帮助孩子退出研究。

保护亲子关系

父母和孩子都提到，通过鼓励对参与研究的讨论，父母许可可以改善亲子间的关系，也可以通过对父母角色的重新肯定来保护这种关系。如一位家长所说，父母许可"给予孩子这样一种信息：学校会让父母知晓任何事情。在父母不知情的情况下，学生还不能为自己参加研究完全负责，孩子终究只是个孩子……孩子上学期间，【他们】仍然在父母的监护之下。因为当你开始给孩子……太多自己的东西……他们真的会以为自己长大了……足以应付任何事情。"

放弃父母许可的伦理依据

当在不同的研究方法和主题下，青少年和父母讨论放弃父母许可的伦理依据时，一些重要的价值维度清晰可见：

• 放弃父母许可表达了对青少年自主决策的能力和权利的尊重。

• 在父母询问孩子与研究相关的行为时，放弃父母许可避免了对孩子隐私的侵犯。

• 在父母误认为同意书意味着孩子实际上已经从事了危险行为时，放弃父母许可避免了亲子冲突的发生。

• 放弃父母许可使学生们了解大量与危险行为有关的知识和观点。

• 当研究是匿名并对参与者没有危险时，放弃父母许可是恰当的。

• 当所调查的问题是父母引起的（如虐待儿童）或者父母和与孩子没有联系时，放弃父母许可是恰当的。

下一部分描述了焦点小组成员是如何明确表达这些观点的。

青少年的自主权和隐私

父母和青少年们都谈到，自主权可以作为放弃父母许可的一个原因。青少年典型的评论是："父母【不会】是回答问题的那个人。""这些是孩子自己的私人问题。""你自己必须给出你认为正确的标准。""他们【调查者】应当对你自己所有的观点和决定持开放的态度。"

在不同代际的焦点小组中，讨论者们都认为在一定的条件下，放弃父母许可可以保护青少年的隐私。例如，青少年们特别担心，尽管研究者们会对信息保密，但是一旦父母读了同意书，他们就会向学生们询问具有科学价值的行为。像一位女生说过的那样，如果父母收到了研究的同意信息，他们"就会想知道向【我们】说了什么和【我们】有什么损失。"根据一位男生所说的，"我真的不建议……父母许可，因为一个孩子需要对他的母亲保留一些隐私。许多青少年想要对他们父母保留那个【性行为】和药物滥用的隐私。尽管这些事情不应该对家长隐瞒，但我认为【你们】必须给青少年一个对他们父母保密的选择。"在相关的一个议题中，一些学生担心父母可能会把同意书曲解为学生参与不良行为的罪状。他们认为这可能会产生不信任感或使父母毫无理由的心烦，从而伤害到亲子关系。

一些父母和青少年们提到，青少年自主决策的能力可以作为允许青少年自己作决定的理由。有趣的是，讨论小组成员们的直觉与现存文献相符：大多数人认为，14岁以上的青少年有能力为自己的利益做出决定。

参与者的风险与收益

父母和青少年们都认为，如果可以使学生"接触到对他们有帮助的其他观点"，那么放弃父母许就可以使青少年受益。如一位学生所说，"如果你的父母告诉你一种方法——把这种方法一直记在脑子里而不接触其他方法，直到以后——就有可能带来痛苦，还可能会影响你的余生。"其他人认为，如果放弃父母许可可以增加青少年参与者的数量，以及通过鼓励青少年真实作答来提高研究的科学效度，那么放弃父母许可就是合理的。如一位社区学校的家长指出的，"我的观点是，出于对科学研究、家庭价值观、社会和国民健康的考虑，我们不应该让父母知情，因为我们就是想提取出孩子真实想法。他们应该自由地表达观点，因为我们对孩子有太多的误解。"

一些讨论小组的成员认为，如果是匿名作答，那么对于调查和基于学校的干预来说，父母许可就不是必需的。许多人也认为，对于那些不会对青少年行为产生消极影响的调查项目或基于学校的危机预防项目而言，放弃父母许可是可以的。一些父母和青少年表达了这样的观点，在青少年和父母没有联系或者父母虐待他们时，可以放弃父母许可。

对被动同意程序的态度

所有的小组和不同代际的人以及参与者都一致对被动同意程序持消极态度。频繁出现的两个主要议题如下：

1. 被动同意程序带有欺骗性，而且破坏了实施父母同意的意图。

2. 被动同意程序带有强制性，它鼓励青少年欺骗他们的父母，因为大部分青少年都不希望自己成为唯一一个父母不同意参与研究的突出典型。

被动同意的欺骗性

父母和青少年用"耍花招"、"欺骗"这类词语描述被动同意程序。所有的人都很熟悉这种方法，因为在学校里，它经常被用在与学校相关的活动上。如一位学生总结的，"【这是】完全不道德的，因为它背离了父母许可的全部要点……我认为这稍微有点,你知道的,卑鄙。"被动同意被看成是，当父母可能不允许他们的孩子参与研究时，"将孩子钓进研究"的程序。

父母和青少年们相信，被动同意程序通常会因为以下几个理由使父母不了解研究：

1. 父母们可能从未收到过同意书，因为孩子忘记给或者故意不给他们。

2. 父母可能不理解同意书的内容。

3. 父母可能在外旅行或者实在太忙而无法阅读同意书。另外，被动同意程序也被认为是一种手段，它可以把不受父母监护的青少年引诱进研究，还可以让研究者无视因孩子参与研究而产生的父母抱怨，因为研究者会说"我们将同意书发给了你，但是你却没有回复"。

被动同意的强制性

在所有的组中，成员们都提出了这些程序潜在的强迫性。一些人认为学生可能不会将同意书给父母，因为他们不希望自己成为唯一一个父母签同意书的突出典型。按照这种理解，讨论者（尤其是父母）也担心被动同意会鼓励青少年欺骗父母的行为。他们也担心这会传递给青少年一个错误的信息——孩子比父母更应该控制同意的过程。如一位学生所说的，"尽管几乎在每一种情况下我都不赞成父母许可，但我也基本上认为【被动同意是】没什么希望的。在高中我们有同样的情况……没有一个孩子愿意把它拿给父母看……如果你真的想要父母的控制，这必然是最愚蠢的事情。"

父母同意书经常不能被回复的原因

在被动同意的伦理依据之下的一个隐含假设是，一位体贴且知识渊博的监护人会认识到研究对他的孩子是重要且值得的。根据这个观点，父母"主动"回复同意程序的比率低仅仅是因为他们没有时间回复。这种情况在经济贫困地区的青少年危险行为研究中经常出现，在那里招募参与者非常困难（Fisher, 1993; Fisher et al., 1997）。父母及青少年的评论猛烈地驳斥了低回收率反映父母不感兴趣的这种假设。尽管讨论者也提到了父母有时会忘记签同意书、学生出于不感兴趣而不给父母同意书的情况，但大多数评论还是集中在拒绝同意的具体原因上。其中一类原因围绕着以下的事实：那些不想参与研究的青少年常常不给父母同意书，或者是当父母不同意参加后，他们不想那么麻烦，再把同意书带回学校。另一些评论提到了家长主动决定不让孩子参与研究的原因。这些原因包括：（a）担心其他人可能会知道孩子的问题；（b）希望对家庭事务保密；（c）担心实验程序可能会伤害孩子；（d）同意书很难理解；（e）不认同研究的性质和目的；（f）不想孩子被当成"几内亚猪"或者"猴子"来对待。

建议性程序和参与者协商对于父母许可程序的价值

当要求提供额外的、有助于调查者实施有礼貌的父母许可程序的信息时，参与者们谈到了以下两点：

1. 在执行父母许可程序时，科学家们必须核实父母是否收到并理解了同意书。调查者们应该谨防孩子伪造家长签字的情况。当评估正在进行的基于学校的干预项目时，科学家们不应该假定父母同意他们的孩子参与该项目。

2. 调查者需要确保同意政策不会导致家长或参与者误认为他们已经没有了退出、控诉研究或者要求调查者对不端行为负责的权利。

在青少年危险行为研究的父母许可设计中，伦理上的两难境地是普遍存在的。应用发展科学家们面临着相矛盾的伦理责任：一方面要尊重父母对孩子最大利益进行判断的权利；另一方面要保护青少年的自主权和隐私权；还要发展能为见多识广的政策制定者提供实证性知识要点的实用同意程序，以促进青少年的积极发展。在先前描述的参与者协商方法中出现的观点表明，青少年和父母都有这些担忧。他们的评论表明，制订监护人许可政策的最好方法就是伦理上在两方面之间综合协调：一方面是科学家有责任保证在放弃父母许可时没有利用决议的脆弱性和力量的不平等性，另一方面是紧紧附着在监护人许可政策上的一项责任——不能剥夺青少年参与科学研究的机会，这些研究能够为有效预防和治疗危险行为的程序提供可依据的知识。这些回应强调了参与者协商方法的价值以及在独特的科学和社区背景下设计父母许可政策以促成青少年与父母间合作关系的可能性。

青少年和父母对保密与透露程序的观点

研究青少年危险行为的科学家经常把那些表明参与者幸福处于危险境地的信息私密化。当研究青少年的问题时，调查者必须在伦理上证明研究过程中收集到的与参与者危险行为有关的信息为什么应该或者不应该向监护人以及那些可以帮助参与者的专家透露（Fisher，1993，1994；Fisher，Higgins-D'Alessandro, et al.，1996）。所有的焦点小组都指出了为什么要支持和反对青少年危险行为研究中的保密与透露政策。在这些政策的讨论过程中，父母和青少年都在努力解决科学家对参与者的矛盾性道德义务：保护参与者的自主权和隐私权、保护参与者的幸福、在科学家——参与者关系中保持诚实正直。

保密的伦理依据

在代际间和不同的研究背景下，青少年危险行为研究中关于保密的主要议题包括：

• 尊重青少年及其家庭的决策权。

• 避免使人产生遭背叛感。

• 在决定哪些问题应该或不应该向父母或服务提供者报告的问题上，避免对研究者过分自主的许可。

• 防止相信虚假的或不正确的回答。

• 防止因将儿童保护或执法机构带入参与者及其家庭的生活所带来的

破坏性效应。

· 鼓励青少年对自己的行为负责。

· 参与者及其家庭的自主权。

父母与学生焦点小组的讨论通过不同的方式反映了对自主权的担忧。例如，许多父母认为，由科学家来决定是否将孩子的问题告知家庭或非家庭成员是不恰当的。一些父母指出，哪种类型的信息适合孩子向父母传达是受文化影响的。如一位家长所说，"把想法告诉父母有时是……带有文化特色的。我来自一个几乎不能谈论任何事情的社会，因此不管我与我的母亲、女儿有多亲近……总是有一些事情是不会谈论的。"另一位家长咆哮道，"她们【我的女儿】和我之间的任何一种坦诚关系都与我们有关，而与一些第三方无关，这些人也一定要告诉我他们对我女儿说了些什么。"另外，如一位男生强调的，允许研究者决定是否打破保密可能是"危险的……因为那时进行调查的人有权利去决定哪些是需要保密的和什么是需要保密的。我的意思是，哪些是危险的而哪些不是"。

学生们尤其认为，青少年对自己的福利负责是很重要的。例如，研究者得知了参与者与其他学生打架，在这种情况下，一些青少年认为大多数学生知道他们在干什么，他们需要知道如何自己处理这样的问题。一位男生和女生在下面的评论中阐明这些看法："现在如果我告诉你一个孩子想要打我，看我敢不敢打他的屁股。我认为你不应该担心我做这些意味着什么。我跳起来，我是个男人，让他知道，如果他敢打我就让他知道厉害。""研究者们应该对这件事保密，因为……人们知道这会给他们带来什么样的感觉，【而且】如果事情严重，那么应该由他们自己负责鼓起勇气去告诉【某些人】。"

其他一些学生认为，保密承诺可以给他们提供一个不用考虑后果而发泄感受的机会。如一位女生解释道，"因为有些时候，我知道如果我在家受到了虐待，就该去告诉我的指导老师……我需要他们帮助我。我不想她回去告诉其他人，因为我不想任何人知道我的事情。"

信任和背叛

许多小组都提到了信任的重要性和承诺保密的研究者遵守诺言的义务。一位家长解释道，"我的担忧就一句话。如果你告诉一个孩子这是保密的，然后你又如我所担忧的那样泄露了秘密。【如果你不遵守你的诺言】那么……这个社会将走向何方？"一些学生也质疑，研究者是否有责任帮助那些"没有道德"和不能对自己行为负责的人。被调查者认为打破保密可能会让人觉得遭到背叛，对未来产生不良影响。如一位女生所指出的，如果参与者发现研究者透露了他们的个人信息，"他们将不再信任任何人，那时他们不会再将自己的问题告诉那些可以帮助他们的人了。"

风险评估的有效性

小组成员们都很关心报告的准确性。许多人引用研究背景之外的一些例子，在这些背景中，青少年对于某一个问题或威胁是回避的。一位女生提醒道，一些青少年"会对某个问题【撒谎】以逃离现场。"其他一些人则认为某些问题可能较小，它们会自行消失。一位学生指出，"它就像是……微量的药物，不会真的上瘾，但是像他们可能偶尔使用过一次，也许他们【研究者】就不应该【透露】。"父母也反对在没有弄清社区中其他人是否已经开始警觉青少年问题的情况下就过早地将这些信息公开。

还有一个严重的担忧是，一个被错误指控的人可能会因科学家公开信息而受到伤害。参与者们列举了一些被错误地指控为骚扰和虐待的教师和家长的事情，以及这些事情对家庭和失去一位好教师的学生产生的消极影响。学生和父母们一致提出这样的担忧，科学家们的报告可能会因为将儿童保护服务或法律执行带入家庭生活而产生损害效应。父母们对透露政策尤其迟疑，因为他们认为研究者可能不知道谁才是最适合透露的人或可能没有处理问题的技巧或能力。

透露信息的伦理依据

每个小组的青少年和父母都在努力思考，在哪些情况下，向父母或者其他关切的成年人透露信息以保护参与者是恰当的。他们在以下几点上意见一致：

• 作为专家和成年人的调查者有保护青少年免受已知伤害的责任。

• 透露政策让青少年知道了努力解决自己问题的重要性。

• 向调查者透露自己处于危险境地的青少年往往是在寻求帮助。

成年人有保护青少年免受伤害的道德义务吗

青少年和父母也关注成年人保护青少年免受已知伤害的道德义务。如一位家长说的，"当你对某些东西保密时，你正是在试图保护这个人，但是像这种情况【如威胁到生命的情况】，你就不能再保护这个人了，你会引起更大的伤害。"父母们也认为透露政策是有益的，因为青少年"需要知道，为了他们自己的幸福，为了保护他们，有些事情不是秘密……因为它不会自行消失。"

许多学生提到了这样的观点，如果不去尽力帮助有伤害自己或他人倾向的青少年，调查者应该像一位男士所说的那样感到愧疚，"这与犯罪无异……这个人就要受到伤害了，你必须做点事。"其他人认为如果在学生身上发生了一些不好的事情，那么调查者将会感到内疚，甚至可以被视为帮凶。正如一位社区男士所说，"'你知道，如果你不说出青少年有伤害性意图，'那样你会……受到指责，它还会让你成为促成伤害发生的人，因为你什么都没说，你保持了沉默。"

参与者的意图

许多讨论者认为，如一位女士所说，"如果一个孩子来找你并说这正在发生，我想那意味着他们给予了你走向更高权威的权利。"另一位学生也表达了这一观点，"所以，在某种程度上，他们说出发生的事情……是希望研究者会告诉其他人，因为他们自己不能那样做。"

研究者应该向谁透露信息

如果透露信息被断定为是必需的，那么在讨论是否最好把信息透露给父母、指导老师、学校管理者、社区医生或者执法人员时，出现了以下几个主题：

• 尽管父母常常是孩子最好的同盟者，但是一些父母可能会对带有惩罚性措施的透露反应过度，而其他父母则可能不知道该如何帮助孩子。

• 尽管学校的指导老师们常常是能帮得上忙的，但许多学生和父母却不相信他们的动机，或者担心指导老师会迫于法律或学校政策的要求而向儿童福利或其他政府机构透露有关学生问题的信息。

• 校外的医生和心理健康专家往往最能够帮助和影响青少年。

向父母透露

一些学生认为父母是他们的最佳同盟，学校指导老师无论如何应该告诉他们的父母，否则在父母知道这个问题之前什么事情也不能达成。一位男生在吸取过去经验的基础上解释到，"去找指导老师真的不能解决什么问题，直到他们决定去找我的父母并告诉他们整件事情。"一些学生担心，告诉父母可能会导致父母伤害孩子，反过来又会导致孩子离家出走或者增加他们的危险行为。正如一位男生所说，"告诉家长是件危险的事，因为一些家长不知道如何处理那些事情，他们会反应过度。他们会把事情变得更糟，因为如果你发现你的孩子正在吸毒，你可能会反应过度并对他们大喊大叫。'你对他们尖叫可能会刺激他们【吸毒】，把事情变得更糟，'因为孩子们不想谈论或担心吸毒这件事。"

学生们也担心，第三方伤害或威胁青少年的报告可能会导致父母对做坏事的人反应过度。其他担忧还包括透露信息会使家庭陷入困境，或者父母不知道该做什么并感到无助。

向学校指导老师透露信息

向学校指导老师透露信息会得到各种不同的反应。一些人认为学校指导老师是能帮助研究者确定青少年所说是否属实的最佳人选，也是最能帮助青少年的人。而在其他人报告的例子中，因为指导老师泄密或者因为其似乎并没有真正理解问题，青少年感到自己遭到了背叛。一位女生说，"当我去找我的指导老师时，她却首先问我是否想要……告诉别人。她寻求我的许可，我对她说不……但她还是那样做了。"

社会服务和执法机构

在一些更穷困的社区中，许多父母和青少年都对儿童保护服务持消极态度。一位女士描述了她的个人经历，"在家中我有些问题，因此我去找我的指导老师，他却申请了【儿童】福利……我感到很糟糕，因为全家人都反对我。"另一位学生解释道，"如果你请儿童福利机构的人或某些人去你家……你将无法解决这个问题。"一些人认为法律的实施有助于保护青少年免受他人的威胁。其他人则认为警察也是问题的一部分，他们自己也会卷入非法行为中；一位男生说，"警察吸烟【吸毒】和做任何事情"。

校外从业人员

父母和学生们都认为，校外的心理健康专家或医生可能是信息透露的最佳人选。讨论者们认为这些专业人员最有资格去评判问题的性质，决定青少年所说的是否属实和提供相应的帮助和引导。他们也认为这样的专业人员会比学校教职人员有更少的偏见，后者可能会为获得额外的学校基金而被迫将学生诊断为心理失调。

确保保密与透露政策的适当性和保证参与者协商价值的建议

当问及调查者可以如何改进他们的保密和透露政策时，青少年和父母们给出了以下一些有价值的建议：

• 在研究开始时，应该告知参与者及其父母关于研究者的保密和透露政策。最完美的政策是调查者与青少年一起讨论这个问题并取得青少年对信息透露的许可。

• 在研究开始之前，预期到需要透露信息的研究者要确保他们（a）能够评估危险行为需要帮助的等级；（b）知道透露信息对青少年、他们的家庭及调查者产生的法律后果。

• 在透露信息之前，调查者应该（a）确定参与者所说的是否是事实；（b）区分急需关注的问题和轻微的问题；（c）查明其他能够帮助青少年的成年人是否已经意识到这个问题。

取得青少年对透露信息的许可的重要性

取得参与者对透露信息的许可是所有焦点小组的共同倾向，信息透露的对象是能够提供帮助的成年人。一些人认为只要青少年表现出了调查者觉得应该透露的情况，调查者就应该征求学生的许可。但是大多数讨论者认为，调查者在知情同意阶段就需要告知青少年保密和透露政策的性质。一位特色学校的男生把这种方法描述为"不要问，不要说任何情况，因为你如果不想我告诉其他人某个家伙要打你，那么你就不要告诉我，因为那样你会让我陷入一个尴尬的境地。"另一位女生解释道，"在你开始进入研究之前，弄清楚……你要经历的……流程真的很重要，以便研究者能够去报告它。就像那个人知道多少……他们说什么会令研究者……报告。那样他们……既知道是什么处境，也知道什么……以及多少信息是可以分享的。"一位女生提出了对这个程序的改动。"首先，在他们与学生面谈之前必须书面声明：如果某些事情确实正在变糟，那我需要你的允许，允许把事情告诉……你的父母、监护人或其他人；或者一份你不能那样做的书面声明。因此在学生告诉你之前，如果声明书说你可以告诉其他人但是学生没有签名，你就不能告诉任何人，因为学生没有给你许可。"

如果参与者不想透露信息，讨论者们建议调查者直接提供帮助（例如，与某个担心被别的孩子打的学生一起回家）。讨论者们认为如果不能告诉父母，研究者要以帮助参与者为己任。

在透露信息之前采取预防措施

在研究开始之前，焦点小组成员们就建议：预先考虑到有透露信息需要的研究者们，应确保他们有能力评估危险行为需要帮助的等级，知道透露信息对青少年及其家庭和调查者有什么样的法律后果。另外，正如先前描述的那样，焦点小组的参与者们也建议在透露信息之前，调查者们应该（a）确定参与者说的是否是事实；（b）区分急需要关注的问题和轻微的问题；（c）查明其他能够帮助青少年的成年人是否已经意识到这个问题。

根据小组成员们的建议，预先计划也应该包括报告计划的开发。这位学生评论者解释了他们的建议，"你必须好像有一套……当你得到答案时你要做什么的构想"。"你不只要告诉父母，'噢，你的孩子正计划明晚自杀，'你要说'你的孩子正计划明晚自杀，同时我也告诉你，这里有你可以寻求帮助的人，也有可以阻止这件事发生的办法'。"

分享理解

在讨论小组中，青少年和父母尽力解决的一个基本伦理问题是：**社会科学家们有没有道德上的义务去帮助在调查中表现出有吸毒或自杀问题的青少年？**相关回应表明，青少年和父母都认为科学家有受托人义务，应该帮助身处危险中的青少年，但是透露信息的决定必须通过调查者对风险评估的有效性和透露信息的潜在伤害性后果进行慎重考虑后而做出。这些发现与先前对青少年和父母期望的研究相一致（Fisher, Higgins-D'Allesandro, et al., 1996; O'Sullivan & Fisher, 1997），并且增加了一些令人不安的可能，这些可能包括：青少年危险行为研究的严格保密政策可能会在无意间造成青少年的困惑，包括他们的问题是不重要的，没有可以利用的服务，以及不能依靠经验丰富的成年人来帮助处于危难中的青少年（Fisher, 1993, 1994, 1999, 2000）。

参与者的观点：伦理实践的可靠依据

应用发展科学为青少年发展政策提供实证基础，这项工作的价值取决于调查者实施那些能够为参与者权利和福利提供科学可靠的反馈与充足保护的伦理程序的能力。通过认真考虑青少年及其父母对社会敏感性青少年研究的期望、担忧和希望，可以提高调查者完成这种双重义务的可能性。参与者协商可以产生可靠的证据，这些证据基于对父母许可与保密政策的选择。然而，调查者的知识、训练和身份这些被参与者信任和委托的方面，使科学家们有义务去对调查对象的权利和福利承担最终的责任（Fisher, 1999, 2000）。因此，大众的观点是要了解，但是不能替代科学家个人的伦理考虑（Fisher & Fyrberg, 1994）。让参与者一起讨论伦理程序的承诺有助于确保与政策相关的青少年研究可以达到科学设计和道德责任的优秀标准，该承诺还反映了研究的价值，值得青少年及其家庭的信任。

第六章 家庭和民族性

Harriette P. McAdoo, Alan Martin

拥有一个"更美好的未来"是每一个美国人的愿望。每一个民族家庭都梦想有一个更光明的前景以及能够在一个更积极的环境中抚养子女以维持他们的民族传统。如同那些主流文化下的人们希望保持其传统并积极地发展他们的家庭一样，民族家庭也有着同样的愿望。"来跟我们学习家庭发展"、或"融入我们的文化"这些假定的潜意识的观念，除了助长对自我强加的优越感的争论之外，没有任何积极作用。

本章的目的是全面告知读者那些必然会加强与民族家庭有关的未来政策改革方面的重要关注点、项目和原则。我们希望当前针对民族家庭的项目和政策将会有另外的考察视角，特别是从他们变化的人口统计学特征和越来越多的迫切需求的视角。对于教育、社会化、医疗实践和公平政策等领域的问题，都必须给予着重考虑。这些方面的失败很容易导致各种系统未来更棘手的局面，因为这些系统是每一个个体及其对应的每一个民族家庭都嵌套其中的。

民族家庭是社会体系的一个重要组成部分，也因此被期望能够积极贡献于他们所根植的社会体系（Hildebrand, Phenice, Gray, & Hines, 2000）。"总体大于部分之和"这个一般系统的理论原则将会引导我们在一个更伟大的发展计划中，更好地接受并理解每一个民族个体及其对应的每一个民族家庭的贡献的重要性。没有哪一个民族的群体、文化或个体可以被看做是不重要的或仅仅是附属，因为这种观念将严重损伤"整体"积极健康的发展。每一个民族群体的贡献都必须得到重视、尊重和考虑，并用于提高和发展整个系统：即美国社会。

界定民族家庭

据说很久以前我们都来自于尼罗河流域同一个"母亲"。我们的家族搬出了这个中心，分散到世界各地。在过去的几个世纪里，我们常年在外迁移，随着时间的推移，我们适应了不同环境的地理条件。由于所面临的神秘事物以及生活的不确定性，我们的家族发展出了不同的文化、不同的种族、看待世界的不同方式以及不同的仪式。我们有一个多种多样的世界；每一个群体在自己的土地上发展出了与当时当地相适宜的文化。

随着时间的推移，当我们一起来到美国这片土地上时，我们在力量和资源方面并不平等。来自不同群体的家庭和个体来到美国，是为了逃避暴政或贫穷，或是为他们的家庭寻求更好的生活方式，亦或是违背他们自己的意愿而被带来劳作。从欧洲国家来到这片土地的家庭中，一些家庭受贫困的折磨并遭受压迫，而一些则是富有的（Zinn & Eitzen, 1990）。许多来到这里的家庭依然保持着他们的文化、他们的"神"以及他们的"宿命"，这些现在依然在延续的东西。早就生活在这里的美洲原住民已经被征服。被奴役的非洲人被带到这里来支撑经济，并丧失了作为人的权利。亚洲人被带到这个国家的西部劳作，而且从来没有被平等地看待过；但是，许多亚洲人今天却成为了美国强大经济力量的组成部分。来自西班牙语地区的家庭几个世纪以来一直生活在北美；其中的一些是本土的，一些是移民来的，还有那些后来到达这里的越来越重要的人们。当我们今天来看我们国家各种各样的家庭时，可能会惊讶于我们所发现的多样化。每一个群体都带来了其成员身份的独特性；每一个群体都带来了另一种文化的某些部分以及民族性中依然活跃在今天的其他成分。

在美国，一个家庭的民族性对于其生活的很多方面都是决定性的。"民族性是一群人中整个家庭的身份证明，证明这群人在种族类别或起源地方面是否一致。"（McAdoo, 1999, p. ix）。此外，"家庭的民族性是人们血统和文化维度的总和，被家庭成员共同认定为他们自身存在的核心要点"（McAdoo, 1999, p. ix）。它包括代代相传下来的有特色的家族风俗习惯、谚语和故事，以及类似的庆祝仪式、事物、宗教仪式和迁移的故事。

一般而言，**民族性**（*ethnicity*）这个术语也主要用于表达文化差异，这种文化差异主要源于发源地、语言、宗教或它们的组合（Wilkinson, 1999）。来自不同研究者的一系列定义证明了这样的事实：家庭的民族认同由多重复杂的因素组成。Yeh 和 Huang（1996）认为一个人的民族性与其社会背景和外部因素有强相关，并受到这些因素的影响，这些因素包括地理位置、教育背景、人际关系、刻板印象和种族偏见等。

家庭主要向他们的后代传递并永久保存语言、基本信念、风俗习惯、价值观、生活方式、民族自豪感、种族差别、民族传统、祖先的历史和连接以及社会阶层（Wilkinson，1999）。大多数试图界定家庭民族性的学者都注意不要将其界定得太狭窄，以免它们产生混乱。为了简化和清晰化，我们因此将其界定为一个家庭所参考的血统、民族性、祖先、宗族、民族群体以及个体或者个体的祖先或父母所出生的国家（Wilkinson，1999）。因此，民族家庭是指那些单纯从数量上来说，在美国人口中居于少数的族群，而且除了美洲原住民之外，他们的民族身份源自于北美大陆之外。

当前阶段，民族家庭被认为是那些被非正式地划分的**有色人种**家庭，或者是美国非主导亚群体中的人（McAdoo，1999）。**种族/民族**的概念指的是由社会方面、政治方面和经济方面处于从属地位的人口组成的群体（Jackson，2001；McAdoo，1999；Wilkinson，1999）。这些群体有较少的机会和政治权力；他们在经济上也处于劣势，因此，他们比处于主导地位且享有特权的来自欧洲大陆的后裔的家庭收入低。这些群体经历了政治从属、社会歧视和排斥等待遇。

民族家庭：重要性的提升

在 21 世纪，由于美国人口中多样化的表现，家庭的民族性变得越来越重要（McAdoo，1999；U.S. Bureau of the Census，2001）。其重要性是而且主要是由于个体和家庭超越社会阶层、种族类别、地区差异甚至是由于起源地的意识日益增强。美国正经历一个处于变化中的局面。将人口过于简单地划分为"黑与白"的二分法是过时的一种方法。2000 年人口普查的数据表明，2.4% 的美国人确认自己属于一个以上的种族（U.S. Bureau of the Census，2001）。美国族群的快速增长，使得最近一次的人口普查中出现了前所未有的 63 个种族分类（U.S. Bureau of the Census，2001）。这说明比上次普查多出 58 个类别。这对于越来越明显地意识到美国人口中家庭民族性日益增加的重要性，是一个确切的证据。

在美国，与其他所有的民族群体不同，英裔美国人（Anglo）人口的增长速度较慢（U.S. Bureau of the Census，2001）。所有非西班牙裔白种人的总人数增加了不足 5.3%，达到 1 亿 9820 万。这是一个很明显的迹象：

主导的或多数的白种人群体与其他所有民族群体的差距的确在逐渐减少。这本身对有色民族群体家庭的规划和政策方面有重要的启示。

民族家庭的变化的人口统计学特征

当前和未来有色民族家庭人口爆炸的深远意义是值得亟须关注的。民族家庭生活的每一个方面都会受到人口统计学急剧转变的影响。在此后的一个世纪里，美国人的平均年龄将会变得更大一些，而且有更多样化的民族。人口普查局预测当前的2亿8100万人口，到2100年将会增加到两倍，人口数量达到5亿7100万，平均年龄将会上升到40岁以上，而且有更大比例的有色民族人口（Schmid, 2000）。

每年有接近100万的新移民进入美国。最新的2000年人口普查的关于1990年到2000年的人口增长数字表明了人口统计学的大幅度变化（U.S. Bureau of the Census, 2001）。非裔美国人口数量增长了21.1%，增加到3540万，几乎占了总人口的13%。亚裔人口增加了74.3%，增加到1150万，约占总人口的4%。美国的印第安人、爱斯基摩人和阿留申人增加了14%，增加到240万，仅占总人口的不足1%。更令人惊讶的是，西班牙裔（可能是任何种族）的人口数量增加了57.9%，增加到3530万，约占总人口的13%。这也表明在接下来的5年里，西班牙裔人口可能会出现更进一步的显著增长，他们将会成为有色民族人口中的新主体（U. S. Bureau of the Census, 2001）。

在2000年的人口普查中，美国人口中确认自己属于多个种族的人口占2.4%，即680万，美国人口的增长将会变得更复杂。

民族家庭的社会化

促进民族家庭的儿童和家庭的积极发展的一个至关重要的方面是恰当的民族社会化在多重嵌套的、多元文化的社会中的价值。向儿童解释民族多样性这是一个令人持续关注的方面。所有的父母都必须帮助子女发展成为有用的、自立的成人，有色人种儿童的父母也面临着相同的任务。当族群被大的社会系统以消极的方式看待时，抚养子女使他们能够为拥有其族群的概念而感到自豪就变得更困难（McAdoo, 1999）。临床和实证的证据已经表明，不同民族的儿童感觉到的自我价值呈正态分布。一些儿童自我感觉良好，而且积极地完成他们的发展任务。而其他儿童则被有限的机会和未来发展的惨淡前景所困。

永久保持民族性的国籍、种族差异、价值观、生活方式和社会阶层地位的主要的发展和社会化媒介的是家庭（Wilkinson，1999）。在考察民族社会化的过程中，Marshall（1995）提醒我们，家庭有责任培养儿童积极的民族认同感，以便儿童为面临不同环境能做好准备。在由历史原因所导致的族群成员感到自卑和较少受欢迎的环境下，族群的父母尤其需要给予他们的孩子自信心（Jackson，2001）。家庭中的社会化过程的关键是，给孩子逐步灌输民族自豪感、忠诚和认同（McAdoo，1999）。通过民族特色的社会化过程，儿童较少对他们在社会中的位置和价值产生不安全感（Hochschild，1995）。这将会为民族家庭的儿童提供一种真正的归属感、"家庭同一感"和群体定向。

接下来的三个社会领域在民族群体的社会化过程中是重要的：第一个社会领域是首要群体，由儿童最亲密、最重要的亲属组成，即母亲、父亲或替代父母的人。儿童会主要内化父母的行为、态度和情感反应（Naylor，1999；Reminick，1983）。理解民族家庭社会化的一个必要方面是家庭的文化自我认同（Martinez，1999）。儿童必须被社会化为一个准确知道他们是谁以及他们生物的、人种的和民族的归属群体的人。McAdoo和Rukuni（1993）赞成家庭文化的民族性及其与儿童复原力和机能的关系是一个非常重要的概念。家庭的民族性、文化以及家庭内与家庭外相互作用的意义是个体的、家庭的和团体的认同核心（Martinez，1999；McAdoo，1999）。

第二个社会领域是首要家庭成员之外的拓展家族或亲属，他们可能对发展中的儿童有一些影响。在族群的第三代中，拓展家族群体对民族传统起到了一个极为重要的作用和保值的角色（Reminick，1983）。在民族家庭的所有阶层中，拓展家族的家庭支持对儿童的社会化进程是非常重要的（McAdoo，1999）。在某些族群中（如墨西哥裔和非裔美国人），直系（兄弟姐妹）和旁系（如叔伯、姑妈、堂兄弟姊妹）亲戚作为紧密联系的民族家庭单元的一部分，对儿童社会化起着至关重要的作用（Chahin，Villarruel，& Viramontez，1999；McAdoo，1999）。虚构的家族（即不相干的亲戚）也被看做是拓展家庭网络的一部分，拥有与儿童社会化相关的所有亲戚同样的权利和特权。在许多方面，这与非洲人"村庄抚养儿童"的概念是等同的。

最后一个社会领域是一些次要群体，例如，教会、学校和志愿者协会，这些团体的思想、目标和价值观与民族家庭和拓展家庭的一致（McAdoo，1999；Reminick，1983）。在这些微系统中，教会在民族家庭的儿童社会化过程中发挥着至关重要的作用。非裔美国男人和女人都把笃信宗教和灵性看做是抚养儿童以及儿童社会化的关键因素，因为这为他们面对生活中的困难事件提供了必要的应对机制（McAdoo，1999；Mattis，1997）。到目前为止，妇女一直都是非裔美国教会的支柱（Billingsley，1992）。此外，她们作为主要的传播媒介，使得宗教和文化的价值观在世代内和世代间非正式地传递并保持（Taylor，Jackson，& Chatters，1997）。事实上，母亲社会化的作用部分地得到证据的支持，证据表明母亲的宗教信仰是成人宗教信仰的一个强有力的预测源（Taylor et al.，1997）。

民族家庭：教育的不公平

在美国，教育被赋予很高的价值，因为据说它是接受大学教育时的多种多样机会的入口。然而不幸的是，当提到民族家庭时，并不是所有的机会都是平等的。也许人们认为在 21 世纪之初，民主国家中处于啦啦队队长位置的国家可能被看做是实现所有个体公平教育的模型建筑师。人们都知道，这样的事情就像是追逐"美国梦"一样，而且这样一个理想主义（在很多情况下是虚构的）的梦想始于在学校获得的能力（Hochschild，1995）。但是，如果不平等对待所有个体的制度阻碍了这种理想的实现，那么将会发生什么？如果有多条道路可以到达理想的顶点，在这些道路中，一些是不受阻碍的平坦道路，而另一些则必须努力突破重重困境（经济剥夺、政治不公正和社会不公平）才能通过，那将会发生什么呢？那么，对于一些人，接受教育会成就理想的美国梦，而对于另一些人，接受教育则会引发美国噩梦和持续不断的艰难战斗。

从历史上来看，民族家庭经常在一些形式或方式下被剥夺受教育机会（Naylor，1999）。英国中心主义的支配地位以及多语言教育和多元文化教育的边缘性，是教育系统中更大差异和歧视实践活动的根源性形式（Macedo，1994）。历史上，在主要迎合多数人的教育系统下，民族家庭一直屈服于从事体力劳动。一个健全的教育系统是通过保证发展所有学生的人类潜能来形成民主原则（Gutmann，1987）。虽然教育对保持经济的活力和增长是必需的，但是如果只提供给人口中有特权的一部分人，那么经济将如何繁荣（Weiner，2000）？主要的努力必须用于消除民族家庭经常面临的历史束缚和歧视。鉴于文化的结构方面所导致的社会和经济问题，他们常常不能为成功地追求高等教育做好充分的准备。随后，他们会因此不能做好准备以应付美国的主流工作场所（Wilcox，1999）。

教育中"公立学校"的困境

理论上，教育的公立学校系统意味着阶级差异被拉平，每一个人都平等地受教育，都可以追求理想化的美国梦。许多人特别是有特权的那些人确实相信这个理论是真实的，但是他们却不能完全承认当前教育系统中差别对待的事实。某些学区没有能力满足学生的个性化需求，尤其是那些有色学生、第一语言不是英语的学生、有特殊需要的学生，以及经济上处于不利地位的学生，这些学生通常不成比例地分布于公立学校中，这仍然是一个主要关注点（Gardner & Talbert-Johnson，2000）。

这种情况并不能说明，在学校里民族家庭以及其他有特殊需要的儿童在某种程度上倾向于失败；而是他们在学校中面临着更多阻碍他们成功的挑战（Garbarino, Dubrow, Kostelny, & Pardo, 1992）。这些挑战有贫穷、社会排斥、种族歧视、阶级歧视、暴力、犯罪和有害的社会环境。它们都是现实的，特别是在城市的公立学校中（Dalaker & Naifeh, 1998; Kozol, 1991）。

从具有里程碑意义的**布朗诉教育委员会案**（*Brown v. Board of Education*）（1954）的法院判决开始，持有在学校中建立公平这一观点的废除种族隔离学校的尝试已经成为补救不公平待遇的一些实质性的变化（Talbert-Johnson，2000）。大约50年后，这些主要问题中的一些方面仍然没有处理。在构建一些围绕社会问题的公立学校课程方面，我们的努力很少，这些社会问题包括对种族、社会经济地位、性别和残疾的讨论（Haynes & Comer, 1990; Talbert-Johnson, 2000）。一些研究人员一致认为，只有当教育中包括了教育公平，并能够满足不同学生群体的需求和兴趣时，意义深远的重大教育改革才能发生（Tate, Ladson-Billings, & Grant, 1996）。许多城市社区的公立学校正在增加其民族学生的招生。他们主要增加了招收非裔美国人、西班牙裔人和东南亚人（Talbert-Johnson, 2000）。

根据Oakes（1985）所言，在废除民族隔离的学校中，仍然有比白人学生更多的民族学生被不成比例地置于较低的学术发展轨迹；他们在留级评定、转介治疗中心方面经常有较高的得分，而且在补课用的特定教室中，他们的人数比例也较高。来自民族家庭的儿童必须承担这个重担，因为他们正被不符合自己的欧洲中心性课程所测量（Irvine, 1990; Russo & Talbert-Johnson, 1997）。关键的问题是"公平在哪里"？

大约半个世纪之后，在公立学校教育领域，更系统地废止民族歧视应该有更显著的进步。当时所呼吁的是什么？是一个可以清晰地反映社区中日益增多的民族和文化多样性的学生和家庭的进步，如文化相关的教学、修订的课程（更能代表所有的文化）、社会风气的调整、行为实践和政策（Haynes & Comer, 1990; Oakes, 1985; Talbert-Johnson, 2000）。

此外，通过对来自不同族群的教师进行训练、认证和维护，来解决公立学校中一些不公平的困境，还要走很长的一段路（Howey & Zimpher, 1991）。公立学校通常配备女性教师和白种教师（Gardner & Talbert-Johnson, 2000）。Futrel（1999）揭示了 25% ~ 30% 的进入这个职业的新教师会在五年内离职。因此，配备具有民族社会化意识的两种性别的教育者是必要的（Boyer & Baptiste, 1996）。通过这种方式，他们将会了解到，个体是如何将他们的总体认同作为学习情境的一部分的。他们也将更能理解个体的民族性、种族、性别、第一语言和经济地位（Gardner & Talbert-Johnson, 2000）。因此，他们也将能更好地为消除公立学校中教育的不公平差距而作出不可估量的贡献。

教育的"备选方案"困境

在 2000 年的国家政治运动中说的比较多的是"不让一个孩子掉队"。残酷的现实是，虽然为了实现这一目标已经做出了多种努力，但是只取得了极小的成功。这些试图改革公立学校的努力包括共享决策的制定、校本管理、私营化、教育券、选择计划和特许学校（Gardner & Talbert-Johnson, 2000）。类似于尝试着使家庭和儿童能够进行教育选择，包括公立中学、非传统学校、私立学校学费的税费减免、地区内的选择计划、地区间的选择计划，以及单一学校内的备选方案（Metcalf & Tait, 1999）。

这种类型的学校改革方式听起来很好，但是它将如何改造教育系统，使之从一种民族隔离的思想形式（基于经济、阶层和社区）改变为真正的整合与平等的思想形式？Orfield（1996）指出在学校改革中，有色儿童的利益被忽略了。在所提供的一些改革方式中的，极少考虑到儿童和家庭生活的社区（Gardner & Talbert-Johnson，2000）。例如，城市中主要居住的人口是非裔美国儿童和西班牙裔儿童，这里的人们长期处于贫困、升高的健康风险、有限的社会支持以及个人安全问题中，因此城市中的公立学校需要更多，而不仅仅是去上一个非传统学校（Hanson & Carta，1996）。家庭和儿童的整个"需求库"都必须要顾及。

我们已经讨论了这样一个现实，即在接下来的几个十年里，民族家庭和儿童的数量将会急剧增加。许多研究者预测，在未来几十年里，教育的不平等将不会发生很多的变化。普遍存在的种族隔离、贫困的不平等模式、关于教育问题的政治分歧、经济力量基础的转变以及文化敏感课程等这些难题依然存在（Gardner & Talbert-Johnson，2000; Meeks, Meeks, & Warren，2000; Orfield，1996）。这些因素显著影响民族家庭的儿童，而不仅仅影响一个好学校的选择。

然而，这可能并不是所有民族家庭的呼声。在一些州，一些人正开始体验从公立学校转到特许学校所获得的收益。一项由哈佛大学、乔治城大学和威斯康辛州大学合作的研究发现转学到私立学校的民族学生（特别是非裔美国学生），比在公立学校的学生得分要高出 6 个百分点（Wyatt，2000）。因此，且不说这些学生的背景、社会阶层和先前的教育培训，这个研究证明了民族家庭的复原力的特征。随着持续改进的机会、逐渐持平的社会和经济领域以及教育领域，民族儿童和成人将会取得实现目标的能力。

针对民族家庭的政策改革

民族家庭嵌套在多种系统中。每一个家庭作为一个微系统，直接或间接地受到更大系统的强大影响（Bronfenbrenner，1979; Jervis，1997）。因此，对民族家庭产生消极影响的政策不仅仅只是私人或个人态度的结果，而是社会系统中惯例和不平等的产物（Jackman，1994）。

多年来，民族家庭一直服从于旨在保持其从属和边缘的政策，而这些政策是保护多数家庭的权利和特权的。例如，在 Moynihan（1965）赤字模型的报告之后提出的许多福利政策，深深地影响了大多数民族家庭的幸福。尽管他的报告主要是基于非裔美国家庭的，但是在今天许多有色人种仍然能够感觉到其广泛的影响。当政策制定者从种族分层的意识形态制定政策，那么产生的政策将会反映这些意识形态。如果政策制定者无意或有意地坚持这样的信念，即民族家庭的不平等是由于缺少动机、毅力或学习的一般能力，那么政策产物将会倾向于匹配这样的信念（Tuch & Hughes，1996）。

2000 年人口普查的结果显示，在许多领域中依然存在着歧视和隔离的微政策。在 2001 年 4 月的民权首脑会议上，社会科学家递呈了在大多数大城市中持久存在的有色人种种族隔离和孤立的全国性趋势的细节分析（U. S. Bureau of the Census，2001）。这个报告陈述了影响不同族群的两个总体政策因素：（a）自从 1990 年以来，种族隔离的水平几乎没有任何改变，而且普通白种人所居住的社区，依然与黑人、西班牙裔和亚裔人所居住的社区有非常大的差别。（b）公平住房的执行、对违规者较重的惩罚以及通过郊区政府和学校强力推行来期待并准备的一场社会变革，这些都需要大幅度提高。科学家告诉当局，这些因素最危险的启示依然存在，而且其细微的发展增强了其他的社会不平等。他们强烈要求政府扭转与民族相关的住宅隔离的趋势，并将这样的政策作为国家重点政策贯彻执行。

不公平的政策，不管是外显的还是隐蔽的，仍然继续扰乱和毒害着真正民主的国家体系。一个更敏感的政策是**种族定性**，它在过去的几年里已经占据了新闻媒体的头条。种族定性可以界定为基于肤色或口音而对潜在犯罪怀疑人的确认（Cureton，2000；Goldberg，2000；Koch，2000；McAlpin，2000）。很明显，这种不公正和非人性的实践活动主要是针对有色族群的。政策的实施和公正是否应该依赖于一个群体民族性的社会、经济和文化特征（Arrigo，1999；Hagan，1994）？不成比例的有色人种（相对于白种人）被制止、被侵扰甚至是被囚禁，这是否有正当的理由？在民权首脑会议（2000）上，下面的例子就说明了有关这样针对有色民族成员的实践行为：

> 1997 年 4 月 25 日在盐湖城（Salt Lake City），美国公民 Rafael Gomez 的一个玉米粉圆饼工厂成为警察袭击的目标。在那里 75 个全副武装的警察挥舞着步枪和手枪。他们用一把步枪的枪托击打 Gomez 的脸，用枪指着他 6 岁的儿子，命令工厂的 80 个工人躺在地板上，并拽着 Gomez 秘书的头发拖过一个房间。这次突袭是因为一个匿名的检举，但并没有发现违法活动。（p. 8）

许多这样的事件每天都在发生，但是由于这些事件的结果并没有导致人员死亡或者是悲剧的严重后果，因此没有引起公众的注意。这本身对于有色人种是不公平的，而且在法律面前很明显是不平等的（Cureton，2000）。地方水平上的歧视或偏见的隐蔽政策对于联邦水平上的政策有更大的意义和责任。更严格的法律和后果更严厉、更引人注意的政策需要在国家水平上实施，以根除或减少种族定性的现实活动。

民族家庭的健康需要

美国人口的文化多样性使得仅仅讨论普通人群的健康问题都变得相当困难。这是一个重要的问题，因为不平等依然存在于种族或民族群体之间（Crespo，2000）。当前的健康评估并不能为整个国家的所有种族或民族群体提供一个完整和确定的健康概貌。然而，关于非西班牙裔黑人和西班牙裔人的充足数据显示了日益增大的健康差距（Montgomery & Carter-Pokras，1993；National Center for Health Statistics，1998）。一个系统的不公平会对另一个系统产生有害的影响。有色民族家庭在历史上已经经历了较少的经济发展机会，因此只能有限地获得健康保险、处方用药和卫生保健（Crespo，2000）。教育领域中与健康行为有强相关的歧视，再次将民族家庭置于一个严重的不利地位。有限的教育和经济资源的综合不利条件已经为民族家庭主要从事于体力劳动打下了基础，与其他享有特权的大多数家庭相比，这些体力劳动需要更多的能量消耗。当他们受雇于非常繁重的工作时；当他们必须要长时间的工作以应付开支时；当他们在可能危害健康的条件下工作时；当他们住在资源以及娱乐机会和设施有限的社区时；当他们在可能有压力的居住环境下居住时，他们如何有时间和精力投入到预防性的活动中去？

在说明卫生保健中的种族/民族差异时，Srinivasan 和 Guillermo（2000）指出，事实上亚裔美国人和本土的夏威夷/太平洋岛屿的人群并没有被考虑在内。西方的医学实践和临床治疗方法的应用可能都严重地遗漏了这些亚组的特征。Srinivasan 和 Guillermo 以阿兹海默氏病（Alzheimer's disease）为例并说明中国人是如何感知这种病的：

> 中国人将其理解为是气（生命和能量的来源）的不平衡。因此他们对阿尔海默氏病有不同的观点，并不遵循西方的或针对症状的生物医学下的疾病及其发展的模式。（p.1）

作者强烈建议，需要更全面地了解非正统的医疗方法，以满足数量日益增加的亚裔和本土的夏威夷/太平洋岛屿人群的需求。此外，这些群体每天都面对着缺乏合适的、文化上的和语言上的服务的障碍，这些障碍增加了他们的边缘化程度。

一些研究者已经强调了在健康保健方面持续存在的一些主要的种族和民族差异（Delew & Weinick, 2000; Williams & Rucker, 2000）。这些研究者声称护理服务的不公依然是不成比例的，即便是在控制了健康保险的责任范围和收入后。Andrews 和 Elixhauser（1998）报告说，与白种美国人相比，西班牙裔美国人更不可能进入重要的治疗程序。非裔美国人糖尿病截肢的比例比白种人的高 25%（Sondik, Wilson-Lucas, Madans, & Smith, 2000）。尽管医疗技术有了进步，但是与白种人相比，有色民族成员仍然有较高比例的发病率和死亡率（Williams & Rucker, 2000）。美洲原住民和西班牙裔人在多种情况下疾病和死亡的发生率依然比白种人高（Bunker, Frazier, & Mosteller, 1995）。这些例子还仅仅停留在民族家庭卫生保健中存在的各种各样差异的表面。

一些研究者主张，上述卫生保健的不平等和接近不平等的先兆是系统性歧视（Delew & Weinick, 2000; Sondik et al., 2000; Williams & Rucker, 2000）。McAdoo（1999）指出种族主义和歧视源于自卑的意识形态，这种意识形态会依据等级分类驱动和引导社会资源。历史将证明这样的事实，在主要的社会机构中，非主导的种族/民族群体，或者依据法律或者依据习俗而接受劣等的对待，这在医疗护理中也无一例外（Williams & Rucker, 2000）。种族/民族群体和穷人长期以来一直在接受劣等的护理，而且通常并不被医疗护理者看做是值得关注的病人（Van Ryan & Burke, 2000）。那么这样一个历史困境的矫正方法是什么？

随着国家的文化组成变得越来越多样，医疗护理组织必须且应该努力改变他们传递护理服务的方式以满足多元文化社会中的各种各样的需要。研究者针对这一问题提出的主要建议之一是，医疗护理组织要提供与民族家庭文化相适宜的护理服务。不同研究者对实施这一方法的几个建议如下（Crespo, 2000; Srinivasan & Guillermo, 2000; Van Ryan & Burke, 2000）：

1. 文化适宜性社会营销；
2. 减轻语言隔阂的障碍；
3. 书面材料和患者病例的翻译；
4. 对文化实践、风俗和价值观敏感；
5. 考虑治疗中可能遇到的民族原因的敏感的精神和信仰因素；

6. 对卫生保健实践进行跨文化会诊；

7. 对职员进行与文化有关的能力培训；

8. 文化敏感性医院项目；

9. 招募与所服务的民族群体相匹配的职员；

10. 减少医疗职员对民族家庭的歧视和刻板印象。

当然上面所列举的并不详尽，但是要开辟一条治疗民族家庭更具文化敏感性和公平的道路，还有很长的一段路要走。

某一特定民族的患者在情绪和心理上会受到护理他们的人的态度影响，并最终影响他们的生理。如果他们觉得医务人员将他们看做是比主导地位的群体价值低的病人，那么情况尤其如此。确保必要的政策指导方针被坚定地制定并执行，并减少社会相关的卫生保健中现存的不平等和差距，这应是政策领域里每个人的道德责任（Krieger, 1999; Williams, 1999; Williams & Rucker, 2000）。要更适当地广而告之，对于政策制定者和卫生保健提供者而言，与民族多样化的社区形成一种更积极的合作关系甚至可能是必需的。那些有直接影响（即对社区的民族家庭）的谈话，将比一个仅仅是理论驱动的方法更有实践意义。

研究者面临的真正挑战是顶住工作中的政治压力去揭示所有在卫生保健系统中存在的不公平基础。联邦政府已经概述的法规禁止那些接受联邦资助的政府项目中的歧视；现在也是工业领域考察与这一问题有关的行为的时候了（Suro, 2000）。与有色民族家庭有关的需要、诊断和治疗的陈旧假设必须停止，因为这些假设都是基于占主导地位的纯种的、西方的、白人男性的模型。我们需要做出强有力的努力来实施所建议的与文化相关的条款修订，来满足日益多元化的社会需求（Suro, 2000; Van Ryan & Burke, 2000）。我们不能屏息以待。

结论

随着社会变得越来越多样化，非常重要的一点是，民族家庭急速增长的基本需要不能被忽略。应该形成一种新的语言，这样可以明确地传递美国每一个民族群体的回归感，并培养真正的归属感。相应地，每一个族群必然会体会到他们有特色的文化特征和习俗且受到重视，并被充分地接受而参与到美国的经济、政治和社会生活中（Barlow, Taylor, & Lambert, 2000）。

　　Hochschild（1995）的关于怎样让每一个民族的人都感觉到自己是美国梦的一部分的建议，是值得关注的。他的建议是每一个人都要有以下几点：（a）机会均等；（b）成功的承诺；（c）对自己命运的个人控制；（d）获得成功的个人优势。这些原则是任何公正社会的基础。接受每一个族群及其多种多样的贡献，将使得这个社会向着更能促进儿童、青少年和家庭积极发展的方向前进。

　　是时候该有所行动了。现存的很多关于改善许多民族家庭的法律并没有被严格地实施。我们不得不对没有实施背后的原因感到惊讶。难道这与其核心依然是保护欧洲价值观的政治体系有关吗？

第七章 积极教养和儿童的积极发展

Marc H. Bornstein

在《世界人权宣言》(*The Universal Declaration of Human Rights*)中，联合国早已声明童年时期有权享受特别照料和协助。

《儿童权利公约[①]》序言

积极教养

缔约国一致认为教育儿童的目的应是：(a)最充分地发展儿童的个性、才智和身心能力；……(c)培养对儿童的父母、儿童自身的文化认同、语言和价值观、儿童所居住国家的民族价值观、其原籍国以及不同于其本国的文明的尊重。

《儿童权利公约》第 29 条

在特尔斐神谕中发现的陶器碎片证实，古希腊的父母询问女祭司**皮提亚**(*Pythia*)："我怎样才能确保我的孩子们做有用的事情？"为使儿童具备在他们将要继承的物质、社会和经济世界中生存和蓬勃发展的本领，父母承担着无数有预兆的和持久的责任。虽然有很多因素会影响儿童的发展，但父母的教养是童年期良好发展、适应未来生活和成功的"最终共同通路"。教养是一个过程，正式开始于妊娠期间或在这之

[①] 已经有 191 个国家签署了《联合国儿童权利公约》(联合国大会，1990)；只有索马里和美国还没有签署。

前，但在生命进程中一直持续。事实上，对大多数人来说，**一朝为父母，终生为父母**(*once a parent、always a parent*)。因此，应帮助和鼓励父母进行积极教养，为儿童提供积极的经验和环境以便优化他们的积极发展。

然而，在 21 世纪初，由于强势的当代世俗和历史潮流的缘故，教养还是一个激烈争论的需要重新定义的问题。社会范围内在工业化、城市化、贫穷、家庭内部的人口变化、人口增长、长寿和死亡模式方面的变化，以及变化着的家庭结构格局(母亲就业①和女性支持的家庭，离婚和混合家庭，同性恋父母，相对于 50 多岁才第一次当父母的人，还有人十几岁就做了父母)都给教养、亲子互动乃至父母进行积极教养的能力带来了多重压力。

到目前为止，即使当父母、研究者和政策制定者带着美好愿望进行儿童疾病的干预、补救和预防时，他们主要关注的还是儿童的失调、缺陷和无能。的确，现代心理学致力于在疾病模式下理解和治愈人类机能；修复受损的习惯、动机和身体已成为心理干预的主要形式。但是，正如 Seligman (1998)所说的：

> 心理学不只是弱点和损伤的学问，它还是优点和美德的学问。治疗不仅关注怎样弥合创伤，它还要培养最佳状态。人类的优势——勇气、乐观、人际技能、职业道德、希望、诚实和毅力——能够缓冲心理疾病的侵害。

的确，成功的预防来自于系统提升积极能力的科学。因此，积极教养的中心任务就是促进年轻人积极特质和价值观的发展。在回顾了关于儿童和成人幸福感的研究后，Moore 和 Keyes (2002)断言发展科学的研究范式已从处理问题转向预防问题、促进积极发展。

本章回顾了正常人群中的**积极教养**(*positive parenting*)和**积极发展**

---

① 女性参与劳动或工作的高峰期在 25～44 岁，这段时间也正是女性通常要经历的儿童照料责任的高峰期。

（*positive development*）。①涉及的问题包括儿童的积极发展，谁为积极教养负责，积极教养的效应、领域和原则，积极教养的前提条件，还有促进积极教养和儿童积极发展的项目。本章虽然主要关注积极教养的性质、条件和领域，但我们会首先讨论儿童的积极结果。儿童的积极结果至少在某种程度上功能性地界定了教养能力（Teti & Candelaria，2002）。从英格兰的 Bartholomew 的《**物之属性**》（*De Proprietatibus rerum*）和博韦（Beauvais）的 Vicent 的《**大宝鉴**》（*Speculum majus*）的出版，13 世纪的古代论著以及现代哲学和有关适当的儿童保育建议（Gabriel，1962；Goodrich，1975）已经把教养（宽泛的理解）作为为什么一个人是现在的样子以及为什么他们成为现在的样子的一个主要原因（见 Collins，Maccoby，Steinberg，Hetherington，& Bornstein，2000）。

什么是儿童的积极发展

　　缔约国认识到每个儿童均有权享有足以促进其生理、心理、精神、道德和社会发展的生活水平。

《儿童权利公约》第 27 条

---

① 本章所呈现的关于积极教养和儿童发展的理论、数据和原则概要来自于西方的已有研究；有关非西方的父母和儿童的科学研究当前知之不多。也许发展中的积极特征和价值观在那些意识体系中比美国和西欧有更少个人主义和资本主义的社会中是不同的。例如，对欧裔美国中产阶级的儿童来说，与其他教养方式相比，如通常与儿童不好的发展结果相联系的专制型教养（高水平的控制，很少的温暖或很少对儿童需要做出反应），权威型教养方式（高水平的温暖与中到高水平的纪律和管制相结合，Baumrind，1989）与社会能力的成就和总体适应相联系。在非欧裔美国种族中，其他教养方式可以获得这种结果。例如，对来自欧裔美国家庭和拉丁美洲家庭的青少年来说，来自权威型教养家庭的比那些来自非权威型家庭的获得的学业成就更好。然而，对非裔美国和亚裔美国青少年来说，权威和非权威家庭抚养的孩子学习成绩是相似的（Bornstein，1995）。而且，人种志学的观察表明，专制型教养在一些情形下更合适。

不同收入群体的欧裔美国父母中，有干涉和控制行为的一般在专制教养量表上得分高。然而，对低收入的非裔美国家庭的研究认为，直接方式的互动是适合的，并不是严厉的控制。也就是说，一种专制型方式可能构成了一种适当的调节，在这种情形下（如某个贫民区），父母的工作给儿童留下了遵守规则的必要性的印象（Steinberg，Dornbusch，& Brown，1992）。的确，在一些情境中，专制型教养可能最终获得与其他情境中权威型教养所带来的同样的结果——成功的社会适应（Bornstein，1995）。

我们希望儿童具有的积极特质和价值观是什么？青少年积极发展研究极为需要从界定积极结果，加强积极构念的研究基础，对儿童青少年的发展采取纵向评估以及监控心理测量的适切性来发展自身（Moore & Keyes，2002）。然而，一些社会评论家和科学研究者已经开始着手了，在个体内和个体间范围内，有许多积极的儿童发展的个体和社会指标。例如，Bennett（1993）列举了一组期望的成果，包括毅力、忠诚、友好、勇气、责任心和同情心；搜索研究院（Benson，1993）确定了一套关键的"内部资源"，例如，致力于学习、正向的价值观、社会能力和积极的同一性。近期，Lerner、Fisher 及 Weinberg（2000）提出了积极发展的"5Cs"：能力、自信、联结、品格和关怀。当然，考虑积极发展的特质时，我们要记住它们总是"父母眼中的"：有些父母希望孩子能够控制情绪；另一些父母希望孩子事业成功，而对另一些父母来说，棒球运动中的手眼协调则好像重要得多。

儿童积极发展的三个综合领域可以被确定下来，每一领域包含一系列可紧密联系于操作的积极元素（这一方案的详细描述见 Bornstein，Davidson，Keyes，Moore，儿童幸福中心，2003）。积极发展包含身体的、社会和情绪的以及认知的三个领域。构成每一领域的元素不是详尽无遗的，但总的说来代表了有助于界定儿童积极发展及其领域的一组核心要点。[1]

儿童期身体领域的积极发展

身体领域的积极发展包括最低限度的良好营养、健康保健、身体活动、安全保障和生殖健康。

√ **良好营养**（*good nutrition*）对于快速生长和生命全程的最佳发展是必要的；健康的饮食习惯意味着避免饮食过量和不足。

√ 保持**身体健康**（*physical health*）对积极发展是十分重要的，积极发展也包括促进**优良的身体特质**（*desirable physical attributes*）的发展。

√ **身体运动**（*physical activity*）和**睡眠**（*sleep*）对保健功能都是必不可少的；也就是说，运动、锻炼和休息对健康和精神饱满的生活方式是至关重要的。

√ 儿童在家里、学校和周围的社区中**感到安全**（*felt safety*）和**有保障**

[1] 领域或元素的呈现顺序不分先后。

(*security*) 对创设有助于积极发展的氛围必不可少。

　　√ **生殖健康** (*reproductive health*) 是青少年期积极的儿童发展的一个接踵而至的问题；这包括性发育、安全的性行为和生殖知识。

儿童期社会和情绪领域的积极发展

　　气质、情感理解和调控，应对能力和复原力，信任，自我系统，品格和社会能力同样有助于儿童的积极发展。

　　√ 具有积极的**气质特点** (*temperament*)，接近的倾向和适应的风格是发展中的积极特质。

　　√ **情绪智力** (*emotional intelligence*)，即情绪的表达、调控和理解对社会和情绪领域的积极发展是必要的。移情是一种感受别人所感的情感反应，同情是对别人承受压力的情感反应；二者都是社会和情绪领域积极发展的构成成分。

　　√ **应对** (*coping*) 包括与环境进行积极地、建设性地和适应性地相互作用(特别是在压力、威胁或伤害情形下)的能力。与之相关的是，**复原力** (*resilience*) 则包括面对消极环境和经验时恢复和重获平衡的能力。

　　√ **信任** (*trust*) 是安全依恋的特点，是儿童把照料者作为安全基础并依靠它去探索的能力。

　　√ 社会和情绪领域积极发展的核心是儿童的**自我** (*self*) 意识，包括积极的自我概念、自我同一性和自尊，具有自我效能，能够自我调节，有自我决定意识。

　　√ **品格** (*character*) 包括价值观和道德行为——利他、勇气、诚实、履行义务、有责任心——这些构成了人类的优势和美德。

　　√ 良好的**社会能力** (*social competencies*) 包括理解一个人在社会中的角色，恰当处理人际关系，从而与他人，特别是与父母、同胞和同伴发展平等、温暖和信任的关系。

认知领域的积极发展

　　思考、交流思想和日常生活中的思想产品对于个体的积极发展是必要的。认知领域有许多具体的积极元素，包括信息处理和记忆，好奇心和探索，掌握动机，智力，问题解决，语言和文字能力，教育成就，道德推理和天赋。

√ 认知科学已经确定了儿童智力表现中两种相互联系的一般机制，它们涉及广泛的任务，一个是**信息过程**（*information processing*）（执行基本的智力过程）；另一个是**记忆**（*memory*）（正在进行的有关信息的认知过程）。

√ **好奇心**（*curiosity*）是想要了解更多的愿望，探究是被好奇心激励和定向的行为。

√ **掌握动机**（*mastery motivation*）是一种成就倾向，使一个人在各种场合趋向学习，反映了为内在的效能感而不是外部的奖赏而引导个体掌握任务的心理能量。

√ **思维**（*thinking*）既包含基本的心理过程，如感知外部环境的对象和事件，还包含高级的心理过程，如推理、综合和计划。传统的思维整体测量使用智力测验，但更全面的当代智力观包含理解自己和他人，创造力和艺术能力。

√ **问题解决**（*problem solving*）是尝试确定和创造认知和社会问题的多种解决方法的步骤程序，包括做计划的能力，机智地寻求他人的帮助和批判性、创造性及沉思性思维。

√ **语言**（*language*）和**读写**（*literacy*）由一套积极的认知发展的关键语言元素构成，它们对进行社会交往和通过教育取得学术、职业成功是必要的。

√ **教育成就**（*educational achievement*）一般通过对儿童的学习准备来测量：学习准备是儿童达到成人和学校希望与要求的能力和技能状态；成就测验分数；直接评价儿童掌握具体技能情况的成绩单成绩。

√ 认知能力与一些**道德**（*morality*）成分如道德判断、道德情感和道德行为密切相关。

√ 积极的认知发展还包括**创造力**（*creativity*）和**天赋**（*talent*）这些元素，不论它们是智力的、社会性的、运动的、艺术的还是其他方面的。

积极发展的三个领域的一些特征

这些领域构成了以优势为基础的儿童积极发展的途径，当然，这里所列举的元素不是全部的，刚刚能够探讨积极发展的所有可能性特征。而且，在个体的生命全程中，每一领域描述的"表面"行为可能会发生变化；但它们可能代表的"潜在"优势却保持不变,从而创造出跨越(至少是部分的)生命全程的积极发展元素的连续性。进一步讲,从孩童到成熟期,积极发展的许多元素将显示出稳定性。因此,积极发展,也就是成为所谓的朝气蓬勃的成年人(Rowe & Kahn, 1998),其基础也许在生命的早期就奠定了。

　　每一个积极发展的领域内部的元素是相互影响的,同时,身体的、社会和情绪的及认知领域之间的元素也是相互影响与支持的。例如,社会和情绪领域内的积极发展元素本身是正向关联的:儿童的内部情绪自我调节反应有助于其与父母及他人的关系质量。一个事实可以成为领域间相互支持的例子:那就是,良好的营养特别是早期大脑迅速发育阶段的良好营养能促进或加强认知发展,正像积极的认知发展能使儿童做出更好的选择并能充分理解在身体健康方面他们行为或决定的后果。最后,在每一领域的每一元素上获得积极发展是重要的,但生命历程的总的积极发展大概有赖于人们在所有领域获得和保持适度高水平发展的能力。

谁为积极发展负责

　　2. 缔约国应尊重父母,适当的时候尊重法定监护人的权利和义务,以符合儿童不同阶段接受能力的规律指导儿童行使其权利。

《儿童权利公约》第 14 条

　　1. 缔约国应尽其最大努力,确保父母双方对儿童的养育和发展负有共同责任的原则得到认可。父母或视具体情况而定的法定监护人对儿童的养育和发展负有首要责任。儿童的最大利益将是他们主要关心的事。

《儿童权利公约》第 18 条

　　文化以不同方式分配照料孩子的任务。在很多人看来,母亲在儿童发展中是最重要的,而且母亲的作用是普遍性的且一成不变。母亲是传统的年幼儿童的照看者,跨文化的调查证明在所有照看方式中亲生母亲是第一位的(Barnard & Solchany, 2002; Hart Research Associates, 1997;

Holden & Buck, 2002; Leiderman, Tulkin, & Rosenfeld, 1977）。父亲也参与照看（Parke, 2002）。然而，通常男性很少有机会获得和实践照看的中心技能。因为父亲角色不像母亲角色那样有明确的界定，母亲的支持通常有助于使适当的父亲行为具体化。另外，在西方，母亲和父亲倾向于以互补的方式互动和照看他们的孩子；也就是说，在分工照看和带孩子方面，他们倾向于强调不同的互动方式（如妈妈更多是抚育的和慈祥的，爸爸则更多是幽默的、嬉戏的）。也许在兴趣和能力方面的耗时约束和差异导致了母亲和父亲对儿童发展的不同领域，如身体健康、社会和情绪发展以及心理成长方面投入不同数量的时间和资源。

在另一些人看来，对儿童采取兼职照看更普遍，因而，在儿童的生活中也更重要。全世界许多地方，同胞、祖父母以及各种非亲的照看者起到的突出作用随儿童供养者的年龄、性别、年龄差距、依恋质量及人格等各种各样的因素而变化（Clarke-Stewart & Allhusen, 2002; Smith, P. k., & Drew, 2002; Zukow-Goldring, 2002）。通常，这些照看者也通过对儿童的照看分工，担当不同的教养责任和作用，以一种相互补充的方式来照看儿童。简而言之，许多人（除了父母之外）都在儿童的积极发展中发挥着作用。然而，这些不同模式的早期"教养"关系对儿童的积极发展的意义尚不清楚。一个奇怪又可悲的事实是：很好的替代教养通常却是低价值和报酬的，甚至使儿童的积极发展处于危险中（Honig, 2002）。

就此而论，承认以下观点很关键，即"生产者"的生物学作用非常重要，但在生育孩子的完整意义中，"抚养者"的社会作用更重要（Leon, 正在印刷中）。简而言之，对于儿童的积极发展来说，实施教养重于血缘。

积极教养的效应、领域和原则

2. 父母或其他负责照顾儿童的人负有首要责任在其能力和经济条件许可范围内确保儿童发展所需的生活条件。

《儿童权利公约》第 27 条

儿童教养是一项 365 天每天 24 小时的工作，而且在童年期间教养责任无疑是最大的。这是因为人类的年幼后代要完全依赖父母的照看而生存，他们独自应对的能力是极弱的。因此，儿童期一般也是被所有的父母专心照料和寄予希望的时期，在生命周期中，儿童期这一阶段的教养被认为发挥了其最重要和突出的影响：此时不仅父母和儿童之间互动的总数量是最大的，而且儿童对父母提供的经验可能特别敏感和易受影响（Bornstein，2002a）。的确，从进化的角度看，增加父母影响的机会，延长儿童学习积极品质和价值观的时间被认为是人类童年期延长的一个理由（Bjorklund，Yunger，& pellegrini，2002；Gould，1977）。

童年期是人类最初在身体上生长发育，打造他们最初的社会纽带，最初学习如何表达和理解基本的人类情感，最初懂得和理解周围世界的物体的时期（Bornstein & Lamb，1992）。父母陪伴儿童经历了所有这些激动人心的"最初"。丝毫不令人惊奇的是，父母跟随着全部的发展变化，而后者反过来塑造了教养。最后，这些发展的影响在后来的童年期发生着作用：在一些社会理论家看来，儿童最初与父母的关系正如父母参与孩子学校相关的任务和学校伙伴关系与儿童的学校经验和成绩有积极关联一样（Epstein & Sanders，2002），为儿童后来的社会关系定下了基调和风格（Cummings & Cummings，2002），和父母共同工作和参与活动的成长史与儿童顺利过渡进入学校有着正向关联。童年期身体的、社会和情绪的、认知领域积极发展的要素看起来能够变化——由此推测，也就是能够提高的。

从生态学的立场看（Bronfenbrenner & Crouter，1983；Lerner，Rothbaum，Boulos，& Castellino，2002），积极发展的任何元素或领域方面的发展和提高既取决于儿童自身，也取决于儿童的环境和经验的许多方面。因此，只有考虑到多重情境，才能充分领会儿童的积极发展。

母亲、父亲和其他非亲的照看者通过直接和间接的方式引导儿童的发展。直接效应主要有两种：遗传的和经验的。当然，生身父母赋予子女一个重要且普遍的基因组织（同时赋予了有益的或其他后果）。从而遗传会有助于积极发展。例如，通过儿童对他人悲伤的模仿反应的双生子研究表明，同情和亲社会行动有遗传成分（Zahn-Waxler，Robinson，& Emde，1992）。成人的自我报告也显示同情和亲社会行为有其遗传基础（如Rushton，Fulker，Neale，& Nias，1989）。

尽管基因影响儿童的积极品质和价值观，但有关人类发展的主要理论却把后天经验作为发展的主要来源或一个主要影响因素（Dixon & Lerner，1999）。这类经验主要有两类：信念和行为。

父母持有教养信念并传达给他们的后代（Harkness & Super，1996）。无论它们是关于教养的理解、态度，还是知识，信念都构成了儿童积极发展的有效力量。以一种特定的方式看待自己的孩子会影响一个人在教养中的感情、思维和行为：那些认为孩子"是不费力的"父母更可能注意孩子并对孩子做出反应，而反应性会进而促进儿童成长（Bornstein, 1989; Putnam, Sanson, & Rothbart, 2002）。以一种特定的方式看待童年期也有同样的作用：那些认为自己能够影响儿童的身体健康、社会和情绪成长或认知发展的父母会更加积极主动并在培养孩子的能力方面取得成功（Bandura, Barbaranelli, Caprara, & Pastorelli, 1996; Coleman & Karraker, 1998; Elder, 1995; Gross, Fogg, & Tucker, 1995; King & Elder, 1998; Schneewind, 1995; Teti & Gelfand, 1991）。最后，相对于儿童，以一种特定的方式看待自己会导致某种认知或行为：父母对自己的教养行为以及孩子行为和发展的意义和重要性持有不同的信念，并且父母会按照他们关于儿童的信念行事，就像他们按照关于儿童的经验行事那样（Bugental & Happaney, 2002; Sigel & McGillicuddy-De Lisi, 2002）。

然而，在童年期更突出的现象是父母的行为：父母提供给孩子的有形经验。父母示范具体的行为，儿童通过观察和实践，可能会表现出这些行为。通过对他们所欣赏的情感、认知和行为的表扬或奖励，父母也能促进儿童积极的行为。父母的参与、监控和沟通与儿童的身体健康、社会和情绪以及学业发展有关（Crouter & Head, 2002）。

在儿童生命早期，父母对积极发展的大多数元素行使责任和权利，并计划着当儿童的独立性发展起来，他们的社会化实践最终导致儿童对自己积极品质和价值观的自我调节（Eisenberg & Valiente, 2002）。通过关注预防性的卫生保健需要，父母促进和保证儿童的健康和安全（如免疫）；教导儿童如何保持健康的饮食；和儿童一起参加体育活动并为儿童做出示范；保证和提供一个安全可靠的环境（Melamed, 2002; Tinsley, Markey, Ericksen, Kwasman, & Oritz, 2002）。在亲子关系中温暖和反应性会促进信任和自主性的发展（Cummings & Cummings, 2002）。从婴儿期获得的安全感提高了在处理和解决随后的发展任务时后期社会关系成功的可能性（Thompson, 1999）。因此，继续上面那个例子，各种类型的教养方式与儿童亲社会行为或同情心的发展有关（Eisenberg & Valiente, 2002）。权威型父母（Baumrind 的划分，1989，表示支持和对孩子适当行为的要求）倾向于培养出有亲社会行为的孩子，在惩罚时说明理由对亲社会行为的发展尤其重要（Krevans & Gibbs, 1996）。简而言之，反应性的、温暖的和支持的教养方式；据理惩罚；要求更成熟的行为会促进儿童积极的社会和情绪发展（Dekovic & Janssens, 1992; Janssens & Dekovic, 1997）。

作为一个整体，照看的格局构成了一系列多样化的以及高要求的教养任务，并且和儿童的积极发展领域相符合的亲子互动的内容也是动态变化的。当然，在积极照看和取得成功方面，成人是各不相同的。同时，个体的教养方式是相当稳定的（Holden & Miller, 1999）。长期以来，人们认为随着儿童的发展，积极教养行为的确切本质和结构可能会变化。以监控和反应性两种功能为例，积极教养意味着保持对儿童的关注并让儿童知道他们和父母拥有爱和信任的关系（Crouter & Head, 2002），与这些目标相关的教养行为当然会随着儿童的年龄而变化，例如，照顾蹒跚学步的婴孩或给刚领到驾照的十几岁的孩子一个手机。

父母的养育、社会情感、教育行为和方式构成了教养的直接—经验效应。父母也运用间接效应作用于儿童的积极发展。间接效应比直接效应更微妙，不那么显而易见，但可能同样重要。在以下几方面父母间接地使儿童朝向积极发展：如通过婚姻支持和沟通父母之间彼此影响（Grych, 2002），这种影响又会作用于他们的孩子（Grych & Fincham, 2001）。父母关于自身、配偶和婚姻的态度影响亲子互动的质量，并进而影响儿童积极发展的机会。

因此，尽管有"父母没你认为的那么重要"这样的主张（Harris, 1998），但父母显然对儿童同时施加直接和间接两种影响。考虑一下儿童的同伴互动，当父母培养儿童的社交技能，组织儿童的社会环境，提供机会使儿童接近同伴、选择同伴并计划和监控儿童的交往活动时，父母会直接影响儿童的同伴关系（Ladd & Pettit, 2002）。通过鼓励或阻碍儿童社会能力的行为，以及通过依恋质量、家庭情感氛围、支持、约束和信念，父母间接影响儿童的同伴关系（Ladd & Pettit, 2002）。

积极教养的原则

为洞察对年幼儿童的教养如何与其后来的积极表现相联系，我们需要把儿童的个别差异和儿童效应与父母所提供经验的作用区别开来。对积极的儿童发展至关重要的经验可能是同期的，也可能是早期发生的或累积的（见 Bornstein & Tamis-LeMonda, 1990; Bornstein, Tamis-LeMonda, & Haynes, 1999）。在一个有效的同时期教养模型中，把当时个体差异的稳定性和先前父母提供经验的作用分离出去，儿童的积极品质和价值观反映了父母在一定时间提供的经验的作用。同期经验是突出的并能够超越早期经验的影响。这一模型的数据主要来自那些从严重的早期剥夺、早期干预失败中恢复功能并显示出长期效应的研究等（Kagan，1998；Lewis，1997）。在一个有效的早期教养模型中，把儿童中个体差异的稳定性和同时期父母提供经验的作用分离出去，儿童的积极品质和价值观反映了早期父母提供经验的效果。来自生态学、行为主义和神经心理学的数据支持这一模型（如敏感期；Bornstein，1989）。在一个累积教养模型中，把儿童中个体差异的稳定性分离出去，儿童的积极品质和价值观反映了早期和后期父母提供经验的联合作用（Bornstein et al.，1999）。累积效应来自一致性的环境影响。为促进年幼儿童的积极品质和价值观并探明在积极教养中它们的前提条件，有必要分离和测量儿童个体差异的稳定性，区分不同时期以及父母提供经验的因果模型。

特异性，相互影响和相互依存

促进儿童积极发展的教养还有几条值得注意的补充原则。特异性原则主张父母在特定时间提供给儿童的特定经验以特定方式对儿童发展的特定方面产生特定影响。下面这个例子就不符合**特异性原则**（*specificity principle*），如父母刺激的总体水平直接影响儿童功能的总体水平并对选择性缺陷进行补偿。也就是说，仅仅提供良好的经济基础，大房子等并不能保证儿童获得好的营养以及同情心、认知能力或其他优良的积极品质和能力的发展。这似乎是违反直觉的，因为在美国几乎90%的父母简单认为婴儿获得的刺激越多，就会发展得越好（Hart Research Associates，1997）。相反，在一个良好拟合模型中，父母需要根据儿童的发展水平、兴趣、气质和当时的情绪等，小心匹配他们所提供刺激的数量和种类（Lerner et al.，2002）。而且，要保持发展中适当的影响和引导，父母实施影响时必须有效地调整他们的互动、认知、情绪、情感以及策略以适应儿童变化着的能力、活动和经验。

相互影响原则（*transaction principle*）主张随着时间的发展，积极教养将有助于塑造儿童的积极品质和价值观，反过来，儿童的这些品质和价值观也有助于塑造教养。儿童和其父母共同构筑了儿童身体、社会和情绪以及智力的发展。儿童自身影响着他们会获得何种经验、如何解释这种经验以及这些经验可能怎样影响他们（Scarr & Kidd，1983）。父母和儿童互相刺激和提供反馈——他们相互影响。通常，在儿童身体成熟、情绪适应、社会交往以及认知能力方面，父母面对着连续过渡的突然变化。

　　相互依存原则（*interdependence principle*）主张需要确认理解一个家庭成员在促进儿童积极发展中的责任和功能以及别的家庭成员的补充性责任和功能。所有的家庭成员——母亲、父亲和儿童以及其他相关方面——之间都有直接和间接的相互影响。而且，所有家庭都嵌套在更大的社会系统之中，受这一系统影响并与之相互作用（Lerner et al.，2002）。这些系统既包括正式的也包括非正式的支持系统、扩大的家庭，与朋友、邻里的社会联系、工作场所、教育和医疗机构及其整个文化。理解积极教养和积极的儿童发展要考虑到多重因素，这样才能合理领会个体、二元关系、家庭和社会水平的作用。教养的每个部分都发生在多重的、即时的和宽泛的情境之中，所有这些决定了教养的效果以及怎样达到这一效果（Bronfenbrenner & Crouter，1983；Darling & Steinberg，1993）。

　　古希腊时代父母们询问特尔斐神谕的，即什么能够预测儿童个体的积极品质和价值观、它们的起点以及它们将如何显露出来等，关于这些问题几种教养原则的交汇点是**不确定的**（*uncertainty*）。积极的儿童发展途径有很多。一些我们认为不幸的失败者（十几岁的父母们，具有不良嗜好的母亲生下的孩子）就像那些我们认为有成功把握的人（高社会经济地位）一样，几乎总是显露出令人惊讶的发展结果的多样性。为探究积极教养和积极的儿童发展之间的规律性关系，我们要寻找和发现变量的正确组合。积极教养和积极的儿童发展的多种途径和动力学同样给父母和儿童带来挑战。研究者必须发展新的范式和方法论来调节混乱状态；同样，这种观点引发了大量的教养计划和政策的启动和实施。有些将遭遇失败。只有通过鉴别和处理真实世界状况的复杂性，我们才能在儿童和其父母的积极发展方面获得更有效的依据。

积极教养的前提条件

　　家庭作为社会的基本单元，作为家庭所有成员、特别是儿童的成长和幸福的自然环境，应获得必要的保护和协助，以充分负起它在社会上的责任。

　　　　　　　　　　　　　　　　　　　　《儿童权利公约》序言

知识框 9.1　提高认知能力的经验

具体去预测一个孩子的发展过程是困难的，并且父母行为与积极的儿童发展之间的因果关系是异常复杂的。然而，关于父母对儿童积极发展的可能影响的一些指导方针能够被确定。例如，Williams 和 Sternberg（2002）向希望培养有认知能力的和成功儿童的父母提供了十类经验。

√　经验一：认识到在儿童身上什么可以和不可以被改变。当儿童尝试获得新的技能和体验新的经历时要注视他们，然后鼓励他们去寻求技能和探索那些能展示才能或者显露兴趣的领域。使儿童广泛接触多种技能领域。

√　经验二：挑战而不是烦扰或者打击儿童。在那些刚刚超出儿童能力之外的和儿童在某些时候而不是任何时候都可以成功解决的任务之间达到一种平衡。

√　经验三：教导儿童，他们告诉自己他们做不到是他们能够做到的主要限制。必须告诉儿童，他们有能力面对任何挑战，并且他们需要决定的是他们愿意怎样努力工作以面对挑战。

√　经验四：促使儿童学习问什么问题和怎样问这些问题以及何时获悉这些问题的答案。我们怎样思考通常比思考什么更重要，并且我们怎样问问题比我们可能得到怎样的答案更加重要。更为关键的不是儿童知道怎样的事实，而是他们运用那些事实的能力。

√　经验五：发现和充分利用那些激励儿童的东西。重要的是，儿童需要真正喜爱他们所做的事情并有动力去工作。

√　经验六：鼓励儿童采取明智的智力冒险。创造性与冒险有关，父母应该教儿童采取智力冒险并使他们知道何时采取和何时不采取。

√　经验七：教育儿童为他们的成功和失败负责。

√　经验八：使儿童社会化以延迟满足和能够等待奖励。儿童需要从父母那里学会从长远考虑而不只是关注此时此刻。

√　经验九：使儿童知道移情以及理解、尊重和对他人的观点做出回应的重要性。

√　经验十：理解父母与儿童之间的互动质量会有助于父母和儿童。

Source：Williams, Sternberg（2002）。

2. 父母或其他负责照顾儿童的人负有首要责任在其能力和经济条件许可范围内确保儿童发展所需的生活条件。

《儿童权利公约》第 27 条

　　每天，世界上大约 75 万人经历着成为新父母的喜悦和悲痛、挑战和回报。哪些人将是积极的父母？什么因素将使父母成为这样的父母？教养信念和行为变化的原因是非常复杂的，但某些因素看起来极为重要：生物决定因素、个体差异特征、实际的或感知的儿童特征以及包括社会环境因素、家庭背景、社会经济地位和文化的情境影响(Bornstein, 2002b)。

　　积极教养的一些方面最初源于生物过程，例如，与怀孕和分娩有关的那些过程。人类怀孕会导致荷尔蒙的释放，这些荷尔蒙被认为与对子女积极感情(保护的、抚育的以及敏感的)的发展有关(Stallings, Fleming, Corter, Worthman, & Steiner, 2001)。产前生物学事件——父母的年龄、饮食和压力——影响产后教养和儿童发展。到他们第一次当父母时，成人已经知道(或以为他们知道)有关教养的一些事情；也就是说，人类似乎拥有一些关于教养的直觉知识，一些教养特征可能"深植"在我们的生理结构中(Papoušek & Papoušek, 2002)。例如，跟婴儿说话对儿童发展来说是至关重要的，即使父母知道婴儿不能理解语言，也不会做出回应，他们还是跟婴儿说话；父母甚至用一种特殊的培养儿童语言发展的语域跟婴儿讲话(例如，Papousek, Papousek, & Bornstein, 1985)。

　　教养有短暂的和持久的个体差异特征，包括人格和智力，性格和对教养作用的态度，与儿童相处的动机以及儿童发展和养育子女的知识和技巧(Belsky & Barends, 2002; Bornstein, Hahn Suizzo, & Haynes, 2001; Holden & Buck, 2002)。有益于积极教养的一些人格特征包括移情意识、敏感反应和情感的可获得性。更多受过教育的父母表现出一种儿童养育的积极的权威型风格。感知的自我效能可能影响积极地教养，因为那些感到能有效面对自己孩子的父母更有动力参与到与儿童更广泛的互动中，这进而为他们提供了更多理解并与孩子进行积极互动的机会(Teti & Candelaria, 2002)。

　　儿童的特征影响积极教养并进而影响儿童自身的发展(Bell, 1968; Bell & Harper, 1977)。这些特征可能是明显的(年龄、性别或外表特点)，也可能是微妙的(气质)。积极教养同样需要了解以及对动态的发展变化和儿童中的个体差异做出反应。

　　生物性、个体差异和儿童特征构成了影响积极教养的主要因素。除此之外，情境因素推动和有助于规定父母的积极信念和行为。社会情形、阶层和文化世界观鼓励特定的教养态度和行为。在一些地方，母亲和孩子被隔离在其他的社会情境之外；在另一些地方，孩子由扩大家庭抚养，许多人都给予孩子照料和关爱(Bornstein & Lamb, 1992)。在教养中，配偶提供支持和表达相互尊敬的方式——作为一个共同教养小组他们怎样工作——影响着他们的积极教养(McHale, Khazan, Rotman, DeCourcey, & McConnell, 2002)。在西方，经常联系重要他人(如社区和友谊支持)提高了父母的效能感和能力以及亲子关系的积极质量(Cochran & Niego, 2002)。例如，通过联系给予建议者、榜样和与他们分担责任的人，父母们提高了能力感和满意度。获得社会支持(尤其是来自丈夫的)的母亲更少体验到烦扰和不知所措，有更少的时间压迫感，因此对孩子更加敏感和反应迅速。通过父母的教育和在儿童生活环境中所能提供的条件，社会经济地位也对教养有不同影响(Bornstein & Bradley, 2003)。如在日常激励中，高社会经济地位的父母通常给儿童提供更加多样化的机会、更适宜的玩耍材料以及更多的刺激，尤其是语言(Hoff, Laursen, & Tardif, 2002)，而且，高社会经济地位父母比低社会经济地位父母也更倾向于参与到学校中(Shumow & Miller, 2001)。最后，几乎儿童抚养和儿童发展的方方面面都是由文化习俗塑造的(Bornstein, 1991; Harkness & Super, 1996)。仅仅通过生活在一种文化中，我们就获得了许多对教养和童年的理解：关于教养、童年和家庭生活代际的、社会的和媒体报道的传递或共同建构，在帮助人们形成教养信念和引导教养行为方面发挥着重要作用(Goodnow, 2002)。例如，来自不同文化的父母对儿童发展中获得成功的具体的积极性看法不同。

当代家庭研究揭示，教养结合了直觉知识、自我建构的观点、共享的文化建构以及关于儿童的直接经验(Borkowski, Ramey, & Bristol-Power, 2002; Bornstein, 2002b)。没有一个因素是决定性的并凌驾于其他因素之上；更确切地说，关于教养和人类发展的综合系统观认为，许多因素——生物和基因，环境和经验——影响积极教养和积极的儿童发展。要提高解释力需要理解每一种因素的作用。

促进积极教养和儿童积极发展的项目

1. 涉及儿童的一切行为，不论是由公立或私立社会福利机构、法院、行政当局或立法机构执行，均应以儿童的最大利益为一种首要考虑。

《儿童权利公约》第 3 条

　　3. 缔约国应确保负责照料或保护儿童的机构、服务部门及设施符合主管当局规定的标准，尤其是安全、卫生、工作人员数目和资格以及有效监督等方面的标准。

《儿童权利公约》第 3 条

　　身体的、社会情绪的和认知发展领域的积极品质和价值观都可以作为促进的目标，它们也都对有效的干预敏感。也就是说，可以对个体的、人际间的和环境因素施加影响以促进儿童的积极发展。当然，一些积极品质和价值观可能比另一些更具可塑性。但在日常生活中，积极教养并不总是生效的。教养是耗时的、需要努力的、复杂的，有时是无效的。用于积极教养的时间已经减少了，父母的经济压力导致儿童无法得到的充分的关怀，甚至在他们生活的早期被安置在缺乏积极性的环境中。现如今，许多问题影响着教养并阻碍了积极的儿童发展：世界范围内在单身母亲或十几岁的母亲中不断增加的出生率，先天不足的婴儿，许多儿童不能得到充分的免疫，年幼的儿童通常成为虐待和忽视的受害者，许多青少年生活在贫困中。

　　从 20 世纪 80 年代以及纽约市慈善组织协会出版**穷人中的友好访客指南**（*Handbook For Friendly Visitors Among the Poor*）以来，国家已经有提高父母的受教育水平和为需要的父母提供社会支持服务的意向（Smith, C., Perou, & Lesesne, 2002）。鉴于以上提到的积极的和消极的原因，我们已经见证了教养项目的激增。然而，这些努力更多集中在预防消极结果的出现，而不是促进积极教养和积极的儿童发展。

　　家庭培养着儿童，但同时儿童关怀项目、学校和社区环境也培养着儿童。从"生态模型"观来看（Lerner et al., 2002），父母通过他们的公民身份和政治活动影响着孩子居住环境的"社会健康"（Garbarino, Vorrasi, & Kostelny, 2002），而这些环境对支持儿童形成积极品质和价值观是至关重要的。幸运的是，如今我们已经知道很多关于早期学习的模式和阶段以及有益于年幼儿童发展的环境特点（Bornstein et al., 2002）。人们确信在儿童生命早期家庭能够促进其发展和教育进程的潜力是巨大的。从出生到小学低年级，许多处境不利的和缴纳税款的父母通过专业人员的支持帮助可以较好地满足儿童的身体健康、社会和情绪发展以及心理成长的需求。父母项目对积极教养和积极的儿童发展发挥着极为重要的作用。最好的项目以提高积极教养的方式训练父母和其他照料者。

　　家庭是年幼儿童获得关爱和发展的主要来源。决定儿童最大利益的责任首先在于父母，对家庭以外儿童教育项目的成功来说，父母的卷入也是必不可少的因素。因此，父母权利的原则必须保持父母受教育的基本前提（Smith, C., et al., 2002）。然而，父母之间存在明显差异，一些父母的养育方式、社会情感互动以及认知交流似乎不利于为儿童的积极发展提供"最佳环境"。因此，对那些想要最佳环境的人，儿童抚养的信息和指导能够有益地补充家庭主要的社会化功能。此外，父母能够从邻里、朋友、亲戚、社会团体和专业人员那里获得支持以加强照看和教育孩子的能力。

教养项目通常包括心理支持及关于儿童抚养和发展的信息，一般情况下关注儿童的健康、社会性、心理和教育需要，当代的项目在理论和概念框架上是多元化的，他们服务的人群、服务强度、主张的干预活动的类型依赖于需要和文化背景。而且，教养项目通常受到几项假设的指导，特别是父母通常是孩子生活中最稳定的照料者；当父母获得知识、技巧和支持时，他们能够更积极有效地对孩子做出反应；如果父母要更积极有效地对孩子做出反应，他们自身的情感和身体需要必须要获得满足。

父母支持项目的一般倾向是帮助家庭为儿童提供稳定的、鼓励的和健康的环境。父母逐渐感受到他们并非孤立地抚养儿童，在项目中他们可以围绕儿童和家庭发展向人们咨询信息，并分享挑战感和满足。教养项目通常都有促进积极教养的工具（见知识框 9.2）。

指导父母积极项目的信念在于家庭在抚养孩子中具有无可比拟的作用以及家庭参与在界定它优先考虑的事情和确定适合的干预策略中的重要性。对家庭的最好服务是帮助其提高自身的技巧和惯例，而不是为他们作出决定和强加或执行解决方案。能够促进积极教养和积极的儿童发展的干预要对家庭中社会文化的多样性敏感并最好以家庭内的优势为基础。因为拥有社会文化相似性的个体仍然在目标、价值观和资源方面有显著不同，努力加强积极教养还必须要考虑家庭的独特性，如父母和儿童的年龄、子女的性别和家庭的种族划分。

一些从业者声称家庭的中心责任取决于家庭，在政府和其他机构干预范围之外。然而，我们不能把公共的和私人的责任看做是不一致的，它们是相互补充的。社区中的正式组织为家庭提供有益支持的程度至少部分依赖于个人家庭的特征、愿望和当前环境。微小的积极经验可以汇集成大的、长期的收益（Abelson, 1985）。这样，不断增加的儿童关爱需要，致使从家庭结构或妇女工作模式改变的角度，结合儿童发展性需要的认识给政府、社区、雇主和家庭提供了有力的论据以鉴别有效的教养项目备案（合适的、担负得起的解决方法）。然而，只有通过复杂的、敏感的干预，父母、家庭和环境才能对儿童发展的路线和终点有影响。致力于这样的项目将是一个挑战，但我们不会退缩。儿童的积极发展正处于危急关头。

知识框 9.2 积极教养的工具

教养项目被这样的信念所指导，即强调当服务于个体儿童时，要关注家庭需要的重要性，当评估家庭需要和资源时，要把家庭看做是一个社会系统并考虑环境和文化的影响。某些工具会有助于解决积极教养的这些需要。它们包括：

√ **关于儿童发展的知识**（*Knowledge about child development*）。积极教养从教养本身和儿童怎样发展的知识中获益。儿童在不同时期的身体、营养和健康需要、情感和社会性需求以及言语和认知必要性的规范模式和阶段，应该是承担父母角色的基础知识的一部分。认识到发展的模式和过程帮助父母建立关于儿童发展的更加现实的期望，并且为儿童正在获得的积极能力发展必要的技能。

√ **观察能力**（*Observing skills*）。父母需要知道怎样观察他们的孩子。观察儿童有助于一个人了解与其想要孩子学习或完成的任务有关的儿童发展水平。父母需要信息和观察技能以帮助他们发现孩子的能力或准备性与协助其达到发展目标的方式和途径之间的匹配性。

√ **问题预防和训导的策略**（*Strategies for problem prevention and discipline*）。父母需要管理儿童行为的创造性的洞察力。有关训导和避免问题的可选用方法的知识和技能是基础。了解怎样实施积极的奖励能够帮助儿童更充分地喜爱和重视在掌握新技能和成长阶段中所需要的探索和努力。

√ **情绪和社会的、认知和语言的发展支持**（*Supports for emotional and social, cognitive and language development*）。学会为他们的孩子讲和读以及向他们的孩子呈现吸引人的可解答问题的父母将会丰富儿童进行的活动和表达的感情。认识到怎样利用目前的环境、日常生活和活动以创造学习和问题解决的机会可以促进教养和积极发展。

√ **支持的个人来源**（*Personal sources of support*）。积极教养强调耐心、灵活性和目标导向，并且父母必须具有一种设法从他们与孩子的交往中获得乐趣的能力。父母需要认识到，通过他们所表现出来的注意、乐趣、倾听和兴趣对孩子的生活有积极的影响。就像使儿童正在成长的身体变得健壮的食物那样，这些活动培养儿童的自我成长感。

积极教养：后记

2. 为保证和促进本公约所列举的权利，缔约国应在父母和法
定监护人履行其抚养儿童的责任方面给予适当协助，并应确保育
儿机构、设施和服务的发展。

《儿童权利公约》第 18 条

通过提供营养、建立保护和可以给予的示范，父母想和孩子有更多互
动。通过自己的行为和表现出的价值观，他们培养孩子的情绪管理、自我
发展以及家庭内外的有意义的关系和经验中的社会意识和敏感性。通过创
造结构并赋予它们意义，他们促进孩子的心理发展。实际上，父母的主要
工作是促进积极的儿童发展——健康的体魄、自信、亲密的能力、成就动
机、在娱乐和工作中获得乐趣、同伴友谊、早期和持续的智力成功和满足。
健康的心灵育于健康的身体（*A mens sana in a corpore sano*）。

好消息是，我们能够影响的不是一部分，而是全部的我们希望儿童具
备的积极品质和价值观。在某种程度上，智力可能是经遗传而获得的，但
经遗传获得并不意味着是不可改变的。关于智力的纵向研究表明个体智力
随时间而发生变化（Neisser et al.，1996）。即使是遗传的特质，其体现
也有赖于学习，并且它们是受制于经验影响的。注意缺陷多动障碍（ADHD）
部分由生物学因素决定。但如果父母给予孩子技能训练，确保孩子得到合
理的药物治疗并聘请有奉献精神的、知识渊博的教师，他们将改变孩子的
生活轨迹，使之朝向积极发展（Hodapp，2002）。这类积极教养使那些从
学校辍学的和完成大学学业的 ADHD 儿童有很大差异。

然而，要充分理解对父母来说儿童意味着什么，这肯定有赖于家庭的
动力学和教养发生于其中的环境（Bornstein，2002b）。在生命早期家庭内
经验起着主要的影响作用，核心家庭中的三个人——母亲、父亲、儿童——
构成了年幼儿童最初生长和发展的考验场所。年幼儿童自然也与兄弟姐妹
和祖父母形成重要的家族关系，一般通过进入替代照看场所，他们也有与家庭
外同伴和非家庭成员的成人交往的重要经验。家庭支持、社会阶层和文化变量影响
教养模式并在年幼儿童的养育方式和对其期望方面发挥着显著作用。早期这些多种
多样的关系使得"教养"儿童的经验是丰富的、多方面的。同样需要被确
定的是对父母和儿童所有这些（或者尽可能）教养整合了值得肯定的地方。

当然，人类的发展太微妙、太动态化、太复杂以至于不能确认父母看护独自决定了儿童发展的过程和结果；积极发展由个体自身和发生在童年期后及父母影响范围之外的经验塑造而成。成年人的特征具有部分的生物学基础，健康、气质和智慧都是其中之一。毫无疑问，同伴的动力特点影响儿童。同时，争论这些毫无意义（Harris，1998），即儿童容易受到来自家庭之外而不是家庭内部以及那些与之相处最多的人（他们的父母）的影响。因此，积极教养不固定儿童发展的路线和终点。然而，从一开始积极教养就是有意义的并可能具有持续的重要性。

教养是童年、儿童发展和社会对儿童长期投资的关键。父母从根本上对年幼儿童进行投资：他们的生存、社会化和教育。因此，出于提高儿童生活质量的目的，我们希望尽可能多地了解教养本身的意义和重要性。教养很大程度上预示着儿童和父母后来的生活。

如果我们是宿命论者，我们就接受生活的现状。如果我们不是，我们会进行积极地教养，而且我们会采取积极的社会和政治措施以组织完善儿童照料，保证儿童与品行端正的同伴交往，用适宜刺激为儿童创设支持性环境，保障儿童不仅有充足的学校教育，还要促使其参加有益成长的课外活动。积极教养依靠力量和韧性科学的基础，它使正常人更强壮和富有成效，也就是实现人的潜能。政策有时需要注重治疗性干预，但因为它们要改进普遍性的条件，所以政策本身同样需要保证积极的经验。"关怀模式"和"治疗模式"同样重要。积极教养将会预防缺陷、失调和无能；而且积极教养还能够提升人类的优势，如勇气、乐观、交往技能、职业道德、希望、责任感、为未来打算、诚实和坚韧不拔。本质上这是一个宏伟的和理想的目标。

说 明

这一章概括了我研究中的一些内容以及在参考文献中引用的先前科学出版物的部分内容。

第八章　鼓励积极的父亲参与以促进儿童适应

Michael E. Lamb, Susan S. Chuang, Natasha Cabrera

　　为了增加儿童的幸福而制订的计划和政策通常是假设母亲比父亲更可能保护、养育和照顾他们的孩子。当计划和政策把父亲作为目标时，它们强调经济上的责任而不是社会和情感上的关系。因此，举例来说，关于非监护父亲的政策关注于儿童抚养费支付，但很少涉及探视权。最近，对家庭和父母身份持新观点的政策制定者和研究者对这种区分母亲和父亲的责任与义务的观点提出了质疑。新兴的父亲身份的观点是多维的，而且不仅仅只关注父亲作为养家者的角色。相反，研究者和政策制定者指出，父亲在儿童生活中扮演不同的角色，许多男性乐于当养育的父亲，而不只是经济上的养家者。

　　在研究水平上，过去40年来积累的证据表明，儿童在婴儿期与父亲建立重要而有意义的依恋、父亲在儿童成长过程中一直参与到他们的生活中以及积极的父亲参与对儿童及其父亲都是有益的。同时，显而易见，父亲面临许多障碍，这些障碍妨碍他们成为他们想要成为的那种父亲。这些障碍包括个人特征、配偶的期望和信念以及制度上或组织上的障碍。

　　父亲能积极地、直接地参与到儿童的生活中，而且这种参与对儿童有益以及在他们的参与中存在社会和个体障碍，对上述问题逐渐增加的认识推进了鼓励父亲参与以促进儿童适应的努力。这些努力包括通过鼓励、帮助父亲参与儿童生活的替代政策来排除在工作场所和教育机构中阻碍父亲参与的障碍。在这一章中，我们（a）描述关于儿童在婴儿期与父亲形成依恋而且这种关系随时间而持续的事实；（b）说明父子关系对儿童发展有重要作用；（c）确定一些影响父亲参与的因素；（d）描述为增加儿童生活中积极的父亲参与而制订的政策和计划。

父子关系的发展及其重要性

父亲—婴儿关系

到 20 世纪 70 年代，大多数关于婴儿—父母依恋的研究关注婴儿—母亲之间的二元关系。许多研究者指出，当成人（大多数研究者研究母亲）对婴儿的信号（如哭、笑）做出迅速、适当的反应时，安全的依恋就建立了。以这种方式对待婴儿，他们就会感到父母的反应是可预料的或可信赖的，反之，当成人没有做出可预料的反应而且婴儿因此不能确定他们的可靠性时，不安全的依恋就形成了（Ainsworth, Blehar, Waters, & Wall, 1978; DeWolff & van IJzendoorn, 1997; Lamb, Thompson, Gardner, & Charnov, 1985）。虽然这个过程允许婴儿与除了对他们做出适当、有规律反应的母亲之外的成人建立依恋，但是，婴儿也可能与父亲建立重要依恋的观点最初并没有引起发展心理学家的兴趣。然而，在 20 世纪 70 年代初，一些研究者开始考察婴儿—父亲依恋以及婴儿对母亲和父亲的依恋之间可能的差异性。这些研究的结果促使研究者开始将父亲看做是儿童生活中的重要个体，因为很明显婴儿通常与父母双方都建立了依恋。例如，Schaffer 和 Emerson（1964）发现，婴儿在 7～9 个月的时候开始抗拒与父母分离，而且不管父亲是否参与到对婴儿的照顾中，在他们研究的婴儿中有 71% 在 18 个月抗拒与父亲分离。同样，Kotelchuck（1976）观察到，当父母中的任何一方把婴儿单独留在陌生的游戏室里时，12 个、15 个、18 个、21 个月的婴儿表现出可预料的抗拒，而由父母中的一方陪伴的婴儿在另一方离开时很少抗拒。虽然大多数婴儿抗拒与母亲的分离最强烈，但是，大约 25% 的婴儿抗拒与父亲的分离最强烈，20% 的婴儿则没有表现出对父母中任何一方的差异。在幼儿园中，婴儿和幼儿也同样地抗拒与父母中的任何一方分离（Field et, al., 1984）。

Lamb（1977a, 1977b）对自然场景中婴儿—父母互动的考察进一步证实了这些结论。对传统欧美家庭的长期观察表明，7～24 个月的婴儿在依恋行为测量上对父母中的任何一方都没有表现出偏好，而且喜欢父母中任何一方多于成年来访者。同样的模式可以在以色列基布兹 8～16 个月的婴儿中发现（Sagi, Lamb, Shoham, Dvir, & Lewkowicz, 1985），而且，对瑞典婴儿的观察同样表明，不管在儿童照顾上父亲相对参与的变化，婴儿与父母双方都形成了依恋（Lamb, Frodi, Hwang, & Frodi, 1983）。在美国的研究中，虽然在生命的第二年期间，许多婴儿开始对父亲表现出偏爱，但是婴儿在家里的分离和重聚反应没有偏爱于父母中的任何一方（Lamb，1976）。简而言之，许多文化和情境下的研究清晰地表明，大多数婴儿同时与父母建立了依恋。

基于婴儿与父亲建立了依恋的事实，研究者后来关注婴儿—父母互动的质量，一些研究者发现父亲和母亲是同样敏感的。例如，Braugart-Rieker、Garwood、Powers 和 Notaro（1998）发现，母亲和父亲对 4 个月的婴儿同样敏感，而且在面对面和静止表情范式中表现出相似的情感和自我调节模式。父母双方对儿童的能力和偏好的发展变化也有足够的敏感，而这使得他们调整了游戏和激励的模式（Crawley & Sherrod，1984），尽管 Mansbach 和 Greenbaum（1999）对以色列 6 个月婴儿的研究认为，父亲抚养的婴儿认知成熟和社会自主性发展比母亲抚养的婴儿慢。

Belsky、Gilstrap 和 Rovine（1984）发现，虽然父亲不如母亲更积极地参与到与 1 个、2 个、9 个月婴儿的互动中，但是这种差异随时间推移而减小。其他研究者也发现，父亲反应的水平因父亲承担照顾儿童的责任的程度而不同（Donate-Bartfield & Passman，1985；Zelazo，Kotelchuck，Barber，& David，1977）。这可能解释了为什么与婴儿住在一起的低收入的父亲比非监护父亲对孩子更敏感（Brophy-Herb，Gibbons，Omar，& Schiffman，1999）。同样，那些充满感情的、花更多时间与 3 个月的婴儿在一起的、态度更积极的父亲 9 个月后更可能有安全依恋的婴儿（Cox，Owen，Henderson，& Margand，1992）。

与婴儿—母亲依恋的质量类似，婴儿—父亲依恋的质量影响婴儿的社会性发展。Main 和 Weston（1981）以及 Sagi、Lamb 和 Gardner（1986）发现，婴儿—父母依恋的安全性都影响儿童对陌生人的反应，但是只有对父亲（而不是母亲）依恋的安全性影响瑞典婴儿的社会能力（Lamb，Hwang，Frodi，& Frodi，1982）。

父亲敏感性不仅影响依恋安全性，还直接影响认知和动机的发展。Yarrow 等（1984）发现，在生命的第一年，父亲的激励显著影响儿子但不是女儿掌握动机的发展。Wachs、Uzgiris 和 Hunt（1971）指出，父亲较高的参与与在 Uzgiris-Hunt 量表上的高分相关。Magill-Evans 和 Harrison（1999）指出，父亲和母亲对 3 个月和 12 个月婴儿的敏感程度预测婴儿 18 个月时在言语和认知能力上的个体差异。Yogman、Kindlon 和 Earls（1995）发现，即使控制了社会经济学因素，父亲参与的水平和儿童智商分数也有相关。同样，Labrell（1990）指出，父亲的支架作用（即提供间接的而不是直接的帮助）提高了儿童 18 个月时独立解决问题的能力。

　　然而，父亲行为的质量在婴儿期后持续影响儿童发展。例如，根据 Verscheuren 和 Marcoen（1999）的观点，和那些与父亲在依恋方面有不安全表现的儿童相比，那些认为自己与父亲建立安全依恋的 5 岁儿童更积极主动、更自信、更独立、与同伴相处时更有社会能力、更少焦虑和退缩、能更好地适应学校压力。此外，形成两个安全依恋的儿童比有两个不安全依恋表现的儿童社会能力更强、更受同伴欢迎、更少焦虑和退缩、能更好地适应学业压力而且有更高的自尊。对父母有不同依恋表现的儿童，尽管他们的得分比对父母双方都有安全依恋的儿童低，但不管他们对哪一方的关系是安全的，他们都比那些对父母双方有不安全依恋的儿童在社会和情感能力上更强，而且对自己的评价更积极。这些结果表明，对父母一方的安全依恋能补偿对另一方的不安全依恋。

　　Lieberman、Doyle 和 Markiewicz（1999）也指出，儿童对父母依恋的安全性能预测积极的友谊质量（互助、亲密和安全）。有趣的是，虽然对父母双方的安全依恋与同伴冲突水平的降低有关，但是对父亲安全依恋的可获得性尤其重要。可能这是因为儿童通过与父亲的互动学习控制情绪和解决冲突（MacDonald & Parke，1984）。

　　当同时观察父亲和婴幼儿时，发现父亲比母亲更倾向于给予身体的刺激和参与不可预知的游戏（Clarke-Stewart，1978；Crawley & Sherrod，1984；Dickson，Walker，& Fogel，1997；Lamb，1976，1977a），然而这种游戏互动随儿童成长而减少（Crawley & Sherrod，1984）。因为这种游戏引起婴儿积极的反应，所以在可以选择的时候，年幼的儿童通常愿意与父亲互动（Clarke-Stewart，1978；Lamb，1977a）。不仅父亲和母亲玩游戏时不同，而且游戏是婴儿—父亲关系的一个尤其突出的组成部分（Lamb，1976，1977a）。例如，像 Yarrow 等（1984）指出的，父亲与 6 ～ 12 个月的婴儿单独相处的时间中，平均 40% 以上花费在游戏上。

　　近期的研究指出，父亲的游戏类型影响儿童的发展，尤其是他们的同伴关系（综述，见 Parke，1996；Parke & O'Neil，2000）。Parke 和他的同事发现，对三四岁的儿童给予高水平身体游戏并表现出积极情感的父亲，他们的孩子被老师评定为是最受同伴欢迎的。有高水平身体游戏同时低指令性的父亲的儿子最受欢迎，而高指令性的父亲的孩子较不受欢迎（Parke，Burks，Carson，Neville，& Boyum，1993）。此外，更平等的父子互动，即父亲和儿童理解、遵守彼此的建议，与同伴接纳高、社会能力强、攻击水平低相关（Lindsey，Mize，& Pettit，1997）。其他研究者也指出，父亲的爱玩、耐心和理解与儿童期子女的较低攻击水平相关（Hart，Nelson，Robinson，Olsen，& McNeilly-Choque，1998）。Parke 和 Bhavnagri

（1989）认为，通过与父亲的互动，儿童学会了怎样理解他人的情绪以及在后来与同伴的互动中怎样使用这些技能。

简而言之，这些研究的结果强调从婴儿期一直到成年期父亲对儿童的影响。大量事实表明，父亲不仅能够敏感地、反应性地对待儿童，而且他们的行为极大地影响了儿童社会性和人格的发展。

童年早期之后

随着儿童长大，父子关系变得更加复杂、多面。虽然儿童的社会世界有了一定的扩展，除了父母还包括同伴和其他成人，但是，在童年晚期和青少年期，他们与父母的关系在成长上仍然是重要的（Lamb, Hwang, Ketterlinus, & Fracasso, 1999），其中父母支持和控制的维度尤其重要（Baumrind, 1968; Maccoby & Martin, 1983; Rollins & Thomas, 1979）。支持包括情感、反应、鼓励、指导和参与。一方面，它促进儿童基本的信任和安全感，增加儿童对自身价值和能力的自我感知，促进实践技能的获得。另一方面，父亲的控制是一种纪律约束的手段，反映在父母的规则、纪律、监督和管理中（Baumrind, 1973）。

在一篇主要关注父亲支持和控制的全面的综述中，Amato（1998）得出结论，在双亲家庭中，父子关系的质量与儿童的幸福感指数呈正相关。例如，Astone 和 McLanahan（1991）指出，父亲对学业进步的监督与儿童青少年的高学业成绩、出勤率和学业态度呈正相关；而且，在英国人和拉丁美洲人中，青少年对父亲的亲密感与低水平的物质滥用相关（Coombs & Landsverk, 1988）。

同样，儿童关于父亲、母亲支持的报告与父母关于儿童社会能力和自我控制的报告相关（Amato, 1998）。例如，Forehand、Long、Brody 和 Fauber（1986）得出结论，在控制了母子关系的变异后，父子关系的质量（由儿童和父母同时报告）独立预测儿童的学业成绩（由教师报告）。

不足为奇，消极的父亲行为也能影响儿童。例如，父亲消极情绪的表现，比如生气，对儿童的同伴接纳有不利影响（Boyum & Parke, 1995; Carson & Parke, 1996）。与被拒绝、无攻击性且被忽视的男孩相比，被拒绝但有攻击性的男孩报告他们得到的来自父亲（而不是母亲）的情感更少（MacDonald & Parke, 1984）。

父亲参与的程度

自 20 世纪 80 年代初，许多研究者都想弄清父亲参与程度的变化是否与它们对儿童发展的影响程度有关。在许多相关研究中，研究者们已经接受了 Lamb、Pleck、Charnov 和 Levinc（1987）关于父亲参与的概念。这些研究者从概念上区分了三种类型的父亲参与：(a)直接参与，即直接与儿童互动，包括看管和做游戏;(b)对儿童来说其易接近性和可利用性;(c)通过确保适当的照顾和抚养儿童来承担对儿童的责任。

正如 Pleck（1997）在其全面的综述中提到的那样，20 世纪 80～90 年代进行的研究表明，对孩子来说，父亲的可利用性是母亲的 35%～40%，易接近性是母亲的三分之二。投入时间的研究表明，在 20 世纪 70 年代末到 80 年代初以及从 90 年代早期到中期，父亲参与有所增加，这可能表明了母亲就业情况的变化，以及对父亲多重角色的不断强调确实促进了许多父亲在行为上的变化。

父亲参与也会影响儿童的社会性、情绪和认知发展（Biller, 1993; Parke, 1996; Pleck, 1997）。例如，Radin（1982）指出，高度参与和对学龄前儿童具有可利用性的父亲（完成家庭内 40% 或更多的儿童照顾）的孩子认知和言语能力更好，有更多的移情、更少的性别刻板印象和更多的内控。积极的父亲参与也和儿童六七岁时的学业成就和社会成熟有关（Gottfried, Gottfried, & Bathurst, 1988），而且，即使排除了积极的母亲参与、父母控制、种族、社会人口学背景等因素，积极的父亲参与与白种和非裔美国双亲家庭中 5～18 岁的个体低水平的内外化问题和高社会能力（与他人相处，履行责任）也有相关（Mosley & Thomson, 1995）。而且，父亲高水平的积极参与能预测男孩较少的学校行为问题和女孩更多的自我指导，并且预测男孩和女孩更高水平的认知、社会性和个体成熟（Amato & Rivera, 1999; Furstenberg & Harris, 1993; Yogman et al., 1995），以及更好的学校表现（Furstenberg & Harris, 1993; Nord, Brimhall & West, 1997）。父亲对青少年较高的易接近性还能预测其他儿童对他的接受度（Almeida & Galambos, 1991）。

父亲更多地参与到儿童的生活中似乎也能影响父亲对儿童的情感以及对父子关系的感知（Grønseth, 1978; Wood & Golden, 1979; Radin, 1982; Russell, 1982）。Russell（1982）发现，大多数高度参与到照顾儿童中的父亲报告正变得与孩子更亲密、更理解孩子、对孩子更敏感，而且对他们之间的关系更积极。正如 Lamb 和 Easterbrooks（1981）以及 Kelly 和 Lamb（2000）认为的那样，父亲需要那种提供练习以对儿童的信号进行区分、解释和反应的机会来与儿童互动。有趣的是，许多父亲认为那些花费在对儿童照顾和监管的特殊责任上的时间是最重要的（Grønseth, 1978; Russell, 1982）。

非监护父亲

由于现如今一半的美国儿童至少有一部分童年是在单亲（通常是母亲）家庭度过的，所以父亲缺失的影响引起了政策制定者和研究者的注意。经过数十年的争论后，现已达成一致认识，即比起生活在单亲家庭时，儿童生活在双亲家庭时心理适应更好、在学校表现更好、有优秀的工作和收入迹象、与同伴相处的社会能力更强、更少反社会（见 Amato 的综述，1993, 2000; Goodman, Emery, & Haugaard, 1998; Hetherington & Stanley-Hagan, 1997; Lamb, 2002; McLanahan & Teitler, 1999）。由与父亲分离引起的父爱缺失的影响比由父亲去世引起的父爱缺失的影响更深远牢固（Amato & Keith, 1991; Maier & Lachman, 2000）。但是，需要指出的是，与父亲分离长大的儿童中，大多数发展很正常，这使研究者们想知道什么能解释结果的变异以及父亲缺失或接触与儿童发展结果的弱相关（见 Lamb, 2002）。父母之间冲突的强度和持续时间、经济状况以及与父母双方关系的质量是影响儿童适应的因素。

正如 Amato 和 Gilberth（1999）在近期的元分析中提出的，非监护父亲与儿童接触的数量本身并不是非常重要。但是，儿童与非监护父亲有积极的父子关系，而且父亲定期参与到"积极的教养"中会显著增加儿童的幸福。Simons、Whitbeck、Beaman 和 Conger（1994）指出，非监护父亲的行为具有权威性（给儿童提供情感支持，称赞儿童的成绩，并且有效的惩罚儿童）的青少年在父母离婚之后适应得较好。其他研究也发现，非监护父亲积极参与到日常活动中对儿童有益（Clarke-Stewart & Hayward, 1996; Hetherington, Bridges, & Insabella, 1998; Simons, 1996）。但不幸的是，许多非监护父亲不是积极参与的；相反，他们或者离开儿童的生活，或者避免惩罚及限制儿童，可能是因为担心实施这种活动会和儿童疏远（Amato, 1987; Amato & Gilbreth, 1999; Furstenberg, Nord, Peterson, & Zill, 1983）。虽然这种父子互动是令人愉快的，但是它们不能促进良好的亲子关系，并且最终降低了这些父亲对儿童发展的影响（Amato & Gilbreth, 1999）。这些结果表明，如果离婚后尽可能安排好积极的有意义的父亲参与，从而保证儿童能从父母双方的参与中不断受益，那么儿童的幸福就会增加（Kelly & Lamb, 2000; Lamb, 2002）。

影响父子关系的因素

不管儿童的父母是否一起生活，父母间关系的质量对儿童适应都有很大影响。父母双方积极的关系给儿童提供了情感支持、有效沟通、冲突解决、让步和协商的典范（Cummings & O'Reilly, 1997）。此外，合作的父母能提供一致的、统一的权威结构（Amato, 1998）。相反，婚姻不和谐对儿童的学业成就、行为、情绪适应、自尊、社会能力有不利影响（Cummings & O'Reilly, 1997; Davies & Cummings, 1994; Emery, 1988; Grych & Fincham, 1990）。父亲对母亲缺乏温情的情况下，母亲会更加敌视父亲，而且他们对儿童会实施不一致的惩罚（Conger & Elder, 1994），然而，当父亲对母亲表现出积极的情感时，儿童更可能受到同伴的欢迎（Boyum & Parke, 1995）。

Cox、Owen、Lewis 和 Henderson（1989）指出，控制了父亲的心理适应后，处于亲密、信任的婚姻中的父亲比那些婚姻不幸的父亲对 3 个月的婴儿的态度和对他们本身的父母角色的态度更积极。母亲也更热情更敏感（参见 Levy-Shiff & Israelashvili, 1988）。婚姻的高质量与母亲、父亲敏感性的提高以及儿童机能的改善有关，因此，互相适应良好的父母比那些婚姻适应差或质量下降的父母能为儿童提供更好的照顾（Durrett, Richards, Otaki, Pennebaker, & Nyquist, 1986; Heinicke & Guthrie, 1992; Jouriles, Pfiffner, & O'Leary, 1988; Meyer, 1988）。

有趣的是，婚姻质量对父亲行为的影响似乎比对母亲行为的影响大（Belsky et al., 1984; Dickie & Matheson, 1984; Lamb & Elster, 1985），这可能因为父亲参与是有些任意的，而母亲参与受更清晰的期望所引导，即她们需要参与到对儿童的照顾中。家庭的每一个成员都直接和间接地影响其他人（Parke, Power, & Gottman, 1979）。母亲的态度和特征显著影响父亲参与的水平，这样当母亲重视父亲的参与、认为他们能胜任时，父亲会更多地参与到照料孩子的活动中（Beitel & Parke, 1998; Haas, 1991; Palkovitz, 1984）。不幸的是，许多母亲对父亲参与仍然感到矛盾（Coltrane, 1996; Dienhart & Daly, 1997），可能因为她们担心父亲参与入侵了她们的领域，最终可能会危及她们在家庭中的势力和特权（Allen & Hawkins, 1999）。这种态度可能反映了母亲的"守卫"，在最糟糕的时候，这可能会因为限制父亲照顾家庭和孩子学习、成长的机会而阻碍家庭中父母的合作努力（Allen & Hawkins, 1999, p. 200）。

小结

总的来说，大量事实表明，大多数儿童在婴儿期与父亲建立了重要的情感联结，而且不管父亲与孩子在日常生活中是否生活在一起，父子关系的质量在影响婴儿、儿童和青少年的行为及发展中都起重要作用。当父亲在儿童生活中保持积极的参与时，与积极的父亲—婴儿关系有关的益处会增加，而且，就像我们在下一部分所解释的，这也因此促进了加强父亲参与的公共和私人政策的制定。

有关父亲参与的公共政策的作用

直到最近，政策制定者们才将父亲对儿童提供支持看做是最重要、可调控的父亲参与方式。因此，儿童抚养立法的目标不是增加父亲与儿童在一起的时间的数量，而是强调父亲履行他们经济上的责任，不管这是否影响他们与孩子在一起的时间。在过去的十几年里，尤其是 1996 年联邦福利改革法律（个人责任和工作机会协调法案 PRWORA）通过至今，这种政策得到了极大地发展和实施。相反，那种为了使工作场所变得对父亲有利、增加有工作的非抚养父母亲的医疗保险或者增加父亲在学校和儿童抚养中心的参与而制定的政策却没有得到广泛的实施，而且这种政策的制定和实施因所在的州不同而有所不同。这就使确定这些政策是否起到期望的效果变得很难。在这一部分，我们将关注一系列的政策，它们似乎影响了父亲的参与并最终影响儿童的幸福。

父亲身份的确定

在通过福利改革的前十年左右，法律鼓励父亲对儿童承担责任。基于 20 世纪 50 年代已有的法律而制定的 1988 年家庭抚养法案，强调各州要确定非婚生儿童的父亲身份，并要求所有未婚的父亲支付儿童抚养费直到孩子 18 岁。如预期的那样，这项法律的通过与非婚生儿童比例的增加有关，这些儿童的父亲都是确定的而且需要支付儿童抚养费（McLanahan、Seltzer、Hanson, & Thomas, 1995）。

确定父亲身份的政策一般在这样的假设下起作用，即未婚的父亲会试图否认父亲身份以逃避责任，因此强制性的手段是必需的，比如基因检验和缺席诉讼（例如，大多数州将不出席父亲身份审理看做是对父亲身份的承认）。然而，最近主动承认父亲身份受到了重视。Sonenstein、Holcomb 和 Seefeldt（1994）发现，在鼓励主动承认的州、郡，父亲身份确认率是 65%，比不鼓励主动承认的州、郡高出 43%。研究者们也指出，未婚母亲在怀孕期间以及孩子出生后的最初几年里经常和孩子的父亲保持联系

（Carlson & McLanahan，2002；Price & Williams，1990），这表明在父亲更可能参与的时候，应该尽早努力确定父亲身份。

1996年福利改革法要求所有州在妇产医院实行父亲身份主动承认计划，期望这种计划能促进父亲身份确定、儿童抚养费支付以及父亲对孩子生活的参与。然而，至今没有研究者对法律上的父亲身份确定、父亲参与和父子关系质量之间的关系进行考察。

福利政策还通过其他方式影响父亲参与。PRWORA 代替失依儿童家庭补助（AFDC）设立了固定拨款，允许各州在宽泛的联邦指导方针内执行自己制订的福利计划。PRWORA 有四个相互联系的目标：（a）使儿童能和家人在一起；（b）鼓励工作和婚姻；（c）阻止和减少未婚怀孕；（d）鼓励双亲家庭的建立和维持。对那些实现了该法案总体目标的州，PRWORA 有对"表现好"的奖励。重视促进婚姻的目的在于增加在双亲家庭长大的儿童的比例，正如之前所提到的，这似乎能促进儿童更好的适应，这种作用可能部分是通过提高父亲与孩子的互动能力而产生的。然而，鉴于在儿童抚养法律的制定和执行上存在很大差异，确定这些法律的效果是困难的。一些儿童抚养收费政策甚至可能无意中妨碍了家庭建立、父亲身份确定和父亲参与。

申请政府援助的监护父母应该积极参与到确定父亲身份和寻求儿童抚养中，PRWORA 要求各州增加儿童抚养资金的征收。例如，在1997年，弗吉尼亚州发起了儿童优先运动，通过对驾驶、狩猎、捕捞执照实行强制性吊销、给犯罪的父亲写信、逮捕他们以及用"靴子"破坏他们的车等行为，从拖欠抚养费的父母那里得到了2500万美元。在一些州，比如威斯康星州，所有的儿童抚养资金都发放给监护父母，但在另一些州，比如明尼苏达州，则把这些钱加入一般收益中。在其他的州，儿童抚养费每征收一元，福利资金就减少一元。因此，在过去，许多父母决定不宣布父亲身份，这样父亲所支付的钱就直接给了孩子和母亲，而不是给了州（Doherty，Kouneski，& Erikson，1998）。现在这是不可能的了。虽然母亲仍然可以以一些理由阻止父亲看望孩子，比如没有支付儿童抚养费，但是如果母亲隐瞒父亲的信息，她就会失去津贴（Nelson，Clamptet-Lundquist，& Edin，2002）。许多父亲对支付抚养费但不能接近孩子感到不满，而当他们拒绝支付的时候，母亲必须举报他们，否则会面临巨额的罚款（Nelson et al.，2002）。因此，当父亲和母亲的合作对儿童的福利最重要时，它可能会被破坏。父母之间敌对的增加减少了对儿童的潜在益处。随着福利改革的进行，儿童抚养可能增加了在职母亲的财政支持来源，但是，如果父亲支付的钱被用来偿还拖欠的抚养费，那么在母亲脱离福利系统之后，父亲可能就较难养家了。失业的父亲因孩子所获得的利益而欠州政府钱。这种不断增加的债务进一步危害到父子关系，尤其是因为母亲脱离福利系统之后她们就什么都不欠。

虽然很多研究者发现，来自儿童抚养的收入比其他来源的收入对孩子更有益（如，Knox & Bane，1994；McLanahan et al.，1995），但是，一些研究者也发现，儿童抚养对儿童发展可能只有一点或根本没有持久的影响。例如，Peters 和 Mullis（1997）发现，儿童抚养对在青少年期测量的认知测验分数有积极影响，但是对后来测量的教育成就、收入、劳动市场经验没有影响。Knox（1996）报告了儿童抚养对成就测验分数的显著影响，但是对测量的家庭环境没有影响。Argys 和 Peters（1996）认为，儿童抚养费对儿童发展结果的不同作用可能取决于父母之间的关系。生活和睦的父母更有可能对应该怎样花这些钱以及怎样用合作而有效的方式为孩子花钱达成一致。

其他研究表明，儿童抚养会影响亲子关系和父母关系，进而影响儿童的幸福。例如，儿童抚养费的支付是父亲"经济提供者角色"成功的标志；这种成功可能会促使非监护父亲以其他有益的方式参与到儿童的生活中。一方面，只有支付了儿童抚养费，作为"守卫者"的母亲才会允许父亲接近孩子（Nelson et al.，2002）。另一方面，儿童抚养和父亲参与之间的正相关可能简单地反映了更关心孩子、愿意保持参与的父亲也更可能支付儿童抚养费。

最后，McLanahan 等人（1995）指出，儿童抚养费会以不同的方式影响父母冲突的程度。当父亲履行了他的财政义务时，冲突可能会减少，但是如果儿童抚养导致父亲参与增加，这可能会增加父母冲突的机会。Argys、Peters、BrooksGunn 和 Smith（1998）发现，区分合作和非合作的奖励是很重要的。他们发现，在主动支付费用时儿童抚养对认知发展的影响最大。这表明，由近期的强制实行而引起的儿童抚养水平的提高，可能并不像政策制定者们期望的那样有益。

离婚与儿童监护

对一些非监护父亲来说，监护是一个重要的问题。Braver 和 O'Connell（1998）认为，离婚法通常假定母亲是监护人，这阻碍了父亲保持对孩子的参与。随着监护法变得性别中立，共有监护已经变得越来越普遍，这对儿童抚养和父亲参与有很大意义（Seltzer，1998）。Amato 和 Gilbreth（1999）

认为，非监护父亲在儿童的养育中变得更积极，而且社会政策在促进这种参与中可能发挥主要作用。同时，美国儿童和家庭福利委员会（1996；如Levine 和 Pittinsky 引用，1997）建议，法院裁决应避免像**监护**（*custody*）和**探望**（*visitation*）这种暗示父母中的一个"赢得"了孩子的字眼，而是提倡重视父母双方责任的教养计划。

同样，Braver 和 O'Connell（1998）认为，联合法定监护对儿童和父母都是有益的，而且探视和抚养费裁决都应该强制执行；目前大多数州还不是这样的。如前所述，积极的父母能力与一些儿童适应良好的指标相关，这种能力在富有意义的周三或周末接触时更有可能获得（Amato & Gilbreth, 1999; Lamb, 1999）。

因为联合监护获得承认，所以对于确定这种方法在什么情况下最可能成功的兴趣在不断增加。许多以离婚收场的婚姻的特点是紧张，而且在离婚前通常有尚未解决的冲突（Cherlin, 1992; Kelly, 2000）。针对离婚父母的教育计划强调合作教养的重要性，这种计划能减少冲突并促进儿童的幸福（Kelly, 1994, 2000, 2002；美国儿童和家庭福利委员会，1996，如Levine 和 Pittinsky 引用，1997）。

与工作场所相关的政策

即使父亲与孩子生活在一起，结构性的障碍也会限制他们履行父亲责任的能力。1993 年，克林顿总统签署了家庭和医疗休假法案（FMLA），它允许父母有 6 周的无薪假期来照顾新生儿或生病的家人，如果他们在有 50 名或更多雇员的公司工作而且已经至少工作了全年中一半时间的话。在 FMLA 通过之前，11 个州有类似的家庭休假政策（Klerman & Leibowitz, 1997）。

父母带薪和无薪休假最近在美国才得以实现，而它们在其他国家已经实行了很久而且变得越来越流行。例如，在瑞典，Haas（1991）指出，在 1974 年，也就是允许父亲带薪休假的第一年，符合条件的父亲中只有3% 选择休假，而到 1989 年，符合条件的父亲中 44% 选择休假（Pleck, 1997）。即使在瑞典，父亲比母亲的休假时间也要少得多（平均为 53 天和225 天）。在美国，父亲在孩子出生时往往休假 5 天（Levine & Pittinsky, 1997），而且大多数从工作中抽出时间的父亲利用的是带薪休假或病假而不是无薪父母假期，现在 91% 的父亲至少休一定的假期（Hyde, Essex, & Horton, 1993）。在美国，带薪父母假期相当罕见。1993 年，只有3% 的大中型公司和 1% 的小型公司提供带薪父母假期（Blau, Ferber, &

Winkler, 1998）。

除了父母假期，工作场所中其他的结构性障碍也会阻止或妨碍积极的父母参与。尤其是走"爸爸路线"（那些抽出时间照顾或陪伴孩子的父亲）的男性离开了"职业路线"而损害了他们的职业生涯。然而，最近几年，一些管理者开始认为，"快乐父亲"是更高产的工作者，而且在制度的制定上已经开始改变，以使工作场所变得对父亲更有利。例如，许多公司已经开始管理典型群体、调查员工、提供灵活的工作安排、奖励业绩而不是坐在办公桌前的时间、鼓励父亲参与到孩子的学校生活中并且支持那些需要待在家里照顾生病或刚出生的孩子的父亲（Levine & Pittinsky, 1997）。

教育机构的政策

父亲积极地参与到儿童的教育中时，儿童也能获益。父母和孩子生活在一起时，父母更可能参与到儿童的学校生活中（Zill & Nord, 1994），而只和父母中的一方一起生活的儿童比和双亲一起生活的儿童的平均学业成绩差、高考期望低、出勤率差、辍学率高（McLanahan & Sandefur, 1994）。同样，与父母中的一方一起生活的儿童用在学习上的时间更少、学业成绩下降、认知能力差，而且他们从高中辍学的可能性是与双亲生活在一起的孩子的两倍（Dawson, 1991; Luster & McAdoo, 1994; McLanahan & Sandefur, 1994）。监护或非监护父亲参与到儿童的学业中而且积极地参与到儿童的生活中与儿童更好的学业成就和更多的学校生活乐趣有关（Nord et al., 1997）。不管监护身份如何，幼儿的父亲正像单身母亲一样去参加 PTA 会议。虽然与单身父母相比，双亲家庭的父亲更不可能参加父母—教师会议，但是单身父母可以平等地参加 PTA 会议和家庭招待会（West, Brimhall, Smith, & Richman, 2001）。双亲家庭的父母可能会对谁参加学校活动以及在这些活动期间谁照顾孩子做出不同的决定。

然而，不管监护身份如何，一些结构上的障碍会影响父亲参与到儿童教育中的程度。例如，固定的工作时间以及学校管理人员无法把学校变得对父亲有利会阻碍父母对学校的参与，尤其是对那些工作时间不符合惯例的父母来说。工作安排灵活的父母更可能参与到儿童的学校活动中（Cabrera & Peters, 2000）。大多数在小公司或服务行业工作的低收入男性的工作时间是不灵活的，而且这没有给他们带来任何益处（Levine & Pittinsky, 1997）。几乎没有促进父亲对儿童学校生活的参与的计划（McBride & Rane, 1997）。在幼儿园的计划中，虽然大部分关注于父母，但是有一些计划是针对教师的，而且是鼓励、帮助父亲参与的。例如

McBride、Rane 和 Bae（1999）评估了这样一种干预措施，它对教师提供
支持服务，而不是对儿童及其家庭直接提供服务。教导教师来设计、执行、
评价特定的计划以鼓励父亲／男性参与到计划中。这个计划的主要部分是
教师对父亲参与的态度。这种干预似乎对教师和父亲参与有积极影响。

新的政策和措施

现在，美国的政策制定者似乎想要正视那些阻碍监护和非监护父亲参
与的障碍，希望加强对低收入父亲的有效服务并拓展服务的范围。医疗和
人类服务部门关于父亲的政策通常遵循五个原则：(a)所有的父亲都是为
孩子的幸福作出最大贡献的人；(b)即使父母不生活在一起，他们也应一
起养育孩子；(c)父亲在家庭中发挥不同的作用，这与文化、群体规范有关；
(d)男性应该获得教育和支持，这对于帮助他们做好承担父母责任的准备
非常重要；(e)政府可以通过一些计划和劳动力政策来鼓励、促进父亲参与。

其他的联邦计划和政策也强调父亲身份。例如，1999 年，美国众议
院通过了父亲计数法案，使上百万的联邦拨款用到了与父亲身份有关的计
划上。这个法律的目标是增进夫妻关系、促进成功的教养以及通过提供就
业指导、职业培训、补助就业、职业生涯发展教育帮助父亲改善经济地位。
另一项近期的项目议案——儿童优先儿童抚养法案，也是针对于拼命养家
的低收入家庭的。这项议案允许对依靠福利的家庭，所有发放的儿童抚养
费"交付"给孩子，而且当评价为不符合项目条件时，州有权选择忽视发
放儿童抚养费。然而，这两个法案都没有适合的资金来支持。

跟克林顿总统一样，布什总统也把促进参与的、承担义务的"有责任
的父亲"定为国家的优先项目。为了进一步扩大这方面的成就，医疗和人
类服务部门（DHHS）2002 财年预算要求包含 1.31 亿美元来支持两项新
的父亲身份措施：6400 万美元主要资助竞争性的拨款，这种拨款是针对
致力于加强父亲在家庭生活中所发挥的作用的宗教和社区性组织的，另外
6700 万美元资助用于帮助囚犯的孩子的拨款（DHHS，2001）。

另一个联邦关注点是儿童医疗与父亲责任承担。在美国，超过1000
万名儿童没有医疗保险，其中包括符合儿童抚养强制服务条件的 2100 万
名儿童中的大约 300 万人（DHHS，2000）。实际上这些儿童很难获得医疗，
医疗支援工作组建议各州尽可能让儿童加入合适的医疗保险项目中。但是
这些建议还没有成为法律规定。

除了这些国家政策，各州也试图通过召开遍及全州的会议以及发起
传媒运动促进积极的父亲参与，增加公众对父亲参与重要性的认识。各

州所描述的这些计划可以分成六类：对低收入、非抚养父亲的帮助，教养技能培训，公众意识运动，州立父亲委员会，综合资金流以及提早父亲干预（Knitzer, Brenner, & Gadsden, 1997）。不幸的是，至今还没有人尝试确定哪种方法对哪类父亲最有效，这是因为对计划的评估很少与计划并存。

公众教育和干预计划

近期在父亲家庭角色的概念上的变化对计划的制订和实施有重大的意义。由干预计划引起的父母行为定向的改变对儿童的发展结果有积极影响。全国上千项计划都是针对父亲的，包括未婚父亲和青少年父亲，而且提供职业培训和教育（Louv, 1994）。此外，还开发了一些针对父亲的父母培训模型（如 Levine, Murphy, & Wilson, 1993; Levine & Pitt, 1995; McBride & McBride, 1993; Palm, 1998）。一些组织，像美国国家家庭和父亲中心（NCOFF）（http://www.ncoff.gse.upenn.edu/fif/fif-intro.com）以及美国国家从业者协会（http://www.npa.org）为从业者和教育者提供技术帮助、收集研究信息、提供会议论坛以及组织工作坊。同样，美国国家战略非营利计划和社区领导中心（NPCL）也是一个为慈善和教育目的而建立的非营利组织。NPCL 提供一系列的工作坊，帮助社区性组织和公共机构更好地帮助年轻的、低收入的单身父亲以及脆弱的家庭，而且它发起了一个关于父亲身份的年度国际会议（http://www.npcl.org）。

针对低收入父亲的计划可以分成两大类。一类赞同"负责的父亲身份"方法，而且将婚姻作为首要目标；而另一类认为"适婚的"父亲需要培训和教育。促进两性的责任和负责的父亲身份的公共教育已经关注于十几岁的父亲。这些计划被认为对儿童有益，因为它们注重培训和教养技能，而且在计划中鼓励父亲参与，比如早期启蒙计划（Early Head Start）（Kiselica, 1995）。

一些计划也针对男性罪犯。虽然监禁能破坏脆弱的家庭关系、激怒父亲并破坏父子关系，但是针对受监禁父亲的计划是相对新颖的。当前联邦政府鼓励受监禁的父亲给孩子提供更可靠更规律的儿童抚养。这种拨款资助一些州和地方计划，这些计划给受监禁、失业、做临时工的非监护父母提供帮助，促进他们就业并重新融入社区。

除了为促进父亲参与而制订的计划，不断增加的资料（包括自助的书籍、给父亲的杂志、畅销书）也为父亲应该怎样更加参与到孩子的生活中提供了意见和建议（Levine & Pittinsky, 1997）。例如，Levine 和 Pittinsky（1997）认为，父母不仅要关注与儿童的关系的质量，而且还要关注与孩子生活中的"重要他人"的关系，包括教师、看护员、教练、医生以及儿童的朋友。

　　总之，关于这些计划的效果知之甚少（如 McBride et al., 1999），这可能是因为用于评估的资金少、计划的制订和执行差而且还没有开发出合适的评估方法。NCOFF 出版了定量和定性测量一览表，称为"父亲指标框架"（FIF；NCOFF，2001）。这个框架提供了一系列指导方针，帮助研究者、从业者和政策制定者对父亲行为的改变形成概念并进行考察和测量。FIF 由六种父亲指标类型组成（例如，父亲出席、看护、儿童社会能力、合作教养、父亲的健康生活、物质和财政贡献），它们能被有效地加以测量，而且与儿童发展结果相关。

结论

　　正如我们在这一章中所呈现的，大量事实表明，父亲通常与孩子在情感上建立了重要联系，而且他们能对儿童的发展作出巨大贡献。虽然这些影响可能是积极的，但是，显而易见，不管父亲与孩子是否生活在一起，由于父子关系质量差，或者他们在孩子的生活中发挥了很少或几乎没有发挥作用，父亲可能并不能提高孩子的幸福程度。识别这些因素有助于发展相关政策、计划和实践，这些政策、计划和实践旨在促进提高父子关系质量和增加父亲开始或保持积极参与孩子生活中的程度。虽然这些计划的必要性和潜在价值是明显的，但是它们的实际效果还没有被很好地证明。我们希望这种状况在未来几年能得到改善。

第九章　教养的民族理论：文化和儿童发展间的相互作用

Jayanthi Mistry，Jana H. Chaudhuri，Virginia Diez

这一部分是为发展心理学领域中渐进却又意义深远的儿童发展概念的变化而设置的。由于一些原因，文化和情境成为了儿童发展研究中越来越重要的构念。外力，如经济、政治和社会全球化，增强了世界各类社区间的相互作用，并且强调人类的多重现实性。在西方国家，也就是Kagitcibasi（1996）称为构成"主要世界"（p. 3）的国家中，发展心理学不再忽视人类环境的多重现实性。随着对全球社区心理学的需求的重视，Marsella（1998）指出世界各地新出现的社会、文化、政治和环境问题对该领域提出了更多的要求。

> 心理学有助于分析和解决这些问题，特别是当心理学愿意重新考虑一些植根于西方文化传统中的基础前提、方法和实践，并且愿意扩展它的价值和其他心理学的应用时。（Marsella，1998，p. 1282）

在拓宽视野和掌握发展心理学后，我们承担了整合领域内外观点的工作，以便描绘越来越多的关于父母的民族理论的文献。

通过父母的民族理论或者父母信念系统这一极好的独立领域，我们可以理解文化情境和儿童发展间的相互作用。正如 Miller 和 Chen（2001）所简明扼要表达的，教养民族理论的研究提供了：

> 对人类发展情境的深刻理解，强调要理解文化信念和惯例、社会政治和人口学力量、全球化和群组相关历史的转变对教养的影响。他们也提出了关于社会化和发展变化的本质的中心问题。（p. 1）

此外，各种相关学科，包括人类学、跨文化心理学、文化心理学和发展心理学，也有助于理解父母文化信念系统，这说明整合现有观点和文献是很有可能的。

我们以强调文化和儿童发展研究的三种主要方法作为开始，这是从发展心理学、跨文化心理学和文化心理学的文献中抽取的。首先，我们关注发展心理学领域内文化和情境的概念化。然后，我们关注跨文化心理学家的工作，随后关注适合在文化心理学中使用的方法。尽管这三种方法在有关个体功能及其如何受到文化影响上所作的假设是不同且独立的，但是近期有证据表明它们之间存在某种聚合。事实上，我们依据这种聚合和三个子领域的互补性的侧重点来说明，在教养民族理论研究中整合的观点对发展具有文化包容性、综合性的教养信念系统的知识是大有希望的。最后，我们讨论了教养民族理论研究对研究、项目计划和政策的启示。

文化和发展研究的主要方法

尽管在一些社会科学学科中，文化已经成为研究的焦点，但是在心理学中，三个分领域为我们当前基于儿童发展的文化情境的知识作出了重要贡献。在这一部分，我们强调各分领域的文化和发展研究的主要方法，关注核心假设或每部分知识的根本要素。我们不打算对每个分领域作全面概述；每个领域都有一整本书来完成这一工作（Berry et al., 1997; Damon, 1008; Miller, 1997; Shweder et al., 1998; Stigler, Shweder, & Herdt, 1990; Triandis, 1980）。

发展心理学：将文化作为情境的研究

发展心理学的首要关注点是描述和解释人类生理和心理功能的所有领域的发展和发展过程。人类发展被定义为"个体从受精到死亡的整个生命过程中经历的生理、心理和社会行为的变化"（Gardiner, Mutter, & Kosmitzki, 1998, p.3）。因此，发展的自然变化是研究的焦点。在20世纪，有关发展变化基础的许多理论和实证都把焦点集中在确立天性—教养的重要性上。然而，当代的发展心理学家，超越了天性—教养支持者之间以往的争论，强调个体和情境间的动态关系描绘了人类发展的基本过程（Lerner, 1992, 1998, 2002; Sameroff, 1983; Thelen & Smith, 1998）。

从历史上看，对已有的科学惯例的遵循以及关于普遍性是人类发展的典型特征的假设，已经阻碍了对多样性和不同发展情境的影响的关注。然而，最近人们渐渐注意到心理功能的情境。过去几十年中，一些交叉研究趋势已经促进了对发展情境的关注。在该领域中发展出来的理论模型和观点，特别是生态学模型（Bronfenbrenner，1979，1986）、发展情境论（Lerner，1991，1996）和毕生发展观（Baltes，Lindenberger，& Staudinger，1998；Baltes，Reese，& Lipsitt，1980），在强调个体发展情境的重要性上特别有影响力。在大部分生态学理论中，情境被看做是促进或限制个体发展的主要环境变量之一。同样，毕生发展观心理学家的中心假设是，个体一生中社会情境的变化与个体独特的历史经历、角色和生物条件之间的交互作用形成了个人的发展轨迹，基于这一中心假设他们也强调社会情境。最近，有关人类发展的发展系统模型的概念已经把个体和情境间动态关系的理论化引入到了一个更抽象、更复杂的水平（Dixon & Lerner，1999；Lerner，2002）。在这样的模型中，多重组织水平的变量间的整合的、相互的、动态的关系以及变量间的互动构成了发展变化的核心过程（Ford & Lerner，1992；Gottlieb，1997；Lerner，1998；Thelen & Smith，1998）。

除了上面提到的理论进展外，还有越来越多的关于社会情境和生活经历多样性的研究。在对现有的社会、情感和人格发展的概念及实证研究的综述加以总结时，Eisenberg（1998）认为要把对情境和环境的日益关注作为发展研究中的一个关键主题："影响的多水平研究，包括文化和亚文化的多样性、种族和民族、生理性别和心理性别，以及家庭和群组类型，反映了发展心理学中对情境的急速增长的兴趣"（p.20）。同样，Eisenberg指出概念框架正变得更加条件化、多层面和复杂化，并且有一种越来越明显的倾向，就是把发展看做是"互动中的情境因素和参与者的特征所形成的社会互动"的结果（p.20）。因此，在心理功能的大部分领域中，有关个体发展情境的多样性的研究已经成为主要的研究主题（Damon，1998；Eisenberg，1998；Masten，1999；Wozniak & Fischer，1993）。

应用的和问题取向的研究也对人类发展中情境的日益相关性作出了贡献。在那些旨在理解生活在贫困或不利社会经济条件下儿童的特殊情况的研究中，情境已成为明确的关注点（McLloyd，1998）。同样，为使项目设计能够改善儿童的福利而考察儿童环境的研究特别关注情境变量（Kagitcibasi，1996），因为这些中介的情境因素被假设可以通过项目得到改变。

尽管上面提到的发展过程和儿童发展情境越来越概念化，但是在发展心理学中似乎还存在将文化和情境作为同义词看待的普遍的基本趋势。文化被操作化为情境变量并且被作为自变量对待。即使把文化作为个体和情境间交互关系中的决定性变量（Sameroff，1983）或者动态发展系统模型中组织的多种水平之一（Lerner，1998，2002）进行研究时，仍然把它和与它相互作用的个人发展结果分离开来加以对待。这种将文化作为情境的观点，可能反映了该领域对已有的科学方法的持续依赖，以及对建立情境和行为间普遍关系的关注。有趣的是，关于文化影响个体发展的本质的相似关注和核心假设，在人类发展的跨文化研究方法中也非常明显。因此，我们现在将注意力转到描述文化研究中跨文化心理学方法的基本特征上。

跨文化心理学：关注文化变量

跨文化心理学作为一个领域，其典型特征可以被认为源于它出现的原因。针对心理学中忽视文化变量并将其看做是干扰变量或误差的这一倾向，跨文化心理学这一心理学分支学科应运而生（Kagitcibasi & Poortinga，2000）。因此，它作为主流心理学的一种特殊的方法策略而起作用，而不是作为一个分领域（具有特定认识论的、理论的或内容相关的重点）发挥作用（Brislin，1983）。该领域通常由比较的跨文化分析方法所界定，这种方法的目的是探索人类心理功能的异同点（Berry，1979；Brislin，1983；Jahoda，1992；Jahoda & Krewer，1997）。

除了它的典型方法论，跨文化心理学的文化比较方法也扎根于对心理功能普遍性的假设中（Miller，1997；Poortinga，1997）。跨文化心理学的核心假设是关于人类发展的普遍性和用来揭示普遍性的文化比较方法的恰当性，这一核心假设反映出跨文化心理学的三个主要目标，即：(a)检验或扩展现有理论和在其他文化背景下研究结果的适用性，(b)证明和理解不同文化间心理功能的变化，(c)整合研究发现以便于生成适用于更宽泛文化背景的更普遍的心理学（Segall，Dasen，Berry，& Poortinga，1999）。

Kagitcibasi 和 Poortinga（2000）充分强调了在文化比较方法中心理功能普遍性这一假设的中心性。他们认为，文化相对论或普遍性的假设对方法论有重要意义：

> 只要有跨文化心理过程的不一致性，就有数据的不可比较性。对现象独特性的坚持使比较落空，并且使一般性方法和工具的使用变得不恰当。因此，如果人类心理一致的假设遭到拒绝，文化比较研究的整个体系就会崩溃。（Kagitcibasi & Poortinga，

2000, p. 131）

　　尽管普遍性假设是跨文化心理学的核心假设，但是至少在它现有的构想上，该假设受到了该领域内很多人的质疑。自 20 世纪 70 年代以来，在发展中国家工作的"本土化的"心理学家已经质疑西方理论家对自身工作是客观的、价值中立的和普遍的这一声明。相反，他们反对心理学大部分理论深陷在自由至上、个人主义理想的欧美国家的价值中（Kim, Park, & Park, 2000）。从 20 世纪 70 年代末开始，东亚和东南亚的心理学家通过提倡要发展植根于本土文化和哲学传统的心理学结构和框架而不是依赖引进的结构和框架来表达自己的意见（Enriques, 1977; Ho, 1988, 1998a; Sinha, D., 1986, 1997）。在儒家传统文化中，描述个体间基本关系的构念，在提升本土心理学框架的地位上起到了特别重要的作用（Choi, Kim, & Choi, 1993; Ho, 1976, 1988; Lebra, 1976）。

　　尽管跨文化心理学这一分领域最初主要根据可比较方法来定义，但是当前的理论家们已经进行了对最初方法的批判性讨论和以社会文化传统为导向的再认识（Jahoda & Krewer, 1997; Poortinga, 1997; Segall et al., 1999）。尽管可比较方法和对具有文化包容性、普遍性的心理学的探求仍然保持了跨文化心理学的特点，但近年来的趋势表明，它是和心理学中其他考察文化和人类发展交叉点的分领域有聚合的且有潜力的一个领域。

文化心理学：作为相互建构的文化和个人发展

　　跨文化心理学是从对心理功能的普遍性的探究为视角而提出的，而文化心理学则通常是从文化相对性的视角提出的。然而，我们认为将文化心理学描述为主要代表文化相对立场是不准确的，并且掩盖了这种方法在文化和人类发展研究中更重要的典型特征。我们强调文化心理学的三个核心特征。

　　许多方法已经被归类到文化心理学标签下（Harwood, Miller, & Irizarry, 1995; Miller, 1997; Shweder et al., 1998）。最常见的例子包括对 Vygotsky（1987）社会历史理论的延伸（Cole, 1990, 1996; Rogoff, 1990; Wertsch, 1985, 1991）和强调文化是人们用以解释经历的意义系统、符号和惯例的理论（Bruner, 1990; Goodnow, Miller, & Kessel, 1995; Greenfield & Cocking, 1994; Markus & Kitayama, 1991; Shweder, 1991）。文化心理学也包括将生态结构与来自文化和人格学派的结构整合起来的模型（D'Andrade, 1984; LeVine, 1973; LeVine et al., 1994; Super & Harkness, 1986）以及基于"活

动理论"的模型（Eckensberger，1990）。

尽管文化心理学没有一个统一的定义或者理论观点，但是所有的方法有一个共同的关注点，即理解文化构成的意义系统。这些方法的第一个（first）核心特征是一个共同假设，即人类通过在社会互动情境中获取的文化象征系统来建构意义。因此，文化心理学家把人类的心理功能看做是一种自然发生的特性，它源于和行为实践相联系的符号中介经验以及特定文化社区中历史积累的思想和理解的意义（Shweder et al.，1998）。

伴随着对文化意义的强调，多种文化心理学方法的第二个（second）统一主题是文化和个体心理功能是相互建构的假设。该假设认为，不能孤立地理解文化和个体行为，但是它们也不能彼此还原（Cole，1996；Miller，1997；Rogoff，1990）。按照这种观点，文化和个体发展不能分成自变量和因变量。这个假设使得个体和情境间关系的概念超越了双向影响性，这种双向性是发展心理学中主要生态模型的基础。相反，它的假设是，不能将人类发展和观察到的发展活动分开。思维、言语和行为的特定模式来源于（arise from）社会行为的具体形式，并且和社会行为的具体形式紧密相连（remain integrally tried）（Cole，1990；Vygotsky，1978；Wertsch，1985）。"思维、认知、记忆等并不能作为个体的特性或属性，而是作为可以在心理间或心理内执行的功能来理解的"（Wertsch & Tulviste，1992，p.549）。因此，关注点是把"人—活动—与—中介—方式"作为合理的分析单元，而不是将个体定义为"有能力和技能"（Wertsch，1991，p.119）。换句话说，个体的能力（ability）和倾向（trendency）不是与它们被使用的情境分离的。争论点在于当关注点是人类活动（action）时，我们要被迫立即对活动的情境做出解释，因而不能将情境和人类功能分离开。

文化心理学方法中第三个（third）统一主题是对解释方法的偏好。因为基本假设是文化和行为在本质上是不可分割的，所以人们倾向于将心理的功能作为文化群体成员的经历和理解进行描述和解释。因此，关注点是呈现特定行为对行为个体所具有的意义。一般效度是通过在情境一致性内探索客观意义而确立的（Harwood et al.，1995；Jahoda，1992；Jahoda & Krewer，1997；Shweder et al.，1998）。因此，文化心理学的目标就是理解共享意义系统的直接推动力以及在既定情境中是如何建构这些意义的（D'Andrade & Strauss，1992；Harkness & Super，1992）。对情境的理解必须包括理解生活在这些情境中的个体的内隐社会规范和互动规范，这些个体的行为和期望既形成他们所属的体制结构也受这些结构的影响（Harwood et al.，1995）。尽管文化心理学家承认生态模型所表达的多重情境，但是他们认为情境不能仅仅概括为环境影响，因为后者没有考虑在那些情境中建构意义的人的系统。

总之，我们已经强调了文化和人类发展研究的三种主要方法的核心假设。尽管这三种方法是不同的并且会保持这种不同，但是基于它们不同的目标和假设，我们现在通过整合三种方法的文献来强调它们对父母信念系统研究的互补性贡献。我们会阐明如何使基于父母的民族理论的具有文化包容性和综合性知识发展成为可能。

教养的民族理论：文化和儿童发展间的相互作用

20 世纪 80 年代初以来，父母的信念和行为已经越来越多地受到发展心理学家、文化心理学家和跨文化心理学家的关注（Bornstein, 1995; Goodnow & Collins, 1990; Sigel, 1985; Sigel, McGillicuddy-DeLisi, & Goodnow, 1992; Super & Harkness, 1986）。父母的信念被定义为"行动指南"（McGillicuddy-DeLisi & Sigel, 1995, p. 16），并且由具体概念构成，这些具体概念涉及儿童的天性、有关发展的期望、父母的角色和良好教养的界定。因为教养信念是系统性地相互关联的、社会建构的，并源于更大的文化信念系统，Harkness 和 Super（1996）称它们为"教养的民族理论"。

尽管在关于教养（Bornstein, 1995）和家庭社会化（Parke & Buriel, 1998）的大量文献中，父母信念的研究只占了很小一部分，但教养信念正引起越来越多的关注。通过描述当代的家庭社会化观点，Park 和 Buriel（1998）认为父母的情感和认知越来越多地被看做是家庭中社会化过程和理解亲子关系的性质和社会化行为的核心。此外，由于父母的信念是在更大的社会历史和文化情境中建构的，因此有关它们的研究通常揭示了宏观系统水平的意识形态和情境是怎样在微观的教养互动过程和行为中具体化的。

在以下教养民族理论或父母文化信念系统的综合描述中，我们借鉴了来自发展心理学、跨文化心理学和文化心理学观点的研究。我们从来自发展心理学的贡献开始，接着讨论文化比较研究如何增强了我们对教养信念多样性的理解。最后，我们呈现研究实例，这些研究是由跨学科界线的理论整合框架推动的。我们认为跨学科研究有望发展具有文化包容性的理论和实证资料。

关于教养的信念：来自发展心理学的贡献

在发展心理学领域中，研究者试图客观描述父母关于儿童的天性和价值、发展的本质以及与此相关的教养在发展中的作用的信念（Sigel，1981）。该领域的早期研究也试图证明父母信念和教养行为之间的线性关系。然而，对教养态度和父母行为的相关研究中的不一致和对测量方法（如使用相对简单的自我报告问卷）的批评，导致了对这一研究路线的暂时放弃（Bugental，Mantyla，& Lewis，1989；Goodnow & Collins，1990）。20世纪 80 年代中期伴随着一个首要目标，即发现父母的信念、看护行为和儿童发展间存在的联系，对父母信念研究掀起了新一轮的兴趣。父母信念概念的拓宽、对因果关系复杂性的认识和用于研究复杂过程的更好方法反映了发展一致的、连贯的知识体系的巨大潜力，这一知识体系可以实现前述的首要目标。

发展心理学最重要的贡献之一是提供了关于"良好"或"正常"教养的一般信念的基础。教养的这些定义或特征通常是基于将具体教养行为和积极的儿童发展结果联系起来的研究。例如，Baumrind（1971）的三种教养方式（权威型、专制型、放任型）的特征，在美国对定义良好教养的特征很有影响，而且它继续生成了证实教养方式和有关父母权威的信念的研究（Smetana，1994）。Baumrind（1971，1991a，1991b）证明了权威型教养和积极的儿童发展结果（如自尊、能力、适应性、内在控制）间存在联系，这导致了美国中产阶级家庭对这种教养方式赋予积极的价值。相反，由于在 Baumrind 的研究中，专制型教养和消极结果（如不顺从、低自尊、低社会能力）相联系，所以这种教养方式被认为是消极的。

同样，婴儿期恰当的教养行为的定义是基于有关依恋研究的大量文献的。在文献中，温暖和敏感性、反应性的父母照料被认为是安全依恋可靠的（如果不是强健的）催化剂（综述，见 Goldsmith & Alansky，1987；Isabella，1995；Lamb，Thompson，Garndner，Chanov，& Estes，1984；Thompson，1998）。同样，论述了促进语言发展的亲子语言互动模式（Heath，1982；Snow & Goldfield，1982）、亲社会和移情的发展（Eisenberg，1989；Zahn-Waxler & Smith，1992），甚至早期脑发育的研究都影响了美国关于适当的儿童教养的观念。

尽管发展心理学家已经成功描述了各种儿童教养的信念和行为的影响，但是很多早期工作都关注欧裔美国人、中产阶级样本，只针对所选群体具有普遍性。而且，尽管他们试图体现情境差异，但是这种早期研究的基本假设和观点反映出了很大程度的民族优越感。幸运的是，越来越多的对在美国发展起来的教养理论普遍性的挑战导致了一个新兴的研究主体，这些研究论述了教养信念和行为的多样性。现在我们转向对这种研究的简明表述，主要强调对过去15年中由跨文化心理学和发展心理学生成的研究进行整合。

教养信念和行为的多样性：来自文化比较方法的贡献

这部分跨文化研究的选择性综述描绘了跨文化心理学研究和发展心理学研究之间的交叉点（更全面的综述，见 Bronstein，1991，1995；Goodnow & Collins，1990；Harkness & Super，1995；McGillicuddy-DeLisi & Sigel，1995；Okagaki & Divecha，1993）。与父母的信念有关的一些关键主题浮现出来，比如有关儿童发展的信念和期望的性质、教养信念本身的发展以及教养信念、教养行为和儿童行为之间的关系。

很多文化比较研究确认了文化信念对观念和行为的影响。例如，McGillicuddy-DeLisi 和 Subramanium（1996）考察了坦桑尼亚和美国受过良好教育且生活富裕的母亲对智力发展的信念。对两个样本进行了同样的关于知识获得的问卷测查。两个样本对不同的学习过程，如直接教学、实验或观察赋予的重要性是不同的。在另一项研究中，Edwards、Gandini 和 Gionaninni 用日本和美国研究者共同创造的测量方法，比较了美国和意大利的父母和养家者对发展时间表的预期。与使用该问卷对其他人群进行的研究相比较，美国父母有更早的发展预期，而意大利父母的预期是中等范围的。此外，美国的父母比教师有更早的预期，而意大利父母比教师有更晚的预期。但是，另一项研究比较了日本母亲对气质的看法和西方的标准化气质量表，结果发现气质的9个维度中有7个是被同样感知到的，但有2个维度（持久性和注意力分散性）则不是（Shwalb，Shwalb，& Shoji，1996）。这些例子代表了以跨文化心理学的目标为指导来识别和理解文化间变异的研究的典型。

在研究文献中也论述了有关儿童理想特征的父母信念的多样性。例如，Gonzalez-Ramos、Zayas 和 Cohen（1998）发现在波多黎各家庭中，对家庭的尊重、顺从、热爱、诚实和忠诚是受到高度评价的特征，然而，S. R. Sinha（1995）发现对印度儿童来说，服从权威、从属和对关系等级秩序的被动尊重是值得赞扬的品质。这些信念与崇尚儿童独立和自主的普遍信念形成了对比，而后者通常存在于美国中产阶级欧裔美籍父母中（New & Richman，1996；Richman et al.，1988）。事实上，在很多比较欧裔美籍父母和亚洲父母的文化信念和行为的研究中，有关独立与相互依赖、个性与协调以及自主与尊重权威方面的信念对比是反复出现的（如，Azuma，1994；Rothbaum, Pott, Morelli, & Constant, 2000）。

跨文化研究者也证明了影响教养信念发展的因素也对文化内和文化间的变化起作用。综合该课题研究的观点，Okagaki 和 Divecha（1993）描述了一些影响父母信念发展的因素，包括儿童特征、养育者特征、婚姻关系、专家意见，以及来自父母的工作、社会关系网络和社会经济条件的更大影响。其他研究者试图解释个体和文化因素是怎样影响教养信念的发展的。Kojima 在对日本儿童养育的历史分析中，讨论了朴素心理学、民族心理学的贡献，以及非专业人士、专家顾问和学术研究者对父母信念系统的影响。同样，Grusec、Hastings 和 Mammone 检验了关系的内部工作模型的影响，以及它是如何影响对儿童行为归因的。他们提出了以下模型：

> 与发展时间表、改变儿童行为的方法和价值观有关的更普遍的信念更容易受到个体所生活于其中的文化的影响，而关于自我效能感和消极归因倾向的更具体的信念更可能受到与自己孩子的具体经历的影响。（Grusec et al.，1994，p. 16）

当前关于父母信念和行为关系的跨文化研究是以这些复杂性关系的更广泛概念为指导的，而不是以先前的关于态度和儿童养育行为的线性关系假设为指导。关于理解信念和行为间错综关系的焦点通常集中在日常儿童照看行为上。例如，在文献中，与睡眠相关的背景、行为和信念在文化间和子群体间的变化已经引起关注。社区间（在美国或其他国家）家庭睡眠安排的差异被证实反映了更大的社会价值观。美国家庭强调自立和婴儿的自我管理能力，这和鼓励婴儿与家人分开自己睡觉的行为有关（Harkness & Super, 1995; Morelli, Rogoff, Oppenheim, & Goldsmith, 1992; New & Richman, 1996）。相反，中国、日本、意大利和印度的家庭强调相互依赖，这使得在世界上的这些区域中，与家人一起睡的行为更普遍（New & Richman, 1996; Rothbaum et al., 2000; Shweder, Jensen,& Goldstein, 1995; Wolf, Lozoff, Latz, & Paludetto, 1996）。

在教学任务的亲子互动中也能观察到教养信念和行为间的联系。Pomerleau、Malcuit 和 Sabatier（1991）发现，当观察教学任务中的背景、母亲信念和母子互动时，蒙特利尔的三种文化群组（魁北克、越南和海地）间存在明显的差异。信念和教学行为间的显著关系浮现出来，这种关系反映了关于儿童发展和行为的文化概念。

对信念、行为和儿童行为间的关系进行的比较研究将教养信念和行为间的关系推进了一步。依恋的早期研究证明了依恋行为中存在文化差异，特别是各种依恋类型的比率会因文化情境而不同（Grossmann, Grossmann, Spangler, Suess, & Unzner, 1985; Sagi et al., 1985; Takahaski, 1986）。这些差异被看做是所研究文化（德国北部、以色列、日本和美国）中不同的儿童养育行为的结果。另一个例子证明了信念驱动的父母行为导致荷兰婴儿实际上比美国婴儿睡眠时间长（Super et al., 1996）。荷兰父母极力强调有规律的睡眠时间和休息对儿童的重要性。同样，在一项考察婴儿游戏行为和父母对发展和社会化的想法的民族志学研究中，Gaskins发现美国和危地马拉婴儿的游戏行为间的差异与教养民族理论的差异有着一致联系。

关于父母的信念和行为间关系的现有研究表现出对早期关注父母的态度和行为间联系的重大进步。早期研究关注行为的个体水平，试图证实已有的教养信念对照看行为的直接效应（Bugental et al., 1989）。相反，当代观点使用了父母信念的更广泛概念，并且从理论上预测教养信念和行为间衍生的联系。这样的理论观点反映了来自人类发展的跨文化研究与文化和发展心理学的知识的整合，并且代表了交叉学科的发展前景。接下来，我们提供论证文化、跨文化和发展方法的整合是如何实现的研究例证。

整合的观点：来自文化心理学的贡献

尽管论证父母信念多样性的研究的文献非常多，但是这对教养民族理论的综合理解来说是不够的。随着共享文化和社会机构融入个体发展，文化心理学的方法在将注意力集中在它们的宏观影响上发挥了核心作用。例如，社会文化理论强调要理解文化和社会机构在赋予特权和维持有关恰当教养的共享信念中的作用，以及个体在关于教养的习俗和宏观意识形态中共同产生变化的过程。尽管习俗和宏观意识形态可能为个体水平的教养信念的社会建构创造了条件和情境，但是它们自身是通过共同的个体行为来构建和制度化的。因此，关于教养民族理论的综合观点必须能够使文化社区共享的教养信念处在更大的社会历史和生态情境中，并且将这些与教养行为和儿童发展结果联系起来。此外，这些观点必需能够解释个体从文化角度来恰当地共享教养信念所凭借的社会建构的过程，以及解释个体怎样共同表现出宏观或社会水平的变化。

在个体水平和社会水平上研究文化这一概念上的焦点，体现在一些系统描述文化—生态情境、信念系统、教养行为和儿童发展结果之间联系的理论中。Super 和 Harkness（1986）的发展的生态位（developmental niche）构想是一个例子。他们假设个体的发展的生态位包含三个互相联系的成分，它们适合更大的生态和文化背景，互相影响，并且将彼此维持在平衡状态。这三个成分包含儿童生活的物理和社会背景、儿童照看的风俗和行为以及养育者的心理（这包含他们的文化信念系统）。假设是，这些民族理论或文化信念系统在父母为儿童组织环境时的行为和活动中、养育风俗中和亲子之间的日常互动中得到表达或具体化（instantiated）。父母的养育行为反映了文化特有技能、信念和价值观的普遍差异，而且儿童经历的进程是由这些养育风俗决定的。这能够导致文化群组水平上可观察到的发展差异（Harkness & Super, 1995）。

　　这种整合的构想使我们不仅仅可以证明文化间的差异，以及强调重要的社会化目标和儿童养育行为的文化相对性。我们的论点是：社会文化和文化心理学的观点为理解教养的多种文化模型提供了特别有用的方法，在多种文化模型中，社会文化情境、教养信念、行为和儿童发展结果以在特定社区内具有文化一致性的模式进行整合。LeVine 等人（1994）在非洲东北部的古西人中和美国东北部的城市、中产阶级社区中所做的扩展研究，提供了一个有关早期儿童养育的不同文化模型的特殊例子，这些模型在每个社区内表现出文化一致性和适应性。我们详细描述了这些模型，以阐明存在同样有效的教养和儿童发展的替代概念。

　　LeVine 等人（1994）将早期儿童养育的文化模型定义为社区儿童养育行为所基于的最初原则的民族志重建。这些文化模型包含对标准的和期望的儿童抚养目标的假设和信念、实现这些目标的一般策略以及具体环境中的行动计划。LeVine 等人将古西模型称为儿科（pediatric）的，因为它主要关心的是婴儿的生存、健康和身体成长，而将美国模型称为教育学（pedagogical）的，因为它主要关心的是婴儿的行为发展和教育发展。从 LeVine 等人的研究中，我们简要概括出教育目标、教养策略和行动计划间适应的、文化一致性的联系，以及每个模型（在名称中有效表现出的）中儿童的发展（1994, pp.248-270）。

　　古西儿科模型的主要目标是保护儿童远离威胁生命的疾病和环境危害，该目标在高死亡率的情境中特别适用。古西母亲的内隐假设是，婴儿期是儿童生命中一个十分危险的时期，需要持久的保护。因此，她们把和婴儿保持身体接触作为提供持久保护的一种方式，而且主要关注抚慰痛苦以及保持婴儿的满足和平静，她们假定这些状态表明婴儿良好且没有受到伤害。相反，美国教育学模型的目标是激发婴儿的机敏、好奇、对周围环境的兴趣、探索以及与他人交流。这可能是因为在现代医学和较低婴儿死亡率的背景下，生存和健康更可能得到保障，所以这些是背景关注。在LeVine 等人（1994）的教育学模型结构中，美国母亲将自己看作是教师，她的主要责任是确保婴儿为早期教育做好准备。因此教养策略关注那些旨在促进婴儿参与到物理世界和社会世界中的激励和典型对话。

当儿童养育的文化模型存在差异时，于是出现了这样一种结果：每个模型的支持者，可能是另一个模型的目标和惯例的批评者，并认为它们是不恰当的、无效的。例如，LeVine 等人（1994）认为从美国教育学模型的观点来看，古西婴儿似乎被剥夺了那些美国母亲会提供的且对提升社会、情感和认知技能是必不可少的激励和情感支持。然而，从强调身体接触、反应性保护和抚慰的古西儿科模型的观点来看，美国养育者的行为似乎反映了不称职的养育。从古西观点看，限制婴儿和母亲身体接触的行为，如让婴儿在单独的床上或单独的房间里睡觉、出生后相对短时间的哺乳、偶尔对婴儿哭闹做出反应以及较少的抱和背婴儿，似乎是严酷的。

LeVine 等人（1994）对古西社区婴儿养育的个案研究，不仅是强调了儿童养育目标和行为的文化相对性。他们对古西养育模式的结果进行了谨慎而综合的评估，为质疑关于恰当教养或儿童养育行为的假设的民族中心主义提供了宝贵的经验。虽然古西幼儿没有经历美国幼儿中常见的激励类型以及认知和语言技能的支持，但是 30 个月后古西儿童和同伴以及社区成员间的社会经历会促进其能力的发展，而这些能力是不能较早获得的。

古西案例告诉我们，在头 2～3 年中，在西方情境下促进认知、情感和语言技能的具体教养行为的缺失，不一定会破坏每个孩子所需要的东西。像非洲和其他地方的很多人一样，古西有发展技能、培养美德和促进自我实现的社会组织方式，这些都是在断奶后不依赖于母亲且直到 3 岁后都没有结束的；他们通过参与家中和更大社区中已确定的、有等级的互动结构来参与学习——这是学徒学习的一种，在西方曾经很普遍，而我们只是刚开始深入理解（LeVine et al., 1994, p. 274）。

因此，使用文化心理学方法的研究对发展儿童发展理论有巨大潜力，这些理论代表了成长和发展的多种模型和途径。Rogoff、Mistry、Göncü 和 Mosier（1993）提供了另一个文化比较研究的例子来阐明不同的行为模式，然而每个模式都反映了文化情境、信念、行为和儿童行为的内部一致性。这些研究者选择了四个文化社区（危地马拉的玛雅农民社区、印度的部落村庄、土耳其中产阶级社区和美国中产阶级社区），这些社区中儿童与成人活动的分离程度是不同的。对养育者—幼儿互动的观察揭示了两种学习模式，这与儿童观察和参与成人活动的不同程度是一致的。

在儿童与成人活动分离的社区，成人有责任通过管理儿童动机、口头指导以及将他们作为游戏和交谈的同伴来组织儿童学习。相反，在儿童有机会观察和参与成人活动的社区中，养育者用反应性帮助来支持幼儿自己的努力。幼儿似乎有责任通过观察正在发生的事情和开始进入成人活动来学习（Rogoff et al.，1993，p. 151）。在每个社区内都有一致的模式，这些模式是与下列文化情境相关的：与成人活动的分离度、父母关于儿童发展的目标、谁对学习负有责任的不同假设和养育者—幼儿互动模式。

教养的多种文化模型描述了社会文化背景、教养的民族理论、儿童保育行为和儿童发展结果间的整体联系，研究这些模型的原因是多方面的。迄今为止，对发展更有文化包容性的儿童发展理论的理论意义的讨论，突出强调了对该理论的需求。然而，这绝不是唯一或最重要的原因。毕竟，这一领域的重要意义在于，我们能够使用理论和研究得到的知识来促进儿童和家庭的发展。对指导项目规划和实践的知识的不断增长的需要，也强调了对论述教养的多种文化模型的研究的需求。在下一部分，我们关注迄今为止的讨论中得出的一些经验。

对研究、项目规划和实践的意义

我们为研究以及指导项目规划和实践的政策所得出的经验，和我们对整合不同观点以研究文化或至少把它们看做是互补的强调是一致的。在这部分，针对那些对促进儿童和家庭积极发展的干预措施感兴趣的研究者和项目开发者，我们简要讨论一下经验教训。

转变研究者观点

正如我们在这一章前面讨论的，有关文化和个体行为之间的关系存在不同的观点。跨文化心理学家（Poortinga，1998）和发展心理学中的生态系统论（Bronfenbrenner，1986）、发展系统论的理论家（Lerner，1992，1996，2002）做出的令人信服的推论强调对建立文化、环境和行为变量间合法关系的需要。另外，与其说文化心理学家否认心理的普遍方面，不如说他们假设心理结构和过程在不同的文化情境中有根本的变化（Miller，1997），并且存在多重的、不同的心理而非单一心理（Shweder et al.，

1998）。我们认为这些观点证明了互补性目标，如果在理解情境后做了文化社区间的行为比较，这些互补性目标就能够整合到一起。

这种观点的整合认可了研究情境和行为间合法关系的意义的重要性。通过尝试理解过程而不仅仅是证明群组差异，研究超越了对人类行为变化的单维解释。具有文化包容性的观点必须整合有关社会建构意义系统的关注点，这些关注点的目标是通过文化比较方法建立行为和意义建构过程的泛文化结构或普遍维度。意义系统是普遍但多变的假设，允许我们专注于文化意义但也能够使我们进行跨文化比较，因此存在研究泛文化结构和关系的发展的可能性。

因此，从这样一种整合的观点进行研究，在做出判断和进行组间比较之前，需要提高这一领域中关于意义的重要性的认识。在应用方法论和解释我们文化比较研究的结果前，我们需要从文化角度"跳出旧有的思维模式"，以排除我们自己的民族优越感的阻碍。在依恋模式的比较研究中，Harwood 等人（1995）将对文化意义的关注和对建立依恋的普遍维度的兴趣结合起来。在对依恋的传统测量方法做出比较和解释之前，他们首先检验了父母关于理想依恋行为的看法，或者依恋对波多黎各母亲来说意味着什么。他们发现欧裔美国母亲希望幼儿能保持游戏／自主和亲密性的平衡，而且不喜欢幼儿黏人。她们希望自己的孩子自信、独立、快乐并能发挥自己的潜力。可是波多黎各母亲希望她们的孩子受到尊重，并且讨厌过于主动或过于回避的行为；她们希望自己的孩子是受尊重的、冷静的、有礼貌的以及专心的。即使两个群组在理想目标上是不同的，但两者所偏爱的群体都是"安全"群体。但是这种相似性具有一定的误导性。"对两种文化来说，最佳平衡点更可能在连续体的中等范围内，而不是在两个极端之一；然而，在两个群组内连续体自身似乎被赋予了不同的定义"（Harwood et al., 1995, p.143）。

从他们的研究得出结论的过程中，Harwood 等人（1995）声称必需区分基本的人类机制和文化结构，基本的人类机制是普遍的，文化结构是人类在试图理解这些机制时建立的。以依恋研究为例，他们认为应该有一个共同的框架，但是在框架内研究的两个不同水平间有差异。例如，

> 证据表明，在婴儿阶段后期归属、谨慎、探索和依恋这些子系统可能是具有人类普遍性的，它们以一致的和可辨认的模式共同起作用。作为依恋行为模式基础的安全感和情感温暖甚至在大多数文化中被认为是值得拥有的。我们以这些机制为基础在美国

心理学中创造了安全的文化结构，然而，这些问题是和该结构相分离的。特别是，内部安全的概念是美国主流文化的理想特性——这是一个文化构建的发展的终极目标，而世界上大部分其他地区并不认同这种目标，内部安全强调独立自主和自主内部资源的重要性，以及独立的个体能够在与其他自主的、独立的个体的交往中和谐共存并感到满意。（Harwood et al., 1995, p.36）

这个例子突显了"依恋安全性"的结构具有文化局限性的本质，这可以有效地提醒研究者质疑他们正在研究的理论结构的民族中心性。详细检查用于评估的方法是不够的；我们的理论结构可能也需要受到质疑。

整合多种研究方法

在一个相似但针对方法论的概念化立场上，Garcia Coll 和 Magnuson（1999）提倡范式转移，他们认为，为了全面理解文化过程对儿童发展的影响，我们必需勇于使用多种调查、评估、分析和解释的方法。要点是确保将理解文化过程作为发展过程的概念化和研究的核心，而不是外围。Garcia Coll 和 Magnuson（1999）强调分解文化并不意味着把它作为"社交称谓"变量对待（Bronfenbrenner, 1986）。

怎样操作文化或文化情境这一问题，是文化和跨文化心理学家之间以及情境主义方法和社会文化方法之间的概念争论的中心。文化应该被概念化为情境以及对行为或发展的一种独立影响（如，前期条件的设定），还是应该被概念化为文化建构意义系统？也许更重要的问题是：我们怎样集中理解情境和不同情境中包含的文化建构意义系统？当仅仅关注文化建构意义系统时，会有使变化依赖于文化"解释"的危险，而这通常倾向于排除更本质的分析（Kagitcibasi & Poortinga, 2000）。那么，对重要的社会结构因素的理解，像社会阶层地位、贫穷和低受教育水平，就很容易被忽视。另一方面，关注作为"社交称谓"变量的情境（Bronfenbrenner, 1986）可以强化过去的假设，即群组间发展的原因是相似的，但是群组间的差异是由于暴露在不同的因果媒介或环境以及生物倾向性导致的。

跨文化心理学和文化心理学间的方法论争论也和主位/客位的区别相联系（Berry, 1969）。文化心理学家强调每个文化情境中结构的独特性，因为意义是从这些情境中产生出来的，然而跨文化心理学家强调关注不同文化社区间普遍结构和普遍测量的比较方法（Kagitcibasi, 1996）。行为是主位（emic）或具有文化特定性的，在这个意义上行为就只能在它所发生的文化情境中来理解；如果行为是客位（*etic*）或者说是具有普遍性的，那么它对所有文化中的人都适用（Kagitcibasi, 1996; Poortinga, 1998）。

使用整体的、情境化的方法还是使用比较的、非情境化的方法，这个问题是争论的中心。每种观点的支持者批评其他人偏爱的方法论。对那些使用严谨的方法论中常规实证标准的心理学家来说，他们通常不接受那些特别适用于从主位的观点来研究文化特有现象的解释方法。同样，使用客位结构来建立文化变量和心理现象间合法关系的文化比较方法论也因其对文化情境不敏感而遭到批评（Greenfield, 1997）。

因为有关人类本质的科学研究必需关注意义及有意义的行为，并且没有一种方法可以完全说明或解释所有的行为（Poortinga, 1998），我们认为每种方法都有其独特的方面并且相互补充，为全面理解人类发展做出了贡献。因此，文化研究的不同方法论方法也应该被看做是互补的："比较方法不能排除情境论取向"（Kagitcibasi, 1996, p.12）。事实上，将心理现象的情境依赖性进行概念化能够使研究关注揭示不同情境中的因果关系，实际上这样可以导致更好的概括性。

Garcia Coll 和 Magnuson（1999）的研究提供了一个整合替代性方法论方法的互补性关注点的例子。他们通过将变量概念化为文化环境和个体互动的产物，来确保文化仍然是他们研究过程的核心。例如，在他们对来自波多黎各较低社会经济背景的母亲进行的研究中，母亲—幼儿互动模式不仅仅被看作是母亲特征的产物。相反，它被概念化为儿童养育情境和个体互动产物的变量在这项分析中得到建构。例如，有关一些成人帮助她照看孩子和她先前的儿童照看经验的母亲报告被建构为一个具有文化意义的变量，这个变量代表了文化社区对她们的支持程度而不论母亲年龄的情况如何。研究者发现，相对于个体的母亲特征（如年龄或受教育水平）和独立行为（如目光接触、言语表达等）间的关系，这些变量与母亲—幼儿互动的质量方面有更强的联系。

此外，在进行跨文化社区比较时，Garcia Coll 和 Magnuson（1999）描述了在进行组间比较前是怎样单独研究每个群组，以便在每个文化群组内操作相关变量的。Rogoff 等人（1993）使用并详述了一个类似策略，这是在进行群组比较前，在每个群组内发展结构和变量以及检验群组内模式一致性所用的策略。在比较这些模式和其他社区中出现的模式之前，他们在单独的章节中具体报告了他们对每个文化社区的发现，以强调他们对引导参与模式的主位理解。

使用多种方法论策略与项目评估密切相关。例如，Easterbrooks、Jacobs、

Brady 和 Mistry 使用了包括质性研究和尝试解释在内的多种方法，对一个为青少年父母所设的全州范围内的项目进行了评估（准备出版），当前评估包括多种成分（结果和过程评估）。评估的一种民族志学成分检验了干预过程和方法是如何与家庭民族理论以及文化脚本（文化信念系统及其行为表现）相互作用并因此如何影响该项目预期目标的完成和结果的。这个成分被设计为针对干预项目所服务的三个文化社区的一项独立研究。只有在社区内模式得到检验和解释后，才能进行跨社区比较。

我们所强调的对研究的意义同样适用于项目开发和实施的过程。尽管在项目规划和评估中，文化问题只是最近提出的，但是已经有很多具有深刻见解的讨论描绘了对项目开发的挑战和意义（见 Bernard, 1998; Hauser-Cram，第 12 章；Slaughter, 1988; Slaughter-Defoe, 1993）。在下一部分，我们总结了一些这样的挑战。

将文化相关性融入项目规划和政策中

有关儿童发展的文化观点的最重要的贡献之一是质疑发展理论中的普遍性假设：理论结构的普遍性、发展终极目标的普遍性或发展路径的普遍性。尽管人们一直试图将文化观点融入到发展心理学的理论和知识中，但是在项目规划和实施中这些观点的转变只是刚刚开始。转变中的问题就马上浮现出来。如果目标的普遍性和促进目标的最佳实践不能明确，计划干预的任务会变得不同。在为不同社会文化情境和生态情境中的家庭规划项目时，灵活性，而不是项目的标准化，变得非常重要。此外，项目规划和制定必须基于目标人口或群组的知识。

在专门讨论为种族多样性的家庭所设计的项目时，Slaughter（1988）强调，对少数种族和民族家庭生活的文化—生态现实的分析必须先于项目目标的设定。Slaughter 强调了对相关群组的研究结果和文献进行系统研究对设计恰当项目的重要性。"我们很少问自己，对于我们要服务的家庭的历史和文化，我们知道什么，以及我们需要知道什么以便为他们设计出有效的项目"（Slaughter, 1988, pp.467-468）。因此，在描述项目规划的三个要点时，Slaughter 主张必须尊重家庭、必须寻求他们对项目改善的看法、项目内容必须基于项目开发者深思熟虑的判断以及关于群组历史和直接社会背景的知识。

服务社区的这种知识对确保项目目标和传达方法的恰当性来说是必不可少的。Slaughter（1988）用针对青少年怀孕的项目作为例子来说明，有时项目开发者关心的并不是参与者所关心的。尽管干预项目可能关注青少年怀孕的风险，但是青少年怀孕的长期后果可能对母亲和祖母来说并不明显，她们习惯于重视和照顾子女，而不考虑他们出生的环境。同样，Slaughter 用证明大家庭或扩增家庭对非裔美国儿童重要性的研究强调了以非裔美国家庭为服务对象的项目必须提供家庭中心的服务，而不能只将母亲或主要养育者作为服务的接受者。

实施过程的评估表明干预的标准化模型实际上是不现实的。通常，项目实施根据服务的群组或社区而变化，顾不上考虑预期模型。在我们正在进行的一个针对青少年父母的全州范围内的项目评估中，三个社区的民族志学研究表明项目开发者使用并改造项目使其对特定社区具有文化相关性（Slive & Mistry, 2002）。在那些基本上是白种人的远郊社区中实施的项目关注青少年个体，然而在城市社区西班牙语的家庭中实施的同样项目是针对扩大的家庭的。

关于项目规划和实施中文化问题的最近讨论已经确认出其他关注点。Hauser-Cram 和 Howell 关注针对残疾儿童的项目和政策，他们（第十二章）通过呈现阻碍服务实施有效性的服务提供者和项目参与者间的文化不匹配的具体例子，强调在制定政策和服务时文化敏感性的重要性。而且，他们也提出了确保项目文化相关性的建议，如从服务的文化社区中招募专业人士以及维持与当地社区群组的关系（Hauser-Cram & Howell, 第十二章; Slaughter, 1988）。训练具有文化敏感性或文化能力的服务提供者已经被大力强调（Bernard, 1998）。训练服务提供者以组织他们自己的模式以及关于项目和内容的假设、学习倾听家庭故事以便获得关于父母价值观和意义系统的观点，这是 Hauser-Cram 和 Howell 特别强调的重要方面。

结 论

总之，我们强调建立关于儿童发展的更综合、更具有文化包容性的理论和实证资料库的重要性。尽管事实是跨文化心理学家、文化心理学家和发展心理学家从不同的观点对人类和文化发展进行了研究，但我们强调对三个分领域的文献进行整合以建立对任何发展领域都更具有文化包容性的理解是可能的。在关注文化和人类发展之间的相互作用时，发展心理学在从学科外寻找理论观点或研究中没有走在前列。然而，很多有前景的变化在这一领域中得到了锤炼。将文化意义系统融入到不同发展情境研究中的理论框架和研究范式，代表了拓宽我们观点的最有潜力的方法。

在我们当前的世界中，这种关于儿童发展的拓宽的视野和有文化包容性的知识尤为重要。由于全球贸易、通信和科技而产生的国家间的互动与互相联络使不同群体的人联系起来。国内的多样性也由于各种因素，像工作流动性的增强、移民和都市化等，而不断提高。人类现实的多样性和人们生存的条件、环境的变化正变得更加明显，并且导致了对促进家庭和社区间发展的迫切需要。在这种背景下，如果我们认真对待为所有儿童和家庭制定恰当的政策、项目和服务这一目标，那么关于人类发展的具有文化包容性的知识就变得至关重要。

第十章 教育改革：发展中的 21 世纪社区学校

Martin J. Blank, Bela Shan, Sheri Johnson, William Blackwell, Melissa Ganley

从 1983 年《处于危险中的国家》(*A Nation at Risk*)这一报告发布以来，美国及其教育系统就一直处于深刻的改革中。报告称："我们社会的教育根基目前正被平庸人才的增长趋势所侵蚀，这会威胁到我们国家和每个人的未来"(国家教育促进委员会，1983. p. 1)。报告发布以来，改革措施集中出现在两个关键的方面：促进公共教育的选择和使用基于标准的改革。这种过去很少受到关注的改革策略是一种将学校、家庭和社区联系在一起的社区学校途径，这是本章的主要关注点。以社区学校途径为背景，本章先简要回顾其他教育改革的策略。

20 世纪 90 年代的教育改革

出现在 20 世纪 90 年代的选择议程，包括三种不同的形式：对公立学校的选择、特许学校以及私人 / 公立学券制。对公立学校的选择允许父母把他们的孩子送到所属辖区的任何一所学校，或在某些情况下送到邻近辖区的学校中(Malone, Nathan, & Sedio, 1993)。这种在州水平发起的选择形式，被编纂进 2001 年 12 月通过的《不让一个孩子落下法案》(www. edworkforce. house. gov)。

特许学校使用公立学校的资金来运作，但"独立"于校区既定的规则和规章制度之外。他们受制于许多不同的组织，包括自己的公立学校系统。2000 年，全美有近 2372 所特许学校——1376 所小学，522 所初中和 474 所高中(教育改革中心，2000)。这一数量不到全美学校的 2.7%(国家教育协会，1999)，学生的比例数更小，因为大多数特许学校的规模都比较小(教育改革中心，2000)。关于特许学校有效性的证据可谓是喜忧参半。

根据 Manno、Finn、Bierlein 和 Vanourek（1998）的一项研究，"在加入特许学校后，成绩达到'优秀'和'良好'的人数，在非裔美国学生中增加了 23.4%，西班牙裔美国学生中增加了 21.8%。在所有种族的低收入家庭的学生中也出现了相似的结果"（p. 43）。国家教育协会（2000）赞扬了特许学校的创新，但同时指出："研究者只是通过通常使用的测量手段发现了这一结果，在提高学生成绩方面特许学校既有成功也有失败，一些学校取得了成就，而另一些学校还在苦苦挣扎甚至遭到了失败"（p. 4）。

公立学券制，有时称之为奖学金，是最具争议的选择形式。学券制将教育经费直指家庭而绕过教育局。家庭选择他们认为最能满足其孩子需要的学校。他们可以选择公立学校或私立学校，并且可以得到部分或全额的学费补助。"提倡奖学金是由于父母的选择及公立、私立学校间的竞争会改善所有孩子的教育。学券制可以由政府、私人组织或二者一起来资助和执行"（学校的选择，1998，p. 1）。学券制的提倡者认为，所有的父母，尤其是那些孩子在比较糟糕的学校学习的父母，应该拥有与富裕家庭同样的选择机会。

持反对意见的人认为，学券制对颇具历史意义的美国公共教育的责任是种威胁，这种威胁通过减少公共教育资源以及妨碍教会与国家本质上的分离表现出来。尽管对学券制有许多美化，但只有密尔沃基市、克利夫兰市以及佛罗里达州设立了这样的项目（教育政策中心，2000）。虽然学券制似乎确实提升了父母的满意度，但一份来自 RAND 组织（2001）的报告并没发现结论性的或确定的证据来说明学券制会一直改善或损害学生的学业成绩。

虽然这些选择策略备受关注，但是推动 20 世纪 90 年代教育改革的却是基于标准的改革运动。政策制定者希望在制定学业成绩的高标准时能使学校间建立一个公平的竞争环境并能提高所有学生的学业成绩。目前除了爱荷华州外，每个州都有适当的标准（实现，2000）。责任补充标准以及联邦政府和各州的政策开始更加强调要把对高风险的测试作为衡量责任的基本工具。目前，联邦政府的政策（即《不让一个孩子落下法案》）要求测试所有 3～8 年级的孩子。全面的学校改革运动已经作为一种执行标准和帮助学生达到标准的手段出现了（Hansel, 2001）。

标准和责任致使学校几乎以提高学业成绩为唯一的目标。其论点在于随着学校领导阶层、师资、专业发展、有效的课程、责任以及评估的正确组合，学校能教育所有的孩子。

尽管毫无疑问，学校必须按照标准运动建议的方式来改进，但是仅关注改善学业成绩会忽视家庭和社区在儿童生活中所起的作用。近些年来美国学龄儿童在人口统计学上惊人变化的意义也被忽视了。与 1980 年的 26% 相比较（美国人口普查局，1980），目前学龄儿童中足有 35% 全都来自少数民族种族 / 人群（美国人口普查局，2000）。Cuban（2001）认为"学校能独自改善贫穷孩子的生活机会"是种荒诞的说法（p. 7）。他说：

> 任何到城市小学或中学至少待一个星期的人（不是现场参观）只要坐到教室里，倾听老师和学生，参观食堂、运动场地和办公室，就会开始理解一个简单但却无法逃避的事实：一所城市学校会深受居民小区的影响，因为学校从这里招收学生。（p. 8）

因此，标准运动稳定开展的同时，对多种力量共同影响儿童生活及其在学校的成功这一观点的认识导致了一种努力的复兴，即创造学校、家庭和社会间新的合作关系，这种合作关系会改善学生的学习，巩固家庭和建设更健康的社区。许多教育家以及在青少年、家庭和社区发展等相关领域工作的人们，都认识到儿童和青少年不仅要在学业方面有成长，而且在人格上、社会性上、伦理道德上，以及其他对社会有贡献的方面都要有成长（首席公立学校人员委员会，1992）。基础资金项目以"核心信念——儿童要在充满爱的家庭和安全的住所以及支持性的社区中才能得到最好的发展"为基础（David 和 Lucille Packard 基金会，2001, p. 2）。

教育工作者和一大批合作者密切配合，着手开创一种 21 世纪的社区学校，在这种学校里，来自不同学科领域的教育工作者及社区合作者在关注年轻人学习和发展的同时，也着手加强他们家庭和社区的力量。

背景：过去十年间社区—学校的创建

过去的十年已经见证了在尽力连接学校和社区伙伴方面的指数增长。这些努力依赖于相关工作的丰富历史。这包括 John Dewey 将学校看做社区中心的观点（Dewey, 1902），Jane Addams 在 20 世纪初把学校当做社会服务所所做的工作（Addams, 1904），始于 20 世纪 30 年代并在许多社区中仍充满活力的社区教育运动（Manley, Reed, & Burns, 1960; 国家社区教育协会，2001），以及始于 20 世纪 70 年代学校中的社区工作（学校中的社区，2000）。

20 世纪 80 年代末期开始，学校、青少年发展组织、人类服务机构、社区建设组织、社区组织者、父母领导阶层和教育网络、家庭援助组等重新努力创建学校和社区间的稳固关系。地方和州政府、联合劝募协会、高等院校、邻里组织以及商业、市民、宗教和社会组织也包含在内。一系列的行动方案都促进了 Charles Stewart Mott 基金会要求教育领导机构来分析该领域。作为结果的出版物，**共同学习法**（*Learning Together*）为被称作学校—社区的创建提供了新一轮的分析（Melaville，1998）。文件"划定"了发生在学校和社区间的活动的范围，以使决策者、管理者和实践者能够对这一新兴的工作有更清晰的了解。对与学校—社区的创建有关的共同学习法的分析依赖四种主要的策略：

服务改革：通过提供改善青少年及其家人的健康及人权服务的方法，将非学业障碍纳入学校表现中。这些努力表现在创建家庭援助中心、健康诊疗、心理健康服务，危机干预项目和其他对学生及其家庭的援助方面，有时也对学校居民提供支持。

青少年发展：通过增加青少年参与学习、决策、服务和与他人建立支持性关系的机会，来帮助学生发展他们的天赋和能力，以使他们充分参与到青少年期和成人期的生活中。这包括校外指导、社区服务/服务学习、娱乐、领导力培养和职业发展项目。

社区发展：通过关注经济发展、提供就业机会和强调社区的组织、支持以及社区成员、父母和学生中的领导能力的发展，来提高社区的社会、经济和物质资本。

教育改革：通过关注对管理、课程、教导以及学校和班级内的一般文化的改进来改善教育质量和学业表现。这包括使父母、家庭和教师更直接地参与基于学校的决策，参与到私营部门和一系列参考先前方法开展的活动中。（p. 14）

跨领域和组织的合作对学校—社区的开创来说也是首要的优先事项。大多数学校—社区的开创采用服务改革策略和青少年发展策略，然而有一些关注社区发展和教育改革。

也许共同学习法中最重要的发现是：

尽管每一项创建都与某一项主要策略更紧密地结合着，但大多数措施受到所有策略的影响。因此学校—社区领域不是以分离或矛盾的改革方法为特征，而是以建立一个新兴实践领域的混合的、补充的途径为特征。（Melaville, 1998, p. 18）

在实践水平上，一种新的行动理论正出现，即"将多领域独特且有价值的观点引入到对教与学、学校和教育的影响中去"（p. 18）。

从教育改革的立场看，这些学校—社区的创建是如何影响教与学的？毫无疑问，它们会遵循一种发展路径。"以父母的参与为开端，之后转向影响学校环境，并最终影响学校政策和课堂教学"（Melabille, 1998, p. 93）。初步的数据说明了大多数创建的积极结果。"评估的结果表明社区—学校的创建对参与进来的个别儿童及其家人的生活产生了影响"（p. 77）。

自共同学习法出版以来，随着渐渐被称为社区学校，学校—社区的创建就一直在发展。据 2001 年 8 月由美国学校管理者协会出版的《学校管理者》（The School Administrator）所言，"全国范围内学校—社区合作的数量就如学校领导者对潜在优势的利用一样激增，这种潜在优势是通过学校、父母和社区办事处一起帮助学生学习而获得的"（Pardini, 2001, p. 12）。

对社区和学校间联系的持续促进

许多因素促进着学校和社区间联系的不断发展。理解这个背景有助于阐明社区学校取向的教育改革所面临的一些挑战和机遇。

人口学的变化（Demographic Changes）。教育工作者面临着教育对象的巨大变化。近乎 20% 的美国学龄期儿童在家中除英语之外还讲其他语言，这样的家庭中有 15% 不居住在美国加利福尼亚州、佛罗里达州、伊利诺伊州、纽约市和德克萨斯州等传统的移民居住区（美国人口统计局，2000）。预计这个比例还将继续增长，未来 20 年美国人口会因来自西班牙和亚洲的移民增长 65%（美国人口统计局，2000）。实际情况是，教育工作者，尤其是教师（87% 是高加索人）还没有为满足来自不同种族和文化背景的学生及他们家庭的需要做好准备，也没有为满足英语做为第二外语学习的学生的需要做好准备（美国教师的 MetLife 调查，2000）。学校需要与代表这些群体的社区组织取得更强的联系，从而深入到家庭中并帮助孩子们学习。

父母和邻居的关心（Parent and Neighborhood Concerns）。父母、邻居和市民都非常关心表现较差的学生，尤其是来自全国各地低收入家庭的青少年。"在过去的 10 年里，改善居住环境和公共安全的群体组织开始关注他们周围较为糟糕的学校，并强调这些学校缺乏责任感"（教育和社会政策制定协会，2001，p. 10）。社区建立的群体——扎根于居民区并曾参与住房、经济发展和（有时）公共事业的组织，比如芝加哥的洛根广场邻里协会——目前更加明确了优秀学校对于健康社区的重要性（Jehl, Black, & McCloud, 2001）。由于组织文化、领导风格、问题解决策略存在差异，学校与这些社区组织间是容易发生冲突的。比如，"对教育工作者来说，冲突有时是出错的信号，而对社区建立者来说，冲突是改变这种情况的一个很有价值的工具"（p. 10）。

公众参与（*Public Engagement*）。不仅社区深入进学校，学校也要深入进社区。作为对公共教育关注的回应，教育工作者转而去创造重要的"公众参与"策略，并将此作为教育改革至关重要的成分。与社区对话现在已经司空见惯，社区对教育改革和学校—社区间的联系作出了贡献（Annenberg 学校改革协会）。但是这种对话并不总以共同的兴趣为基础。最近的一项公共调查（2001）指出，只有 27% 的负责人认为公众参与有助于"学校更好地回应社区的关注"，而 65% 的负责人把这些努力视为帮助"社区成为学校更有力的支持"的尝试（p. 9）。

课外运动（*The After-School Movement*）。20 世纪 90 年代末期的福利改革（比如 1996 年的个人责任和工作机会协调法案）为许多父母转换了工作场所，这些父母的孩子在离校后都需要安全的住所。与此同时，人们也逐渐意识到多数犯罪都发生在青少年离校后的下午 3～6 点（For, Flynn, Newman, & Christeson, 2000）。教育工作者还意识到，一些孩子需要额外的学习机会。课外项目成为应对这一现实情况的主要公共政策。投票者们通过 2∶1 的票数之差，选择了学校作为实现课外项目的场所（课后联盟，2000）。

通过联邦 21 世纪社区学习中心（21st CCLC）这一中介，以上事实引起了课外活动的扩展，一个联邦政府的项目，其支出从 100 万美元（1997 年国库支出）增长到 8 亿 4600 万美元（2001 年国库支出）（美国教育部，2001）。21 世纪社区学习中心的项目允许将有限的资金用于 12 个其他的家庭和社区计划。通过要求院校与以社区为基础的组织联合工作，来推动社区学校运动的发展（美国教育部，2001）。近期小学和初中法案的变革，即 21 世纪社区学习中心的一部分，允许基于社区的组织在和学校有正式合作的前提下，成为补助资金的直接受益者（即《不让一个孩子落下法案》）。

一些州正在建立类似的项目基金（例如，加利福尼亚的课外居民小区合作项目，纽约的获益学校）。更多的州把来自贫困家庭临时补助项目的基金用于课外项目和对问题儿童的服务上（儿童防御基金，2000; Savner & Greenberg, 2001）。

由 Charles Stewart Mott 基金会建立的技术援助已经成为促进与其他社区部门合作的至关重要的因素。在与联邦政府的重要合作中，Mott 基金会投资了近 1 亿美元来支持联邦政府的工作。考虑到他们恪守历史上对社区教育和社区学校的承诺，基金会认为这项投资不仅创造了更多有效的课外项目，而且利用课外项目会产生更加全面的社区学校。

在校舍门口的挑战（*Challenges at the Schoolhouse Door*）。暴力、家庭危机、心理健康的挑战、贫困以及其他的儿童和家庭问题，很自然地就会进入到学校中。儿童查宾会堂中心的 John Wynn 指出"大多数努力在学校取得成功的学生都没有学习问题。他们可能生活贫困，可能身体不适或有失业或者虐待他们的父母"（引自 Pardini, 2001, p. 11）。政策制定者继续把学校放在一个领导阶层的位置上来处理这些争端；然而，学校却日益要求和其他组织合作。例如，联邦政府的安全学校/健康学生项目，这是一个教育部、健康和公共事业部及司法部三大部门的合作项目（安全学校/健康学生，2000）。该项目因国会对惨绝人寰的校园屠杀的关注而生。安全学校/健康学生项目关注校园里的暴力预防、心理健康和恢复工作。学校系统要在与法律执行部门和心理健康部门的共同合作下开展工作。许多州已经设立了类似的项目，如健康启动项目（加利福尼亚），关心社区项目（密苏里）以及学习准备项目（华盛顿）。其他已经开展的地方性合作关系也被用来解决这些问题（Melaville, 1998, p. 97）。

年轻人的共同目标（*Common Goals for Young People*）。1989 年，卡内基青少年发展委员会推荐了五个社会应该赋予青少年的目标。每个青少年都应该是一个善于思考和反省的人，一个在整个生命过程中从事有意义工作的人，一个好市民，一个有同情心和道德的人，一个健康的人（促进青少年教育任务，1989）。学习第一联盟（2001），美国最大的教育协会的合作者，在"每个孩子的学习"（*Every Child Learning*）中使用了相似的用语。国家级和地区级的青少年发展组织建立了关注诸如健康、市民参与、社会技能和就业能力以及学习、思考和推理等要素的结果框架（社区学校的联合，2001）。若想使所有青少年都能实现这些广泛的目标，学校和社区就要一起工作，完成这一任务。

最终，在笔者的实践经验中，当问及所属学校时，大多数市民会回答

"社区"。他们把学校看成一个社区生活的中心，它不仅以教育学生为根本目标，还以其他形式被看做是社区的重要资产。目前，许多市民都认为学校太孤立于社区之外。近些年学校—社区的开创经验以及推动他们发展的持续力量把我们带向 21 世纪社区学校发展的新图景中。

社区学校：展现的图景和智慧

社区学校提供了一个框架，在这个框架中，学校与不同社区组织及办事处（合作者）间的所有联系都能以更有意识的方式来实现，加强家庭与社区联系的同时，还可改善所有孩子的学习和发展。社区合作的任务是要将学校的教与学工作结合起来，并且其终极目标是使它们的共同努力达到最好的结果，所有学生和他们的家庭以及社区全都期待这一结果。社区的工作不是一种附加；它使学校的使命和存在变得完整。社区正把学校重塑成一种新的教育和社会机构。

社区学校的联盟（2000）为社区学校勾画了一幅美景，这幅美景为全国各地此类学校的设计提供了背景。它不是一个所有社区学校都需遵照的"模型"，它是一种在社区工作的其他人也可以使用的资源。

在公共教学楼完成运作的社区学校，在全年一周七天的上学之前、上学期间和放学之后都对学生、家庭和社区开放。它常常通过学校系统与一个固定机构的合作来完成运作（如，一个基于社区的组织，儿童和家庭服务办事处，社区发展小组，高等院校）。家庭、青少年、校长、老师、邻居以及社区合作者都会为设计和组织活动提供帮助，这些活动会极大地提升教育成就，并促使人们把社区当做一种学习资源来使用。

因为是专业教师组织教学，所以学校课程建立在高标准和高期望上。课程有意识地运用社区的历史、资产及问题作为基本的资源来吸引参与教学过程的学生。服务性学习完全整合进课程中。专业化的发展为教师和学校其他岗位上的人提供了支持，并使他们产生了强烈的社区责任感。

理想的情况下，一个全职的社区学校协调者掌管着社区合作者和学校管理团队参与者提供的支持。上学前和放学后丰富多彩的学习内容，给学生提供了开阔视野，积累经验，对社区作出贡献并得到乐趣的机会。

家庭资源中心发展着父母的领导力；在教养方式的培养、成人教育、受雇用、住房和其他服务等方面为家庭提供帮助；并且能使父母成为子女受教育的更好拥护者。那里可能就是一个提供内科、牙科、心理健康服务的诊所。来自商业、宗教和城市组织的志愿者；大学教职工和学生；特别是家庭成员，都来到学校展现他们的活力和技能。市民、邻居和家庭成员前来支持、促进、援助学校一直在努力完成的工作——确保年轻人的学业、职业和人际方面的成功。社区学校为令人兴奋的做法、经历及对未知天赋和力量的发现创造生机。社区学校为学习和自我表达开辟了新的渠道。学生们早来晚归——因为他们喜欢这样。(p. 3)

任何一间社区学校都是独一无二的，因为在学校工作的合作者们以多种方式从事着自己的工作；这不是通常的商业活动。合作者们一起工作来取得共同的结果；改变他们的资助模式；转变教职工的实践活动；富于创造性地、带着尊重与青少年、家庭和居民一起工作，并且居民创造了一种不同类型的制度—社区学校，它采取了一种全面的方法来加强儿童、青少年、家庭和社区的力量(社区学校的联盟，2000)。

有多少学校能反映出社区学校这幅广博的美景是个很难回答的问题。1998 年，共同学习法确定出 20 种不同的策略，用来让 3000 多所学校加入社区(Melaville, 1998)。现在美国三分之二的小学(67%)提供了课外项目(国家小学校长协会，2001)。设有健康中心的学校超过 1300 所，这些健康中心以学校为基础(Hurwitz & Hurwitz, 2000)。也有很多联系着社区教育项目的学校，这些项目受各院校的操纵。在其他领域，比如家庭援助，协调的健康和社会服务，把社区当做学习资源来使用都显示了大范围的活动，但没有哪个具体的数字是有效的。在小学，初中和高中都有社区学校，它们通常位于全国各地的城市、郊区和农村社区。但同时，这对收集学校数量的具体信息也是一个挑战。

为什么把社区学校统计清楚如此困难？因为它们不是纯粹的整体。一所社区学校不是一个单独的行为，不能通过基金项目的数量很容易地计算出来。更恰当地说，它是一个包含着其他社区资源的公共和个人项目的综合体。因此，很难得到一个确切的统计结果。许多学校正成为社区学校这幅图景的一部分，但是把学校的资源整合为社区学校的图景预期或产生家庭与社区间某种有意识的联系是极少见的，这种有意识的联系深植于社区学校理念中。

社区学校这一途径的有效性

这部分用两个信息源来评估社区学校的有效性。第一个是由 Joy Dryfoos 近期关于社区学校创建的研究的综合。这个研究由对资料的回顾来展开，资料是关于具体策略的效用的。具体的策略通常包括在社区学校的框架中。这些策略包括与社区联系的教育、青少年的发展、家庭援助以及家庭和社区的参与。

对社区学校研究的回顾

Dryfoos 是一位社区学校方面公认的权威，她认为"证据的分量在于它是实质的，社区学校已经开始能够证明它们对学生、家庭和社区的积极影响"（Dryfoos，2000，p. 3）。她回顾了关于社区学校创建的 48 篇研究报告，这些研究都将焦点集中在对一个或更多结果的测量上，比如学业成就、学生行为的改变以及父母参与的增加。46 项研究中的积极结果被报告出来。来源于评估的报告质量差别极大，因为评估依赖于对非常小型的非典型案例进行的研究，这些研究报告建立在精心设计的信息操纵系统和控制组上。个别研究报告的积极结果的数字变异反映了每一个创建选择收集和呈现的具体数据。总的来说，世界上大多数的改善都是递增的，最终结果不仅在学业成就这一形式上有体现，而且与对学生的学习来说很关键的条件有关，比如出勤、父母的参与以及高危行为的减少。

成就（*Achievement*）。学业方面的收获通过文件材料来展现。所使用的 48 个项目中有 46 个对此进行了报告。通常阅读和数学测验分数会有提高，这些分数以 2 年或 3 年为期来考察。

出勤（*Attendance*）。总共 19 个项目报告了学校出勤的提高。一些项目报告了较低的辍学率；一个项目特别指出了怀孕和养育后代的青少年。

停学（*Suspensions*）。总计 10 个项目报告了停学的减少，表明了学校风气的改善。

高危行为（*High-Risk Behaviors*）。药物滥用、青少年怀孕、对教室的破坏性行为的减少或日常习惯的改善出现在 10 个报告中。

父母参与（*Parent Involvement*）。总共 11 个项目表现出父母参与的提高。信息提供者报告了参与者较低的虐儿率和忽视率，更少的家庭外安置，更好的儿童发展训练，极少的攻击以及普遍改善的社会关系。学生们报告了来自父母和老师的显著提高的成人支持感。

邻居（*Neighborhood*）。一些项目报告了其社区较低的暴力发生率并拥有更安全的街区。一个独特的发现是学生迁移率的降低，它来自一个项目报告，表明增加对学校的服务会鼓励家庭留在居民小区里。

在她的"社区学校的评估：到目前为止的发现"中，Dryfoos（2000）提供了两个对社区学校进行全面研究的例子：芝加哥波尔卡兄弟基金会的创建和耶鲁大学布什中心领导的 21 世纪学校的创建。

波尔卡兄弟基金会的全方位服务学校的开创

波尔卡兄弟基金会的创建目标是改善三所小学和中学孩子的身心幸福感，这样做对孩子们的学校行为和学业成就有积极的影响。援助服务被引进到学校，满足家庭的需要和愿望，增强父母和学校教职人员的关系。要求每项合作都要建立管理实体，并雇用一个全职的负责人来监督运作。学校在晚上放学后也开放。每项合作都有一套不同的项目，包括父母的参与、休闲、辅导和教育的强化。

（波尔卡兄弟基金会取得的成果）证据来自芝加哥大学儿童查宾会堂中心完成的一项评估：

• 三所学校的阅读成绩提高率超过了城市范围的平均水平。阅读水平的改善已经成为芝加哥公立学校面临的最艰难的挑战。

• 父母们报告了课外项目中成人数量的增加，这些成人在重要问题上对孩子的帮助被认为是可信的。当父母把学校看做是家庭的朋友和安全的港湾时，他们更可能在保持对学习和适宜行为的高期望问题上支持学校。学校的风气改善了。

• 对教师的调查报告了课外项目中成人数量的增加，这些成人对学校中的孩子及个体都有好的了解。（Dryfoos, 2000, p. 35）

21 世纪学校

对基于学校的孩子看管和家庭援助服务来说，21 世纪学校（21C）是一个模型。这种看管和服务把传统的学校转变为一个整年的、提供大量服务的中心，该中心提供高质量的、从早到晚的便捷服务。其目的是确保儿童最优的发展。尽管每所 21 世纪学校都不同，但模型包括六个核心成分：父母的干涉范围和教育；幼儿园期的项目；学龄儿童课前／课后和假期的项目；健康教育和服务；网络和对儿童看管者的培训；以及信息和转介服务。从一开始，17 个州超过 600 所的学校已经包含了 21 世纪学校模型。

研究指出 21 世纪学校提供服务的组合对儿童、父母和学校都很有益处：

• 与非 21 世纪学校的孩子相比，21 世纪学校的孩子们，至少在 3 年里都被证明在数学和阅读的成绩测验上取得了更高的分数。

• 21 世纪学校的父母报告说他们承受着明显较小的压力，这一结果通过对父母压力指标的测量得到；他们在对孩子的照顾上花费更少的钱，而且很少耽误工作时间。

• 随着在低年级授课的教师把童年早期儿童课堂的最优方面合并起来，学校增加的童年早期的班级对教学实践有积极影响。

• 由 21 世纪学校提供的扩展服务，已经改善了他们在更大社区中的身份。这被更积极的公共关系、重要约定议题的通过以及校园破坏行为的实质性减少所证明。（Dryfoos，2000，p. 19）

社区学校项目组成成分的有效性

在 Dryfoos 的研究体系之外，也有些资料是关于具体项目的影响的。这些项目通常成为社区学校这一途径的一部分。

联系社区的学习（*Connecting to Community Learning*）。把学生和社区结合起来的教学方法，比如服务性学习和整合社区生活与议题的学习，都对儿童青少年更好的发展结果有贡献。服务性学习将社区服务与学习相结合，学生通过切身参与进组织的服务中学习和发展。这些服务受社区管理并满足着社区的需要，同时与社区的学校及其课程相协调（国家服务团体，1990）。研究表明服务性学习已经对学业成就、学生在校参与活动、教育方面的成就感、家庭作业的完成、保持与父母的高水平沟通以及对自己能有所作为的感觉产生了影响（Billig，2000；人类资源中心，1999；Scales，1999；Shaffer，1993）。作为一项发展日后生活所需技能并且积极的市民和公民都要参与的策略，超过 90% 的美国人强烈支持服务性学习（Roper Starch Worldwide，2000）。作为一种学习的整合化情景（EIC），环境通过州教育和环境圆桌会议得到了发展,"这并不是说首先关注关于环境的学习……它与对学校环境的利用和把社区作为一个框架有关,在这个框架中学生能够缩短自己的学习时间,在老师和校长的引导下,利用已被证实的教育实践结果"(Lieberman & Hoody,1998,p. 7)。例证包括在公共健康、住房需求和雇用机会方面探讨放弃的财产,也包括在学校的柏油马路上建一个花园。州教育和环境圆桌会议的一项研究证明了在标准学业成就测验中的积极结果,纪律和教学管理问题的减少,学习参与和热情以及技能价值感的增加(Lieberman & Hoody,1998)。

青少年发展(*Youth Development*)。越来越多的信息表明了青少年发展途径的价值。"没有问题并不意味着做好了充分准备"成为了青少年发展运动的首要理念。该理念将青少年看做他们自己及其社区的资源,该理念还让青少年自己决定他们想要的支持和机会(Pittman,1999)。

课外项目已经成为青少年发展的聚焦点。研究表明那些在校外有20~35小时集中的"高产"学习活动的孩子在学校里表现更好(Clark,1988)。高产活动是有趣的、安全的并且有着丰富的"言语思维"机会。"言语思维"机会鼓舞青少年,给予他们一种潜在的成就感,例如问题解决行为、家庭/社区改进项目,社会因素项目、艺术、音乐、文化行为和阅读。Vandell 和 Posner(1999)的研究表明那些参与丰富课外活动的学生们有更好的学习习惯,并且比他们的同伴有更好的情绪适应。美国教育部(1998,2000)的数据显示,参与课外项目对学生成绩及与学习状况相关的其他指标(如,出勤、不适当的行为)有积极的影响。

监督项目也表明了积极的结果。监督项目的资料,比如"大哥哥大姐姐"项目,表现出反社会行为、学业、家庭关系和同伴关系等方面的巨大改善(国家调查委员会及医疗机构,2002;Tierney, Grossman, & Resch,1995)。基于学校的监督项目也被证明是非常受欢迎的,并且原始数据也表明它们能够产生积极的影响(Schinke, Cole, & Roulin, 2000)。

最后,国家调查委员会和医药协会(2002)在一篇名为"**促进青少年发展的社区项目**"(*Community Programs to Promote Youth Development*)中在两个关键的结论上明确了青少年发展的重要性。第一,"有较多特征的项目更可能为青少年的积极发展提供更好的支持"(p. 8)。第二,"社区项目能够增加青少年获得个人和社会资产的机会"(p. 8)。

家庭援助(*Family Support*)。家庭援助包括一系列对儿童和家庭的服务与援助,包括幼儿教育项目;家庭支持中心;父母的参与;健康和心理健康服务以及其他会巩固家庭和使父母致力于孩子教育的援助(Epstein,

1996）。比如皇冠项目，提供了家访并创建了许多学校—家庭的连结。第一年后，母亲"为他们的孩子提供了更多教育激励和情感鼓励的环境，并且发展了他们作为孩子老师的更积极的态度"（Johnson & Walker, 1991, p. 26）。亲子中心（CPCs）的芝加哥幼儿园项目提供了有结构有组织的入园前的学习经验，包括社区里许多父母和儿童对文化及教育机构的走访，多方面的父母参与项目，他们都把服务扩展进早期的基础教育，将服务范围扩大到家庭、健康和营养服务中。一个 15 年的追踪研究发现加入亲子中心的儿童的拘留率显著下降，完成学业任务的比率较高，留级人数显著减少，亲子中心对特殊教育的缩减也有贡献（Reynolds, Temple, Robertson, & Mann, 2001）。

在健康领域，以学校为基础的健康中心表现出积极的效果，这有助于解决严重的健康问题（比如学生的哮喘和相关的问题），这些问题会导致课堂时间的流失以及更严重的健康问题（Small et al., 1995）。全面的学校健康项目，包括健康教育、体育锻炼、营养服务、对酒精和药物滥用的干预以及其他服务，都表明健康的态度、技能和行为得到了改善（疾病控制中心，2001; Kann et al., 1995）。提供剧烈身体活动项目的学校认为即使体育运动所花时间减少了学习的时间,但体育运动对学业成绩有积极影响，包括注意力的提高，数学、阅读和写作测验分数的增加，破坏性行为的减少（Symons, 1997; 美国卫生和公共事业部与美国教育部，2000）。

家庭和社区参与（*Family and Community Engagement*）。许多研究都有力地证明了父母对孩子教育的参与行为才是学业成就最精确的预测指标，而不是家庭收入和社会地位。经验同样发现社区合作伙伴是父母参与孩子教育的最重要资源。父母改善孩子人生际遇的一个重要方式是创造一个鼓励学习，对孩子的学业和未来职业表达高期望的家庭环境，并走进孩子的学校和社区（Henderson & Berla, 1994）。其他的研究表明在家讨论学习和学校的简单行为是父母参与的最有效形式之一（Scales, 1999）。除此之外，孩子和父母分享的具体行为，如父母给孩子读书，定期听孩子朗读，以及开放式的家庭讨论，都有助于阅读水平的提高（Epstein, 1991）。

正如父母对学校有影响，有证据表明，学校发起的行为也能帮助父母改善家庭环境，这种环境反过来又会对孩子在学校的表现有强烈的影响（Leler, 1983）。当父母和老师一起工作时，双方都会感受到支持并对彼此有更积极的看法（Dauber & Epstein, 1993; Epstein, 1992; Melnick & Fiene, 1990）。一些研究支持了 Epstein 的发现，即老师对与其父母合作的学生有更高的期望（Lareau, 1987; Snow, Barnes, Chandler, Goodman,

& Hempgill, 1991; Stevenson & Baker, 1987)。

总之，来自全面的社区学校创建的研究和对通常纳入社区学校途径的具体项目的研究都肯定了这一途径的潜在影响。毫无疑问，把多种青少年和他们的家庭在社区学校中都需要的服务援助和机会整合在一起，是一项具有挑战性的努力。

社区学校途径对教育改革的挑战

尽管社区学校的实例还在继续增长并得到研究者的支持，但是在全美更多的学校里通过推行社区学校这一途径来进行教育改革仍旧存在很多挑战。这些常见的挑战包括以下几点：

理念与实践间的差异(*Difference in Philosophy and Practice*)。教育、青少年发展、健康、心理健康、家庭援助、社区发展以及相关领域的实践者都拥有独特的理念和实践(Senge 语言中的"心理模型"，1990)，表现理念和实践的最佳方式是帮助青少年获得成功。克服这些不同的观点才能使人们一起工作并逐渐相互吸收各自领域中的精华部分。高等院校提供的跨学科经验太少，这些经验有助于问题的改善。

分类的资金(*Categorical Funding*)。范围狭窄的专项资金流常与问题相结合，这些问题与早先参考的各类科目相关，专项资金流使人和组织分离。他们使某种方式下的资源一体化变得更难，这种方式是与社区学校策略相一致的(教育和人类服务财团，1991)。实践上的差别和资金流上的差异成为"领域冲突"的基础，这种冲突常与跨部门的工作相联系。

核心学校使命的干扰(*Distraction From the Core Academic Mission*)。在教育工作者和教育研究者中已经出现一些与社区服务相联系的担忧，干扰着教职人员的首要使命——教与学。校长常为巨大的行政责任感到负重(国家中学校长协会，2001)且无法想象在已经超负荷的基础上再增加新的责任所带来的压力。

独特的学校文化(*The Unique Culture of Schooling*)。学校是一个特别的组织。校长通常对大量的学生和职工负有责任。他们必须与家长互动。行为和责任的压力是超乎想象的。这些都是重大的任务，在这个复杂的环境中，有关行政人员准备的项目还没为校长行使职权做好有效的准备。教学领导现在成为项目唯一关注的问题。而且在专业准备方面，校长对与家庭和社区的合作了解甚少。他们被培训成教学资源的管理者，而不是教育学生的领导和合作者(IEL, 2000)。

向前迈进

战胜这些挑战并创造 21 世纪社区学校显然不是一个简单的任务。这里有一些如何实现目标的建议：

建立一个聚焦结果的有意识的、不间断的策略(*Establish an intentional, relentless strategy focused on results*)。社区学校需要一个在合作伙伴间能相互支持一致性结果的有意识的策略。以结果为基础的焦点能使学校、父母、学生和社区合作者认同他们的特殊背景中最重要的服务和机遇。在许多领域中都可能发现结果(比如学业、个人、社会、健康、市民)。伴随着对结果的有意关注，青少年的发展、家庭的支持以及其他的项目可能在战略上与课程有更大的联系。比如，如果理想的结果是所有的孩子在三年级末都达到他们年级的平均阅读水平，那么接下来的问题就是父母和家庭、幼儿教育项目、学校、课外项目、家庭支持中心、商业以及市民群体对完成这一结果有怎样的作用。以上这些人群或机构应该告诉我们最好的做法是什么，既以个人为单位又以集体为单位？因此，关于结果的对话变成了一个策略会议，为人们共同从事的工作的持续评估和改善创造一个检验标准。

建立社区合作(*Build community partnerships*)。社区学校途径认为，不仅仅是教育者对孩子的受教育负有责任。如果社区的责任能够实现，那么来自不同部门的领导所在的社区里一定会有论坛(例如，K–12 教育、高等教育、青少年发展、家庭援助、健康和社会服务、社区发展、政府、商业、宗教和慈善事业)，父母、邻居群体的领导者以及青少年，大家会一起来讨论他们的孩子以及建立和维持一个社区学校的策略。这些合作一定是"意义重大，持久不变和系统的"(Harkavy, 2000)。在社区水平上，他们应该为明确表达社区学校的设想，定义期望的结果和促进责任感，调动和筹措资源，教育公众和为社区学校建立选民制，制定大范围的政策，促进专业的发展以及监督其长远的效力和创建社区学校所需的财政的稳定性承担责任。

组织和维持学校计划及监督团队(*Organize and maintain school planning and oversight teams*)。学校计划和监督团队是确保父母及孩子的心声可以被社区学校倾听到的关键机制。他们是父母、孩子与教职员工一起工作的岗位，是社区合作者计划、组织和评估社区学校并设法把社区学校维持下来的岗位。这些团队执行特殊的任务，这些任务在学校层面上与那些社区合作者的任务相似。 组织和维持这些团队需要对价值观的坚定恪守和对团队重要性的理解，这种价值观是指决心参与社区的价值观，而团队是指为社区学校建立选民制并长期维持它的团队。

计划和调整学校的场地管理（*Plan and coordinate school site management*）。组织间的任何一种关系都要求我们关注对它的管理。在学校环境中，怎样经营学校和它的合作伙伴间的关系尤其重要。在这种环境下，由于对学业成就的关注，学校人事部门背负着很大的压力。共同学习法中回顾的大部分学校—社区的创建都会选择全职的负责人（Melaville，1998）。这使得社区学校的负责人成为学校组织的一部分；负责人还可以了解学校文化和需要及学校的资产、学校的学生、家庭和教职员工；并成为一种老师和学校校长的资源。

理解校长的作用和更多的准备和专业发展的需要（*Understand the role of the principal and the need for more preparation and professional development*）。成为一名校长在任何情况下都是一项令人畏惧的工作。在最近的报道中，IEL（2000）主张校长必须能够运用教学的、富有远见的和社区的领导能力来提高学生的学习。

领导者需要学习更多关于家庭能力和社会能力的知识，在他们的准备工作和专业发展经验中帮助学生学习。在管理者准备计划中很少有课程是关于家庭和社区角色的，尽管现实情况是领导标准中包含这些要素（首席国家学校人员委员会，1996；国家小学校长协会，2001）。对校长而言，准备和专业发展项目对社区发展的信念和合作关系必须给予更多的关注，必须提高校长与家庭、社区、其他关心儿童的组织的合作能力。没有培养这种关系的能力，教育工作者可能会继续疏忽地将"公共"放到公立学校之外。

加强跨专业的教育（*Strengthen interprofessional education*）。要打破领域和学科间的界限，人们需要互相学习更多的知识，这些知识在他们专业准备的过程中，在他们在职期间专业发展的经验中。在一些更高层次的教育体制中已经确定了前进的方向，但是未来还必须做更多的事情来改变专业的准备，在支持和维持社区学校这一途径的问题上能提供更有效的帮助。

专注于发展强大的领导阶层（*Focus on creating strong leadership*）。领导阶层被认为是达成最有效的社区学校策略的关键。"领导阶层提供动力和方向。主动权最终把握在一类人手中，这类人知道他们想去哪儿，拥有对自己的定位、品格和他人想要追随的力量"（Melaville, 1998, p. 96）。在对 21 世纪社区学校有了清晰的设想和策略后，将不同的利益相关者聚在一起，就需要既来自我们学校又来自我们社区的领导阶层。必须对领导的培养给予更多的关注，这些领导已经主动去发掘和雇用其他潜在的领导。

结论

本章创造了这样一种情形，高质量的教育不会单独为美国的学生群体在 21 世纪成为工人、父母和公民这种日益增长的变化做出准备。反之，教育将作为一种学校、家庭和社区共同承担的责任。社区学校这种途径把青少年所需的学习和成功的资源编织到一起，社区学校是实现责任分担的媒介。这不是一个简单的途径，但却是一种典型的美式策略，这种方法像我们对教育和社区的参与一样，利用了我们天生的创造力和独创性。

俄勒冈州波特兰市的前任学校负责人 Ben Canada，也是过去美国学校管理者联合会的主席，曾在波特兰市学校联合社区的活动中致力于社区学校的创建工作。他以如下方式通过社区学校这种途径来促成教育改革：

> 对我来说，它与加入进整个社区有关，在这个过程中会使我们中的每个人成为更加优秀的居民……当其他组织与学校紧密合作工作时，人们了解并更欣赏（学校）所做的事……他们参与进我们试图实现的事情中来。而且对那种长期的利益来说，我认为任何院校都不应该自己否定这种机遇。（引自 Pardini, 2001, p. 8）

在长期的进程中，领导阶层将会是创造和维持我们学校的关键。在寻求这种途径的过程中，领导应该铭记 Gardner 的这些话（1990）：

> 在一个纷乱、迅速改变的环境中，在一个拥有多重碰撞系统的世界中，在领导自己的系统中，他们的阶层式职位的价值有限。因为最至关重要的任务中有一些要求横向领导——跨界的领导——涉及那些他们不能控制的群体……那些勉强去相互探索与他们有不相关规则的工作安排的领导，并不能带来长期的制度上的利益。（pp. 98-99）

第十一章 联邦及州政府在儿童和家庭问题中的作用：对三方面政策的分析

Jeffrey Capizzano, Matthew Stagner

在过去的 10 年里，联邦政府对儿童与家庭相关政策的改革受到主流观念的驱使，这一主流观念指的是决策权力在联邦政府和州政府之间的再分配有利于更好地实现这些政策的实质性目标。1996 年的个人责任和工作机会协调法案（PRWORA）（公法，104–193）和 1997 年的收养与安全家庭法案（ASFA）（公法，105–189）就是两项这样的改革，在这两项改革中，出现了联邦与各州政府之间关系的重新调整。这些改革一方面导致权力下放，即决策权力从联邦政府转移到各州政府；另一方面也提高了联邦政府的监管水平。因此，一方面，儿童和家庭相关政策受到一系列复杂的联邦政策、法规和激励措施的约束；另一方面，在确定这些政策的范围和方向时，各州政府最终可以发挥新的作用。

本章我们将介绍一个简单的概念体系，以明确联邦与州政府在儿童与家庭问题上所发挥的作用。我们确定了影响州政府发挥作用的三个关键因素，即财政、律法以及规章制度，同时我们还要了解联邦儿童和家庭政策的变化是如何影响这些因素的。确切地说，我们会将这个体系运用到儿童与家庭政策的三个领域——现金补助、儿童保健以及儿童福利，并进一步了解 PRWORA 和 ASFA 这两个法案如何影响联邦政府在这三个领域所发挥的作用。此外，我们还将分析这些领域的政治趋势以了解联邦政策改革对各州决策行为所产生的影响。我们采用两个大型国家级研究的数据和结论——城市学院对于新联邦制的评价[①]和州政策的文献综述[②]——来讨论各州在这些问题领域的动态。

概念体系

就政策的权力分配而言，联邦政府和州政府之间存在诸多限定因素。本章节中我们集中列举以下四个因素，这些因素能够影响州政府在某一政策中行使控制职能的范围。

• 向州政府拨款的资助机制（funding mechanism）
• 在某一政策领域内联邦资助的水平（level of federal funding）
• 控制资金使用的政策法规（policies and regulations）
• 其他与资金使用不直接相关但能够影响各州行为的联邦政策或激励措施（federal policies or incentives）

接下来，我们会详细介绍每个因素。需要着重指出的是，虽然我们将这四个因素分开来看，但是这些因素通常是紧密联系的，它们共同影响州政府对某一政策的自由裁量权。例如，当联邦政府向各州政府分配资金时，通常会有一系列新的关于资金如何使用的制度与其配套。因此，衡量不同因素对各州政府在某一政策领域内的自由裁量权的影响时，必需考虑到这些因素之间的相互作用。尽管如此，我们发现还是有必要区分不同的因素来说明由 PRWORA 和 ASFA 引起的各州政府在儿童和家庭政策中作用的变化。

向州政府拨款的资助机制

向各州政府分配联邦基金的方式会显著影响各州政府对特定政策的自由裁量权。联邦政府通过许多不同的资助机制向各州政府拨款（参见，

---

① 在 1997 年和 1999 年，新联邦制评估项目使用比较个案的研究设计来探索一些儿童和家庭政策在 13 个州的实施情况。这些州包括阿拉巴马州、加利福尼亚州、科罗拉多州、佛罗里达州、马萨诸塞州、密歇根州、明尼苏达州、密西西比州、新泽西州、纽约、得克萨斯州、华盛顿和威斯康星州。选择这些州是因为它们的地理位置、财政能力、公民需要和提供政府服务的惯例存在很大差异。同时这些州包含了全美 50% 以上的人口，因此能够代表大部分美国人接触过的社会服务系统。
② 州政策文献综述计划是预算和政策优先中心与法律社会政策中心的合作研究项目，在 50 个州和哥伦比亚特区追踪国家对贫困家庭临时补助项目和医疗救助项目的政策选择。

如 Break, 1980），其中有两项在儿童与家庭政策中尤为重要：**匹配基金**（matching grant）和**整体补助款**（block grant）。

在匹配基金资助机制下，各州获取联邦资助的条件是提供匹配资金，即联邦政府和各州政府共同承担某项计划的费用。这些匹配资金可能没有上限，因为联邦经费的数目在理论上是没有限制的（只要州政府能够确认自己的需要，并相应地匹配一部分开支）；也可能是有上限的，因为联邦政府每年都会限制州政府花销的最大数额。匹配基金一般会用来资助那些与国家和州利益有密切联系且规定明确的政府倡议。

另一方面，整体补助款是每年固定地向各州政府拨款的一项资金款项。整体补助款可以依赖州政府的资助，也可以不依赖其资助。整体补助款通常在更广义的职能领域上促进国家利益，比如"社区发展"和"就业与培训"（Break, 1980）。这些补助款通常与专项补助款紧密结合，以确保各州政府在联邦基金的使用上拥有更多自由。

联邦资助的不同方式会影响州政府对项目的控制程度。例如，因为匹配基金的目标明确，所以各州政府对于匹配基金如何使用有更少的自由裁量权。然而，相较于匹配基金，联邦政府用于更广义职能领域的基金（如整体补助款）的目标较不明确。因此，各州政府常常能更自由地分配整体补助款资金，并能更灵活地将这些资金用在最重要的目标上。

联邦资助的水平

联邦对各州资金的配给数额与各州自由裁量权的大小直接相关。在其他条件相同的情况下，提高联邦的资助水平，可以促进各州对某一政策投入的范围和/或深度。同样地，联邦资助水平的改变会对州政府的角色产生很深远的影响。当联邦政策将儿童与家庭问题领域内的权力下放到各州政府时，这种影响尤为明显。从州的角度看，权力下放常常意味着新的决策和行政责任，意味着财政负担的增加。因此，在权力下放时期，要想使各州政府在政策中发挥更大的作用，必需要有充分的联邦基金。

控制基金使用的政策法规

联邦基金，不论是什么样的资助机制或资助水平，都有其使用的条件（Stenberg, 1989）。这些条件有很多种形式，从财政报告的要求和审查到更具体的限制人口服务或服务类型的政策。例如，用于医疗救助项目的联邦基金对该项目的受益者有所限制。联邦政府要求各州照顾特定的人口群体（例如，6 岁以下的儿童、收入低于贫困线 13.3% 的孕妇），并且禁止为其他群体（例如，没有孩子的非残疾成人）提供服务。联邦政府向州政府施加条件，这些条件的程度和类型会影响各州政府在某一政策中的作用。

其他强加于各州的条件或激励措施

最后，联邦法规会通过限制其他授权或提供激励措施来更广泛地影响各州政府的行为。虽然这些限制或激励措施与某一联邦基金的流动运转没有直接关联，但仍会影响各州政府的行为。联邦立法机构对各州政策与实践的运转放宽了条件。如果各州政府力助符合国家目标的政策，联邦机构可能会向其提供诸如"奖金"之类的激励措施。正如本章稍后会讨论到的一样，PRWORA 规定各州每年都要有一定比例的有劳动能力的非免税贫困家庭临时补助项目（TANF）受益者，还会为表现最出色的州提供奖金。这些联邦政策既不会直接影响 TANF 基金的使用，也不会显著影响各州政府 TANF 项目的运转。

概念体系的运用：儿童和家庭政策的三个方面

先前讨论的概念体系说明了用来确定联邦 – 州之间关系的那些因素，正是这些因素影响了州政府在儿童和家庭问题上自由裁量的程度。在本节中，我们将这个概念体系应用于 PRWORA 和 ASFA 引起的联邦政策的变化，研究这些变化如何影响各州在儿童与家庭政策的三个主要方面——现金补助、儿童保健和儿童福利——的作用。我们考察了联邦改革如何改变各州政府对这些政策的实施（概要见表 11.1），并讨论了这些方面最新的州动态。

现金补助政策

从 1935 年到 1996 年，失依儿童家庭补助（Aid to Families With Dependent Children, AFDC）项目是美国对低收入家庭的主要的现金补助项目。1935 年的社会保障法案建立的 AFDC 项目向各州政府提供补助，旨在对由单亲或双亲死亡、残疾、离家等原因造成经济困难的有子女低收入家庭进行财政补贴[①]。该项目的主要目的是鼓励父母照顾自己家里的贫穷儿童，提高家庭生活质量，促进家庭"自给"。为实现这些目标，各州政府每个月都会根据家庭规模向符

---

① 在这个时间段的后期，这个项目允许各州向父母均失业的家庭提供援助。

合条件的儿童及其监护人提供现金救济金和其他社会服务①。

1996 年，《个人责任和工作调解法案》（PRWORA）废止了 AFDC 项目，并设立了 TANF 项目。TANF 从 1997 年 7 月 1 日（有些州开始得更早）开始管理贫困家庭的现金补助，并计划于 2002 年重新授权。与 AFDC 不同，TANF 依据低收入家庭参与工作或与工作相关的活动量提供有期限的现金补助②。TANF 项目与 AFDC 项目的目的有很大不同。具体来讲，TANF 的目的主要有：第一，帮助贫困家庭，以使孩子们在自己家或在亲戚家得到照顾；第二，通过促进工作准备、工作、结婚等来结束贫困家庭对政府福利的依赖；第三，预防及减少婚外孕，并制订预防和减少婚外孕发生率的目标；第四，鼓励建立双亲家庭。为了实现这些目的，TANF 项目限制受益人在一生之内累计享受现金补助的时间不能超过 60 个月，要求有工作能力的成年人必须在接受补助 24 个月之后开始工作，州政府要维持最低工作参与率，并奖励婚外孕儿童出生率降低的州。

联邦政府与州政府在管理现金补助时的关系受法律体系的支配，而从 AFDC 到 TANF 的转变极大地改变了这一法律体系。接下来，我们将介绍控制州政府行为的资助机制、资助水平和政策的变化。

向各州分配资金的资助机制　联邦政府对各州资助机制的改变是现金补助体系最显著的改革之一。AFDC 是匹配基金项目，联邦政府与州政府平摊花费在贫困家庭身上的每一分钱。更重要的是，每个人都有接受 AFDC 福利的权利，也就是说所有符合条件的家庭只要申请 AFDC 就可以得到现金补助。在越来越多符合条件的申请者加入 AFDC 项目的同时，州和联邦政府平摊了每个月的福利开支。联邦会根据各州的情况来调整其开销；但一般来讲，联邦政府承担州政府福利开支的 50% ～ 75%（美国众议院，1998）。匹配基金体系通过减少对州政府的激励来限制其福利支出，这是因为州政府在现金补助上每支出一美元，联邦政府就至少要支出一美元（Chernick & Reschovsky, 1996）。

在 TANF 下，联邦政府将匹配基金转变成整体补助款，从而将 AFDC 项目、工作机会和基本技能（JOBS）项目及紧急援助（EA）①项目结合起来。整体补助款依据这些项目的最近开支给予各州政府一次性的拨款。这种变革结束了联邦 AFDC 基金无限制的特点，但同时使各州政府在自主制订福利项目时具备了更多的灵活性。

---

① 例如，其中包括各州被要求向 AFDC 受益者提供诸如医疗救助项目和儿童保健的服务。

② 这些要求可以豁免一定比例的州案例数量。

表 11.1 由 PWRORA 和 ASFA 导致的现金补助、儿童保健和儿童福利的主要变化

	联邦资助机制	资助水平	联邦基金使用的条件	强加于各州的条件和激励措施
TANF	资助机制由配对基金向整体补助款转变	联邦基金与近期国家在 AFDC、EA 和 JOBS 项目上的花费仍然保持一致（大约每年 160 亿美元）。然而，TANF 案例数量的减少使整体补助款支出超出了各州原本在之前的配对基金下会获得的资金数。	终止了现金补助的福利。允许各州自主设立收入资格限制，取消了一些收入影响现金补贴的具体的联邦资格限制和规则。允许将 TANF 基金用于更广泛的社会服务中。要求 TANF 受益者在接受福利的 24 个月内工作。TANF 福利期限为 60 个月。允许各州设置短于 60 个月的期限。	第一年（1997 年），各州工作参与率不能低于 25%，之后每年提高 5%，到 2002 年时达到 50%。在此期间，救济对象参与工作的时间也增加了。为已经完成一系列关键成功指标的州提供表现良好奖金。
儿童保健	四个独立的儿童保健基金——AFDC 儿童保健项目，过渡期的儿童保健项目，处于危险中的儿童保健和儿童保健与发展整体补助基金——被整合为儿童保健和发展基金（the Child Care and Development Fund）。	联邦基金快速增长，从 1995 年大约 21 亿美元到 2000 年的 36 亿美元。	终止了受救济家庭和从福利中过渡的家庭儿童保健权益。要求将 CCDF 强制配对基金的 70% 用于 TANF 受益者、过渡受益者和“处于危险中”的受益者。要求将 CCDF 基金的 4% 用于改进质量。用于行政目的的 CCDF 基金数量不能超出 5%。CCDF 基金不能用于收入水平超过本州中等收入水平 85% 的家庭。除了特殊情况，CCDF 基金不能用于 12 岁以上的孩子。	TANF 工作要求为各州资助其他低收入家庭之外的 TANF 接受者创立了一个激励措施。如果受益者因为缺乏足够的儿童保健而不能参与到被要求的工作中，州政府不能减少或终止其 TANF 补助金。儿童保健已经被纳入联邦政府权衡“表现良好”的指标中。
儿童福利	儿童福利融资通过近 40 种独立的项目实现，既包括整体补助款又包括没有限制的配对基金。其中一些基金包括 IV-B（有上限的配对基金）和 IV-E（没有限制的配对基金）、社会服务整体补助款（有上限的整体补助款）和医疗救助项目（没有限制的配对基金）。	1996 年，通过各种基金形式用于儿童福利服务联邦基金总数目是 144 亿美元。ASFA 没有明显地改变用于儿童福利的联邦基金。	IV-E 基金支持家外安置和收养援助。联邦对预防性服务和家政服务的支持有限。	重复强调各州减少用于儿童保健的时间的必要性，强制各州适时举办稳定持久的听证会。提供给各州激励基金来促进寄养家庭的收养。允许各州快速终止父母让他们的孩子待在某种极端环境中的权利。

注释：PRWORA＝1996 年的个人责任和工作机会协调法案；ASFA＝1997 年的收养与安全家庭法案；TANF＝贫困家庭临时补助项目；AFDC＝失依儿童家庭补助项目；EA＝紧急援助项目；JOBS＝工作机会和基本技能项目；CCDF＝幼儿保健和发展基金。

联邦资助的水平 制订了 PRWORA 的联邦立法委员们试图通过 TANF 整体补助款实现现金形式的资助,其资助水平与 AFDC、EA 和 JOBS 项目最近的支出水平相一致。联邦 TANF 基金向每个州提供资助的水平取决于下述联邦费用的最高者:(一)联邦政府在 1992 年和 1994 年之间对 AFDC、EA 和 JOBS 项目的平均支出;(二)联邦政府在 1994 年对这些项目的支出;(三)1995 年联邦的预算支出。大多数州的 TANF 基金取决于它们在 1994 年的年度支出。在 2002 年,联邦政府 TANF 年度支出稳定在一定水平。而到 2002 年,共有 20 个州获得了 TANF 整体补助款适度增长的授权(每年 2.5%)(Powers, 1999)。

TANF 的整体补助款结构及其资助力度超出了各州政府的预想。20 世纪 90 年代末,经济的迅速增长以及良好的福利政策使得对现金补助的诉求降低,大部分州现金补助的申请数量锐减。他们接受了 TANF 整体补助款,并且其支付数目超过了以往 AFDC 的匹配基金数额。尽管需求在减少,在 1997 年总共有 45 个州平分了这一意外之财并且这一情况一直在持续(Powers, 1999)。对各州来说,TANF 基金整体补助款的改变最初意味着一笔意外的财富。然而,就像很多州在 2001 年出现的情况一样,当申请现金补助的数量开始上升时,整体补助款仍保持着固定数额不变,并不会增加。

管理资金使用的政策法规 PRWORA 从根本上改变了控制各州在其福利项目上使用联邦基金的条件。这些变化包括了福利项目的大部分方面,包括受益人、受益时间和接受现金补助的条件。一般来说,这种立法的改变在福利项目方面给了州政府更大的灵活性。然而,关于福利项目的实施,PRWORA 也向州政府强加了许多条件,比如限制申请人能获得联邦基金的时限。

PRWORA 对现金资助受益人的资格做了一些调整。首先,它终止了现金资助福利。福利改革之前,根据联邦和州的政策,州政府需要为所有符合 AFDC 申请标准的家庭提供补助。PRWORA 废除了这一权利规定,取消了由联邦担保的现金救济金。因此,各州政府可以依据联邦提供的参考值自由地制定资助标准,只要具备提供救济金和确定受益人资格的客观标准即可。

PRWORA 还废除了许多与领取救济金相关的收入资格方面的规定,包括双亲家庭的资格限制和一些影响拨款收入的约定俗成的规则。例如,在 AFDC 中接受补助的家庭不允许有超过 1000 美元的可见收入。某些物

---

① JOBS 和 EA 项目是与 AFDC 相关的项目。JOBS 项目向 AFDC 受益者提供教育与培训。EA 向有儿童的家庭提供现金支付以援助州定义的"突发事件"。

品的估算被排除在外（例如，超过 1500 美元的车），这些条件限制还包括要求接受补助者不能储蓄。PRWORA 没有关于限制资产的相关条款，允许州政府自由地制定它们自己的资产法规。

除此之外，刚刚从业的 AFDC 受益者的收入还会受到复杂的联邦规则的限制，这些联邦规则会影响受益者的获益程度。联邦政府允许存在一部分"不予置理"的收入。在排除不予置理的部分后，剩余可以计算出来的收入中每增加一美元收入，家庭 AFDC 补助金就会减少一美元。PRWORA 允许各州自主制定收入资格限制并自主管理工资和其他收益。

PRWORA 还取消了强加于双亲家庭的附加资格限制。福利改革之前，双亲家庭受许多联邦法规的限制，包括家庭主要劳动者每个月的工作时间不能超过 100 小时。PRWORA 取消了联邦政府对双亲家庭获益资格的限制，让各州自己制定限制条件。

最后，TANF 基金可以用于各种不同的家庭援助服务而不受现金补助政策的限制，这对更广泛的儿童和家庭服务来说可能是最重要的。PRWORA 允许各州将 TANF 基金用于其他社会服务，如幼儿保健和发展基金（the Child Care and Development Fund，CCDF）和社会服务整体补助款（the Social Services Block Grant）以及将 TANF 基金直接用于能达到 TANF 目的的家庭服务。

PRWORA 的一些条款增加了各州政府的自由量裁权，同时也有一些条款用来限制各州政府的行为。PRWORA 包括一个"联邦工作触发"命令，即 TANF 受益者要在领取补助的 24 个月之内找到工作。此外，AFDC 项目对补助金没有时间限制，与之不同，PRWORA 规定接受联邦基金提供福利的累计时间不能超过 60 个月。不过各州政府可以自由制定短于 60 个月的时间限制。

其他强加于各州的条件或激励措施　PRWORA 对各州提出了许多与 TANF 基金使用无关的条件，并提供了激励措施。福利改革之前，联邦政府规定各州每周不少于 20 个小时的工作活动中有 15% 为非免税部分。通过 PRWORA，一个州的工作参与率从 1997 年的 25% 上升到 2002 年的 50%，每年上升 5%。同样地，在那段时间里，联邦政府要求各州增加 TANF 救济对象参加工作活动的时间。如果各州不能达到工作参与率，联邦政府就会减少 5% 的 TANF 整体补助款。联邦政府还规定了可以计入各州参与率的工作类型。

为了影响各州行为，PRWORA 还会提供奖金，以奖励那些出色地完成某一联邦政策目标的州。例如，联邦政府会对表现良好的州进行奖赏，这些表现良好的州政府会通过增加投入的方式来响应联邦政府用来评价成功的若干指标。此外，联邦政府还会奖励降低婚外生育率却不增加堕胎率的州。类似的激励措施可以帮助联邦政府持续地影响州议程。

各州在现金补助上的动态 新的 TANF 整体补助款、TANF 基金的有效增加和新的 TANF 基金使用条件使各州政府可以在现金补助政策中使用自由量裁权，而这一权力在 AFDC 项目中是不被允许的。尽管 PRWORA 制定了严格的指导方针，这些方针涉及家庭可以继续接受救济的工作要求和时间长度，但是各州政府现在可以自主决定整个州福利项目的重点。各州政府可以决定有资格接受 TANF 项目的受益者的条件、当事人应该开始工作的时间（在 24 个月的工作触发内）、现金补助的时间限制（在 60 个月的联邦限制内）、工作要求的免除和违规处罚。

毫无疑问，各州有机会使用各种方法改革它们的福利项目，用不同的方法来处理主要的项目问题。在接下来的部分，我们会讨论各州在一些主要的 TANF 项目领域的动态。

导流项目： 自从福利改革以来，各州政府已经开发了"正式导流"政策以使仅仅需要短期援助的家庭不再出现在（接受救济金的）福利救济人员名册中①。在这些项目中，州政府为救济对象提供一次性补助来代替每个月的 TANF 补贴。这种补助通常用于缓解一些短期问题，这些短期问题一旦被解决，就可以帮助救济对象保持自给自足的状态或帮助他们实现自己自足。接受这些补助的家庭在接受补助之后的一段时间内，通常被限制申请每月的 TANF 补贴。

各州的正式导流政策差异巨大。1999 年 7 月，近一半的州（22）提供了正式导流补助（Rowe, 2000）。在这些实行导流政策的州中，大多数州政府提供了 2～4 个月的一次性 TANF 现金补助。这些补助可能会以现金的形式发放给受益者，或者直接发放给接受付款的那一方（如房东、修理工）。大多数州政府会严格地限制受益者接受导流补助的频率，但是各个州之间仍然存在差异。许多州政府只允许受益者申请一次现金补助。然而，也有州政府允许受益者多次申请现金补助。如在内达华州，只要有需要就会有导流补助。

时间限制政策： 因为 PRWORA 取消了福利受益者的资格限制，所以各州如今都限制了 TANF 受益者享受福利的时间。联邦政府制定了 60 个月的

---

① 一些州也通过了其他类型的导流政策，这些政策不涉及对有效转移福利救济人员的现金补贴。这些政策强制要求受益者在申请援助之前或申请援助的同时求职。在这里我们只讨论了涉及现金补贴的导流政策。

使用期限，一些州政府的使用期限更短①。各州政府还制定了周期限制，规定了一个家庭可以连续获得补助的时间或一个救济对象在一定时期内可以获取补助的总时间。自 1999 年 7 月起，七个州（阿肯色州、康涅狄格州、佛罗里达州、佐治亚州、爱达荷州、印第安纳州和犹他州）的补助期限比联邦授权的 60 个月短（Rowe，2000）②。这些较短的期限从 21 个月（康涅狄格州）到 48 个月不等（佛罗里达州和佐治亚州）。

此外，至少有 15 个州政府制定了福利的周期时间限制（Rowe，2000），这样做至少能在限制 TANF 资格上发挥与使用期限一样的作用。至少有两种方法可以实施这些限制。首先，州政府允许受益者在一定时间内获取补助，随后的一段时间内取消其资格。例如，有 5 年（60 个月）**使用期限**（lifetime）的特拉华州，只允许 TANF 受益者获取 4 年的补助，随后的 8 年内禁止再次申请援助③。州政府实行周期限制的另一种方法是在一定时期内仅允许受益者获取一定时间的援助。例如，许多州允许受益者在 60 个月中有 24 个月可以获取补助。然而，各州之间有很大差异。比如南卡罗来纳州，在 10 年内仅允许时长 2 年的 TANF 补助。

获益的行为条件：联邦政府制定了获取社会福利的行为要求条件，在福利改革之前，州政府就要求联邦政府放弃这种对行为的限制（参见，如 Savner & Greenberg，1995）。除了最常见、最众所周知的工作要求，州政府还被强加了一些其他要求。这些要求包括儿童受益者必须上学或保持一定的学业成绩平均分数的要求、儿童受益者打预防针的要求和儿童接受健康检查的要求。福利改革省去了州政府要求豁免的必要，目前很多州反而自主制定了恰当的行为要求。

自从 1999 年 7 月以来，34 个州政府要求 TANF 受益者抚养的子女的学业表现必须达到某种最低程度（Rowe，2000）。这些要求有可能很简单，如要求有足够的上课出勤率；也可能是诸如最低限的平均成绩等更难一些的要求。此外，有 26 个州政府要求将儿童受益者免疫接种作为获取福利的条件（Rowe，2000）。最后，作为获得福利的条件，有 6 个州政府要求 TANF 受益者要么有健康信息，要么实际上进行了定期的健康检查（Rowe，2000）。

---

① 有必要指出的是，不是所有的家庭都会受到时间限制。比如，"儿童专用"案例就没有时间限制。

② 俄亥俄州的时间限制少于 60 个月（36 个月）。这里不予考虑，因为一个家庭的福利期满以后，还有可能在特定条件下获得 24 个月的额外福利。

③ 这一局限只适用于以可雇用的非免税成人为首的家庭。

工作要求与豁免：联邦政府要求 TANF 受益者在接受补助的 24 个月后要从事某种与工作有关的事情，许多州政府要求受益者在 24 个月之内工作。然而，州政府会豁免某些受益者参与工作相关的活动，比如那些需要照顾幼儿、病人或残疾的家庭成员的受益者。

自从 1999 年 7 月，大多数州政府（32）要求受益者立即参与到与工作有关的活动中（Rowe，2000）。然而，超过 30 个州政府豁免了部分受益者，这些受益者要么有病或欠缺行为能力，要么需要照顾其他生病或缺乏行动能力的家庭成员。大多数州政府也允许家有年幼儿童的受益者免除工作。在 1999 年，只有 6 个州没有最小儿童豁免权（Rowe，2000）。大多数州豁免了孩子年龄在 12 个周到 36 个月的受益者。

TANF 基金的创造性运用：正如之前提到的，PRWORA 允许州政府将 TANF 基金用于其他社会服务，也允许将 TANF 基金直接用于家庭服务。州政府利用这个机会创造性地使用了这些基金。各州的一个趋势是将 TANF 基金用于不被传统福利体系服务的家庭。例如，丹佛州和科罗拉多州将 TANF 基金用于一个叫工薪家庭援助的导流项目，这个项目为不符合 TANF 资格的家庭提供现金补助和支持性服务，如运输、儿童保健和住房（Capizzano，Koralek，Botsko，& Bess，2001）[1]。此外，威斯康星州将 TANF 基金用于本州新的劳动力依附和促进项目，这个项目向当地劳动力发展局提供资助以帮助收入低于联邦贫困线 200% 的成人找到和保留工作或找到薪酬更高的工作（Ehrle，Seefeldt，Snyder，& McMahon，2001）[1]。

各州政府也将 TANF 基金用于扩展对 TANF 家庭的服务，特别是那些难对付的家庭。在华盛顿，TANF 基金被用来增加为 TANF 受益者提供服务的承办商的数量。这些承办商提供诸如成人基础教育、就业保留服务、寻找工作、英语强化课程、工作技能训练、岗前培训和工作经验的服务（Thompson，Snyder，Malm，& O'Brien，2001）。在明尼苏达州，州政府将一部分剩余的 TANF 基金提供给各县，用于处理那些受益时间即将到期的 TANF 受益者的需要和障碍（Tout，Martinson，Koralek，& Ehrle，2001）。各县自主决定帮助这些受益者的服务计划。

儿童保健政策

儿童保健政策的重要方面历来都受到各州政府管辖权限的影响。例如，

---

[1] 要取得工薪家庭援助的资格，一个家庭必需有一个未满 18 岁的孩子并且收入要低于联邦贫困线的 225%。

各州政府总是会制定与 AFDC 无关的低收入工薪家庭的收入资格标准和儿童保健补助的共同付费率。州政府还会规定对儿童保健服务者的补贴率（例如，代表受益者向服务者支付金额）。此外，州政府是可以对儿童保健服务者进行管理的唯一机构，因此它们制定了儿童保健环境中健康与安全的最低标准。许多州政府有向年幼的不幸儿童提供早期受教育机会的项目，对此各州政府也进行了很大的投资，它们会使用本地资金来补充资助这个项目。

PRWORA 更进一步地加大了州政府在儿童保健决策中的作用。对让福利受益者工作或从事与工作相关的活动的持续关注，使儿童保健成为联邦改革成果的重要基石，并且对州儿童保健补助系统提出了重要要求。为了响应这些新要求，PRWORA 改变了向各州提供联邦基金的方式。PRWORA 增加了联邦基金，并在基金如何使用的问题上给予各州政府更大的灵活性。

向各州分配资金的联邦资助机制　由于福利改革，联邦政府向各州分配儿童保健基金的方式有了明显的变化。PRWORA 之前，四个独立的联邦儿童保健项目对那些拥有儿童保健补贴的低收入家庭实施援助。其中的三个项目——AFDC 儿童保健、过渡期的儿童保健和处于危险中的儿童保健——存在于社会保障法案的 IV-A 下并与 AFDC 有关。在 1990 年创立的第四个儿童保健项目——儿童保健和发展整体补助款（CCDBG）——向低收入工薪家庭提供儿童保健补助。

每种基金用来服务一类特定的低收入群体。AFDC 儿童保健和过渡期的儿童保健是保障 AFDC 受益者的权益项目，这些项目会使正在工作或参与相关活动的 AFDC 接受者与在一年内接受过 AFDC 援助的个体得到救助。处于危险中的儿童保健项目不是联邦权益项目，相反，它向各州提供有上限的基金来满足工作家庭的儿童保健需求。如果这些工作家庭的儿童保健需求得不到满足的话，他们就会变得有资格享有 AFDC。与处于危险中的儿童保健类似，CCDBG 也不是一个联邦权益项目，CCDBG 为福利系统之外的低收入家庭提供援助。

针对低收入人群的儿童保健项目依据类群展开援助，这会产生空白地带，因此受到质疑（美国审计总署，1994）。各种项目在服务对象的类别、使用儿童保健的活动类型、有资格入选的工资阈限以及受益人接受援助的

---

① 要取得劳动力依附和促进项目的资格，一个家庭的收入必需低于联邦贫困线的200%。

时间长度等方面均有所不同，这些不同之处导致了上述分歧的产生。当低收入家庭从一个群体迁移到另一个群体——即从 AFDC 受益者过渡到收容所再到处于危险状态的低收入家庭，州政府发现很难避免在儿童保健资助上的分歧。

PRWORA 将这四种不同的儿童保健基金数据整合到 CCDF 互补累积分布函数中。基金有三种不同的组成部分：强制基金、匹配基金和自主基金。每个州政府都有权支配那些依据往年儿童保健支出而分配到的强制基金。强制性分配基金是依据联邦 IV-A 儿童保健基金（AFDC 儿童保健、过渡期的儿童保健和处于危险中的儿童保健）在 1994 年支出和 1995 年支出中较高的一个或者 1992—1994 年的平均支出而确立的。除此之外，如果强制基金的支出超出了各州的历史水平，他们也可以制定匹配基金。最后，各州也可以接受国会年度拨款的自主基金。这些基金依据一个联邦准则分配给各州，而不需要各州相互竞争。

联邦资助的水平　由于福利改革，儿童保健的联邦基金有了显著地增加。在 1995 年也就是 PRWORA 获得通过的前一年，联邦在四个儿童保健项目中的支出总额接近 21 亿美元。在 AFDC 儿童保健和过渡期儿童保健中的支出基金差不多都接近 8.93 亿美元，而对处于危险中的儿童保健和 CCDBG 的支出则分别控制在 3 亿美元和 9.35 亿美元。在 2000 年，有 24 亿美元被批准用于配对项目和强制项目，另外的 12 亿则作为从属于 CCDF 的资助基金。2000 年总计 36 亿美元的支出，超过了 1995 年的 21 亿美元，这标志了联邦资助水平的急剧增长。

除了联邦开支的增加外，联邦法律也有所改变，开始允许各州将 TANF 基金直接用于儿童保健，或者将多达 30% 的 TANF 整体补助款金额用于 CCDF。这条规定给予了各州大幅度的自由裁量权，这一自由裁量权涉及各州所期望的在儿童保健方面的花费数额，并且这一规定显著地提高了各州儿童的保健基金水平。这个规定已经成为了各州儿童保健资助的主要来源。2000 年，在儿童保健方面的支出总额比整个 CCDF 预算还要多——即 39 亿美元对 36 亿美元——这充分证明了各州对儿童保健基金的重视（Schumacher, Greenberg, & Duffy, 2001）。

支配基金使用的政策法规　随着四种儿童保健基金的合并、儿童保健基金的显著增加和从 TANF 整体补助款向 CCDF 转移资金机会的增加，各州政府在儿童保健上的自由裁量权也增加了。不过，儿童保健政策的最大改变也许是终止了从福利中过渡的福利受益者及其家庭的儿童保健资格。换句话说，各州不再保证对 TANF 受益者和前受益者实施儿童保健补助。

尽管在低收入工作家庭可享有 CCDBG 基金方面，各州政府一直拥有广泛的自由裁量权，但是如今这种改变使得各州在 TANF 和转型期的家庭方面拥有了相似的自由裁量权。

尽管州政府有了这种自由裁量权，联邦法规对联邦基金受益者以及基金使用仍然会受到一些联邦法规的限制。例如，联邦法律对花费在不同人群和激励措施中的 CCDF 基金有明确规定。根据联邦法律，70% 的 CCDF 强制性和匹配基金必定用于满足 TANF 受益者、过渡期的 TANF 受益者和正处于危险中的受益者儿童保健需求；4% 的基金用于质量改进，而用于行政管理目的的资金仅占 5%。

除了那些关于 CCDF 基金使用的宽泛的指导方针，联邦法律对 CCDF 基金受益者的资格也有特殊规定。一方面，各州不必为所有符合联邦法律条件的家庭提供补助；另一方面，各州也不能使用联邦基金为超出联邦指导方针范围的家庭提供补助。例如，各州不能使用联邦基金为那些孩子年龄超过 12 岁或者收入超出州平均水平的家庭提供儿童保健基金。孩子们接受服务的前提是必需与父母住在一起。然而，在一些特殊情况下，各州可以不必遵守这些指导方针，比如，当家庭中有精神残疾或者身体残疾的年龄较大的儿童和接受儿童保护服务的时候。

尽管有这些条件，各州仍然可以自主地制定一些与这些规定相关联的条款。例如，当它们被要求支出至少 4% 的 CCDF 基金来改进质量时，它们有权决定这些改进是什么。此外，联邦政府允许各州取消"特殊需要"儿童的资格，同时也允许它们对什么是"特殊需要"或者"身心无行为能力"作出界定。

其他条件或激励措施　在开展较大规模的福利改革这一背景下，PRWORA 的联邦儿童保健政策也发生了改变。同样地，一些与 TANF 有关的法规也会影响各州儿童保健决策行为。例如，各州要求在与工作相关的活动中安排一定比例的 TANF 受益者，这一要求鼓励了福利受益者设法获取儿童保健补贴。在那些没有足够财力资助所有申请儿童保健的低收入家庭的州，这条规定可以鼓励福利受益者比别的低收入家庭更早地获得儿童保健补贴。

另外，联邦法律建立了儿童保健保护机制，以禁止各州减少对因照顾孩子而无法参加必须活动的 TANF 受益者的拨款或者停止补助。因为各州受到了由联邦政府规定的严格的工作参与要求的制约，这个规定也促使州政府认识到应该向 TANF 家庭提供充足的儿童保健服务。

最后，向各州提供高效能奖金时，联邦政府也会考虑他们的儿童保健措施（Mezey & Greenberg, 2001）。对于那些出色地完成了 TANF 目标的州，美国健康和公共事业部（DHHS）每年都会奖励 2 亿美元。2001 年，为了奖励向低收入家庭提供了良好儿童保健的十个州政府，DHHS 拨款 1 千万美元。

各州在儿童保健方面的动态 资助水平和支配基金的使用条例上的变化，使越来越多的州政府可以对低收入家庭的儿童保健补助进行更加灵活的管理。在福利改革之前，很多州限制了获取补助机会的数量。现在和原来的 AFDC 受益者都有权申请儿童保健补助。儿童保健补助不再是一些家庭的特权，这一事实意味着，在低收入家庭是否有权得到这一补助的问题上，很多州政府有了更好的裁量权。在接下来的部分，我们将重点介绍，福利改革之后，儿童保健决策制定方面的主要动态。

各州有关儿童保健的保证：尽管 PRWORA 废除了已获福利和已获过渡期福利家庭的儿童保健的资格，但是仍有许多州继续向这些家庭提供援助。例如，35 个州政府在它们的儿童保健项目中声明，它们会为 TANF 家庭提供儿童保健保障。除此之外，27 个州政府继续为那些不再接受社会救济的家庭提供儿童保健救助保障。

儿童保健补助金的分摊：很多州政府要求接受社会救济的家庭来分担儿童保健补助金。在之前的 TANF 规则下，AFDC 受益者不必支付儿童保健的费用。联邦儿童保健政策的改变不会妨碍各州政府要求受益者家庭共同承担费用，因此许多州政府已经决定这样做。目前，有 13 个州政府要求 TANF 受益者支付儿童保健的共付医疗费用（State Policy Documentation Project, 2001）。

将 TANF 基金用于儿童保健：也许，儿童保健决策方面的最大趋势就是州政府可以在多大程度上利用 TANF 基金建立儿童保健并以此显著地提高他们提供救助的水平。各州政府既可以将 TANF 基金直接用于儿童保健，也可以选择转移基金，将 TANF 的整体补助款用于 CCDF。很多州把这些基金用于一些特殊的目的，包括资助传统的儿童保健、管理服务、低收入家庭以及其他服务（Schumacher et al., 2001）。

儿童福利政策

儿童福利政策主要取决于州和地方两个层面。各州和地方儿童福利机构调查了儿童虐待和遗弃问题，并通过这些调查为儿童的身份认定提供了很好的帮助。过去的 25 年中，联邦政府虽然对儿童福利问题稍有贡献但并不卓著。如今，联邦项目为各州提供了必要的服务和激励措施。

20 世纪后期，在州政府的儿童福利制度中，儿童处于游离状态——

或者没有必要接受保健，或者接受保健的时间过长，联邦政府在儿童福利
方面的大部分工作主要就是围绕这一点。联邦基金（funding）政策的第一
个主要转变就是 1980 年收养援助和儿童福利法案（公法，96-272）的通过。
这一法案使得各州专注于采用合理的方式来避免儿童的安置问题，并通过
社会安全法案的一个独立的部分（IV-E）来支持贫困儿童的安置费用。

　　20 世纪八九十年代，尽管对于通过恰当努力避免安置问题的关注越
来越多，但是各州儿童福利系统在儿童福利上的工作量明显增加（美国众
议院，1998）。联邦立法变革试图对工作量和成本增长做出回应。1993 年，
议会提出家庭保护和支持服务项目，这个项目是 93 年的综合性协调法（公
法，103-66）的一部分，它为安置和服务工作提供了更多的资金。90 年
代中期，联邦匹配基金制度支持儿童寄养照管和收养补助，这项制度提出
了转变基金结构并形成主要的联邦儿童福利基金的提议。尽管这项提议是
指向各州政府的，但是当现金补助和儿童保健基金转向整体拨款时，联邦
儿童福利项目却保持完整。在 90 年代后期，联邦政府通过 ASFA 发挥其
更强的作用。这项法律要求各州更快地解决儿童安置问题并制订了鼓励儿
童收养的激励措施。

　　向各州分配基金的资助机制　　联邦儿童福利基金通过近 40 种独立的
项目分配到各州，包括各式各样的有上限的整体补助款项目和无限制的匹
配基金项目（Geen & Tumlin, 1999）。社会安全法的 IV-B 和 IV-E 是决
定各州儿童福利服务形成与组织的关键联邦项目。IV-B 为广泛地预防和
支持儿童福利服务提供了有上限的整体补助款。IV-B 的第一部分为预防
服务提供了可自由支配的整体补助款。1997 年重新命名为"促进安全稳
定的家庭"项目的第二部分，为各州的一系列家庭保障和其他服务提供有
上限的福利基金。

　　IV-E 为家庭护理之外的儿童安置方面的费用和收养补助提供没有限
制的福利匹配基金。这是到目前为止，联邦政府直接支持各州儿童福利
服务的最大项目。其用途仅限于支持贫困儿童的家外安置和收养补助的费
用，联邦基金与州资金支出的匹配比率与医疗救助项目的匹配比例相同。
在 20 世纪 80 年代和 90 年代，各州儿童福利案件数量增加，这个基金每
年都会向各州儿童福利体系提供数以亿计的联邦补助。起初，这个项目将
儿童获得资助的资格与州 AFDC 资格挂钩。在 1996 年，随着 TANF 的产生，
各州受益者资格仍然与 AFDC 资格标准相联系。这个项目使联邦政府恪守
了保护贫穷儿童的承诺，可是它增加了各州政府的行政负担，这些州政府
必须基于与新 TANF 项目不同的标准来确定受益资格。

许多其他的联邦基金会支持儿童福利服务。大多数是有上限的整体补助拨款，如社会服务整体补助拨款（SSBG）。然而，重要的是，许多州使用医疗救助项目——一个没有限制的关键性权益项目——来资助特定类型的儿童福利服务。各州对这些项目的使用差别很大，有的州使用医疗救助项目资助很大比例的儿童福利服务，而其他州则只用到一点。如此使用这些基金扩大了联邦资助的影响，远胜于将这些项目直接用于类似 IV-B 和 IV-E 的儿童福利。

联邦资助的水平　尽管在 20 世纪 80 年代早期 IV-B 和 IV-E 的联邦基金比较平衡。但是在 80 年代和 90 年代，飞速增长的抚养案件数量导致 IV-E 支出涨幅，而 IV-B 花费保持上限不变。在 90 年代中期，与儿童安置费用匹配的 IV-E 基金降低了对其他儿童福利方面的支持。有几个因素加重了这种不平衡。首先，正如之前提到的，案件数量迅速增长，匹配的基金却没有限制，所以所需资金随着案件数量的增加而增长。其次，儿童安置的费用远远高于预防或支持性服务的花费。

1996 年各州在儿童福利方面的总花销——包括各种资助形式——超过 144 亿美元。这些钱大多数用于家外护理。在 1996 年，各州政府严重地依赖联邦医疗救助项目、EA 和 SSBG 基金来为儿童福利服务买单。各州的融资活动差异很大。联邦资金占 44%，州资金占 44%，当地资金来源占 12%（Green & Waters Boots, 1999）。

管理资金使用的政策法规　支持家外安置和收养补助的 IV-E 的局限是对联邦支持各州儿童福利的主要限制。许多儿童福利分析家哀叹用于支持和预防服务的联邦基金相对缺乏。一些分析家指出，IV-E 没有限制的本质会造成对将儿童送到收养所或在收养所里持续照顾这些儿童的不适当激励。

在 20 世纪 90 年代，联邦法律开始允许免除安置限制，并同意各州试用 IV-E 基金（Geen & Tumlin, 1999）。只要州政府愿意接受严格地评估，就可以将 IV-E 基金用于其他类型的服务，比如药物滥用支持和支援儿童由亲属监护。联邦政府预期每一个豁免都"不需要额外的财政资源"，也就是说，只要州政府遵守 IV-E 的限制条件，就会有与原来相同的联邦筹资利率。在豁免的最初高峰期，各州力求扩展 IV-E 来支援更多的服务，比如父母的药物滥用治疗和儿童的新监护安排。然而，在过去的 3 年，很少有州政府寻求豁免，这或许是因为联邦政府要求各州通过严格的评估来证明豁免项目与先前的项目花费一样。

其他条件或激励措施　ASFA 没有明显地改变针对儿童福利的联邦资助。

IV-E 基金仍然完整无缺。该法案修改了 IV-B 第二部分的一些目的，调整了可支配的费用并将这一部分重新命名为"促进安全稳定的家庭项目"。

但是在儿童福利方面，ASFA 对联邦与州之间的关系有重要影响。ASFA 重申联邦政府在几个方面的作用。再次强调各州政府有必要减少儿童的寄养时间，要求各州对儿童在 21 个月中有 15 个月的时间接受寄养这一情况举行稳定持久的听证会。它也向各州提供了用以增加寄养以外的收养的激励基金，并且它允许各州可以快速终止父母将其孩子置于某种极端环境中的权利。各州政府立刻跟进联邦的激励措施，增加了儿童收养的数量并修改了它们的法律以适应新的常任时限。

儿童福利政策的动态　在 20 世纪 90 年代，尽管州和地方在儿童福利领域显然仍有职责，但联邦政府在这个领域的权威性还是通过各种重要渠道得以再次重申。ASFA 明显改变了各州儿童政策的某些方面。然而正如州和地方职员一直报告的那样，至今仍未受到联邦财政困难影响的州和地方的儿童福利机构面临重大的挑战。州政府系统要接受更多来自媒体、公众委员会、公选官员、州和联邦法院和联邦管理部门的监督（Malm, Bess, Leos-Urbel, & Geen, 2001）。各州儿童福利体系始终面临着两难困境，即试图在通过家庭保护实现儿童安全和尽力赡养在某些情况下需要及时安置的在家儿童之间寻找平衡。

福利改革对各州儿童福利体系形成了各种挑战，包括可能造成的对家庭工作需要、福利制裁以及改变像 EA 那样的关键资源的影响。EA 是儿童福利预防基金的主要来源，但是随着 TANF 的创立，它被整合进了现金补助整体补助款中。在 20 世纪 90 年代中期联邦福利改革时，就预计现金补助的改变会增加儿童保护服务项目或寄养服务中受虐待或被忽视儿童的数量。

迄今为止，很少有证据表明以上变化的发生。州和地方的官员也没有将联邦福利改革视为儿童福利实践的主要影响。他们更关心由其他压力导致的角色和责任的改变，比如困难人群的增加（如物质滥用或家庭暴力）以及处于儿童福利系统之外的这些人群获取服务的困难（Malm et al., 2001）。

儿童福利工作人员对由福利改革造成的 SSBG 缩减和 EA 取消表示关注。然而，最近的研究表明 TANF 基金已经填补了由这些基金资源造成的空缺（Bess, Andrews, Jantz, & Russell, 2002）。儿童福利系统慢慢地适应了 TANF，现在 TANF 代表了儿童福利的主要基金（Bess et al., 2002）。福利改革并没有导致用于儿童福利的联邦基金的减少，但是如果 TANF 由于经济衰退而增加，各州可以将 TANF 基金从儿童福利中抽出并重新恢复现金补助体系。州儿童福利预算易受经济低迷的影响，即使这样的经济低迷状态可能会增加对儿童福利服务的需求。

结论

PRWORA 和 ASFA 显著地改变了州政府在现金补助、儿童保健和儿童福利方面的作用。由这些改革引起的联邦与州关系的改变加强了各州对政策的监管。例如，PRWORA 结束了现金补助和儿童保健方面的个人福利，废除了许多影响现金补助的收入方面的具体资格限制和规则，并在 TANF 基金的使用方面给予各州更大的自由。

然而，虽然这些改革在这些政策领域创造了一种"退化革命"，但是联邦的控制和激励措施仍然存在。虽然这些控制和激励措施因政策不同而不同，但即使在那些主要基金隶属于整体补助的领域，联邦法律也可继续授权行动并用各种方法限制各州的政策和实践。20 世纪 90 年代，在儿童和家庭政策的某些方面，尤其是在儿童福利方面，联邦政府的影响实际上是加强了。

此外，联邦改革为各州提供了一个更大的机会，各州可以在现金补助、儿童保健和（某一方面的）儿童福利决策方面试验政策创新。在现金补助和儿童保健方面，联邦基金的有效增加和权力下放使各州政府可以开发这些领域的创新政策，并且 IV-E 在儿童福利方面的豁免权也允许各州政府可以进行有限的试验。相应地，各州也通过了许多新的政策，并创造性地使用 TANF 基金为 TANF 家庭以及低收入的非 TANF 家庭提供服务。

不足为奇的是，在这种新的联邦环境下各州的行为差异相当大。各州使用新的自由量裁权资助那些看似对儿童和家庭有益的政策（例如，增加儿童福利基金和将儿童免疫接种作为父母接受福利的条件），但同时也通过了一些可能存在潜在危害的政策（例如，限制家庭受益的时间总量）。考虑到各州进行联邦改革的不同方法，政策和研究团体很有必要找到确保各州有效传播政策主张的方法。大型的国家研究如新联邦制评估计划（the Assessing the New Federalism Project）、州政策的文献综述计划（the State Policy Documentation Project）以及由联邦政府发起的国家决策制订者的全国性会议，应该继续致力于广泛传播那些能实现儿童保健家庭政策目标的国家政策主张。

最后，需要指出的是，最近多数州政府的创新行为不仅是 TANF 基金灵活使用的结果也是 TANF 基金相对富足的结果。由 PRWORA 产生的整体补助款项目——连同 TANF 案例数量的减少——提高了各州可以用于低收入家庭的收入。因为这笔意外的收获，各州有机会为 TANF 家庭以及非 TANF 家庭提供更多的服务并能将更多的 TANF 基金用于 CCDF。因为 TANF 收入是固定的，未来 TANF 案例数量的增加会减少用于实现这些目标的联邦资金的数量。随着经济低迷期案件数量的增加，各州将不得不削减这些服务或使用州基金来支援这些服务。

第十二章 美国儿童的贫困：基于证据的项目与政策概念体系

Elizabeth Thompson Gershoff, J. Lawrence Aber, C. Cybele Raver

21 世纪伊始，美国刚刚经历了一段重要的经济增长期。伴随着公共政策的诸多变化（如福利改革、税收政策），这一经济增长使得儿童贫困率显著下降（Bennett & Lu, 2000）。尽管如此，1/6 的美国儿童（数量超过1200 万）家庭收入仍低于国家贫困线。事实上，34% 的美国儿童至少有 1年时间处于贫困中；而对于生活在单亲家庭的儿童和父母未完成高中教育的儿童，贫困比例分别为 81% 和 63%（Rank & Hirschl, 1999）。濒临贫困的儿童（即家庭收入居于 1 倍和 2 倍于贫困阈值之间的儿童）数量不断增长；同时，濒临贫困的儿童数量的增长也快于总体贫困率的增长（美国国家贫困儿童中心，1996）。

在本章中，我们将阐述贫困对美国儿童的影响。首先，我们将对贫困进行界定，并描述贫困的操作化方法。然后，阐述贫困对儿童幸福的严重危害，尤其是当这些儿童在发展早期经历了多年极度贫困时（Duncan, Brooks-Gunn, & Klebanoy, 1994）。正如下文将要提及的，社会科学探究的不同路线取决于对贫困的不同定义，所以我们先简单地介绍这些不同的定义。随后，我们将会探索家庭经济困难对儿童产生消极影响的发展机制，以便于从重要的新兴研究中汲取出不同的干预方案模板。美国试图通过各种关注家庭和儿童的联邦项目来应对贫困对于儿童的影响，我们构建了一个体系来探讨这些方法。最后，我们将阐释那些有效降低儿童贫困的项目仍然存在的不足之处。

首先，我们承认，近年来联邦法令中旨在降低贫困的那些项目的大部分职责已经下放到了各个州政府。因为每个州政府对联邦政策的落实有所不同（Cauthen, Knitzer, & Ripple, 2000; Meyers, Gornick, & Peck, 2001），所以我们在此仅关注联邦法律和项目，以反映国家在指导州和地区水平项目上的优先性。

确定问题的范围：贫困的界定和操作化

近年来，对于怎样界定和测量贫困出现了越来越多的争论。美国运用的是贫困的"绝对"测量方法，提出了一个可以区分贫困和非贫困的虚构的"贫困线"。相反，欧洲和其他国家运用的是相对测量方法，只要收入处于国家的中位水平，那么这个家庭就被认为是贫困的。主观测量方法是对以上两种标准的补充，它反映了某一家庭生活水平是如何与国家或地区其他家庭生活水平相比较的。

最近对贫困研究和政策的讨论主要涉及以下内容：应该使用贫困的绝对测量方法还是相对测量方法，是否有必要增加母爱剥夺或"社会排斥"这一指标。这将会影响相关研究的研究设计、研究结果以及对贫困的干预。这些相关研究涉及界定贫困儿童的数量，探索贫困对儿童的影响，以及探究相关政策的有效性等主题。最后，我们简单列举了理论和方法上遇到的挑战。

贫困的绝对测量：美国联邦贫困线(An Absolute Measures of Poverty: The U.S. Federal Poverty Line)

美国联邦贫困线(FPL)是个预先确定的收入阈值，随着家庭大小和每年居住花费的增加而发生变动。2001 年，对于一个四口之家而言，FPL为 17650 美元（"Annual Update"，2001）。如果一个家庭的总收入（依据家庭规模 ）低于贫困线，那么这个家庭就被认为是"贫困的"。近几年，FPL 受到了猛烈的抨击，尤其是针对以下两点：（1）它没有考虑家庭支出的税收，也没有考虑到家庭所接受的现金或非现金福利（如食品券、住房补贴）；（2）它依赖于 20 世纪 50 年代建立的开支比，这个开支比还没得到实证证实，也没有考虑到家庭住房、医疗和儿童保健费用在居民总收入中的比例有了实质性增长的事实（ Aber, Bennett, Conley, & Li, 1997; Citro & Michael, 1995; Seccombe, 2000 ）。更重要的问题是这一贫困线并没有考虑消费的地区差异，尤其是住房消费（ Aber et al., 1997; Citro & Michael, 1995; Seccombe, 2000 ）；而且收入一般被解读为个体水平的或者家庭水平的测量，实际上家庭收入是与所在地区失业水平、经济低迷程度相关联的。

正如下文将要涉及的，我们必须认识到贫困线政策的重要性，大部分面向低收入家庭的项目实施对象多为收入低于贫困线的家庭。因此，那些旨在降低贫困的联邦和州项目的支出数额均以家庭收入为依据，并没有考虑家庭的所在地区差异。尽管每年 1.5 倍于贫困线（即对于一个四口之家而言，为 26475 美元）的收入可能对于居住在某些农村地区的家庭而言是充足的（如南部的小城镇和郊区），但是对于其他地区而言这个收入远远无法保证其最小花费（如东北部和西部地区的大城市）。FPL 对决策者本身也提出了挑战。因为贫困线是以税收收入为基础的，不包括诸如食品券和住房援助等政府实物福利，所以贫困线会妨碍决策者，使其无法依据贫困居民真实的经济环境作出决策，从而影响决策变动的有效性（Aber et al., 1997; Citro & Michael, 1995）。

贫困的备择性绝对测量（Alternative Absolute Measures of Poverty）

上述挑战使得众多调查者认为 FPL 应当得到实质性的修订或者被更具理论和实证意义的测量所取代。我们在此对贫困的几种备择性测量做了简单的回顾。

美国人口普查的"实验性贫困测量"（U. S. Census's "Experimental Poverty Measure"）

最近，人口统计局提出用"实验性贫困测量"取代 FPL（Citro & Michael, 1995），该"实验性贫困测量"包含类货币福利（如食品券、税收抵免）、与工作相关的消费（如儿童保健）和自费就医方面的消费（Iceland & Short, 1999）。通过这些调整，采用"实验性贫困测量"获得的儿童贫困率要比采用政府 FPL 获得的儿童贫困率稍微高一些，而且贫困人群的构成也发生了相应的变化，包含了更多的工作家庭和双亲家庭（Iceland & Short, 1999）。但是，到目前为止政府并未计划采用此项实验性测量标准。

自足标准（Self-Sufficiency Standard）

自足标准测量了一个家庭满足基本需求所需的收入数目，因此，它是某个特定地区内、独立于补贴之外的收入数额（Pearce & Brooks, 2000）。自足标准由住房、儿童保健、食物、交通、保健方面的消费、杂费（包含衣服、药品和家用物品）和税收组成。这一标准将工作费用（包含儿童保健）、儿童年龄、地域和地区的消费差异、税收和课税津贴的净效果均考虑在内。许多州政府计算了各自区域的自足标准。比如，纽约州运用此标准计算指出，在纽约城外，对于一个单亲有两个孩子的家庭而言，每月的自足工资需求在 30012 美元（奥齐戈）至 60528 美元（拿索和萨福克郡）之间（Pearce & Brooks, 2000）。经济政策研究所的研究者以代表全美所有地区和各种家庭类型的 400 个家庭为样本，通过计算这 400 个家庭的预算，提出低于此预算水平的家庭数目是官方贫困家庭（即家庭收入低于 FPL 的家庭）数目的 2.5 倍之多（Boushey, Brocht, Gundersen, & Bernstein, 2001）。美国越来越关注有孩子的家庭满足其基本需求所需的费用，在此基础上可发现美国当前 FPL 仍存在不足，并且定义贫困时有必要考虑家庭满足基本社会生活需求所需的收入。

贫困的相对测量：欧洲贫困线（A Relative Measure of Poverty：The European Poverty Line）

与美国不同，欧洲国家倾向于使用强调相对匮乏的方法界定贫困，而不是使用强调绝对匮乏的方法界定贫困。那些财力资源明显少于其他社会成员的家庭将无法完全参与到社会生活中，这就是采用相对测量阈限的原理（Townsend, 1992；联合国儿童基金会因诺琴蒂研究中心，2000）。贫困的相对测量，一般被操作化为社会中位收入的一半，需根据社会中位收入的改变而改变。这种相对测量方法的优点是它设定的参考点是整个社会；但是当经济萧条导致社会不景气时，一些家庭收入虽然非常低，但却在社会中位收入之上，这样他们同样不被认为是贫困的，此时就会出现问题（Citro & Michael, 1995）。贫困的相对测量通过比较贫困人口的比例，经常被用于国际间的横向比较。联合国儿童基金会最近采用社会中位收入的 50% 作为相对贫困的测量标准，结果发现美国贫困比率大幅增长（人口数量的 8%）。若采用相对测量标准，在最富有的几个国家中，美国是拥有最高的儿童相对贫困率的国家之一（联合国儿童基金会因诺琴蒂研究中心，2000）。

贫困的主观测量（Subjective Measures of Poverty）

到目前为止，在我们回顾的这些研究中，研究者均以严格的经济学术语来界定贫困，考察低家庭收入对儿童幸福的影响。但是，这些研究仅通过收入标准来定义贫困，这过于狭隘，可能低估了物质困难给孩子们带来的负担。

家庭财政困难(Family Financial Hardship)

从发展的角度而言，只通过收入需求比(定义为家庭收入除以贫困线，并且贫困线与家庭类型和家庭结构相关联)提供的信息，无法确定某一家庭是否感知到了家庭财政困难带来的不利影响，也无法确定某一家庭是否确实受到了家庭财政困难的不利影响。其中，家庭财政困难包含在多大程度上买不起足够的食物、衣物和 / 或居所(Conger, Ge, Elder, Lorenz, & Simons, 1994; Mcloyd, Jayaratne, Ceballo, & Borquez, 1994; Sen, 1999)。的确，高达 65% 的非贫穷家庭，他们的收入居于 1 倍和 2 倍 FPL 之间(即收入需求比在 1.0～2.0 之间的)，也曾经经历过一次或者多次严重的经济困难，包括食物短缺、无力赔付账单、缺乏健康保险以及缺乏足够的儿童福利(Boushey et al., 2001; 儿童保护基金，2000)。先前研究表明低收入对儿童发展结果的消极影响部分取决于经济给家庭生活带来的压力(Elder, Eccles, Ardelt, & Lord, 1995; Mcloyd et al., 1994)。在这种压力下，父母要做出艰难的 "抉择" 以合理分配有限的资金(Edin & Lein, 1997)。他们的抉择将反映在几个主要方面，如家庭财政紧张的体验(Elder et al., 1995; Gutman & Eccles, 1999; Mcloyd et al., 1994)、食物无保证(Carlson, Andrews, & Bickel, 1999)、住房不稳定(Boisjoly, Duncan, & Hofferth, 1994; Leventhal & Brooks-Gunn, 2000; Pribesh & Downey, 1999)、医疗服务欠缺(Kenney, Ko, & Ormond, 2000; Mills, 2000; 计划和评估助理秘书办公室，1998)。例如，在拥有 18 岁以下孩子的家庭中，17% 的家庭有过被剥夺基本食物需求的经历(Carlson et al., 1999; Hamilton et al., 1997)，低于贫困线的家庭经历食物短缺的概率是贫困线以上家庭的 3.5 倍(Rose, 1999)。这些贫困家庭日常生活中存在的物质困难可以预测父母逐渐增多的压力、孤独、失落以及父母严格的教养行为。这其中的每一个因素，正如接下来要讨论的，均可预测贫困儿童在行为和心理功能上的缺陷(Boisjoly et al., 1994; Brody et al., 1994; Chase-Landsdale, Brooks-Gunn, Zamsky, 1994; Elder et al., 1995; Hamelin, Habicht & Beaudry, 1999; Kleinman et al., 1998; Leventhal & Brooks-Gunn, 2000; Olson, 1999)。

社会排斥(Social Exclusion)

目前欧盟(如 Burchardt, Le Grand, & Piachaud, 1999; Mikulic, Linden, Pelsers, & Schiepers, 1999; Percy-Smith, 2000)和美国的研究者(如 Aber, Gershoff, & Brooks-Gunn, 2001)与决策者对于 "社会排斥" 这一概念越来越感兴趣，

他们认为"社会排斥"可以帮助我们更好地理解贫困和剥夺对儿童产生的影响。总的来讲，有些家庭成员有可能无法享有下面所讲到的标准化经历，比如，住足够大的住宅、享有无犯罪的良好治安环境、有正式或非正式的社会扶持、参加有意义的工作、教育、休假和公民权（Burchardt et al.，1999；Percy-Smith，2000）。举例而言，收入在贫困线以下或者濒临贫困（联邦贫困线的 2 倍）的夫妇可能买不起大众化货物（如衣服，鞋子，电子游戏），也支付不起教育相关的有益产品和参与性体验（如高质量的儿童保健、参观博物馆、计算机）。无法享有这些经历的孩子们可能会产生被排斥感，受到同龄人的"特殊化"和歧视（Duncan & Brooks-Gunn，1997；Klasen，1998）。大量实证证据表明儿童如若无法享有安全的邻里环境、充足的住房和有益的教育系统，感受到社会排斥，这会危害儿童的健康成长，限制儿童的未来角色（如学生、工人和公民的角色）。

测量贫困的动态途径（Dynamic Approaches to Measuring Poverty）

虽然研究动态收入的文献有很多（Bradury，Jenkins，& Micklewright，2001），但是这些动态研究却没有得到很好地整合。经济学家一般认为多个时间点的长期收入测量要比单时间点的当前收入测量更有价值，因为长期收入与儿童发展的联系比当前收入更加紧密（Blau，1999；Brooks-Gunn & Duncan，1997；Duncan et al.，1994）。也有其他学者争辩说物质困难指标可以补充当前收入测量，可以更好地估计长期收入（低水平年均收入和高水平的物质困难指标近似于持久低收入）。不幸的是，所有这些观点都忽视了收入的时间波动以及收入和物质困难之间潜在的交互作用。收入随时间产生的变化、变化的时间点和收入变化的方向可能会影响家庭收入处于平均收入之下还是之上（Brooks-Gunn & Duncan，1997；Duncan，Yeung，Brooks-Gunn，& Smith，1998）。试想一下，对于两个五年时间内年平均收入均为 10000 美元的家庭而言，人们更喜欢居住在哪一家庭中：家庭 A 收入逐年增加，8000 美元、9000 美元、10000 美元、11000 美元、12000 美元；家庭 B 收入逐年降低，12000 美元、11000 美元、10000 美元、9000 美元、8000 美元。虽然两个家庭五年的长期收入是相同的，但家庭 A 的前景，与收入一样会随着时间推移越来越好。相反地，家庭 B 的经济困难将会伴随着日益增长的心理紧张、担心和情绪上的悲伤。两个家庭收入发展的趋势将对各自家庭的儿童带来非常不同的影响效果。

贫困对儿童发展的影响

已有许多研究考察了贫困环境对儿童发展的影响，这些研究一致发现，贫困和儿童生活的三个主要方面之间存在负性关联，这三个方面为儿童身体发展、认知发展和社会情绪发展。大多数有关贫困和儿童发展的文献都采用了相关的统计方法。有时，研究控制了那些与贫困有关的因素 [比如，父母受教育水平、父母婚姻状况（Mayer，1997）]，但是大多数研究并没有控制这些相关因素。即使控制了相关因素，相关研究也无法证明贫困和儿童发展结果间存在因果关系。但是，最近提供收入支持的实验演示程序的确得出了两者间的因果结论。尽管需要注意以上问题，我们仍相信贫困对儿童发展有 "影响"，因为我们认为，就整体而言，现存的文献表明贫困收入及其协变量确实对儿童发展有显著的因果影响。

贫困对儿童身体发展的影响（ Effects of Poverty on Children's Physical Development ）

在贫困家庭中成长起来的儿童有可能会产生一系列的身体问题。出生于贫困家庭明显地增加了儿童出生时为低重儿的几率，这反过来又与高风险的婴儿死亡率（Gortmaker，1979）及随后儿童身体和认知发展上的缺陷有显著关联（Barker，1994；Bradley et al.，1994；Brooks-Gunn, Klebanov, & Duncan, 1996）。和他们较富裕的同伴相比，贫困儿童健康状况不佳的可能性是前者的 2 倍，包括有更大的机率罹患以下疾病——痢疾、结肠炎、哮喘、部分或全部失明、失聪（Brooks-Gunn & Duncan, 1997）。生活在贫困家庭中的儿童罹患铅中毒的可能性是其富裕同伴的 3 ～ 4 倍（Brooks-Gunn & Duncan, 1997；Children's Defense Fund, 1994；Klerman, 1991；Seccombe, 2000），而且更可能罹患龋齿等口腔健康疾病（美国卫生署，2000），更可能无法保障他们的医疗保健需求（Klerman, 1991；Vargas, Crall, & Schneider, 1998）。研究发现，贫困儿童也有缺铁和贫血的风险（儿童保护基金，1994），在整个儿童期，缺铁和贫血会影响贫困儿童的脑部发展、运动机能和社会行为（Klerman, 1991；Lozoff, Jimenez, & Wolf, 1991）。研究发现低水平的家庭收入是年龄常模中身体发育滞后（相对于年龄而言体重较低）和消瘦（相对于身高而言体重较低）两种疾病的显著性预测因素（Brooks-Gunn & Duncn, 1997；Klerman, 1991；Miller & Korenman, 1994）。而且，贫困儿童在事故中的受伤率高于非贫困儿童

（Klerman，1991）。

鉴于健康风险的范围，贫困儿童得病就医的比率是非贫困儿童的2倍这种现象就不足为奇了（Brooks-Gunn & Duncn，1997）。尽管最近政府健康保险范围的扩大使得医疗保险涵盖的儿童数目增多，但是这一比例还是相对较低，23%的贫困儿童（家庭收入在贫困线以下）和20%的濒临贫困的儿童（家庭收入居于贫困线1～1.25倍）仍无法享有医疗保险，这一事实加剧了贫困儿童医疗问题的严重性（Mills，2000）。

贫困对儿童认知发展的影响（Effects of Poverty on Children's Cognitive Development）

贫困儿童比非贫困儿童更容易产生发展迟缓和学习障碍问题（Brooks-Gunn & Duncan，1997；Klerman，1991），这些缺陷不利于儿童校内外能力的发展。轻度智力障碍在低收入儿童中的发病率比富裕儿童中的发病率要高，严重智力落后在不同社会经济地位的人群中分布十分均匀（Klerman，1991）。研究发现早期儿童的贫困模式可预测儿童5岁时显著的智商（IQ）差异（甚至在控制了儿童2年前的智商后），长期贫困比短暂的贫困对智商的影响更大（Brooks-Gunn et al.，1996；Duncan et al.，1994）。家庭收入差异可直接导致标准测验的表现差异，收入需求比每提高一个单位，儿童在认知测验上就会相应地提高3.0～3.7分（Smith，Brooks-Gunn & Klebanov，1997）。早期贫困经历不利于儿童随后的学业成绩（Lipman & Offord，1997），一年级时，贫困儿童和非贫困儿童在数学和阅读测验上的得分就已差异显著（Entwisle & Alexander，1992）。反过来讲，贫困儿童复读或辍学的可能性是非贫困儿童的2倍（Brooks-Gunn & Duncan，1997；儿童保护基金，1997）。

贫困对儿童社会情绪发展的影响（Effects of Poverty on Children's Social-Emotional Development）

尽管大多数重要政策关注儿童学业成就和认知能力，但是考察贫困对儿童社会和情绪适应的消极作用也是同等重要的。幼儿有限的社会能力意味着他们十分依赖于家庭，且易受家庭的影响。因此，幼儿发展的过程不论结果如何都与家庭经济环境有关（Shonkoff & Phillips，2000）。贫困家庭儿童产生行为或情绪问题的风险更大（Brooks-Gunn & Duncan，1997）。贫困经历，尤其是长期持续的贫困经历更容易使儿童产生外化问题（如反社会行为）（Miech，Caspi，Moffitt，Wright，& Silva，1999；

Takeuchi, Williams, & Adair, 1991)和内化问题(如抑郁、消极的自我
形象)(Mcleod & Shanahan, 1996; Miech et al., 1999; Takeuchi et al.,
1991; Weinger, 1998)。相似地,贫困儿童社会能力相对欠缺,这些社会
能力包括自我管理、冲动性(Takeuchi et al., 1991)以及那些与儿童社会
情绪能力有关的其他能力(Eisenberg et al., 1996; Huey & Weisz, 1997;
Rothbart & Bates, 1998)。

贫困影响儿童的过程:政策和项目干预的目标

致力于减少儿童贫困或减轻贫困消极作用的政策或项目均是以贫困及
其协变量对儿童的影响机制为基础的。的确,贫困对儿童的影响机制构成
了这些政策和项目干预的潜在目标。迄今为止,相关文献已确定了几个可
以预测家庭收入贫困和经济困难的关键因素,而且阐明了这些因素是否可
以反过来影响儿童发展,以及是怎样反过来影响儿童发展的。在这一部分
中,我们简要介绍了贫困对儿童的影响机制,并以此制定了讨论反贫困政
策和项目的框架。在图 12.1 中,我们总结了文献中这些已确认的过程。

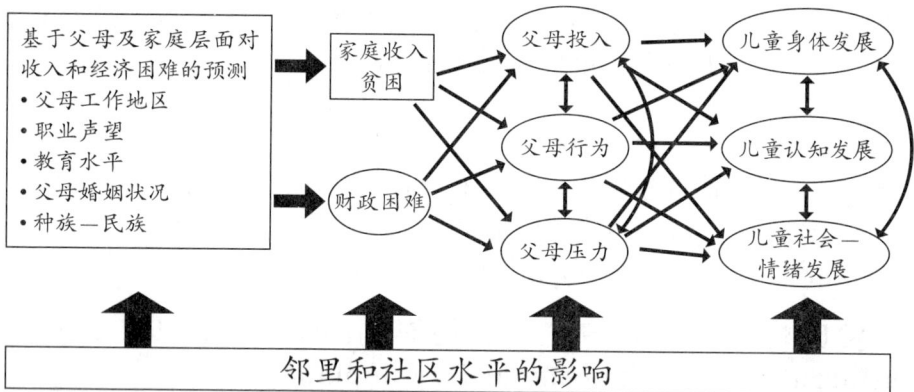

图 12.1　家庭收入和财政困难对儿童发展结果的影响机制

作为贫困预测因子的家庭水平特征以及相关的儿童发展结果
(Family-Level Characteristics as Predictors of Poverty and Associated
Child Outcomes)

像之前所提到的,研究者之间关于儿童贫困越来越多的争论表明,如
果某一点的家庭收入和随后某个点的儿童结果之间的关系可以更好地被

第三类变量即研究中未观测的变量所解释时，这两者之间因果关系的推论是不正确的（Duncan et al.，1998；　Mayer，1997）。像父母教育水平、技能、动机和家庭结构这样的因素可以被认为是家庭收入和儿童认知、社会结果的外源预测因子（Mayer，2001）。其他研究者提出了相反的观点，认为类似这样的分析过度地控制了潜在的第三变量的威胁（因为可能是贫困导致了这些特征的产生，而不是这些特征导致了贫困的产生）。他们认为，收入贫困，尤其是儿童早期极度贫困确实对儿童发展产生了消极影响（Duncan et al.，1998）。实验示范项目支持以下观点：家庭收入贫困（参见 Huston et al.，2001；Morris，Huston，Duncan，Crosby，& Bos，2001；Morris & Michalopolous，2000；Yoshikawa，1999）和贫困社区（参见 Ludwing，Duncan，& Pinkston，2000）影响了儿童认知/学业和社会/情绪的发展。家庭水平的特征和家庭收入各自以及组合起来会对儿童产生怎样的影响，这一问题仍需进一步探索。

收入贫困对儿童可能产生消极影响的机制（Mechanisms Through Which Income Poverty May Negatively Affect Children）

虽然经济困难可能直接限制孩子们无法享受到丰富的教育资源以及物质和服务方面的情感奖励，但是，许多研究者仍得出结论，贫困主要是通过父母来发挥它的大部分影响。研究者验证了许多机制，这些机制都可作为收入发挥作用的潜在路径。

父母投资作为中介（Parent Investment as a Mediator）

贫困儿童和非贫困儿童之间所观测到的差异部分源于父母为子女所提供的家庭环境的质量差异（Duncan et al.，1994）。尤其是质量水平较低的家庭环境可以解释贫困儿童与非贫困儿童测验得分上的差异（Smith & Brooks-Gunn，1997）。大部分调查父母对儿童投入的研究均采用家庭调查表（Caldwell & Bradley，1984）。此调查表包含母亲报告和访谈者评定，要求访谈者对父母所提供的情绪支持和认知刺激的质量进行等级评定（比如，确认家庭中面向儿童的图书、唱片/CD 等物品的数量，确认父母带孩子去博物馆、图书馆这类地方的频率）。同样采用家庭调查表的国家青年追踪研究发现，贫困家庭[尤其是以单亲母亲家庭为首的（Miller & Davis，1997）]提供的认知刺激水平明显较低，父母在认知刺激物质和活动上的投资可以显著地调节贫困对儿童智力发展的影响（Guo & Harris，2000）。尽管家庭认知刺激分量表已经作为测量父母投资的典型方法得以广泛使用，但是在未来的研究中还应包含父母投资的其他外在体现，尤其是早期儿童教育的质量，这一点是十分有必要的。

父母行为和压力水平作为中介(Parent Behavior and Stress Levels as Mediators)

经历过经济困难的父母更容易体验到高水平的压力，这些压力来源于他们积极努力地供养家庭和负性生活事件的增多，而这些负性生活事件的增多则是由于他们有较少的资源来处理这些事件(Edin & Lein, 1997; Mcleod & Kessler, 1990; Mcloyd et al., 1994)。生活在低收入家庭中所固有的压力有可能导致婚姻冲突(Conger et al., 1994)和父母抑郁[13%～28%的比例(Lennon, Aber, & Blum, 1998; Shonkoff & Phillips, 2000)]。有些儿童的父母拥有糟糕的婚姻状况，父母的婚姻生活总是充斥着严重的冲突或者父母患有严重的抑郁症，这类儿童更容易产生社会情绪问题(Cummings & Davies, 1999; Davies & Cummings, 1994; Downey & Coyne, 1990)。这多是因为经历婚姻痛苦或抑郁的父母更可能忽视或者敌视他们的孩子，或者既忽视又敌视他们的孩子(Dix, Gershoff, & Miller, 2001; Jackson, Gyamfi, Brooks-Gunn, & Blake, 1998; Mcloyd et al., 1994; Pinderhugher, Dodge, Bates, Pettit, & Zelli, 2000; Simons, Lorenz, Wu, & Conger, 1993; Smith & Brooks-Gunn, 1997; Tronick & Wernberg, 1997)。已有研究发现，母亲抑郁水平、一般压力水平、社会支持水平和应对困难水平反过来可以部分地调节贫困对低收入儿童内化和外化行为问题的影响(Duncan et al., 1994; Linares et al., 2001)。

因为经济困难与父母心理困扰的加剧有关，所以我们认为经济困难导致了体罚和其他消极教养行为使用频率的增加(Eler & Caspi, 1998; Mcloyd, 1990; Simon et al., 1993)。的确，已有研究发现社会经济地位、压力和体罚之间存在关联(Garbarino, Kostelny, & Barry, 1997; Giles-Sims, Straus, & Sugarman, 1995; Jaskon et al., 1998; Mcleod & Shanahan, 1993; Mcloyd et al., 1994; Pinderhughes et al., 2000; Simons, Whitbeck, Melby, & Wu, 1994)。一系列的元分析表明，尤其是父母体罚与某些不良儿童行为相关，这些不良儿童行为包括高攻击和过失行为、低水平的道德内化和心理健康状况(Gershoff, 2002)。在极端情况下，贫困儿童受到看护者体罚的可能性是非贫困儿童的 8 倍(Brooks-Gunn & Duncan, 1997)。与高收入家庭相比，低收入家庭中儿童虐待的发生率更高(Trichett, Aber, Carlson, & Cicchetti, 1991)，且低收入家庭中虐待对儿童消极结果的预测能力更强（Aber，1994）。的确，虐待的方式可能部分地取决于家庭贫困的类型。持续贫困很可能更多地与忽视相关，而突然贫困则更多地与身体虐待相关（Aber，1994）。

尽管大多数研究表明家庭贫困对父母教养方式有消极影响，但是仍有证据表明，有些父母虽然经历了较多的经济困难，却依然采用积极的教养策略，这样可以缓和贫困对儿童的消极影响。一些研究调查了某些保护性教养因素，如幼儿园和小学时积极的亲子关系，父母双方一致的适合儿童年龄的行为准则，研究发现这些保护性教养因素可以缓和低家庭收入、高家庭经济困难和儿童发展结果之间的负性关联（Cowen，Wyman，Work，& Parker，1990；Masten，Morison，Pelligrini，& Tellegen，1990；Rutter，1990）。另外，有证据表明，参与启蒙或早期启蒙项目可以促进父母与子女活动和行为的改善，这些改善与随后儿童更好的入学准备有关（Parker，Boak，Griffin，Ripple，& Peay，1999；Paulsell et al.，2000）。

邻里和社区作为调节（Neighborhoods and Communities as Moderators）

家庭居于邻里、社区、州和国家等一系列环境中。我们认为居住家庭所在的更宽泛的人口学和经济背景会影响家庭的经济安全，家庭经济则会通过制度资源、社会关系、社区规范、集体效能的情境效应对父母和儿童的发展产生影响（Leventhal & Brooks-Gunn，2000）。越来越多的实验（Ludwig et al.，2000）、准实验（Rosenbaum，1991）和非实验（Aber，Gephart，Brooks-Gunn，& Connell，1997；Klebanov，Brooks-Gunn，& Duncan，1994）研究表明，邻里确实影响家庭人力资本、收入和排除其他家庭影响外的儿童发展。我们承认当考虑项目和政策对儿童贫困和相关儿童发展结果的影响时，有必要将社区水平的因素纳入考虑之中。尽管如此，我们也承认基于邻里和社区的干预项目囊括了众多不同领域，本章不再对邻里影响的发展模型和政策进行全面回顾。

与儿童贫困有关的联邦项目和政策干预

我们期待家庭贫困状态随时间而改变，而现实又是如何呢？对跨人群、跨时空的家庭收入调查强调了联邦政策的变化对家庭收入产生巨大影响的不同方式。比如，20 世纪 70 ～ 90 年代幼儿贫困率显著增高（美国国家贫困儿童中心，1996），但是同时段 65 岁或 65 岁以上的老年群体贫困比例显著降低（Strawn，1992）。这种差异很大程度上也可以反映在联邦政府的决定上：联邦政府致力于为老年人提供救助资源以降低老年人的收入贫困水平，然而却没有采用相似的措施来降低儿童及其家庭的贫困率（Strawn，1992）。

到目前为止，税收和转让政策（tax and transfer policies）对降低美国儿童贫困率所起的作用相对较小。在美国，税收和转让政策只减少了不足5%的儿童贫困率，与之相比，瑞典减少了20%，英国减少了18%（联合国儿童基金会因诺琴蒂研究中心，2000）。与过去的经费支出相比，美国联邦对直接面向低收入儿童家庭项目的经费支出有了相当客观的增长（从1960年GDP的0.02%到1997年GDP的1.47%）。但显而易见的是，美国儿童福利投资仅占联邦项目很小的一部分（Clark，King，Spiro，& Steuerle，2001），尤其对比其他发达国家（Gornick & Meyers，2001）。另外，各州关于如何贯彻以及在何种程度上支持联邦项目所做出的决策也导致了联邦项目在何种程度上满足和服务于儿童需要方面存在巨大差异（Meyers et al.，2001）。

尽管政府对拥有子女的家庭只有较少的财政拨款，但是联邦、州和社区仍利用这些拨款实施了一系列旨在降低儿童贫困的项目和政策。下面我们将重点关注这些联邦政策和项目。需要指出的是，我们认为州、邻里和学校水平上的措施在阐述儿童贫困和贫困的消极影响时也具有十分重要的意义（Cauthen et al.，2000；Meyers et al.，2001）。但是，在本章中，我们只讨论以家庭和儿童为中心的获得联邦资金支持的干预措施，这些干预措施旨在帮助家庭改善贫困状况 [如劳动所得税抵免制度（EITC）]，帮助父母处理与贫困有关的压力（如家访项目），像早期教育补偿项目那样直接以经济困难儿童的发展结果为目标（如启蒙项目）。

我们简单地描述了这些主要联邦措施的主旨以及措施有效性的证据。有效性指标主要是指：（1）这些救济金或项目是否囊括了目标人群，（2）救济金或项目是否与家庭和 / 或儿童发展结果的改善有关，或者是否引起了家庭和 / 或儿童发展结果的改善。但是不幸的是，我们并没有获得在此讨论的所有项目和政策的有效性信息。为了更好地将政策研究和发展研究整合起来，依据干预措施主要针对图 12.1 中的哪一过程，对这些干预措施进行了归纳，将这些项目和政策分成了 6 类（见图 12.2），分别为：（a）面向父母的人力资本的提升；（b）面向家庭的收入支持；（c）面向家庭的非现金支持；（d）面向父母的教养干预；（e）两代干预；（f）面向儿童的干预（尽管为了更加全面，图 12.2 中包含了面向社区的项目，但是在本章中我们仅介绍了那些主要直接针对家庭收入和不利因素的项目）。大部分项目的获取资格与联邦贫困线相关联，依据 9～10 月财政年度（FY）或者 6～7 月项目年度（PY）来描述资金分配情况。在附录表 12.A1 中，按照经费支出数目依次减少的顺序对所有面向低收入儿童的 2001 项目进行了简单介绍。

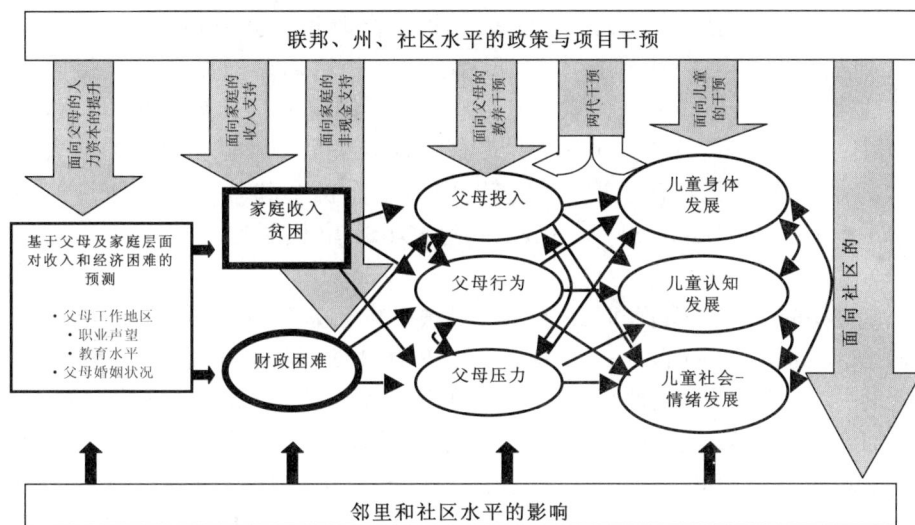

图 12.2　与贫困以及与贫困对儿童的影响相关的目标政策和干预项目

面向父母的人力资本的提升（Parent-Directed Human Capital Enhancement）

教育和培训项目通过培养青少年和成人获取技能来帮助他们赚取更高的收入，其目的是使父母获得脱离贫困的工具。在众多研究中，教育成就被认定为预测父母是否具备提高自己及其子女社会经济地位这一能力的最强预测源之一（Becker，1993；Page & Simmons，2000）。在 1996 年，没有高中文凭的全职年轻工人（25～34 岁）平均收入为 17185 美元，而拥有高中文凭或等值文凭的全职年轻工人平均收入为 22567 美元（Pandey，Zahn，& Neeley-Barnes，2000）。儿童认知和社会化发展可以通过父母的教育投资受到积极影响。比如，父母教育投资可能通过以下方式影响儿童——父母传授给孩子的信息和技能的数量与质量或者是由于家庭收入的增多父母有能力为孩子购置的认知刺激和物质享受的数量与质量。父母技能和受教育程度被看作是人力资本而不是物质资本，因此对父母技能和教育的干预是公共政策干预的重要方面。

40 多年来，联邦政府一直支持面向青年和成人教育和培训的各项条款。最初设计这些项目是为了应对由自动化造成的工人下岗的恐惧情绪。但是直到 20 世纪 60 年代，联邦培训和教育项目大幅度重新调整，最终将反贫困作为项目目标。举例而言，1988 年，在至少获得一个最大联邦基金支持(工作培训合作法条款 II)的个体中，92% 的个体来自于低收入家庭(Lalonde, 1995)。可获得的培训和教育包括校正教育，比如，获得普通同等学历文凭(General Equivalency Diploma)和工作培训。工作培训包括从时长几周的最小个案管理和"就业俱乐部"/求职帮助到长达多年的职业和技术培训；通过这些培训，确保个体获得高水平文书和技术职业的工作经验。通过 1967 年制定的工作激励项目(Work Incentive Program, WIN)和 1988 年家庭抚养法案，教育项目与参与者福利收入捆绑在一起。在家庭抚养法案中，工作机会和基本技能项目(Job Opportunity and Basic Skills Program, JOBS)取代了原先的工作激励项目(Lalonde, 1995)。

随着 1996 年个人责任和工作机会协调法案的通过(Personal Responsibility and Work Opportunity Reconciliation Act of 1996, PRWORA，稍后会详细讨论)，参与联邦资助的培训和职业项目的福利受助人大幅度地缩减，而且成人在教育经费上面临更加严格的限制，州和地方更加强调在教育活动上寻找就业机会(Bloom & Michalopoulis, 2001)。为了和"先工作"这一方法保持一致，PRWORA 发起了一个新的联邦政策(1998 年劳动力投资法，WIA)，该政策指出低收入个体必须先努力就业，只有当额外教育对其职业和自给自足是必不可少时，他们才有机会获得中学后培训(Golonka & Matus-Grossman, 2001)。劳动力投资法成人项目包含核心的服务(拓展和就业安置)、密集的服务(咨询和职业规划)和培训服务(职业和基本技能培训)，每种服务都是由一站式就业中心(One Stop Career Centers)提供(政府范围的信息系统划分，GISD, 2001)。所有美国成人均有权享有核心服务，但是各州优先面向低收入个体；在 2001 财年拨款中给予劳动力投资法成人项目 9.5 亿美元的资金支持(就业和培训管理，2001)。依据劳动力投资法案，满足以下条件的青年有享受项目服务的资格：家庭收入低于贫困线，本人缺乏基本的识字能力、辍学、离家出走或无家可归，身为寄养儿童或怀孕、已为人父母，或者曾经身为罪犯(GISD, 2001)。2001 年对劳动力投资法案青少年活动项目的拨款约为 1.02 亿美元(GISD, 2001)。

大专和大学本科学位大幅增加了低收入成人的盈利能力，但在低收入家庭户主中只有 10% 的人大学毕业，在收入是贫困线 2 倍的家庭户主中有 36% 的人完成大学教育(Golonka & Matus-Grossman, 2001)。2000 年，可用的联邦资金总共 1300 亿美元，这些资金通过不同的财政援助项目帮助学生参加 2 年和 4 年的大专和本科学习（美国教育部，2001）。在这些面向低收入学生的财政援助项目中，最大的是佩尔助学项目（Pell Grants Program），此计划于 2001 年资助基金 88 亿美元，除此之外还有一些其他的重要项目，包括联邦工作研究项目（Ferdal Work Study Program）（2001 财年，10 亿美元）、联邦补充教育机会赠款项目（Ferdal Supplemental Educational Opportunity Grants Program）（2001 财年，6.91 亿美元）、联邦帕金斯贷款项目（Federal Perkins Loan Program）（2001 财年，1 亿美元）、利用教育援助合作（Leveraging Educational Assistance Parternership）（2001 财年，5500 万美元）和联邦家庭教育贷款（Federal Family Education Loans）（2001 财年，2990 万美元）（GISD，2001）。数以百万计的学生受到了这些项目的资助，有的是以单独的方式，有的是以联合的方式，仅佩尔助学金就捐款 3.8 万美元（GISD，2001）。重要的是，2 年制大学往往被视为最能加强接受公共援助的低收入家庭人力资本的方式，因为这些项目有相对开放的招生政策、学费低廉，而且在服务老年人和种族多元化人群方面有丰富的经验（Golonka & Matus-Grossman，2001）。

为了与人力资本投资模型保持一致，一系列联邦政策鼓励年轻、未婚、低收入女性推迟生育，希望这能增加她们获得较高学业水平的可能性，加强她们获得更好的高薪职位的机会。比如，据估计，当一个年轻女性在十几岁就有孩子时，她取得标准高中学历的机会将会减少 20%［尽管这不会降低年轻女性获得普通同等学历文凭的机会（Maynard，1997）］。考虑到福利受助者与贫困的非受助者相比，前者更可能在青少年期未婚生子，PRWORA 包含对禁欲教育和财政奖励的拨款支持。财政奖励的实施使得婚外生育率下降，而且阿拉巴马、哥伦比亚特区、加利福尼亚、马萨诸塞、密歇根均在此项目上拨款 20 万美元（美国健康和人类服务部，DHHS，2000）。PRWORA 还规定，未成年父母需待在学校、家里或者有监控的地点通过类似于第二个机会家庭这样的机构来接受公共援助。这些机构旨在给青少年父母提供必要的有关教养方式和家庭计划的技能（计划和评估助理秘书办公室，1997）。2001 年，禁欲教育补助项目拨款金额为 5000 万美元，第二个机会家庭项目拨款金额为 2500 万美元（DHHS，2000；GISD，2001）。

这些政策还存在争议，因为它们似乎只受价值驱动，而完全不顾现今的研究基础。事实上，与这些政策有关的社会科学证据本身就颇有争议。特别需要指出的是，尽管一些研究声称，青少年时生育子女大大限制了年轻女性的未来收益，但是也有研究表明，早育的不良后果被大大夸大了，青少年母亲面临众多的与贫困相关的压力，而且这些压力会阻碍就业（Geronimus & Korenman, 1993; Maynard, 1997）。虽然存在这样的争论，但是像新的机会这样的示范项目已经成功地为年轻母亲提供了人力资本干预的公共援助，包括鼓励参与者推迟再次生育、鼓励参与者获得更多的教育和培训（Quint, Bos, & Polit, 1997）。

有效性的证据（Evidence of Effectiveness）

许多评估研究（包括非实验研究和随机化实验研究）表明，那些参与联邦支持性教育和培训项目的成年女性可获得人力资本上的收益（LaLonde, 1995）。这些收益包括参与者就业率增大，工作时间增多和收入增多（但是，也要考虑到随之而来的合法收益的减少，但不是总收入）。"先工作"的方法使更多的家庭从公共援助中脱离出来获得就业，但这种做法只在短期内是有效的。并且，需要强调的是"先工作"使得这些家庭获得的仅是不稳定的、低技能的、低收入的工作，无法帮助他们获得高收入工作所需的技能，因此这一做法是目光短浅的（Blank, 1995; O'Neill & O'Neill, 1997）。在职培训的长期投资明显地产生了更高的收益，使得父母收入增多，高薪职业就职时间增加（Heinrich, 1998; LaLonde, 1995）。简言之，"付出多少，得到多少"。短期、低廉的培训项目产生的收益太小，不足以支持家庭走出贫困。而在成人技能上支出较多的培训投资为家庭和州带来了大量的收益，家庭盈利多了，随之上缴税额也增多了，也能更好地支持子女的发展（LaLonde, 1995）。

最近的一项研究表明，接近20%的大学本科生是收入少于2万美元的独立成年人，30%的全日制学生获得了佩尔助学金，平均金额刚好超过2000美元（美国教育部, 2001）。最近，有研究分析了州与联邦财政援助对大学入学率的影响，发现学费上涨，复杂的程序规则、受助资格规则和众多申请条件等多个障碍严重限制了低收入成年人申请财政援助，这可能减少了他们上大学的可能性（Kane, 1995; Mcpherson & Shapiro, 1991; Orfield, 1992）。显然，如果我们希望促进那些最需要援助的家庭获得人力资本收益，那么有必要使类似于佩尔助学金项目的联邦财政援助项目变得更加容易获得。

最新证据表明，旨在减少青少年怀孕的一些项目确实可以推迟青少年性行为的发生时间或增加避孕套和避孕药具的使用频率（Kirby, 2001），尤其是其中那些旨在减少危险性性行为的项目，为青少年长期提供性教育信息，帮助青少年缓解各种社会压力。那些包括学术支持和工作相关活动在内的项目，代替（青少年拓展项目）或补充（儿童援助学会—卡雷拉项目）了家庭生活和性教育，这些项目推迟了性行为发生时间，增加了避孕药具的使用频率，减少了妊娠率（Kirby，2001）。但是，某些旨在提高家庭收入和自足能力的项目对婚姻生育的间接影响结果较复杂。EITC 的增加和福利政策的变化对家庭产生影响的相关研究分析表明，尽管政策变化引起了低收入单亲劳务市场活动的增加，但是单亲群体结婚率却无显著增加（Ellwood，2000）。与此相似，新机会从福利到工作（New Chance welfare-to-work）示范项目结果发现，参与此项目 3 年半后，随机分配到控制组和实验组的女性妊娠率无显著差异（Quint et al.，1997）。相反，明尼苏达家庭投资项目的评估结果发现，参加福利到工作示范项目的双亲家庭比接受标准福利的家庭在 3 年后仍然保持婚姻的可能性高出 40%（Knox, Miler, & Genetian, 2000）。

面向家庭的收入支持（Family-Directed Income Support）

联邦经费支出采用以下五种基本途径来降低家庭对公共援助的依赖，增加家庭经济自足能力：**收入支持**（income support），**税收抵免**（tax credits），**联邦最低计时工资标准**（federal standards for a minimum hourly wage），**恢复无监控权的父母所欠孩子的经济资助**（recovery of financial support owed to children by noncustodial parents），**帮助家庭建立资产**（help families build asset）。在近几年获得了很大知名度的项目包括已经被归入贫困家庭临时补助项目（Temporary Assistance to Needy Families，TANF）的收入支持和工作要求。1996 年 8 月，美国国会通过了 PRWORA 法规，为有子女的贫困家庭提供公共援助，将资产调查确立的救济津贴（所谓的对失依儿童家庭的救助）转换为有时间限制的暂时性援助。该暂时性援助设定了一系列的目标：(a)对有需求的家庭提供援助，(b)帮助贫困家庭人员增加相关的就业准备，改善贫困家庭的工作和婚姻状况，以期通过这种方式来结束贫困家庭对援助的依赖，(c)阻止和减少婚外生育，(d)鼓励双亲家庭的建立和维系（援助办公室，2001）。因为现金补助隶属于 AFDC，所以现金补助不再是一种津贴，但是现金补助有时间限制并且与贫困人员的工作相关。2001 财年美国贫困家庭临时援助赠款总额为 192 亿美元（GISD，2001）。

有趣的是，大众更关注福利改革，实际上大部分面向低收入儿童的联邦财政资助多以税收储蓄的方式发放给贫困家庭。作为联邦税收抵免方案，劳动所得税抵免制度（Earned Income Tax Credit, EITC）于 1975 年首先得以制定，它是面向儿童的最大的联邦资助项目之一（Clark et al.，2001）。2000 年劳动所得税抵免制度向 1950 万低收入工作家庭发放了 319 亿美元（GISD，2001）。除了联邦劳动所得税抵免制度外，越来越多的州政府也建立了相应的劳动所得税抵免制度，其中有些补贴是需要偿还的，有些是不需要的（Cauthen et al.，2000）。只有纳税家庭可享有无需偿还的劳动所得税抵免，其他低收入家庭，包括家庭收入在贫困线以下的家庭只能享有需要偿还的劳动所得税抵免。现在有十个州确立了需要偿还的劳动所得税抵免制度（Cauthen et al.，2000）。

　　第三种增加家庭收入的方法是提高美国工薪父母的最低收入。1938年制定的美国公平劳动标准法案（U. S. Fair Labor Standards Act）规定了适合大多数工人的最低计时工资的联邦标准。最新标准是1997年制定的，最低工资为每小时5.15美元（美国劳动部，2001）。目前联邦最低工资的实际价值比1969年的最低工资减少了25%，在这种情况下，两人家庭也已无法摆脱贫困（美国劳动部，2001）。只要家庭中有一人参与全职工作，家庭收入就不会远远低于贫困线。基于以上假设，大量研究者、决策者和劳动维权者均赞同"生活保障工资"（基本生活费）这一标准。值得注意是，有11个州（阿拉斯加、加利福尼亚、康乃迪克、特拉华、哥伦比亚特区、夏威夷、马萨诸塞、俄勒冈、罗德岛、佛蒙特以及华盛顿）制定的最低工资水平要高于联邦水平（Cauthen et al.，2000）。另外，接近19个城市通过的自治条例将最低工资提高到至少7.5美元，在此情况下，三口之家中只要有一人参与全职工作，该家庭即可脱离贫困（Pollin，1998）。尽管有较多的争论认为提高最低工资可导致失业率增高，但是强有力的研究证据表明提高最低工资与失业率的增加毫无关联（Berntein & Schmitt，1998）。

　　联邦政府在恢复无监控权的父母所欠儿童的收入中也起到了积极的作用。儿童抚养加强项目（Child Support Enforcement Program）是1975年建立的联邦与州之间相互合作的项目，在缺席父母的位置、亲子关系的建立、抚养义务的建立、儿童赡养法令的实施上提供援助（儿童抚养加强办公室，2002）。2001年在儿童抚养加强项目上投入的预算超过了3亿美元（GISD，2001）。个人责任和工作机会协调法案包含了若干强有力的儿童抚养项目，这个项目包括追踪新雇用员工的计算机化数据库、流线型亲子关系的建立程序和高强度的惩罚，比如撤销执照、拒发护照、扣押不履行抚养义务的父母的财产（儿童抚养加强办公室，2002）。另外，如果有监控权的一方不举报不交纳儿童抚养费的父母，那么PRWORA允许所有的州对整个家庭实施制裁。接受贫困家庭临时援助（TANF）的家庭可自动享有儿童抚养加强计划，但是回收的资金首先用于偿还州和联邦TANF对家庭的付款。不接受TANF的家庭只需花费一小笔费用就可享受儿童抚养加强项目。

　　最后，联邦政府负责管理了一个被称作个人发展账户（Individual Development

Accounts（IDAs））的小型示范项目，来帮助低收入家庭节约更多辛苦赚来的钱。越来越多的倡导者和某些政策分析家们正在努力尝试将此项目进行扩充，使其不再局限于收入政策，更要囊括财富创造和资产发展策略。个人发展账户示范补助项目处于这些项目的最前列，2001 财年资助了 2500 万美元（GISD，2001）。目前，在 29 个参与到这个联邦项目的州中，家庭储蓄既有来自非联邦的基金又有来自联邦的基金与之相匹配，参与者每存储一美元就有 50 美分到 4 美元的匹配资金。每个家庭的储蓄不能超过 4000 美元，可以被用作诸如中学后教育、住宅、新事业的主要资本投入。如果家庭享有 TANF 的受助资格或者包括一栋住宅和一辆车在内的家庭资本净值不超过 1 万美元，那么他们就可参与 IDA 项目（企业发展公司，2000；GISD，2001）。综合而言，收入援助为贫困家庭提供了一个脱离极度贫困的安全网，而资产建立策略则为贫困家庭提供了一个走出贫困的梯子。这两种策略都是我们所需要的。

有效性的证据（Evidence for Effectiveness）

社会福利改革已经成功地降低了个人领取现金补助的数目，从 1993 年 1410 万美元降低到 1999 年的 630 万美元；也成功地增加了受助成人工作的比例，从 1992 年不足 7% 提高到 1999 年的 33%（计划、研究和评估办公室，2000）。PRWORA 颁布后 5 年，有研究对福利改革和示范项目进行了评估，大部分研究发现尽管许多州项目增加了母亲就业，但是它们只引起了父母工资和家庭收入微不足道的增加（Duncan & Brooks-Gunn, 2000; Michalopoulos & Berlin, 2001; Morris et al., 2001）。另外，许多研究指出，福利受助人参加工作与对幼儿行为产生的较小的积极影响有关，与对青少年发展产生的较小的消极影响有关（Morris et al., 2001）。最新研究表明，对整个低收入成人群体微不足道的影响可以使得接受过良好教育的穷人受益，而未接受良好教育的穷人受损（Lu, Song, & Bennett, 2001）。对于那些相对熟练的、心理压力较轻的、有工作准备的家庭群体而言，PRWORA 为这些家庭参与工作、发挥更大的家庭功能提供了一系列可靠的额外支持。相反，Paxson 和 Waldfogel（2001）发现忽视儿童或将儿童安置在家庭外的事件发生率有了明显的增高，他们认为新的福利改革政策相对较为严格可能会对最为脆弱的家庭造成相当严重的危害[1]。

---

[1] 有兴趣的读者可以登陆研究论坛（www.researchforum.org）来了解这些项目目前的进展。

相比之下，税收抵免涵盖的人群更为广泛，可囊括贫困家庭和濒临贫困的家庭。1999 年，1950 万接受 EITC 的纳税人利益总额为 319 亿元，其中的一半拨给了收入低于联邦贫困线的家庭（Hotz, Mullin, & Scholz, 2001）。EITC 使 400 多万家庭脱离贫困，使有一个子女的单亲父母就业率提升至 21%，有两个或两个以上子女的单亲父母就业率增加到 45%（Hotz et al., 2001）。在最近的一项模拟实验中，国家贫困儿童中心的研究者估计，州 EITC 资助金额是联邦 EITC 资助金额的一半，如果 50 个州都接受需偿还的州 EITC 的资助，那么超过 100 万的儿童将摆脱贫困（Bennett & Lu, 2001）[1]。

恢复无监控权的父母所欠儿童的收入使更多的儿童脱离了贫困。根据美国人口普查局公布的数据（1998），在 1997 年 39% 的已许诺给予儿童抚养费的贫困家庭中实际上并没有收到任何儿童抚养费用。1997 年共拖欠子女抚养费 12 亿元（美国人口普查局，1998）。儿童抚养加强项目成功扭转了赤字情况，2000 年协助收集了 179 亿美元的子女抚养费，并将这笔费用重新分配给 19.4 亿儿童（儿童抚养加强办公室，2001）。该项目十分有效，每获取 3.95 美元款额就有 1 美元花在此项目上，而且这个项目主要面向那些现在或曾经受助于贫困家庭临时补助项目的家庭[案件数量的 65%（儿童抚养加强办公室，2001）]。因为儿童抚养费为监控权父母收入的 1/5，所以州和联邦水平上儿童抚养法律以及强制执行的结合确实可以提高监控权父母的收入（Garfinkel, Heintze, & Huang, 2000）。

1997 年伊始，首先对个人发展账户进行了大规模的评估，评估数据表明该项目可以帮助家庭将更多的收入存储下来。在 14 个地点，工作贫困的家庭平均参加 10.5 小时金融教育就有可能平均存储 353 美元，因此，相应地每年就可平均增长 900 美元，在他们净资产上增加了 18 倍（鉴于已经登记的债务和财产）（Schreiner et al., 2001）。这个项目的缺点是参与者付出的成本太高，每 2.77 美元中就有 1 美元必须是参与者的净存款（Schreiner et al., 2001）。尽管参与者的储蓄增加了，但是参与者仅使用了匹配权限的 67%；若想进一步扩大此类项目的规模必须查明这些家庭无法完全利用匹配资金的原因[2]。

---

[1] 如果要了解有关联邦 EITC 的详细信息可参见预算与政策优先中心（wwwcbpporg）和州财政分析计划（wwwcbpporg/sfaihtm）的网址。同时可以参见 Johnson（2001）所写的有关州水平下 EITC 在帮助工薪家庭中发挥作用的文献。

[2] 为获取更多详细的信息可参见企业发展公司的网址（wwwcfedorg）。

面向家庭的非现金资助（Family-Directed In-kind Support）

我们讨论经济困难和社会排斥时曾提到，用于援助低收入家庭的收入支持仍然不能提供给这些家庭足够的资源以使他们获得维持基本生活所需的商品和服务。而实物资助项目和政策正是旨在填补这个家庭支付能力与商品服务需求之间的缺口。对于有孩子的低收入家庭，可降低食物、医疗、儿童福利以及与住房相关联的支出。通过实物资助，联邦政府帮助许多儿童家庭满足了他们的日常需求。政策分析者同时指出，通过实物资助联邦政府可以控制调节提供给孩子们的物品种类，如通过发放食物券的方式指定可以提供给孩子们的食物，或者通过房屋援助券指定他们所能获得的住宅类型。另一方面，其他政策分析家强调实物资助项目可减轻父母的经济负担和陪护压力，从而通过帮助父母间接地帮助了孩子。

儿童营养（Children's Nutrition）

食物券项目可以提供实物资助（以纸质优惠券的形式或者电子借记卡）。这些食物券的持有者可以在指定零售店买到符合条件的食物以改善伙食。2001年食物券项目耗资160亿美元（GISD，2001）。将食物券的适用条件与1997年个人责任工作机会协调法案的立法规定绑定在一起，这样领取食物券的资格就直接和家庭收入（例如，对于一个四口之家收入限额是1421美元每月）、可计数财产（如2000美元的银行储蓄）、正当减税额、就业状况（所有符合条件的18～60岁健全成年人必需满足工作需求）、公民身份（食物和营养，2000）挂钩。然而，各州也可选择向那些在福利改革中不符合条件的非公民提供食物券。截至2000年12月，已有8个州采纳了这种做法（GISD，2001）。

1972年经国会通过的针对妇女、婴儿和儿童的专门食物救助项目（Special Supplemental Food Program for Women, Infants, and Children, WIC）是一项联邦政府和各州政府的联合项目，旨在为低收入孕妇、产后妇女和她们的孩子提供最多可达5年的营养教育、食物资助以及健康和社会服务（食物和营养，2001e）。对于有孩子的妇女，如果收入低于FPL的185%或者被健康专家鉴定存在营养风险则被认为符合WIC资助条件（食物和营养，2001e）。另外，有11个州政府采用州资金来补充联邦WIC资金（Cauthen et al.，2000）。1999年，每个月有超过七百万人可享受到WIC项目的资助，其中76%的资助对象为儿童（食物和营养，2001e）。2001年，每月的资助总额超过40亿美元（GISD，2001）。

由美国农业部资助的国家学校午餐项目（National School Lunch

Program）向学生提供 1/3 或更多的美国农业部推荐的主要营养成分膳食摄取量（Dietary Allowance for Key Nutrients）（RDA）（食物和营养，2001d；RDA 第十次服务小组委员会，食物和营养董事会，生命科学委员会，国家研究委员会，1989）。2001 年，国家学校午餐项目支出资额超过了 57 亿美元，同时，国家学校早餐项目花费了 14.8 亿美元。学校早餐项目为 1/4 或者更多的儿童提供 RDA（食物和营养服务，2001c）。家庭年收入低于 FPL185% 的儿童可以享受到减价的午餐或早餐，而家庭年收入低于联邦贫困线 130% 的儿童可以享受到免费的午餐或早餐（食物和营养服务，2001c，2001d）。

有效性的证据（Evidence for Effectiveness）

虽然食物券项目在 2000 财年每月投入 1.7 亿美元，受益者中 53% 是儿童（GISD，2001），此项目依然无法服务所有符合条件的人口。大概有 40% 的人无法得到资助（Castner，2000；Schirm，2000），同时仍然有 16% 处于贫穷中的儿童无法得到食物券（美国总审计局 [GAO]，1999）。类似地，在 2000 财年，虽然 WIC 项目使超过七百万的妇女、婴儿和儿童受益，但是据估计还有大约 19% 符合条件的妇女、婴儿和儿童没能享受到 WIC 项目的福利（食物和营养服务，2001c）。2000 财年，将近两千七百万儿童享受到减价或者免费的午餐，同时大概有七百万儿童享受到了免费或者减价的早餐（食物和营养服务，2001b，2001c）。同样，在 2000 财年，大约有 82% 符合免费午餐条件的儿童和 71% 符合减价午餐条件的儿童参与到学校午餐项目中来（J. Tressler，食物和营养服务，私人通信，2001/08/03）。

一些政策分析家已经注意到，在过去 5 年里食物券项目的投入锐减。潜在的原因是各个州所实行的福利改革，如他们是否对福利收入有短期的时间限制或者对相对贫穷的收入的忽视（Jacobson，Rtodriguez-Planas，Puffer，Pas，& Taylor-Kale，2001）。除了这些潜在的行政原因，还有可能是因为父母找到了工作，收入增加，从而使这些家庭逐渐走出食物券项目。然而，一些研究者认为，食物券使用的减少并不是因为物质匮乏的减少或者家庭福利的改善。比如，在伊利诺斯州不再享受食物券项目的家庭中，20% 的家庭报告为严重贫穷、中度或者重度饥饿和食物不安全（Rangarajan & Gleason，2001）。

联邦营养补助一再证明可显著改善儿童的营养和体质健康状况。例如，食物券补助的确可以提升儿童维生素 B_6、叶酸、铁摄入量以及家庭整体食物安全（Perez-Escamilla et al.，2000）。WIC 资助也与诸多母亲和子女积极的收效相关联，包括减少的早产、降低的低重儿的发生、提高的关键营养物质平均摄入量、改善的童年免疫率、改善的儿童认知能力和改善的成熟发育比例（食物和营养服务，1987；Heimendinger，Larid，Austin，Timmer，& Gershof，1984；Kowaleski-hones & Duncan，2001；Lee，Bilaver，&Goerge，2001；Rose，Habicht，& Devaney，1998）。总体而言，在 WIC 项目上每花 1 美元就可以节省 3.5 美元，主要是因为早产和低重儿的减少（GAO，1992）。学校用餐项目在改善大龄儿童饮食方面也是非常有效的：学校有早餐项目的低收入儿童更倾向吃早餐，且早餐食物能量大于 RDA 的 10%（Devaney & Stuart，1998）。参与学校早餐或学校午餐项目或两者都参加的儿童一天所获得食物能量大概一半来自学校提供的食物（Gleason & Suitor，2001）。

到目前为止，发展心理学家并没有全面考察食物券、WIC 或学校午餐 / 晚餐津贴是否会对儿童认知、社会情绪或行为结果有直接或间接的影响。对 WIC 和学校午餐项目的评估表明，这些项目利于儿童取得更好的标准测验成绩，增加了儿童的学校出勤率，降低了需要接受特殊教育的儿童的数量（国家营养认知咨询委员会，1998）。小范围的营养干预评估（比如，通过营养诊所）表明，控制组和实验组儿童的认知、运动和行为发展均存在显著差异（如 Hutcheson et al.，1997；Waber et al.，1981）。因此我们可以推测，与低收入、食物无保证、缺乏营养的儿童相比，营养充足的低收入儿童更可能获得更良好的发展。以后的相关研究中应进一步探索营养补助项目其他的潜在作用。

儿童健康保险范围：医疗救助项目和州儿童健康保险项目（Children's Health Insurance Coverage: Medicaid and SCHIP）

医疗救助项目的资助对象为低收入个体和家庭。各州可以自由规定医疗救助项目的申请资格，因此，有些州规定家庭收入不超过 FPL350% 的家庭均有资格申请，但是大多数州规定只有家庭年收入位于 FPL100% ～FPL150% 的家庭才有资格申请（DHHS，2002）。2000 财年，接近 3.34 亿个体接受了医疗救助项目的资助（GISD，2001）；其中，儿童受助者为 1.67 亿，占总受助者的一半（DHHS，2002）。2001 年医疗救助项目资助金额（对成人和儿童）达 130 亿美元（GISD，2001）。

州儿童健康保险项目（Children's Health Insurance Program，CHIP）于 1997 年得以确立，该项目隶属于社会安全法令条款 XXI，主要资助对象为收入高于医疗救助项目申请标准但却无法承担个体花费的家庭。各州通过此项目对家庭收入高于医疗补助阈限，却不足 FPL200% 或医疗补助标准 150% 的家庭提供帮助（DHHS，2002）。各州将此项目作为医疗救助项目的补充，扩大了受助人群的范围，所以各州可采用此项目，也可策划新的儿童保险项目，或者同时实施这两个项目。2001 财年，CHIP 为 260 万儿童提供了 42 亿保险资助（GISD，2001）。

有效性的证据（Evidence for Effectiveness）

采用 1998 年 3 月人口现状调查数据对健康保险计划进行评估，结果表明在家庭收入低于 FPL200% 的家庭中，高达 28% 的儿童无健康保险（Schirm & Czajka，2000）；其中，有些儿童家庭收入甚至处于 FPL100% ～ FPL150%。即使实施了 CHIP，未能享有健康保险的儿童数量仍然很高。美国 1150 万需接受健康保险的儿童中，420 万儿童有资格享有医疗补助，240 万儿童有资格享有 CHIP，剩余的 490 万儿童仍无法享有健康保险（Schirm & Czajka，2000）。不幸的是，有资格并不意味着就一定可以实际享有，仍有 22% 的儿童有资格享有医疗补助，但实际上未能获取健康保险（Schirm & Czajka，2000）。

儿童接受联邦政府或者州政府资助的医疗保险，收效良好。例如，公共医疗补助提供的预防性护理成功地降低了儿童的住院率（Gadomski，Jenkins，& Nichols，1998）。对于新的 CHIP 项目的评估还处在起始阶段。而初步的证据来源于类似 CHIP 的纽约州儿童健康保健项目（New York State's Child Health Plus Program），这个项目与儿童预防护理的使用、免疫率以及贫血、铅水平、听力和视觉障碍的改善有关（Holl et al.，2000）。与许多目前提到的实物资助项目一样，我们尚没有明确的经验性证据证明那些因为享受联邦健康保险项目而更健康的儿童与没有享受这些项目的儿童相比，在学术、认知能力或者 / 和情绪上更胜一筹。我们希望未来的评估能够考虑这些儿童福利项目所导致的可能自然增加的多领域的长期效果（例如：学校缺勤率降低，更少的行为问题）。

儿童保健（Child Care）

目前，超过 1300 万五岁以下儿童可享受各种儿童保健，包括亲属或非亲属的住所、基于社区中心的保健、学前项目和早期启蒙项目（Hofferth，Shauman，Henke，& West，1998；Innes，Demon，& West，2001）。最近的调查指出 81% 的幼儿园儿童在学前一年有过在家庭外享受儿童保健的经历。虽然儿童保健环境大部分是良好的，但是低收入儿童相对地更可能接受低质量的保健（Burchinal & Nelson, 2000; Innes et al., 2001; Peisner-Feinberg et al., 1999）。此外，儿童保健对于低收入家庭而言尤其昂贵，占到他们可用家庭收入的27%，而他们有能力支付的高水平的护理几乎没有（GAO, 1994）。提高高质量儿童保健实用性的资助可增加低收入家庭母亲工作的可能性，进而增加家庭收入。简言之，针对低收入家庭儿童保健的孪生政策旨在使低收入儿童享受到家庭可负担的保健，同时也希望可以改善低收入家庭儿童所享受到的保健质量。

随着1996年PRWORA福利改革立法的出现，原先极其松散的联邦儿童护理体系被整合为一项联邦项目——儿童保健和发展基金（Child Care and Development Fund, CCDF）。1999财年，儿童保健和发展基金在全美资助了180万儿童，其中54%的儿童年龄在5岁以下（儿童护理局，2001）。随着过去几年基金的充实增长，2001年儿童保健和发展基金资金预算已经超过40亿（GISD, 2001）。拥有13岁以下儿童且家庭收入不超过州平均水平的家庭有权享受儿童保健和发展基金的资助（GISD, 2001）。此外，贫困家庭临时援助项目允许各州将他们赠与的最高30%的基金转入儿童保健和发展基金，这样转入的贫困家庭临时援助资金在儿童保健资金中所占的比例已经大于儿童保健和发展基金。重要的是，对于儿童享受保健的类型及质量各州不受限制，相反地，联邦鼓励各州尊重父母喜好去选择家庭保健还是社区中心保健。

有效性的证据（Evidence for Effectiveness）

据报道，随着越来越多的母亲接受TANF的资助从"福利到工作"，对婴儿和儿童的规范护理尚存不足，尤其在低收入邻里中（Layer & Collins, 2000）；对于符合资格的家庭而言，项目使用率较低，只有10%～15%的家庭获得了项目的资助（Blau & Tekin, 2001）。研究发现，补贴收入与5%的就业增长率有关，并与8%的入学增长率有关（Blau & Tekin, 2001）。近期研究表明对于低收入家庭儿童来说，高质量的保健投入会在子女随后的认知成长上收到丰富的效果（Burchinal et al., 2000）。

住房（Housing）

贫困家庭面临双重约束，一方面相比富裕家庭，他们要将收入中更大的比例用于支付住房；另一方面，可供他们选择的廉价住房数量在迅速减少。美国住房和城市发展部（HUD）向国会递交的1997年报告中表明，20世纪90年代末期，具有最低保障住房需求的贫困工人家庭（意味着他们将超过一半的收入用于房租或者生活在低于最低标准的房屋中）的数量迅速增加，1995 年有超过两百万有子女的家庭面临着最低保障的住房问题（美国住房和城市发展部，1998）。贫困家庭同样要将更大部分的收入用于家庭的取暖；据美国健康和公共事业部估计，低收入家庭的能源负担占收入的 12.5%，所有家庭平均能源负担是 6.3%（社区服务办公室，2000，2001）。

对于生活在农村或生活在大城市但收入低于平均收入 50% 的家庭，联邦政府提供了两种主要的住房援助类型：公共住房和第 8 部分住房券。在这两种情况下，家庭大约需要将调整后收入的 30% 用于支付房租。公共住房的资助来自于美国住房和城市发展部，美国住房和城市发展部通过地方住房办公室，以低收入者可以承受的租金来管理他们的房屋（美国住房和城市发展部，2001a，2001b）。通过第 8 部分住房选择券项目，美国住房和城市发展部帮助低收入群体在自由市场中能够买得起安全又卫生的房子；这只适用于美国居民（美国住房和城市发展部，2001a）。在 2000 财年分配中，可以获得超过 1 800 万的住房券（GISD，2001）。另外，低收入家庭的能源补助项目（LIHEAP）可以帮助低收入家庭 [收入处于、低于联邦贫困线 150 % 或国家平均收入的 60 % 的家庭（GISD，2001）] 满足取暖、降温、节能改造或能源危机等方面的需要。2001 年资助这些计划的财政预算中，用于公共住房的是 30 亿美元，用于第 8 部分住房券的是 114 亿美元，用于低收入家庭的能源补助项目的是 22 亿美元（GISD，2001）。

有效性的证据（Evidence for Effectiveness）

在美国，有超过 400 万的家庭生活在由美国住房和城市发展部援助（通过公共住房或住房券）的租赁单位中，因此美国住房和城市发展部资助了 1580 万适宜家庭的 1/4（HUD USER，1997）。另外，2000 年，大约 41 万家庭获得了低收入家庭的能源补助项目不同形式的资助（GISD，2001），但是这种资助只包含适宜家庭的 13 %（与 1981 年的 36% 相比），仅覆盖家庭能源支出的 9 %（与 1981 年的 23% 相比）（社区服务办公室，2000）。显然，还有很多贫困家庭没有接受到这些项目的帮助，正如大量报告所反映的第 8 部分住房选择券项目中列出的等候批准的申请人名单一样。

越来越多的证据表明，提供这些住房援助会对贫困儿童的生活引起很大的变化。例如，美国住房和城市发展部近期为低度贫困地区的公共住房家庭提供了使用第 8 部分住房券的机会，建议和支持这些家庭定居或者迁居到一个新的、更加富裕的地方。努力在住房或者居民区混合各种收入人群，对低收入群体是有利的，这样低收入群体就可以居住在混合收入的社区中，但是这样也限制了接受服务的低收入家庭的数量（HUD USER，1997）。在过去的几年中，美国住房和城市发展部已经发起了寻求机会示范计划（MTO），随机安排那些居住在公共住房中的家庭可以享有低度贫困地区住房券，不过这是有地区条件限制的，是一种控制条件下的住房券。已经证实的是，寻求机会示范计划为家庭提供重新定居于低度贫困地区的机会可以产生很多积极的结果，包括福利接受者的减少、居民安全感的增加、犯罪率的减少、儿童受伤及气喘病发生率的减少、儿童行为问题的减少等（Del Conte & Kling，2001；Katz，Kling，& Liebman，2001）。在取暖援助方面仍需进行大量研究，以便确定用于补贴取暖的收入准备能否减轻家庭面对的"取暖还是吃饭"的两难问题，从而有效地让父母自由地将更大部分收入用于子女身上。

交通（Transportation）

贫困者工作中普遍的障碍是没有能力支付交通费用（联邦运输管理局，FTA，1998；Polit & O'Hara，1989）。随着福利改革和福利接受者新的工作需求的推移，让福利接受者真正的从事工作成为首要关心的问题。联邦政府已经意识到，由接受福利转向工作的过渡中，主要的挑战是交通运输。存在可得到的工作的距离、夜晚和周末换班的不方便、现行交通系统较差的服务等这些障碍，据估计因为交通运输导致只能获得不到 1/2 的初级职位（联邦运输管理局，2000）。1998 年三个联邦机构（美国健康和公共事业部，劳动部 [DOL]，交通运输部 [DOT]）开始共同对福利接受者的交通运输需求作出响应（联邦运输管理局，2000）。这些部门的资助可以用于与工作或与幼儿保育有关的交通运输费用，命名为贫困家庭临时补助项目整体补助款（美国健康和公共事业部），从福利到工作（WtW）竞争性增款项目（劳动部），就业准入和反向通勤补助款计划（交通运输部）（联邦运输管理局，2000）。

2001 财年分配中，165 亿美元用于贫困家庭临时补助项目以及相对较少的 10 亿美元用于从福利到工作项目，用于交通运输服务的资助必须按照特定标准进行分配，但是真正的数量或者百分比是由各个州各自决定的。联邦政府贫困家庭临时补助项目的资助可以用于很多与交通有关的项目，包括车费补贴、汽车每公里补贴及修理和保险补贴、运送子女去幼儿保育中心的补贴（联邦运输管理局，2000；家庭援助办公室，2001）。就业准入和反向通勤补助款项目开始于 1998 年，（a）为了形成新的或者扩展现有的针对福利接受者的交通运输服务,(b)为那些在城市或者农村居住,但是要去郊区就业中心工作的低收入家庭工作者提供交通费用(联邦运输管理局,2000,2001)。2001 财年分配中用于就业准入和反向通勤补助款项目的是 1. 15 亿资金,可用于支付交通券、固定线路的延长、突发的儿童保育交通费用、确保回家项目及附加的公交线路等(GISD,2001)。

有效性的证据(Evidence for Effectiveness)

个人责任和工作机会协调法案发起的美国健康和公共事业部、劳动部以及交通运输部之间的合作,是相对比较新的,因此还没有其有效性的数据。然而,一系列基于交通运输的示范计划如工作中介项目,在福利改革到来之前,刚刚开始通过联邦运输管理局和美国社区交通协会(CTAA)之间的合作进行。工作中介项目的目标是检验用于帮助没有工作或正在工作而费用不足的个体,去参加工作培训或到达工作场所的各种方法(美国社区交通协会,1999)。检验的各种解决方法包括反应需求货车服务、固定线路反向通勤快车、志愿拼车、志愿提供到达农村的自行车服务、周末固定线路的运输、福利接受者之间自发进行的微型交易服务等(美国社区交通协会,2001)。通过示范项目发现,只有(a)服务的时间是可以调整且合适的,(b)社区要支持公共交通所发挥的作用,把它们当做克服就业障碍的一种方式,(c)交通运输提供者、人类服务协会、还有雇主之间要进行有意义的合作,(d)服务要具有弹性,响应使用者需求来设计和调整服务,(e)运送儿童参加幼儿保育的费用也应该包括在内,提供交通援助才是富有成效的(美国社区交通协会,1999,2001)。美国健康和公共事业部、劳动部以及交通运输部实现上述描述的经验教训的程度有待于未来去评估。

面向父母的干预(Parent-Directed Interventions)

父母的教育、培训和支持计划,通过为贫困家庭提供有效的活动和策略或提高父母的心理状态,可以降低与教养行为和家庭环境有关的危险性(Smith & Zaslow,1995)。这里存在一个危险,以低收入家庭为目标的家庭干预,并非故意将责任归咎于这些家庭的环境;为了避免这个危险,这些项目应该在强调教养策略和强调家庭生活中的社会经济因素二者之间进行平衡(Cowan,Powell,& Cowan,1998)。

教养干预目前在整个国家开始进行,但是很少关注单一的教养过程,如父母投资、父母行为、父母痛苦等。然而，很多项目试图提供这其中两三方面的教育、培训及支持。在这一部分，我们讨论两种主要的面向父母干预的实施方式：家访、家庭保护、家庭支持。在随后的部分，我们简要综述综合针对父母和针对儿童的干预策略。

家访、家庭保护、家庭支持计划（Home Visiting, Family Preservation and Family Support Programs）

家访、家庭保护和家庭支持计划涵盖很大范围的理论倾向和服务类型，从强调向父母教授正确的发展里程碑、有效的教养策略、早期学习活动、获得有关心理健康和公共健康的社会服务等，转向重视母亲的心理健康、经济的自足和社会支持（Brooks-Gunn, Berlin, & Fuligni, 2000; Gomby, Culross, & Behrman, 1999）。作为提高儿童未来生活机会一种间接的手段，这些计划大多是用于加强家人对认知刺激和敏感反应的准备，也用于减少家庭中采用不一致的、严厉的、强制的、情绪不稳定的教养方式（需要综述，见 Brooks-Gunn et al., 2000; Gomby et al., 1999）。家访项目，由经过培训的专业人员或者专业人员的辅助人员在家庭中向父母提供一系列支持和服务，许多大的示范项目在农村或者城市中已经开始实施（见 Brooks-Gunn et al., 2000; Olds et al., 1998）。

家庭保护和家庭支持的资助是由联邦政府促进安全和稳定家庭的项目提供。联邦资助（2001 财年分配是 2.95 亿美元）以各州提供服务的儿童福利机构为目标。家庭保护服务主要针对那些经历危机的家庭，或者被确认存在严重的儿童虐待或忽视而导致儿童有离家风险的家庭。这些服务包括危机干预中的家庭援助、管理家庭财政、获得合适的服务、教养方式的建模等（儿童福利院，2001; Fraser, Nelson, & Halpern, 1995; Family Support America, 1996）。这些服务由中心或者家访项目提供，包括喘息护理、儿童早期发展背景、教导、健康教育等（儿童福利院，2001）。除此之外，有的州正在形成家庭资源中心，这是以居民区为中心提供很多与父母和家庭有关的服务，包括父母教育、儿童发展环境、幼儿保育、健康服务、家庭文化项目，还涉及其他的资源等（Cauthen et al., 2000）。

有效性的证据（Evidence for Effectiveness）

到目前为止，大量家庭支持和家庭保护方法已经在贫困家庭中使用，这些方法是从社会学习、家庭系统及有关儿童及家庭的生态学理论中获得的（Brooks-Gunn et al., 2000; McRoy, Christian, & Gershoff,

2000; Olds & Kitzman, 1993; Ramey & Ramey, 1992)。最近有估计认为，从怀孕到童年早期，社区在家访项目上对那些家庭的投入为 1.7 亿美元(Leventhal, 2001)。家庭支持项目 [如，Hawaii 的健康启动计划(Duggan et al，1999)]，皇冠项目(Walker, Rodriguez, Johnson, & Cortez, 1995)，面向学龄前儿童的家庭指导项目 [(Baker, Piotrkowski, & Brooks-Gunn, 1999)] 和家庭服务项目 [如，家庭建设者(Kinney, Madsen, Fleming, & Haapala, 1997)]，对于改善教养行为、维持家庭团结、减少将儿童置于家庭以外的风险上已经收到了一定的成果(Brooks-Gunn et al., 2000; Frase et al., 1997; Leventhal, 2001; McRoy et al., 2000)。然而，当这些针对家庭的项目按比例扩展，然后对其进行评估的时候，结果却不容乐观(见 Gomby et al., 1999; Goodson, Layzer, St. Pierre, Bernstein, & Lopez, 2000; Heneghan, Horwitz, & Leventhal, 1996; Jacobs, 2001)。特别是，近期的评估表明在不同情境中设计和完成项目的方式存在很大的变化性(Duggan et al., 2000; Jacobs, 2001)、家庭从项目参与中获益的方式也不同(Eckenrode et al., 2000)。如果能够成功，这些预防性的工作就可以为家庭、社区、社会服务机构节省相当多的花费，例如，家庭保护服务中每个家庭花费 3 000 ~ 5 000 美元，在家庭以外进行的服务则要每年花费大约 10000 美元(Forsythe, 1992)。

两代干预(Two-Generation Interventions)

除了为低收入家庭提供支持，在过去的 40 年，联邦政府工作中不断增加通过多种水平上对父母和儿童进行帮助的不同计划直接帮助年幼儿童，因其关注父母及其子女，所以通常叫做 "两代" 项目(Smith & Zaslow, 1995)。

启蒙和早期干预项目(Head Start and Early Intervention Prog ~ ams)

最初的两代干预类型是启蒙项目，这是联邦政府针对 3 ~ 4 岁儿童的主要的早期童年项目，同样包括一系列健康、背景、营养服务；事实上，启蒙项目目标对象中 90% 都是处在或低于联邦贫困线的(GISD, 2000)。从这个项目开始之初，启蒙项目是为低收入家庭的儿童及其父母提供直接的服务和支持，然而严重忽视了父母这一部分(Ziglcr & Styfco, 1993)。2000 年，早期干预项目为 857 664 个儿童服务，这些儿童大多数都是三四岁，所服务的这些儿童的种族构成包括35%黑人、30%白人、29%西班牙人、3%美洲印第安人、2%亚洲人以及1%夏威夷/太平洋岛上居民（启蒙项目局，2001）。从1965年开始，启蒙项目已经为1.94亿低收入家庭的儿童服务（GISD，2001）。2001财年分配预算为62亿美元（GISD，2001）。在福利改革大环境中，启蒙项目不断满足低收入家庭的学前儿童快速发展的需要，他们需要管理良好的且高质量的儿童保育（Innes et al.，2001）。另外，启蒙项目通过利用发展性环境及其他资源提供的早期机会来满足年幼儿童的很多需要（Forness et al.，1998；Yoshikawa & Knitzer，1997），还为那些脆弱的家庭提供额外的服务和支持（Fantuzzo，Stevenson，Weiss，& Hampton，1997）。

有效性的证据（Evidence for Effectiveness）

通过早期儿童教育项目的大量综述和评估，会产生相对一致的观点，那就是高质量的幼儿教育干预，如启蒙计划（Campbell & Ramey，1994）和高瞻课程佩里学前项目，都会对儿童的认知产生非凡的影响[根据4岁和11岁的智力标准测验估计（St. Pierre & Layzar，1998）]，并且在早期学业成就上甚至会产生更大的差别（Karoly et al.，1998；Reynolds，2000）。在儿童成长过程中纳税人也会节省很大一部分钱。据估计佩里学前项目能够使每个纳税人的家庭节省大约13 000美元，包括福利的减少、犯罪审判的成本的减少及税收收入的增加（Karoly et al.，1998）。最近一个关于州立资金支持的学前学校的元分析强调，缺乏严格的评估设计严重妨碍对于各参与的学前学校的入学准备取得的较少的短期成果的任何解释（效果量大小约为d=0.20[Gilliam & Zigler，2000]）。尽管相当小规模的早期干预可能会产生影响，全国性的实施启蒙项目本身并没有被系统地评估过。启蒙项目的全国性随机试验评估是由美国健康和公共事业部提供资金支持的，预计在未来几年进行，这项研究的结果可能会对启蒙项目如何产生情感发展及学业准备的差异有一个更加清楚的理解。

值得注意的是早期儿童教育不能被看做将儿童从长期生活贫瘠环境中，转接到童年后期与贫困有关的压力中：学龄前干预的效果在初等教育的早期阶段就开始减退（Zigler & Styfco，2001）。很重要的一点，即使对儿童认识表现影响逐渐减弱，但一些评估研究很确切地证明了在学校表现方面具有长期深远影响，如减少了留级、被分配到特殊教育班级的发生率减少、有为的年轻成人更多、较高的高中毕业率和就业率、犯罪行为发生率减少、依赖公共援助的人减少（Karoly et al.，1998）。

综合性儿童发展项目和早期启蒙项目(The Comprehensive Child Development Program and Early Head Start)

为了满足传统儿童保育项目无法满足的不断增长的家庭需要，就需要在全国形成新的模型，如21世纪学校，用于满足高质量并能承受的早期儿童保育及课后照看的需要，又满足父母培训和心智发展的服务需要(Zigler, Finn-Stevenson, & Stern, 1997)。1988年，联邦政府资助了一个全国性的家庭支持示范项目，综合性儿童发展项目(CCDP)，这个项目综合了儿童导向的服务(如,卫生保健、发展环境等)、父母导向的服务(如,卫生保健、父母教育、工作培训、加强教育等)(Parker, Piotrkowski, Horn, & Greene, 1995; St. Pierre & Layzer, 1999)。最近提出的是新的早期启蒙项目，此项目对如下四个领域的发展结果存在影响：儿童发展(包括卫生、社会、认知发展等)、家庭发展(包括父母实践活动、亲子关系、家庭环境、家庭卫生、父母投入、经济自足等)、员工发展及社区发展(包括幼儿保育质量、家庭支持服务的综合等)(Paulsell et al., 2000)。最近正在进行的早期启蒙项目评估中，向低收入怀孕妇女和具有婴儿、幼儿的家庭提供(随机安排)基于中心的服务(包括每年两次家访)、家访服务(每周一次家访)、两者的结合(研究和评估办公室、早期启蒙项目局，2001)。

有效性的证据(Evidence for Effectiveness)

不幸的是，综合性儿童发展项目没有对参与的家庭产生积极的影响，项目及控制在家庭中关键的儿童发展结果和父母经济自足方面产生了微弱的不易察觉的影响(St. Pierre & Layzer, 1999)。这个项目同样耗资很多，每个家庭每年花费10849美元，与之相比，早期开端项目每个家庭每年花费4 500美元(St. Pierre & Layzer, 1999)。

初步的结果表明早期启蒙项目有积极的影响，全国性的早期启蒙项目评估显示出项目对父母及儿童产生有希望的影响。与其他母亲相比，早期启蒙项目中的母亲被认为是更具支持性的、更加敏感的、较少分离的、更有可能与儿童进行认知的刺激活动、较少可能使用身体惩罚(研究和评估办公室、早期启蒙项目局，2001)。与那些没有参加项目的儿童相比，早期开端项目中的儿童被证明有更高的认知和语言发展(研究和评估办公室、早期启蒙项目局，2001)。为了确定为什么两代模型产生了积极的结果，而其他模型却没有，这个问题未来仍需进一步的分析。

面向儿童的项目（Child-Directed Programs）

联邦政府反对贫穷的工作也是为直接帮助儿童而开展的，通过在学校、幼儿保育、社区情境下提供服务来帮助儿童。

条款 1（Title Ⅰ）

作为向贫困宣战的一部分，条款 1 是在 1965 年颁布的，它向学区的 50% 或者更多生活在贫困中的学生提供联邦资助。这些援助的需求是明显的：政府研究已经确认高度贫困地区学校和低度贫困地区学校之间成就差距不断增加，高度贫困地区的学生获得的成就减少，而低度贫困地区的学生成就却有增加（计划和评估服务，2001a，2001b）。条款 1 代表着联邦政府对小学和中等学校投资的最高数目，它有助于地方学区援助那些具有很大的学业失败风险的儿童（GAO，2000）。大约 58 % 的公共学校接受了条款 1 的资助（计划和评估服务，2001a），确保此项目得到了 1270 万美元的全国性儿童资助，每个低收入家庭儿童的平均花费是 472 美元（GISD，2001；计划和评估服务，2001a）。2001 财年分配中资助金额为 86 亿美元（GISD，2001），使用这些资金支付（如，课程改革、教学方式的转变）是由各州和各学区独立决定的。这些资助中不断增长的一个分配是用于低收入家庭学前儿童服务的准备，有超过 12 % 的条款 1 资助用于为 3 ～ 5 岁儿童提供服务的学前项目（计划和评估服务，2001a）。在联邦政府对低收入家庭的学龄前儿童资助水平上，这个项目的实现是教育上最大的首创之一，仅次于早期启蒙项目。

有效性的证据（Evidence for Effectiveness）

超过 96% 的非常贫困学校接受了条款 1 的援助（计划和评估服务，2001a），证明这个项目对适宜人群有强大的渗透力。总的来说，在整个一年中，对条款 1 的评估已经证明该项目可以提高高度贫困学校儿童的阅读和数学成绩（计划和评估服务，2000）。然而，最近发表的政府对学校表现变化的评估中发现，接受条款 1 资助的儿童总体上并没有达到全国性的成绩标准（计划和评估服务，2001b）。当教师认为他们有较高的专业发展或者积极主动的联系差生的父母时，相同的研究也没有发现提高（计划和评估服务，2001b）。也许评定条款 1 资助年幼儿童教育的有效性非常困难，因为条款 1 的资助通常是与联邦政府其他的资助、州的资助、地方行政区的资助混合在一起的（GAO，2000）。尽管有这样的障碍，条款 1 仍然一直对低收入学区提供支持，帮助其提高低收入家庭子女的成绩。

课外项目(After-School Programs)

近期劳动力中女性参与不断增加，及认识到居民区无法为一些儿童提供安全且恰当的放学后环境，这种趋势让政策制定者开始不断关注对课外项目的资助(Halpern, Deich, & Cohen, 2000)。课外项目的资助，是用于为学龄儿童在不上学的时间里组织活动的所需的资金，这可以通过超过100个联邦政府项目获得(Reder, 2000)。课外项目中最主要的联邦政府资助来自于四个项目。21世纪社区学习中心项目为学校提供资助用于增加学习机会和减少药物使用和暴力行为(De Kanter, Williams, Cohen, & Stonehill, 2000)。国会已经大幅度增加了对此项目的资助，从1998财年分配的4000万美元，到2001财年分配的8.46亿美元。儿童保育和发展基金(CCDF)，尽管主要用于为那些子女小于5岁的低收入工作家庭提供补助，但是也可以由各州重新分配，通过用来为那些5岁或者超过5岁的儿童提供课外保健(儿童保育局，2001)。贫困家庭临时补助项目可以为各州提供选择的机会，可以将资助用于课外项目，也可以将拨款的最高30%转移用于儿童保育和发展基金(Flynn, 1999)。1999财年分配中花费在儿童和成人保健食品项目的16亿美元中，大部分是用于儿童项目，其中大多是通过课外项目为低收入地区的学龄儿童和年幼儿童提供快餐。

有效性的证据(Evidence for Effectiveness)

尽管资助在不断增加，GAO估计课外项目能够满足某些城市地区至少25%的需求(GAO, 1998)。事实上，多达800万的5~14岁儿童经常处于无成人监管的状态(课外时间研究所，2001)。21世纪社区学习中心项目相对比较新颖，对其作用的评估正在进行中。对一系列课后项目的研究发现，处在这些项目中的儿童会花更多的时间来学习和参加学术活动(Posner & Vandell, 1999)，较少可能使用药物或者较小年龄就生儿育女(美国健康和公共事业部，1996)，并且如果他们参与了高质量的项目，与那些没有参与课外项目的儿童相比，在同伴关系、冲突问题解决的技能、领导能力等方面有提高(Baker & Witt, 1996; Posner & Vandell, 1999)。

美国减少贫困儿童的项目及政策的挑战

本章，我们努力达到三个目标：(a)要澄清有关贫困的各种不同的概念性定义和操作定义；(b)通过提出一个综合了不同研究传统的概念模型，概括现有的关于贫困的决定因素及结果的研究，这个概念模型是可验证的，并且明确地为各种计划和干预政策提供多种可能的目标；（c）使用此概念框架组织我们的思维，描述联邦政府为了减少儿童贫困或者为了提高低收入家庭儿童的健康及发展而制订的计划和政策上的首创。

在我们看来，我们的描述有几个重要意义。首先，引起贫困的过程，此过程继而又影响父母和儿童，这构成了一个高度复杂的多水平系统，这个系统是很难发生变化的。因此，那些零碎的小计划和政策变化，它们仅仅针对这个复杂系统的一部分，根本不可能产生巨大的结果。然而，我们又被要求要产生一些明显的协调的变化，来提高低收入家庭的经济安全、健康及其子女的发展。其次，尽管需要多种变化，并不是所有的计划和政策变化都同样能促进家庭的经济安全和儿童的幸福。有的目标变化代表着引起贫困的真实过程，而有的变化就只是引起贫困的过程的附带现象。我们已经知道了如何改变一些过程，但是另外的尚未了解。而且，有的变化与广泛共有的社会价值观高度一致，而另外的则不是。我们相信反贫穷的策略能够而且应该被认定为，从经验上证明它是有效的，与美国共有的社会价值观是一致的，且应该在我们的经济手段中采用。此研究一方面是用于确定那些过程和那些最具潜在影响力的策略，这些策略促进了积极的变化。

本章中，我们已经认识到对此需要进行更多和更好的研究。有着丰富而迫切的研究日程需要发展和实施，这些研究的开展是为了帮助和指导必要的计划和政策改变。然而，尽管进行更多研究非常关键，但是现在到了这个时候，需要我们有力的行动起来并在我们已有的知识基础上做出决定。事实上，本章中有大量基于证据的项目，也有很多政策策略，已经被证实的是，这些政策和策略具有巨大的潜力来减少儿童贫困和提高低收入家庭儿童的健康和发展。

为了在已有知识基础上更有力的行动起来，我们还需要做什么呢？我们希望在此确定其他的与儿童贫困政策和计划有关的重要目标：

• 了解态度障碍（Understand attitudinal barriers）

　　我们认为行动上最重要的障碍之一是美国人对待贫困的态度，这减弱了集体要做出变化的政治愿望。理解社会问题的态度在过去十年里已经发生了巨大的进步。例如，在努力理解为什么美国人"讨厌福利"问题上，Gilens（1999）分析了大量民意测验和其他观念调查的数据，确定了美国人对福利项目的支持，对此影响最大的是他们在多大程度上把黑人看做是懒惰的，是不应当接受福利的人。这些潜在的偏见与美国贫困的事实不符，也就是很多接受福利者是白人（33% VS 39% 黑人），并且有工作（33%）（计划、研究和评估办公室，2000）。在其他重要的研究中，Iyengar（1990）和其他人证明了很多媒体关于贫困和福利话题的报道都使用了"框架"，这可以激发和强化人们的观念，这种观念认为贫困是由个体特征和行为造成的，而不是由系统和结构的因素造成。这些观点研究的类型有助于解释为什么政策制定者在阐述他们有关贫困的策略时，强调个人责任超过社会责任。除非我们对儿童贫困的态度有更好的理解，否则就很难拟定有效的沟通策略来激发公众的意愿，公众的意愿对于促进有效的项目和政策是必需的。

• 克服政治障碍（Overcome political obstacles）

除了态度障碍，按照基于证据的项目和政策策略行动时也有非常明显的政治障碍。有子女的家庭在总家庭中比例不断减少；儿童不具有投票权，他们的父母也没有，特别是那些低收入的父母，他们没有获得与人口比例相称的投票权。因此，低收入家庭的儿童及其父母，他们在地方、州、国家水平的民主政体上都是未被充分代表的。大量的选民登记和父母、市民动员工作已经取得了重要的进步，但是，如何让绝大多数美国人参与到减少儿童贫困的工作中，提高低收入家庭儿童的幸福，仍有很多挑战。有趣的是，我们过去几年中在国家贫困儿童中心进行的民意调查表明，大多数的美国人认为减少儿童贫困应当成为一个更重要的全国性的目标。在 2000 年总统预选时期进行的对 1000 个登记选民的调查，我们发现 86% 的美国选民认为减少儿童贫困是全国性的目标，在接下来的 10 年里为 50%，64% 的美国选民认为用当时联邦政府过剩的财政预算中 10% 或更多来帮助减少儿童贫困（国家贫困儿童中心，2000）。这些发现明确地显示出公众对于减少儿童贫困的潜在支持水平。在过去的几年中，有的国家已经将这种潜在的公众支持提上了政府的工作日程；英国和爱尔兰政府已经设置了明确的贫困（儿童贫困）减少的目标，并且形成了具体的多部门计划和投资策略来实现这些目标。跟随这些例子，美国应该将拟定策略放在优先位置上，拟定一个在特殊时期正式采用儿童贫困减少目标的策略。除非美国公民能够监督具体目标的实现过程，且认为政策决定者有责任去实现目标，否则很难想象此计划能够成功，并会有持续的努力。

• 种族关系和移民政策的进步（Make progress on race relations and immigration policy）

大量关于贫困的有力的人口统计学事实，相比白人儿童（9%），贫困儿童在非裔美国（33%）和拉丁裔（30%）儿童中有较高的比例，贫困儿童在移民家庭中（24%）的比例比美国本土出生的人（16%）更高（Capps，2001；国家贫困儿童中心，2002）。事实上，少数民族家庭更可能有较少的家庭收入，有较少的经济财产，更可能与其他贫困家庭一起集中居住在城市的某个地区；因此，贫困、种族及居民区通常是混杂在一起的（Duncan & Aber，1997；Oliver & Shapiro，1995）。移民家庭中的贫困是与居住在拥挤的房屋中及难以满足食物和医疗保健需要相联系的（Caps，2001）。移民家庭的成人更有可能没有完成八年级之前的学业，并且说英语时很困难，而且很少是有工作的（Hernandez & Charney，1998）。尽管第一代移民家庭比随后的移民家庭，更有可能接受公共援助，在随后的各代移民中，成为接受福利者的可能性大幅减少（Hernandez & Charney，1998）。1996 年个人责任和工作机会协调法案设定了服务限制，限制移民享受贫困家庭临时补助、食物券、医疗补助项目及其他形式补助的资格（尽管从那以后国会已经部分归还他们的资格），这些限制大大减少了移民家庭的参与，即使他们是合法的（Fix & Passel，1999）。五个孩子中会有一个来自移民家庭（Hernandez & Charney，1998），及随着后半世纪少数民族在人口中所占的比例逐渐增加（Day，1996），因此照顾好少数民族和移民贫困家庭的需要，应该成为未来公共援助立法首要考虑的事情。

结论

本调查的核心结论是美国政府确实已经意识到一系列帮助贫困儿童的项目和政策的必要性。事实上，这些首创是创新的且丰富的，有很多关键发展过程的目标，然而这其中，有的目标仍然是过度限制的，而且很难实现。经济繁荣的当代社会中，美国的儿童贫困率确实有所下降，但是市场和政策是否是最负责的，这个问题尚未清楚。尽管取得了一些成果，美国大众及其代表的政府并不能就此满足，因为有数以百万的儿童生活在贫苦之中。显然，为了帮助这些儿童，还能做并且应该做更多的工作。

第十三章　关于儿童问题的政治活动：在政治舞台上推动青少年议程发展的挑战和机遇

Marylee Allen, Susanne Martinez

关于美国儿童——国家的未来，我们最重要的资源——重要性的政治词藻是有限的。与其他工业国家在儿童问题上的投入相比，美国已经远远落后。同时与其他 23 个工业化国家相比，美国是唯一一个没有向本国儿童提供包含扩大医保范围，父亲 / 母亲带薪休假，以及儿童津贴和贷款在内的安全网络的国家（儿童保护基金，2001c）。在这些国家中，美国的婴儿死亡率排 23 位，低体重婴儿数排 17 位，贫困儿童比率排 11 位，并且在帮助儿童脱贫所做的工作方面排 16 位。美国也是儿童贫富差距最大的国家之一（排 18 位），并且与其他 23 个国家相比，有更多的儿童死于持枪暴力活动（儿童保护基金，2001c）。美国的儿童贫困比率大约是加拿大和德国的 2 倍，是法国的 6 倍多。许多专家认为，美国对收入差距悬殊的低收入劳动者家庭的公共福利投入较少，由此导致了这一差距的产生（Smeeding, Rainwater, & Burless, 2000）。

美国儿童的贫困率现在为所有年龄段中最高。实际上，美国儿童已经与老年人交换了位置。在 1969 年，老年人的贫困率超过 25%；如今，美国老年人的贫困率已经大幅下降到历史最低水平，并于 1999 年第一次低于 10%。与 30 年前相比，现在儿童处于贫困中的几率更大。2000 年儿童的贫困率是 16.2%；在 1970 年，这一比率却是 15.1%。

10 年前，由共和党总统和民主党国会委派的儿童国家委员会公布了一项报告，标题为：《超越华丽辞藻：关于儿童和家庭的一项新的美国议程》。报告用悲剧反讽的口吻说，地球上最发达的国家已经令如此多的儿童失望，并且我们的社会也缺少必要的远见和政治愿望来说明数以百万计的儿童所面临的问题。像之前的许多类似努力一样（参见，例如儿童发展咨询委员会，1976；卡内基儿童委员会，1977），委员会也提出一个旨在改善本国儿童健康和福利的并不明确的目标。

10年后，虽然有了一些改善，但是说辞和事实在今天的差距似乎与国家委员会在其1991年报告中公布的情况一样大。在1997年新颁布的一个儿童健康保险项目向超过300万的未投保儿童提供了健康保险。但是如今有超过900万的儿童缺少健康保险——大约比1991年委员会报告的830万未投保儿童多100万。实际上，随着数以百万计的儿童已经参加了儿童健康保险项目（CHIP），超过百万计的更多儿童却已经失去了医疗补助计划的医疗保障服务，这是因为1996年福利改革促使很多人误认为一旦他们停止接受援助或进入劳动力市场，他们就将不符合改革后医疗补助计划所要求的条件。1991年委员会报告中的一条关键提议——儿童退税法案——被加入到2001年税收法案，这冲破了布什政府和国会保守领导者的阻力（Twohey，2001）。

过去的这几年里也完成了多项儿童保健和儿童发展方面的新投入。例如，儿童启蒙项目在2000年接收到历史上最高的单年数额提升——增加了10亿美元。似乎是全国范围内儿童医疗保健支持者持续3年的努力促使了儿童医疗保健拨款的增加（儿童保护基金，2001c）。但数以百万计的儿童仍然无法享受到能够帮助他们成长为健康有用居民的这一必要的服务。例如，数以百万计的儿童依然在等待着儿童医疗保健援助。符合儿童启蒙项目所要求条件的儿童中只有3/5目前已从项目中受益，并且符合联邦儿童保健援助计划条件的家庭里只有12%的家庭事实上接受到了援助。由于儿童福利机构人员不足，大部分处境不利的儿童无法获得他们的服务和救护。数以百万计的儿童接受教育的学校十分拥挤，教室破旧，并且教师教学水平不高。数以百万计的儿童住房面积不足，并且营养不良。

为什么这个国家政治辞藻和事实之间有着如此大的差距？儿童利益维护者努力在政治领域为儿童赢得利益所面临的挑战是什么？什么机遇能够促进我们向前发展，又是什么在阻碍这一发展？在这一章，我们想给出这些机遇和挑战，并且呈现一些支持儿童发展的成功案例。

挑战

在儿童需求和为满足需求而实施有效政策和项目方面存在着许多挑战。对于儿童的需要以及满足这些需要的方法的认识不尽相同。儿童利益维护者也经常在政治上是弱势的，他们无法拥有像政治选区那样强有力的可操作资源。尽管如此，支持者们已经为儿童赢得很多利益，因为支持者们已经找到方法去克服在儿童问题中的政治阻碍。

儿童不投票

尽管看起来很简单，但是儿童利益维护者在政治领域确实面临这样一个挑战，那就是儿童没有投票权，也不能为选举活动做什么。争取时间和资源的竞争异常激烈，儿童利益维护者们常常资金不足，还经常被强势的政治群体边缘化，因为那些人能够宴请立法委员，在大选日能够投票，并且还能提供竞选经费。例如同道会和公民诉讼组织这样的团体已经屡次证明了选举活动中的种种弊端，即通过"促使拥有巨额资金的特殊利益集团在国会和政府中推进他们的议程——几乎每次都以牺牲工薪家庭的利益为代价"来让有钱人受益，让中低收入美国人受损（共同事业组织，2001）。20 世纪 20 年代，联邦儿童局（1921—1934）的早期领导人 Grace Abbott 曾用生动的语言描述了富人们与为儿童和家庭工作的支持者们之间存在的不平衡。多少年来他的话都鼓舞着儿童利益维护者的领袖们，但是这些话同时也道出了儿童利益维护者工作中最根本的弱点，他说道：

> 在华盛顿当我晚上回家的时候，我有时候感到自己似乎已经身处严重的交通阻塞。这种拥堵一直延伸到国会山，在那里国会对政府的所有机构进行考评。交通拥堵里有驶向国会大厦的各种各样的交通工具……街道上有来自军队的各种各样的运输工具……坦克，架炮卡车……街道上也有农业部的干草架，捆束机，犁和其他东西……商业部的豪华轿车……国务院的尊贵大马车。这让站在人行道上的我似乎感到越来越拥挤，越来越行进困难，但是由于我必须肩负起自己的责任，我紧紧地抓住婴儿车的把手，然后推着它进入这拥堵的街道（引自 Grubb & Lazerson，1982，p. 98）。

正如其他人所看到的，儿童利益维护者做出的贡献通常较微薄；他们常常在争夺资源和优先权时被更多强势利益集团挤到一边（Grubb & Lazerson，1982）。实际上，由于与竞争利益集团相比，儿童利益维护团体可获得的资源有限，因此，在过去的几十年里他们为了儿童和家庭利益所取得的成绩的确令人钦佩。尽管如此，儿童服务方面的主要资源投入到了诸如健康和教育这些强势团体也有所涉及的领域并不令人意外。

许多人认为儿童利益的维护者们如果想让他们的观点在政治领域中被接受，那么他们必须更加直接参与到选举活动中去。例如，有观察者指出关于儿童的问题被排在政府日程表的前排位置，但如果要让政客们行动起来，儿童利益的维护者们就必须"考虑参与到[政治上的]政党和选举活动中，以便增强政策制定的力度"（Reid，2001，p.127）。这名观察者主张儿童利益维护者组织在公共教育，科研和游说方面有着丰富的经验，但他们需要在政治领域中让政治家行动起来（Reid，2001）。然而另外一些人认为，儿童问题必须保持无党派和"超越政治"以吸引更多的支持。例如，对于有关儿童的组织进行的一项研究发现，"在'政治上'推进儿童问题的议程方面存在不同意见。许多人认为有关儿童的团体需要与政治无关，并且如果将它包装成'无政治的'，那么它的议题将会吸引大量的民众（儿童合作组合，1998，p.15）"。

对于儿童生活中政府作用的矛盾观点

对于儿童和他们家庭的生活中政府所起的作用存在长期的矛盾观点，这是儿童利益维护者们所面临的另外一个挑战。在美国，抚养孩子基本上被看成是父母的责任。美国儿童联盟（1999）在最近公布了一份关于推进儿童议程时所面临的挑战的报告，报告中写道"几乎在每个问题上，人们都会一方面将父母看做问题，另一方面又将父母看做是问题的答案"（p.11）。在《孩子们的事业》一书中，Steiner（1976）就儿童利益维护者的工作评论道"美国的社会制度认为在没有遇到经济危机和健康危机的情况下，家庭应该并且能够不依靠公共干预而照顾好孩子"（p.1）。但是他也说道，"当孩子和他的父母都处在无法自我满足的情况中时，诸如补偿服务和现金援助这样的由联邦支持的公共项目就易于为人们接受"（p.1）。最近，Imig（2001）评论道，"现在，儿童利益维护者们面对着不明确的有时甚至是敌对的政治环境。公众在政策倾向性上的意见并不一致，并且政府在社会政策上所起的作用在各个方面都为公众所争论"（p.203）。Imig还说道：

> 儿童利益维护者们的工作……面临一场艰难的战斗，因为公众本身在儿童和家庭的需要方面存在争执。各种调查数据都显示美国人关心儿童问题……与此同时，公众对于政府是否应该在儿童政策上发挥更大的作用却犹豫不决。（pp 199-122）

在思考美国的前途时，一位评论者说道：

> 深深根植于人心的是这样的观点，儿童健康发展的关键责任应该在父母身上，即使在最紧急的情况下，政府也不应承担这一责任，因为儿童保护机构在干预极端儿童虐待方面有过一些众所周知的失败案例。（Heclo, 1997, pp. 145）

然而大部分研究者和公共政策分析学家认为美国公众对于政府决策起着天平的作用。Heclo（1997）认为公众既把家庭看成是应该承担起码的儿童抚养责任的基本独立个体，同时又承认：政府做与不做会明显增加或减少对于家庭中儿童的福利。人们早已认识到政府在支持家庭中所起的重要作用。例如，1948 年发布的一份题为美国家庭（关于家庭生活委员会的全国性会议，1948）的报告显示，当"家庭不能提供个体（儿童或成人）所需的支持和指引时，由社会来提供这些资源就显得非常重要"（p. 373）。10 年前国家儿童委员会的结论（1991）也反映了相似的观点，结论中重申了这样的观点"在满足孩子生理、情感、知识的需要和道德指引方面，他们的父母负有基本的责任，"但报告还指出"应该在儿童抚养方面支持父母，帮助父母履行他们的义务，并且保持对于孩子的照料和支持，这些都符合社会根本利益"（p. xix）。相应地，大多数研究者支持政府在父母无法满足他们孩子需要的方面提供援助，但是研究者们又反对政府在本属于父母责任的方面提供服务。①

民意测试结果表明广大公众支持旨在帮助低收入家庭儿童的政府服务。例如，1999 年 1 月进行的 W. K. Kellogg 基金会（W. K. Kellogg foundation）的调查数据显示，86% 的受访者认为儿童医疗保健援助范围应该包括所有低收入家庭，从而让父母可以去工作。有 3/4（73%）的受访者认为在帮助低收入家庭支付医疗保健方面政府应该有所作为。查尔斯·斯图尔特·莫特基金会（Charles Stewart Mott Foundation）在 1998 年的调查发现，80% 的受调查者愿意向旨在帮助儿童的课外辅导项目缴纳更多税收。课后辅导项目委员会在 2000 年发布的一份近期调查数据表明，9/10 的美国选民支持帮助儿童的课后辅导项目，并且有 8/10 的选民认为政府应该为这个项目提供一些资金。①尽管在对儿童问题投入方面有着广

---

① 将年长成员的家庭责任随时间流逝而发生的变化进行比较是一件有意义的事情。直到 19 世纪中叶，随着社会安全法案在 1935 年的通知，政府有向上年纪的美国人提供医疗保健责任的这一观念，才在美国社会政策中根深蒂固。

泛的公众支持，但是将公众支持变成政治行动，以及在帮助父母履行责任而不是取代父母作用方面突出政府的作用，这些都是儿童利益维护者依旧面临的挑战。

关于政府干预：家庭作用的争论

儿童利益的维护者们常常面临保守的争辩，那就是政府的服务将导致对于儿童抚养的官方干涉和控制。虽然广大公众对于政府允许父母逃避责任的项目都越来越关注，但是政府对家庭生活干预的阴霾让儿童利益支持者的努力受到了影响。例如，联合国发起的有关维护儿童利益的文件得到 191 个国家支持，而反对美国签署文件的人将为保护儿童所做的努力看成是对父母的侵犯（参见，例如，Sabom，2001）。一个名叫家庭研究委员会的组织在其网站的父母权利板块表明了他们的立场：政府政策如往常一样没有正当理由的侵犯了家庭，贬低了父母权威的重要作用（www.frc.org/iss/par/index.cfm）。1975 年的儿童和家庭服务法案（H. R. 2966/S. 626）是这类攻击的早起受害者。这项法案旨在向低收入家庭提供基本的健康、教育和医疗保健服务，而它却在全国范围内受到了这样的匿名攻击：这项法案会将儿童抚养的权利由家庭转移到政府（美国国会，1976）。

25 年后，因为政府扩大对于工薪家庭儿童的医疗保健服务，所以对于诸如家庭作用等主题的争论又再次兴起。例如，卡托研究所（Cato Institute）（1997）的一篇题为："发展中的保姆式国家：为什么政府不应该插手儿童医疗保健"的文章因为克林顿政府主持的一项关于儿童医疗保健干预的项目而攻击政府，文章认为："如果没有政府干预，儿童医疗保健依然不会出现问题"。在相同的刊物中，卡托研究所反对帮助那些需要儿童医疗保健服务单亲低收入母亲参加工作，并认为"人们不应该抚养那些他们不愿意或不能抚养的孩子"。儿童利益维护者们承受着这样的压力，那就是要澄清政府对于儿童服务的支持不是削弱了父母的责任，而是给予那些在照顾孩子和维持生活中有巨大压力的家庭更多的选择。

对于"全部儿童"或者是"处境不利儿童"的争论

在儿童利益维护者、政策制定者和广大公众中长时间存在着这样的争论：是应该实行面向全体的服务（"全部孩子"）还是服务应该只包含易受伤害的儿童，尤其是那些生活在低收入家庭中的儿童（"处境不利儿童"）。

① 对于表明公众对有关儿童医疗保健支持的一系列全国调查的摘要。参见儿童基金会（2001b）。

Kamerman（1989）将它描述成关于"普遍性 vs 选择性"的老话题和是否有选择性的计划比面向全体的计划更能让儿童政治获得更大的成功。她说道，有人认为面向全体的计划将获得更加广泛的支持，并最终能够让项目较少受到指责和更加丰富。另一方面，Steiner（1976）认为最为可行和最令人满意的儿童政策应该瞄准贫困儿童，有身心障碍的儿童和 / 或流离失所的儿童——"父母无法向他们提供像大多数儿童那样的起点的不幸儿童"（p. 255）。

近期一项关于面向所有佐治亚 4 岁儿童的学前班项目得以实行，对这则案例的研究用最有效的方式阐释了这一争论（Raden，1999）。佐治亚学前班项目开始时主要向州内最有需要的儿童提供服务，但是很快就升级成向所有儿童提供服务。就这个项目如何和为什么会升级的分析发现，大多数观察者相信将服务面向全体儿童的决定确保了佐治亚州学前班项目的继续实行，因为"面向全体儿童的项目比面向处境不利儿童的项目更能获得并保持广泛的政治支持"（p. 3）。另一方面，对于佐治亚项目的分析也表明，虽然面向全体的项目可以抹去项目只是面向低收入儿童的特征，但是同时为低收入儿童设计的项目却可能不被中高阶级家庭所接受，并且可能迷失在朝面向全体儿童的项目的过渡过程中。例如，当这个佐治亚项目初步启动时，它主要倾向于提供广泛的、家庭需要的社会服务。但是随着项目逐渐扩大覆盖范围，这些服务由于过度干涉而受到批评并被大幅削弱，同时也引起了另一些人的批评，他们相信项目已经不能再满足低收入家庭和儿童的实质需要。虽然有些人主张政府资金不应该向那些有能力支付学前班项目费用的家庭提供资金支持，但是佐治亚州的主流舆论是：适用于那些经济和政治上的弱势群体的项目仍然在政治上易受攻击并存有一定局限（Raden，1999）。

儿童利益维护者和政策制定者一定会就这一问题继续争论：应该像佐治亚州的案例那样把精力放到目标群体上，还是应该向所有儿童提供服务。每一种方式都有优势和劣势，并且成功的程度会因为时间、地点和其他一些因素而有所不同。当资源有限时，那就不得不考虑是否应该用这些资源去满足那些最需要服务的人群。但是，公共政策有时朝着截然相反的方向发展。例如，儿童利益维护者多年来认为应该有更加广泛的儿童税收抵免和儿童津贴，就如现在几乎所有西方发达国家中的家庭所享有的那样。然而这样的税收抵免在 1997 真正实施时（纳税人减税法，公共法 105-134，议题 I，101 部分），数以百万计的低收入家庭的孩子没有从中受益。直到 2001 年税收法案颁布后（经济增长与税款减免协调法案，公共法 107-116，议题 II，201 部分），税收的部分抵免才开始实施，并且那些由于父母收入太低而不能缴纳净所得税的儿童也能受到惠及。但是仍有 1000 万的低收入儿童由于自己父母的年收入低于 10 000 美元没有被政策所惠及。收养税收法案旨在帮助那些有特殊需要的儿童，法案中对于可退税款的缺失也让许多寄养父母和其他收养有身体、心理或情绪障碍儿童的父母无法从中受益（公共法 107-116，议题 II，202 部分）。

谁的孩子？关于阶级和种族的问题

虽然贫困孩子、未投保的孩子、受虐的孩子和其他处境不利的孩子中的大多数都是白种人，然而公众对他们的认识停留在"属于另外一类人。"实际上，目前有 62% 的贫困儿童是白种人。整整有 78% 的贫困儿童生活在父母双方至少有一个人工作的家庭中，超过 40% 的贫困儿童生活在双亲或只有父亲抚养的家庭。与一般观点相反的是，大部分贫困儿童生活在农村或郊区，而不是在城市。相似的是，超过 40% 的未投保儿童是白种人，32% 的是西班牙裔，20% 是黑种人。然而，尽管如此，西班牙裔和黑种人的比例在每一种类别中都明显偏高；尤其要说明的是，有 1/6 的黑种儿童和 1/4 的西班牙裔儿童没有投过保，而这一比例在白种人中是 1/11。有 1/3（33%）的黑种儿童生活在贫困中，而这一比例在白种人中是 13.5%（儿童保护基金，2001c）。

大部分父母都非常关心他们孩子的福利状况。儿童利益维护者所面临的挑战就是将公共政策转变成向所有儿童提供他们父母为了孩子想要得到的东西。儿童利益维护者必须说服公众和政策制定者，让其意识到保证所有孩子得到他们需要的服务是符合每个人的根本利益的。

除此之外，大部分处境不利的儿童遭受不幸常常是因为他们父母的失败。1996 年的福利争论就是一个经典的例子。虽然受供养子女家庭补助（AEDC）项目的受益者的绝大多数是儿童，但是这场福利争论关注的却是父母的作用，以及如何让父母就业的问题。由于存在时间长达 60 年的联邦安全网络已经解散，向处境不利儿童提供保护的适当举措也已经停止实施。虽然 20 世纪晚期繁荣的经济已经防止了已有阻力的进一步加大，但是很多联邦的政策制定者已经充分准备好承担这样的风险：在将儿童父母推向劳动力市场的过程中处境不利的儿童可能会受到伤害。

谁为孩子说话

儿童利益维护者所面临的另外一个挑战是找到发言人。由于儿童没有发言的权利，所以他们常常必须依靠代理人来代表他们的利益。只有有限的几个组织——不管是州、地方、或者国家层面——专心地维护儿童利益。城市研究刊物最近考察了一些儿童利益维护组织（DeVita & Mosher-Williams，2001），以便于确定那些关注儿童问题并在国税局（IRS）已有登记的非营利组织。考察发现：由于国税局的报告对于非营利性公益活动知之甚少，所以对于儿童公益组织的评估就显得比较困难。虽然刊物的作者将在国税局档案501（c）（3）有登记的大约45 000个组织界定为对儿童问题存在关注，但是这些组织的绝大部分只是向儿童提供服务，而不是维护儿童利益。在501（c）（4）部分登记的大约9300个团体被界定为参与了某种形式的儿童利益维护活动，但是其中有许多团体的名称是吉瓦尼斯俱乐部，扶轮社和乐观主义者，这些组织一般不被看做是儿童利益维护组织，也自然不会专心地倡导儿童利益（DeVita，Mosher-Williams，& Stengle，2001）。

通常对于服务的不足和儿童与其家庭（除了家庭本身）的需要了解最多的是一些专业的人员或机构，他们包括：社会工作人员，儿童医疗保健的提供者和健康医疗服务的提供者，或者是向儿童和家庭提供服务的专门机构。虽然许多代表儿童服务人员的组织或者专门机构参与公共政策，但是他们的言论有时会被低估成自我服务，尤其在这些机构接受了政府拨款的情况下。例如，在国会听证会上作证的作证人被要求去确认他们是否在最近几年或前两年接受了联邦拨款。一些评论者对于服务提供者因为担当儿童利益维护者的角色所带来的潜在利益冲突表示了担忧。另如，Grubb和Lazerson（1982）认为"只要专业人士依旧控制着那些为儿童说话的团体，儿童的利益就不可能得到充分的维护"（p. 100）。他们进一步说，虽然专业人士拥有专业知识和经验，但是他们也能够超出个人利益，并且作为儿童利益维护者淡化他们的影响。

另有一些组织和协会关注范围更加广泛，包括以信仰为基础的实体，公民权利组织，女性团体和公民结社。虽然这些组织已经在州、地方和国家水平上参与到维护儿童利益的工作中，但是这些组织经常有不同的日程和重点并且很难长期关注儿童利益的维护问题。组织父母的成效有大有小。有父母团体关注一些特别的问题，例如，让那些有着身心障碍的儿童接受教育，以及对一些特殊的儿童疾病加强医学研究，这些家长团体具有高水平的动机和效率。另有一些类似团体围绕着诸如儿童虐待和忽视之类问题开展工作。但是财政难题、领导阶层的变更和其他一些需要削弱了这些组织在政治上的力量，因为他们身处的政治领域由高价说客主导，并且还要面临许多拥有良好资金支持的特殊利益团体的竞争。最近，诸如百万母亲大游行这样有着广泛基础的联盟已经成立，以便于围绕威胁全美儿童生命的校园暴力问题让母亲和其他人参与进来。但是这样的努力能否像反醉驾母亲大游行运动那样有着持续的效果，对于这一点我们还无法确定。尽管如此，儿童利益维护者们承认：让父母、祖父母和相关公民参与进来，这就让开展有广泛基础的运动有了最大范围的支持，进而迫使政治界采取一些行动。有调查发现，许多有关儿童的组织努力使用更多能让父母参与进来的手段。但是受访者认为父母是独一无二的最重要的群体，也是独一无二的最难以组织的群体（儿童的合作组织，1998）。

其他对于儿童利益维护者的挑战

先前的讨论强调了一些儿童利益维护者所要面对的政策障碍。此外，这类从国家到州依次传达的许多政策和项目已经为儿童利益维护者创造了一种新气象，在不同辖区不断变化的新环境中争论一定会爆发。州和地方在这方面的工作常常会面临资金不足的问题。直接的服务常常比直接的宣传更能令地方投资者感到满意。有些人认为儿童支持运动的缺点是由私人基金会拨款方案导致的，它们倾向于按照项目的类别来分配资金，而不是以战略为依据，并且倾向于资助短期项目（例如，1年或2年）（Covington，2001）。

> 投资协议如此之短，以及许多基金会的项目利益不断变化，这与儿童利益维护者以长远眼光来思考和活动的特点相违背……儿童利益维护者常常遭受到项目资助的中途停止，而这些资助或许符合也或许不符合自己组织的工作重点和长期发展目标。(pp. 65-66)

尽管面临种种挑战，但是儿童利益维护者继续为提高美国儿童的健康状况而不懈努力，并且已经采取许多不同方法来实现这个目标。在政治舞台上存在很多能够推进儿童议事日程的机会，对此我们将在下一部分加以讨论。

机遇

在以前的几十年中，儿童利益维护者努力战胜上文所述的种种挑战，以便在政治领域中实现有关儿童的议程，并且这种努力时有成功。他们也已经懂得创造和抓住一些重要的机遇。在某些情况下，儿童利益维护者已经能够通过新的研究或使用新的策略来制造这样的机会。在另外一些情况下，他们已经能够发现机会并且利用这些机会来推进儿童议程。本章节讨论的例子大部分是国家层面实施的政策，它们证明策略性的使用维护儿童利益的机会的价值。他们也提出如果政治领域中的所有这些机会能够马上得以利用，儿童可能会有多少益处。

彻底了解一些真相

准备工作总是有效维护儿童利益的基石（参见，例如，Amedei，1991；Beck，1979）。当然，过去 10 年中技术上的进步使得做准备工作变得更加容易——收集儿童数据并且分类整理对儿童有益的数据。在过去的几十年里，儿童利益维护者在儿童需求方面，以及通过使用数据战略性地确定问题范围和必要的改革提供支持方面，对公众进行教育的经验越来越丰富。儿童利益维护者认为，随着公民对于儿童如何发展以及这对于他们自己将来、他们孩子和国家将来的意义的更多了解，社会上将很有可能会出现一种足以满足儿童需要的公众意愿。

过去的几十年里，新的资源已经能够将数据更快捷地传达到联邦、州和地方，并且已经向维护者们提供新的机会去使用数据作为基本的行动依据。例如，由 Annie E. Casey 基金会（Annie E. Casey foundation）于 1990 年创办的《儿童数量》刊物搜集了国家、全部州和每个地方的数据以便于对儿童的教育、社会、经济和身体健康状况加以评估（www. aecf. org/kidscount）。第一本《儿童数量》资料书从 1990 年开始出版并且每年都出版发行。这个基金会也支持州水平上《儿童数量》的全国网络计划，并且当前已有 49 个州都记录有当地儿童的数据。按照基金会的观点，"《儿童数量》的出现是为了评估儿童所得到的利益并且通过评估来促成公众在为儿童谋利方面尽一份责任，从而为通过数据向孩子、家庭和社区提供支持的工作树立了参照"（参见 Annie E. Casey 基金会儿童数量网 www. aecf. org/ kidscount/index. htm）。源于《儿童数量》的补充数据资料也有利于突出在影响儿童的特定领域中存在的问题和解决方法（参见，例如 Annie E. Casey 基金会，1997，1998）。《儿童数量》通过 2000 年美国人口普查也编著了儿童健康状况指导书并且已经建立了一个互动数据库（www. aecf. org/kidscount/census）。

Annie E. Casey 基金会（Annie E. Casey foundation）整合了国家的，州的和地方的数据，这使得儿童利益维护者能够发现社区中的问题并且可以在解决这些问题时进一步探索新问题。这样的数据库能够实现州与州，地方与地方的比较，以便评估不同政策和实践活动对儿童所产生的效果。例如，佛蒙特州每年都依据特定的指标对各社区和州的机构在促进儿童发展上所做的工作进行评估（社会政策研究中心，2001）。佛蒙特州也让社区参与到评估预期成果的工作中来。在一些社区，成果被印刷到购物袋上或者是在自助洗衣店张贴出来。佛蒙特州还制作了社区或地区的"前10名"名单，他们都是在主要指标上进步最快的。这就能够与对特定政策产生影响的州立法者们分享社区的信息。区域上的合作关系已经建立起来以使促进儿童发展的工作更有成效。如上的这些努力让儿童的需要变得引人关注并且让人对未来也产生了期望。这同时也让公民和广大的社区认识到他们在提高儿童福利方面所能发挥的作用。

儿童利益维护者通过网络可以对联邦数据资源有更多利用，这也使其更容易将这些统计资料及时用做他们维护儿童利益活动的核心。而人们从美国人口统计局和直接负责有关儿童项目所有联邦机构都可以搜寻到各个州的数据资料。

从1996年起，美国卫生和公共服务部(DHHS)规划和评估部长助理办公室也开始出版一系列关于全国趋势的年度报告，报告包含儿童和青少年生活中的5个最重要领域：人口、家庭和邻里关系；经济安全；健康条件和卫生保健；社会发展、行为健康和青少年生育；教育和成就。这篇题为《美国儿童和青少年幸福动态》的报告提供了关于5个领域的所有74个指标的重要的历史动态资料和人口亚群体分析。虽然DHHS的一系列趋势报告只是提供国家数据，但这可以有很大的帮助，因为有待解决的儿童问题涉及范围很广。它也有利于突出联邦数据系统存在的那些主要问题，它们仍然限制着国家在监管儿童健康中的作用。

国内儿童健康保险项目（CHIP）在1997年通过（公共法105-133，议题四，子标题J，第一章，4901部分），这是联邦政府和州政府在合作促进儿童健康方面的里程碑，这也较好地表明了利用数据和研究的价值。儿童健康保障计划（在稍后的部分会更加详细的描述）代表了10年内儿童健康最显著的发展之一。当今儿童健康运动是促成国内儿童健康保险项目通过的基础牢固的联盟，它与国内儿童健康保险项目的主旨保持一致。现在人们已经达成共识，即健康保障范围对于儿童的健康和将来的成功尤为关键，然而不幸的是，现在有数以百万计的儿童根本就没有被包含在保障范围之内。

在运动的进程中，某些因素被一遍又一遍地重复。我们使用国家的和州的数据为儿童的医疗保健提供了一个强有力的论据。大约有100万儿童没有参加保险，并且这个数字还在不断增加。国家对这个事实已经予以承认。100万这个数字也可以被分放到一个又一个的州。绝大部分没有保险的儿童—90%—父母有工作，这份数据引起了相关的许多问题。当儿童缺少健康保险时将容易遭受危险，这也是一个强有力的论据。研究表明，没有保险的儿童有 6 倍的可能性无法获得所需的医疗护理，有 5 倍的可能将医院的急诊室作为一种常规的医疗护理资源，并且有更大的危险面临辍学，这些问题通常都显示出了缺乏健康保险的后果。

这些关于儿童健康需求未能得以满足的事实引起了政策制定者和普通公众的共鸣。他们也与在儿童教育、儿童社会服务和其他改善儿童生活方面做着努力的儿童利益维护者联合起来，以便于号召建立能惠及国内所有儿童的全面的健康覆盖范围。例如，那些数据有助于让为儿童保健、其他童年早期项目、儿童保护和教育工作的儿童利益维护者认识到，怎样改善医疗保健才能显著地增强他们自身服务和项目的效果。

以一般的主流关注为基础

在过去的 10 年中，儿童利益维护者围绕着一般公众所关注的话题一直进行着不断的努力。尽管我们也可以使用儿童教育和儿童健康方面的例子，但儿童保健和儿童早期倡议方面的例子才最为恰当。

在国会两党的共同支持下，一项主要的措施，即儿童医疗保健改良法案（公共法律 101–508）在 1990 年得以实施。这项法案为儿童医疗保健和发展基金（Child Care and Development Fund）的建立奠定了基础，并且它也是促进儿童医疗保健的联邦资源的重要组成部分。它也首次认识到公众在提高儿童医疗保健的质量和供应中所起的重要作用，并且它还包括资金，尤其是用于该种目的的资金。

然而，在 20 世纪 90 年代后期，人们又不断关注未满足儿童医疗保健条件的年幼儿童和放学后独自在家的学龄儿童，并且在这两个方面我们都有机会进行改善。公众已经越来越意识到年幼儿早期大脑发展的重要性以及在国家的很多地方儿童所面临的暴力威胁。

卡内基任务小组的一篇满足年幼儿童需求（1994）的报告主题是：《出发点：满足我们最年幼儿童的需求》，报告强调生命的前 3 年所起的决定性作用，并且指出"年幼儿童的环境和社会经验的质量对儿童的健康和学习能力有着决定性的深远影响"（p. xiii）。对儿童大脑发展的研究显示儿童的成长和发展取决于遗传（儿童的遗传天赋）和教养（例如，儿童的营养、环境、照顾和刺激）的相互作用（参见，例如，家庭和工作机构，1996a, 1996b）。一个影响广泛的公共教育运动——"我是你的孩子"，在那一年也开始开展，这项运动认为儿童大脑发展的关键期是生命的头 3 年，所以它特别强调对婴儿和儿童的良好照料的重要性。

在父母和专家都普遍认识到儿童缺乏良好的医疗保健之后，大家也开始关注儿童早期的大脑发展。3/4 的幼儿父母在 1989 年国家调查中反映在他们的社区中婴儿缺乏良好的医疗保健（研究和预测，1989）。后来对 6 个城市的儿童医疗保健进行研究后发现，这些城市严重缺乏儿童医疗保健（Clark & Long, 1995）。由儿童防护基金资助的一项儿童医疗保健调查发现，一个市区 4 岁孩子的平均年医疗保健费用比州公立大学一年的学费还要高，而对于有年幼孩子的家庭这项花费甚至更高（Schulman, & Adam, 1998），因此很多家庭都负担不起儿童医疗保健费用。

作为对国内最年幼儿童不断受到更多关注的回应，国会从 1994 年起开始逐步为有婴儿和幼儿的家庭建立更好的儿童医疗保健项目。早期启蒙计划（Early Head Start）（公共法律 103-525，标题一，112 部分）在 1994 年启动，目的在于为有从出生到 3 岁的婴儿和幼儿的家庭提供全面的儿童医疗保健和家庭支持服务。早期启蒙计划之下的活动包括家庭内外的早期教育质量、家访和亲职教育，其中亲职教育包括亲子活动、全面的医疗保健、营养以及通过个案管理案例和同伴支持群体对父母持续的支持。早期启蒙计划的投入以全部的早期启蒙项目基金为基础，并在相对短短几年之内得以显著增加。例如，在 2000 财年分配中，有 4.214 亿美元被用于支持全国近 600 个早期启蒙计划中的儿童发展和家庭支持服务，这惠及了大约 4.5 万名 3 岁以下的儿童。

对早期大脑开发和生命早期重要性的关注，也刺激州水平上对儿童医疗保健和其他儿童早期服务的措施。最引人注目的一步就是加利福尼亚州选民支持 1998 年第十议题，即加利福尼亚州儿童和家庭法案（加利福尼亚健康和安全编码，130100 号）。这个州在 2001 年投票决定增加通过对每包香烟征收的 50 美分的赋税而获得的 6.5 亿美元用于帮助当地社区加强儿童早期服务，并且将儿童早期服务范围从胎儿阶段扩展到 5 岁。加利福尼亚州委员会可能会使用第 10 议题资金用于支持早期医疗保健和教育，儿童保健服务、亲职教育和支持（Miller, Melaville, & Blank, 2001）。

北加利福尼亚设立的智能开发项目为地方合作组织去评估社区童年早期发展的差距提供资金，也向诸如加大医疗保健和家庭支持以及亲职教育支持方面缩小差距的措施提供资金支持（儿童保护基金会，1999）。在 2000 年，密歇根州把学校预备项目资金提高了近 1/3（儿童保护基金会，2001c）。同年，肯塔基州颁布了当今儿童计划，此倡议采纳了一项针对儿童早期的综合方法，它主要关注提高母亲的和儿童的健康水平，支持家庭发展，以及加强早期照料和教育。一个新委派的商业委员会由对儿童早期生活和家庭支持场所感兴趣的商界和社区领袖组成，委员会作为倡议项目的一部分将有助于鼓励企业社团和当地政府致力于解决这些问题（儿童保护基金会，2001c）。

在这一时期，随着对最年幼儿童需求的关注不断增加，人们也日益关注在他们放学后以及父母上班期间需要看护的数百万学龄儿童。公众对暴力及其对儿童影响的巨大关注，至少部分地激活了这些关注。

《新闻周报》报道了儿童保护基金会在1993年进行的一项调查，调查发现近3/4受调查的父母和一半以上的受调查儿童认为他们最担心的是家里会有人成为暴力犯罪的受害者（Ingrassia，1993）。1996年在全国范围内进行的对政策负责人的一项调查发现，有超过9/10的人赞同美国可以通过对诸如童年早期生活、亲职教育、课外计划和监督计划这些项目的投入大幅地减少犯罪（McDevitt，1996）。很多低收入父母更倾向于让孩子上课或者参加其他有组织的课外活动，但是因为费用问题或者因为缺乏这样的项目而使得他们不能这样做（女性研究中心，1996）。学龄儿童和青少年本身也对课外时间里的那些有多种选择的活动感兴趣。人们有一种对危险不断增加的共识，如学业失败和一系列冒险行为，而那些无人照料的儿童都会面临这些问题。由查尔斯·斯图尔特·莫特基金会（Charles Stwart Mott Foundation）(1998) 发起的一项调查发现人们非常支持课外计划。4/5的受调查者愿意支付更高的税金以资助他们社区的课外计划。这种支持跨越了党派的界限，并且在父母和不是父母的人中同样强烈。

21世纪团体学习中心项目支持以学校为基础的措施，对这一项目资助的显著增加仅仅是对课外计划重要性不断增加的联邦政府水平上一个例子。资金从1999年财年分配的4000万美元增加到2000年财年分配的8.456亿美元。

尽管对暴力的持续关注积极地推动了对儿童课外项目的投入，但是我们不能忽视的是，至少在某种程度上正是这种对暴力的关注促进了一些人的工作，他们想要在青少年司法制度中推行更多针对青少年的惩罚性补救措施。儿童利益维护者在这一方面所获得的成功是通过他们是阻止国会通过倒退的法案来实现的，因为那个法案将已经处于联邦法律核心保护之中的犯罪青少年排除在适用范围之外。

寻找新的同盟者

儿童利益的维护者也抓住机会努力发展更广泛的同盟和重要的合作关

系，从而保障多年以来已经为儿童所赢得的成果。这些合作有助于让公众和政策制定者确信这一问题有着广泛的支持，并且让政治上的反对者难以使用"各个击破"策略。

儿童利益维护者们有时会因为无法达成共识而受到批评，所以对于他们想进一步建立广泛的联合有人会感到吃惊（Carson，2001）。有些维护者关心与儿童有关的诸如医疗、儿童卫生、教育和儿童保护等方面的事务，他们之间即使有合作，这种合作也非常有限；就算是同一领域内的维护者也会存在不同的有时甚至是相互冲突的提案。例如，支持普通教育发展的维护者对于改善特殊教育往往保持沉默，因为满足特定学生的需求需要付出高昂的代价并且意味着削弱他们为所有学生谋取利益的能力。然而，也存在这样一些引人瞩目的情况，那就是一些儿童利益维护者已经超越了具体利益而共同工作，并且向外发展以寻求其他有力盟友，而这些盟友与儿童改革的关联并不明显。

当今儿童健康运动在 1999 年成功促成价值 480 亿美元的两党合作的国内儿童健康保险项目（筹集的资金部分来自土豆税收的增加）具有里程碑式意义，并且美国癌症学会和儿童保护基金会现在重新发起这一运动。当包含大部分过去从没有一起工作过的那 250 多个组织能够共同去实现有关儿童利益的共同目标时，当今儿童健康运动就能保证可以不断为儿童谋得更多的利益。当今儿童健康运动不光从儿童健康组织和长期反对烟草的其他健康组织得到支持，而且也从那些认识到缺少足够医疗保健的儿童不能安心学习和发挥他们最大的潜力的各种教育组织那里获得支持。美国退休者协会也是重要的合作伙伴，这个协会代表已退休的以及需要健康下一代来赡养他们的那些人群的利益。主流的工会也给予了支持，因为他们明白如果工人较少为他们孩子的医疗保健问题担忧，那么企业将会获得怎样的利益。

另外一些关于州和地方儿童利益维护的例子涉及已经建立的一些吸引进新伙伴的联合组织。随着 1996 年马萨诸塞州儿童医疗保健项目范围的逐渐扩大，教师和州内的教师组织在为扩大保健范围而争取支持的工作中成为积极高效的参与者。在 20 世纪 90 年代前期，纽约市的维护者们发展了一个名为"同舟共济"的联盟，以便于将广大支持者联合起来以便于用一种有组织的方式去反对在儿童项目上的预算削减。旧金山的儿童和青年科尔曼倡议打造了一个极为广泛的联盟以保证 2000 年能再次实施 1991 的儿童基金计划，这场投票活动要求旧金山的一部分财产税收用于儿童和青少年项目上。

在将支持儿童发展的力量联合起来的另外一个例子中，有数以百万计的成人和儿童在 1996 年 1 月 1 日聚集在华盛顿特区的林肯纪念堂前表明了明确的立场。这场名为"代表儿童利益"的活动由儿童保护基金会组织，并且得到由 3700 个国家、州和地方层面的组织所组成的空前大联合的支持。从那以后，地方上数以千计的代表儿童利益的活动将儿童利益维护者们联合起来，并且这些运动有时还作为正式组织的一部分于每年 1 月 1 日或前后时间里在全国范围内的各个社区开展。

在 2001 年，儿童基金会联合全国委员会的 16 个指导委员会开展了一场"一个孩子都不能落下"运动，以便于通过在全国各个社区建立精神上的、文明上的和政治上的意愿从而满足所有孩子的需求。这场运动将分散的儿童利益维护者和不同领域（例如，儿童医疗保健、儿童健康、儿童福利、教育、青少年犯罪）的服务提供者通过强有力的主流网络（例如，宗教组织、女性群体、父母和祖父母群体、年轻人群体）联合起来，进而支持、巩固和实现一个鼓舞人心的局面，那就是保护所有儿童和家庭，重建社区和国家使命感。

这场运动主要关注"2001 年一个孩子都不能落下法案"（众议院 1990/ 部分 940），法案提出了全面的国家政策远景来证明儿童并不是分散的个体。这场运动的任务是，

> 我们想建设一个这样的国家：在那里，家庭能够获得所需要的支持以便让其正常运作；在那里，每一个孩子进入学校并准备学习，而且每个孩子都在通向美好未来的道路上前行；在那里，婴儿可能平安健康地诞生，生病的孩子能够得到所需的医疗救助；在那里，没有孩子会在贫困中成长；在那里，所有的孩子在社区中都很安全，并且都拥有一个叫做家的地方——所有的美国人都可以自豪地说"我们没有丢弃任何一个孩子"（儿童保护基金，2001a, p. 2）。

所有这些目标都是"2001 年一个孩子都不能落下法案"为儿童设计的部分远景。在 2001 年后期，有 280 个州议员和 40 个市长对这一法案作出了承诺。来自 43 个州和哥伦比亚特区的 900 多个组织已经正式签署这一法案，并且这一势头还在持续发展。

最后，在另外一些例子中，有些团体严密地组织起来为维护儿童利益发出新的声音。与犯罪抗争：在孩子身上投资，就是其中的一个组织。与

犯罪抗争组织由全国不同社区的 1000 多名警察局长、检察官、州长和警察组织领导人于 1996 年所发起并得以建立。对于他们而言，在预防犯罪的议程里最为重要的是帮助孩子在生命中获得一个良好的开端。组织规划的核心是为减少暴力和犯罪、预防校园暴力和预防青少年暴力而对如下项目的不断投入，例如启蒙项目，入学前幼儿教育，青少年课后发展项目，儿童虐待和忽视预防项目。警察局长和其他一些人认为在儿童身上投资可以有效地拯救生命和节约资金（www.fightcrime.org）。这个组织除了在华盛顿州的社区工作之外，在 2001 年秋天他们已经在 6 个州建立了组织机构。

代际联合（Generations United）是另外一个例子。这个组织成立于 1987 年，致力于联合儿童的和成人的组织去推动政策、战略和项目发展，同时也促进社会对所有年龄层都予以重视。GU 的成员包括代表 7000 多万美国人的 100 多个国家、州和地方的团体。GU(2001) 认为"公共政策应该满足所有年龄层的需要，并且在联合而不是分开各个年龄层的时候，这些资源才能得到最大限度的利用"(p. 3)。GU 为每一届国会都制定一份公共政策议程，议程强调项目的实施应该使用体现代际联合的方法或者对不同年龄层都能产生影响的方法。这个组织也向美国国会提供代际简报，这是由国会老年人和儿童党团会议所赞助的。

参与到这些具有直接影响作用的活动中

虽然例子依旧相对有限，但是有一些说服力强的例子涉及在政治领域能够发挥作用的人群，他们受到有关儿童的政策和实践的直接影响。类似的成功可以鼓舞儿童利益维护者在为儿童寻求利益的时候多关注诸如这样直接介入的策略。

当然，美国退休者协会的做法值得效仿。一名前小学教师就增加社会保障金而联系了一名国会议员，这造成的影响是人人皆知。有些老年国会议员由于在美国买不到处方药或者购买价格过高而一起乘坐大巴去加拿大购买处方药，所以来自于这些老年人的话语也是非常有效的游说工具。

已经不接受寄养照顾的年轻人和其他从儿童福利机构出来的人对于说服国会实行 1999 年的联邦抚养寄养法案也有着重要的作用（公共法 106-169）。虽然白宫和国会的领导人直接与这些年轻人面对面，去了解他们在从寄养生活向非寄养过渡时满足基本需求方面所面临的难题，但是这些领导人在准备增加联邦投入时还应该多参考那些依旧生活在寄养家庭和团体家庭里的年轻人的意见 (Allen & Nixon, 2000)。这些年轻人与那些为儿童和年轻人而制定和发展改革的维护者们一起工作。

　　尤其值得欣慰的是，这些年轻人在法案通过后继续为实现联邦抚养寄养法案的目标做着贡献。例如，加利福尼亚州的加利福尼亚青年团体是为寄养和受抚养的年轻人建立的非营利性倡议组织和年轻人领导的组织。这个组织努力确保它的声明能够利用法律的新的选择权去将美国医疗补助扩大到已经脱离寄养补助的年轻人那里 (www.calyouthconn.org)。在俄勒冈州，有一个在华盛顿州寄养补助下长大的年轻人和其他几名靠寄养补助长大的年轻人共同领导了一场运动，就是通过立法在俄勒冈的大专院校里向那些年满 16 岁的年轻人再提供至少 12 个月的营养补助 (Grindeland, 2001)。法案第一年拨款 10 万美元去帮助他们成长，这将帮助那些直接接受高等教育的不再享受寄养补助的学生，同时也将帮助那些没有高等教育学历或同等学历 (GED) 但是之后将达到的那些不再享受寄养补助的学生 (参见美国国家青少年发展资源中心 ,2010)。

　　有某方面身体缺陷孩子的父母对于一些州政府行为和国家改革也起着重要作用。例如，青少年心理健康家庭联合会，精神病国家联盟和家庭之声都是由父母领导的组织，这些组织在帮助增加项目拨款和加强对于有缺陷儿童的保护方面都能有所帮助。在每种情况下，父母自己组织起来去告诉政策制定者当前正被考虑的改革有哪些积极和消极的影响。2001 年家庭机遇法案 (部分 321/ 众议院 600) 可以直接帮助这样一些父母，他们的收入水平不符合接受医疗补助的合法条件，但同时他们却又承担不起养育有缺陷儿童的费用。这将有利于满足那些有着严重情绪障碍孩子的父母，这些父母没有保险或保险额不足，并且父母在为孩子获得所需待遇时常常面临这样的苛刻条件，那就是他们只能将孩子的抚养权交给州政府。可能是由于有缺陷孩子的父母的支持，74 名参议院议员和 206 名众议院议员于 2001 年底共同发起了这一法案。

　　不管是现在还是以前，接受过心理健康服务的年轻人也积极参与了某些州的心理健康系统改革，并且得到了诸如青少年心理健康家庭联合会和其他父母支持组织的支持 (家庭支持和儿童心理健康研究和训练中心 ,2000)。

　　儿童保护基金会也通过面向儿童的黑人社区改革运动中针对儿童的学生领导力网络(Student Leadership Network for Children)去为孩子雇用领导者。SLNC 是一个旨在改善儿童生活的由 18~30 岁的服务者领袖组成的国家网络。它的使命是动员那些希望通过倡议为积极的社会变革去服务，获得授权和提供支持的新一代领导者。SLNC 对高中生、大学生和青年的培训是通过高级服务和倡议工作坊组织来实施的，在那里他们会提高公共政策意识。

许多 SLNC 服务者的领袖也被培养成教师、顾问，以及全国自由学校网站的项目人员。在 2001 年编号是 61 的当今自由学校仿照以前民权运动式的自由学校运动，当今自由学校在整个夏天并且有时在学年里的课外项目上向所有 5~18 岁的孩子提供庇护所，丰富文化和学术素养的机会和社会改革媒介。并且 SLNC 组织授权参与进来的孩子父母在他们社区中促进改革。年轻人被指导着去了解高效的项目与公共政策之间的联系，以及它与社区发展、政策支持和联合建设的重要性之间的联系。SLNC 的成员收集国家和州的立法机构将要对儿童产生影响的信息，同时也收集社区的服务、倡议和对于青年积极分子和组织成员进行培训方面的公告信息（欲了解进一步信息，请查看 www.childrensderfense.org/bccc.htm）。

确定领袖

在过去 20 年中，至少在国际水平上为儿童争取的许多重要利益已经为他们的事业确定了领袖并且得到了两个党派的强力支持。这些支持对于团结国会和调动草根拥护的积极性方面起着重要的作用。在 1999 年关于儿童、青年和子女的住房选择委员会的建立有助于突出国家的大多数有需求儿童的特定需要，并且也会引起国家对他们的注意。其他一些机构也已经对于收养、儿童的营养和一般意义上的儿童需要给予了高度关注。

对于支持的主动性和一致性的实质的熟悉常常是这些领袖的特征。一些国会议员已经担当领导角色，因为他们之前的工作常常是检察官、医生、社会服务人员、州立法委员或者是人力服务机构的董事会成员。另外还有一些其他的个人情结，例如，有些国会成员是寄养父母，或者是收养父母，或者是因为特殊疾病失去了孩子，或者是因为暴力失去了家庭成员。他们可以作为真正的权威为寻求利益而发言。例如，在受虐待和受忽视的、享受寄养补助的和等待家庭领养的孩子方面所做的改善在近些年已经产生影响，至少产生了部分影响，这是因为国会议员专业的领导以及与那类儿童的个人情结。

两党对于鼓励就业的共同支持有助于将劳动所得税抵免制度实行（Earned Income Tax Credit）（美国法典 26，32 部分）的范围逐渐扩大到收入更低的工薪家庭从而使得这些福利不仅仅局限于低收入家庭。EITC 对于有子女家庭是重要的就业支持，因为当家庭收入太低而无法交纳收入所得税的时候这就会非常有用。另一方面 EITC 同时还能够减少儿童贫困。在 1999 年，联邦 EITC 让 260 万儿童脱离贫困，并且这一项目的影响作用比其他所有发放救济的项目的共同影响更大。160 万儿童生活在这样的家庭中——低于 17 岁的孩子里每 4 个就有 1 个这样的儿童。最近，两党共同努力想将这一抵税进一步扩大到那些有着 3 个或 3 个以上孩子的——相对更加贫穷的家庭。

1988 年儿童医疗保健改良法案大大扩大了对于低收入工薪家庭的儿童医疗保健的覆盖范围，这应归结为参议院两党议员 Christopher Dodd 和 Orrin Hatch 的领导。尽管这一改良受到了里根政府的反对，但它还是成功推动了儿童医疗保健法案的进步。这些支持有助于在国会和组织领域为儿童争取利益。

虽然在克林顿政府的国会里有不少议员为各州改善儿童健康而努力寻求新的途径，但是在促使 CHIP 法案于 1997 年最终被通过中起到关键作用的是参议院议员 Orrin Hatch 和 Edward Kennedy 以及众议院议员 Nancy Johnson 和 Robert Matsui 的不懈领导。这些来自两党的共同支持之后在一些州中也起到了作用，因为政策制定者必须确定如何将联邦法律付诸到州政府的工作中，并且确定谁将受到项目影响以及如何影响。

在更近的 2001 年一个例子中，国会里共和党议员的温和派领导迫使顽固的布什政府和保守派国会领导层接受这样的提案，就是在经济增长与税款减免协调法案中加入儿童税收抵免条款 (公共法 107–116)。

要认识到成果增加所带来的价值

正如先前所说，改革有时需要很长时间。因此，认识到不断的变化将在以后带来大范围的变革显得非常重要。例如，城市协会详情组织对公共政策里的儿童支持进行了分析，分析发现儿童利益维护者对改革进行了一系列的深化和扩展。这些深化和扩展在 1984 年和 1990 年间完成，并且重新确立了联邦医疗保障项目下包含的儿童卫生保健的范围 (Rosenbaun & Sonosky, 2001)。当广泛的卫生改革提案被否决以及联邦投资有限的时候，这些额外的途径就变得很有必要。他们铺平了道路，所以当 CHIP 法案在 1997 年通过的时候，加强的医疗保障计划被用来向其他适合医疗保健条件的儿童提供服务，这些儿童多年来处于医疗保障范围之外。

家庭和病假法案的支持者也使用了这种增益或是阶段性的方法，以便于进一步推进在有儿童养育责任的和经历着儿童出生和寄养家庭中的父母带薪休假政策。1993 年通过的家庭和病假法案 (公共法 103) 是一份主要的成果。并且建立在 10 年前通过的另外一项重要法案的基础之上的这项法案的主要目的实际上是阻止歧视或者解雇怀孕工人。家庭和病假法案要求那些为有超过 50 名雇员的雇主工作的工人每年有权享有 12 周的无薪假期以便在一些特殊情况下照顾孩子和他们自己 (www.nationalparynership.

org)。法案通过后，在争取法案通过中起到领导作用的美国父母及家庭合作组织又开始专注于将法案在各州实行，并且除了法案中提到的条款之外，这个组织还做州政府的工作以提高探亲假补贴。

由妇女儿童国际联盟在 1999 年 8 月为争取探亲假补贴而发起的运动为州和地方政策领导者形成了一系列关于探亲假的政策模型。大约 19 个州拥有至少在某种程度上比探亲假和病假法更优越的探亲假法律 (参见争取探亲假补贴运动部分 www. nationalpartnership. org)。法律强调考虑为休假的人至少提供部分工资。诸如这类的活动在以后有助于获得父母休假联邦基金方面的基层支持。国会的很多提案在福利方面已经超越了 1993 年的法案。在其他方面,他们将联邦法案应用到有 25 名或更多雇员的雇主，而不是像原来法案中写的那样只应用于有超过 50 名雇员的雇主。也有提议来考虑建立一些示范项目，这些项目可以向有新生儿的或是新近收养子女的父母提供带薪假期，以便让父母们可以花更多的时间与他们的新生儿或是新收养的孩子待在一起 (参见，例如，不让一个孩子落下法案，议题 Ⅱ)。

全部联合起来

那些努力改善儿童生活的儿童利益维护者所面临的最终挑战是在克服儿童利益维护过程中常常出现的障碍时，把之前提到的各种机会都利用起来。前面引用的很多例子都是来源于国会层面上的国家活动。其实还有很多，包括国家层面上的和个体层面上的。我们收集了许多实例并克服了大量重大挑战，为了能为孩子获得最后的胜利，我们转向地方层面。

在旧金山，支持儿童发展预算的顺利通过是儿童政治工作的完美实例，也是坚持不懈才能最终获得胜利的完美实例。儿童修正案在旧金山被投票通过(议题 J)以及 2000 年的再次通过抵御住了正在讨论的众多挑战并且创造了大量机会 (旧金山宪章，第十六条，其他条款，部分 16. 108)。议题 J 是由儿童和青年科尔曼倡议 (以及它那孜孜不倦的领袖，Margaret Brodkin) 发起并赞助的，这个组织从 1975 年就开始在旧金山为儿童利益工作。[①]

议题 J 是对将儿童作为长期重点关注对象的旧金山宪章的进一步修订。选民做出修订旧金山宪章的决定是旧金山连续 4 年儿童发展预算的高潮。随着整体儿童议程的发展，它由这个城市的 85 个儿童组织在 1987

---

① 想要对本章中所用的选举活动有更详细的了解，参见儿童和青年科尔曼倡仪(1994)。亦可参见儿童和青年科尔曼倡仪网址(www. colemanadvocates. org)以获得更多有关儿童的修正案的具体内容。

年启动了这一修订计划。尽管监事会和市长最终予以采纳，但是这个议程由于缺少相配套的资源而显得没有效力。因此，仍然有人继续拥护旧金山儿童预算。每年都会进行精细的分析，这些分析不仅关注儿童的需求，而且分析了当前的支出，制定具体的提议，以及计算那些投资花费的收益。分析还会向可能带来回报的方案提出具体建议。然而在第 3 年却没有为儿童增加新的预算的时候，有人明确指出从长远看必须为儿童获得更多的利益做更多的事情。儿童和青年的布罗德金和科尔曼（Brodkin & Coleman）倡议（1994）对儿童方面的花费进行 5 年多的分析后发现，关于儿童的预算比例确实有所下降。

我们从争取预算的那 4 年艰辛中吸取很多经验。准备工作起着非常重要的作用。我们收集了关于儿童的基本信息并且通过分析评估它们的作用。公众更加了解儿童的需求。我们还使用多样的策略以获得全面信息。议程具体并且与公众关注有关。我们对议程精心准备，以使它照顾到多方面的利益。然而仍有人指出，如果没有政治影响力，我们就无法带给儿童真正意义上的改善。

为了在选举中获得主动，城市里的儿童利益维护者做出了一项决定，即提供一个公共论坛以使旧金山的儿童得到长期关注。议题 J 修改了城市宪章以批准每年留出城市财产税的 2.5% 用于扩大儿童服务，因此也消除了每年的预算冲突。Brodkin 将它描述为"儿童权利的财政法案"。 源于大选日请愿署名活动的"儿童修正案运动"，像以往一样被当成攻击政治的工具，并强调儿童获得他们公平分享的需求。这一运动关注解决方法，鼓励儿童事业，并创造重要的政治契机。儿童代理机构是强大的支持力量，但是也有很多非常规的结盟——工会，宗教组织，城市工人以及与他们的事业有强烈的政治联系的群体。有大约 100 个儿童聚集在一起在一辆红马车上向市政厅请愿，并获得了对修正案的投票。市政厅大约有一半的政客对它赞同；市长决定不反对这一修正案。

儿童修正案运动包括直接邮寄、扩大影响、让青少年参与进来和吸引媒体关注——所有这些都是为了教育公众。我们关注积极方面，关注怎样对儿童投资，以及明确关注关于儿童支持的政治观点。这一运动也对建立基层水平上的支持给予了关注。结果还是给人希望的；每年大约 8 万儿童将会获得来自 180 个项目的服务。在 1991 年 11 月的投票中，议题 J 赢得了 54.5% 的选票。

我们有必要进行坚持不懈的努力。儿童行动网络是一个旨在监督议题 J，并在其他有关儿童问题方面有所作为的市民行动组织，同时也在持续向儿童基金提供支持方面起着核心作用。实施中的问题相当多。在城市，他们也不断关注扩大儿童的发言权，并且关注提高父母和年轻人的地位。城市中的青少年改造组织和青少年父母支持组织积极参与进来，从而进一步促进青少年发展和童年早期活动。儿童修正法案同意在 1999—2001 年的 9 年时间里将超过 1.4 亿美元的拨款用于向有关儿童和青少年的服务提供资助。

在 2000 年，儿童修正法案的 10 年框架计划结束，但是这一法案在 2000 年 11 月的投票中得到了 74% 洛杉矶选民的支持并让计划又获得了 15 年的使用期。这些儿童利益维护者再次在 Brodkin 和 Coleman 的领导下提出了令人信服的理由 "儿童基金会对于城市儿童的幸福非常重要（美国国家维护儿童权益协会，2001)"。选举者以不可抗拒之势连续 15 年支持向儿童基金会（这次是主题 D）拨款；另外他们促使对于边缘化儿童的拨款额度增加大约 20%（通过从财产税的 2.5% 增加到 3% 来完成这一增加），并且他们要求为改善旧金山儿童的未来做出更多努力。

在旧金山为儿童争取到的成果真实地描绘了儿童利益维护者为了促进显著和持续的改革应该怎样联合起来。儿童问题是一项政治问题。

结论

儿童利益维护者在政治领域中为儿童争取利益的时候面临许许多多挑战和阻碍，但是他们已经取得了稳定的成果。儿童利益维护者坚持不懈地寻找克服障碍的方法，以便更好地满足美国儿童的需要以及在机会出现时抓住机会。在政治领域中为了孩子利益继续努力，继续将夸夸其谈转变为有意义的行动，这才是当前最为关键的事情并且在将来还会继续。

第十四章 未成年人司法和积极青少年发展

Robert G. Schwartz

美国未成年人司法体系之所以能持续 100 多年，这是因为存在两个相对稳定的理念:(a)青少年不应当因他们的过失行为受到与成年人同样的惩罚,(b)青少年可塑性更强，并且需要获得成长的空间(Zimring, 1998)。

虽然这两个信念是未成年人司法体系的基石，但是它们在其中的应用却经历了周期性的变化 (Bernard，1992)。未成年人司法体系有时过于严格，有时又过于宽松。在 20 世纪，它常常受到当时的新观念或者渗透于整个文化的理论的影响，如修复学说、诉讼程序规则等，或者受到问责规则的影响(尤其是在最近一段时期)。积极青少年发展已经在青少年职业领域、以社区为基础的服务领域、青少年早期倡议领域找到了受众。在狭隘的未成年人司法世界，它的接受情况是怎样的呢？

看一下 Gabriel，在 Steve Lopez 的首本小说《Third and Indinan》中，一个与吸毒者为邻的 14 岁男孩。虚构的主人公 Gabriel 是一位过目不忘的辉煌艺术家，他的父亲抛弃了家庭。为了赚钱，Gabriel 开始为一个毒品交易团伙放哨。与学校不同，团伙认识到了 Gabriel 的优点:

> Gabriel 记忆力非常好，他从不会忘记任何一个面孔或车辆，因此是个非常好的望风者。如果便衣警察在下个路口跳下车，将一个贩毒分子朝墙扔去，Gabriel 就会在附近徘徊，以便足够近距离的研究警察的长相，有时他会将毒品监管员的面孔的草图画出来。他也会画出没有标志的汽车的草图，详细介绍每一个小凹痕和缺少的轮毂罩。这就是他得以提升的原因。在他们的贩毒团伙中，Gabriel 被看做是一名后起之秀。(Lopez, 1994)

像 Gabriel 这样的男孩对未成年人司法体系来说就是一个挑战。他完全代表着最新版本的未成年人司法旨在给予惩罚的意图：一个毒品交易团伙的成员，后来为了防卫而携带了枪支。在现今环境下，他将作为嫌疑人被移交到刑事法庭，将因为使用枪支而接受强制性判决。至少，他要离开母亲的家，被安置在居民区的治疗机构。是否有人赏识他的才能，这是运气，而不是既定的。

本章核心性的两个问题适用每一位与法律有关联的"Gabriel"。首先，在未成年司法中是否有积极青少年发展的位置？这一体系的存在旨在对消极行为作出反应，而无法同时做到善于发现才能。其次，如果是这样的话，是否存在任何机会以使积极青少年发展成为未成年人司法文化核心——这与随处可见的惩戒性项目的特征恰好相反——从而使得每一个 Gabriel 都能成为受益者？

由此我得出，与那些处于正规系统内的儿童相比，积极青少年发展的宗旨更适用于针对那些进入未成年人司法体系的危险儿童所开展的工作。比起正式的未成年人司法体系，针对所有儿童的那些导流项目似乎更有希望。前者秩序井然、人员精良、资金充裕、受到法律的规范，这一切在很大程度上都与积极青少年发展相背离。尽管如此，正式体系不是没有希望的。尽管这个体系看起来无懈可击，但也有瑕疵。正因为如此，积极青少年发展倡导采用一切办法来消除未成年人司法领域中存在的障碍。

本章开始讨论了积极青少年发展若要在正式的未成年人司法体系中获得成功所必须具备的几个假设。接着，在总览未成年司法体系的同时，针对将积极青少年发展的某些方面注入该体系的可能机会提出建议；并讨论了这一正式体系固有的限制；总结了积极青少年发展有可能扎根并发展所必需的变革建议。

假设

积极青少年发展（Positive youth development）指的是人们对青少年能做什么、青少年走向成年的过程中以及进入成年期时能够取得什么成就所持的态度，还包括人们对有利于青少年成功步入成年期的那些非正式和正式的体系所持的态度。它包括人们对处于青少年晚期的青少年成功的一般理解，即青少年形成了学业或者工作上的"能力、自我满足、人际交往技巧、社会参与及避开麻烦"（Furstenberg, 1999）。这一定义表明了正式的未成年人司法体系为何不能成为积极青少年发展的肥沃土壤的原因。尽管体系中某些方面能够提供积极青少年发展的机会，但是这些方面大多是围绕一级预防和二级预防进行。也就是说，它们将关注所有青少年或者是关注那些有可能进入犯罪司法体系的青少年。21世纪初，正式系统——旨在阻止青少年再次犯罪的系统——并没有发展性地对待儿童，也很少识别青少年的优势，更没有从根本上相信青少年有能力取得成功，它们只是为青少年零星地提供了成功所需要的支持。在未成年人司法中，阻碍要多于机会。

对积极青少年发展的讨论假定大多数父母参考此标准来评价自己的孩子。因此，积极青少年发展如果要在未成年人司法体系中得以良好运转，并且成为促进积极青少年发展的监管者，就需要有人能够代表儿童的利益，像做出奉献的普通父母一样对待孩子。依据 Fustenberg（1999）所说，这样的人有了解儿童需求和优势的才能，知道如何保护孩子免受伤害，克服儿童的缺点，并引导孩子顺利就业、如何与他人合作，以及如何做一个公民。尽管"做出奉献的普通父母"这一概念是在儿童福利（抚养）背景下提出来的（Goldstein, Freud, Solnit, & Goldstein, 1986），但是这一理念同样与未成年人司法有关，而且与将积极青少年发展融入司法文化所付出的努力有关联。

当未成年人司法体系坚持用**政府监护**（parens patriae）（即，国家是所有儿童的最终父母）来替代父母监护的时候，我们假定司法体系可以做得像做出奉献的普通父母一样。但是，实际上很难做到这一点。因此，在某种程度上，积极青少年发展是做出奉献的普通父母确保能为孩子做到的，而未成年人司法体系则无法实现这一目标。

尽管存在许多阻碍，但是未成年人司法体系仍可能为积极青少年发展的引入提供机会。正规的系统会满足青少年教育和医疗保健的需求。它们建立在青少年各种优势的基础上，尤其强调青少年应对世界时所需的各种技巧。当青少年离开机构时，最好的青少年缓刑部门会帮助青少年，并协助他们解决向成年期过渡时所遇到的困难。

未成年人司法体系

20世纪的大部分时间里，公众就如何对待未成年人犯罪不恰当地提出了种种截然相反的立场，对此，政策可以做出的选择是或者基于儿童或者基于成人，或者惩罚或者修复，或者自由裁量或者有严格的标准。[①]现

---

① 本章大多数资料来源于 Steinberg 和 Schwartz（2000）。

实往往令人更加困惑。尽管非常有必要将这一个世纪少年法庭的经历分成两个相反的阶段——这个世纪之初采取和蔼的家长式政策，最近数十年实行"强硬"政策，但是这些发展变化之间的界限并不是很清晰。

但是，我们从法院和矫正两个方面对未成年人司法体系进行区分，一个是站在审判的角度确定未成年人是否犯罪以及进行拘留和处置的顺序，而另一方面则是未成年人司法体系的一个部分，它包括对未成年人犯实施拘留，修复，处置，监督或惩罚。本章会对这两个方面进行阐述。

美国未成年人司法体系的起源

工业革命时期，19世纪初期的经济衰退和第一波爱尔兰移民潮造成了美国新兴工业体系中的儿童失业。对贫困流浪儿童的关注导致了儿童看护机构的产生。在纽约市，1824年预防未成年人贫困协会更改为少年罪犯改造协会，并于1825年开设了全国第一家庇护所。波士顿也在一年后建立了庇护所，费城则于1828年建立。建立这些庇护所的目的是为了维护阶级地位，防止动乱（Krisberg & Austin, 1993；Platt, 1977）。

在政府监护这一概念成为少年法庭的法律基础之前，政府监护早已成为了建立庇护所的法律基础。在克劳斯案（*Ex Parte Crouse*）中，宾夕法尼亚最高级法院于1838年支持州政府从Marry Ann Crouse母亲那里接管她，并将其安置在费城的庇护所中。在这段著名的裁决中，法院宣称：

慈善机构的目标就是改善，通过在工厂中对囚犯进行培训，对其心灵灌输道德和信仰准则，为其提供谋生的手段；总之，是通过不再让他们接受不恰当社会联系的腐蚀性影响来达到矫正目的。为了达到这一目的，当亲生父母无力承担教育子女的义务或不配这样做时，难道就不能被政府监护（parens patriae）或社区的普通监护人所代替吗？……这个未成年人在发展败坏的道路上被人解救了出来，不仅对她监禁是合法的，而且如果再把她释放也是非常残忍的行为。

15世纪面向孤儿提出的一个概念——政府监护，首次应用于父母还健在的贫困儿童。直到19世纪90年代，几乎每个州都拥有了不同类型的少年犯管教所。

1899年，在芝加哥Jane Addams与赫尔之家中的同事建立了被人们认可的国内第一个未成年人法庭。20世纪初期，少年法庭的法官有权对有犯罪倾向和犯罪的儿童的个性和社会背景展开调查。他们审查个人动机以及犯罪意图，以便对问题孩子的道德水准进行鉴定（Platt, 1977, p. 141; Tanenhaus, 2001）。

法官 Julian Mack，芝加哥第二少年法庭的法官，以如下方式描述理想化的少年法庭：

法官判定的问题不是这个男孩或女孩具体犯了什么错误，而是判定他是怎样的人，他是如何成为现在这个样子的，以及从他的利益和国家利益出发，为了将其从职业生涯的低谷中挽救出来最好做些什么事情。显然，一旦如此，一般法律程序中的法律证据就不会出现在上述这样的法律程序中（Mack, 1909）。

Gault 决议的影响

最理想化的情况是，20世纪上半叶的少年法庭曾尝试性地扮演成代表孩子利益的做出奉献的普通父母。由于该系统运转不理想，1967年未成年人司法"矫正"观点发生了彻底改变。就在那时，美国最高法院将法定诉讼程序引入了未成年人司法体系(In re Gault)。

Gault 案件涉及一个15岁的男孩，该男孩因给他的邻居拨打电话被逮捕，最高法院这样描述该案"寻求刺激的犯罪，青少年，性犯罪"。Gerald Gault 被带到少年法庭的法官面前，但他却并没有收到邻居对他的指控，也没有律师陪同。他的邻居也没有出现在法庭上，但是证词来自逮捕他的警官，该警官描述了 Gerald Gault 的邻居所述的全部内容。

对于一个成年人而言，因这种犯罪行为而受到的惩罚至多不过是50美元的罚款，或是不到两个月的监禁。但是未成年人法庭判处 Gault 在亚利桑那州教养所接受长达6年的监禁。在何种意义上，Gault 能够得到矫正呢？事实上，教养所看起来非常像早期的费城监狱，该监狱试图通过厚墙壁的牢房、隔绝以及圣经来改造罪犯 (Meranze, 1996)。

Gault 对判决表示不服，美国最高法院坚持认为第十四修正案的正当程序条款适用于儿童。法院裁定，在对未成年人犯进行判决时，这些儿童属于第十四修正案的范围，而且不经法定诉讼程序，没有任何州可以剥夺儿童的自由。这就意味着，在审讯中未成年人有接受指控、律师陪同、直面指证及驳斥指证的权利。

Gault 决议结束了人们对未成年人法庭视若无睹的状态，开启了一个崭新阶段，日益认为应当给予未成年人与成年人相似的宪法保护。① 19世纪90年代中期，受到其他思潮的共同推动，一种不同形式的"成人化"运动开始了，此运动具有讽刺意味地导致未成年人法庭放弃修复模型，而转向与成年人的刑法理念相一致的惩罚模型。19世纪80年代中期到1993年之间未成年人暴力犯罪事件增多，导致几乎所有州都开始对未成年人法律进行改革。各州制定了多种方法使得：（a）更多的未成年人从未成年人法庭管辖转交到刑事法庭；（b）提高未成年人法庭判决的严重程度；（c）降低未成年人诉讼和记录的保密性（Torbet et al., 1996）。

20世纪，未成年人司法体系力图拯救儿童，对其培养、改造、治愈、隔离并且给予惩罚。最近，新的法律政策使得一些学者努力地在未成年人法庭"旧的"理想化的修复模型与"新的"惩罚模型之间找到一个折中点。19世纪80年代后期出现了一种最新的综合观点，这种观点包含了不同的哲学理念，包括向未成年人传授各种能力。此时 Dennis Maloney 提出了未成年人缓刑的"折中方法"。此方法强调公共安全、责任和青少年的能力发展（Maloney, Romig, & Armstrong, 1988）。

Maloney 所做的工作成为了19世纪90年代"修复性司法"运动的一部分，在这一运动中，犯罪学家 Gordon Bazemore、Mark Umebreit 及其他人提倡的未成年人司法体系是让受害者成为一个整体，包括让受害者生活在有先进设施的社区中，并且向未成年人传授必需的技能，使其发展成为有责任心的成年人（即，能力发展）（Bazemore & Umbreit, 1994）。（折中的方法在随后的章节中会详细介绍）

在当前的未成年人司法"体系"中前进

我们可以将未成年人司法体系想象成一条流水的管道。管道中有很多分支通道，意味着有关儿童的决议可能会从分支管道中分流出去，也有可

---

① 在未成年人保护和权利法律（Gault）之后的几年间，最高法院修正了未成年人权益与成年人权益一致这一缺点。虽然未成年人能够避免"一罪两罚"（Breed v. Jones）并且不能仅靠怀疑而必须有证据才能判定为行为不良（In re Winship），但法院认为他们没有资格享有陪审团（McKeiver v. Pennsylvania）或根据第四修正案的严格程序申请学校（T. L. O. v. New Jersey）。除此之外，由于儿童总是处在某种形式的监护中，最高法院为了儿童的自身好处而批准了审前预防性的拘留（Schall v. Martin）。未成年人也没有保释或快速审判的宪法权利。

能沿管道继续向前流淌，穿过各种各样的大门，或者被闸门阻断。这些决议涉及逮捕、拘留、判决、处置及处置复审等。未成年人司法体系的一个标志性特征是沿"管道"向前延伸的过程中会有多种选择，每一点上都有可能将孩子送回家庭、或者转交至其他体系、或者交付给非机构的看护中心。另外一个能将未成年人与成人司法体系区分开来的特征是未成年人司法体系在发展的过程中更加强调理论的重要性。尽管未成年人法庭比刑事法庭处理案件的速度更快，但是我们要从未成年犯的立场来评价未成年人司法体系的滞后。官方的标准认为即使是最长的案例也要在90天之内进行处理。然而，90天的处理意味着一个14岁的少年犯要等待差不多一个暑假的时间才能接受服役或者惩罚。在很多国家的未成年人法律中，少年犯通常要等待更长的时间。

各州的未成年人司法体系结构有很大不同。他们自主设置允许进入未成年人司法体系（小到7岁或者大到10岁）的或排除在体系之外（小到16岁或者大到25岁）的不同年龄界限。各州有着不同的制定决策者，并且在不同阶段会提供不同的服务；每个阶段都以不同的方式对未成年人施加影响。很少有一种综合的理念来管理这些组成部分（Ayers，1997；Guarino-Ghezzi & Loughran，1997）。

未成年人司法体系中的关键要点

尽管在政策和做法上有司法差异，但是关键要点在本质上是相似的——无罪释放、请求、接纳、拘留、判决、转交、处置和释放。在每一阶段都有很多机会重新设计公共服务机构的做法，以便反映积极青少年发展的原则。

无罪释放

就像街头篮球一样，并不是每一次接触都会犯规，并不是每一种引发警报的行为都是犯罪。事实上，特别是对于男孩来说，青少年时期是不断进行尝试的时期，是勇于冒险并且相对莽撞的时期，如果严格套用法律，就可能导致他们中很多会被拘捕。有史以来，不用通过法律，父母、教师和社区都会对青少年如何做人做事进行教育。所以，简单地拒绝将青少年纳入未成年人司法体系就是无罪释放的一种形式。事实上，对于很多青少年来说，无罪释放是一种风险较低的做法。Marvin Wolfgang在费城进行一次有代表性的纵向研究，结果表明那些有过犯罪行为的儿童中有一半不会再次从事违法行为（Wolfgang, Figlio, & Sellin, 1972）。

当前，无罪释放不再像过去那样常见，因为父母和学校对于别人家孩子的犯罪行为通常采取"零容忍"政策。例如，那些在几年前将进行内部处理的儿童，现在的学校都会按惯例开除他们，并将其移交给未成年人司法体系。这种开除的做法违背了积极青少年发展的理念。

如果父母拥有足够的资源、知识和社会关系，他们就有机会阻止孩子被学校开除或者被列为"未成年犯"。很多年前，一对中产阶级白人夫妇给我打电话，他们有一个16岁的儿子，且有严重的情绪问题。他与同伴打架、吸食大麻，并且从年幼的孩子那里敲诈了大量的钱。然而，父母对他却是积极地关心。因此，尽管这个男孩高中阶段问题不断，但是学区还是允许他在学校里学习，并且为其提供特殊的教育评估和服务。当这个男孩的行为变得无法控制的时候，父母为其安排了私人的精神治疗。他的行为显然违背了刑法规则，并且很多儿童——尤其是现在——如果有像他这样的行为，最终会进入未成年人司法体系中。但是在做出奉献的普通父母的帮助下，这个男孩并没有进入未成年人司法体系。

请求

在未成年人正式进入司法体系时，应当首先向未成年人司法体系或者警方提出请求。然而，儿童是否因年龄太小或者太大被接收，这取决于各州。如果儿童的年龄太小通常会被无罪释放，或者被转交至未成年人法庭的分支法院，分支法院对被忽略的或者被虐待的儿童拥有判决权。年龄太大的儿童就会被当作成年人进行审判。

接纳

如果儿童因为被拘捕或者卷入到私人的诉讼（如，学校、邻居）中而进入了未成年人司法体系，那么法庭就会予以接纳。此类案例会继续进行还是会无罪释放呢？如果是后者，那么未成年人法庭将不会进行深入的参与，它应该是一种非正式的无罪释放吗？或者这个儿童是否应该被送往社区委员会或少年法庭等正式的司法程序呢？有的案例被转移到了其他体系，如精神健康体系。有的案例就完全终止了，因为警官认为未成年人和犯罪这个特定的结合并非一定涉及未成年人司法体系。

拘留

如果警官（通常是一位未成年人缓刑监督官）认为此案件应当进行听讯，这位警官就需要做出一系列的决定——这个儿童是否应当送回家（有没有监管）或者是否应当拘留，并且如果拘留，是否应当将其送至一个最安全的拘留所或者是其他地方。审判前的拘留有两个有效的目的：降低逃跑的危险和降低审判前再次犯罪的危险（美国律师协会司法行政学院，1996）。

安全的拘留应当是最后的手段（美国律师协会司法行政学院，1996）。并且，因为拘留通常发生在审判之前，所以拘留中的青少年不会被强迫地接受处置，也就是在审判之前对其强加某种判决。然而，青少年能够自愿地（voluntarily）接受服役，且最好的拘留所为其提供了一系列服役项目。然而，Lubow（1997）告诫我们，创建一个良好的拘留体系会增加未成年人缓刑监督官和法官对拘留使用的次数。在拘留所里，服役的任何改进都必须与筛选过程和危险评估工具联系在一起，确保只有那些具有高危险性的青少年才可以进入这种最安全的拘留所。

转交

州立的法律可能会因为年龄将一些未成年人排除在未成年人司法体系之外；例如，在纽约任何犯罪类型中，16 岁都将当做成人来进行审判。某一特定年龄下，各州也可划定特定类型的犯罪行为不属于未成年人法庭审判的范围（如，各州可以决定一个持械抢劫的 15 岁未成年人是否应在成年刑事法庭进行案件审理）。2001 年的春天，佛罗里达州对两个 12 岁、13 岁未成年人的犯罪判决中，将他们当做成人来审判。Linoel Tate，12 岁，因打斗杀害了一个 6 岁女孩而被判终身监禁并且无法获得假释，Nathaniel Brazill，13 岁，因杀害了他的 8 年级老师而获得了 28 年刑期。1999 年在宾夕法尼亚州，11 岁的 Miriam White 在刺伤邻居后，被当做成人以杀人罪来审理。

最近，为了使成人司法体系发展的更适用于未成年人，人们提出了很多倡议（American Bar Association，2001）。[①]然而很少有法院能够实现这些倡议。那些被送至成人刑事法庭的儿童通常会丧失投票的权力。他们在被监禁后，通常无法接受教育，而且被释放后也无法再回到学校，最终无法获得充分的物质及行为方面的健康保护。简言之，他们在成人司法体系中很少能够获得支持他们继续成长和发展的营养（Sereny，1999）。

---

① 根据美国律师联盟的报告，在 2001 年，参议员 Leahy，Hatch 和 Kennedy 联合倡议了 S1174，即 2001 年儿童监禁条件改善法案，并第一次公布了国会调查发现的事实"最近的研究发现了青少年与成人发展的差异，在成人犯罪司法制度的各个阶段和所有方面中都应考虑到这些发展的差异"。

判决

如果儿童继续被拘留，判决听证（如同刑事法庭中的审讯）通常要在 10~30 天内进行。尽管这是一般规则，但是在有些州，那些有重大罪行的未成年人，如杀人罪，在判决前通常要等待更长的时间。如果判决前对未成年人无罪释放，大部分州并没有迅速提出司法听证的请求（Butts, 1997）。

处置

如果未成年人承认了自己的罪行，或者少年法庭找到了儿童从事的某种犯罪活动的相关证据，这些证据能够排除之前合理的质疑，那么法庭就会对其继续进行处置（如同成人法庭中的判决）。

过去的处置目标是采用能够满足未成年人需求的最佳方式对未成年人进行"处理、改良或者监管"。我们认为干预措施应该为公共保护提供最佳机会。最近，立法者已经将剥夺公共安全的资格作为合理的处置方式之一。其他立法者已经向未成年人法庭提出要求，要求未成年人法庭平衡公共安全、责任及处置方式之间的关系（有的称之为能力发展）。以往所有模式中，未成年人法庭拥有广泛的自由裁定权。在有的州，如威斯康星州和宾夕法尼亚州，未成年人法庭仍然有对儿童施加影响的权力，且权力范围很广，从决定让未成年人回家接受监管、缓刑，到将未成年人安置在最安全的机构中，如少年犯教养所、改造学校或者未成年人发展中心。其他州，如加利福尼亚州和马萨诸塞州，会使用"少年犯管理机构"模型，未成年人法庭既不能决定是否能将未成年人释放，并且即使安置得到批准，也无权将其转移至少年犯管理机构，因为这决定着以后的看管水平。

释放

未成年人法庭的大多数处置都是在不确定阶段做出的。有的州，未成年人法庭能够监管未成年人处理的所有方面，通常每 6～9 个月就会对未成年人的案件进行一次"复审"。设有未成年人犯管理机构的州都会遵循管理程序，对是否有必要继续监禁未成年人进行核查。几乎所有地区，处置的复审都会关注儿童的行为或表现是否有所好转。复审机构很少把儿童的进步与每一种处理方案进行比较。

很多正在接受处置的未成年人，特别是那些有心理健康需求及被不恰当处理的未成年人，最终会回到未成年人法庭重新接受判决，原因是他们并不适合于先前的处理方式。大多数情况下，他们会被继续拘留，等待新的处置方案。未成年人从管理机构释放以后，他们获得了"保释"权利，这类似于假释出狱。如果未成年犯违反了缓刑规定，或者有新的违法行为，如联系团伙的其他成员、逃学、无视宵禁令等，就要对这些缓刑或者保释的未成年人撤销缓刑。

完善法律体系存在的障碍和风险

通过完善未成年人法律体系来促进积极青少年发展的过程中存在很多障碍。尽管已经拥有良好的项目和有眼光的领导者，但是这还不是标准的体系，因为体系的制定者和领导者都是政府部门的工作人员，这就导致他们制定的法律体系很难在实践中获得成功或者重复实施（Schorr，1997）。一些令人烦恼的阶级差别问题使积极青少年发展受到的限制更为严重。20世纪90年代早期，《未成年人司法和预防犯罪法》(42《美国法典》，5633部分）要求各州评估未成年人司法体系是否对少数民族群体的成员有不恰当的监禁。只有佛蒙特州不存在任何问题。其他州中，未成年人司法体系很少对少数民族未成年人进行区分，且与白种未成年人相比，他们更有可能被拘留或者被安置在少年犯教养所中。公众和未成年人司法决策者倾向于赋予少数民族未成年人更多的消极特征，特别是那些行为不良的少数民族未成年人。因此，对于有色人种儿童来说，未来将要面对的障碍似乎更多一些。①

一项复杂的使命

正式的未成年人司法体系中，目标和操作成分通常是不匹配的。例如，司法体系意在对委托看管的未成年人进行控制、惩罚、处理、监管、剥夺资格或培训等。这些法定的操作依据不匹配的目标发挥作用，因此通常无法促进未成年人的健康发展。

尽管很多做出奉献的普通父母对孩子的发展承担很大一部分责任，但是建立有关上述工作任务的体系存在着更大的困难。Feld（1993）对这些彼此矛盾的目的进行了非常准确的描述———一方面是社会控制；另一方面

---

① 在20世纪90年代晚期，青少年法律中心集合了一个联合组织，青少年中心(Building Blocks for Youth)，来抨击不合格的未成年人代表。这个联合组织的很多报告证明了问题的普遍性(www. buildingblocksforyouth. org)。

是社会福利。他这样写道：

> 未成年人法庭中，个人利益服从于监管和控制，这起源于最基本的刑法。有关青少年犯的法律并不是基于儿童的特征，因为儿童是不承担任何责任的，对儿童来说，干预能够提高他们的生活质量——他们无法获得适合的教育，没有足够的住房条件，医疗需要不能得到满足，或者家庭、社会环境不良……然而对不良未成年人审判的依据却违反了刑法法律……尽管未成年人法庭强调儿童的犯罪特征，极少考虑同情或忽略社会条件，抱着最大程度培养和帮助儿童的愿望，但他们更强调的是惩罚儿童而不是促进未成年人的改良。未成年人法庭具有为儿童提供社会福利的能力，但是如果在无法为儿童提供充足资源的社会环境中实施干预，那么对犯罪儿童的生活所实施的干预就不可避免地会以刑法上的社会控制为目的。

倦怠的员工

许多未成年人司法部门的工作人员，尤其是那些在公共系统工作的很清闲的员工，他们对工作和监管儿童已经丧失了热情。这些未成年人司法部门的工作人员在很多方面类似于教师，有的仍然具有激情和才智，有的却一直不合格，有些工作人员曾经工作质量很高、有热情，但是热情却随时间逐渐消失了。像教师一样，如果想成功，就必须相信孩子有能力学到知识，未成年人司法部门的专业人员则必须相信，每个未成年人都能够成为有用之才。

对成功进行不恰当的测量

尽管与干预的目标彼此矛盾，但是未成年人司法体系仍倾向于对成功进行消极测量，即对"再犯或累犯"情况进行测量。另外，不同司法管辖区使用此类测量的方式甚至是不同的。有的地方测量某一特定时间范围内未成年人再次犯罪被捕的情况。其他的地方则测量新的犯罪行为发生的频率或者危险性。这种消极衡量标准中所测量的究竟是什么，对此没有一致的看法。

政府建立的未成年人司法项目，如少年犯教养所、拘留中心、青少年犯管理机构项目，这些项目都没有对积极结果进行测量。同样，与公立代理机构合作的私人代理机构（非营利性的）似乎也不会花钱进行相关的绩效测量（除非是消极的测量，如将逃跑的数量控制在特定的百分比以下）。

但是也存在例外情况。20世纪90年代初期，费城代理理事 Jesse E. Williams, Jr.，在接管公共事业部的未成年人司法服务部门之后，他想了解是否能够从与城市合作的48个私人代理机构那里获益。Williams 安排位于天普大学的犯罪和司法研究所（CJRI）设计出一种方法，以便测量儿童离开项目时是否比参与项目时状况更好。犯罪和司法研究所建立了数据库和评估系统，将其称之为项目的发展和评估系统（ProDES），并于1994年开始收集数据。项目的发展和评估系统通过观察未成年人在生活技能、自尊、行为及其他公共事业部感兴趣的方面所发生的变化，以此来测量目标人群和项目的发展趋势。项目的发展和评估系统使用的方法，一种是接受项目前的评估和接受项目后的评估，一种是追踪评估，并且对官方记录进行回顾以了解这些项目到底正在做些什么。此评估系统是非常罕见的一个测量积极结果的例子。项目的发展和评估系统定期向费城系统提供关于项目发展趋势的报告，它也会向私人项目、公共事业部报告这些项目的进展情况。[①]

过度信赖医疗模型

未成年人司法体系的运作基于疾病或者缺陷导向的模型，这与基于长处、优势和健康的体系是相反的。此体系致力于医治和挽救儿童（Platt，1997）。一旦未成年人的"错误"被纠正了，他们就可以重新回归到社会主流中。

比如，有人这样理解体系中医疗定向的评估危险的方法。使用能够识别具体问题并能对问题贴上描述性标签的评估方法比使用描述儿童健康的方法更加容易。[①]危险评估通常简化为消极标签。消极标签遍布在许多儿童服务领域，但是在未成年人司法中——此体系仅在儿童被监禁的时候才会起作用——它实质上是一种通用的语言。目前，危险评估工具最多能够将很少一部分儿童送入相应种类的项目中，这些项目断言能够解决已经诊断出的问题。但是许多未成年人司法体系并没有很好的使用这些评估工具。在很多体系中，"空床"依旧是使用频率最高的诊断指标。（在2001年，青少年发展和未成年人司法的麦克阿瑟基金研究网络进行的"中止犯罪的途径"纵向研究开始收集数据，这有利于司法管辖区更好地将犯罪者与项目进行匹配。）

惩罚，赔偿，剥夺资格

立法者越来越多地将成人体系的语言纳入未成年人司法规则中。未成年人司

---

① ProDES 报告见 wwwprodespromiscjricom。
② 例如，研究所的资产清单通常不会用于未成年人司法制度（www.search-institute.org）。

法体系有史以来都以"改良"作为目标，与之相对，成人犯罪司法体系则更加关注制止（一般是个人的和社会的）、惩罚和剥夺资格（Packer, 1968）。

有改革者建议惩罚模型应该取代传统的修复模型，他们认为儿童与成人没有任何区别（Treanor & Volenik, 1987）。其他人则认为应将惩罚添加到现存的未成年人司法框架中。他们认为未成年人司法体系是替代性的父母，父母是因为爱才惩罚孩子，所以最终惩罚和修复趋于相同。这样的解释仅仅是一种表面形式，因为做出惩罚的前提条件才是最真实的；当父母惩罚他们的孩子时，爱的确是一个激励因素。父母的处罚很迅速，处罚直接与犯错的时间和程度相关联，并且处罚是在儿童的预料之中的，且惩罚的部分前提是爱和教育。在这种情形中，惩罚实际上是养育孩子过程中很重要的一部分。不幸的是，未成年人司法体系使用惩罚的方式并非如此。

为了达到惩罚的目标，保守主义者和自由主义者均建议未成年人司法体系应该使用"分等级的惩罚。"，这是由众议院议员 Bill McCollum 提议的，第 105 次国会 H. R. 3 的作者（1997 年由众议院通过，但是被参议院驳回），他认为每一种犯罪行为都应该有与之相对应的司法体系，并且犯罪行为的后果应当是一种处罚，这种处罚会随着日后犯罪行为危险性的增加而增加。H. R. 3 中前言部分写道，1997 年底国会对未成年人问责激励整体基金（JAIBG）拨款 2.5 亿美元（《公法》105–119）。

未成年人问责激励整体基金的法定开支去向也反映了这一形势。为了确保未成年人问责激励整体基金中资金使用的质量，各州必须保证他们已经采取或者正在考虑以下几个方面的措施：（a）增加将行为不良未成年人转交给刑事法庭的数量，（b）建立分等级的惩罚系统，（c）对具有严重过失的未成年人不良行为建立记录系统，这一系统用与成人相似的方式处理未成年人的不良行为，（d）在法律层面上要求父母的参与，并对疏于监管的父母进行处罚。未成年人问责激励整体基金只能用于以下目的：

- 构建未成年人拘留或矫正的设施，包括对全体工作人员的培训
- 基于问责的处罚项目
- 雇用法官，缓刑监督官和辩护人以及审判前的服务花费
- 雇用检察官
- 检察官领导的毒品、团伙和暴力项目的资金
- 检察官的技术、设备及培训项目的拨款
- 缓刑项目
- 枪支法庭
- 毒品法庭

• 信息共享系统

• 有关执法介绍或者为保护学生和学校人员避免接近毒品、卷入团伙和未成年人暴力而设计的基于问责的项目

• 在未成年人司法体系对受法律控制的物品进行测验(包括干预)。（Albert，1998）

• 未成年人问责激励整体基金的拨款数额远远超出了国会曾经为未成年人司法预防项目所拨的数额。

语言

惩罚和分等级处罚能够扎根于未成年人司法体系的一个原因就是司法体系的语言已经开始转变，开始体现公众对待儿童的态度。直到最近几年，大部分州的未成年人法律才开始涉及一系列有关儿童的问题，包括儿童虐待、忽视、身份犯罪以及未成年人犯罪等。我们将那些法律中的主体描述为"儿童"。在 20 世纪，就如维吉尼亚州的立法机构一样，许多州都改变了他们的术语，将儿童称为"未成年人"。"未成年人"是一个不太有利的用语，因为这更容易导致未成年人受到惩罚或者是将其转移到成人系统。

Bennett、DiIulio 和 Walters（1996）介绍了"暴力犯罪者"这一术语，在当时具有深远的影响。实际上，20 世纪 90 年代中期，有关暴力犯罪者的观点促使国家法律发生了许多变化；当 McCollum 首次介绍、引入此法案并最终成为 H．R．3 法案时，它被称作"1996 年暴力青年犯罪法案"。

依赖隔离

未成年人司法体系经常通过隔离未成年人的做法来遵循医疗模型——隔离既支持治疗又可以预防疾病的蔓延。Altschuler(1984) 提出了另外一种释放后安置的途径，描述了依赖隔离如何导致新方法的实施变得困难：

重新融入社区过程（我所建议的）是基于一系列假设提出的，这些假设与几十年的实践相违背，在过去几十年的实践中，各种儿童看护机构与主流社会化的影响和当地社区之间相互隔离。儿童看护机构的目的首先是将儿童与这些影响隔离，然后对其加强或者反复灌输一些价值观念，以助于儿童遵守法律及其他合法的角色。这些假设是：（1）在离开项目时，未成年人应该具有一定的免疫力从而能够在外部世界很好地生存，（2）项目内的调整和改进，为接下来成功地考虑重新融入社区的考虑提供了非常合理的基础。

较差的机构条件

尽管对行为不良未成年人进行管理有很多可以效仿的设施，但是那些项目不能占主导地位。每天，有几万美国未成年人关押在州立少年犯教养所和拘留中心——这些机构具有很差的条件。比如，想一下美国路易斯安那州设施的描述：

未成年人监狱坐落在贫穷的密西西比三角洲中部，监狱里实施暴行、袒护亲友、忽视等现象非常普遍，许多法律专家称它是这个国家最差的一个监狱。四年前刚刚建成的塔卢拉青少年矫正中心，那里曾经是锯木厂和棉花地。在一排排铁丝网后面，居住着年龄在 11 ～ 20 岁的 620 名男孩子和年轻男人，沉闷的波纹铁皮板营房中挤满了床位。

沿着路边倒塌的房子和路障一直走，一般就会发现塔卢拉，这是在近十年里新建的一所同样模式的监狱。但是在监狱里，私营监狱的犯人会经常出现在医院里，他们通常是眼圈被打得发青、鼻子或下巴受伤，或者是耳膜穿孔，这些都是被没有经过严格训练的低收入的监管人员打伤的，或者是与其他的男孩子打架造成的。食物很贫乏以至于很多男孩因此体重骤减。衣服也很缺少以至于男孩子为争上衣和鞋子而打架。几乎所有的老师都是没有经过认定的，每天的指导合计起来也就是一小时，至今都没有书。高达四分之一的囚犯有心理疾病或者智力迟钝，但是精神病医生每周只有一天来访，没有进行任何治疗。情绪混乱的男孩如果不听从看守者的命令，每次都会被关在隔离室里长达数周，或者任意地延长其刑期（Butterfield, 1998）。

30 年前，Jerry Miller 在 20 世纪 70 年代早期关闭了马萨诸塞州很多行为不良未成年人教养所，因此获得了很高的声望，他指出了未成年人司法机构的危险性（Miller, 1991）。与做出奉献的普通父母相比，做一个看守者要相对容易得多。大部分机构的职员相信，如果相安无事地度过一天，那么他们就成功了。

整个国家中普通公共机构所做的通常是不充分的或者是勉强充分的。尽管以上描述的塔卢拉的设施仅仅是一个极端的例子，但是相对较差的境况已经是司空见惯。20 世纪 90 年代早期，未成年人司法和预防犯罪办公室（OJJDP）委托 Abt 联合公司进行研究，发现超过一半的青少年教养所和拘留中心的条件处于国家可以接受的标准之下（Parent et al., 1994）。

1996 年，国会通过了囚犯诉讼改革法案（PLRA；42《美国法典》，1997e 部分），使得本来就很糟糕的形势变得更加糟糕。新制定的法案从表面上看是想通过监狱律师来减少无关紧要的诉讼，但它所作的远远超过了这些。囚犯诉讼改革法案使得成人和未成年人很难因监禁条件太差而提出上诉。此时越来越多的儿童生活在拥挤设施中的时间更长，这些未成年人几乎不可能获得帮助，因为因犯诉讼改革法案阻止了未成年人向联邦法院抱怨机构的条件。

复杂的专业任务

从某种程度上看，在未成年人司法体系中，由未成年人的监护人和提供服务者所组成的金字塔顶端仅仅有一位专业人员，这就是青少年缓刑监督官。从理论上讲，缓刑监督官既是监控者又是帮助者，二者对促进未成年人的积极发展很有必要。作为监控者，他们需要记录违反规则的行为，有权利因这些违反规则的行为将未成年人送至拘留所，向未成年人法庭报告未成年人的进步及未成年人缺乏的东西，推荐应给予未成年人的处罚。作为帮助者，未成年人缓刑监督官应该对其提出建议，并将其与适当的社会和教育服务以及就业机会联系起来。尽管这些角色在实践中通常会互相矛盾，但是最优秀的青少年缓刑监督官的确应该一方面作为案例管理人员，又以另一种方式成为一名帮助者，但同时还要保持自己的监控权力。问题是很难设计出基于积极青少年发展的最高水平的干预措施，因为这取决于最优秀的（best）青少年缓刑监督官所具备的技能。为了能够成功设计出最高水平的干预措施，普通的（average）缓刑监督官应当接受并且尽最大可能的去执行这些改革。

这里存在几个非常明显的阻碍。第一，对缓刑监督官来说，做监控者比指导者更为容易一些。这种说法是正确的，因为不管是历史的原因（监控者是传统的角色），还是因为缓刑监督官处理的案例大都不是"一般"困难的。第二，缓刑监督官们通常将青少年（也可能是未成年人法庭本身）当做服务的对象，很少将家庭作为服务对象。通常情况下，他们想当然地认为父母是青少年问题的一部分。但是他们不知道该如何获得父母对孩子的了解信息——即与父母成为合作伙伴。实际上，因为缓刑监督官的监控作用在先，所以许多父母不愿意将缓刑监督官看做是知己或者密友，并且不相信他们能够帮助其孩子成长为一名有能力的、完美的成年人。

第三个有关的阻碍是许多缓刑监督官在与强大的社区组织一起工作时会感到不自在。缓刑监督系统基本上不鼓励缓刑监督官去了解、走访、观察社区代理机构或与社区代理机构建立联系。同时缓刑监督官有较大数量的待办案例也阻碍了这些活动的进行。缓刑监督官希望一线工作者在青少年个体中开展工作，而不是在社区中工作。

最后，目前出现了对缓刑监督官进行武装的发展趋势。例如，宾夕法尼亚州有超过 12 个镇允许缓刑监督官带枪；有几个镇允许他们武装自己。

残障青少年的相关结论

近期的研究表明有相当比例的行为不良青年存在心理健康问题（Grisso & Barnum, 1998; Teplin, Abram, & McClelland, 1998），但与这一问题有关的综合服务却较少。针对残障青少年的项目中有很多成功的案例；我们能想到的就是南加利福尼亚州多系统治疗计划、北加利福尼亚州 Willie M. 项目和宾夕法尼亚州的替代性社区康复项目。然而直到最近，还没有一个州的司法系统对有心理健康问题的孩子进行例行筛选和诊断，或者只是吹嘘要训练工作人员来解决障碍儿童的问题。[①]

行为不良青少年的父母并不期望自己做得能像做出奉献的普通父母那样。如果在某种程度上国家已经将注意力转移到父母所发挥的作用上，那么父母就要承担起责任。一些州已经赋予了未成年人法庭一定的权利，并且越来越多的未成年人法庭已经有权让父母为其孩子的犯罪行为承担责任。这常常会对这些孩子的父母造成打击，且通常不能达到预期的结果。

几年前，我出席了一个针对有心理健康问题孩子的父母举行的会议。一位愤怒的家长站起来说道：

我的儿子被捕之前，我是他生命中的"最大股东"。我拥有51%的股份，这就意味着不管是与学校官员一起筹备学校的个性化教育项目，还是与心理健康工作者一起来形成个性化的治疗计划，我都有最终决定权。然后，当我的孩子被拘留的时候，我不光变成了最小的股份持有者，而且还被看作是问题的一部分。青少年缓刑监督官似乎认为我一点也不了解我的儿子，他们认为我没有解决的办法，并且认为如果没有我的话，我儿子将会更好一些。另外最严重的是——他们并没有真正认清孩子的问题，也没有尽全力帮助父母来解决这些问题。

影响体制改革的机会

建立青少年司法体系的目的是为了保护公众。因此，让一些儿童离开社区、并将其移交至成人犯罪司法体系，或者对青少年的行为进行控制和

---

① 自从 2000 年早期，因为麦克阿瑟基金的支持，Thomas Grisso 向许多州介绍了马萨诸塞州青少年筛选问卷（MAYSI），一个自我报告调查问卷，用来识别处于司法制度入口或过渡点的青少年所存在的潜在心理健康需求。MAYSI-2 的手册和资料可以从马萨诸塞大学医学院的 Grisso 那里获得（thomas. grisso@umassmed. edu）。

监督，这些行为总是会面临各方的压力，那么到底有哪些机会可以促进青少年司法体系中积极的青少年发展倾向呢？首先，当前的实践应得到完善，而不是被取代。这一系统不肯在控制目标和消极标签上做出让步。然而由于积极青少年发展（PYD）的巩固和持续发展，这必将成为全面的体制改革的一部分。体制改革被看成是一项需要多年努力的活动，需要在提供服务和制定政策等所有层面上的价值观发生变化。这就需要重新培训并增加新的技术人员，甚至需要逐步淘汰那些过时的商业运行模式。

　　这里有一些关于体制改革的案例——这些例子均基于新的价值观。心理健康和智力迟滞系统基于一定制度建立，产生了心理疾病和智力落后这样的消极刻板印象，与今天的青少年司法体系非常相似，这一系统的改革是很清晰的（Rothman & Rothman，1984）。也有一些对青少年司法体系进行成功改革的例子（Miller，1991）。如果这些例子能够被重复，司法系统一定愿意并且能够完成这一长期的战略过渡（保护公司和青少年法律中心，1994）。

　　Bazemore 和 Terry（1997）提出将积极青少年发展引入现代青少年司法体系时所面临的困难。他们认为这种变革正处在最初起步阶段，规模较小，并且他们说道"青少年司法的复杂性要求我们的改革活动必须计划周全和深思熟虑，并且改革还要将系统内部和社区的工作人员以及其他相关股东的意见考虑在内。"

　　社区保健（CTC）倡议就是一个例子。青少年进入青少年司法体系之后，整体的危险评估就成为推动积极青少年发展的一大障碍，这在一级和二级的预防情境中得到了验证。根据青少年司法和预防犯罪法案 V 款的内容，20 世纪 90 年代早期，OJJDP 已经开始赞助 CTC 倡议项目。CTC 由 David Hawkins 和 Richard Catalano 创建，州水平的 CTC 贷款项目倡议个体、家庭、学校、社区需要进行自我评价，并将其作为降低导致反社会行为各方面"危险因素"的一种努力。关注减少这些风险的途径将青少年的行为作为目标，比如吸毒、青少年犯罪、暴力、辍学和青少年怀孕（Hamkins & Catalano，1992）。

　　CTC 倡议具有一定的潜能，尤其是在 PYD 要求抑制危险因素方面。毋庸置疑的是，所有危险因素共同起作用的危害十分巨大，并且任何危险因素的消除都有利于孩子和家庭的发展（Schorr，1998）。实际上，早期研究表明 CTC 在组织为了建立良好邻里关系而承担相同任务的成人和青少年时是很有效的（美国总审计局，1996）。

　　比 CTC 对危险因素的强调更不被大众了解的是 CTC 基于评估的社会发展战略，这一战略的目的是为了推动健康行为的发展。不幸的是，这一战略与 CTC 重视危险因素相比，连概念方面的发展都没有，并且没有迹象表明 CTC 组织关注健康行为的程度像他们关注那些易于确定的 CTC 危险因素的程度那样。

教育和医疗保健

不管青少年司法政策、实践、哲学和目标是多么的没有条理，我们还是能够找到一系列发展机会。青少年司法能够满足一些青少年在一些系统中的基本需要，尤其是教育和医疗保健（日后又将生理和心理健康包含在内）。

有大量文献证明，与青少年司法有更直接联系的是要完善相关的医疗保健和教育（犯罪、社区和文化中心，1997）。不幸的是，帮助违法青少年的努力常常连最低的标准也达不到。青少年司法中心的工作人员发现，相关机构没有向违法青少年提供与公共学校中孩子的基本教育或特殊教育时间相一致的服务。我们还发现孩子们没有接受查体和其他健康医疗服务。这些失误是没有任何理由的。因为教育和医疗保健是最基本的权利，并且这些应该被看做是朝着积极青少年发展取向谨慎转变的先决条件。

向违法青少年提供医疗保健——尤其是对于私有住房保障项目中那些符合联邦医疗补助计划的青少年——将会由于各州的联邦医疗补助计划向管理式医疗转变而受到影响。对将医疗保健看成是积极青少年发展基石的那些人的警示是，服务收费项目下的违法青少年所获得的医疗保健服务并不均匀，并且还可能在管理式医疗运行不善的情况下变得更糟。

在教育方面的投入也不平均。专门机构中至少 40% 的孩子有特殊的教育需要（Gemignani，1994）。如果这些需求在他们进入专门机构之前就已经确定下来，青少年个性化教育项目就很少会"跟随他们"进入专门的学校，这些项目是与对青少年有全面了解的父母和老师合作开展的。父母们并不被鼓励参与到孩子的教育当中，即使人们确信邀请父母参与是有益的，但是学校和家庭之间距离较远也会影响到方案的实施。国内还有一些有关违法青少年的案例，在免除青少年犯罪项目后，这些违法青少年返回学校学习时会遇到困难。

即便如此，仍然存在一些关于如何解决这一挑战的例子。20 世纪 90 年代早期，在 OJJDP 的支持下，宾夕法尼亚州拘留中心开发出一个拘留服务模式。宾夕法尼亚州青少年拘留中心联合会（JDCAP）标准按照典型的州立体制框架开始实行（例如，设立健康和安全最低标准），它确立各种不同活动标准，包括：检查、评估、教育、医疗保健、休闲和其他一些即使是青少年被拘留也会存在的活动（JDCAP，1993）。JDCAP 是积极青少年发展支持者每年对待数以百万计被拘青少年的方式之一。青少年拘留是工作人员了解青少年优势条件的一个机会，这也有利于他们向监狱、缓刑的安置和下一步干预的重点提供建议。

释放后的安置

释放后的安置指的是向那些摆脱宣判和承诺安置的青少年所提供的服务。

20世纪80年代末期，联邦政府就开始投资以推动出狱后缓刑服务的发展。OJJDP提出要加强由Altschuler和Armstrong（1992）创建的狱后援助项目（IAP）。加强狱后援助项目将缓刑犯监督官员（例如，释放后安置的工作人员）作为案件的管理者，并且主要基于五项操作原则：让青少年做好逐渐增加的社区责任和自由方面的准备，有利于青少年在社区中的交往和工作，让违法犯罪人员与社区支持系统一起工作，在社区中发展新的资源以帮助并监督青少年（Altschuler & Armstrong, 1992）。

由于某些原因——很可能是原有体制的惯性——Altschuler－Armstrong释放后安置的模式并没有真正立足于这一领域的统治地位上。这一模式本来应该是能够实现的。在最理想状态下，IAP是与积极青少年发展相协调的重新整合模式。IAP对于积极青少年发展之所以如此重要，是因为在青少年法庭和州政府青年管理机构改变援助前期步骤的情况下它能够推动系统去规划青少年的未来。例如，对青少年的安置进行计划是不可能的，除非我们知道这些青少年将去哪里，他们将返回哪所学校？他们将住在哪里？他们需要与哪些成年人保持联系？安置顺序如何才能让这些问题的解决成为可能？

释放后安置的初期存在的那些问题将在青少年发展过程中一直伴随他们——通过制度上的改革，和公共机构工作人员一起规划将来，与家庭和其他成年人联系，并促进青少年的入学和就业。狱后援助项目是将服务和监督重新整合的一门积极课程，它在不断重新构建青少年未来的过程中应该以青少年自身的能力为基础。

释放后的安置应该适用于所有在家乡之外进行安置的青少年。就某种意义来说，释放后的安置应该像一名普通的负责任的母亲那样，让孩子们有心理健康方面的条件，加入特殊教育项目，或者是进入寄宿学校学习。普通的负责任的父母当然有很多要办的事，并且知道需要让孩子与朋友、亲戚和社区机构联系。实际上，释放后的安置对从专门机构出来的青少年适应社区生活是非常重要的，这将为青少年的下一步发展提供支架般的支持。将独立生活和这种的方法（下面将进行阐述）相结合，释放后的安置应该是积极青少年发展支持者们所做的进一步的投入。

独立生活：法案 IV-E(IL) 款

联邦政府已经连续多年就寄养问题给予各州财政支持，也包含对违法青少年的照顾。1980 年的收养援助和儿童福利法案的实施结束了寄养草案，并且有助于为儿童福利系统的孩子们建立永久的家。因为许多依赖项目的青少年在青少年犯罪系统中进进出出，同时由于许多州很快意识到再次向青少年犯罪系统投入资金的必要性，联邦寄养维持经费很快就被投入到犯罪青少年身上。

联邦政府依据社会安全法案 IV-E 款支付了相应份额的寄养费用（按照各州的贫困率）。许多州已领取了为违法青少年而设立的法案 IV-E 款资助。按照法案 IV-E 款的要求而采取的这些活动为将积极青少年发展引入符合法案 IV-E 款条件的青少年计划和服务之中作出了努力。这尤其适合那些 16 岁以上的青少年，因为法案 IV-E 款独立生活的要求适合这些人。

在 1999 年末，国会颁布了寄养独立法案，这一法案扩展了法案 IV-E 款独立生活项目，它给予各州所计划支持青少年从寄养生活向成人生活过渡的额外资金和选择。

折中的方法

20 世纪 90 年代 "修复性司法" 所解释的 "技能发展" 与积极青少年发展并没有多大区别。修复性司法是青少年的支持者们所倡导的，其目的是通过发现修复性司法和复原两者辩证的折中点，从而防止这一体系遭受抨击，修复性司法因其对青少年犯采取强硬手段而备受各州的支持，而复原却被认为态度过于软弱。20 世纪 90 年代，因为此时的政治背景是 "自由主义"，所以青少年司法体系的批判者们贬低 "复原"。

在 20 世纪 80 年代，修复性司法的一种形式已经在俄勒冈州的本德市被 Maloney 的缓刑员详细地介绍过。Maloney 将他的干预方法叫做 "折中方法"（Maloney et al.，1998）。尽管这种折中的方法最初只用于青少年缓刑，但是很快就变成了整个青少年司法制度的组织原则。它指出在未成年人刑事司法程序的每个阶段都应该运行的三个机制是：问责机制、公共安全和能力培养 (competency development)。这个体系必须使青少年个体有责任感（满足被害者和社区的需要）。公共安全 (public safety) 是这个系统存在的原因（这里认识到了复原、丧失能力和威慑的潜能）。能力 (Competency) 培养——与积极青少年发展相联系——确保每次干预都可以提供比 "制造工作机会" 或能力丧失更多的机会。例如，在人类环境中青少年可以学习到一种技能并发展移情能力，要求青少年在人类环境中参与恢复和社区服务比让青少年按照自由的无拘束的方式发展要更有意义。

许多州的立法机关被这种折中的方法所吸引。在 20 世纪 90 年代中期，为了体现折中的方法原则，几个州（e.g., Idaho, Illinois, Maryland, Montana, Pennsylvania, Wisconsin）开始改变青少年法典的目标和语言。尽管一些州已经在这个方向上对法典采取了初步举措，[①] 但是几乎没有一个州在州立法中包含有效的内容以改变州系统的文化。

伊利诺斯州的新法典在 1999 年生效，这是一个例外。伊利诺斯州的新条款明确采取了折中的方法。在援引了公共保护和问责机制之后，它宣布作为目标应该促进"有能力的未成年犯负责任地、积极地生活"。随后将能力定义为"能够确保未成年人成长为社会中有所作为的一份子的教育、职业、社交、情绪和基本生活技能的发展"（705 Ill. C.S., Section 405/5-105）。

Gordon Bazemore 和 Mark Umbreit 已经撰写了大量有关修复性司法的文章，对青少年司法制度各个方面产生了深远影响。修复性司法不是这个体系内容的简单增加，而是一种改革。

修复性司法是一种思维方式，一种行为方式，一种测量方式。直到我们改变了我们对缓刑为什么存在的观点之后，我们才能改变我们的行为。直到我们的行为发生变化时我们才能测量这种变化。(Umbreit & Carey, 1995)

Bazemore 和 Terry (1997) 也认识到，如果修复性司法要成为未成年司法制度的中心，就需要范式的改变。他们警告，

然而，要形成新的范式，专业人士不仅要拒绝旧范式而且要理解新范式，并且要在实践中包容这种明显变化的影响。在缺少对核心原则的共同理解与对系统组织变革的影响时，能力培养模型可以快速的等同于一个或更多的转变为官僚主义议程的治疗项目或干预技巧。

这个警告非常重要。危险在于未成年司法项目会简单地重新包装已经存在的治疗项目，并称之为"能力培养"。有证据表明类似情况已经发生。

---

① 例如，缅因州在提到未成年人的州服务要提供"必要的治疗、照顾、指导并帮助他们变成有责任感有能力的社会成员的纪律"（15 M. R. S. A., Section 3002）。佛罗里达州的制度是"向未成年人司法部门的儿童提供生活技能训练，其中包括职业教育"（West's F. S. A., Section 39.001）。新泽西州提倡"可理解的项目"，即"应该向青少年提供一系列充分的服务和制裁，通过预防、早期干预和一系列有意义的制裁保护公众。确保问责机制，提供训练、教育、治疗，并在需要的时候受社区监管的限制，也就是说能够保护和促进公众再次成功的融入社区"（N. J. Stat., Section 52:17B-169）。

Bazemore 和 Umnreit 的早期文章对能力培养的介绍是模糊不清的。然而，在过去几年，Bazemore 越来越关注能力培养。他与 W. Clinton Terry 近期发表在《儿童福利》（*Child Welfare*）(bazemore & terry, 1997) 上的文章中，讨论了作为折中方法三个原则之一的能力培养如何才能被统一到未成年司法体制中。文中的一个表格阐明了 Bazemore-Terry 的方法，表明了能力培养与以往建立在个体化治疗基础上的医疗模式的不同（参见表 14.1）。这个表阐明了能力培养代表着一种能被应用到未成年司法程序任一阶段的方法。除此之外，这个表也说明，一个精心设计的能力培养项目是可以被评价的，并且成功的评价方式远比传统的再犯率测量进展地更为顺利。

表 14.1 干预的中间结果：个体化治疗和能力培养

个体化治疗	能力培养
避免指定人员、地点和活动的消极影响	新的在传统角色中的积极关系和积极行为；避免青少年以往既定治疗中的安置
遵循监督管理的原则（如，宵禁、上课出勤）	适合的传统行为
出席和参加治疗活动（如，咨询）	利用生产活动实现对能力的活动示范（与社区利益有关的服务和 / 或工作）
完成所有要求的治疗，并且解除监管	可测量能力的显著提高（如，学业、社交，职业方面的能力）
改善态度、自我概念、家庭互动和促进心理整合	改善自我形象和公众形象（公众接纳）、增进联系和社区整合

资料来源：Bazemore and Terry（1997）。

改用积极评价的测量方式

根据类似 ProDES（之前描述过的）的追踪和评估工具，未成年司法体制有能力测量积极青少年发展取向的各个方面。这个项目能够获悉他们是否能成功地促进积极青少年发展互不联系的方面的发展，并且未成年人刑事司法行政人员有机会受到成功的奖励。

例如，1998 年末，在系统追踪参加费城未成年司法制度的青少年期间，ProDES 考虑了时长 4 年的制度动态。凭借着牢靠的数据，评估者做出了以下声明：

当 ProDES 处在开发过程中时，项目几乎是完全一致的，这些项目的中间目标是促进自尊发展、提高亲社会行为的价值、促进学校和家庭之间的亲密联系。还没有证据表明这些目标正在被实现。在这些项目中，有的未成年人在一个或更多的方面有所进步；然而，其他人并没有发生变化甚至变得更糟一些。在四年多的研究中，这三种结果的平衡有波动但是没有显著的变化（P. 371）。如果保留这些重要的目标，项目需要尝试选择其他的干预模式，希望他们可以有更加明显积极的影响（Jones & Harris, 1998）。

司法管辖区发展形成数据的能力是极为重要的，这样可以确保评估者追踪青少年一段时间内的进步，并且测量与积极青少年发展的原则一致的方面。对很多社区来说，改变测量的内容不可避免地会改变实践活动。例如，Tom Grisso 发现当各州开始使用马萨诸塞州青少年筛选问卷时，他们不得不开始提供心理健康服务来回应他们的发现（Grisso & Barnum, 1998）。管理人员发现他们不能很好地运用心理健康服务这一道屏障，于是忽略了一些青少年，这些青少年的一些症状使其处于高危风险之中。除此之外，经筛选后收集到的综合数据证明非常有必要清晰地了解服务的种类。

辩护律师的作用

辩护律师对促进积极青少年发展有巨大的潜力。青少年司法体系中的青少年经常从他们的律师那里得到很差的服务。尽管全国范围内也存在高质量法律代表的绝好例子，但是在极大程度上，为未成年人辩护的律师被巨大的待处理案件和低预期所困扰（Puritz, Burrell, Schwartz, Soler, & Warboys, 1995）。

在所有的案件中如果不存在内部支持者，PYD 就不会成为未成年司法文化的一部分，为了防止此类情况的发生，辩护律师不能简单地参加宣判听证会，而应该做更多的事情。他们必须了解他们的委托方以及关注他们的成人。他们必须积极参与规划部署，并促进试用人员建设性的思考。如果他们的委托方决定选择这一机构，辩护律师必须与机构的善后试用人员一起工作，以确保发展层面上合理的、基于优势的过渡计划顺利实现。例如，在青少年司法系统内部，培训辩护律师以及为其增加配备有社会工作人员的办公室方面的投入会在青少年司法程序的每一阶段为每个独立个案创建内部保护。

在 1999 年，OJJDP 对全国青少年辩护中心提供了启动基金。这是国家办公室首次向未成年辩护律师提供培训、资源和技术援助。OJJDP 将这个计划看做是它自 1993 年就支持的法定诉讼程序倡导项目（the Due

Process Advocacy Project）的自然演进。有青少年法律中心支持的美国律师协会的未成年人刑事司法中心领导了那个计划，并对不良青少年法律顾问的质量和有效性进行了第一个国家评估（Puritz et al.，1995）。在 2001年末，全国青少年辩护中心已经成立了 9 个地区办事处，并在每个州对贫乏青少年防护的质量评估进行指导。

结论

先前章节中所描述的每个机遇都很有希望实现。如果对其进行战略性处理，即使有障碍也可能充分铲除，以允许 PYD 的发展。然而，这个趋向的支持者既不应该过于乐观，也不能对儿童和家庭承诺过多立竿见影的效果。未成年人司法的历史（Bernard，1992）表明多数改革都是短命的。一个正常的循环应该是：系统暂时改变，真正地吸收一些 PYD 的核心程序，然后回归到一种能够促进更多刑罚措施的取向。

基于此，拥护者必须定位青少年的消极行为，同时也要承认，对一部分儿童来讲，使其不进入法庭可能才是一种合适的方法，即便有些儿童还是要送到成年法庭。未成年人司法制度能够促进积极青少年发展项目的发展，而风险管理就是该项目的中心元素。因为如果没有风险管理，一些不可避免的失误就会导致危险行为再次发生的公开事件。同时，项目支持者已经充分地证明了改变那些无效部分的合理性，开始转向证明体系中这些新增部分的合理性。监狱还要接受审查评估，这无疑显示出对司法体系中积极青少年发展趋势的期待。

鉴于积极青少年发展原则，我们对为大多数青少年创造未来抱有最大希望。如果他们将来会拥有真正的生活机会，那么我们必须回头重新编辑大部分近期青少年司法的影片。如果我们要让像 Gabriel 这样有天赋的青少年为社会做贡献，我们必须将"制裁"的言论扔到剪辑室的地上。这个领域的电影也必须恢复童年的修辞学，删除类似"超级恶霸"之类的禁止儿童接触的语言和"只有成年人才犯罪（adult time for adult crime）"之类的肤浅标语。如果一个青少年在公众心目中已经是一名成人，他可能就没有什么发展余地了。如果 PYD 还有价值的话，那么我们正在经历青少年期的孩子还没有成年（Grisso & Schwartz，2000），并且世界上任何标语都不会让他们变为成年人。

第十五章　年幼残障儿童的发展及其家庭政策和项目的意义①

Penny Hauser-Cram, Angela Howell

大多数父母都希望拥有表现出正常发展模式的子女。然而，大约12%的美国儿童在一项或者多项日常活动中存在困难，这些活动包括学习、交流、行动及自我照料，如吃饭、穿衣、洗澡等（《美国儿童》，1999）。这一群体包括在生理上存在发展障碍的儿童，例如唐氏综合征或其他特定类型的综合征、孤独症或其他类型的沟通障碍，以及智力缺陷或其他形式的发展迟滞。在本章中，我们从当前政策以及着眼于提供服务的角度，考察了关于残障儿童及其家庭的实验证据。首先，我们讨论了残障儿童及其家庭的相关政策。其次，我们对有关家庭功能和残障儿童发展之间关系的理论和实证文献展开综述。再次，我们从父母目标、父母对于障碍赋予的意义、家庭关系、沟通模式等方面考虑了文化视角的重要性。最后，我们讨论了提供服务的意义。本文我们仅关注具有生理性认知障碍的儿童；而其他的一些研究者（如，Farran，2000；Halpern，2000）则极为关注因贫困和相关不利环境而导致发展迟滞的那些儿童的服务需求。

发展障碍（developmental disabilities）这个术语很少有明确的定义，但一般都涉及认知发展模式出现异常或迟滞的个体。智力障碍儿童在发展障碍儿童中占有很大的比例。以往的智力障碍定义只是以认知表现为基础，而当前定义则包括在至少两个适应性技能领域存在障碍（如，交流、自我照料、社会技能、日常生活及其他相似的领域等）并且伴有实质性的认知

---

① 作者注：本章的准备工作部分由 No. R40 MC 00177 提供资金支持，来自妇女和儿童健康局（条目 V，社会安全法）、健康资源和服务办公室、美国健康和人类服务部，同时接受了 Argyelan 家庭教育研究基金的支持。

表现缺乏或迟滞（美国发展缺陷协会，1992）。有人认为发展迟滞和智力障碍的类别都是按照社会标准来确定的（Blatt，1985），因为有关正常与不正常发展模式的描述都是人为的，而且是以理想的适龄行为和主流文化群体建构的技能为基础的。然而，当前发展障碍的定义是按照哪些儿童可以接受法律所提供的服务来确定的。

残障儿童的相关服务政策

20世纪，美国很多与残障儿童有关的政策都发生了变化。20世纪初，残障儿童通常居住在拥挤的公共机构中，他们接受着机构的照看，很少或根本没有机会接受教育，过着与世隔绝的日子（Meisels & Shonkoff，2000）。人们认为智力障碍与犯罪行为有关，所以对其隔离和强制绝育是两种常见的做法（Kamin，1974）。第二次世界大战结束时，当地居民结识了很多残疾的老兵，从此，居民对待残障儿童的态度开始表现得更为亲和。20世纪五六十年代的人权运动，以及D. O. Hebb（1949）、J. McVIcker Hunt（1961）和Benjamin Bloom等心理学家（1964）提出要对智力的可塑性持乐观态度，这进一步促进了公众态度的转变，此时在公共服务为残障儿童的积极发展能够带来潜在利益这个问题上，公众的态度发生了变化。20世纪70年代，去机构化成为一场重要的运动，越来越多的家庭开始在家里抚养残障儿童而不是寄养在公共机构中（Lakin, Bruininks & Larson，1992）。因此，残障儿童的服务需求从以机构为中心转变为以家庭为中心。

教育措施也反映了公共政策对待残障儿童的变化。以1975年的《全体残疾儿童教育法案》为开端，法律开始关注在"最少限制的环境"中对达到传统学龄的残障儿童开展教育。随后，其他重要的法律也相继出现，其中1986年颁布了《全体残疾儿童教育法修正案》，它强制要求为3岁、4岁的残障儿童提供免费的和适当的教育，并且鼓励（不是强制要求）各州为残障儿童自出生开始提供早期干预服务。这标志着公共教育服务首次适用于学龄前儿童。此法律在1990年重新修订，并命名为《残疾人教育法》（IDEA）。1997年，立法机构通过了重新授权的《残疾人教育法》法案，并且增加了一个部分即C部分，这是一个针对婴、幼儿的可选择性计划。尽管C部分的规定是非强制性的，但是目前所有州和地区都在参与，并且已经建立了有关发展迟滞或者被诊断为残疾的婴幼儿及其家庭的覆盖全州的早期干预服务系统。

C部分中一个非常重要的方面是早期干预计划要针对每一个登记家庭

制订出个性化的家庭服务计划（IFSP）。这与个性化的教育计划（IEP）是不同的，个性化的家庭服务计划是由公共学校为学龄前或年龄较大的儿童提供的，且关注的焦点是家庭而不仅仅是关注儿童。例如，个性化的家庭服务计划可能包括如何利用家庭的力量促进儿童语言发展的信息。个性化的家庭服务计划将家庭放在儿童积极发展的中心地位，并且它的制订源于对儿童发展的生态和背景角度的考虑。

家庭系统与儿童发展的关系：理论观点和实证证据

家庭是大多数儿童学习和被抚养的主要环境（Bronfenbrenner，1986）。家庭成员之间的关系是复杂、多向的；儿童会影响其兄弟姐妹、父母及其他照看者的幸福感，这些个体同样也会影响儿童的发展（Minuchin，1988）。而且这些关系是动态的，因为不断变化的需求会随着时间影响家庭（Lerner，1991）。这些关系的质量是儿童发展的重要条件（美国国家研究委员会和医学研究所，2000）。在这一部分，我们将回顾有关残障儿童发展与家庭系统之间关系的理论和实证成果。

有关发展障碍儿童家庭关系的调查主要集中于儿童及主要照看者，通常是孩子与母亲的关系。与此相反，很少发现有关父亲和孩子关系的证据，尽管父亲也经常参与到照看者的角色中（Lamb & Billings，1997）。从大量母亲与正常发展孩子之间关系的研究中可以得出，残障儿童家庭中母亲—儿童二元体的研究都是依据交互模型进行的（Sameroff & Chandler，1975）。这个理论框架描述了一个动态的互动过程，通过此过程，母亲—婴幼儿二元体的相互作用随时间和情境的变化而持续表现出更加复杂的行为（Sameroff & Fiese，2000）。母亲—儿童的关系本身非常重要，但是无论是对足月或者出生体重过低的儿童（Landry，Smith，Miller-Loncar & Swank，1997），还是对存在发展障碍的儿童来说（Hauser-Cram，Warfield，Shonkoff & Krauss，2001），母亲—儿童的关系在预测儿童的社会和认知发展上同样重要。

当然，母亲比婴儿有范围更大、更多样的反应。通过婴幼儿发出的早期社会信号，母亲开始了解孩子的性格，在满足孩子的需要上通常会变得更加熟练。当儿童开始意识到自己的行动与他人的回应存在关联时，母亲对孩子做出回应的即时性会调整儿童未来的行为反应（Goldberg，1977）。母亲对孩子发出的社会信号的敏感性和回应的即时性，对婴儿安全感和依恋的发展是必要的，反过来，安全感和依恋又会为儿童对环境探索和自主性的发展提供支持（Bell & Ainsworth，1972）。与之相反，如果母亲表现出较高的控制水平或者较多地干涉儿童活动，就会降低儿童探索物体和环境的动机，而且会减少儿童发展自我效能感的机会（Heckhausen，1993）。

因此，母亲—儿童互动的质量对儿童的最佳发展具有关键性的作用（Guralnick，2001）。Barnard（1997）将母亲和孩子之间有节奏的互动模式比作"舞伴间跳舞"，强调合作伙伴间即时回应的重要性。当其中一个伙伴一贯地引导时，这种关系的亲密度就会降低，节奏也会被打乱。研究者认为，这种混乱通常出现在残障儿童与看护者的二元关系中（Kelly & Barnard，2000）。

研究报告称，残障儿童的母亲倾向于对子女采用指导性、控制性的互动模式（McCollum & Hemmeter，1997）。例如，Eheart（1982）报告称，与正常发展的学前儿童的母亲相比，即使是在自由活动中，患唐氏综合征的学前儿童的母亲会更多地指导孩子如何正确使用玩具。

很多研究者都关注了患唐氏综合征的儿童与母亲的互动模式，并且认为发展迟滞可能会让父母难于理解孩子发出的信号。例如，Berger（1990）发现，当唐氏综合征儿童开始发展眼神交流时，在这个生理年龄中，正常发展的儿童则通过指示性的眼神交流来吸引照看者的注意。Harris（1992）指出，患唐氏综合征的婴儿会较晚地使用指示性的眼神交流，导致他们与母亲的言语互动较少，这反过来又导致他们获得较少的语言学习机会。另外有研究指出，患唐氏综合征的儿童较少发出恰当的社会信号（Beeghly，Perry & Cicchetti，1989），并且较少对照看者做出预期回应（Landry & Chapieski，1990）。

孤独症儿童与照看者的关系也有相当多的研究。患有孤独症的年幼儿童通常对他人没有很大的兴趣，很少与他人有眼神交流，或很少对照看者试图让其参与活动的意图做出回应（Hoppes & Harris，1990）。这些行为导致孤独症儿童减少了与照看者"共同关注"的机会，而这些机会对儿童语言的发展又是必需的。孤独症儿童的父母认为孩子较差的反应性违背了他们的期望，且这也降低了他们对孩子依恋的感知（Hoppes & Harris，1990）。

有研究者认为，发展障碍儿童的母亲具有较高水平的指导性，这是母亲对其孩子能力的一种适应性反应（Marfo，1990）。例如，Crawley、Spiker（1983）发现，如果儿童对活动有较少兴趣或者较少自发进行互动，他们的母亲会更加具有指导性。Tannock（1988）发现母亲的指导性可以帮助唐氏综合征儿童更充分地参与互动。因此，照看者倾向于对缺乏反应性的儿童给予更多的指导,试图让他们更充分地参与到正在进行的活动中。

其他研究者认为母亲的指导性可能意味着母亲对发展障碍儿童的能力有较少的敏感性。Mahoney、Fors 和 Wood(1990)报告称,在自由活动的观察中,唐氏综合征儿童的母亲通常会引导孩子将注意力从正在玩耍的物体转向可能富有冒险性的任务。与之相反,正常发展儿童(相似的心理年龄)的母亲更加关注对孩子正在进行的活动给予支持。这些发现表明发展障碍儿童的母亲会调整自己的行为使之变得具有指示性,然而他们又难以判断儿童到底需要哪些适当的帮助。

Marfo(1990)坚持认为,指导性只是复杂的交互行为系统中的一个维度。照看者的反应性和支持则是另外的关键维度,较少有研究对其进行探讨。研究中分别观察三类儿童与母亲的互动行为,分别是患唐氏综合征的儿童、与唐氏综合征儿童的生理年龄相同的儿童、与唐氏综合征儿童的智力年龄相同的儿童,Roach、Barratt、Miller 和 Leavitt(1998)发现患唐氏综合征儿童的母亲同时表现出更多的指导性和更多的支持性。母亲的指导性倾向于出现在一个支持性的环境中,母亲可以通过移动或稳固物体、口头的表扬来促进儿童的活动。研究进一步指出,母亲的支持则与更多的客体游戏和言语活动有关。因此,指导性和支持性的结合是照看者和残障儿童之间建立有利的互动模式的重要条件。

照看者与儿童二元关系出现在较大的家庭系统中。儿童会影响母亲及其他家庭系统成员,包括父亲和兄弟姐妹。以往有关残障儿童对其家庭影响的研究大多是基于以下假设,即残障儿童会扰乱并扭曲家庭生活(Gallimore、Bernheimer & Weisner,1999)。很多研究者关注用事实去证明残障儿童给家庭成员带来的不良影响,这种趋势不利于服务提供者和家庭成员意识到家庭的优势,且不利于二者建立富有成效的合作关系(Turnbull、Turbiville & Turnbull,2000)。

有四种理论观点指导有关残障儿童家庭的研究:阶段理论模型、压力与应对模型、家庭系统模型和社会生态学模型。20 世纪六七十年代,使用阶段理论模型(a stage theory model)(也就是各模式有可预测的顺序)来描述父母在应对残障儿童出生及诊断等整个过程中所经历的调整模式(Blacher,1984)。这个模型受到临床上观察到的亲人去世后家人所经历的各个悲痛阶段的影响。此模型形成的假设是残障儿童的父母会经历相似的痛苦阶段,因为父母渴望获得一个健康的孩子(如,Solnit & Stark,1961)。一般来说,可以划分为三个阶段。第一阶段,父母感到难以相信,且通常会去求助医生和进行治疗。第二阶段可描述为内疚、生气和失望阶段。第三阶段，父母调整自己而变得适应和接受，通常会成为子女或其他残障儿童的支持者。有关这些阶段的实证证据并不充分（Blacher，1984），根据该模型假设的各阶段特征，学者们开始转向研究父母的适应和调整，而不是去证明父母的反应。

在过去的20年中，家庭适应的ABCX模型（ABCX model of family adaptation）（Hill，1949）促进了很多研究的展开。根据此模型，家庭对残障儿童的出生这个事件所做的调整被假定为可以由很多因素来解释，这些因素包括家庭对儿童残障所赋予的意义及家庭的内、外部资源。双重ABCX模型（double ABCX model），它包括一个发展性层面，认为家庭在压力、资源及对残障所赋予的意义等方面会随时间而改变（McCubbin & Patterson，1982）。

有研究者已经对残障儿童父母的压力与其他父母进行比较。研究相当一致地发现，残障儿童父母在其婴儿期时报告的压力处于标准水平（Shonkoff，Hauser-Cram，Krauss & Upshur，1992），随后到了童年早期压力不断增长（Innocenti，Huh & Boyce，1992），到童年中期时则有较高的压力水平（Warfield，Krauss，Hauser-Cram，Upshur & Shonkoff，1999）。对残障儿童父母来说，童年中期似乎是一个特别脆弱的时期，压力水平高于其他阶段（Orr，Cameron，Dobson & Day，1993）。因为父母期望孩子的行为能比年龄较小时更好控制一些，所以童年中期是一个特别脆弱的时期。

研究认为父母的压力水平与儿童的自我调节行为、性格有关，而不是与抚养任务本身有关（Innocenti et al.，1992；Warfield et al.，1999）。父母的内部（即心理的）和外部（即社会支持）资源与童年中期时父母所经历的压力增长有一定的关系。相比其他父母，如果母亲具有更满意的社会支持网络或父亲具有较高水平的问题应对策略，那么从童年早期到童年中期，父母就会经历相对较少的压力增长（Hause-Cram et al.，2001）。

尽管有关残障儿童的研究经常忽略从父亲的角度进行研究（Lamv & Billings，1997），但仍有一些研究者调查了父亲与母亲的压力是否存在不同。有研究发现，残障儿童家庭中母亲和父亲的压力水平差不多（如，Dyson，1997；Roach，Orsmond & Barratt，1999）。与之相反，Scott、Atkinson、Minton和Bowman等人（1997）报告称，母亲比父亲表现出更多的心理压力。Krauss（1993）发现，早期阶段父亲报告了更多与孩子的性格和自我调节行为有关的压力，而母亲则报告更多与养育角色有关的压力（如，她们的情感资源及为满足照看需要而进行的调整）。然而，父母压力水平的不断增长，似乎更一致地与孩子的行为问题有关，而不是与残障的类型或者认知障碍的程度有关（Hauser-Cram et al.，2001）。

然而，抚养的压力仅是影响父母幸福感的一个方面。家庭系统理论（Family systems theory）构造了一个概念范围更广的包含父母和儿童幸福感的家庭过程模型。从这个角度来看，家庭被看做是一个开放的、交互作用的系统，是根据一套普遍的原理运转的（Walsh，1980）。其中一个家庭成员的变化会影响其他成员，产生多种反复的反应。因此，此模型不是关注特殊儿童对家庭的单向影响，家庭系统观考虑了家庭成员之间同时的、多种的、反复的影响（Minuchin，1988）。

尽管很多研究者强调家庭系统观的价值，但是残障儿童家庭的实证研究中，很少有研究者严格地使用此模型。Mink 和 Nihira（1986）所做的工作是独特的，他们根据家庭的心理社会环境分析出一系列家庭类型。结果发现，轻度智力障碍的儿童如果生活在更加具有凝聚力的家庭中，会有更积极的自尊和社会适应。有研究者想要放弃残障儿童是否对家庭产生影响这个一维的问题，而转向更加宽泛的儿童和家庭功能的"匹配"问题，正是上述家庭类型的发展为他们提供了一个有用的模型。

从发展系统论来看，家庭系统本身就是在一个多层交互作用系统中运转（Bronfenbrenner，1986；Lerner，1991）。当家庭为维持子女的日常生活做出调整时，此时就会涉及到多层系统（Weisner，1993）。为了安排好子女的日常生活，父母就要做出很多涉及社会生态系统（social-ecological systems）的决定，其中包括父母职业、子女的学校教育和社区服务等。在抚养残障儿童时，为维持他们的正常生活，家庭需要进行功能调整，Gallimore 及同事对此进行了研究（Gallimore，Coots，Weisner，Garnier，& Guthrie，1996）。例如，父母要针对有运动障碍的子女进行调整，或者为了满足孩子的医疗需要，父母要调整自己的工作日程。Gallimore 及同事发现，尽管在孩子童年早期时父母已经做出了较大范围的调整，但是到童年中期时他们需要做出调整的幅度更大。家庭成员组织日常活动的方式和他们赋予这种组织模式的意义，是全面理解家庭功能的必要因素（Gallimore et al.，1999）。

以上讨论的四个理论观点，研究的焦点是残障儿童、母亲，其次是父亲。然而，兄弟姐妹也是家庭中不可或缺的部分。与早期有关残障儿童父母的研究类似，兄弟姐妹的研究同样关注可能出现的异常。研究认为正常发展的兄弟姐妹有潜在的适应不良危险，这种危险是由长期压力、社会特征以及与承担照顾有残障的兄弟姐妹的相关责任导致的（如，Farber，1959）。然而，最近关于兄弟姐妹关系的实证研究综述大多支持了以下假设，即残障儿童的兄弟姐妹要承担更多的照料责任，患有病理心理的危险更高（Damiani, 1999; Stoneman, 1998）。实际上，很多研究报告指出，与同龄人相比，残障儿童的正常发展的兄弟姐妹表现出更多的亲社会行为、更加成熟、更有耐心，且对个体差异有更加深刻的理解（Dyson, 1989）。处于青少年期或成年期的兄弟姐妹已经证实，与智障兄弟姐妹一起生活的经历有助于他们产生更多的同情心以及对家庭关系更加重视（Eisenberg, Baker, & Blacher, 1998）。

残障儿童的兄弟姐妹，其适应与多种因素有关，包括同胞残障的严重性、他们各自的性格以及与同胞的残障相关的行为、心理和健康问题等（Stoneman, 1998）。尤其是，如果残障的同胞表现出行为问题，那么其他兄弟姐妹在适应时似乎存在更大的困难（Brody, Stoneman, & Burke, 1987）。具有特定障碍的儿童，如脆性 X 综合征或者孤独症，这类儿童似乎更有可能表现出适应不良行为，并可能因此导致兄弟姐妹间的关系存在问题。当有子女表现出困难行为时，父母通常要花更多心思对其进行照顾，这就造成兄弟姐妹间出现区别性对待（Corter, Pepler, Stanhope, & Abramovitch, 1992）。子女感知到父母关爱的差异性导致兄弟姐妹的交往出现冲突，使得那些正常发展的子女也较少表现出亲社会行为（Brody et al., 1987）。然而，当他们逐渐理解发展障碍儿童的特殊需要是合理的，同时认为父母的区别性对待是特殊的需要而不是父母偏爱的时候，其他兄弟姐妹就会适应这种差异性（Mchale & Pawletko, 1992）。

与其他孩子相比，发展障碍儿童的姐姐通常承担更多照看的责任。纵向研究发现，这种责任的增加与兄弟姐妹间冲突的增加及在家庭以外与朋友交往的时间的减少有关（Stoneman, 1998）。当年幼的、正常发展的孩子的能力超过了那些年长的具有发展障碍的孩子的时候，年幼的孩子通常会经历角色的转变。与其他家庭相比，这些年幼的孩子通常要担当更多教育和帮助的角色（Brody, Stoneman, Davis, & Crapps, 1991）。

更大范围家庭系统的运作对正常发展兄弟姐妹的积极适应显得尤其重要。Lynch、Fay、Funk 和 Nagel（1993）发现，父母与无组织的家庭运作之间的冲突会给兄弟姐妹带来不良的发展结果。与之相反，如果父母对残障子女和家庭运作持有积极态度，那么正常发展的子女就会对家庭产生更多的积极情感，且有更好的心理适应（Weinger, 1999）。因此，兄弟姐妹的关系易受到行为问题和照看责任的影响，但是家庭在其中的运作方式及应对方式，却对所有家庭成员的积极发展结果都有影响。

有关残障儿童家庭的文化视角

　　残障儿童家庭的研究（之前部分介绍的）大多是基于欧美家庭。考虑到国家人口结构在不断变化，其中种族、文化、语言的变化大幅度增加（美国人口普查局，2001），因此需要对残障儿童家庭有更广泛的理解。

　　在发展心理学中，分析的基本单位通常是个体。儿童发展研究通常认为普遍性的文化影响是不重要的，或者把它想象成调节发展结果的情境因素的其中一个方面（Garcia Coll & Magnuson，2000）。然而，另一种不断发展、相反的观点认为，文化是发展的一种组织原则（Valsiner，1989）。从此观点来看，文化被定义为一个多面结构，用来组织对个体有意义的多个动力系统，如价值观、信念以及期待等。这些有意义的系统在不同的社会群体间传递，但随着个体在环境中通过经验不断地进行意义的构建，它们又在不断地演变中（Super & Harkness，1997；Valsiner & Litvinovic，1996）。个体通常不只属于一个社会群体，因此，文化包括共同的言论和与个体所属宗教、社会经济地位及职业有关的实践活动（Harwood，Miller，& Irizarry，1995）。尽管在与文化有关的动力中，很多动力是抚养残障儿童不可或缺的条件，但是在这一部分，我们强调在以下四个方面对残障儿童及其家庭提供服务是富有意义的：（a）父母对于子女的目标；（b）父母对于子女的残障所赋予的意义；（c）家庭关系；（d）沟通模式。

父母对于子女的目标

　　LeVine及其同事认为父母的目标构成文化上共同的预期，一种有关促进儿童发展为正常成人所必需的技能和价值观的预期（LeVine et al.，1994）。对使用者来说，这种预期通常是无意识的或不被察觉的。历史上，发展心理学领域有一个潜在的假设，即儿童发展的最佳环境是根据北美受过教育的中产阶级白人的价值观和实践来构建的（Patterson & Blum，1993）。很多干预都遵循了这个假设，这些干预的目标是要对少数民族家庭的父母有所启发，启发他们学习反映了中产阶级白人价值观的行为和实践（Garcia Coll & Magnuson，2000）。那些不同于欧美主流文化的儿童抚养经历和父母价值观，在实现儿童正常发展的过程中被看做是一种有缺陷的途径，而不是一种可供选择的途径（Patterson & Blum，1993）。例如，世界上很多国家中，父母和婴幼儿在一起睡是很常见的现象，这反映了一种价值观，即亲密的身体接触有利于母亲与孩子形成强烈的情感联结（Morelli，Rofoff，Oppenheim，& Goldsmith，1992）。然而，在有些欧美国家，这种做法则触犯了适当身体接触的文化禁忌，过于亲密的身体接触被认为会扼杀儿童独立性的发展，在欧美文化中，独立性是被高度重视的一种品质（Morelli et al.，1992）。

西方的实践和价值观对儿童的发展是最有利的，很多标准化测验也体现出这个假设，这些测验将欧美儿童发展过程中的重要事件作为规范行为的标准（Garcia Coll，Meyer，& Brillon，1995）。有人认为，将"规范行为"概念化就是一种社会建构，是由主流文化群体的成员规定的，这些主流文化中的成员将必需的知识传递给那些非主流文化中的成员，为其提供在社会中立足的资源。如果无法将这种隐性知识传递给少数群体的成员，就会削弱少数群体的力量和资源（Delpit，1995）。来自少数民族或者移民群体的残障儿童面临着双重危险，这是因为他们的残障以及他们的文化行为很难符合那些狭隘的主流发展标准。

父母和教师的文化价值观极有可能影响他们对儿童的重要目标的感知，也会影响他们所认同的儿童需求。例如，如果父母重视家庭成员的和睦，特别是代与代的关系，这种文化下的父母对其子女会逐渐灌输有关尊敬和社会等级的知识。这类父母对子女的要求中体现着他们的目标，他们要求子女学习那些表现出对长者尊敬和顺从的行为。此类父母的目标与欧美家庭父母的目标有所不同，欧美人注重培养子女独立做决定的能力以及自信心的发展（Zuniga，1998）。与之相似，欧美背景中的教师也期待家长和儿童都表现出符合欧美价值观的行为，例如，在交谈中要保持直接的眼神交流及坚持自己的观点。然而，教师期待的行为与某些家庭持有的价值观可能恰好是相反的。同样，重视个体间合作而不是竞争的父母，可能会将目标集中在子女社交技能的发展上，而较少关注其子女是否及时获得了某种特定的认知能力（Zuniga，1998）。

父母对子女的抚养及社会化实践的传播，一方面受到文化价值观的指导，另一方面来自父母对社会情境中各种需求的积极建构（LeVine et al.，1994）。父母需要选择一些策略来满足即时情况的需求。然而，父母的决定同样体现了他们为残障儿童设定的未来目标，这个目标与整个家庭系统的幸福有关。这些目标的范围，包含了从确保子女的基本安全，到确保子女形成适应未来社会且与文化价值观一致的必要技能（LeVine et al.，1994）。

大多数残障儿童的父母都不确定其子女的未来，有的试图去培养子女的行为，来增加子女在未来生活中被他人接纳和照顾的可能性。例如，

Arcia、Reyes-Blanes 和 Vazquez-Montilla（2000）发现，波多黎各和墨西哥的患有唐氏综合征、大脑性麻痹、脊柱裂等残障的年幼儿童，其母亲强调尊敬、顺从等行为，希望子女形成是非观、尊敬别人、有责任心，并且与家庭的关系保持紧密。这些高度被重视的特征所反映的是那些在教室或其他相关环境中更具适应性的、更利于被别人接纳的行为。

父母拥有残障孩子的个人经历，同样会影响其价值观和目标。例如，在一项研究中，Quirk 及其同事（Quirk, Sexton, Ciottone, Minami, & Wapner, 1984）发现，波多黎各残障儿童的母亲比正常儿童的母亲更加重视健康和创造性；然而报告指出种族群体内部几乎不存在其他方面的差异。其他的研究同样没有发现残障在影响文化价值观方面所发挥的作用（如 Arica et al., 2000）。研究指出，文化价值观会普遍影响父母对于子女的残障所赋予的意义，这反过来又会影响父母在照看子女时所获得的内、外部资源（Blacher, Lopez, Shapiro, & Fusco, 1997）。

父母对于儿童残障所赋予的意义

文化价值观影响父母如何看待儿童的残障，且还会影响其作为有特殊需求儿童的父母如何发挥父母的作用。人们将残障归因于宿命决定、超自然的介入、生物偶然性或个人的责任，每个人归因于以上因素的程度不同。有关儿童疾病或残障的文化信念和期待会影响父母对自己能力的感知，对自己是否有能力改变子女发展的感知。Mardiros（1998）发现，如果父母认为子女的残障是由宿命的或者超自然的力量造成的，就会感到自己很难控制其子女的发展结果。另外，如果父母认为子女的残障是对其个人行为的一种惩罚，就可能承担起更多帮助其子女积极发展的责任（Mardiros, 1989）。

有时候，有关残障的病因及治疗的文化观念与主要服务部门的人员所持观念存在很大差异。Fadiman（1997）描述了一个有癫痫病子女的苗族家庭，在美国，他们与医疗系统发生了误解和冲突。父母将子女的疾病看做是受到了猛烈关门时突发声响的惊吓，并将其描述为"灵魂的丢失"。而且，他们认为女儿的状态预示着某件事情即将发生，以及自己的女儿可能会成为社区中很有威望的一名巫师，因为她有恍惚的状态，且可以看见别人看不到的东西。他们将治疗看做是整体的精神性问题，而不能局限于接受药物治疗，特别是接受可能有损健康，且具有副作用的预防性药物的治疗。与此相反，西方医生将父母不愿意接受药物治疗以稳定病情或防止疾病发作，看做是不遵从医嘱的行为，甚至代表着一种忽视。尽管有翻译人员来帮助家庭与西方医务人员进行沟通，但是每一种文化中独特的信念系统以及缺乏对其他信念系统的了解，这些因素阻止了双方合作关系的建立。

意义的建构是动态的，在个体与多种系统相互作用的过程中不断发展（Bronfenbrenner, 1986）。例如，父母关于残障的认识受到种族群体成员间的互动、宗教认同及所接触的关于残障的主流看法等方面的影响。Skinner及其同事（Skinner, Bailey, Correa, & Rodriguez, 1999）发现，残障儿童的母亲中，拉丁裔信奉天主教的母亲有很大的不同，这体现在她们将宗教信仰融入到对残障所赋予的意义中，并将这种信仰融入到自己为人父母的角色中去。有的母亲将宗教中"好母亲"的形象融入到对自己的描述中，把自己描述为因照看孩子而牺牲自我的一种形象。这些母亲拒绝宗教中残障代表着对过失的惩罚这一说法。很多母亲保持了道德高尚的积极形象，将子女看做是一种象征，象征着上帝信任他们有力量和能力来满足子女的特殊需求。其他母亲则相信残障是由个人过失造成的。然而他们也描述了残障对其产生的意义，残障导致他们身份发生积极变化，他们开始成为倡导者或是更有同情心的人。总之，很多母亲认为宗教和文化信仰会增加她们的内部力量，并为抚养行为提供支持。

家庭关系

与当前的家庭适应模型一致（如，McCubbin & Patterson, 1982），文化价值观念能够影响家庭可利用的内部（如，心理幸福）和外部（社会支持）资源。例如，拉美文化中家庭主义（familism）观念认为个体间是相互依存的，这代表着核心家庭和多代同堂家庭成员之间的忠诚和团结，两类家庭中的家庭成员相互依赖获取支持（Zuniga, 1998）。与家庭主义相关的活动可以作为残障儿童家庭力量的来源。例如，多代同堂家庭的成员可以提供情感支持，这在墨西哥裔美国残障儿童的母亲中得以证实，研究发现情感支持可以减少压力（Shapiro & Tittle, 1990）。另外，拉丁裔残障儿童家庭中，如果家庭成员缺乏团结，母亲抑郁的发生率就会较高（Blacher et al., 1997）。与之类似的是，南亚地区残障儿童的母亲也同样报告，多代同堂家庭成员的缺失会导致孤独感的产生及对社会支持的不满意感（Raghavan, Weisner, & Patel, 1999）。

对家庭的定义较为宽泛的文化认为，家庭可包括祖父母等多代同堂家庭的成员，或者非官方收养的孩子及教父、教母等非直系亲属。Joe和Malach（1998）发现美国本土文化中，多代同堂家庭通常在获得和组织有关残障儿童的服务中发挥重要作用。家庭成员相互依存的集体主义价值观，可通过多种途径加强家庭关系，例如对家庭责任义务表示尊敬或为了家庭做出自我牺牲。然而，与此家庭观念相关的活动会耗费父母大量的时间及精力。Turnbull、Blue-Banning 和 Pereira（2000）发现，多代同堂家庭的社会网络是残障儿童友谊的主要来源。然而母亲却认为，培养家庭关系占用了大量时间，这会减少他们为残障儿童在家庭以外建立社会网络的机会。家庭主义及相关的价值观是如何影响照看活动的，政府对此问题的理解至关重要；在美国很多家庭中，尽管存在不同水平的文化适应，但是家庭主义仍然是一个核心价值观念（Zuniga，1998）。

文化因素在家庭系统中所起的作用是动态的，在家庭生活进程中可能会发生变化。Valsiner 和 Litvinovic（1996）强调，人类是"不断创新的集体文化的载体"（p.61），因为人类会基于新经历及情境的独特特征来重新构建或重新解释各种预期。例如，Magana（1999）发现拉丁裔信奉天主教的家庭非常重视母亲为孩子做出自我牺牲（marianismo）。尽管这样能够促使残障儿童的母亲为其子女提供积极的照料，但同时造成波多黎各的残障儿童在长大成人后，他们的母亲会具有较差的健康水平（Magana，1999）。家庭主义及母亲的自我牺牲等文化价值观，能够促使残障儿童的家庭运作更积极，有更强的凝聚力；但是随着母亲年龄的增大，以及核心家庭的成员要承担起自己家庭的责任，这种价值观就会变得不太合适。

沟通模式

从社会生态角度来看，文化体现在社会情境中，渗透于个体生活的方方面面，在不同情况下指导人们理解和行动的方式，并且影响人们的行为及沟通模式（Super & Harkness，1997）。有的文化中，沟通模式首先要求对个体在社会等级中的位置予以确认（如，年长者 VS 年幼者）（Hecht，Andersen，& Ribeau，1989），否则就会产生误解。例如，Fadiman（1997）描述了苗族文化中，如果医生决定与家庭中年幼者进行交流而不是年长者，即便年幼者的英语更为熟练，医生的这个决定都是违背社会预期的。而且，沟通的非言语方面，如体态、面部表情、眼神接触、手势等，在不同的文化群体中通常有不同的解释（Hecht et al.，1989）。如果提供服务者无法意识到自己的沟通方式，且没有意识到自己的沟通方式与服务对象的有所不同，就会产生沟通的误解。

文化观念影响父母与计划和实施服务的专业人员之间合作关系的形成。个体的文化内涵受到很多过程的影响，这些过程在动态、独特的环境中，发生于个体之间及个体之内（Valsiner & Litvinovic，1996）。Garcia Coll 和 Magnuson（2000）认为，如果由于社会经济地位导致文化差异被误解或者被混淆,文化差异就会变成一种"危险因素"。例如,Harry(1992)发现非裔美国和波多黎各残障儿童的父母身上表现出来的被动性,意味着他们对有关残障子女的项目感到无能为力。父母对有关残障子女的项目不满意,会通过拒绝参加会议或者其他形式表现出来,而不是与教师进行主动对抗。很多母亲指出,在合作的过程中,她们很少有知情同意,且不被允许质疑专业人员的权威,并且认为这些权威人员比单独一位母亲能够行使更大的权力。

对沟通的文化模式缺乏理解会阻碍双方的合作。在一项为期3年的纵向研究中,Harry、Allen和McLaughlin(1995)访谈了一些具有不同残障的学前儿童的非裔美国母亲,结果发现,阻碍双方合作的因素包括依赖书面沟通、使用未解释的术语、父母与专业人员的目标差异等。如果母亲构想的相关儿童项目与学校人员所提供的存在区别,母亲就会变得大失所望且不愿意参与合作。例如,有的母亲认为学前特殊教育的目标是为这些儿童提供赶上同龄人的机会。当母亲意识到残障儿童因在学校的经历而感到被侮辱的时候,就会变得很痛心,因为这些学龄前儿童在学校中被看作是有智力缺陷的,且与那些具有较多危险行为问题、年龄较大的孩子被安排在同一个单独的教室中。只关注儿童的残障而不是促进其优势,以及专业人员不尊重教养行为中存在的文化差异,如多代同堂家庭的介入等,这些因素都会阻碍沟通。

提供服务的意义

为残障儿童提供的服务最好概括为多个系统,这些系统通过促进儿童的发展来支持家庭(Guralnick,2001)。服务通常涉及基本的照料问题,如睡觉、喂养、保健等,这些问题都能反映出家庭的文化信念、价值观念和活动等。亲子互动发生在家庭系统内部,家庭系统根据特定的日常活动进行运作,是为满足包括残障儿童在内的许多家庭成员的需求而产生的。尽管大量证据表明促进成长的亲子互动(特别是母亲与子女的互动)非常重要,但是仅关注互动的模式而不关注父母的目标、价值观和信念,这完全是步入歧途。以下两种行为试图去帮助父母减少压力水平,但是却不理解(a)父母的幸福与内、外部资源的关系,(b)而且不理解与这些资源有关的家庭观念,所以同样是没有根据的。以提供支持的形式对家庭进行干预需要很好的理解复杂的发展系统。

对于年幼残障儿童来说,如果父母关注子女的日常需要,父母通常就会与服务提供者进行合作。专业人员与父母沟通模式的不同导致二者关系的紧张并产生大量误解。文化冲突似乎更容易出现在父母做出关键性决策的时候，因为这些决策会引起焦虑和强烈的情绪（Hanson，1998）。潜藏在这些沟通模式之下的一个因素是，欧美人与其他文化群体成员对时间的看法不同。欧美人主导的观念是未来取向、关注时间管理、在特定时间段内完成多项任务，但是这与某些家庭的观念是冲突的，这些家庭更关注培养人与人之间的理解，更关注通过对话和意见交换来建立父母与专业人员的信任（Zuniga，1998）。尽管专业人员必须在有限的时间内履行多种职责，但是不能仅仅要求父母做出调整（Harry，1992）。相反，文化理解要求专业人员调整他们的工作日程来适应各种家庭的风格和节奏。

提供服务者与家庭不匹配的另外一个例子体现在家庭中女性、男性的角色及家庭内部力量的构建上。欧美人通常重视两性的平等，这导致他们预期家庭结构是民主的。如果欧美人与具有不同文化观念的家庭在一起工作，他们仍可能会预期配偶二人应该有共同的决定权。但是欧美人发现有的家庭，如那些来自东方文化的中产阶级家庭，他们却重视两性地位的差异性（Sharifzadeh，1998）。社会等级在一些家庭中发挥着重要的作用，指导家庭成员的互动，而欧美提供服务者通常会误解或者忽视这种情况。

文化理解指的是通过尊重家庭文化传统的方式来促进有意义的沟通和良好关系的形成，而这种沟通和关系与提供服务密切相关（Roverts，1989）。尽管这种理解意味着对家庭有更多的敏感性，但是很少有实现这种理解的科学证据（美国国家研究委员会和医学研究所，2000）。研究一致认为提供服务者要意识到自己的文化观念、预期和信仰，并且理解这些观念如何影响他们与其他文化群体成员的互动。在这一点上，Hanson（1998）认为指导不同文化群体成员间建立关系有助于专业人员仔细思考自己的文化观念。

文化理解的训练包括对特定的文化群体进行概括化，然而这又会导致单一文化的形成。这对于多元文化的理解非常不利，因为美国的家庭结构逐渐变得多样化，而且经常代表两种文化的联合，且同时混合不同文化的价值观念和实践活动。影响个体的因素是动态的，这些因素在不同文化群体之内及不同文化群体之间不断变化，比如文化适应的程度、社会经济地位、职业和宗教认同等（Harwood et al.，1995）。Skinner 及其同事（Skinner et al.，1999）认为，要使单一文化的构建降到最低程度，解决的方式就是要学会倾听各个家庭的故事，这同时也是理解父母价值观念和意义系统的一种方式。研究者逐渐开始承认个人故事的作用，个人故事是家庭关系的重要标志（Fiese et al.，1999），并且只有提供服务者努力理解家庭中意义构建的过程，才更有可能展开真正的合作。

早期干预服务如何才能更充分地融合文化观念呢？首先，要吸纳社区成员来设计早期干预项目的服务范围，而且要在目标群体中重新招募专业人员及专业人员的辅助人员，这是非常重要的一步。早期干预项目与地方社区群体及公认的社区领导需要形成积极的关系。早期干预人员、医务人员和学校人员建立富有成效的关系是大多数早期干预项目的基础。然而，特别是在多样化的社区中，与其他社区群体及领导者形成紧密的关系也同样重要。

其次，提供服务者能够得益于个人经历并以此形成自己的预期，例如，有关儿童如何发展以及最佳的儿童抚养方式上，这种预期非常明显却难以理解（apparent rather than transparent）。尽管任何经历都无法替代不同文化中所发生的真实经历，但是通过分析个人故事可以获得很多的知识和观点，这种方法对提供服务者非常有益。这种方法不仅需要倾听故事的能力，还需要倾听词语背后意义的能力（Skinner et al.，1999）。个人故事表明了父母如何理解儿童的发展问题，但也可以体现父母的应对方式及在抚养经历中所表现出来的优势。

再次，基于医学人类学的视角，Kleinman、Eisenberg 和 Good（1978）认为，医生会形成一系列问题从而引出对特定病症的解释模型。然后，医生会明确自己的治疗模型，并与病人商定一个共享模型。我们在为残障儿童家庭提供服务时也可以采用相似的方法。早期干预服务的提供者形成一系列问题，这些问题旨在理解父母如何看待子女的发展迟滞，父母认为哪些经历对子女的发展有益，以及父母如何看待家庭对子女未来发展的支持作用。父母关于发展的观点是一个重要的理论框架，而早期干预服务又必须在这个框架中发挥作用，所以理解这些理论观点对于家庭和提供服务者的合作是非常重要的。

最后，提供服务者可以从许多案例中获益，这些案例中家庭与服务提供者之间避免了可能发生的冲突。例如，Fadiman（1997）描述过很多这样的例子，医务人员在家庭信念系统中帮助病人，但在工作过程中，某些情况下迫切需要医务人员做出一定的转变。早期干预部门已经从支持家庭信念和让儿童受益的角度对自己的标准化活动进行了修改，这些积极的例子对此领域的发展都是很有帮助的。

总之，研究明确指出在促进残障儿童及其兄弟姐妹、父母的积极发展方面，家庭系统发挥着重要作用。文化信念、价值观、家庭的实践活动是这个系统不可缺少的组成部分。为了促进所有儿童包括发展障碍儿童在内的积极发展，识别和理解家庭系统中多样的、不断变化的各个层面是极其重要的。

第十六章　早期干预和家庭支持项目

John Eckenrode, Charles Izzo, Mary Campa-Muller

在一些干预项目的运用和评估方面，我们已经具有几十年的经验，这些项目旨在提高那些出生在处境不利家庭中儿童的生存机会。本章，我们将回顾这方面的主要工作，同时关注几个典型项目。尽管会涉及那些有发展障碍风险(例如，低出生体重)儿童的家庭服务项目，但是，我们的回顾仅仅限定在针对无障碍学前儿童的家庭服务项目上。这些干预项目始于怀孕期、婴儿期和童年早期，包含多种干预方法。第一部分将探讨选择项目的标准。

背景

在美国，以下几个方面的发展引发了科学家和决策者对处境不利家庭儿童项目的关注。第一，幼儿教养、儿童虐待和忽视、社区服务缺乏、物质滥用和暴力文化等问题造成美国家庭处于危险状态，这是我们对美国家庭进行关注的持续性原因(Bronfenbrenner, McClelland, Wethington, Moen, & Ceci, 1996; Garbarino, 1995; National Research Council and Institute of Medicine, 2000)。而且，发展研究已经证实贫困对儿童和青少年存在破坏性影响(Huston, Mcloyd, & Coll, 1994; Brooks-Gunn & Duncan, 1997)。

第二，最近有关早期大脑发展和环境因素对生命最初三年起关键影响的研究，再次将人们的注意集中到提高入学前教养质量和家庭环境质量上，以便消除生理上的弱点、塑造健康发展。

第三，自20世纪60年代中期"向贫困宣战"运动以来，一些大型政府项目获得了广泛的政治支持，旨在向处境不利的儿童提供充实的学习环境，并通过提高其在学校的成功机会以在一定程度上降低贫困的破坏性影响(Reynolds, 2000)。其他联邦立法部门也相应提高了对婴幼儿的关注，例如 1997 年重新授权残疾人教育法,规定为残障婴幼儿提供服务(Erikson & Kurz-Riemer, 1999; Ramey & Ramey, 1998)。

第四,许多草根"运动"(grassroot "movements")使人们不断意识到 , 需要通过发展脆弱家庭自身优势的方式来给予他们支持并赋予其力量(Dunst & Trivette, 1994; Kagan, Powell, Weissbourd, & Zigler, 1987)。结果,建立起了数以千计支持家庭的地区项目,例如家庭资源中心,并且像家庭资源联盟这样的国家组织也渐渐开始支持这方面的工作。

第五,"预防科学"领域(Coie et al., 1993)的进步促进了人们对不断增强影响儿童发展的危险性和保护性因素的理解并强调干预措施对这些因素产生效果的理解。预防的其中一个原则就是:要在引起功能紊乱的危险因素变得稳定、第一个紊乱征兆出现之前将其识别。因此,有关功能紊乱的早期征兆以及早期经历影响日后功能方面的知识越来越多,这有助于我们设计和评估早期干预。

早期干预和家庭支持项目的理论基础

所有的早期干预和家庭支持项目都明确体现或暗含着一系列有关人类行为起源的假设, 体现出导致功能紊乱的危险因素, 还体现出可以降低危险的个体、家庭、社区因素以及由项目引发的改变过程。例如, Olds 及其同事讨论了人类生态、自我效能感和依恋理论在设计护士家访项目(NHVP)中的作用(Olds, Kitzman, Cole, & Robinson, 1997)。

大部分项目采用的模式是人类生态学理论(Bronfenbrenner, 1979, 1986),强调发展多元情境(例如家庭、学校、邻居、更广泛的文化情境)的重要性以及随时间保持积极发展近端情境的重要性。目前更多早期干预项目的概念体系都反映出情境和过程的重要性,例如 Ramey 和 Ramey (1998)的"生物社会发展情境模型。"这些宽泛的理论体系包含以下普遍概念或理论观点:

・多个相互联系的危险因素导致问题结果。

・任何已知的危险因素, 例如贫困, 可能与许多有问题的认知、社会和情绪结果有关。

・保护性因素通过减少危险因素或者提高能力来影响有问题的发展。保护性因素包括个体特征(例如, 社会技能)和儿童的环境因素(例如, 稳定的家庭)。

・发展被看做是由生物和环境决定的优势和弱势的结合体。

·当儿童开始与新情境互动时，每个发展阶段都有新发展能力的出现，新环境危险的出现。

·日后的许多问题是由一系列相关且持续性的早期经历及发展问题导致的，这些早期经历和发展问题形成了缺乏抵抗力的发展轨迹。这意味着在适度支持的环境中，生命早期干预具有自我保持的特性。

这些理论观点促使人们更加强调应该尽早开始进行干预，甚至在怀孕阶段就开始，因为人们已经熟知产前健康行为(例如吸烟、节食)对胎儿发展的影响。中介因果机制将危险因素与未来发展结果联系起来，现在人们开始认识到对因果机制进行定义的重要性。例如，能够提高学业成绩的早期干预的成功需要发展理论的支持，这些发展理论能够将早期经历和发展过程与预期结果联系起来。因此这些中介过程(例如亲子关系)便成为干预的目标。

项目特点

这个主题下的大部分项目，例如"家庭支持和教育"(Weiss & Jacobs, 1998)和"早期儿童干预"项目(reynolds, 2000)，有以下几个共同点：
·主要针对经济困难家庭，但是中等收入的家庭有时也包含在内
·目标是形成健康的儿童发展，在某些情况下也可支持父母的生命历程发展
·规定支持的范围，包括信息、情感支持、有形的和无形的资产
·注重增强能力和减少风险
·基于与家庭和儿童最相关的生态环境进行操作，例如家庭和学校
·家庭与其他基于社区服务的联系

项目之间的区别也是值得注意的，因为这些区别与项目效果相联系(Gomby, Larner, Stevenson, Lewit, & Behrman, 1995; Erikson & Kurz-Riemer, 1999)。以下要介绍的内容彼此之间并不完全独立(例如强调健康的项目开始的更早，并且经常包含家访)。

重点。有必要区分基于儿童、基于家庭的项目和"两代"项目(Gomby et al., 1995)。尽管基于儿童的项目包含发育筛查，并且与健康服务联系，但是以儿童为中心的项目一般都强调认知发展，以提高入学前的准备。服务项目可以在干预中心或者学校中展开，并试图将父母包含在内以便实现为儿童设定的学习目标。以家庭为中心的项目或家庭支持项目服务于三岁以下儿童的家庭，本项目与父母共同作用以改善家庭环境、提高父母的看护能力。两代项目将重点

放在儿童发展（例如通过对儿童和父母支持进行干预）和父母生命历程发展（例如教育、经济自足、家庭项目）上。

综合性。这个术语指的是干预结果（例如社会、情感和认知发展）的范围、目标群体（即儿童、父母、或者两者的结合）、服务实施方式（例如家访、基于中心的项目、与其他社区服务联系）。早期干预项目在方法和范围上有一些进展。尽管它们曾经只关注认知发展，但是现在的项目依据更加全面，并开始关注减少影响父母和儿童（例如健康、认知发展、社会发展）发展结果的多种压力源及危险因素。

服务实施系统。服务实施系统在基于家庭和基于中心的项目间区别最大。一些项目使用家访作为唯一的干预模式（例如 NHVP），其他项目则主要依赖于基于中心的服务或者基于学校的服务【例如芝加哥亲子中心项目（CPCs；参见参考文献的项目描述）】，也有一些项目使用两种方法的结合【例如婴儿健康和发展项目（IHDP）】。究竟基于家庭和基于中心的哪种结合方式能够更有效地提高儿童长期的社会发展和认知发展，现有文献还没有对此做出清晰的介绍（Ramey & Ramey, 1998; Weiss, 1993; Yoshikawa, 1995）。

年龄。尽管所有的早期干预都是在入学之前开始的，但是儿童干预的开始年龄存在很大的差异。这反映出了项目所重点强调的方面（例如提高婴儿的健康结果，增强入学准备）、所选择的项目实施系统（例如基于家庭的，基于中心的）和文化问题方面的差异。一些家庭支持和教育项目，例如 NHVP，开始于怀孕期。一些项目，例如 IHDP 和美国健康家庭项目（HFA），在婴儿出生不久就开始招募家庭。其他的，例如 CPCs 和高瞻课程佩里学前教育研究项目，招募三岁或四岁的儿童家庭。早期干预开始的最佳年龄是一个重要的政策问题，问题的答案在一定程度上受项目的目标和潜在变化理论的影响（Cummings, Davies, & Campbell, 2000）。旨在预防儿童适应不良的项目一般开始于产前或婴儿期，然而旨在预防攻击和反社会行为的项目可能开始于学前期。需要指出的是，近来的证据表明，在非常年幼时对危险过程进行干预可能最有效。然而，在目标问题出现之前增加和保持预防项目在实践层面和政治层面上会受到很多约束（例如，针对幼儿开展产前预防项目）。

持续时间。不同项目提供服务的持续时间有很大不同。尽管我们凭直觉认为项目持续时间越长，干预越有效，但是目前还没有控制很好的研究能够确定对家庭和儿童产生积极影响的干预的最短时间和最小密集程度。大部分典型项目中的家庭干预至少持续两年。但是某一时间点以后，延长时间可能不会获得更好的效果；考虑到资源投入以及如何保持参与项目的家庭继续参与项目，延长时间但效果会降低的这段时间仍然不为人所知。有些评价很好的项目，例如 NHVP 和 CPCs，服务的持续时间存在系统差异，其他一些研究也试图根据参与项目的持续时间来检验项目影响的强度（例如 IHDP）。

　　模范或基于社区的项目。 人们所熟知的且具有成效的早期干预大多来自于由大学组织的典型示范项目，而不是那些基于社区的大规模项目，例如启蒙计划（Head Start）（Reynolds，2000）。从政策的角度来看，模范项目是很重要的，因为它们指出：当有充足的资金、精确的设计和评估很好的项目时，我们到底可以实现什么目标。在使用模范项目的结果方面以及设计包含更大更多样家庭群体的联邦项目或国家项目方面还面临很多挑战。一些起初规模较小的项目，例如 NHVP，也开始广泛的宣传他们的工作，即在维持最初项目完整性的同时，开始在新的社区建立项目。其他项目，例如 HFA 和父母即教师项目（PAT），已经开始了大规模的宣传工作，并且与检验项目有效性的评估工作并行。目前的挑战是如何使用评估数据以完善那些已经获得广泛宣传的项目。

评估早期干预和家庭支持项目的有效性

　　在证明早期干预项目的有效性上，各研究存在很大差异。在这次综述中，我们主要选择那些使用实验设计来评估的项目，实验中将任务随机分配到干预组和对照组，以便更清楚地解释是否能把项目收益归因于干预。但是，即便在随机化实验中，也存在几项方法学问题会限制结果的解释。对照组的人员损耗率相对干预组会更高，并且损耗率在人口统计学群组上会有所不同。结果，在最后的样本中，干预组和对照组的样本大小和构成会有所差异。一些项目，例如 IHDP，为了解决上述问题，会分配更大比例的参与者到对照组，以弥补对照组更高的人员损耗率。除此之外，综述中的大部分研究是根据经验来检验不同损耗存在的程度的（例如干预组和对照组之间，人口统计学群组之间），从而判断损耗对全部研究结果的影响。

　　但是在许多"真实世界"背景下，由于很难判断何时不再对合格家庭提供服务，或者在有些情境中（例如学校、社区）很难避免对照组受到影响，所以进行真实验设计是不可行的。由于这样那样的原因，许多早期干预项目（例如 CPCs）都使用准实验设计，此设计不随机分配家庭。这些研究最关心的就是：项目中影响家庭参与和保持的因素（例如父母的创造性，对促进儿童认知发展所做出的努力），这些因素也会使他们倾向于获得更好的发展结果。因此，很难从这些潜在因素的效应中区分出干预的效应。为了解决这个问题，像 CPC

项目(Reynolds,2000)已经付出很多努力来考察干预组和控制组之间的可比性。

导致很难解释早期干预效果的另一个问题就是不同研究的样本大小有很大差异。样本容量小可能会使我们忽略一些重要的效应，因为没有足够大的统计检验力使群组差异达到统计显著性水平。为了弥补这一缺陷，许多研究报告了在 10% 水平上的显著性差异，而不是在 5% 水平上的显著性差异，避免漏掉一些可能的重要结果。但是样本容量非常小会引起人们的质疑，研究结果(显著或者不显著)是否可以概括到更大的可能参与项目的群体中。我们也必须考虑到，在统计上显著的一些结果是否在临床上也同样显著。例如,IHDP 报告实验组和控制组之间存在接近 4 点智商(IQ)差异，但是使用接近包含 1000 个家庭的样本，发现这些效应在 5% 水平上显著。评论 IHDP 研究发现的文章认为，这种效应太小了，在临床上是没有意义的(Baumeister & Bacharach, 1996)。

我们通过说明不同背景下可以产生相似的项目效果，从而支持项目有效性。这些结果表明观察到的项目效应并不能简单的归于已知样本、地区和干预时间的特点，相反，这些效应由实质性项目模型的作用产生。在综述中，尽管重复性研究几乎不存在，但是我们仍然尽可能多的将其包含在内，因为在有关早期干预和家庭支持项目的文献中重复性研究很少。一些项目，例如 IHDP，同时在多个地点将特点相同的一群人当做目标。其他一些研究，例如 NHVP 和 PAT,是通过对存在轻微差异的很多目标群体依次进行实验而完成的。

进行随访的时间长度和对不同生活范围所进行的评估的程度也存在本质性差异。童年早期干预的承诺是，项目最初产生的认知成效和社会成效能够将儿童置于积极生命轨迹上，包括学业成就、工作和生活领域的成功、优秀公民。评估有必要将这些项目的生态效度考虑在内，从而最有效的证明项目所产生的积极效应。这篇综述中的一些评估，例如 CPCs 和初学者项目，追踪干预实施长达 20 年，期间评估了一系列母亲生命历程变量、教养变量及儿童发展结果。其他评估，例如 PAT 和学前儿童的家庭指导项目(HIPPY)，评估仅仅持续到项目结束后的 1 年或者 2 年，并且尽管项目会对教养或者母亲生命历程的变量产生影响，但一般情况下评估不会对其进行报告。因此，对许多研究来说，如果评估对项目收益的检验足够敏感的话，就很难了解这些研究是否会有更大范围的、更稳定的收益。

项目结果到底能在多大程度上应用到一般人群或者应用到特殊亚群体中，不同的项目差异很大。像 NHVP 和 PAT 这样的项目仅仅报告一些对更高风险亚组(例如低收入)产生的影响，然而 IHDP 却只报告对更低风险亚组(例如出生体重更重的婴儿)的影响。此类差异很难得出有关童年早期干预项目有效性的一般性结论,但是他们也的确为特殊亚组目标群体的干预提供了有价值的启示。

最后,需要注意的是,尽管我们回顾了很多设计精密的研究,并且这些研究是早期干预有效性的重要数据资源,但是这仅代表了这个主题下现有知识的一小部分。表面上看,目前已经实施了成百上千的评估,这些评估的样本大小和方法学质量变化不一(Layzer, Goodson, Bernstein, & Price, 2001),大部分使用准实验设计。如果无法恰当地研究那些大型文献,就不可能完全理解早期干预和家庭支持项目的知识。

项目描述

在以下的内容中我们将简要概述每一个项目。表 16.1 概括了每项项目的主要特点,表 16.2 呈现了研究发现的详细汇总。

表 16.1 所选早期干预和家庭支持项目的描述

项目特点	参与者数量	项目开始时参与者年龄	目标人群	服务重点	评估类型	持续时间	人口统计学特征	服务实施方式	数据来源
初学者项目	N=111	新生儿	整个家庭	家庭功能和儿童发展结果(主要是认知)	随机化	3 年	低社会经济地位和低教育水平	家访;社会工作;童年早期教育	儿童报告
CCDP	N=3,961	1 岁或 1 岁以下的儿童	重要的抚养者	母亲自给自足;父母教育;童年早期教育信息	随机化	5 年	低收入	家访;案例管理	母亲和儿童报告;观察
CPCs	Ns=887 到 1,539	学龄前儿童	整个家庭	儿童的教育/认知发展;亲子互动;儿童的教育中父母的参与程度;父母的教育和技能发展	准实验设计	多达 6 年	没有参加过学前启蒙项目、经济上处于不利地位的家庭	基于中心/学校的;家长资源教师	母亲、儿童和教师报告;记录水平的数据

项目特点	参与者数量	项目开始时参与者年龄	目标人群	服务重点	评估类型	持续时间	人口统计学特征	服务实施方式	数据来源
HFA	弗吉尼亚州 N=619；夏威夷 N=324	新生儿	整个家庭	健康儿童发展；亲子互动；母亲生命历程；与社区服务的联系	随机化	3～5年	存在儿童虐待和忽视风险的新生儿的父母	家访	母亲、儿童和教师报告；观察；记录水平的数据
HIPPY	N=182	学前期和即将进入幼儿园的儿童	整个家庭	教养技能和儿童活动；儿童教育发展	随机化	2年	没有接受正式教育的家庭	家访；基于中心的家庭和职员会面	母亲、儿童和教师报告
休斯顿亲子发展中心	N=170	1岁儿童	整个家庭	亲子互动；儿童的认知发展；父母的家庭管理技能和生命历程发展	随机化	2年	有孩子的、低收入墨西哥裔美国人	基于中心的；家访；家庭野餐	母亲、儿童和教师报告
IHDP	N=985	新生儿	整个家庭	儿童的认知发展；教养技能；母亲生命历程	随机化	3年	早产儿；低重儿	家访；儿童看护；家长支持性会谈	母亲和儿童报告；观察
新机遇示范项目	N=2322	年幼儿童	母亲	母亲生命历程发展；亲子互动；儿童发展	随机化	2年	没有接受过AFDC高中教育的青少年母亲（16到22年）	班级；工作培训；儿童看护；案例管理	母亲、儿童和教师报告；观察；记录水平的数据
NHVP	埃尔迈拉：N=354；孟斐斯：N=1139	产前期	母亲	母亲生命历程；儿童发展；亲子互动	随机化	2年	三个标准：19年以下，未婚，或者是低SES并有头胎孩子	家访	母亲、儿童和教师报告；观察；记录水平的数据
PAT	N=667	产前期或新生儿	整个家庭	教养技能；儿童发展；儿童的教育；亲子互动	随机化	3年	孩子6个月大或者不到6个月大	家访；群体会议	母亲、儿童和教师报告；观察；记录水平的数据

项目范围	参与者数量	项目开始时参与者年龄	目标人群	服务重点	评估类型	持续时间	人口统计学特征	服务实施方式	数据来源
佩里学前教育研究项目	N=123	3 或 4 岁	整个家庭	儿童的认知发展；儿童教育中父母的参与程度	随机化	1~2 年	低收入的非裔美国家庭	基于中心的；家访	儿童报告
雪域大学 FDRP	N=216	产前期	整个家庭	家庭环境；儿童发展；家庭支持	时间滞后招募	5 年	低收入低教育水平家庭	家访；儿童看护；家长小组	母亲、儿童和教师报告；记录水平的数据

注 :SES：社会经济地位；CCDP：儿童综合发展项目；CPCs: 亲子中心；HFA：美国健康家庭；HIPPY：学前儿童的家庭指导项目；IHDP：婴儿健康和发展项目；AFDC：对抚养儿童家庭的补助；NHVP：护士家访项目；PAT：父母和教师；FDRP：家庭发展研究项目。

表 16.2　母亲、教养和儿童结果早期干预项目的影响

母亲结果				
项目	生育力	教育成就	经济自足	生理 / 心理健康
初学者项目		整体教育 54 个月：E > C	熟练或半熟练的职业 54 个月：E > C	控制点 3 个月：E=C
CCDP			职业训练 / 工作 2 年：E > C 母亲职业 /AFDC 使用 5 年：E=C 总收入 5 年：E > C+	对日后又生孩子的母亲的影响：孕期酒精使用： 5 年：E=C
CPCs				
HFA				圣地亚哥： 抑郁 2 年：E < C
HIPPY				
休斯顿亲子发展中心				

项目	生育力	教育成就	经济自足	生理／心理健康
IHDP	生其他孩子的可能 3 年：E＝C	对西班牙母亲的影响： 受教育的月份数 3 年：E＞C	受雇用的月份数： 3 年：E＞C 首次成为劳动力： 3 年：E＞C 对受教育水平高的母亲的影响： 接受福利的月份数 3 年：E＞C	情感压力 邮寄：E＜C
新机遇示范项目	孕期和生育 18 和 42 个月：E＝C 没有防护措施的性活动 42 个月：E＝C 对性主动参与者的影响： 避孕药使用 18 个月：E＜C	接受 GED 18 和 42 个月末： 获得高中毕业证书 18 和 42 个月末：E＞C 获得大学学分 18 个月末：E＞C 42 个月末：E＞C	曾经受雇用 1～42 个月：E＝C 平均总收入和母亲在 AFDC 上的平均受教育水平 E＝C 曾经接受 AFDC 1 到 42 个月：E＞C 将工作与 AFDC 相结合 1 到 42 个月：E＞C	至少住院一次 0～42 个月： E＞C 平均抑郁 18 个月：E＝C 42 个月：E＞C＋ 高压力水平 42 个月：E＞C 药物／酒精使用 18 和 42 个月：E＝C
埃尔迈拉 NHVP	日后又怀孕／生育的次数 4 年：E＜C 对贫穷／未婚母亲影响： 日后又怀孕／生育的数量 15 年：E＜C	教育成就 2，4 和 15 年：E＝C 对没有成功注册毕业母亲的影响： 在学校毕业或登记 6 个月：E＞C 10 个月：E＝C	对贫困／未婚母亲的影响： 受雇用的月份数 4 年：E＞C 接受公众帮助的月份数 15 年：E＜C	只对白种人母亲的影响： 产前吸烟 孕期末：E＜C 对贫困／未婚母亲的影响： 物质滥用 15 年：E＜C
孟斐斯市 NHVP	日后又怀孕的次数 2 年：E＜C 拥有较少心理资源的母亲： 更少的婴儿安全出生 2 年：E＝C	教育年限 2 年：E＝C	接受公众帮助的月份数 2 年：E＜C＋ 5 年：E＜C 受雇用的月份数 2 年：E＝C	感知到的控制感 2 年：E＝C
PAT				
高瞻课程佩里学前教育研究项目				
FDRP				

教养结果

项目	亲子互动	家庭环境	儿童虐待和忽视	教养技能
初学者项目	二元参与 20 个月：E＝C 只Ⅰ组和Ⅱ组： 母亲发起的相互活动 E＞C 母亲的专制 6 和 18 个月：E＝C	家庭环境 6、18 和 42 个月：E＝C		母亲的民主态度 6 和 18 个月：E＝C
CCDP	亲子互动 3 年：E＝C 母亲促进情感发展 3 年：E＝C	家庭环境 4 年：E＝C 预防性医学看护 E＝C	儿童死亡 E＝C	对孩子不适当的预期和缺乏同理心 5 年：E＝C
CPCs	父母卷入 5 年级： E1＝C；E2＝C			
HFA	弗吉尼亚州： 教育 2 年：E＝C 促进互动 1～24 个月：E＞C 夏威夷： 母亲卷入 6 个月：E＞C+ 儿童对母亲的反应 1 年：E＞C	弗吉尼亚州： 家庭组成 2 年：E＞C	弗吉尼亚州： 已证实的儿童虐待和忽视 2 年：E＝C 夏威夷： 已证实的儿童虐待和忽视 1 年：E＜C+ 突然闯入房间 1 年：E＝C 圣地亚哥： 身体攻击 2 年：E＜C，3 年：E＝C	夏威夷： 教养方面的知识 1年：E＞C
HIPPY				
休斯顿亲子发展中心	情感 2 年：E＝C，3 年：E＞C 鼓励言语表达 2 年：E＜C，3 年：E＞C	家庭组成 2 年：E＝C 3 年：E＞C	家庭组成 1 年：E＝C；3 年（邮寄）：E＞C	
IHDP	家庭组成 1 年：E＝C；3 年（邮寄）：E＞C			
新机遇示范项目	情感支持 18 个月：E＞C+；42 个月：E＝C 严格的纪律 18、42 个月：E＝C 不喜欢父母角色： 18 个月：E＜C+；42 个月：E＝C 对孩子发火 18 个月：E＝C；42 个月：E＜C	物理环境 18 个月：E＝C 认知刺激 18 个月：E＝C 儿童健康保险 42 个月：E＝C	总的教养压力 18 个月：E＝C 42 个月：E＞C	

项目	亲子互动	家庭环境	儿童虐待和忽视	教养技能
埃尔迈拉 NHVP	温情和控制 4年：E=C 对贫困、未婚和青少年母亲的影响： 与婴儿发生冲突或责骂婴儿 6个月：E<C+ 批评/约束 10和22个月：E<C；4年：E>C 与孩子接触 4年：E>C	对贫困、未婚和青少年母亲的影响： 提供适当的玩具 10和22个月：E>C	突然闯入房间/伤害 2年：E<C 对贫困、未婚和青少年母亲的影响： 已证实的儿童虐待和忽视 2年：E<C；4年：E=C 突然闯入房间/伤害 4年：E<C 对贫困、未婚和青少年母亲的影响： 已证实的儿童虐待和忽视 4年：E=C；15年：E<C	父母应对 4年：E>C
孟斐斯 NHVP	尝试母乳喂养 2年：E>C	有益于儿童发展的家庭 2年：E>C	健康方面遭遇伤害/误食 2年：E<C	关于儿童抚养的健康心理 2年：E>C 母亲的教育行为 2年：E=C
PAT	亲子互动 1和2年：E=C 对收入非常低的家庭的影响： 父母为孩子读书/唱歌 2年：E>C	家庭环境 1和2年：E=C 对中等收入的家庭的影响： 儿童行为的可容许性 E>C	儿童虐待前兆 2年：E=C	父母的胜任感 2年：E=C 父母对儿童发展/安全的知识 1和2年：E=C
佩里	当被邀请时，参加家长会 E<C			对女孩的父母的影响： 希望让孩子上大学 E>C 积极的教养态度 学前一年：E>C
FDRP		家庭刺激 36个月：E>C		对青少年低的期望 10年追踪：E<C

儿童发展结果

项目	认知发展	社会/情感发展	教育	健康
启蒙项目	IQ 4、5、12 年和 21 年：E > C 15 年：E=C+ 记忆 42 个月：E > C 运动技巧 42 个月：E=C 言语能力 42 个月：E=C 阅读能力 15 年：E > C 数学能力 15 年和 21 年：E > C	目标导向的行为 6 个月和 12 个月：E=C 18 个月：E > C 社会能力 6 和 12 个月：E > C 犯罪或财产掌控 16～21 年：E=C 受雇 21 年：E=C 技能工作 21 年：E > C	特殊教育 15 年：E < C 留级 12 年和 15 年：E < C 特殊服务的使用 15 年：E=C 4 年大学或者学院教育 21 年：E > C 对女性的影响： 教育年限 21 年：E > C	医疗保险 21 年：E=C 酗酒 21 年：E=C 吸食大麻 21 年：E < C 青少年期怀孕（19 岁以前）21 年：E < C 对有孩子的人的影响： 生头胎的年龄 21 年：E < C 孩子的数量 21 年：E=C
CCDP	IQ 15 年：E=C 总的认知能力 5 年：E > C+	行为问题 2～5 年：E=C 社会行为 3 年：E=C		
CPCs(E1：仅学前参与者；E2：从学前期到 3 年级的参与者)		班级适应 3、4、5 年级：E1 =C；E2 > C 学校过失行为 13 岁和 14 岁：E1=C 14 岁和 15 岁：E1=C 任何拘留 14 岁和 15 岁：E1=C 18 岁：E1 < C	阅读和数学成绩 3、4、5 年级：E2 > C 留级 3、4、5 年级：E1=C；E2 < C；14、15 岁：E1 < C 特殊教育 3、4、5 年级：E1 和 E2=C 14、15 岁：E1 < C 完成高中教育 20 岁：E1 > C	
HFA	弗吉尼亚州： 发展年龄分数 1 和 2 岁：E=C 夏威夷： 认知发展分数 1 年：E=C 圣地亚哥： IQ 2 年：E > C；3 年：E=C			弗吉尼亚州： 提前实施 孕期结束：E=C 生育并发症 孕期结束：E < C 夏威夷： 免疫 1 年：E=C

续　表

项目	认知发展	社会/情感发展	教育	健康
HIPPY	Ⅰ组 认知技能　项目结束：E>C 阅读能力　项目结束：E=C；1年后：E>C 数学能力　项目结束，1年后：E=C Ⅱ组 认知技能　项目结束：E=C 阅读和数学能力项目结束，1年后：E=C		Ⅰ组 班级适应 项目结束，1年以后：E>C Ⅱ组 班级适应 项目结束，1年以后：E=C	
休斯顿亲子发展中心	IQ 1年：E=C；2和3年：E>C；4~6年，复合标准：E=C 信息几何设计：E>C 6~9年 复合标准：E=C 区组设计：E>C 言语交流 2年：E>C 3年：E=C	敌意 8~11年：E<C 体谅 8~11年：E>C 对男孩的影响： 破坏性 4~7年：E<C 过分活跃 4~7年：E<C	学业成绩 8~11年：E>C 分数 8~11年：E=C 留级/学习问题 8~11年：E=C 特殊教育 8~11年：E=C 双语班级 8~11年：E<C	
IHDP	综合的IQ 3年：E>C 语言和词汇　2年和3年：E>C 视觉运动技能　2年和3年：E>C 对超重儿童的影响： 综合的IQ　5年和8年：E>C	行为问题 2年和3年：E<C 5年：E=C	对超重儿童的影响： 数学成绩 8年：E>C	对吸烟的白种人母亲孩子的影响： 提前实施 孕期末：E<C 健康问题的数量 3年：E>C
新机遇示范项目	学业表现/能力（教师评定）E=C 学业表现/能力(母亲评定）E<C+	反社会行为　42个月：E=C 行为问题和抑郁42个月：E>C		至少住院一次的儿童　0~42个月：E=C 受伤/中毒的治疗 0~18个月：E=C；19~42个月：E>C+

续　表

项目	认知发展	社会/情感发展	教育	健康
孟斐斯 NHVP	心理发展　2年：E=C 拥有更多心理资源的母亲的孩子： 与母亲交流或对母亲作出反应 2年：E＞C	行为问题 2年：E=C		出生时的重量 E=C
埃尔迈拉 NHVP	对贫困、未婚青少年母亲的孩子的影响： 发展商数　1年和2年：E＞C+ 对中度/重度吸烟母亲的孩子的影响： IQ　15年：E＞C	拘留和犯罪 15年：E＜C 内外化行为和物质滥用 15年：E=C 对贫困、未婚青少年母亲的孩子的影响： 酗酒15年：E＜C 吸烟吸毒　15年：E=C 性伴侣的数量 15年：E＜C；逃跑 15年：E＜C	旷课次数 15年：E＜C 留级年数 15年：E=C 平均绩点 15年：E=C 休学次数 15年：E=C	良好儿童看护的获得 2年：E=C 免疫状态 2年：E=C
PAT	认知发展 2年：E=C	社会、自助和沟通的发展 2年：E=C		去年进过急诊室　2年：E=C 生理发育 2年：E=C
高瞻课程佩里学前教育研究项目	IQ 学前期(第一年)到1年级：E＞C 2年级到4年级：E=C 词汇技能 4年和5年：E＞C；6年到9年：E=C 一般读写能力 19年：E＞C；27年：E=C 阅读能力 1年级和2年级：E=C；3年级和4年级：E＞C 数学能力 1年级：E＞C；2年级到4年级：E=C	积极的社会情感状态 幼儿园、1年级和3年级：E=C 2年级：E＞C 积极的社会发展 幼儿园和1年级：E=C 2年级：E＞C；3年级：E＞C+ 学校/个人的不端行为 6~9年：E＜C+ 目前受雇用情况 19年：E＞C；27年：E=C 终生逮捕　19年和27年：E＜C	学校成就 1年级和2年级：E=C 3年级和4年级：E＞C 高中平均绩点 E＞C 学业动机/潜能6~9年：E=C 留级年数 12年级：E=C 对女性的影响： 高中毕业/完成的最高年级 27年：E＞C	住院 27年：E＞C 酗酒 27年：E=C 总是/通常系安全带 27年：E＞C 对女性的影响： 生育　19年和27年：E=C 怀孕 19年：E＜C+；27年：E=C 流产　27年：E＜C+

续　表

项目	认知发展	社会/情感发展	教育	健康
雪域大学 FDRP	IQ 6个月：E > C 12个月：E=C	自发的、积极的问题反应 36个月：E > C 幼儿园和1年级：E=C 随后的10年：E > C 威胁性的攻击行为 36个月：E > C；幼儿园：E=C 1年级：E < C 缓刑　随后的10年：E < C 对女孩的影响： 积极的态度/冲动控制 随后的10年：E > C	接受特殊教育 80/81 和 84/85：E=C 未来的5年打算在学校度过 随后的10年：E > C 对女孩的影响： 不及格范围内的平均绩点 7 和 8 年级：E < C 旷课20天或更多 81/82 和 82/83：E=C 83/84 和 84/85：E < C	

注：E: 实验组；C: 控制组；CCDP: 儿童综合发展项目；CPCs: 亲子中心；HFA: 美国健康家庭；HIPPY: 学前儿童的家庭指导项目；IHDP: 婴儿健康和发展项目；NHVP: 护士家访项目；PAT: 父母如教师；FDRP: 家庭发展研究项目；AFDC: 对抚养儿童家庭的补助；GED: 普通同等学历证书；IQ: 智商

初学者项目

初学者项目是早期教育干预中有效的随机化实验，开始于 1972 年。它根据 13 个危险指标（Ramey & Campbell, 1991）来选择参与研究的家庭。这是一个高质量的学前项目，旨在提高入学准备，在儿童 6 个星期大时开始实施，持续全年，直到儿童 5 岁。学前期以后，重新随机分配所有儿童到 K—2 教育支持项目或者标准 K—2 班级，这样就创建了四个组（控制组，仅学前期组，仅 K—2 组，学前 / K—2 组）。K—2 项目通过专业教育者在家中为父母提供教育性训练，从而使家长参与到儿童的学习过程中。

通过研究 21 岁时个体的认知和社会情绪发展结果，我们发现项目产生了积极的效果（Barnett, 1995; Campbell, Pungello, Miller-Johnson, Burchinal, & Ramey, 2001; Campbell & Ramey, 1994, 1995; Campbell, Ramet, Pungello, Sparling, & Miller-Johnson, 2002; Clarke & Campbell, 1998; Ramey, 1980; Ramey & Campbell, 1981; Ramey et al. , 2000; Ramey, Dorval, & Baker-ward,

1983; Ramey & Haskins, 1981; Ramey, Yeates, & Short, 1984)。尽管这个项目在初始试验之后并没有继续实施，但是它的许多关键方面被爱心项目(Project Care)和 IHDP 吸纳(Ramey & Ramey, 1998)。

芝加哥亲子中心项目

芝加哥亲子中心项目(CPC)项目开始于 1967 年，旨在为低收入家庭的儿童及其父母提供早期教育和家庭支持服务。此项目依据初等及中等教育法案 I 开展资助，是联邦政府资助较早的第二大早期干预项目(仅次于启蒙计划)。这一项目的两个主要特色是：儿童看护中心的服务是免费的，它提供增强性的教育活动；干预中心中父母集中参与活动(要求处于学前期和幼儿园中的儿童必须参与，强烈鼓励 1~3 年级儿童参与)。儿童在学前期加入这个中心，1~3 年级时接受强调语言艺术的增强型学业课程。该项目雇用教师助手和父母志愿者，采用更加小班化的策略来提高成人与儿童的数量比例，从而提供更加独特和集中的教育服务。中心或者学校里用于为家长提供资源的全职教师会为家长提供一些机会，允许他们自愿参加学校活动，接受教育和培训、参与子女的教育。学校—社区的全职代表采用家访的形式评估家庭需求，引导家长获得可利用的社区服务。最后，所有的教育人员需要接受与项目目标相关的在职培训。

准实验评估表明，项目对学校表现的效应能够一直持续到参与者 20 岁时(Reynolds, 1994, 1995, 2000; Reynolds, Chang, & Temple, 1998)。CPC 项目现已经在贯穿芝加哥的 24 个场所实施，所有地区项目的实施主要是通过芝加哥公立学校系统进行的。

综合性儿童发展项目

综合性儿童发展项目(CCDP)开始于 1989 年，它是儿童、青少年和家庭管理机构发起的两代示范项目。CCDP 项目建立适合本地区的服务项目，根据需要安排每周一次或者每两周一次的家访，提供案例管理服务。作为立法授权的一部分，该项目力图将小于 1 岁的儿童所在的低收入家庭作为目标。先前具有早期儿童经验的案例管理者将家庭与现存的社区服务联系起来，并在有缺口的地方对其提供直接服务。项目的主要收益就是扩大服务；CCDP 家庭获得的所有服务，对照组中想接受这些服务的家庭同样可以获得（St. Pierre, Layzer, Goodson, & Bernstein, 1997）。

　　CCDP 中有影响力的评估关注 CCDP 项目的分项目 22 第 I 组，这一项目在美国开展了 5 年，结束于 1993 年（Goodson, Layzer, St. Pierre, Bernstein, & Lopez, 2000; St. Pierre et al., 1997）。总的来说，这个项目没有发现积极效果。Gilliam, Ripple, Zigler 和 Leiter（2000）针对没有价值的研究发现以及政府、媒体方面的强烈反对作出回应，批评了 CCDP 的实施和评估。Abt 联合公司的研究人员为项目辩护，重申项目的主要收益是案例管理服务，项目的实施和评估是严格按照规定进行的（Goodson et al., 2000）。尽管存在争论和无效力的结果，但是在 1995 年 34 CCDP 项目还是在启蒙计划的监督下被重新授权，并将统一于新的启蒙计划之下（政府重构联盟，未注明日期）。

美国健康家庭

　　美国健康家庭 (HFA) 是国家规划项目，它雇佣专职人员的助手进行预防性家访服务，主要针对有虐待儿童倾向和忽视风险的初为父母的家庭。HFA 于 1992 年启动，试图重复夏威夷健康启动项目所使用的家访模型，提高家庭对预防性服务的使用。尽管 HFA 的目标已经扩展到完善儿童福利和健康保健系统，但大部分 HFA 活动仍致力于发展和实现家访项目。

　　不同地点的服务有所不同，但这些服务通常都会针对分娩前或分娩中准父母的需求进行系统评估，然后进行每周一次的家访，当实现一些具体目标后，家访的次数随之减少。家访根据需要持续 3 ～ 5 年，将重点放在促进亲子互动、儿童认知发展和社会发展、父母社会支持和社区服务使用上。为了保持最佳的实践标准，家访者必须接受集中的教育培训和持续性的监督。

　　现存的两个随机化实验的评估结果是不一致的，但是这些评估结果都表明项目在母亲—婴儿互动、儿童虐待和认知功能方面具有适度的短期效果（Daro & Harding, 1999）。在所实施的非实验研究的广阔范围内已经出现了更加广泛的结果（Daro & Harding, 1999）。HFA 是国家宣传最广的家访项目，目前此项目已经在超过 40 个州的 300 多个地区实施。

高瞻课程佩里学前教育研究项目

高瞻课程佩里学前教育研究项目开始于 1962 年，结束于 1967 年。一般情况下，家庭贫困和儿童学业失败会相互作用并将贫苦一直延续到成年期，本项目的目的就是证明高质量的学前教育有助于改变这一循环。

班级（高瞻课程）课程的开展基于皮亚杰的认知发展理论。正如目前所进行的，课程包含能够促进"主动学习"的活动。尽管教师没有预先指定的教材，但是儿童都有一致的作息时间表，在这里学生多、老师少，儿童可以自由选择和开展学习活动，老师也会帮助他们将那些活动扩展到与发展相适应的学习经历中。项目中教师要进行家访，帮助母亲参与到教育子女的活动中，并与家庭中其他的孩子一起完成课程。

持续时间长的项目的收益会体现在很多方面，包括认知、教育、行为和健康结果方面（ Barnett, 1985; Parks, 2000; Schweinhart, Barnes, Weikart, Barnett, & Epstein, 1993; Schweinhart, Berruta-Clement, Barnett, Epstein, & Weikart, 1985; Weikart, Bond, & McNeil, 1978; Weikart & Schweinhart, 1991, 1992, 1997 ）。尽管没有对以上描述的全部项目进行重复和宣传，但是高瞻课程教育研究基金却广泛的宣传了高瞻课程教育课程。

学前儿童的家庭指导项目

1969 年，学前儿童的家庭指导项目 (HIPPY) 项目创建于以色列，至今该项目已发展到 120 多个地方，为超过 15000 名美国儿童提供服务，并且每个项目都受到地方组织的资金支持和管理。该项目为期两年，主要目的是为帮助那些受过较少正式教育的母亲，以便为 4 岁和 5 岁的儿童做好入学准备。在入学前的最后一年和幼儿园的第一年，HIPPY 采用为期 30 个周的学习项目来训练母亲教育他们的孩子。训练地点每周交替，或者是专业的人员助手进行家访，或者是与项目协调者进行基于中心的会面。专业人员的助手是从社区中选出来的，并由项目协调者每周对其进行培训。将培训安排得越来越困难，从而使母亲和儿童在参与项目的过程中获得掌控感和成就感（ Baker, Piotrkowski, & Brooks-Gunn, 1998; Olds, Hill, Robinson, Song, & Little, 2000 ）。

我们使用包含两个群组的随机化实验对 HIPPY 进行评估（ Baker et al.,

1998)。在第一群组，我们发现儿童的认知和学业功能存在项目效应，但是此结果在第二个群组中并没有得到验证。两个群组的人员损耗率和项目实施率相同。

休斯顿亲子发展中心

休斯顿亲子发展中心（HPCDC）的目标是促进处境不利的墨西哥裔美国儿童的认知和社会技能发展。此中心创建于 1970 年，是启蒙项目所支持的最早的亲子发展中心之一，旨在发展最先进的早期干预项目。

儿童 1 ~ 2 岁时，专业人员助手对其所在的家庭进行每两周一次的家访，家访期间母亲会学习关于早期儿童发展、家庭健康和安全方面的知识，学习如何与孩子进行教育性游戏并接受英语语言课程的学习。家访者教导母亲如何促进她们孩子的发展，而不是与儿童直接进行互动。一些家访为了方便儿童的父亲和兄弟姐妹都参与到活动中来，选在周末进行。儿童 2 ~ 3 岁时，母亲和儿童每周有四天参加中心活动。母亲参加有关生存技能和儿童抚养的教育性活动和小组讨论，而儿童则参与教育性的幼儿园看护。

随机化实验的结果表明，项目影响教养行为以及儿童的社会、认知和学业技能（ Andrews et al. , 1982; Johnson, 1990; Johnson & Breckenridge, 1982; Johnson & Walker, 1987; Walker & Johnson, 1988 ）。该项目在圣安东尼奥市和得克萨斯州得到重复，但是由于资金问题终止了对项目的评估。据我们所知，目前还没有任何对该项目的进一步的重复研究和宣传。

婴儿健康和发展项目

婴儿健康和发展项目 (IHDP) 是一项干预项目，旨在预防低重儿和早产儿的健康和发展问题。对这一群体来说，这是使用大规模、多地点的随机化试验来检验集中性学前项目有效性的第一次尝试。此项干预将活动与家庭支持服务结合起来，之前已经证实这些活动对于处境不利、正常出生体重的婴儿（适合低出生体重婴儿）来说是有效的。

婴儿出院后，立刻对其提供服务，每周进行一次家访，一直持续到婴儿12 个月大（胎龄）时，然后当婴儿 12 ~ 36 个月大（胎龄）时，家访次数改为每月两次。除了提供社会支持和关于儿童健康和发展的信息外，家访者还帮助父母学习一系列能够促进儿童发展的认知激发活动和游戏。12～36个月时，儿童要参加儿童发展中心，发展中心的职员引导儿童参加与发展相适应的教育活动和游戏，这些活动和游戏与家庭课程中所进行的的活动相似。除此之外，在第二年和第三年，父母还可以参加家长支持小组，分享他们抚养儿童过程中所关心的事情并获得其所感兴趣话题的信息。

研究者报告了该项目对家庭环境及母亲和儿童互动等诸多方面的影响（Baumeister & Bacharach, 1996; Bradley et al., 1994; Brooks-Gum, Klebanov, Liaw, & Spiker, 1992; Brooks-Gunn, Liaw, & Klebanov, 1992; Brooks-Gunn, McCormick, Shapiro, Benasich, & Black, 1994; IHDP, 1990; McCarton et al., 1997）。我们还没有了解到项目重复和宣传方面进一步的工作。

护士家访项目

护士家访项目(NHVP)提供家访服务，教导母亲形成健康的产前习惯，引导其进行有效的儿童养育实践，并促进母亲生命历程的积极发展，从而改善儿童的发展结果。1977年，此项目在纽约的埃尔迈拉开始进行随机化试验。

注册护士在怀孕期每隔一周家访一次，产后的前六周每周家访一次，然后逐渐缩短日程安排，直到儿童2岁。尽管护士的家访内容适应每个家庭的特别需求，但是她们主要在以下三个方面改善母亲的技能：(a)产前期和儿童生命早期与健康有关的行为；(b)父母为子女提供的照料；(c)母亲的生命历程发展(家庭项目，教育成就，工作目标)。尽管研究者也报告了此项目在与教养、母亲生命历程和儿童功能有关领域所发挥的作用，但是最值得注意的是项目对儿童虐待和重复生育产生的长久性影响（Old et al., 1997, 1998; Olds, Henderson, Chamberlin, & Tatelbaum, 1986; Olds, Henderson, Tatelbaum, & Chamberlin, 1988）。上述结果中有一些在田纳西州的孟菲斯进行的第二个随机化试验中得以重复，这一系列试验主要服务于城市的非裔美国家庭（Kitzman et al., 1997）。目前，NHVP正在23个州的72个地区施行。

新机遇示范项目

新机遇示范项目是一项旨在提高人力资本及生命历程发展结果的随机

化评估，目标人群是在青少年期生育孩子、高中辍学、正在接受福利的年轻女性。这个示范项目开始于 1989 年末，在 10 个州的 16 个社区实施了 3 年。该项目要求目标人群的参与是自愿的，且通过对项目的重新设计从而适应现有的服务。项目的第一阶段是在类似学校的环境中提供职业和养育方面的培训，同时提供免费的儿童看护。第二阶段是引导参与者在真实工作环境中参加更深层次的职业培训，尽管很少有项目能够达到这一阶段。该项目也为一些个人问题和工作援助提供案例管理（Quint, Bos, & Polit, 1997）。

尽管新机遇示范项目为参与其中的母亲提供了广泛的服务，但是该项目对它们的生活几乎没有产生积极的影响，甚至在某些方面还产生了消极影响（Quint et al., 1997; Zaslow & Eldred, 1998）。

父母即教师

父母即教师 (PAT) 是一种能够普遍获得的干预项目，它创立的观点基础是：婴儿天生就是学习者，有效的教养实践能够增强其认知发展。PAT 开始于 1981 年，当前的 PAT 项目管理着 2600 多个地区项目，在 48 个州和其他 6 个国家施行。该项目在产前期就已开始，具有资格证的家长教育者定期进行家访，根据限定于特定年龄段的课程为父母提供儿童发展和教养行为的相关信息。除此之外，每月组织家长参加群组会议以鼓励社区建设。所有的家长教育者都有教学或者早期儿童发展方面的背景，并且接受过 PAT 课程的特殊培训。该项目旨在满足许多家庭的多样化需求，项目课程服务于特定目标人群，包括在青少年期就已生儿育女的父母和美国本地父母（Olds et al., 2000; Wagner, Spiker, Hernandez, Song, & Gerlach-Downie, 2001; Winter & McDonald, 1997）。

PAT 项目已经实施了三个随机化试验。一个涉及拉丁美洲父母，其他的涉及青少年时期就已成为母亲的女性，所有随机化试验都表现出了混合效应（简要说明，参见 Wagner & Clayton, 1999）。在新近的三个地区的研究中（Wagner et al., 2001），只在一个地区发现了教养和儿童发展结果方面的项目效应。作者推测这个地区过去已经享受了较多的福利，因为它处于一个组织中，该组织向家庭提供多种多样的服务，PAT 只是这些服务的一部分，这表明如果 PAT 成为较大范围的社会支持网络的一部分，那么它会产生最大收益。

雪域大学家庭发展研究项目

雪域大学家庭发展研究项目（FDRP）开展于 20 世纪 70 年代中期，是一个综合性的家庭干预项目。尽管该项目将工作重点放在家庭和父母身上，但是大学中高质量的学前教育也是一项重要内容。该项目声明其目标是帮助贫困家庭提高积极发展的可能性，因此干预开始于产前期的最后三个月并一直持续五年时间。家访者或儿童发展训练人员是专业人员的助手，他们与所有的项目职员一起接受每年两周的培训（Honig & Lally, 1982）。

FDRP 的评估是包含匹配对照组的准实验时间滞后设计。对照组在 36 个月时建立，并与实验组在几个因素上进行匹配。到一年级时干预的积极影响会有所减弱，但是早年的结果一般都是积极的，会对所有孩子产生影响（Honig, Lally, & Mathieson, 1982）。追踪研究表明项目对参与该项目的女孩产生了持久的影响（Lally, Mangione, & Honig, 1988）。

项目效应的概括

我们从早期干预和家庭支持项目的评估中学到了什么？首先，尽管 Bronfenbrenner(1975) 关于学前教育和家庭干预的一项较早的有影响力的论述已经存在 25 年了，但是我们还是要在这里提一下。Bronfenbrenner 对一些随机化研究进行综述，包括群组背景下的学前教育项目和在家中进行的家庭干预项目，之后他得出了几项结论。这些研究主要关注儿童认知能力的提高，并将其作为重要的发展结果。基于中心的学前期项目表明，IQ 水平的短期提高在项目结束后会下降，特别是对那些经济水平最低的儿童而言。一些初步证据表明，如果将干预持续到小学低年级并提高家长的参与度，那么会弥补项目结束导致 IQ 水平下降的结果。基于家庭的干预更加关注父母和儿童，表现出更积极的、持续时间更长的效应。项目开始的越早，儿童的认知收益越大。儿童参加基于中心的学前项目能够从中获得认知方面的收益，早期阶段的亲子干预能够增加这种认知收益的数量和加强其持久性。最后，以父母为中心的项目表明，母亲和儿童在提高胜任感方面都有获益。

我们综述的许多项目都借鉴了这些早期的干预研究，将重点放在母亲生命历程发展、增强亲子互动及与儿童进行直接互动上。尽管 IQ 和学业成就是对成功的重要测量指标，但是我们将研究范围扩大之后主要关注母亲及儿童的发展结果，取代了先前最为关注的 IQ 和学业成就。因为参加过一些早期研究（例如，佩里学前项目，NHVP）的家庭和儿童也参加了纵向研究，所以也存在项目长期影响的确切证据。接下来，我们对所综述的项目的结果进行了概括。

母亲生命历程发展

许多项目的根本假设是：如果母亲自己的生存机会得到提高，那么就会对儿童产生持久的不断累加的积极影响（Benasich, Brooks-Gunn, & Clewell, 1992; Olds et al., 2000）。很多项目都发现了对母亲生命历程的积极影响，尽管这并不总是其中的一个明确目标。母亲生命历程的重要结果包括生育力、教育成就、经济自足和健康。不幸的是，一些包含父母的项目（例如 PAT）并没有测量母亲结果，从而限制了我们对母亲积极影响的了解。

尽管子女的数量及子女的出生间隔对母亲生命历程发展很重要，但是几乎没有研究将生育力作为一种发展结果。我们所综述的 12 个研究中，只有 4 个测量了生育力结果，并且在这四项研究中，只有 NHVP 表现出了项目对怀孕、出生和孩子间隔产生的积极影响，在埃尔迈拉和孟菲斯的研究中，处于更高风险中的母亲体现出了这种效应。Benasich 等（1992）所综述的 27 项早期干预项目中，仅仅有 5 项测量了生育力结果。这 5 个项目中的每一个都表明干预组有更低的出生率，例如耶鲁儿童福利研究（Seitz, Rosenbaum, & Apfel, 1985）。但是这个综述包含很多评估设计较差的研究（例如，家庭数量少，没有随机分配任务到各组）。

项目对母亲教育成就产生的效应也是混合的。新机遇和初学者干预项目对发展结果产生了积极的影响，例如更多人完成高中课程学习、大学升学率较高。IHDP 在 5 年内没有产生任何影响，NHVP 在第 4 年就产生了一些早期影响，但到第 15 年时影响就不存在了，这都证明对照组最终能够"赶上"实验组的母亲。项目对母亲的教育成就及其他相关的发展结果，例如生育力和职业等的影响的细节问题还未报告。

项目对母亲的职业和是否接受福利产生的效应也是混合的，并且家庭小组之间存在效应多样性的倾向。NHVP 减少了母亲所接受到的福利，CCDP 对其没有产生影响，而新机遇和 IHDP 报告母亲会接受更多的福利。

考虑到这些相同项目中有很多项目对母亲的工作月份数产生了积极的影响（IHDP），而且有更多数量的母亲能够获得工作，又能够获得独立于儿童使用的仅对家庭提供的援助（新机遇示范项目）。因此，后者的结果可能反映了母亲与所需服务之间存在联系的短期效应。需要注意的很有意思的一点就是，尽管在佩里学前项目中，并没有报告对母亲产生的长期影响，但当儿童 27 岁时，其父母不必耗费更多的精力去获取福利，并且能挣更多的钱。最近几年，福利方面待处理的案件数量急剧减少，这使得我们很难检验这些项目对由福利转向工作的过渡所造成的影响。

这些项目对母亲身体或精神健康的影响是不确定的。IHDP 和 HFA 报告母亲存在更少的情绪困难，然而新机遇却报告了母亲更高的抑郁水平。埃尔迈拉 NHVP 报告了该项目对 15 年内药物使用影响的一些积极效果，而新机遇项目却报告没有任何影响。许多其他的研究没有对这些结果进行测量。

总之，结果表明我们的项目很难影响母亲生命历程的发展结果，并且项目要经过很多年才会表现出积极效应。尽管这些项目的效应仅局限在贫困和未婚的被试身上，但是埃尔迈拉的 NHVP 却报告了项目对母亲生命结果的持续性影响。此外，一些大型项目，例如 CCDP，尽管也做了很多支持父母人格发展的努力，却没有测量生命结果变量。

教养

很多项目都力图去影响亲子关系和家庭环境质量。测量结果包括父母自我报告、直接观察的教养行为、家庭环境的评估和官方报告的儿童虐待和忽视。尽管很多研究没有报告更大范围内的积极结果，但是有几个项目却报告了对教养态度和亲子互动的积极影响（IHDP，休斯顿 [HPCDC]，CPCs，NHVP，初学者）。其他的文献综述已经得出结论：早期干预和家庭支持项目对教养有积极影响。Yoshikawa（1995）评论了测量父母教养结果的 28 个项目，其中有 19 个项目在总体上报告了积极结果。Benasich等人（1992）报告的 11 个项目中有 10 个发现项目能够改善母婴互动，并且 10 个项目中有 7 个报告母亲的知识或态度发生了积极变化。通过对家庭量表的测量发现，很少有项目会对家庭环境产生影响（参见 Karoly等，1998）。

当前早期家访项目的流行在很大程度上是由于早期家访项目很有希望成为预防儿童虐待和忽视的一种策略。然而只有很少的早期教育和家庭支持项目测量了这一结果，只有一个项目（埃尔迈拉 NHVP）表明，在很精密的实验设计（随机实验）和长期追踪的前提下，项目对已证实的儿童虐待率存在积极影响。尽管虐待态度的变化与实际生活中虐待行为的减少之间的关系还尚不知晓（Olds et al.，2000），但是一些项目，例如 HFA，已经报告了父母对儿童虐待态度的变化（Daro & Harding，1999）。由于某些社区低估了儿童虐待和忽视，所以通过保护儿童服务的官方报告来检验干预效果是很困难的，因此还需要测量儿童实际被虐待的其他一些指标。例如，孟菲斯 NHVP 发现，与虐待的模式一致，护士家访会减少人们因受伤和摄入食物而去医院的次数（Kitzman et al.，1997）。

　　总之，尽管项目对家庭环境的改善、儿童虐待和忽视的减少的影响大多是混合的，并且还未得到全面的评估，但是典型的早期干预和家庭支持项目已经在影响父母态度和行为方面表现出很大的希望。

儿童发展结果

　　尽管认知发展结果很重要，但是最近的一些评估研究中经常加入对社会适应的测量，尤其是在项目检验长期影响的时候（例如，佩里幼儿园，NHVP，CPCs）。其他综述（e.g.，Barnett，1995）表明经过精心设计的针对处境不利儿童的早期干预项目，会对儿童的认知能力产生即时的、有意义的影响。如以往所述，这些影响的强度和持续的时间因项目主要特征的不同而不同。如果项目开展的时间较早（例如，Abecedarian，IHDP），强度大且非常综合（例如，佩里幼儿园），而且项目除了包含为促进学习目标实现而进行的家访外，还包含为儿童提供的直接的教育活动（Ramey & Ramey，1998），只有做到以上几点，项目才会产生较大的且持续时间较长的效果。长期追踪研究的模型和大规模项目表明项目给智力带来的收益能够维持到学龄期。即便那些智力的收益无法维持，这种对智力的持续性影响在未来的学业成功测量中也会有所体现，例如留级，安排特殊教育，和高中毕业等（Barnett，1995；Karloy et al.，1998）。

　　我们已经在不同年龄阶段通过多种方式测量了项目对儿童社会认识和情绪发展的影响。很多项目都报告了项目对学前儿童产生的积极效果 [例如，佩里幼儿园，IHDP，Abecedarian，Houston，（HPCDC）]。关注年龄较大儿童的行为问题和犯罪活动的典型项目数量很少，例如佩里幼儿园，NHVP，锡拉库扎（FDRP），同时存在一个大规模的项目对家庭进行了足够长时间的追踪以测量这些儿童的发展结果（CPCs）。尽管很少有项目报告出长期的效果，但是在某种程度上来说，佩里学前项目、CPCs、FDRP和 NHVD（针对高危小群体）产生的效应是鼓舞人心的，这些项目均发现干预组儿童的不良行为和犯罪活动均减少了。Yoshikawa（1995）在评价了 42 个早期干预和家庭支持项目后，发现如果项目将早期教育服务与家庭支持相结合，对不良行为的发展结果会产生长期的一致的影响（参见 Zigler, Taussing, & Black, 1992）。仅仅基于家庭的支持项目（埃尔迈拉 NHVP）和仅仅基于学校（CPCs）的项目都发现干预会对不良行为和犯罪活动产生长期影响，这表明很多类型的项目都能够有效地预防这些社会问题。这些婴儿和学前项目产生的积极影响与最近的一些预防性实验设计及早些时候提到的联合的预防性实验设计之间形成了有趣的对比，最近的实验旨在减少行为失调和攻击行为，例如 FSAT Track 试验（行为问题预防研究小组，1992）和早期联合预防试验，这两个项目中，每个试验都开始于一年级 (Dumas, Prinz, Smith, & Laughlin, 1999)。目前开展的综合性的、基于理论的工作能否与先前描述的早期干预一样对不良行为和犯罪行为产生长期影响，现在对其进行判断还为时过早。

有的项目对儿童进行足够长时间的追踪以测量经济方面的活动。当儿童 21 岁时，参与启蒙项目的儿童中更多的报告自己获得了需要技能的职业，当儿童 27 岁时，参加过佩里幼儿园的儿童报告，他们较少使用福利、且有更高的收入。埃尔迈拉 NHVP 收集了 19 年数据，这些数据可以评估对母亲经济自足产生积极效应的项目是否会对儿童成年后的生活产生相似的效应。

成功项目的一般构成元素

在关乎项目成功的项目设计和实施方面，我们能获得什么结论呢？这可以从早期干预和家庭支持项目文献中获得一些初步的结论（例如，Barnett, 1995; Karoly et al., 1998; 国家研究委员会和医疗机构（National Research Council and Institute of Medicine）, 2000; Olds et al., 2000; Ramey & Ramey, 1998; Yoshikawa, 1995）。

时间点和持续时间。开始较早和持续时间较长的项目一般更为有效。这个结论是通过对一些持续时间不同的项目进行随机化实验评估而总结出来的（e.g., NHVP），这个结论的得出也以尝试将项目影响与参与者的数量联系起来的研究为基础（e.g., IHDP）。但是很少有研究系统地改变项目开始的时间及持续的时间，因此我们现在就确定年龄临界值（如果超过某个年龄，目标干预就无法获得成功）还为时过早。早期持续时间较长的干预不仅花费大，而且难以保证家庭的长期参与。尽管 Karoly 等人（1998）证明项目花费随时间的增长会得到更多的回报，但是为了取得最佳效率，我们仍然需要了解何时进行干预以及干预持续多长时间是最好的。

密集程度和综合程度。有效的项目更加精密、内容更宽泛、更具综合性。这些维度可以通过接触（例如，家访）或与儿童和家庭在一起的时间来进行测量，但是它们同样也反映了提供服务的范围和广度。如果有些项目在至少 2 年或 3 年之内多次与家庭进行接触，并且除了关注儿童的认知、社会情绪和生理发育之外，还会帮助父母完善其生命历程发展，这样的项目通常会产生长期的影响。

项目质量。毫无疑问，高质量的项目更为有效。高质量的项目有牢固的理论基础、界定清晰的课程、训练有素的指导人员、充足的资金、较小的师生比（婴儿项目是 1：0.75，学前教育项目是 1：6）、较小的家访者与家庭比（1：10 或更小）、具有较强的格式化的总结性评价内容。然而，整个项目的质量最终取决于工作人员与父母及儿童之间建立的人际关系，在这种人际关系里，援助、支持和指导与父母自主权、权威和文化素养保持平衡。

亚组间的分化效应。有的儿童和家庭从项目中受益更多，这是比较普遍的现象。例如，NHVP 产生的长期影响一般局限于低收入未婚妈妈以及其孩子身上。相似地，IHDP 对智力产生的影响也仅出现在出生时体重较重的儿童中。锡拉丘兹（FDRP）、休斯顿（HPCDC）和佩里学前项目都表明项目的影响随性别不同而变化。这些项目似乎对处境不利的家庭有更大的效果，尽管这种处境不利的程度可能有一个下限。例如，IHDP 的贫困家庭存在更多的危险因素，这些家庭通常与项目效力减少联系在一起(Liaw & Brooks-Gunn, 1994)。项目对个体影响的差异为这些项目使用更有针对性的、非普遍性的方法提供了理论基础。这也意味着，即使是目标项目也需要一定的灵活性来满足具体儿童和家庭的需要，尤其是项目在不同的社区环境中实施的时候。

早期干预和家庭支持项目的未来

国家研究委员会和医药研究所（2000）的报告总结了从**家庭**（*neurons*）

到**社区** (*neighborhoods*)，早期干预领域的状况：

> 早期儿童项目是否能够产生作用，这个问题已经被多次提问且多次都得到了肯定的回答。此问题没有进一步研究的价值。早期儿童领域的首要任务是解决一系列更重要的问题，有关不同类型的干预措施如何影响面临不同机会和诱因的儿童及家庭发展的结果。为此，项目评估者需要评估必须得到满足的不同要求、干预措施的稳定性、指定受益者的可接受性、实施的质量及在多大程度上能够发展效益最大、成本最低的、强度较小而范围较广的项目。(p. 379)

有的项目模型对改善父母和儿童的活动是非常有希望的，应当在"实验文化"(p. 380)环境中对这些项目模型进行完善，在实验环境中能够系统地探讨那些微不足道的、临床上可忽略的、非常规的项目影响(不同测量、儿童、时间等)产生的原因。那些未经检验的模型仍在继续进行大规模的传播，但是也存在例外，例如，针对年轻父母的家访项目，最初是非常乐观的，最终由于在评定项目有效性时受到评定方法的限制而做出让步(Gomby, Culross, & Behrman, 1999; Olds et al., 2000)。项目能够产生较大且更为一致结果的前提条件是：项目要基于可靠的流行病学研究，采用具有理论和实证依据的行为改变策略，目标家庭的需求与项目最为相关，且目标家庭能够参与到发展研究过程中，而在项目完全实施之前就已对项目的组成部分进行预试。详细记录项目的内容和方法同样重要，以便将来能够重复该项目；同时也能促进组织基础设施的建设，这对社区项目提供充分支持来说是必需的。(Olds et al., 2000)。

涉及早期干预和家庭支持项目的公共政策问题经常被归到经济效益领域中，这些经济效益来源于旨在帮助弱势儿童和家庭的政府资助项目，以生产力的提高和社会问题的减少作为测量的指标(Karoly et al., 1998)。尽管没有进行很多的成本—效益分析，但是越来越多的证据已经表明，以最需要救助的家庭为对象的综合性项目在几年内就能产生相当大的经济效益。例如，佩里学前项目对儿童的投资是 12 148 美元，据估计此项目在减少支出(例如，较少的服务、犯罪受害者较少的损失)和增加年龄较小的成人的收入方面就能够收益将近 50 000 美元(Karoly et al., 1998)。同样地，埃尔迈拉 NHVP 对家庭的投资是 6 000 美元，在较高风险家庭中则产生了大约 30 766 美元的经济效益(Karoly et al., 1998)。

　　在现行的福利改革环境中开展项目能否带来这样的成本节约尚不清楚。社会安全网络的特点已经发生了变化，社会安全网络为这些项目提供资金支持，并且早期项目所产生的某些效应依赖于社会安全网络（例如，将家庭与所需的社会服务相联系）。但是最近关于福利改革的实验评估指出，仅仅专注于家庭经济问题的干预（例如，工作刺激、工资补贴、收入忽视）无法获得那些综合性最强的、实施最好的早期干预和家庭支持项目所获得的效益。密尔沃基新希望工程 (Bos et al., 1999; Huston et al., 2001)，明尼苏达州家庭独立项目 (Gennetian & Miller, 2000) 和加拿大自足项目 (Morris & Michalopoulos, 2000) 都包括重返工作岗位、收入补贴和儿童保健等多种激励措施。尽管已有报告指出项目对学龄儿童的教育成就和课堂行为有积极的影响，但是年幼儿童在很大程度上却未受到影响（国家研究委员会和医药研究所，2000)。此外，这些项目对父母行为、母亲抑郁或家庭环境的改变几乎没有影响，而这些都可能成为对儿童认知、社会和情绪发展产生长期影响的关键性因素。

　　Ramey 和 Ramey（1998）指出，"目前早期干预的主要问题包括帮助弱势儿童的政治意愿、为可能的有效干预提供所需的适度规模的资源、承诺进行严谨的研究以推动早期干预向前发展"(p. 119)。我们能够并且应该努力使早期干预和家庭支持项目更好更广泛地传播。但是最后，我们必须认识到，介于当今社会中贫困和不平等现象持续不断地加剧，我们所描述的干预措施在一定范围内是适当的，因此，我们的期望必须符合现实。只有干预措施的一些重要步骤能够达到"生态干预"的要求，为家庭提供足够的住房、健康保健、营养和工作等 (Bronfenbrenner, 1975)，才会产生真正的改革和社会变革。

第十七章　回到基础：建立一个早期保育和教育系统

Sharon L. Kagan, Michelle J. Neuman

　　随着国家对年幼儿童的关注和投资的增加，他们首先期望培养出准备好上学的孩子，符合标准的孩子以及擅长早期识字和算术技能的孩子。毫无疑问，"基础"已经完全回到早期保育和教育。这种观点如此流行以至于白宫会议、大量的媒体报道、无数新的举措和新的立法都在提升针对年幼儿童的标准和促进年幼儿童的发展结果、技能和评估。这种取向出于良好的意图，然而，它也无意识地模糊了另外一种不甚出名但同等重要的基础。这鲜为人知的第二种基础指的是能使保育和教育项目发挥作用的必要条件，这样它们确实能提供优质的服务，这种服务是获得时下说法中普遍的基础所必需的。

　　是什么组成了第二种基础，为什么它们如此重要？本章认为这些"隐藏的基础"就是早期保育和教育的**基础设施**(*infrastructure*)和**系统**(*system*)。美国询问下列问题时：应该怎样激励优质服务？我们怎样才能打破在此之前对服务实行隔离的方法？谁应该在管理和／或控制这些努力时起带头作用？我们怎样知道这些努力在起作用，以及对于哪些群体这些服务发挥的作用最大？这些努力的代价是什么？这些寻求关注的基础是政策制定者和拥护者所面临的每一个重要的政策问题的核心。

　　由于**基础设施**(*infrastructure*)和**系统**(*system*)不吸引人、不引人注意，并且其语言不好理解，所以在重要的童年早期政策的探讨中它们经常被忽略。它们被认为是不明确的，并且离父母和儿童的日常生活很遥远。事实远非如此。父母关心对孩子优质的早期保育和教育。这种优质的必要条件是基础设施，就是这些必要因素使得孩子能拓展才能并变得杰出。对于父母和政策制定者来说，系统也是重要的。系统使各部分协同运作；它们使税款产生回报，并凝结那些高度不相关的、异质的、短暂的努力。系统能消除冗余并使效率最大化。

　　本章涉及所有重要的和潜在的基础——**基础设施**和**系统**。通过**基础设**

施，我们想要提供必不可少的支持，这些支持使针对儿童和家庭的计划和其他直接服务是有效的。尽管不同的作者对此有一些不同的理解（正如我们在后面所描述的），这些支持（或者基础设施的成分）通常被认为包含（a）专业的发展和训练，（b）规则，（c）质量保障机制，（d）信息传播，（e）资金，（f）管理方法以及（g）责任性。正如我们所使用的一样，**系统**是一个更广阔的术语，它包含儿童和家庭所获得的基础设施以及直接服务两个方面（通常是计划和服务）。本章在考虑系统的本质时采用了这些定义，发现至今没有关于早期保育和教育系统或者它的基础设施的单一或统一的定义。本章思考了这种情况的原因，并且探讨了在缺少定义的情况下继续增加计划的可能性。本章提供了早期保育和教育系统及其基础设施的更加精细的操作定义并明确断言，除非系统和基础设施得以强调和支持，否则将没有机会实现正在被吹捧的关于儿童的早期保育和教育以及所期望的结果。最后，本章以具体可操作的建议作为对现在所考虑的儿童的新的日程来安排结尾。

为什么需要一个系统和一个基础设施

近几年，在联邦政府和州政府水平上针对早期保育和教育的投资有极大增加。基于 1999 年的货币水平，1992—1999 年，联邦政府在早期保育和教育上的支出额从大约 80 亿增加到了 120 亿（Barnett & Masse，待发表）。如果检验州政府投资的轨迹，我们会发现自 1998 年以来为促进儿童发展和家庭支持的总花费增加了近 90 %（Cauthen，Knitzer，& Ripple，2000）。在 2000 年，州政府单独投资合计超过了 37 亿美元，这是在仅仅两年时间内的显著增加。事实上，有 33 个州报告，其总投资增加了 10 %或者更多。尽管对童年早期的群体也有所增加，但是给予婴儿和幼儿的资源仍然很少。1998—2000 年，州政府对 3 ～ 6 岁儿童提供的资金增加了 24 %（从 17 亿美元增加到 21 亿美元），并且对于 3 岁以下儿童的投资是过去的两倍之多（从 1.08 亿美元增加到了 2.26 亿美元）（Cauthen et al.，2000）。

国际社会都反映出这些趋势，而且在有些国家更加明显。尽管欧洲国家有为年幼儿童计划投资的悠久历史，一些拥有较短投资历史的国家在过去的 5 年里已经显著增加了他们对早期保育和教育的财政投入。例如，自 1996 年以来葡萄牙政府对学前教育的国家预算是过去的两倍之多。荷兰和英国也证明有显著的增加。现在大部分国家在 3 ～ 6 岁儿童教育上的支出占国内生产总值 (GDP) 的 0.4 %～ 0.6 %（美国支出约占 0.36 %）。当把婴儿—幼儿服务和其他家庭福利计算在内时，一些国家支出得更多 [经济合

作与发展组织 (OECD)，2001]。其实，像比利时、丹麦、法国和瑞典这些国家，会把 GDP 的 1％以上用于早期保育和教育。此外，几乎所有的其他工业化国家都在重要的家庭支持上有投资，这包括儿童补贴和父母带薪休假政策（Meyer & Gornick, 2000; OECD, 2001; Rostgaard & Fridberg, 1998）。

尽管有快速、显著的资金注入，但仍然普遍存在着对服务质量和它们产生并维持政策制定者所希望结果的能力的担忧（Kagan & Cohen, 1997）。1995 年，当花费、质量和儿童发展结果的研究发布时（花费、质量和儿童发展结果研究团队，1995），即使最接近这一领域的人也对这样的结果感到吃惊，即中低质量的保育具有普遍性。那么，直到今天，我们仍然要问下列问题：在增加如此多的关注和计划的同时，质量怎么会如此之低？如此多的质量举措何时可以得到资助？投资何时增加？何时父母尽其所能而支付的费用更多是为了儿童保育而不是大学学费？

对于这些有挑战性的问题有两个答案。首先，最重要的是，保证质量的这些资源不足以支付美国儿童保育的真实成本（花费、质量和儿童发展结果研究团队，1995）。尽管要求一定比例的儿童保育发展资金（the Child Care Development Fund）和启蒙基金（Head Start Funds）被用到提高质量的措施上，并且州政府也要给予显著的补充来支持服务，但是情况就是如此。与我们与之比较的其他国家不同，美国在早期保育和教育上的公共投资仍然低得令人忧虑（Meyer & Gornick, 2000; OECD, 2001）。如前所述，尽管美国被列入最富有的国家之一，但是与其他大多数工业化国家相比，它把更小的财富份额用在年幼儿童和家庭上。在其他工业化国家中，父母一般支付儿童保育费用的 25 ％～30％，政府承担其余的费用。相反，美国父母大约负担 60 ％的早期保育和教育花费（OECD，2001），并且这使财政在质量上的投资更加困难。因此，第一个关键问题以在年幼的儿童身上花费多少钱（how much）为中心？

尽管资源不充分是最重要的问题，但是它不是唯一的问题。我们需要明白资源怎样（how）花费也非常重要。从历史上看，我们对早期保育和教育的公共投资一直以为儿童和家庭提供直接的服务以及增加服务的数量为目标。第二个目标已经通过对需要花费保育和教育费用的父母进行补贴而提高了他们的负担能力。这些服务的质量已经得到了一些关注，但是这些还远远不够。并且在能提高质量的活动和支持的鼓励上给予的关注更少。

例如，一个又一个的研究发现，管理制度更严格的州趋向于有更高的质量中心（花费、质量和儿童结果研究团队，1995;Howes, Smith, & Galinsky, 1995）和家庭儿童看护之家（Galinsky, Howes, Kontos, & Shinn, 1994），这些州又进一步加强了一些管理控制。很多州已经提高了婴儿和学前儿童的员工—儿童比，但是这并不包括 2 岁的儿童。有些州已经增加了大量的在职员工培训时间，但是进职前的资格没有很大的提高（Morgan，待发表）。尽管我们知道薪水的提高与提高计划质量有直接的关系（Bell, Burton, Shukla, & Whitebook, 1997），但是薪水的提高仍然停留在特殊（和值得的）项目范围内，而不是所有早期保育和教育努力中普遍性的特点。同样，尽管研究发现由美国国家幼儿教育协会（National Association for the Education of Young Children, NAEYC）认可的项目给员工支付了更高的薪水，报告了较低的教师流失率，而且与没有认可的项目相比，在十年之内保持了两倍的员工人数（Whitebook, Howes, & Phillips, 1998），但是很少有州提供激励措施来经历这种质量提高的过程。仅仅有 16 个州依据儿童比率为认可项目支付了更高的报酬（Morgan，待发表），并且只有 5 个州要求州的托儿所项目要得到认可（Mitchell, Ripple, & Chanana, 1998）。最后，尽管我们理解优质的课程和优质的教学是优质的早期保育和教育的必要条件，但是，只是在近期，我们才把这些因素与对合格人员的强烈要求联系起来（Bowman, Donovan, & Burns, 2001; Kagan & Cohen, 1997）。

　　研究—政策—实践脱节在早期保育和教育中比较突出。然而，因为我们有机会重新定向所制定的重大投资的比例，所以在当前的早期保育和教育中这显得特别棘手。的确，与其将所有的钱都用于直接服务和需求导向的补贴以提高支付能力，还不如将投资的一部分用于支持基础设施和建立一个更持久的早期保育和教育的合作系统，这样将更有可能提高质量 [儿童保育网络系统欧洲委员会 (European Commission Childcare Network), 1996; Kagan & Cohen, 1997; Gallagher & Clifford, 2000; OECD, 2001]。为此目的，Kagan 和 Cohen（1997）建议将早期保育和教育基金的 10％直接投资到基础设施。这种专款仍然会允许政府灵活决定怎样分配资金以满足当地需要。在其他国家，如德国和奥地利，早期保育和教育计划的高质量归因于拥有强有力的基础设施（Tietze, Cryer, Bairrao, Palacios, & Wetzel, 1996）。毫不奇怪，儿童保育网络系统欧洲委员会（1996）建议，国家至少要分配童年早期基金的 6％用于发展基础设施。然而，在美国，一个主要的挑战是我们对于所说的系统和基础设施尚未明确。

在过去系统和基础设施是怎样被定义的

韦伯的**新世界词典**（*Webster's New World Dictionary*）将系统定义为

"一组或一系列相关联的事物组成的统一体或有机整体（如太阳系、学校系统、公路系统）"（Merriam-Webster, 1970, p.1445）。需要注意的是，"学校系统"这一名称是如此平凡，以至于韦伯（*Webster*）使用它作为一个例子。"学校系统"与"早期保育和教育系统"的概念迥然不同，这一点不仅体现在韦伯系统的命名法中，也体现在现实生活中。认为学校是一种系统情境内的功能是合乎规范的；认为早期保育和教育是一种系统情境内的功能则是不可以的，即使在这样一个把义务教育（K-12）和童年早期教育总是相提并论的时代。

尽管考虑一个早期保育和教育系统不常见，但是在过去的十年之中，这种概念化和命名法已经开始出现。例如，在1991年，Jule Sugarman探讨了童年早期系统的特点。他指出尽管童年早期计划在联邦政府水平上正得到与日俱增的关注，"所缺失的就是对什么样的系统才能更好地实现我们国家目标的一种感知"（Sugarman, 1991, p. XI）。他建议，童年早期系统的特征涉及下列成分：儿童项目、可得到的服务、儿童保护、健康和心理健康、家庭和社会服务、教职工、环境、资金、养家者、营养和其他因素。对于上述的每一项目，Sugarman都阐明了一套指标。

质量2000倡议中的"基本功能和改革策略工作组"（1993）（the Essential Functions and Change Strategies Task Force (1993) of the Quality 2000 initiative）采取一种不同的方法来处理基础设施定义的问题。将韦伯（Webster）对基础设施的定义作为"基础或者根基"（Merriam-Webster, 1970, p.723），工作组认为早期保育和教育基础设施包含五个必要的功能：（a）合作的计划和跨系统的联系，（b）消费者和公众参与，（c）质量保障，（d）专业人员和从业人员的发展，以及（e）财政。除了为每一功能，或者说是基础设施的一部分，创建分主题之外，这个小组指出，每一功能都是整体的一种特殊或者必要的组成部分；"一种功能包含系统运转必要的表现和行为"（基本功能和改革策略工作组, 1993, p.11）。基础设施的一种功能或者一种成分都是系统的一部分，但不是系统的一种替代。

为了给那些有志于为该系统设计长远蓝图的人提供参考，《绝非偶然》（*Not by chance*）（Kagan & Cohen, 1997）确定了早期保育和教育系统的八个组成部分：（a）优质项目；（b）基于儿童的结果驱动的系统；（c）父母和家庭参与；（d）个人证书；（e）职业准备；（f）项目许可；（g）资金和财政；以及（h）政府、计划和责任（见知识框17.1）。

知识框 17.1　早期保育和教育系统的八个组成部分

1. **优质项目**（*Quality Programs*）。任何系统的核心都必须是针对儿童和家庭的一套直接的服务，而且这种服务必须是高质量的且易于获得的。

• **创造学习环境和机会**（*Create learning environments and opportunities*）：培养对材料、课程和教学法的有效使用，这包括对儿童多年龄段的、灵活的分组，有效的职工调度，对文化和语言变化的关注，以及在学业和娱乐活动之间适当的平衡。建立持续的和用于改善教学的有效评价系统。

• **促进儿童的健康发展**（*Advance children'healthy development*）：通过提供或者使用恰当的调查、免疫和服务，来关注儿童的身体和心理健康。

• **鼓励合格鉴定**（*Forster accreditation*）：提供奖励以鼓励早期保育和教育服务参加合格鉴定和做出其他提高质量的努力。

• **创造和维持与社区资源的联系**（*Create and maintain links with community resources*）：促进学校、资源、推荐机构和其他社区服务之间持续的联系。这个部分强调对这些机构的支持。

• **创造和维持与家庭儿童保育的联系**（*Create and maintain links with family child care*）：支持家庭儿童保育和家庭儿童保育网络系统。

2. **基于儿童的、结果取向的系统（责任）**（*Child-based, Results-Driven System*）*(accountability)*

• **界定适当的结果**（*Define appropriate results*）：这包括，以一个适当的标准，在州和／或社区范围的系统内涵盖所有发展领域的结果的建立。父母和专业人员必须包含在那种发展结果之中。

• **建立恰当地收集结果的机制**（*Establish mechanisms to collect results appropriately*）：这包括将年幼儿童的年龄和能力考虑在内的数据收集策略的发展。

• **确保恰当地使用结果**（*Ensure that results are used appropriately*）：这包括建立数据保护机制，以使收集的数据不会被用来对年幼儿童进行归类、追踪和污蔑，而且这些数据在政策制定者计划为年幼儿童及其家庭增加服务时会非常有用。

3. **父母、家庭、社区和公众参与**（*Parent, Family, Community, and Public Engagement*）

• **支持作为消费者的父母**（*Support parents as consumers*）：当父母使用早期保育和教育服务时，确保他们有选择权。

• 增加使家庭、企业和社区参与到早期保育和教育中的职场承诺(*Increase workplace commitments to family and business and community involvement in early care and education*)：确保为美国企业提供奖励，使它们制定的政策和条例对家庭是有利的，并且使它们参与到促进对早期保育和教育的立法和社区支持中。

· 增加社区对早期保育和教育的认识(*Increase community awareness of early care and education*)：不断地提供和创造机会，让公众获取关于年幼儿童及其家庭状况的信息。

4．个人证书(*Individual Credentialing*)

· 为从事年幼儿童工作的人颁发证书(*Credential all who work with young children*)：创建一种恰当的获得证书的体制，使得所有从事年幼儿童工作的人都能获得可转化的证书。这表明，机构执照和个人证书应该有所区别。

· 创建认证系统和相应地教师补偿制度(*Create the credentialing system and compensate teachers accordingly*)：确保发展出来的认证体制能体现在政府管理中，并且有适当的薪水和保险金作为补充。

· 建立管理者／校长／学科主任和领导者的许可体制(*Create administrator / director /master teacher and leadership credentials*)：要让成人认识到在儿童保育和教育中存在着一系列的机会，并为他们创建许可体制。

5．改善职业发展的内容和资源 (*Improve the Content of, and Resources for, Professional Development*)

· 检验所有准备项目的内容(*Examine the content of all preparation programs*)：确保所有的资格证书和教师准备计划都是最新的，并且关注于产生适当的发展结果。

· 创造内容和激励措施(*Create the content and incentives*)：确保管理者／校长／学科主任的内涵对于胜任多种角色和责任是恰当的。

· 为倡议者和领导者创造机会(*Create opportunities for advocacy and leadership*)：在早期保育和教育系统的所有部分中促进领导者的发展。

6．项目许可(*Program Licensing*)

· 豁免权(*Eliminate exemptions*)：确保所有为年幼儿童服务的项目都处于政府的管理之中。

· 有效的、协调的和充足的资金获得许可(*Streamline, coordinate, and adequately fund facility licensing*)：确保许可是有效的，并为它提供充足的资金确保完成。

· 推动国家指导方针(*Promote national guidelines*)：创建和／或支

持颁布一系列能被用来作为国家指导方针的国家许可标准。

7. 资金和财政(*Funding and Financing*)

· **确定优质系统的花费**(*Identify the costs of a quality system*)：保障所有的政府财政项目包含资助基础设施的花费和所有的保育花费。

· **提高职工补偿金**(*Raise staff compensation*)：早期保育和教育的职工补偿金应该与公立学校受同样教育和同等资历的职工的补偿金相当。

· **确定税收来源**(*Identify revenue sources*)：分清能资助早期保育和教育系统的短期和长期税收来源。

· **发展一个长期的财政计划**(*Develop a long-term financing plan*)：使市民领导者、股票持有者和学者卷入到全面的 15 年财政计划的发展之中，并且这个财政计划在充分利用资金支持基础设施的同时，还考虑到创建早期保育和教育系统的花费。为这个计划的实施创建时间安排表。

8. 管理、计划和项目的责任(*Governance, Planning, and Program Accountability*)

· **在国家水平上建立管理机制**(*Establish governance mechanisms at the state level*)：这种机制应该为早期保育和教育领域提供持久的监督。这种机制可能是委员会、内阁或其他结构，但是它们必须是持久的，并能担负起计划、评估、分配资源和日程设置的责任。

· **在地方水平上建立管理机制**(*Establish governance mechanisms at the local level*)：在地方水平上创建机制，这能协调服务的传递，确保资金的有效使用，支持基础设施，以及协调与国家管理机制的努力。

资料来源：Kagan and Cohen（1997）.

　　尽管构成成分的列表很重要，但是，更重要的是由《**绝非偶然**》(*Kagan & Cohen, 1997*)提出的基础设施和系统的定义。报告认为系统包含这八个成分，并且对早期保育和教育系统的存在来说，所有这八个成分缺一不可。用一个有点不合常规的公式"8-1=0"来表达，《**绝非偶然**》认为，如果去除系统的一个成分，系统就不能作为一个系统来运行；最终结果可能是零或是一种非系统。同等重要的是，《**绝非偶然**》提出了另外一个公式：系统（或者所有的八个成分）由项目（成分 1）+ 基础设施（成分 2—8）组成。那么很清楚，项目加上基础设施等于或者组成了系统。

　　最近，其他的学者和从业者强调，我们要更加关注基础设施和系统理论。Gallagher 和 Clifford（2000）认为缺乏全面的基础设施或支持系统来实施早期保育和教育服务，破坏了保护或增强年幼儿童幸福的努力。为了给早期保育和教育系统创造一个全面的基础设施，他们确定并探讨了八个必要的成分：(a)人员准备，(b)技术援助，(c)应用研究和项目评价，(d)交流，(e)示范，(f)数据系统，(g)全面的计划以及(h)支持成分的协调。他们讨论了多种类型的障碍——制度上的、心理的、社会的、经济的、政治的和地理的——这些障碍是人们在实施基础设施的新政策时可能遇到的。

系统理论在国际间对提高早期保育和教育的政策和项目的探讨中也很流行。1992年欧盟委员会对儿童保育的建议已被所有成员国采用，它提出了关于年幼儿童服务发展的具体目标：支付能力，在所有领域可以获得服务，有特殊需要的儿童可以获得服务，将教学方法与安全、可靠的保育相结合，服务与父母和地方社区间密切、敏感的关系，服务的多样性和灵活性，增加父母的选择以及不同服务间的一致性。"这些目标便构成了定义一个优质的服务系统的基础；它们全部实现就能确保获得优质服务的均等化"(儿童保育网络系统欧盟委员会，1996，p.5)。儿童保育网络系统欧盟委员会(1996)提出了评估以下两个过程的标准或目标：实现(1992)建议的特定目标的过程，以及为达到这一目标而创造条件的过程。

以这项工作和它自己的政策分析为基础，经济合作和发展组织(OECD)的《儿童早期教育和保育政策的主题回顾》提出促进平等获得优质服务的成功政策的八个成分(OECD，2001)：(a)政策发展和实施的一个系统的、整合的方法；(b)与教育系统牢固、平等的合作关系；(c)获得一种通用的研究方法，尤其关注需要特殊支持的儿童；(d)在服务和基础设施上大量的公共投资；(e)一种提高和保障质量可供分享的方法；(f)在所有形式的规定中，提供给职员适当的培训和工作条件；(g)对检测和数据收集的一种系统地关注；(h)一种对研究和评价的稳定的结构和长期的日程安排。跨国分析表明上述的每一个成分都需要以实现获得优质、可获得服务为目标。

正如这些定义分析的一样，只有与行动和实践结合的时候，它们的作用才会出现。然而，事实上在新兴的早期保育和教育系统中很少有共同性。每一个州，每一个领导者，每一个政策制定者，似乎都在给出一个独特的定义。正像名符其实的、受人尊敬的罗夏测验一样，早期保育和教育系统似乎源自观察者眼中的个人理解。

一方面，解释中的这些差异是受欢迎的。当美国政府制定早期保育和教育的政策时，那些差异将为他们提供最大限度的灵活性。那些方法没有限制聪明才智或者创造发明，因此使被激发的努力正在不断增加和丰富对儿童的直接服务。此外，这种变化把一些意外的自然实验也留给了我们，国家通过其他方法能够找到可行的策略。通常，先驱州会付出努力去支持系统中的一种成分，而且当它被其他州考察检验时，这种成分就会被修正和改善，有时候这会引起先驱州转变努力方向。随着它们在全国范围内的增加，这种现象的例子可以在对管理机关不断增加的授权中观察到（Cauthen et al.，2000）。同样，促进它们不断提高的，不仅有不断累积的努力而且还有一种方法。最终，这种系统的"去系统化"优势就是不同的努力能够得到定性的和相对的评价。

另一方面，缺乏对早期保育和教育系统含义的普遍理解，使得政策制定者和实践者在某种程度上不知所措。缺乏清晰的方向，政策的发起者通常在一年关注于一个成分，而在另一年关注另外一个成分。此外，缺少对系统广泛接受的定义，就没有一种有条理的方式来弄清是否系统所有的成分都得到了强调。另一个危险是由于在国家的部分地区偶然实施的措施———些非常活跃的州和其他不怎么活跃的州——这就导致国家系统建设中出现不平等。

来自另外一个国家的学者可能审视美国，并察觉到同类童年早期**项目**（*programs*）无系统的混乱的发展具有童年早期**系统**（*systems*）发展的特点。事实上，国际经济合作和发展组织评审组在 1999 年回顾了美国早期保育和教育，评注如下：

> 我们见证了大量协作的举措和创新的实践，尤其在地方性水平上，一大批精力充沛的力量打算改善年幼儿童及其家庭的总体形势……为了增加、维持和推动区域合作关系的机会（这都基于自愿参加），一致的基础设施是必要的，这个基础设施要有清晰的政策目标和实施计划。我们所需要的是对早期的素质教育和保育的**总体设想**（*overall vision*），一种合作的政策框架将这些不同的方法整合，并使它们对年幼儿童及其家庭最有益处（OECD，2000，p. 52）。

系统发展的现状

国家努力建立一种系统在当今是如此盛行，以至于出现在最近的**地图和跟踪版本中**（*Map and Track edition*）（Cauthen et al.，2000），有一个报告描述和分析了针对年幼儿童及其家庭的国家政策和措施，它还以"童年早期系统的发展"为标题进行了特殊分类。报告发现，国家在建立童年早期系统和扩大项目投资的影响这两方面的努力在不断增加，但是在全国

各地仍然不均等。作者发现，30 个州报告了在建立童年早期系统上所做
的努力。尽管并不是所有的努力都只关注年幼儿童，但是与 1998 年报告
的那些系统水平的措施相比，这反映了在 16 个州中努力水平的很大提升。
另外，只有 11 个州将国家资金用于系统发展，并且这些资金中的一部分
用于支持项目和服务。作者将这些情况总结如下：

> 要认识到发展个体项目不足以满足年幼儿童和家庭的多元需
> 求，国家的政策制定者正在不断关注童年早期系统的发展，即发
> 展基础设施、资源和领导能力，它们对于创建服务和支持的协调
> 的系统，满足年幼儿童及其家庭的多种需求来说是必需的（p. 8）。

但是实际中这些服务要有多协作、多全面？从积极的方面来讲，除
了投资直接的项目和服务之外，很多州还正在对基础设施的成分进行投
资。我们使用术语**直接服务 +**（*direct services +*）来描述通常对儿童和家
庭提供的直接服务的努力，然后再加上基础设施的一或两个其他成分。在
一些情况下，这些值得关注的**直接服务 +** 的努力，包括为职工投资新的
支持以使职工获得更好的培训和补助。例如，罗德岛州的瑞特关怀健康保
险（Rhode Island's RIteCare Health Insurance）为在受州政府资助的儿童
服务项目中工作的儿童保育中心的职工提供健康保险（Mitchell, Stoney,
& Dichter, 2001）。其他很多州正在效仿北卡罗莱纳州的教育和工资模型
（North Carolina's TEACH and WAGES models），这个模型为早期保育
和教育背景下工作的人提供教育奖学金和增涨工资的可能性（Mitchell et
al., 2001）。在其他州，**直接服务 +** 意味着资金被用来补助设备的发展。
例如，康乃迪克州通过新设备的收益债券来提供适当的补贴以减少新设备
的供应者所欠的债务。在 30 年内，那些为早期教育制造新设备的供应者
仅仅需要负担还清债务的 20%（Mitchell et al., 2001）。

还有一些州**直接服务 +** 意味着建立便于合作和政策发展的机制。例如，
夏威夷已经建立了"良好开端同盟"（Good Beginnings Alliance），这是一
种全州范围内的公私合作企业，它致力于规划并协调对年幼儿童的服务。
印第安纳州拥有它自己的"打造光明开端"（Building Bright Beginnings），
这是一个拥有咨询团队和中心的州长举措，它致力于协调、评估服务，以
及给政策制定者传播信息。北卡罗莱纳州南部"入学准备第一步"（First
Steps to School Readiness）已经在每一个地区建立了公私合作企业委员会
用于评估地方性需求和发展策略计划。肯塔基州长的童年早期措施是由

烟草结算基金资助的，已经创办了一个童年早期发展机构来监督和管理资金，一个社区委员会评估地方性需求，以及一个商业委员会来促进对童年早期问题的参与（Cauthen et al.，2000）。

这些努力以及很多类似的努力都清晰地表明，支持基础设施的观念正在变得更加规范化。但是这些发展不会轻易促使国家增加立法的倾向和投资直接服务的偏好。因此，这些努力以及对其构想、倡议和实施的那些非常热心的志愿者们，都是值得嘉奖的。

同样，在国际上，有些国家已经坚定地致力于发展服务加上基础设施的一种成分。例如，英国已经建立**早期儿童保育发展合作关系**（Early Years and Childcare Development Partnerships），这种合作关系是由以下成员的代表组成：公众的、私人的和自愿的部门；地方的教育、健康和社会服务；每一个地方当局的雇主、培训人员、顾问和父母。在与公共的、盈利的和非盈利的供应者的合作中，这些合作企业是拓展和改善早期保育和教育服务的管理工具。尽管资金使用权下放到地方服务水平，但仍然要维持国家的标准和管理。部分补助金被指定用来发展支持质量保障的地方性基础设施和服务（Bertram & Pascal，1999）。

有几个国家已经关注加强职员的培训和改善工作条件。芬兰、意大利和葡萄牙近期已经将从事童年早期保育和教育的职工接受的培训和教育提升到大学水平（OECD，2001）。比利时、意大利、挪威和葡萄牙都加强了在职培训。在与员工的用人合同中留出一定时间用于职业发展，并将此作为加强与员工的关系和提供给孩子的课程的关键性评估的基本内容。在意大利，从事童年早期教育的员工享有每周6小时带薪职业发展时间的权利。例如，他们在这段时间可以阅读教学法的文献，这是一个非常有用的工具，它可以加深职员和儿童之间的理解，并能够鼓励员工对实践加以反思（儿童保育网络系统欧盟委员会，1996）。

另外一个**直接服务**+的例子是在澳大利亚发现的，它的独特之处在于对于它的早期保育和教育中心有一个国家和政府支持的许可系统，这个系统直接与提供的资金相绑定。**质量改进和认证体系**（The Quality Improvement and Accreditation System，QIAS）是基于国家青少年教育协会（NAEYC）的自愿授权项目。正如国家青少年教育协会所授权的一样，质量改进和认证体系通过一个有外部效度的和基于中心评价的方法，主要关注评估和提高决策过程和质量成分。因为这些中心被要求参加质量改进和认证体系以使父母有资格获得儿童保育福利（澳大利亚的主要资助），因此超过98%的私营盈利和非盈利中心都会参加（Press & Hayes，2000）。

其他国家对**直接服务** + 的关注在于提高在早期保育和教育上父母和家庭的卷入。例如，在荷兰和葡萄牙，在对国家教育政策（包括那些关于保育和教育的政策）规划的协商过程中，父母联合会是在特权合作者中的（例如，与商业联合会在一起）。在一些国家（如丹麦、芬兰、荷兰、挪威、瑞典），通过父母咨询委员会和主管委员会，授予父母真正的决策、获得信息和监督的权力（OCED，2001）。

然而这却存在问题。只有少数努力确实强调整个系统。尽管强调一个、两个或者三个基础设施的成分比一点都不强调要好，而且格外重要，但是从长远看，它不会表现出长时期内所需要的质量的提高。例如，尽管在培训和职业发展上进行了多种投资，这常常被认为是早期保育和教育的核心，但是质量上的收获才是最稳妥的。有稳健收益的地方，通常是因为存在改进措施的结合。北卡罗莱纳州就是一个非常好的例子。通过各种各样的努力，如智能开发（Smart Start）、教师教育和薪酬补助（TEACH），以及监管的改变，这个州已经显示出在儿童发展结果上的提高（智能开发评估小组，2000）。具体来讲，智能开发对于促进地区合作关系，计划和制定关于地区童年早期教育的决策做出了全面的努力。教师教育和薪酬补助项目旨在促进早期保育和教育员工的职业发展，同时提高他们的补贴。监管的改进已经强调了在早期保育和教育背景下规章的内容以及对规章的支持。这些努力和北卡罗莱纳州所作出的其他的努力结合在一起，共同形成了一个能够产生结果的改良途径。结合北卡罗莱纳州在实践中的经验教训和对系统发展的理论研究，我们现在了解到不仅需要资助**直接服务** +，我们还必须敦促自己**考虑整个系统**（*consider the system in its entirety*）。

在一个对儿童投资很少并且不认真的国家，如何能做到上述内容？在一个法律和官僚机构扶植明确的计划分离的国家呢？在一个不情愿将早期保育和教育视为国家需要的国家呢？尽管没有确定或唯一的答案，一种回答就是按照商业和其他学科、领域的常规做法来做——承认长期策略计划的重要性，并且结合长期计划制定增值经营战略。另一种表述就是，考虑整个系统意味着有一个梦想，并且发展出有序的、系统的过程来实现它。这种方法建议为早期保育和教育系统创建一种具体的愿景或计划是必不可少的第一步，接下来就是在数年内，与立法措施相结合的执行方案的发展。

这可能吗？事实上，这能够实施吗？随着国家已经考虑将服务拓展到年幼的儿童，一些州已经开始从项目的研究方法转向考虑系统的发展。在特拉华州的"早期成功"（Early Success）的努力中，它发展了一个提高系统存在的、长期的蓝图（早期成功指导委员会，2000）。特拉华州正在逐渐推动建立一个全面的服务系统的法案。同样的，马萨诸塞州已经发展了一个类似的全面的计划（Massachusetts Department of Education, 2001），北卡罗莱纳州和加利福尼亚也是一样（Mitchell et al., 2001）。最近，纽约州强调普及托儿所教育的立法认为，需要考虑六个重要的维度：普及性、多样性、合作性、发展适当的实践、教师准备以及财政。"在纽约州，现存的系统不仅有助于影响成千上万学前儿童的发展，而且它也成为学前儿童所属家庭的一个重要的支持系统"（Lekies & Cochran, 2001, p. 59）。总之，这些州超越了计划性思路并进行着系统的长期规划，这个规划定义和展望了早期保育和教育系统。

在美国早期保育和教育中全面建立系统的另外一个例子就是美国军队。每天有超过 20 万的年幼儿童会得到服务（Campbell, Appelbaum, Martinson, & Martin, 2000）。在过去十年里，武装部队已经用它自己的管理程序、培训、提高的工资和官方认可的计划形成了一个儿童保育选择系统。大规模的项目得到充足的资金保障，强调质量，拥有合理的人事政策，对所有的儿童和家庭开放，只收取少量费用（Morgan, 待发表）。军队通过使用与中心、儿童看护之家、学前和课外项目、资源和提供相关的系统方法，帮助父母实现对儿童的保育。我们已经建立了基本标准，并且在所有的背景下严格地执行。此外，在所有军队儿童保育中心中，有 95% 的儿童保育中心也满足了国家青少年教育协会许可的更高的标准。在军队儿童发展中心，职员接受系统的在职培训（每年 24 小时），并且获得更多与培训相关的补贴。随着培训和工资的增加，系统的职工流动率显著减少——从每年超过 300%（从某种基础上讲）到少于 30%——并且员工的职业道德和职业化水平已经得到提高（Campbellet al., 2000）。

看一看美国之外的国家，有一些已经认识到系统的所有元素都需要强调，这样才能为它们提供优质、方便、周到的服务和一个牢固的基础设施来支持它们（OECD, 2001）。在此我们讨论两个例子。第一，瑞典已经为从出生到 12 岁的儿童开发出一个从早期保育和教育到学龄儿童保育的连贯系统。父母在工作或学习的儿童都有**法定权利**（legal right）从 1 岁起在早期保育和教育中有一席之地（在带薪父母假期之后）。一个免费的、业余时间的课程将提供给所有 4～6 岁的儿童。自从 1996 年起，教育与科学部（the Ministry of Education and Science）已经承担起对早期保育和教育及义务教育制定政策的重大责任，尽管在实践中地方政府可以自由地采纳政策以满足地方性需求和环境要求。根据知识、发展和学习一致的观点，幼儿园、义务教育学校和高中的国家课程计划要在观念上联系起来。一个指导从事年幼儿童工作的职工的职前教育新计划，能确保童年早期、学龄期儿童保育和小学的教师享有知识和理解共有的核心部分。相似的报酬和工作条件已经在不同的部门之间存在（Gunnarsson, Martin Korpi, & Nordenstam, 1999）。

法国是另外一个采用系统方法的国家。然而，与瑞典不同，事实上在法国有两个高度发展的系统：针对出生到3岁的儿童提供浮动收费服务的婴幼儿中心、家庭儿童保育和嵌入式中心系统，以及针对2.5～6岁儿童的普及免费幼儿园系统。每一个系统都有一个明确和一致的国家管理框架、资助政策、职业发展结构、评估和说明方法。尽管自愿，但超过98%的3～5岁的儿童参加了幼儿园（écoles maternelles），这些幼儿园都是小学系统行政管理中的一部分。以3年为周期组织的国家课程支持儿童在由一个班级进入另一个班级时教学方法的连续性（法国—美国基金会，1999）。尽管在过去婴幼儿系统和幼儿园系统之间很少有联系，但是新的方法已经发展起来，并弥补了这道鸿沟，尤其是在地方性水平上（Baudelot & Rayna, 2000）。总之，这两个国际的例子使我们确信我们需要在系统的所有方面加以努力，这样才会真正地促进儿童和家庭的幸福。

实现愿景

毫无疑问，我们离实施早期保育和教育系统的所有成分还有很长一段距离。然而如果我们回首过去的这几年，系统的概念和发展基础设施的概念甚至都没有被我们意识到。今天，基于比以前更好的研究和更强大的公共支持，我们代表了决策的顶端，这些决策将会影响美国的早期保育和教育的将来，将会影响未来几年成千上万的年轻人的命运。

与其问**是否**（*whether*）能够实现这一愿景，不如将我们的精力和注意转向**怎样**（*how*）去做。这种转变说起来容易但是做起来却不是那么简单，考虑到一些为儿童付出较少的和那些已经主动建立了健全性的儿童体制的州之间存在着视角和领导力水平的差距，这些差距不仅反映在财政投资的不同水平上，还反映在对儿童投资如何与更大的经济教育目标相联系的不同程度的理解上，因此我们要从使这些州都加入这个"关于如何让年幼儿童得到更多积极正面的结果"的体系开始入手（Cauthen et al., 2000）。

在这样的背景下，第一步将是联合渊博的和有爱心的人士去发展州的计划。这种州计划必须强调系统的所有的成分。它必须为每一个成分描述策略。然后，州必须进行自我批评，并负责对每一个成分的落脚点进行真实的评估。通过识别存在于国家或者地方水平上的计划和项目，并把它们纳入成分之中，我们很快就可以清楚哪里是无效的，以及哪里是必要的。

一旦确立了任务，就要建立数年的时间表。重点不在于同时实现所有的成分，而在于有一个关于要关注哪些领域和何时发展这些领域的有计划的愿景和时间表。为实现早期保育和教育系统制定的策略需要可持续的长期的计划，因此，或许以一系列的 5 年计划为出发点是慎重的（Gallagher & Clifford, 2000）。建立实现的标准将会促进进步的历程。

这项工作能够提高该领域内当前的努力，来建立公共的和政策上的意愿，以及制定有策略的计划。例如，最佳实践的美国国家管理者协会中心（the National Governors Association's Center for Best Practices）已经发起了一个倡议来支持七个州（乔治亚州，伊利诺斯州，马里兰，新罕布什尔，俄亥俄州，华盛顿，威斯康星州）努力建立公共的和政治的意愿以提高获得能负担得起的、优质的早期保育和教育。每个州的团队正在致力于建立一个有具体目标的早期儿童保育和教育的预想，并且正在发展策略性的计划，为这个预想建立公共的和政策上的支持。美国国家管理者协会已经对州的团队提供技术援助和指导以帮助他们达到目标（www.nga.org）。

让立法者和商人参与这个过程非常有帮助。一旦有影响力的精英对于需要什么，为什么需要和它怎样帮助他们有一个清晰的理解，那么获得资金就不困难了。在这种努力中媒体会是一个重要的合作者，尤其是帮助公众和决策制定者解释基础设施是什么以及为什么需要它来支持一个优质的服务系统的（Gallagher & Clifford, 2000）。例如，我是你的孩子（I Am Your Child）是一个国家运动，这个运动与大众媒体、社团动员、公共教育、政策宣传一起合作，共同提高儿童早期发展的公众意识并促进更多的社会投资。公众参与运动旨在统一和拓展国家、州和地方水平上已有的工作，以提供一个全面和整合的童年早期发展项目，这个项目包括医疗保健、优质的早期保育、父母教育和对处在危险中家庭的干预项目（www.ianyourchild.org）。

最后，来自国外的经验教训强调建立一个关于童年早期阶段儿童的共同愿景的重要性，包括对所有早期保育和教育项目一致的政策框架、管理、资金、员工培训和工作条件（OECD, 2001）。这种方法不仅被认为更加有效，因为它阻止了分裂并且整合了资源和服务，而且它还得到了支持，因为它对儿童和家庭更加公正合理。另外，国际上的经验表明，发展和操控系统不必采用引人注目的标题或者广告语的特殊措施。事实上，尽管那样的努力或许最初对于获得公众支持是必要的，但是来自其他国家的例子表明，早期保育和教育能够变成所有公民的一系列不可侵犯的权利中的一部分，就像公共教育一样。

需要注意的是要实现梦想，我们首先要有梦想。即将到来的挑战不是通过过于狭隘地或短期地思考而浪费机会。我们最需要解决的问题是有一个全面的计划和策略，它们在对儿童和家庭有清晰一致的预想的基础上建立一个早期保育和教育系统。这样做完之后，我们会重申，除非早期保育和教育系统基本的基础设施和系统都运行良好，否则就不会实现媒体和政策制定者所倡导的基础。

第十八章 儿童福利：争议和发展前途

Jacquelyn Mccroskey

公共儿童福利系统为一些困难家庭提供社会服务，这些家庭中的儿童遭受了虐待或者被忽视。在 1999 年，全国约有 82.6 万名儿童被虐待，在这些儿童中，有近 3/5 的儿童被忽视，1/5 的儿童受到体罚，大约 11% 的儿童受到性虐待。但是儿童福利服务系统的工作范围会比基于上述数字的推测更广泛、更深入。范围更广泛是因为在 1999 年有近 300 万相关介绍和 180 万调查研究涉及这些真实的案例（美国卫生和公共事业部，2001a）。范围更深入是因为这项工作具有长期性（有些孩子持续好多年处在该系统的保护中）、重复性（受虐待儿童通常会再三被虐待）（Inklas & Halfon, 1997; 美国卫生和公共事业部，2001b）。

尽管儿童福利系统每年都会接触上百万的儿童，但是大部分人都不知道该系统是如何工作的，以及它为何这样工作。对那些些许了解该系统的人来说，充满争议似乎是它不变的特征。这一章节就探讨了一些主要争议的根源，描述了儿童福利服务系统的功能和组成，它的历史，当前美国联邦政府的政策框架，对该系统的工作方式的不同观点，以及儿童和青少年发展的关键问题。这一章的最后提出了该系统面临的挑战和发展前途，需要对这些挑战和发展前途进行协商以提高受虐儿童的生活质量、促进他们的发展。

儿童福利系统的功能和组成

儿童福利系统的四个主要功能是：保护儿童、寄养、以家庭为中心的服务和收养服务。**保护儿童**（*child protection*）着眼于对怀疑的或已证实的受虐或被忽视的儿童进行观察、评估和治疗。**寄养**（*foster care*）是指要关注家庭以外的安置以确保儿童的安全；这些安置可能是寄养在亲戚家或非亲戚家，儿童之家，或者住宿治疗机构。**以家庭为中心的服务**（*family-centered services*）关注当儿童从寄养安置返回家中，增强家庭的完整性，使家庭重新统一，服务包括家庭支持、家庭维护，以及其他致力于家庭完整的干预。**收养服务**（*adoption services*）关注当儿童无法回到亲生父母的家时，为他们寻找、巩固、保持新的家庭。在大多数的社区中，这些功能会通过一些有交叉职能、相互联系的公共和私立的机构来完成。

开始，公共的儿童福利机构会服务于整个州、县或一个大城市（许多比较大的州会有县自治的社会服务，这有时会使一些较大的城市成为独立的行政辖区）。这个机构可能是一个关于儿童服务或儿童与家庭服务的独立部门，可能是一个掌管收入补助计划和其他社会服务的部门的下属机构，也可能是健康和公共事业部门的下属机构。公共儿童福利机构的职责包括：对那些推荐来的虐待儿童和忽视儿童做出反应，评估儿童和家庭的需要，快速决定是否要将儿童带离他们的家庭，与法庭合作以确定儿童的长期需要，监督寄养的场所，以**替代父母的身份**（*in loco parentis*）照看孩子直到孩子回家或找到新家。在每个行政辖区内，公共儿童福利机构都要依赖很多其他公共机构和很多基于社区的合作伙伴，来帮助完成上述任务。然而，哪些机构的哪些工作人员负责哪些案例的哪些任务的具体细节，随时间在行政辖区之间或内部差别巨大。

下列公共机构在儿童福利中发挥重要作用：

·未成年人法庭，对抚养（发生在儿童福利系统中的家庭和儿童身上）和不良行为（处在儿童福利系统中的儿童被控告为身份犯罪，诸如逃学、不知悔改行为，这些对成人来说不是犯罪）或犯罪行为有法定管辖权

·地方检察官、公设辩护律师、公诉人办公室，这些机构要代表儿童出席法庭，对其父母的虐待行为进行起诉，并反驳他们父母的辩护

·警察部门要确认需要帮助的儿童，并协助社会工作者进行危险困难的家访

·卫生部门、心理健康部门和残疾人部门，要关心寄养儿童

·学区，要为寄养儿童提供正常的或特殊的教育

·公共社会服务部门，要为有儿童处于这一系统中的家庭提供救济金、食物券、医疗补助（公众筹集的健康保险），以及其他资源

·缓刑部门，当受供养子女被控告犯罪时介入

这些公共机构也与很多当地的非营利机构、社区组织以及宗教或民间

团体合作。尽管参与到儿童福利系统的社会公共机构人员的潜在数量庞大，但是对任何一个个案负有专业职责的个体对这个系统足够熟悉，对彼此足够熟悉，这保证他们能作为一个团体而有效工作。在比较小的社区中，人们相互了解，并且只需照顾相对较少的儿童，这个系统的复杂性不一定会阻碍其对家庭和儿童的有效工作。然而，在大城市，这些机构的规模和复杂性、卷入的儿童数量以及对陷入严重问题的家庭来说儿童福利可能是"最后的机会"的事实，这些都使事情大大地复杂化。

争议的根源

大多数专业人员（某些情况下由社会工作者引领的，也包括前面列举的机构和专业学科的代表）也陷入争议中，以至于我们不知道去哪里寻求指导以使这个复杂系统正常工作，这就使问题更混乱了。这些争论的主要来源之一是，对虐待、忽视儿童的界定不明确、解释太宽泛。尽管儿童福利系统介入的一些案件可以很明确地判断为是虐待还是非虐待（即，任何一个受过评估训练的人对这些案件的判断是一致的），但是有相当一部分涉及忽视的案件是模棱两可的。因为这些界定都是主观的，所以个人的判断毫无疑问地会依赖以下因素，如个人经验、文化背景、专业训练等（Giovannoni, 1989）。

基于个人的观点，对儿童福利系统中的优先权的分配也会有不同的观点。尽管 1997 年的《收养和安全家庭法案》（公共法律 105-89）（www.nicwa. org/policy/asfa. htm）已经阐明联邦政府的职责要关注三个目标：安全、稳定和幸福，但是对于儿童福利系统来说，如何将这些目标操作化为理想的结果仍旧存在许多困惑。国家和地方仍在致力于开发实现目标的测量指标，以及用来追踪这一过程的绩效测量。

从**保护儿童**（*child protection*）的视角来说，首要目标是确保儿童的安全，这通常是通过将儿童带离不安全的家庭来实现的。一旦将儿童从其父母处带走，寄养就要实现第二个目标，确保**持久**（*permanence*）或者说是居住所的稳定。这包括尽快帮助看护中的孩子找到长久的家，并且要尽可能使他们呆在同一个寄养之家（而不是频繁换地方）。从一个更广泛的**儿童福利**（*child welfare*）的视角来说，一旦政府将儿童带离他们的家庭，政府就要担负起家人的职责，对儿童的幸福和健康发展负责，包括心理和身体健康以及他们的教育问题。以家庭为中心的服务的倡议认为，在很多案件中，促进儿童幸福的目标首先要通过加固家庭和防止家庭外的寄养得以更好实现。

很多观察者认为，整个系统都需要调整。关于应该做什么的观点，在政治主张上有自由派和保守派——坚持家庭和睦的人道主义者和坚持法律强制、刑事诉讼的强硬派。一些作者认为现行的系统应该认识到，很多现在被误称为"虐待"的，其核心问题是贫困，并且现在的服务无法对抗贫困的影响（Lindsey，1994；Lindsey & Doh，1996，Pelton，1989）。另外一些人强调将虐待儿童的行为定为犯罪，以确保施虐者受到惩罚（Orr，1999）。此外还存在下列观点：

·通过对虐待儿童进行严格定义，使其只包括最极端的案例，这样能缩小儿童福利系统的范围（Orr，1999；Pelton，1997）

·将调查功能和寄养功能从"温和的"以家庭为中心的支持和服务功能中分离出来（Orr，1999；Pelton，1992，1997）

·改变州法律，允许有"不同的应对方式"，或者是允许儿童福利机构能"对一些没有正式确定是虐待和忽视的案例提供服务"（Schene，2001，p.2）

·废除强制报告的法律（Orr，1999）

每一项试图完善系统的建议似乎都会引起新一轮的论证和争议。

儿童福利服务的历史

简单回顾儿童福利系统的发展史，有助于解释为何该系统以这种模式来运作，以及为何该系统对未来方向的选择如此艰难。在20世纪，儿童福利系统的起源为各种不同的观点奠定了基础，这些不同的观点都是针对该系统是什么以及是如何运作的。

英国伊丽莎白时期的1601年济贫法为政府干预家庭生活奠定了基础，这项法律认为社区要照顾社区中的贫困者和弱势群体。通过主张政府（或当地镇政府）应当代替那些不能或将不能适当地照顾他们孩子的父母行使职权（Berg & Kelly，2000），**政府监护**（*Parens patriae*）或者"行使父母的职权"为政府干预家庭生活提供了依据（Berg & Kelly，2000）。

在19世纪，美国的关注点主要是孤儿和贫穷的移民家庭的孩子，这些孩子应该从"不称职的"父母那里被"拯救"出来。当牧师 Charle Loring Brace 成立了纽约儿童援助学会创立了"孤儿列车"，这种倡议就达到了高潮。这个协会寻找无家可归的、流浪的、移民的（大部分是爱尔兰天主教徒）儿童，将他们送上驶往中西部的农场和新教小镇中"更好"家庭的列车（Holt，1992）。

儿童福利服务的三个起源

从 19 世纪 80 年代后期到 20 世纪早期，出现了三种新的帮助儿童及其家庭的途径；两种是主要针对搬往城市的移民家庭，为他们提供社会服务，另一种是针对警察父母。Halpern（1999）论述了这两种提供社会服务的途径的相似目的——基于社区的安居运动方法和慈善组织学会（COS）的社会个案工作实践：

> 一种是关注社区，体现在安居运动中……另一种关注个人和家庭的适应，体现在社会个案工作这一新兴学科中。对建议者来说，这两种途径似乎都比慈善和道德的规劝更有效果、更有建设性。它们的宗旨是——增强贫困的移民家庭在当地的活动，并广泛地帮助他们适应美国社会；确定并应对会影响家庭幸福的社区、社会条件；在贫穷的邻里之间组织建立一种相互支持感；调和文化、阶层之间的冲突；解决工业资本主义最严重的过剩造成的野心勃勃和扩散性的结果，以及讨论何时会出现这种严重过剩。它也为在目的、重点和方法上出现内部争论奠定了基础，在整个世纪，这些争论都困扰着为社区所提供的服务。（p.3）

慈善组织学会和安置房都根源于英国的慈善和改进运动。1877 年，在纽约州的布法罗建立了慈善组织学会的美国的第一个分会，在 19 世纪末期，在美国东海岸的大部分大城市设立了分会。慈善组织学会的理念是基于"科学的慈善"，鼓励"友好的访客"在家庭住宅中完成"社会调查研究"。对贫困者的帮助要以这些"朋友"的建议忠告为基础，而不是以政府财政捐助或救济为基础。这种途径为社会个案工作奠定了基础。

> 慈善组织学会的原则很简单：要培养"有骨气"的"独立"的贫困者，除非紧急情况，否则不要给予他们物质资助，并且这种资助是临时的；志愿者，通常是女性，将会以"友好的访客"的身份向贫困者提出建议；并且将慈善事业置于有效率的立足点。慈善组织学会将进行调查，收集数据并且提供建议，尽管它

对待贫困者的强制的、道德训告的口吻并没有消失。（Walkowitz，1999，p. 30）

Mary Richmond 和其他慈善组织学会领导者们的早期工作所倡导的内容已经成为基本的社会工作技能——对救助对象的支持、评估、干预和评价（Richmond，1917）。尽管这些技能在今天依然重要，但随着精神分析理论的出现，它们的含义已经发生了巨大变化。在 20 世纪中期，大部分社会工作者，也包括儿童福利工作者，依赖精神分析理论而不是一般的社会解释来解释需要，并且这些基本的社会个案工作技能也具有了不同的含义：

> 在过去的 50 年，在与来访者访谈中会引入科学的观察；首先，忠实的朋友会变成社会个案工作者，然后是心理分析师；在治疗关系中会施加个人的影响。（Specht & Courtney，1994，p. 5）

赫尔之家是美国最知名的安置房，由 Jane Addams 和她的同事在 1889 年建于芝加哥——大致是在同一时期，Richmond 提出了社会观察和诊断的个案工作方法。安居运动关注社会经济条件，在城市贫困地区建立避难所，在这里，移民家庭可以得到幼儿园、英语课堂、健康保健、青年俱乐部和社交活动。

与安置房和社会个案工作的方法所强调的预防和保健不同，在第三种方法中，机构即防止虐待儿童学会（SPCC）是儿童福利的关键，它强调要对"不良的"的养育进行监控、惩罚。很多防止虐待儿童学会自认为是法律执行机构，有一些甚至拥有政治权利（Folks，1902）。1902 年，Homer Folks 描述了该协会的影响：

> 总的来说，这个协会更赞成将孩子放在社会公共机构进行照顾，而不是将孩子放在家庭中。据迄今所知，还没有哪个协会对他们挽救的孩子进行长期照顾，而都是将这些孩子移交给一些为照看孩子而合并的机构、组织中进行照顾……可能是因为对具有不良特征的破碎家庭的长时期介入，他们通常与寄养组织没有什么合作，但既革新又宽容的寄养组织却宁愿成为这些机构的后盾。
> 我们不能抹灭防止虐待儿童学会这些社会组织的贡献：它们将儿童从粗暴的父母或不良环境中挽救出来，但是必须指出，在影响建立较大的社会机构和增加收养年幼儿童的益处方面，它们

都遭到了失败。该协会的最大受益者可能不是那些已得到它们照看的儿童，而是这样一大批儿童：他们的父母由于惧怕防止虐待儿童学会而会压抑自己的暴躁脾气和邪恶冲动。（pp. 176-177）

种族、阶层和文化

危难家庭和想要为他们提供帮助的工作人员之间在阶层、种族和文化上有所不同，这为儿童福利发展中的实践又增加了另一层复杂性。维多利亚时代的慈善和改进运动是基于**贵族的责任**（*noblesse oblige*）这一理念——富裕者有责任为他们不幸的邻居树立榜样。大部分的慈善组织学会和安置房的工作人员都是上层的女性，她们想帮助这些不幸的人，同时也为自己在当时那种严重限制妇女发展前途的社会中找份工作。因此，随着认真维护社会道德准则的上层白人女性成为该系统的专业人员，她们在很大程度上形成了儿童福利系统的专业态度和看法。有很多人起到了维护这些准则的作用，她们试图使来自世界各地的移民家庭都按她们的方式行事。

在《在赫尔之家的二十年》（*Twenty Years at Hull House*）中，Addams（1910）讲了这样一个故事，一个教师试图向一位意大利母亲传授戒酒的观念，因为这位母亲 5 岁的女儿在幼儿园把葡萄酒浸面包作为早餐：

> 这位温和谦虚的母亲来自意大利南部，她很有礼貌地倾听教师关于过早死亡即将降临到一个如此幼稚的酒鬼身上的生动描述；但是早在谈话结束之前，就出现了未觉察到的不协调，她拿出最好的葡萄酒想款待客人，当迷惑不解的客人一再拒绝时，她出去了，不料她回来时手里竟拿着一小瓶黑色的威士忌，并向客人保证说："看，我给你拿来了真正的美国饮料。"这个故事用一段抱憾的陈述以庄严诙谐又绝望的方式结束了，"她那令人费解的想法使我印象深刻，她大概认为按照美国的风俗，应该用威士忌酒浸的面包作为孩子的早餐，而不是清淡的意大利葡萄酒。"（p. 84）

社会工作者、咨询者及其他儿童福利的参与人员，仍然在努力跨越知识和经验的差别来了解父母和儿童。当我们诚实地谈论种族和阶层问题就像走在雷区中时，我们如何能发展文化胜任力——跨文化有效工作的能力

（Fong，2001）？当这些"帮助者"有权带走你的孩子时，这种风险就太高了。在处理种族、阶层和文化差异的问题上，我们的集体无能为力的后果反映在陷入儿童福利系统的有色儿童的数量太多。

> 任何对儿童福利人口的近期趋势进行的全面评价（例如，受虐待和被忽视的儿童、在寄养家庭生活的儿童、等待被领养的儿童），都必须注意到超出合理比例的大量有色儿童。例如，最近一项对有大量家庭外照看人数的 5 个州（加利福尼亚州、伊利诺斯州、密歇根州、纽约州和得克萨斯州）的盛行率的分析显示，非裔美国儿童与白种人儿童的人数比例，从 3 倍变成了 10 倍。（Courtney et al.，1996，p. 100）

儿童福利的传统

儿童福利在 20 世纪中的很多争论都可以追溯到三种根源：安置房的社会改革的传统、慈善组织学会的个体化治疗的传统、预防虐待儿童协会的法律强制的传统。现今的一些最有争议的主题都可以从 20 世纪找到根源，这包括以下主题：

·是将儿童从"不良的"家庭中"挽救"出来，还是为家庭建立基于社区的社会和经济支持

·是将我们"救"出来的孩子放在保护机构，还是为这些孩子寻找长久的收养家庭

·是关注恫吓、制裁、惩罚，还是关注针对贫困父母的教育、信息、支持和帮助

·是实施儿童抚养的中产阶级标准，还是积极努力地跨越文化、阶层的界限来进行相互交流

关注家庭

在 20 世纪前期，进步运动倡导要努力扩大政府在家庭生活中的作用，包括建立童工保护法、未成年人法庭、母亲补助金以及对家庭的经济补贴。

　　这种承诺代表了美国济贫法案中关于儿童抚养权的理念的重大转变，也许是从 1601 年伊丽莎白济贫法强制执行对贫困的、闲散的、游荡的儿童的学徒训练以来最重要的改变。促进这种观念改变的是这样一种理念的出现：贫穷并不一定代表道德低下；社会条件可能会使一些富人变穷。在进步运动中关于救助儿童的一些主要争论集中在，何时以及如何帮助父母，使他们不会被迫放弃自己的孩子。（Mason, 2000, p. 553）

　　尽管几十年来，以家庭为中心的社会工作项目已经开始小规模的实践，但将这些服务项目看做是相对于寄养来说另一种可行的措施，其发展前途在 20 世纪七八十年代才显示出来。研究发现，越来越多被带离家庭的儿童只能"流动寄养"，对这方面的研究使人们关注在儿童的成长中，持久性的重要以及不稳定的影响。很多人质疑大型机构在照顾敏感儿童上的能力，而且对医院、监狱对收容者的治疗方式和矫正设备的揭露，更加剧了这种质疑。相比寄养机构来说，基于社区的照看似乎是更明智的选择，特别是"去机构化"还可以节约经费。

　　预防和早期干预服务，可以在问题达到虐待儿童的程度之前——或者至少在需要把儿童送去寄养之前——给家庭提供帮助，所以这项服务是明确需要的，但是经费从哪里来？在 20 世纪 80 年代早期，有人提出了一个广受赞誉的计划：家庭建设者计划，它是一项针对危机的、短期的、基于家庭的、强化治疗的计划，其目的是防止家庭外的安置（Kinney, Madsen, Fleming, & Haapala, 1977）。简言之，这个模式认为，预防性服务的资金，可以通过将一些用于儿童福利"后期"的安置资金用于"前期"的预防。

　　这项措施吸引了立法者和决策者，慈善家和很多公立、私立非营利机构中儿童福利实践者。联邦议会尝试了一系列的关于家庭支持和家庭维护的模式。然而对这些服务的效果进行的后续研究，只是加剧了这个领域内的争论（Lindey & Doh, 1996; McCroskey & Meezan, 1998; Pecora, Fraser, Nelson, McCroskey, & Meezan, 1995; Schuerman, Rzepnicki, & Little, 1994）。

联邦政府关于儿童福利的政策框架

　　尽管美国现在还没有一个完整的家庭政策框架，但是已有很多法律的关键部分为儿童福利服务提供了指导（见表 18.1）。第一个重要的措施是，支持专业人员对虐待儿童进行强制报告，特别是能够发现"受虐儿童综合征"的医生和其他健康保健人员。1974 年的《预防和矫治虐待儿童问题法案》（公法 93-247）为儿童福利设立了一个政策框架,包括建议政府"通过强制报告的法律",并要求"公共社会服务机构通过建立政府注册表来追踪施虐者"（Berg & Kelly, 2000, p. 26）。

表 18.1 联邦政府在儿童福利方面的关键立法摘要

1974 ·对于虐待儿童、忽视儿童，为政府应做出的反应设立了一个政策框架，包括强制报告	《预防和矫治虐待儿童问题法案》
1975 ·联邦政府要为各州提供一系列社会服务的经费，包括儿童福利服务	《社会保障法》条款 × × 修正案
1978 ·认识到了印第安部落在印第安儿童的安置和收养上的权力	《印第安儿童福利法案》
1980 ·定义了儿童福利服务的主要因素，包括强调持久性和"最佳实践"	《收养援助和儿童福利法案》
1993 ·为各州对家庭保护和家庭支持提供第一笔联邦基金	《家庭保护和支持法案》
1997 ·重申了以家庭为中心的方法取向；将安全、持久和幸福确定为儿童福利服务的预期结果	《收养和家庭安全法案》
1999 ·为寄养青年提供支持，直至他们 21 岁	《寄养独立法案》

　　各州在考虑，如何在没有用于为已确认的家庭提供服务的专项资金的情况下对这些报告做出反应。在 1975 年，对《社会保障法》条款 × × 修正案，要求联邦政府要为各个州提供一系列社会服务的经费，包括儿童福利服务。1981 年，《综合协调法案》（公法 97-35）将这些经费转化成社会服务的"整体补助款"，这给了州政府在花销上更多的自由裁量权。

　　1978 年，《印第安儿童福利法案》（公法 95-608），认可了美国印第安部落的独特地位。它承认，儿童福利系统在将印第安儿童带离他们的父母及印第安人聚居地时，会对儿童的文化认同感产生巨大的威胁。从本质上来说，这项法案承认，印第安部落在印第安儿童的安置和收养上拥有更高的权力。

《收养援助和儿童福利法案》（公法96-272）在1980年颁布实施，在很多方面规定了儿童福利服务系统的基本原则。但是，它的很多条款并没有完全实施，至少有一部分的原因是，这项法案由民主党的卡特政府颁布，却由共和党的里根政府来实施。这项法令通过强调持久性，并设计了一系列"最佳实践"，来回应越来越多的关于"流动寄养"的担忧。

> 在资金规划中，这项法案不赞成将资金投入到监护寄养上。而是尝试将资金投入到以下方面：为危机家庭提供预防服务，为不能回到自己家的儿童制订长期计划。同时也制订了一套新的收养补贴方案。最后，这项法案要求通过政府儿童福利项目来保持或建立大量"最佳实践"。（Pecora, Whittaker, & Maluccio, 1992, pp. 21-22）

这些最佳实践包括对照看的儿童进行调查，建立全国管理信息系统，详细的案件计划，确保要做"合理努力"来为父母提供服务以确保儿童可以安全回家。

在20世纪90年代，联邦的法律批准为以下两种服务提供资金：以家庭为中心的服务、为从寄养系统中独立出来的青年提供的服务。1993年，《家庭保护和支持法案》（公法103-66）为家庭支持和家庭保护服务拨款。1997年，《收养和家庭安全法案》（公法105-89）重申了国家对及时的、目标指向的、以家庭为中心的方法的承诺，但是国会的意图发生了改变，这一改变是通过将项目名称改为"促进安全稳定的家庭。"这个名称的改变表明,项目强调的预期目标是——安全和稳定，而不是为其他特定的项目提供支持。条款包括缩短儿童长久性听证会的期限、鼓励收养的补助、对1980年法案中的"合理努力"条款进行修改。

在1999年，《寄养独立法案》（公法106-166）是指导儿童福利系统的最新的联邦法案的关键部分。这项法案制定了John H. Chafee寄养独立项目，这一项目为寄养的青年提供经费、住房、咨询、工作、教育、健康保险，以及"其他适当的服务和支持"，直到他们21岁。

不同的观点

就像以不同外观出现在盲人面前的大象，每个盲人都试图通过部分来发现本质，同理，儿童福利系统在不同人的眼中也是不同的。从虐待家庭中解救出来的儿童只能在无休止的安置变换中漂泊——没有爱、支持或归属感——这类故事很多，并且是最让人伤心的：

> 我 16 岁了。从 10 岁起，我就由政府监护……在由政府监护后不久，我就被送到了一个寄养家庭。在这里我呆了近 1 年 8 个月。接着我又被转到了一所孤儿院，之后又去了另一个寄养家庭，然后是一所儿童之家，接着又是一所孤儿院，然后又是另一所儿童之家。在最后一所儿童之家，我生活了近两年……我知道我永远也无法回家了，所以我放弃了，并决定逃跑。在各个朋友的家中游荡了 3 个月后，我决定联系唯一能帮助我的人。

> 这个人曾经是我的养母，她叫 Jackie C.。因为她搬家了，所以我花了两天的时间找她。当走进她家时，我发现我的照片摆得到处都是。我 4 年没有见到她了，直到那时我才明白她有多爱我……人力资源部门（DHR）认为应该让 Jackie 重新做我的养母，但是他们至今没联系我们。现在已经过去 4 个月了。人力资源部门（DHR）不再关心我了。更糟糕的是，我妈妈允许男性对我进行性虐待。现在国家忽视我了。（心理健康法律的拜兹隆中心，1998，p. 19）

如果一个儿童不幸地要由国家来抚养，那么他卷入犯罪行为的可能性就更大。Humes（1996）描述了发生在 "George" 身上的事：

> 作为一个受害者，而不是一个害人者，当他处于少年法庭的指导和保护之下时，一个充满生气、遵纪守法、热爱写诗的学生被摧残了。10 年来，他被从一个临时家庭推到另一个临时家庭，被迫与他的哥哥、妹妹分离。他被委托给了疏忽大意的、药物成瘾的监护人。他被放纵了，在街上游荡、尝试吸毒、逃学，这都是处于国家的照看和监管之下发生的。他每次搬家时，少得可怜的行李都被装在一个一次性的大环保垃圾袋里，George 的行李可以很清楚地看做是他全部生活的象征。他把自己看做是一个罪犯。

"我经常在想，我做错了什么，"George 说，"但没有人告诉我。我只是认为，他们觉得我会变成我妈妈那样，并且这些只是刚开始。"

当这些事情最后不可避免地发生了，当这个越来越愤怒的无所寄托的孩子在街上游荡找乐，并卷入了犯罪行为，这个系统开始全力执行它在类似案件中的做法。

现在准备放弃他了。(pp. 107-108)

尽管大多数养父母在照顾受虐待的、被忽视的儿童的工作中得到了极大的满足感，但是很多人认为这个系统也没有对他们提供支持。Hubner 和 Wolfson（1996）引用了在加利福尼亚州圣克拉拉工作的一位长期的养父母的话，并描述了很多自愿照看孩子的父母们的困惑：

"我知道很多人只是提供名义上的照看，但是说大部分养父母只是为了钱财从事照看工作？我所了解的并不是这样……

"以我为例，我不得不全力拼搏为孩子争取他们需要的东西——例如，为使其中的一个婴儿能去华盛顿接受新的治疗，我去扶轮社恳求飞机票的费用。尽管社会服务会为孩子的追悼会提供资金。但他们需要做的还很多。"(p. 20)

基于对养父母们的访谈，Hubner 和 Wolfson 提出，

钱……还不是首要的困惑。对收养儿童有了更高的要求，也对照看者施加了法律和政府的压力。养父母面临许多法律责任。例如，天生就依赖药品的婴儿会有很高的死亡率，这会使养父母面临被控告为照顾不周的风险。当亲生父母起诉儿童福利部门不恰当地将他们的孩子带离了家庭，养父母也会卷入到法律诉讼中。(p. 21)

在大多数倡导者眼中，儿童福利系统已经"破旧"一段时间了，而且尽管做了很多有意义的努力，但是它依然非常"需要修理"：

在过去的 10 年间，大量的集体诉讼和服务整合、系统改革的倡议，都证明了国家儿童福利系统的"破旧"状态。在儿童福利和青少年矫正方面的诉讼已经表明整个系统都存在一系列的问

题，尤其是儿童在家庭外获得照看的质量和时间长度方面。非常明显，虽然大部分的诉讼已经使儿童福利的资源明显增多，但是大部分受到影响的系统依然存在问题，在某些情况下，这些使原告律师表现出威胁性的轻蔑行为。(Feild, 1996, p. 4)

自称为改革者的人也面临大量官僚作风的噩梦(Williams, 1995)。Hagedorn(1995)是尝试改革密尔沃基儿童福利系统的领导团队中的一员，但这次改革失败了，他描述了在尝试撼动抵抗改革的、地位牢固的儿童福利官僚系统中遇到的一些困惑：

> 我在去开会的路上，又是忙碌的一天。现在我们的基本问题是，我们被所面临问题的复杂性击垮了，我们已经承担了过多的任务，我们无法使机构和政府部门为我们的这些任务做出反应。最后我们只能自己做所有的事，这耗尽了我们的力气。我欣赏官僚们的策略，而非我们的，他们不采取行动，并看着我们垮掉。(pp. 156-157)

从孩子自己到想要帮助他们的人，每个人对儿童福利系统的错误是什么都有强烈的感受。虐待儿童、系统滥用以及即使最好的意愿也难逃失败，这些事例引起了极大的愤怒和不少挖苦。下一部分会讲述发展理论中的新进展，这可能会帮助受挫的倡导者怀着巨大的希望，集中努力来改善儿童的长期发展结果。

儿童和青少年发展的关键问题

现今在神经生物学、行为学和社会科学领域对儿童早期发展的"研究的激增"，已经增加了关于儿童早期的身体、心理和行为发展不同领域间交互作用的知识。这些研究很明确地强调了儿童与父母或其他成人的养育关系的重要性，父母或其他成人通过帮助儿童探索周围世界并与周围世界互动，来促进儿童的发展(美国国家研究委员会和医学研究所，2000)。如果儿童没有这种养育关系，或者这种养育关系是分散的，或者这种养育关系因为受虐经历而中断了，会发生什么呢(Cicchetti & Carlson, 1989; Trickett & Schellenbach, 1998)？

研究结果在很大程度上证实了儿童福利一线从业者的经验：尽管儿童会受到虐待、忽视的长期影响，但是他们非常具有复原力、适应性，并对改善的情境很敏感。即使儿童由于疏忽的行为、生活紊乱或混乱的养育，而"错失"了一些发展的机会，但只要给予关爱性的注意和照看，就会弥补已失去的机会。但是那些没有得到由关爱性的注意和照看产生的第二次发展机会的儿童，他们的发展前景会更惨淡。

从儿童福利的角度来看，有两类研究结果最让人担忧。这些研究是关于（a）持久压力的生理影响和（b）产前暴露于酒精和药物的影响。就持久压力对发育中的大脑的影响而言，其中的一个研究发现

> 对早期持久压力的经历带来的伤害性影响感到担忧，特别是那些源于异常的或被中断的照看环境的经历。从动物研究得到的证据表明，这种多段饲养的经历会激活不成熟的大脑中调节害怕—压力反应的神经回路，并可能会使它们处于"高度警觉"状态，这种状态会改变它们成年后的行为反应模式。（美国国家研究委员会和医学研究所，2000，p. 217）

儿童福利系统中很多儿童无疑已经经历了持久压力，这可能导致这种害怕—压力模式。关于早期发展时"高度警觉"状态的神经学影响的知识越来越多，这些知识有助于指出，这种模式是否能被减轻或消除以及如何减轻或消除，并且有助于指导干预。

在过去的30年，很多研究者已经证明了产前暴露于酒精中的消极影响。

> 这些影响涉及注意和记忆方面的问题、较差的运动协调能力、问题解决和抽象思维方面存在困难。婴儿和幼儿可能会推延达到重要转折点的时间，在排除过量感觉刺激时可能存在困难并经常会过度活跃。（美国国家研究委员会和医学研究所，2000，p. 201）

尽管已经努力警告那些准父母，但产前暴露于酒精和其他非法药品仍然是影响一大批新生儿的严重问题。例如，1992年对加利福尼亚州的新生儿的研究显示大约有11%的新母亲被检查出使用酒精和/或药品（Vega, Kolodny, Hwang, & Noble, 1993）。

儿童福利系统注意到了很多这样的儿童（Hawley, Halle, Drasin, & Thomas, 1995; Lewis, Giovannoni, & Leake, 1997），但大部分公共儿

童福利机构并没有系统地掌握此类案例的数量，在这些案例中，药品和／或酒精是导致家庭破裂的首要原因（Young, Gardner, & Dennis, 1998）。研究者根据资料指出，在待处理的儿童福利案例中，有多达80%～90%是有酒精和／或药品问题的家庭。没有人知道有多少孩子在产前就暴露在这种环境中，他们暴露在什么物质中，在怀孕的哪些时间点暴露在这种环境中，或者在他们发展的早期，是否有家人持续使用酒精和／或药品。

不同类型的虐待在行为上、心理上的影响，以及在儿童发展的不同阶段中虐待的意义，这些研究仍然处于初始阶段。尽管研究已经发现，母亲抑郁、身体虐待、性虐待或忽视（单独一个或结合在一起），都会对儿童产生消极影响，但这种影响会因以下因素而发生变化：这种经历持续的时间和强度、个体的敏感性、儿童周围环境中的代偿因素。但是，很明显，当虐待妨碍了儿童与父母或其他成年照看者形成成功的依恋关系或亲密关系时，儿童就会受到伤害。

> 就像一排多米诺骨牌，没有发展出一种适应性的策略将带来一系列会导致不可预测的成长结果的连锁反应。缺少系统的依恋策略会使年幼儿童的行为更难控制，这反过来又使照看者对他们更冷漠或虐待他们。随时间发展的一种伤害性的、相互作用的模式会将儿童发展置于更危险的处境。在这个群体中被确认出的一些主要的发展结果有：在早期依恋和情绪调节上有困难、对自己和他人的看法有歪曲、同伴交往和学校适应困难。在受虐儿童和青少年中，长期问题和临床障碍也很常见，特别是学业问题、行为和情绪失调、犯罪和反社会行为。幸运的是，这种发展过程既不是必然的也不是不可改变的。（Wolfe, 1999, p. 55）

尽管各种暴力对儿童和青少年期的成长轨迹的影响还需要进一步研究，但身体受虐的影响已经得到了很好的证明。身体受虐的儿童通常表现出增高的攻击水平，并且会更倾向于对他人进行敌意性归因。

> 一般来说，有身体虐待经历的儿童会对他人表现出更少移情，很难识别别人的情绪，更可能与父母建立不安全型依恋。即使在控制了社会阶层的影响的情况下，也能看出他们在智商、言语能力和学业表现上的障碍。（美国国家研究委员会和医学研究所，2000, p. 55）

虽然很少有研究关注性虐待的影响，但研究结果表明，受性虐待的儿童可能会在生理和心理上都受到影响。可能的影响包括：性激素调节失常、儿童期出现的发泄和外化行为、青少年期和成人期出现的行为问题，以及教育和职业成就上可能的限制（Trickett & Putnam, 1998）。

即使儿童自身没有受虐待，但暴露于家庭暴力或社区中的暴力事件，也会使他们受到伤害。

> 现在的研究已经明确地区分了目睹虐待的儿童和直接受害的儿童。一般来说，目睹父母间暴力行为的儿童会表现出"居中的"适应性水平；就是说，他们的适应水平要好于身体受虐的儿童或身体受虐并看到父母间虐待的儿童，但是低于比较组或控制组的儿童的适应性水平。（Margolin, 1998, p. 76）

很少有研究关注目睹社区暴力对儿童的影响，但有一些证据证明，即使只是接近了一个较大的暴力事件，也会引起一些"通常被认定为创伤后应激障碍（PTSD）"的症状（Horn & Trickett, 1998, p. 128）。也许是因为已经证实直接受害的影响太大了，所以目睹社区暴力的潜在影响几乎没有得到儿童福利领域的关注。知道多种形式暴力的儿童可能会面临更高的风险，或者至少是不同种类的风险，与这些儿童最亲近的人需要明白，当这些儿童需要帮助时他们会尝试如何解决。不幸的是，一些儿童福利的实践者并不会问受虐儿童，他们是否目睹了家庭暴力或社区暴力。一项研究发现，为情绪障碍的青年进行住院治疗的心理治疗师，并没有"关于这些年轻来访者目睹暴力事件的情况的实质性了解"（Guterman & Cameron, 1999, p. 382）。

母亲抑郁也影响儿童的发展，母亲抑郁的儿童会表现出更多社会的、情绪的和行为的问题，通常会使儿童在与同伴交往时的自我控制、学校表现变得更加困难（美国国家研究委员会和医学研究所，2000）。卷入儿童福利系统的家庭会发生更多的母亲抑郁的情况，这是因为，在这些家庭被儿童福利系统了解之前，抑郁可能阻止（或限制）了成功的养育关系的发展。有经验的儿童福利实践者很久以前就认为，与被控告为身体虐待的（特别是把虐待作为阻止无法控制的"不良行为"的手段）非抑郁的母亲相比，影响、吸引、激发已经抑郁或潜在抑郁的母亲（通常是涉嫌忽视儿童）会更困难。

因为儿童需要鼓励，并需要与成年照看者进行交流，所以，忽视会对整个童年期和青少年期的发展带来消极影响。例如，有一项研究将早期忽视与从小学过渡到初中时的学业成绩下降联系起来（Kendall-Tackett & Eckenrode，1996）。也有研究者将忽视与不安全的、不良的依恋联系起来。

> 被忽视的儿童，例如在孤儿院长起来的孩子或因为严重被忽视而被带离家庭的儿童，对他们的研究表明，有些儿童（当然并非全部），当一个或几个成人在身边时，不能用有意义的方式来组织他们的行为。他们并不符合典型的不安全感的模式，但对照看者表现出了不稳定、无组织的反应。（美国国家研究委员会和医学研究所，2000，p.231）

儿童福利服务是如何影响儿童和青少年的发展的

儿童福利系统中的所有儿童都有失去最好的发展机会的消极经历。他们需要第二次机会来克服这些经历带来的影响、弥补失去的发展机会，并为成功的未来经历铺平道路。我们希望儿童福利系统能尽快帮助他们找到第二次机会，可以是通过对亲生父母家庭的干预，或是通过寻找愿意并有能力照看他们的家庭。不幸的是，仍有很多孩子留在该系统中；幸运的孩子会被安置在亲戚家或养父母家，而不幸的孩子则会流动寄养，随着童年的溜走，从一个地方搬到另一个地方。

对从寄养机构独立出来的或"到离开年龄"的青年的经历的研究很有限，但这些有限研究强化了实践者和倡导者们的观察：寄养青年在18岁，或者甚至到了21岁时，还很难自食其力。例如，Blome（1997）指出，与匹配组（由与至少一位父母生活的青年组成）相比，寄养青年更少地从高中毕业，或更难通过普通教育水平测试。

从寄养儿童发展为有过失行为的青少年，或以后在成年时发展为罪犯，这种孩子的数量在不断增加，这令人担忧。但是我们始终不太了解这个群体有多大，什么因素与从受害者成为害人者的变化最相关。

> 没有人准确地了解到底有多少被判刑的儿童、青年曾被卷入儿童福利系统，但大量研究表明了它们之间错综复杂的关系。

　　罗彻斯特青少年发展研究发现，在青少年期表现出大量问题行为方面，12 岁之前就被政府证明受虐的个体比未被虐待的个体多了至少 25%，这些问题行为包括严重的暴力犯罪、药物滥用、少女怀孕、较低的学业成就和心理健康问题。1996 年 Gathy Spatz Widom 发现，受虐增加了有少年犯罪记录的可能性，受虐儿童有少年犯罪记录的可能性是未被确认为受虐或被忽视的儿童的两倍。（Wingfield，2001，p. 9）

Widom（1991）也认为，在受虐或被忽视的儿童中，有一个小群体，他们的行为问题使他们特别难管，并且这些孩子很可能经历了多种安置，并体验到了伴随频繁搬迁而产生的不确定性、拒绝及愤怒。

　　这些儿童的出现可以解释经常与寄养儿童联系起来的较高的青少年过失行为率、成年期犯罪率和暴力行为犯罪率。不管频繁搬迁是能带来反社会行为的早期倾向，还是反社会行为只是对频繁搬迁做出的反应的一部分，有多种安置经历的儿童都需要特别的服务。（Widom，1991，p. 208）

Zingraff、Leiter、Johnsen 和 Meyers（1994）探索出一种有前景的方法，这个方法表明较好的学业表现可能会与发展为过失行为青少年的低风险相联系，特别是对身体受虐的儿童来说：

　　虐待和忽视的类型会对发展为过失行为青少年的风险有不同的影响。被忽视的儿童……在发展为过失行为青少年的风险增加上最明显，仅有一次被证实的受虐报告，就会面临 10.4% 的可能性发展为过失行为青少年。身体受虐儿童在发展为过失行为青少年的风险上也有显著提高；有一次受虐报告就会发展为过失行为青少年的可能性为 9.3%。这种可能性会随着被证实的报告数目的增多而提高。性虐待的儿童与一般的学校儿童相比，在卷入青少年过失行为的风险上并没有显著的提高。（p. 80）

　　进入儿童福利系统的儿童会由于受虐经历而面临大量发展风险。不幸的是，这个系统自身也会因为缺少对这些儿童经历过的悲伤、心理创伤和丧失感的关注，或者是因为这个系统无法为他们找到稳定的家，而增加一些儿童的风险。由于缺乏关注、稳定性和持久性，很多进入儿童福利系统的儿童会经历一段痛苦的时光，这个系统是匆忙披上并不温柔的慈善外衣的冗繁官僚系统。

提高健康发展的可能性

众所周知，智者在找到相信我们国家的公共儿童福利系统处于正确轨道上的人之前，他会到处徘徊。更恰当地说，我们似乎是建造了一个充满矛盾、困惑的茂密森林。在一个多世纪的争论之后，仍没有找到走出这片森林的明确出路，并且在去哪里搜寻出路的起点上，也几乎没有统一的意见。一些研究者认为，需要去除这个系统的一些部分，而只关注严重的虐待儿童案例。另一些研究者认为，执法机构应该执行调查职能，将这一功能从由公共儿童福利系统执行的以家庭为中心的服务中分离出来（Pelton，1992，1997）。还有一些研究者认为我们需要"有差别的"或"多种途径的"的应对方式，这会使儿童福利机构可以为并未确认为虐待或忽视的家庭进行服务（Schene，2001）。

也有一些研究者认为儿童福利应该与收入补助更紧密地联系起来，而且改革国家福利系统的过程会为改变儿童福利带来机遇和挑战（Berns & Drake，2000；Duncan & Chase-Lansdale，2001）。另有些研究者关注儿童福利系统中的"节约照看"的成本效益的潜力，这类似于在医疗保健系统中"有控制的保健医疗制度"的实践（Kahn & Kamerman，1999；Wulczyn，1998）。

由哈佛大学肯尼迪政府学院召集的保护儿童行政会议建议要建立社区合作。它认为这种合作可以减轻这个系统"前期"的一些压力（例如，支持家庭、预防虐待儿童、确认并支持亲戚和非亲戚的寄养家庭，以及其他以家庭为中心的服务）（Farrow 和保护儿童行政会议，1997；Waldfogel，1998）。另一些研究者认为，这个在英国已取得很好效果的"修补"系统也适用于美国。从根本上说，这个观点关注了小范围的地理社区或地区，在这些地方，跨学科组织代表了一个整合的服务递送系统，这个系统不仅关注基于问题的干预，还关注预防。这种方法认为，需要基于地域上社区的分管区域，而不是案例的种类或工作人员的专长，来分配儿童福利案件。

从生态学的角度来看，我们知道儿童的发展是通过儿童、家庭成员和社区之间的互动来实现的。当儿童福利系统被定位为组织的或系统的术语

（例如，资金流动、报告的责任、组织关系等），它就很容易忽视这种互动关系。健康的儿童发展需要的不仅是运作良好的服务递送系统所提供的服务，它还需要家人、社区和服务系统都认识到，他们有促进健康发展的共同目的，并接受对**共同**（*joint*）目标的**共有**（*shared*）责任，这种共同目标有助于促进大部分易受伤害的儿童和家庭的幸福。

尽管对改善儿童福利系统来说，并没有简单的解决方法，但是通过将关注点从稳定性和持久性转变到儿童的幸福，可以帮助该领域从传统的争论和担忧中解脱出来，转而关注更有前景的方面。对儿童幸福的关注，会促使公共儿童福利机构及其合作者更熟悉发展的理论和研究，更关注他们照看下的儿童的发展性需要，并提高贫困社区支持家庭的能力。实现这种转变需要同时做好至少三个前期工作：

· 积极鼓励广泛的社区合作
· 对已卷入儿童福利系统的公立和私立组织，要整合、统一它们的功能
· 显著增加对儿童发展和儿童福利的研究

鼓励社区合作

不是只有公共儿童保护服务机构这一个机构独自承担保护儿童的责任，大量的父母、公共和私人机构、组织和个体都要联合起来承担这一基本的公共责任。这个改进了的系统的核心是，为保护儿童而建立的社区合作。社区合作是一种增加儿童安全的"责任人"的方法，也是一种当儿童处于受虐待、被忽视的危险时，能提供更快、更有针对性、更有效的应对方式的方法。（Farrow，和保护儿童行政会议，1997；之 pp. Ⅶ - Ⅷ）

为了更有效，这种合作应该不只局限于增加社区机构的数量，这些社区机构与公共机构维持联系以提供以家庭为中心的服务。真正的合作关系需要公共机构与其服务的社区之间关系的根本改变。例如，在洛杉矶市，儿童规划委员会聚集了政府机构、学校、城市、私人服务部门、大学以及各种慈善组织、商业组织、少数民族组织和地理社区组织的主要领导者。为了确保选出来的行政人员能积极参与共享的规划，该委员会的主席职位每年在监督委员会的五个选任成员间轮换。

儿童规划委员会成立于 1992 年，它已经采用了一个不断发展的、渐

进的、数据驱动的途径来进行规划，并且它还在全市儿童的发展愿景、改革原则、短期和长期的成果、发展方向和具体的行动步骤上达成了一致。

> 儿童规划委员会认为，为确保儿童能成长为健康的、有生产力的成人，最好的方法是建立一个强大的社区——在这里，为适应儿童的发展需要而提供机会、设施、规划和积极的环境。要想使社区提供这些发展要素，就要使居民能完全参与到社区的设计和管理中，并使政治系统能鼓励、支持这种自我决策。（洛杉矶儿童规划委员会，1998，p. Ⅱ）

洛杉矶市的公共儿童福利机构（儿童和家庭服务部门）以及儿童福利系统中其他合作公共机构，都是儿童规划委员会的成员。但是它关注的不是公共机构和社区合作者之间关系的渐进式改变，而是关注在如何做出会影响儿童和家庭的决策的问题上进行根本改变，这包括以下方面：

·确保在做决策的过程中，能听取来自不同社区的意见
·鼓励较大的政府系统能对儿童、家庭的多种需要做出更多的反应
·将资源分配、经费与得到的结果联系起来
·支持社区和地区组织努力把促进本社区儿童的幸福作为当地优先考虑的事情

整合并调整各种卷入机构的功能

在他们与非营利的社区组织和民间团体建立社区合作的同时，公共机构需要通过提高准入门槛、减少分裂、提高有效性和效率来更好地整合他们现在提供的服务。整合大量公共、私立机构提供的服务会有很多挑战（Austin，1997），但是它带来的收益也很大。例如，工作人员可以帮助家庭在危机升级到虐待儿童或忽视儿童之前找到相应的服务。他们可以与学校建立联系，以保证儿童不会因为要被寄养或搬到另一个寄养场所，而离开一个熟悉的校园环境。他们可以确保卫生保健师的连续一贯性，以便儿童可以继续看同一个卫生保健师，或者至少在更换卫生保健师时，医疗记录要一直跟随孩子。

也许最重要的是，为整合服务而设计的共享规划，会允许多个权力机关（如，法院、儿童保护机构、缓刑机构、警察）在包括社区代表在内的

机构间规划中，提出关于什么是对儿童和家庭"最有益"的这一问题的各自不同的观点。对价值观念、设想、程序步骤的差异进行讨论，不仅是一个好的惯例，还可以减少各个机构对争议案件提出不同意见的可能性，在这些有争议案件中易受伤害的儿童和家人都坚持认为自己失去得最多。

在大量儿童福利的功能中，通过多学科团队在多个机构的服务之间进行合作，已被证明是有效的。跨学科团队可以提供评估和案件规划（美国国家公共儿童福利管理者协会，1999；社会照看小组，2000），帮助解决家庭问题和服务递送冲突（Winton & Mara，2001），帮助减少家庭外的安置，并改善儿童在这些安置中的成长结果 (Glisson，1994)。跨学科团队的广泛应用，很明显地表明了，职业准备项目和服务中的训练项目均有待改善。

在英国，对所提供服务的跨学科性质的认识已经不仅仅局限于社会服务。

　　所有的儿童从出生就会被卷入社区中的大量的不同机构，特别是与他们的健康、日常照看和教育发展有关的机构。一系列专业人员……会负责评估他们的总体幸福和发展。因此一些易受伤害的儿童很可能被这些专业人员辨别出来，这些专业人员有重要责任来决定是否要将他们委托给社会服务以得到进一步的评估和帮助。对他们家庭的了解是任何一个评估的基本组成部分。一旦开始担心一个儿童的福利问题，各个组织就要开始工作，而不是等到出现了对重要伤害进行调查的时候才开始。所以，评估方式的重要的根本原则是……，它是基于一个跨组织模型的，在这个模型中，社会服务部门并不是唯一的评估者和提供服务者。（社会照看小组，2004，p.14）

关注已知的有效的支持和干预，或被一些证据证实有前景的支持和干预，也是很重要的。近年来，关于是什么影响儿童福利实践的研究不断增加，尽管这些研究在许多领域中还很有限（Kluger, Alexander, & Curtis, 2000）。例如，就以家庭为中心的服务来说，最近的一些关于家庭维护服务对防止安置的作用的研究，结果是令人泄气的（美国健康和公共事业部，2001b）。但是，其他的研究认为以家庭为中心的途径可能会促进家庭的运作，特别是当这种方法被用做重新统一家庭的计划的一部分时（Fraser, Nelson, & Rivard, 1997）。就针对性预防项目的发展前途而言，早期对家庭访谈项目的研究结果是鼓舞人心的（Guterman, 2001; Olds et al., 1997）。在以家庭为中心的多系统治疗方式对青少年的影响的研究中，特别是那些卷入过失行为的青少年，其研究结果也是鼓舞人心的（Schoenwald, Borduin, & Henggeler, 1998）。

改善研究基础

尽管有些研究已评价了特定干预项目的效果，但儿童福利系统的研究基础还是非常有限的。不仅各州、县用来追踪每个辖区所服务的儿童、家庭的信息系统存在问题，而且从这些系统中努力整合数据来代表国家状况和随时间发展的趋势上也存在问题。从国家级和县级得到的用于对儿童福利面临的最基本问题进行重要研究的资金非常少。研究者已经在努力寻找用来支持对有限的几个问题的小型研究的小额资金。即使研究者已努力在研究中运用严格的方法，但研究中机构的要求或该领域的现状，已经严重限制了结果的可信性。

在 Epstein（1999）对儿童福利系统的猛烈批评下，没有人能摆脱儿童福利领域低质的研究现状的困境。

> 研究中的问题并不仅仅反映了研究者的错误；它们清楚地体现了社会对受供养儿童的安全、健康和社会化问题上的关注不够。令人震惊的是，至今仍没有一个综合的信息系统来描述公共儿童福利系统……

> 忽视这一问题的政府已经拒绝为用于调查儿童福利服务的更可信的研究方法提供必要经费。此外，寄养系统不可能容忍客观的调查，系统内很少有研究者或实践者能不带偏见地应用这些设计。儿童福利服务除了监督功能之外，其他任何功能都没得到合理地证明，儿童福利服务作为流行价值观的标志来充当一个形式上的角色……

> 尽管可能经历了一个世纪的研究努力——事实上，儿童福利可能是美国社会服务学科中最古老的一个学科分支——但是仍然只有很少（如果有的话）关于儿童福利服务的描述性或评价性的准确信息。这个系统好像是拒绝详细审查，它自身的这种特性使人们质疑当前

为受虐儿童提供的帮助的质量和社会作用。(pp. xvi-xvii)

该领域中与数据和研究有关的重点应是以下几方面：

·确保所有的相关机构享有能指导它们规划的准确及时的数据，这些数据包括基本情况和发展趋势

·对每一个儿童福利服务项目,包括基本的服务,如寄养、儿童之家、住宿治疗,要实行结果定向的、有依据的方法和合理的结果测评方法(Friedman, 1997)

·要确保每一位儿童福利的实践者都要熟悉大脑发展的新兴研究、受虐对儿童和青少年发展的影响、以及这些研究对治疗和干预的意义

在以后几十年研究的规划中，还有大量的工作要做。这些规划不仅要解决急迫的大型体制问题(如，对儿童来说，哪种结构和组织间的策略能最有效地改善儿童的发展结果)，也要解决小型问题(如，哪种干预适合哪种家庭和儿童)。在高效率的儿童福利实践者所需的知识、技能和训练方面，以及种族、阶层和文化对服务实施的影响方面，都明确需要进一步的研究。事实上，现在很多重要问题仍没有恰当的答案，这是令人震惊的，并且如果国家非常重视促进儿童、青少年和家庭的发展，这将是不能容忍的。

促进儿童、青少年和家庭的积极发展：我们应该何去何从

儿童福利系统已在努力平衡那些非常棘手的问题。儿童福利要如何支持家庭以及如何将陷入危险的孩子"解救"出来？如何将孩子带离受虐情境以及如何确保他们能有更好的选择？如何具备文化胜任力以及如何支持贫困家庭？如何解决会导致大量有色儿童陷入托管系统和不良行为系统的与阶层、种族相关的因素？如何提高那些能使人们凝聚在社区的社会资本以及如何确保社区会支持并欢迎所有类型的家庭？

但儿童福利并不能独自解决任何事情。也不能仅仅依靠不断"修理"当前的儿童福利系统来解决这些令人苦恼的问题。就像洛杉矶的一些倡导者提出的那样，改变必须是"突然的并且是弥漫性的"：

在令人满意的实践和当前的实践之间存在不一致，并不是因为缺钱。已经花了大量的资金，但是通常是通过妨碍资金协调的方式花出去，这种资金的协调会使成果最大化、分配高效化。对

儿童和家庭服务系统所面临的危机进行的频繁讨论，说明问题并不在于缺少对该问题的意识和担忧。首要的绊脚石可能是这样的一个假定：现行系统可以修理，尽管大量改革的尝试都失败了。这个危机的广泛性使渐进式变革落空了。为了有成功的机会，改变必须是突然的并且是弥漫性的。(Aguilar et al., 2007, p. 7)

对儿童福利系统中充满的争议和发展前途，我们是否应对以及决定如何应对仍需拭目以待。无数的儿童和家庭在等待我们的回应。

第十九章　住房：家庭生活的基础

Rachel G. Bratt

1949 年，美国国会首次明确地表述了国家的住房目标："每个美国家庭都会拥有体面的住房和舒适的生活环境。"从那时起，这个目标已被多次重申，但是在半个多世纪后，该目标还远远没有实现。[①]事实的确如此，尽管两党轮流执政并看似由衷地表明了"家庭"在美国人生活中的重要性，并且拥有体面住房的无可辩驳的逻辑成为家庭政策不可或缺的一部分。作为一切家庭活动的背景——包括儿童的生育、社会化和养育——一个安全的、稳定的、负担得起的以及安心的住处将可能成为一个家庭正常运转的先决条件，更不必说家庭的繁荣发展。作为对这个问题的简明扼要的强调，美国国家住房工作组（1988）曾指出，

> 为家庭提供一个体面的居住地点成了尊严和自尊的平台以及希望和提高的基础。一个体面的家可以使人们利用教育、健康和就业的机会——在我们社会中提升地位的方法。一个体面的家是融入美国主流生活的重要起点。(p. 3)

当"福利系统意识到宽敞的住房是母亲和孩子们最重要的需求之一"时（Newman & Schinare, 1992, p. 8），家庭幸福和住房的密切联系早在 20 世纪 20 年代就被明确提出了。尽管房屋交付和福利行政系统在增加，但在很大程度上，两者只是独立运作。20 世纪 90 年代，人们重新燃起了使这

[①] 最近一条关于住房的法律，修订了 1998 年的优质住房和工作责任法案。人们还在争论，新的表述是否构成了最初国家住房目标的重大或适度的倒退，最初国家住房目标被认为是"尽可能执行"。1998 年法案规定："我们的国家应当通过努力和鼓励联邦、州和当地政府以及通过独立的公民自身、组织和私人部门的集体行动，来面向全体公民推进提供体面的可负担住房的目标。"

两个系统合理化和更好地协作的兴趣（美国国家社区发展代理处委员会和美国公共福利协会，1991）。

无可争议，住房是人们生活的中心，但它通常被认为是从其他家庭和社会政策的成分中分离出来的，例如促进经济保障和为居民创造机会。然而有几个例外值得注意。Shlay(1995) 主张住房政策应当与家庭生活、社区经济发展及社会流动紧密相连，而其他人则强调福利和住房政策间的关系（Newman & Schnare, 1993; Sard, 1998）。此外，正如本章稍后所讨论的，对于非贫困地区的低收入家庭来说，住房越来越被看做是增加就业和受教育机会的载体。最终，不断增加的"自足"①议程（这些议程将公共住房作为活动的主要地点），持续拓展了早期关于住房的狭隘观点，早期人们通常概念化地认为仅仅提供住房就已经达到了目的（参见 Bratt & Keyes, 1998; Rohe & Kleit, 1997, 1999; Shlay, 1993）。

本章一开始对美国住房问题进行了概述，特别关注了"担负能力"②。第二部分将探讨那些为住房花费大量金钱的家庭受到的影响。这一部分通过两个章节来探讨物质生活质量，也就是个体拥有或者缺乏住房（例如，无家可归）如何影响儿童和家庭。本章接下来呈现一个讨论，即住房位置会如何影响受教育机会、就业以及社会关系网络的获得。之后是一个调查，该调查是关于家庭住房和它能否为个体提供积极体验机会的程度之间的一些关系（见图 19.1）。本章接下来提出了两个核心问题，关于我们是否应该推进更大范围的住房议程："基于计划补贴的住房如何影响家庭和儿童？"和"补贴住房的规定会妨碍生产力和就业吗？"本章以一个建议作为结论，这个建议包括显著增加的对住房的承诺。因此，我们呈现的最重要的论据就是住房是家庭生活和幸福的构成基础，并且提供住房是一个进步的社会议程所不可或缺的因素。③

----

① 尽管我们经常用到"自足"，但是这一术语有许多缺点。根据 Bratt 和 Keyes(1997) 所说的，这个术语的一个主要问题就是它暗示人们"在某个时候，不需要任何外部支持了，完全有能力依靠自己的力量来照顾好自己。相反，值得争论的是在我们的社会里没有一个人可以真正做到自足。事实上所有的公民都接受了一些形式的'特殊援助'"（p. 9）。

② 引用中的"可负担的"一词是用来强调这种不适当性的，尽管它已被广泛使用。实际上，所有的住房对于某些人来说都是可负担的。"可负担的住房"意味着对于收入非常低的家庭来说是可以负担的。也就是说，家庭收入小于等于当地中等收入 50% 的家庭，他们用于交房租的钱不应当高于他们收入的 30%。

③ 本章接下来的章节大体上是 Bratt(2002) 译本中呈现材料的扩展。最后一部分也是用另一种方式呈现 Bratt（正在出版中）的观点。

本章大多内容是基于对现有研究的回顾。[①]关于方法论的三个要点值得关注。首先，那些试图将特定住房条件归为因果关系的研究要解决的难题就是——如何分解出可能导致所观测到的结果的主变量。显然，使具体的住房条件孤立起来或者彻底控制居民的特征是不可能的。其次，本章所回顾的研究代表了一系列方法观，从某些学科的视角来看，一些方法被认为比其他方法更严格。最后，住房本身的影响难以与居民的收入水平分离开。低收入群体受到多方面的挑战，尽管接下来讨论的每一个因素都对贫困群体具有重大影响，但是与非贫困居民相比，并没有明确的针对贫困居民的努力。同样，本研究也不关注在住房和居住的结果之间，种族是如何可能作为一个重要的中介因素的。

美国住房问题概述

对于上百万的租客家庭来说住房问题显得尤为尖锐。在美国的很多地区，租金和房价上涨以及许多家庭无法负担像样的高品质的住房费用都是很普遍的。美国司法领域没有明确规定足以支付公寓费用的工人最低工资，这一指标应当依照美国住房和城市发展部（HUD）所制定的当地社区的"公平市场租金"来制定（美国国家低收入住房联盟，2001）。此外，美国住房和城市发展部定期报告有关"最差的居住条件"的家庭。这一类家庭包括490万收入非常低且没有受到援助的租客，他们居住条件严重低于普通标准或者要用他们收入的一大半来支付房租（HUD，2000b）。[②]住房问题最极端的形式是无家可归——大约有60万~75万人完全没有稳定的住所（美国国家无家可归联盟，1999；HUD，2000b）。

美国国家低收入住房联盟估计，约有1 660万拥有住房的家庭和1 670万租赁住房的家庭正在面临中度或者严重的住房问题。[③]在这3 330万家庭

---

① 关于这一主题的文献有很多，来自众多学科——经济学，规划学，社会福利，公共健康，医学，社会学，公共政策，住房政策，儿童发展和心理学。因此不可能引用到所有的相关研究。在这里主要关注了在过去10到15年内基于美国的研究，尽管如此在某些个案中也涉及国际研究和更早一些的研究。

② 根据HUD的规定，"收入非常低"的家庭是指那些收入低于当地中等收入50%的家庭；"低收入"家庭的收入低于当地中等收入的80%（HUD 1999a_）。

③ 中度住房问题包括：房租费用占收入的30%～50%，过于拥挤，且/或拥有中度物资匮乏的住房；严重住房问题包括：房租费用占收入的50%以上，且/或拥有严重物资匮乏的住房。

中，约有 1950 万家庭收入低于平均收入的 50%，还有 650 万家庭收入低于平均收入的 80%（住房研究联合中心，1 998，p. 68；美国国家低收入住房联盟 / LISHIS，2 000，pp. 2-3 以及表 7 和表 9）。用另一种方法计算住房问题，Stone（出版中；参见本章下一部分内容）证明相似数量的家庭正在面临严重的住房问题

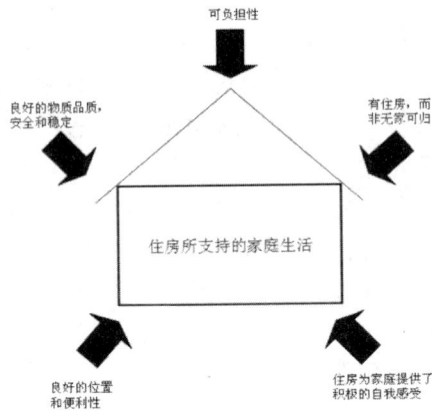

图 19.1 住房：家庭生活的基础

（多于 3 000 万），但是那些大家庭、租房子的家庭和那些一家之主是有色人种或者是妇女的家庭面临的问题是最严重的。因此，有孩子的家庭处于这些正面临最严重住房问题的家庭的行列。

在美国，联邦政府从三个主要途径来补贴低收入群体的住房：公共住房，这条途径从 1937 年开始实施，包括对当地住房建设、拥有及管理低房租政府部门的设立；通过其他类型"基于计划"的补贴，它最早开始于 1959 年，包含低收入家庭负担得起的私有非营利或者营利性的赞助商所建设、拥有、管理的住房；从 1974 年开始通过大范围使用租赁券和证书也就是平常说的第 8 部分项目来补贴低收入群体，这样就可以使符合标准的低收入家庭租赁私人拥有的住房。总之，大约有 460 万家庭收到了租赁住房的援助（130 万住进公共住房；190 万住进其他基于计划的私人拥有住房；140 万收到了租赁券）（住房研究联合中心，2001，p. 24）。

基于在 1996—1998 年之间收集到的数据，HUD 预计从全国来看，等待政府为低收入者建造一套住房平均需要 11 个月，等待第 8 部分的租赁补贴券平均需要 28 个月。对于政府为低收入者建造的最大的住房部门（约有超过 3 万套住房）来说，等待一套政府补贴住房的时间为 33 个月，等待第 8 部分资格证明的时间为 42 个月。此外，HUD 注意到它所作出的预计可能太低了，因为很多住房部门由于需要补贴的人太多已经截止了等待批准的申请人名单（HUD，1999a，pp. 7-10）。

而且，情况好转的希望并不大。目前联邦政府对于住房问题的政策和优先级别都满足不了低租金住房的需求。自 1995 年起，需要增加 440 万套低收入家庭可负担得起的住房才能满足需求。换句话说，每一套低费用

住房约对应两个低收入租客，大约 2/3 收入低于贫穷水平的租客还没有得到任何住房补贴（Daskal，1998，pp. 2，35）。至少，那 490 万"极需要住房"的家庭应当有资格得到 HUD 的帮助。

这些问题的原因是多方面的。在 1991—1997 年之间大约损失了 37 万套私人廉价住房（HUD，2000a，p. 22），同时在 1995—1998 年之间约有 6.5 万套 HUD 资助的住房被损耗（住房研究联合中心，1999，p. 27）；租金的增长比通货膨胀和收入的增长比率更快（HUD，1999b，p. 3；参见住房研究联合中心，1999，p. 25，表 A-9）；同时新增加的补贴住房的比率减少了，联邦政府给予 HUD 的资金也减少了。自 1977 年以来，新联邦政府预算部门对于住房的支出从 645 亿美元下降到了 2001 年的 267 亿美元（按美元价值不变计算）（Dolbeare，2000，p. 2）。

关于如何提高低收入家庭可负担住房的供给的争论包含以下几点，政府应当提供的住房补贴类型（例如，是基于计划还是基于租赁），如果是基于计划的，那么住房小区是属于公共住房当局，还是属于营利性个体或者非营利性个体；对于住房建设全过程的调控应当达到何种程度；可用的住房资源的目标群体应当是非常贫穷的家庭还是收入范围更宽泛的家庭；以及税收刺激与直接的补贴哪个方法更好，程度如何。所有这些争论都表达出了一个普遍的共识，即住房不是一项应有权益，住房资源是匮乏的。一小部分学者、宗教领袖和住房提倡者承认资源是不充足的，不过他们提出通过采用一种新的政策来确保住房权利从而推进了这个问题的解决（Hartman，1998；住房政策研究工作小组学会，1989；Law，2000；Roisman，1990；Smizik & Stone，1988；美国天主教会议，1975）。本章的最后一部分将会讨论这个问题并且概述一种新的住房措施，这种措施以所有人获得体面的住房作为前提。

在接下来的五部分中，住房问题仅是基于已发现的对于儿童和家庭方面的影响来描述的。

缺乏"可负担住房"的影响

在 20 世纪七八十年代，公共住房和其他基于计划的住房补贴受到越来越多的批评。作为回应，租赁证书和租赁券成为了联邦政府偏爱的策略，部分原因是他们可以消除贫困并减少问题重重的住房"计划"的污名。不过由于租赁证书并不提供给每一个贫困潦倒的人，并且在很多市场地区并没有充足的房屋提供给这些持有证件的人们，之前提到的上百万的家庭依旧没有可负担起的住房。

在某种程度上讲，由于人们的支出远远超出了他们的负担能力，因此其他的生活必需品只得作出让步，这一点无须赘述。如果太多的家庭预算始终用于固定的住房花费，那么就没有足够的钱去支付食物、医疗、交通、服饰和娱乐，那么家庭幸福就会受到威胁。

讨论的主题是"一个家庭可以负担什么"。尽管联邦政府的标准是一个家庭用于房租的支出不应当高于收入的30%（在1981年从25%上涨到30%），众所周知对于很多家庭来说这一比例太高了。Stone（1993）关于"住房困难"的概念是以"市场篮子"的评估为基础的，即在考虑了基本生活开支之后家庭真正可以用于租房的花费是多少的评估。这项研究的结果表明，对于很多家庭来说，30%的收入用于支付房租太高了；有些家庭根本就没有多余的钱来负担住房。

在一项研究中，研究者评定了相比等待住房援助的家庭，正享受补贴住房的家庭对儿童的影响。补贴住房可以产生更积极的结果，在身体成长指标上，前一组儿童显著低于后一组儿童。作者得出以下结论"接受住房援助可能减少低收入家庭儿童营养不良的危险，或许是因为有更多的钱来提供足够的食物"（Meyers et al., 1993, p. 1083；参见 Currie, 1995）。

另一条研究线索是关于住房支付能力的，研究发现高的住房花费与其对健康的影响之间可能存在联系。例如，在英国所做的研究中，研究者探究了拖欠抵押贷款对于这些房主健康的影响，还有他们对于基础卫生保健服务的使用情况。当得知这种联系的本质是复杂的，作者们认为："拖欠债务与男性和女性的主观幸福感变化有关，尤其是对于男性而言，拖欠债务越来越可能迫使他们去看全科医生"（Nettleton & Burrows, 1998, p. 743）。进一步研究揭示了类似的结果，"难以应对住房和住所花费的人，更可能报告较差的健康状况"（Dunn & Hayes, 2000, p. 575）和高水平的焦虑（Nettleton & Burrows, 2000）。

将有限的关于负担不起住房而产生影响的研究与这一观点的固有逻辑结合起来，强调了住房花费直接与家庭幸福相联系。

住房的物质生活质量，安全和稳定的重要性

保守来讲，物质缺乏的住房是有问题的并且会威胁到家庭幸福。最糟

糟的情况是，如果没有任何容身之地可能会导致死亡，缺乏许多东西的住房会产生威胁生命的环境，例如增加发生火灾的可能性。但是即使在次级严重的水平上，如果住房过于拥挤、有坍塌的危险或者其他方面的匮乏，那么家庭就无法安稳运行。

有大量的研究尝试测量低质量住房对成人健康的影响。在一个近期的文献综述中，研究者们指出："还有很多美国人缺乏体面的住房和无家可归，这仍旧是公共健康的一个重要关注点。此外，很多特殊的危害健康的因素也可能存在于那些条件良好，设施充足的住房中"（Matte & Jacobs, 2000, p. 7）。Marsh、Gordon、Heslop 和 Pantazis(2000) 进行了一项重要的追踪研究，在 1958 年到 1991 年之间追踪了大约 1.7 万个英国居民。他们得出的结论表明："丧失住房会对患严重疾病的风险产生相当大的影响"（p. 424; 参见 Whitehead, 1998）。最终，在一项相对少见的对照研究（也是在英国完成）中，结果表明那些伦敦西部居住在高质量公共住房中的居民比那些伦敦东部居住在低质量公共住房中的居民更不容易患病(引自 Hynes, Brugge, Watts, & Lally, 2000, pp. 35—36）。

可以肯定，低质量住房对儿童也产生有害影响。一项对儿童健康影响的研究表明，过于拥挤会导致儿童患呼吸疾病和胃部感染，甚至使死亡的概率升高（Currie & Yelowitz, 2000）。研究还表明低维护的住房与童年时期的伤害紧密联系，潮湿发霉的内部环境与呼吸疾病和哮喘发病率的升高有关（Sandel, Sharfstein, & Shaw, 1999, pp. 25—26）。与低质量住房明确相关的疾病之一，铅涂料中毒，被称作"幼儿最普遍的和灾难性的环境疾病"（美国审计总署，1993, p. 2），并且，疾病控制和预防中心"估计约有 100 万个 1～5 岁的美国儿童血铅含量高于正常水平……约有 1400 万个处于危险年龄的 0～6 岁美国儿童依旧生活在 1960 年之前建造的高浓度铅涂料的住房中"（引自 Sandel et al., 1999, p. 36）。由铅涂料导致的危险大多在贫穷的非白人家庭中，这些家庭成员比那些高收入的白人更有可能受到铅涂料的影响（Leonard, Dolbeare, & Zigas, 1993, p. 8; 美国国家低收入住房联盟 /LIHIS, 2000）。

与居民人身安全紧密联系在一起的是住房安排所提供的稳定和安全。住房并不仅仅是用来保护居住者免受外界的威胁和可能出现的危险状况，还必须可靠地存在于家庭生活中。正如一个研究者团体所提出的：

> 发展理论有如下观点，早期来自家庭的安全感和亲情会给予幼小的个体成长的力量和探索外部世界的勇气。早期的稳定性和

安全感遭到破坏时，个体也许更容易产生认知紊乱，遭到进一步的侵害，并且在达到稳定的内部和外部生活上出现问题（Ridgway,Simpson, Wittman, & Wheeler, 1994, p. 412）。

然而，稳定和安全对于低收入家庭来说往往是飘忽不定的，尤其是当他们困难的经济状况变得更糟糕时，或者当住房市场迫使他们无法负担自己的住房时。

在近期的一些研究中，家庭住房的安全和稳定性也得到了强调。探索了影响高中毕业率的多种因素后，一项研究发现物理环境的混乱对幼儿（7岁或者更小）或青少年（12～15岁）的学业成就具有"显著的负向影响作用"（Haveman, Wolfe, & Spaulding, 1991, p. 144; 参见美国审计总署，1994）。在另一项研究中，研究者得出结论，"不稳定性影响儿童的情感、行为和认知发展，如果是无家可归的孩子，那么这种影响会加剧"（Schmitz, Wagner, & Menke, 1995, p. 315）。近期Harkness和Newman(2001)所做的研究也强调了住房的稳定性作为一种关键因素，促成了自己拥有住房者对于儿童的积极影响。

家园（Beyond Shelter）是路易斯安那州的一个小型非营利组织，其使命和运转也是基于"住房第一"的观念，他们坚信住房的稳定和安全对于家庭幸福是非常重要的。执行董事Tanya Tull解释了她的新方法：

> 在将来的很长一段时期，不是将那些家庭迁移到紧急避难所或者过渡房屋里，而是将他们直接迁移到永久的可负担且有邻居的住房中，并提供基于家庭情况的管理服务……此项目通过将没有住房的家庭安置在更大的社区中，考虑了尊严和人们之间的联系……【此外，"设施齐全的住房"】为满足那些长期贫困家庭的长远需求提供了途径，并且促使居民参与到那些影响他们生活或者所居住环境的问题中。（引自Bratt & Keyes, 1997, p. 36）

然而，有些人反对"生活稳定性……在领导家庭的贫困妇女能够使用可负担的、永久的住房之前，是必需的"（Sprague, 1991, p. 28）。根据这种观点，住房本身既不能结束家庭暴力和药物滥用，也不能帮助那些有创伤性体验的儿童。然而，稳定安全的居住情况，与支持性服务相结合，很有可能与各种类型的过渡计划同样有效，这些计划包含范围广泛的服务类型。但无论是个体先住在紧急或过渡住所后来又住进一个长期的住所，还是个体直接住进了长期的住所，好像都不如所有的家庭都拥有一个体面、稳定的居住条件更重要，特别是那些处于贫困中的家庭。

无家可归对儿童和家庭的影响

无家可归会对家庭和儿童产生深远且严重的影响。Newman(1999) 提出"大部分观察者认为以下情况是不言而喻的，即无家可归增加了个体接受教育、职业训练或者获得和维持工作的困难"（pp. 3-4）。无论是否不言而喻，精神病学家 Matthew Dumont 在谈到无家可归对于情绪性幸福的影响时提供了这段简洁的叙述：

> 在所有生活摩擦事件和所有使人疯狂的压力源中，排在首位的是一个人失去自己的房屋……无家可归的儿童将遭遇学业中断，朋友流失，营养不良以及感染。一个孩子失去了住所就相当于得到了一张慢性疾病的邀请函。（引自 Smizik & Stone，1988，pp. 229-230）

Kozol（1988）对纽约城市避难所里无家可归家庭的深刻解读强调了极度缺乏住房条件造成家庭功能紊乱的程度：缺乏隐私会让所有人都产生压力，没有客人或者无法接听电话限制了正常的社交访问和与潜在雇主的交流，儿童没办法做家庭作业，成人生活在持续的恐慌中，害怕他们的孩子被恶劣的社会和物理环境所伤害。

Wright、Rubin、和 Devine(1988) 认为无家可归的人们比其他低收入的人们更可能报告糟糕的健康状况。简单来说，无家可归是造成急性和慢性内科问题的重要因素（pp. 147-148，154）。同时另一组研究者总结了无家可归的影响，如下：

> 无家可归侵蚀了一个家庭的安全感、隐私感、稳定性、控制性以及情绪和身体健康。由于居住在避难所中成人会与孩子分离，无家可归的家庭更容易遭遇暴力和经历父母权威的动摇。（Schmitz et al.，1995，p. 303）

许多研究都已经开始关注无家可归对于儿童的影响。总结了自 20 世纪 80 年代后期以来的一些研究之后，Blau(1992) 提出总体上无家可归的儿童有更差的健康状况，包括营养不良，疫苗延期接种，以及较高水平的血铅含量。一项研究得出结论，儿童在避难所中度过的日子会导致发展上的问题，住在避难所中的儿童比那些住在家中的儿童缺失了许多本该在学校度过的日子(Sandel et al.，1999，p. 39)。

其他研究关注无家可归带来的心理影响，特别是在儿童中。Blau(1992)指出"在焦虑、抑郁以及自我控制缺陷等问题上，无家可归的儿童在阅读和学业考试中都比其他学生得分低。结果，教师对他们进行的干预要高于一般情况下的两倍"(p. 161)。此外，

> 许多无家可归的儿童比有住所的儿童表现出更低的自我概念和更高水平的行为问题……无家可归的家庭相比那些有住所的家庭呈现出更差的人际关系，更少的个人成长特质，更少的感知到的支持以及更低的社会卷入。(Downer，1998，p. 6256)

另一个研究团队发现相比于贫穷的有住所的儿童，半数在避难所里的孩子都表现出焦虑和抑郁，并且明显表现出更多的行为障碍，例如易怒和攻击行为(引自 Sandel et al.，1999，p. 39；参见 Schmitz et al.，1995)。Bassuk、Brooks、Buckner 和 Weinreb(1999)也发现无家可归对 6 岁以上的儿童有一系列负面影响，包括在他们生活中压力事件出现的频率更高，更有可能遭受性虐待，以及更需要临床转介。

就无家可归家庭获得住房的重要性来讲，其有力的证据来自于一项对纽约贫穷和无家可归家庭的纵向研究。研究者发现就稳定性的差异而言，那些接受补贴住房的家庭是那些没有住房家庭的 20.6 倍(Shinn et al.，1998)。

对无家可归所产生的影响的研究，其因果关系的定位问题被特别提出。可能性总是存在的，例如，某些可观察到的负性条件而不是其他方式引起或促成了无家可归。为了阐释这一观点，一份关于 1998 年无家可归问题座谈会的大型报告提到如下问题：

> 对无家可归青少年的心理健康状态的评定提出了许多问题。很难确定在一个给定的时间点上，无家可归的青少年的情绪困扰是否与潜在的情绪和心理失常有更强的因果关系；无家可归的紧急状态；长期的压力，例如家庭暴力或者父母药物滥用；少年本身酗酒或者嗑药；以及这些事件的集合。(引自 Fosburg & Dennis，1999，pp. 3-10)

尽管分解因果关系很困难，但是我们有理由得出这样的结论：至少，长期居住在避难所会加剧已有问题的形势。结合早期的实证研究综述，逻辑上显示出家庭生活中住房的存在与家庭幸福之间重要和多重的关联。

住房的位置和便利性

Turner（1998）认为，社区中的种族隔离和经济地位隔离是家庭幸福的重要影响因素。

> 实证研究大多得出如下结论，人们所居住社区的状况影响了个体发展结果的众多方面，包括受教育程度，参与犯罪，青少年性行为以及就业。研究表明高贫困率，缺少富裕或受过良好教育的邻居，高失业率，接受救济的比例高，以及缺少双亲的家庭都会影响到儿童和家庭的重要发展结果。（p. 375）

有的文献研究了将低收入家庭分散到低贫困地区的影响。这样的文献强调住房补贴机构除了提供体面的可负担的住房之外，还应当促进更广泛的受教育和就业的机会。高特罗示范（Gautreaux Demonstration）和联邦政府寻求机会（Moving to Opportunity）(MTO) 项目的结果都表明在第8 部分证书的帮助下，那些从高贫困区迁向低贫困区的低收入家庭获益匪浅。高特罗项目是 1976 年美国最高法庭同意裁决书的结果，在同意裁决书中芝加哥的公共住房居民控告公共住房当局的歧视行为，这个项目向公共住房的居民和大多数是白人的郊区和芝加哥市区等待公共住房的居民提供住房证书（参见 Rosenbaum, 1995）。这一项目在 1992 年之后被 MTO 项目所接替，它们旨在"帮助那些住在公共住房区、低收入且有儿童的家庭，从贫困人口高密度区搬到贫困人口低密度区"（公共法律，pp.105-550, 42 U.S.C. 3672, 第 146 部分）。

具体就高特罗项目而言，研究者们发现搬到郊区可以提高青少年和儿童受教育程度和就业前景（Rosenbaum, 1995, pp. 263-264）。虽然收益并不是即时和简单的（例如，需要大量额外的住房和咨询服务），但是"低收入黑人的早期经验并没有阻止他们在郊区迁移中受益"（p. 266）。来自MTO 项目的早期报告表明参与者在他们的新社区中感到更安全（Goering, 1999, pp. 44-45）。

在 MTO 的巴尔的摩试点区，研究者们发现"为在公共住房中居住的家庭提供从高贫困社区迁移到低贫困社区的服务，提高了小学生的学业成绩。"尽管"对于青少年来说结果可能更加复杂"，作者们得出如下结论，对向低贫困地区迁移起限制作用的住房券，"在政府相对适度的支出下，可以用来使低收入家庭获得实质的收益"（Ludwig, Ladd, & Duncan, 2000, p .27）。

低收入住房的所在地，贫困人口的生活地，可能也与潜在的工人在就业时的安逸和困难有关。至少从 20 世纪 60 年代后期开始，随着美国国家顾问委员会关于市民暴动（1968；例如，肯纳委员会）的报告的出版，工作和工人居住地点的分离被人们广泛地认识到（更多关于"空间不对称假说"的资料参见 Ihlanfeldt & Sjoquist, 1998; Kain, 1992）。

通过将家庭迁移到低贫困地区，高特罗项目和 MTO 都试图为工作提供更好的物质对接点，并降低来自就业网络的社交隔离。在高特罗项目中，无论是在物质接近性上的变化还是在社交环境的改变，那些搬到郊区的人们比那些跟他们类似但还住在城市中的人们更容易找到工作（Rosenbaum, 1995, p. 239）。

尽管搬到郊区可能帮助一些家庭找到工作，但是就目前的基金水平来说，这些项目还不能为那些可能有资格的人们提供帮助。但是无论家庭居住在城市社区还是郊区社区，便利性和邻居的特性都会起作用。一个没有接受良好教育和就业机会的社区与家庭的稳定性和安全性是相悖的。

积极的自我体验和就业机会

住房，作为与个体同一性关系最密切的物理环境，对个体如何看待自己有重大影响。并且成人怎样感知自己无疑会具有重大意义并影响到儿童。更直接一些，儿童如何看待他们所处的环境会转化成他们自尊形成的基础。在概念水平上来说，

　　塑造环境，探索价值，以及在选项间做选择会建立起个体效能感和胜任力……很大程度上，有选择和做选择与个体力量是同义的。在平凡世界的细节里经常可以找到授权。它来自对通往个人空间的通路的控制，来自改变个人环境和选择个人日常工作的能力，还来自对个人空间的拥有，该空间反映和支撑了个体的同

一性和兴趣。(Ridgway et al.，1994，p. 413)

关于这个主题被最为广泛引用的是 Cooper Marcus(1995) 所做的研究，他认为，"纵观我们的一生，无论我们有没有注意到，我们的家庭和它的内容正是关于我们是谁的有力的陈述。尤其是，它们代表着我们自我意识的符号"(p. 12)。Kearns、Hiscock、Ellaway 和 Macintyre(2000)，一个苏格兰的研究团队得出这样的结论，"大多数人从家庭中得到了社会心理学的益处"(p. 406)。

根据心理学家 Abraham Maslow 的需要层次理论，住房可以提供的最"低级"的需要是避难或保护。住房提供的"更高"层次的需求包括保险或安全、归属感、自尊和自我实现。"高级的需要"必须在"低级的需要"得到满足后才能实现(米克斯讨论过，1980，pp. 46-49)。但很明显地，所有这些需要对理想的幸福感来说都很重要。

美国健康、教育和福利部(之前是美国健康和公共事业部)在 1966 年筹划了一项有里程碑意义的研究，调查民众如何看待住房与个体及家人的感受和行为之间的关系。结论表明，"证据清晰地反映了住房影响一个人的感知，导致或者缓解压力，并且对健康有影响"(Schorr，1966，p. 3)。

与这些发现相呼应，1977 年一项关于中等收入群体的调查报告表明，住房"似乎是规则、连续性、身体安全以及地点或物质归属感的有力符号。在那里一个人能够真正做自己，在控制之中，'超越个人'拥有爱的能力，并且是一个完整的人"(Rakoff，1977，p. 94)。

一些实证研究为住房对心理的重要性提供了证据，这些研究表明更好品质的住房与更低水平的心理疾病有关(Evans, Chan, Wells, & Saltzman，2000，pp. 529-530)。英国哥伦比亚大学的一项关于温哥华居民的研究表明，那些对自己的住所感到自豪的居民和那些对自己的家庭有高度认同感并且很满意的居民，更可能报告更好的健康状况。此外，"对自己所在社区作为一个整体更加满意的居民，以及对自己所在社区的个人安全更满意的居民，均与更好的心理健康有显著相关"(Dunn & Hayes，2000，p. 576)。

对家庭成员来说，住房还可以为他们体验更多的自我价值感提供机会。[1] 来自多个基于社区的住房措施和自助项目的报告表明，由于住房在人们

[1] Hayden（1984）及其他建筑师和从女权主义者角度写作的学者共同指出，住房的类型和它的设计会产生相反的影响。对于女性来说，典型的家是挫折、隔离和做不完的家务的来源，女性的家变成了她们自我实现的阻碍，而非帮助。

生活中扮演着亲密的角色，因此它可以作为提高个体自我意识的关键载体。并且，由于居民在对他们住房的发展和管理中能够扮演能动性的角色，因此他们拥有具体的机会来获得一些积极的和富有成效的结果。这进而有助于影响人们感受力量和充分实现自己能力的需要（Bratt, 1990; Leavitt & Loukaitou-Sideris, 1995; Peterman, 1996; White & Saegert, 1997）。Friedman(1992) 提供了一个关于如何支配个人的住房状况才能指向心理许可的理论视角；提高"自我效能感"，会"对家庭的持续奋斗有循环的和积极的作用，这种奋斗是为了提高家庭的社交影响力和政治权利"（p. 33）。

　　若要讨论父母积极或者不积极地看待自己会如何影响儿童，就超出了本章的范围。然而，有充足的证据表明住房与成人的主观幸福感存在联系，那么从逻辑上说，这样就会对他们的孩子产生显著的影响。

　　最后，如果家庭与其住房相联系的方式可以转化成一种对他们私人空间的掌控感是正确的，并且没有相反的证据，那么此种联系就很有可能会促进住房改善而带来的长远的个人和社会的利益。然而有必要在住房政策中明确规定要为个体创建机会来获取积极的个人感受吗？需要创立住房自主权来让人们充分发展他们的潜能吗？这些问题将在本章的最后一部分进行阐述。

两个长期存在的问题

　　正如本章开头所说的，除了先前关于住房对家庭幸福的一系列探索外，至少还有两个问题受到决策者和社会学家以及那些持提高公众支持住房援助观点的人的关注。第三个关键问题（住房补贴对周围居住区有什么影响）在此不作讨论。尽管传统观念认为低收入家庭会减弱财产价值观并产生其他负面影响，并且大多数研究表明它有着中性或者负面影响，但是很多时候，它会提高价值观和居住区的条件。（Freeman & Botein, 2002; Goeta, Lam, & Heitlinger, 1996; Lee, Gulhane,& Wachter, 1999; Newman & Schnare, 1997）。

基于计划的补贴住房如何影响家庭和儿童

　　当 1937 年公共住房项目首次被提出时，就有了这样的期望——新居民的表现会得到改善，犯罪事件也会减少。由于信奉"物质决定论"，一条早期的关于推进公共住房的标语是这样说的，"利用住房消除贫民窟的犯罪"（Roessner, 2000, p. 11）。尽管期望很高，但是当前的传统观点证明了那些"计划"的消极现象。尽管是刻板印象，但是许多补贴的进展的确面临大量问题，研究一致表明这些被广泛认可的观点通常不以居民真实的生活经验为基础。

许多对20世纪70年代公共住房居民的调查都得出如下结论，居民在他们住房里的生活通常比媒体上描述得更快乐。

> 这一观点是通过调查公共住房计划的住户得出的⋯⋯即传统的公共住房，由于它的不适当和故障，并不能服务于人们真实和重要的需求。它的替代品比它更好吗，它们的居住者会非常满意和公开地投赞成票，让所有人看到他们的满意。（Meehan, 1975, p. 135）

同时另一个研究团队指出：

> 尽管随着公共住房的形象不断地变差，它的小部分拥护者们仍旧用柔和的声调辩护，住户们吵闹着要求住进去。人们用尽手段想要住进这些住房，这难道不是讽刺吗？住在公共住房里的人们不想搬走吗？⋯⋯简单来说，我们得到了一个自相矛盾的现象：除了住在公共住房里面的人和想要搬进去的人之外，没有人喜欢公共住房。（Rabushka & Weissert, 1977, p. xvi）

第三个研究的数据来自在那个时代收集的全国10个公共住房发展区的居民。对自己住所满意的人数是不满意人数的2倍之多（Francescato, Weideman, Anderson, & Chenoweth, 1979）。更近一些，Bratt（1989）得出结论："公共住房并不失败"，还有Atlas和Dreier(1993)观察到"关于公共住房的秘密保守得最好的就是，多数公共住房都为许多人切实提供了体面和可负担的住房"（p. 22）。

在过去的10年中，研究更加确定早期研究中所揭示的对居住在援助住房中居民的积极影响。其中一项研究提到"并没有证据表明这些计划切实伤害了儿童"（Currie & Yelowitz, 2000, p. 101）；并且，研究者们发现"参加计划的家庭中出现过度拥挤的可能性更低"，"计划实际上对住房质量和儿童学业成就都有积极影响⋯⋯计划作为一个群体受到了不公正的诽谤"（p. 121）。对于居住在援助住房的低收入儿童所产生的积极的健康影响也被发现了；这些儿童出现缺铁性贫血的可能性显著小于其他儿童（Meyers et al., 1993, 引自 Currie, 1995）。

在另一项研究中，对 200 多名公共居民进行了访问，居民表示"与类似的私人商品住房相比，他们更能负担起公共住房，并且公共住房可以提供更好的居住条件和服务，公共住房拯救了许多无家可归的家庭和破裂的家庭，并且给居民一种重要的社区感"（引自社区变革中心，1999, p. 1）。在第三项研究中，来自波士顿 5 个公共住房发展区的 267 名居民接受了调查，至少一半的居民表示他们很乐意住在公共住房里，并表达了继续住下去的愿望（Vale, 1997）。

1968 年到 1982 年之间，Newman 和 Harkness(2001) 做了进一步的研究，发现公共住房可以提高儿童长期的发展结果，还可以减少对福利的依赖。作者认为"这些积极影响将会提升，因为公共住房改善了物质条件，降低了住房的流动性，或者可以增加家庭在为儿童发展营造一个良好的环境上的花费"（p. 21）。然而，该团队所做的另一项研究却没提供任何关于援助住房对受教育程度有重大影响的结论性证据——要么积极要么消极（Newman & Harkness, 2000, pp. 41, 57）。其他的研究者发现生活在公共住房的青少年与那些生活在传统住房的青少年相比，在酒精消耗上没有显著差异（Williams, Scheier, Botvin, Baker, & Miller, 1997, p.84）。另一组研究者调查了公共住房是高层建筑①的刻板印象对 9 到 15 岁个体的高风险行为差异的解释程度。鉴于对之前的研究得出过相反结论的了解（有些人发现了高层建筑的消极影响，而有些人发现没有影响），他们的研究表明，至少在所研究的城市中，"住房位置和结构的多样性并不与风险行为的显著差异相关"（Li et al., 1997, p. 263）。

在另一条调查的线索中，研究强调了大量低收入家庭住在一起的益处。尽管有许多关于在贫困地区居住的大量贫困家庭受到负面影响的研究，还有对减少这种低收入家庭的集中化所做的努力，但是正如之前所讨论的，目前也有很多部门努力向那些公共住房和补贴住房发展区提供服务，因为那里居住着很多低收入家庭。一项近期的报告指出，"可以为那些大量集中居住在公共住房里的低收入儿童设计一些服务计划，帮助这些儿童和

---

① 尽管公共住房经常被看做是高层住房，实际上这种刻板印象是不确切的。基于对 200 多家公共住房行政管理机构的调查，结果估计约有 28% 的公共住房是 4 层或以上的结构。剩余的楼房有 38% 是 2 层或者 3 层的建筑，23% 是 1 层的建筑，还有 11% 是分散的独栋住房结构（美国国家住房和重建执行官协会，1990, p. 19）。

他们的父母突破羁绊了美国许多低收入社区的贫穷循环"（社区变革中心，1999，p. 2）。（一些极具创新的社会计划直接与公共或其他形式的补贴住房相联系，详见 Bratt & Keyes, 1997; 社区变革中心，1999; 以及 Lassen, 1995）

此外，联邦政府的家庭自足项目和各种为这一首创做准备的计划都提供了依据，证实了在大范围的家庭支持和就业项目中把补贴住房作为一种载体来运作的有效性。创建于 1990 的家庭自足项目促进了地方策略的发展，将联邦政府的住房援助与公有和私有资源协调起来，以使低收入公共住房和第 8 部分的家庭走向经济独立和自足。仅仅一篇 HUD 的报告对自足议程的承诺及住房准备的强调是不够的：

> 低收入和中等收入的家庭需要更强的力量来决定他们自己的生活，政府应当支持他们追求自足。公共和援助住房条例，将家庭禁锢在低于标准的房屋中，阻碍了人们走向自足……【因此，HUD 的关键目标之一就是】把提供可负担的房屋作为起点，通过强调工作、教育和安全使得家庭向稳定和自足发展。（HUD, 1995, pp. 1, 4）

一项相对新一些的联邦政策倡议也将住房看做是与其他非"实体的"改善相关联的。随着 1993 年希望六号（HOPE Ⅵ）项目的实施，政府向公共住房当局提供资金来重新设计和改善主要的住房结构，公共住房发展区越来越被看做是社区和社会进步的核心地区，包括儿童看护和教育设施，以及社会服务和经济发展计划。

总体看来，在这里呈现的证据都表明有幸住在援助住房中的家庭和儿童获益良多。尽管公共住房和其他基于计划的住房发展区的确经历了许多问题，特别是在那些管理不善的地区，但是基于目前可获得的研究的总体评估，结果还是比世俗的观点积极许多。

提供补贴住房会抑制生产力和就业吗

反对提供补贴住房的关键论据之一就是，这样做对减少人们对住房援助的依赖可能是微不足道的，并且鼓励人们去工作可能会大打折扣，或者这两方面都没有效果。但是，实际的证据却得出了相反的结论：一项对 1 145 个住在公共住房的家庭进行调查的研究计算出从 1966 年到 1992 年之间，每年每个家庭想搬出公共住房的可能性。Freeman（1998）得出如下结论，公共住房并不是"大多数居民所习惯的形式"（p. 348）。强烈反对公共住房和福利就像"贫穷的麻醉剂"的看法，他接下来论述了无论是通过福利还是公共住房的形式接受政府援助，都不会"变成随着时间消逝越来越难以摆脱的陷阱"（p. 350）。

在另一项研究中，发现了一些很细微的证据：

> 居住在公共住房会进一步减少劳动力的行为。大部分公共住房的居民并不工作，这一点是真实的，但和他们类似的住在私人住房里的居民也没有投入到劳动中去。认为公共住房会导致高水平的失业和无业的看法似乎是一种错觉。（Reingold, 1997, p. 484）

Newman(1999)调查了一系列关于住房是促进了还是抑制了人们追求高水平经济保障的研究。她指出在那些居住在援助住房中的人们中可能存在适度的积极影响，例如更高的劳动力投入和 / 或更高的受教育程度，并且结果表明"同时接受福利和住房援助的人比那些不接受援助的人有着更低的就业率"，可能是由于"管理决策，例如参照住房项目的规则对那些最困难的人优先——而不是住房援助本身的抑制性影响结果"（pp. 8, 10）。

此外，一项研究表明，加利福尼亚州的第 8 部分的住房者为这一观点提供支持，即提供住房并不会对工作动机产生负面影响。根据作者的观点，"一项精心策划的住房项目会帮助接受福利者对劳动市场产生更强的依赖"（Ong, 1998, p. 791）。

Sard 和 Lubell(2000) 引用了一项关于明尼苏达州福利改革的研究发现：

> 大部分就业和收入的增加归功于国家的福利改革创新，这种影响集中在那些住在公共住房和补贴住房的人们中。换句话说，比起研究中的其他家庭，福利改革可以更大程度地影响那些接受住房补贴家庭的就业和收入。（p. 3）

他们进一步指出，"在亚特兰大、佐治亚州、哥伦布市和俄亥俄州所做的研究，其初步的结果表明，在这些城市所做的不同的创新改革的结果都是一致的"（p. 3）。

尽管这些研究发现还是固执地认为如果住房有保障，去寻求就业的和为经济保障而工作的机会就会被侵蚀。然而，正如之前提到的，我并没有发现任何实证的证据表明提供住房会对工人或者对成为工人的动机水平产生消极影响。并且，考虑到相反的证据——住房是家庭幸福的一个关键因素，也是其他事业和提高收入计划得以进行的根本出发点——本章信奉以下观点，提供住房将会成为众多居民生活中的一股积极的力量，相对于那些没有根据地认为提供房屋会带来满足和懒惰的看法，前者的逻辑定位更加有力和值得信赖，并且与心理学关于工作在个人自我实现中的重要性相一致。

住房作为一种新社会契约的基础

基于几十个调查研究，我们可以清晰地认识到住房和家庭幸福间的联系是重要和深远的。此外，基于已有的研究，并没有理由说那两个长期存在的问题（之前部分所讨论的）会成为做出更多住房承诺的障碍。因此，在考虑了这些论据和在本章开头所呈现的住房需求水平之后，我的建议是这样的，我们设立一系列更广泛的住房补贴项目并且使主动权以政府和个体之间新的社会契约为基础。这个新契约的本质将包含政府拨款或直接地对体面的可负担住房的支持，作为交换个体要履行他们的核心职责——为了家庭幸福和理想的生产力而工作。

"理想的生产力"是什么意思，怎样才能使它变得可以评估？这些提议或许会被质疑，因为带有共产主义的特色："每个人的付出取决于他的能力，每个人的所得取决于他的需要。"但是这也具有鲜明的美国特色。这与在1961年1月John F. Kennedy总统在就职演说中再三强调的一致："不要问你的祖国可以为你做什么，要问你可以为你的祖国做些什么。"这些陈述中都表达了一种付出与索取，需求与收益，个人与集体的道理。

那些"提倡社会主义的"哲学信奉这种核心的关系。据这场运动的核心人物Erzioni(1995)所说：

> 共产主义社会成员对于社会公平核心的理解是互惠性：共产主义社会的每一个成员都把东西归为大家的，共产主义社会把东西都归于每一个成员。在一个有响应的社会中公平需要有责任感的成员。(p. 19)

这里提出的新社会契约的建立包括两部分。首先，包括政府会承诺向所有有需要的人提供房屋（以及，希望在将来还可以提供其他的生活必需品，例如食物、卫生保健）。其次，需要市民们递交一份承诺书来提高他们的生产力。对于接受政府帮助的居民在日后的回报期望也有一个事先的计算。个人责任和工作机会调节法案在 1996 年吸纳了社会契约的想法。然而，这种福利改革立法产生了武断的"一种形式适合所有人"的政府预期。

现在大多数接受福利的人都能在两年内连续依靠政府的援助，一生中总共有五年可以接受政府援助。孩子处于学龄期的有劳动能力的受援助者，被预期在得到救济金的 60 天内每周在社区服务中工作至少 20 小时。如果一个家庭没有服从这项规定，那么救济金就会逐渐削减，直到 91 天后现金拨款彻底中止。法律也禁止多数家长（除了那些低于 20 岁的）把教育或培训计划当成工作要求的一部分。最后一条规定可能是最令人苦恼的，它与在此提出的这类社会契约相违背。此外，政府对个体会如何回报的预期是不充分和不完整的。政府不会对个体仅仅找到一份工作——任何工作，而感到满意。

用工作来交换福利的先例在 1998 年的优质住房和工作责任法案里已经能找到。在它的众多条款中都提到，每个居住在政府住房中的成年人每个月至少有 8 小时在社区服务中工作或者参加经济自足项目。

然而，当前的提议将包括更广泛的可获得的住房援助，并且会更灵活也更指向于特殊家庭的需求和有利条件。这条提议的中心就是规定个案工作者与每个人及其家庭一起工作以发展出一个活动的过程，该过程可能会使那个人发挥最大的生产力并为社会做出理想的贡献。通过这种关系，对个体能够提供多少回报的评估就可以被执行了。这样也可以确保那些特殊家庭的需求得到满足。

这个计划包括创建一个综合的家庭支持系统，要求所有接受住房补贴的家庭都参加。我在这里提出我的观点，参与这样的创建计划应当被看做是**责任**（*Responsibility*）的一部分，即预期的住房接受责任。原理是如果家庭支持可以帮助个体发掘他们自身的能力，那么社会就会在最大程度上受益。

进一步提议如下，**所有** (*all*) 接受政府资助或者政府支持住房的家庭都要参与到家庭支持项目中来，包括那些享受房主减免①政策的房屋拥有者，将这样的家庭吸收到项目中将会至少达到四个目标。第一，不管收入

---

① 房主减免是指允许那些列出个人所得税清单的房主减免抵押贷款的部分利息和总收入的财产税。这样就大量减少了这一群体的纳税义务。总的来说，通过这项削减，美国国库约减少了 820 亿美元的收入（Dolbeare, 2000）。

如何，将为所有的家庭提供切实的帮助，从而承认家庭支持在很大范围内是必需的，并不是仅仅对于贫困家庭[①]。第二，这样一个意义深远的项目将不会给贫穷的参与者打上烙印。第三，它可以明确地知道多少人得到了援助，实际上，通过房主减免的形式获得了一些住房补贴。第四，对于那些不想加入家庭支持系统的房主来说，房主减免将被剥夺，因此会在递减补贴方面逐渐减少让富人获取极大利益（Dolbeare, 2000）。

这条提议的前提是政府对公民期望的核心是发展人力资本。这与之前提到的近期法律包含的工作和社区服务的需求截然不同，这两者都包含惩罚的意味。参照了Maslow的需要层次理论，每个人都必须承认的需要的第一层就是个体自身和他们家庭的生理需要和安全需要。在最基础的水平上，政府会提供住房并期望受援助者表现出责任感，变得更具生产力且参与到社会和经济生活中。如果可以保障人们有适宜的地方居住，被剥夺的担忧和耻辱感得以消除，人的多数潜能都能被释放出来。

从某一层面来看，有些个体可能需要扫盲或者解决药物滥用问题。其他人或许需要开发和磨练教养儿童的技能。当家庭生活稳定了，政府可能会向他们提供受教育和工作培训的项目。社会服务和公共工程项目的复兴也可被看做是这种创新的一部分。随着桥梁和我们基础建设的其他部分不断发展，工人们将会被招募援助这样的项目。此外，许多部门都需要一对一的援助——从学校到医院，以及这里提到的这类社会福利机构。这些个体对技能和专业知识的获取工作可以是永久也可以是临时的。核心点在于住房带来的稳定性可以使个体对他们的家庭履行责任，并且在工作中实现他们的潜能，成为社会的生产者之一。

在这里概述的项目需要三种主要基金的支持。首先是对新的生产力和项目复原以及第8部分租赁券项目大范围实施的直接支持。尽管探究具体的将要建造的住房类型超出了本章的范围，我还是偏爱那种大范围承诺的包含多种形式的社会住房——政府的住房以及非营利部门的住房——也包含越来越多的让人们变成房主的机会。至少，为了让住房提高自我价值感和授权感，新的住房项目似乎可以包含多种所有权形式和管理模式，这样可以让居民最大限度地控制自己的生活环境。

其次，第二项基金流将指向刚刚概述的家庭援助举措。我们将雇用受

[①] 许多社会政策分析家都提出应大范围提供一套综合的家庭支持项目的建议。例如，详见Albelda和Tilly（1997，第9章）、Skocpol(2000，第5章）、以及Schiorr(1997)。并且，普通的家庭支持项目在许多西欧国家都有足够的优先权。

过足够的良好训练和有足够能力的社会工作者来确保案件不会被积压，并且每个参与者都得到所需的关注。这个项目的次要目标之一可能也是要帮助那些社会工作者开发专业技术，特别是那些曾经参与（或者现在仍旧积极参与）家庭支持项目的人们。

最后，基金还需要用来支持新生成的公共工程和社区服务工作。这些工作不仅使工人学习到技能和专业知识，还为更多的社区提供所需的服务。

计算最终的价格并不简单，并且花费也不会低。但是我们期望人们会受益匪浅，正如那些贯穿本章的论据所表达的观点。

尽管有很多相反的证据，但那些人仍旧认为我们这么做会导致一个懒惰和自满的社会。我要说我们正在从事一项新的社会实验。这些实验将允许我们去探索不同的方法来为人们提供基本的需求。这些实验的关键是要把握机会来评估怎样才能在住房的权力与个体责任感之间取得平衡。也许，仅仅是也许，我们会疲于等待实验结果而直接决定**这么做**（*do it*）——启动综合社会福利保障，包括对所有人提供体面的可负担住房。

作为一个社会，似乎有资源去达成这个目标，特别是在一个削减赋税的时代。需要做些什么才能战胜 DeParle(1996) 提出的悲观主义，他说："在长达几十年的使低收入美国人住上可负担住房的奋斗中，联邦政府在本质上已经承认被打败了。住房问题已经浓缩成为了一个政治议题"（p. 52）。正如贯穿本章的那些论据，它们能否引起政府官员对于房屋角色的进一步认识，最终能否有更多的住房资源？①

在这里呈现的主要论据是，体面的可负担住房是家庭幸福的核心，并且这必须引起足够重视。为了充分理解这一观点，我提议我们可以采取一种新形式的住房项目，这可能会导致政府与个人之间一种新社会契约的出现。这也意味着，首先，个人和家庭要做出一项保证，保证有稳定的环境来维持他们的日常生活——抚养儿童，找到并从事工作，以及参与教育 / 培训项目。同时，家庭将在哪些任务方面得到支持，每一个成员的潜力和能力会得到充分的发挥。这将会带来一个真正的**为了**（*for*）人民的政府。它将会促成一个**公民社会**（*civil society*）（将成为一个太平盛世的代言词）。它将会使我们的家庭和社会更健康、更安全、更高效。

---

① 这一章写作于 2001 年 9 月 11 日之前，即在恐怖分子袭击和随后的"反恐战争"之前。考虑到这一新发生的事实，随着重大的资源被用于防御、安全和军事计划，不确定什么时候我们才会重新回到一个充实、健康的国内方针上去。当我们这样做的时候，我希望这些构想可以帮助解决这一问题。

第二十章 慈善事业、科学和社会变革

作为应用发展科学动力的公司和运作型基金会

Lonnie R. Sherrod

　　慈善事业在整个 20 世纪逐渐成为影响儿童、家庭以及社区发展的一股重要力量。它影响了应用发展科学的发展，同时也对推动那些旨在促进儿童、青少年以及家庭发展的发展科学新观点的出现产生了一定影响力。本章描述了慈善事业的两种特定形式——公司和运作型基金会——是如何致力于应用发展科学的进步以及二者又是如何推动公民社会的发展的。我首先介绍了慈善事业的简史，接着我思考了这样两个问题，即公司和运作型基金会是如何推动应用发展科学的进步的，这包括大学—社区合作以及一些积极发展的观点，以及慈善事业的这些形式是如何促进公民参与的发展的。在考虑到它们所发挥作用的同时，我还论述了它们的作用是如何有可能进一步得到增强的。

　　首先，我来解释一下作为一名心理学教授为何我会涉足这一课题。我担任威廉·格兰特基金会的副会长已有 10 年的时间。格兰特基金会是由 Grant 先生于 20 世纪 30 年代创办的一个私人独立基金会。Grant 先生还创办了一个专售廉价物品的连锁百货公司。由于他提供的工作都是入门级的，因此他的员工都是年轻人。这从而让他注意到这些年轻人的发展会受到与心理健康、家庭功能等有关的各种问题的影响。因此，他创建了这个基金会，目的就是要弄清楚如何才能帮助青少年充分发挥他们的潜力 (Cahan, 1986)。这一任务通常被看做是为人类发展研究提供了资金支持。从这个意义上说，格兰特基金会是一个非常与众不同的基金会。然而，作为一个基金会资金研究的副会长，我试图推动慈善事业领域内其研究重要性的发展。通过这一努力，我学到了大量关于基金会的事务范围及其多样性的知识。我一直认为公司和运作型基金会均具有尚未被人们发现的潜力。

慈善事业的三个时代

慈善事业可以说起源于20世纪早期,它经历了3个时代(Wisely, 1998),并且现在正处于第4个时代。

慈善事业的创立

世纪之交涌现出了各种慈善团体。事实上,这些慈善团体代表了第一代慈善事业,它们的目标是减轻穷人、老弱病残孕以及其他不幸之人的痛苦。

然而,20世纪早期的工业化造就了这样一批富人,他们决心用自己的商业头脑和积累的财富来解决一些社会问题。他们认为当时出现的慈善团体只是通过治疗症状来暂时性地缓解痛苦。这些新晋的慈善家们,比如Carnegie、Ford和Rockefeller,都想通过找到核心原因来应对这些问题,以此达到"解决"这些社会问题的目的。目前,几个最大的私人基金会都是在20世纪之初创办的,例如,拉塞尔·塞奇基金会创办于1907年,卡内基基金会创办于1911年,洛克菲勒基金会创办于1913年,而联邦基金会则是在1918年创办的。当时政府工作并没有涉足任何社会福利事业,因此这些新创办的基金会的职责就非常清晰。

宗教对于推动已有慈善机构的发展已经产生了重要作用。这一良好现象的出现部分上是由于人们宗教信仰中一些固有的价值观。事实上,在我国和欧洲,志愿服务和公民组织已有一段相当长的历史。但这些新的慈善事业却与之不同;它与宗教并没有正式的联系,但是事实上它已被称为"科学的慈善事业"(Gregorian, 2000)。这一新的成就代表了第二代慈善事业,并在整个20世纪60年代持续发展。

由于他们乐于寻求社会问题的核心原因,因此这些新晋慈善家们发挥了科学的能力来努力区分出原因和结果。作为用途一般的基金会,它们的目标是提高公共福利,而科学就被看作是实现这一目标的一个途径。科学因其对因果清晰的界定就为通过确定核心原因来找到社会问题的"解决之道"提供了一种策略,而这些核心原因可能会被看做是与缓解症状或者暂时性地减轻症状相悖的(Cahan, 1986; Katz & Katz, 1981)。尽管大多数新创办的基金会并没有为科学提供大量的资金支持,但是它们将科学当做一种手段的看法却提供了一种资助背景,这一背景促进了社会行为科学以及该学科所入驻大学的发展（Prewitt, 1995; Sherrod, 1998）。这些新基金会也是不尽相同的，这是因为它们在很大程度上要接受董事会的管理（Gregorian, 2000）。

日益关注更为广泛的社会变革

这一趋势对慈善事业来说意味着基金会要为许多项目提供资助，这些项目旨在促进个体的改善，以及为个体和家庭提供必要的资金来改善他们的生活，如教育规划、图书馆、家庭支持以及疾病的治疗和治愈。例如，拉塞尔·塞奇基金会为肺结核研究提供资助，并为儿童提供娱乐活动；罗森沃德基金会（资金来源于西尔斯罗巴克公司）为美国非裔学校和学者提供资金支持（Gregorian, 2000）。与其他各种社会运动一样，如民权以及反越战运动，基金会也是在大约20世纪60年代开始对以往的做法表示怀疑。事实上它们并没有非常成功地"解决"社会问题或者提高人们幸福感的整体水平。尽管它们的努力所取得的成功最终还存在争议，诸如贫困等问题并没有消失。而且，一个问题刚有所减少，一个新的问题又出现了。因此，慈善事业开始意识到需要进行一场广泛的社会变革，而它努力的方向也就相应地发生了改变。慈善事业开始将它们努力的方向指向系统的社会变革（Wisely, 1998）、消除贫穷和种族主义以及加强国际合作，在这一转变中，慈善事业失去了与科学之间的联系（Sherrod, 1998）。

政府也日益承担起了解决社会问题、提供社会服务的职责，还广泛地承担起了一部分由慈善事业所担负的责任。20世纪30年代通过的AFDC计划——失依儿童家庭补助——就是一个早期的例证。由于该计划允许年幼儿童的母亲在家带孩子，因此该计划在20世纪90年代遭到了批判和终止，而事实上该计划的本意是允许母亲在家带孩子。态度的变革经历了60年的时间，而这一变革在很大程度上是因为20世纪30年代大多数的接受者都是遗孀，而到了20世纪90年代，许多接受者则变成了未婚少女妈妈。然而，尽管如此，政府还是在慈善事业占主导的领域承担起了越来越多的责任，这也许是政策发生改变的另外一个原因。

这种对当前仍在持续开展的系统社会变革的最新关注代表了第三代慈善事业（Wisely, 1998）。与个体变革相比，由于科学与社会变革的联系更少，因此人们并不清楚科学是否已经失去了与慈善事业之间的联系或者科学是否像以往的那些研究取向一样没有什么用处。20世纪50年代，政府也开始资助科学研究，而这也许就成为了另外一个因素。

第四次新浪潮

当前，一些人认为以那些在新科技产业领域以及蓬勃发展的股市中创造财富的人为代表的慈善事业的新晋模式继续着新一轮的第四次浪潮。事实上，当前的社会经济条件与 19 世纪末至 20 世纪早期那段时间的情况非常相似。有大批的穷人，而上层社会无疑又构成了统治阶级。而在穷人中儿童占据相当大的一部分比例。城市却只为穷人提供非常贫困的环境。同时移民的数量也在日益增加。正因为如此，人们对慈善事业新浪潮的再次出现并不感到意外。

然而，更为早期的慈善家们，像 Carnegie 和 Rockefeller，会直接用钱来帮助别人。而新的慈善家们，像 Gates、Soros 和 Turner，更多地会进行风投、快速回笼资金、进入不稳定的市场以及实现全球一体化。他们创造财富的方式很有可能影响了他们从事慈善事业的方式，因此，慈善事业的运行也开始变得更为商业化。事实上，这一慈善事业的新浪潮已被看做是"公益创投"，这表明慈善事业的这一形式借鉴了风投的一些策略（Gregorian，2000）。这些新的基金会一方面反映了全球化的日益发展；另一方面也表明它们更有可能会制订一个全球计划（Gregorian，2000）。我们需要重申的是慈善事业与科学几乎没有关联，尽管政府已经向其授权，但是事实上政府仍然是发展公共事业的中坚力量。然而，现在就决定慈善事业的这次新浪潮是否真的代表了第四个时代的到来还为时尚早；当然我们现在也还不能详细描述这类慈善事业的特征。然而我们现在能够弄清楚的是，20 世纪早期的金融投资是非常重要且真实的，同样它的影响力也是巨大的。

我们利用慈善机构来解决社会问题的社会政策在过去的一个世纪中已经发生了变化，并且这些变化对于慈善事业所发挥的社会作用有着深刻的含义。

20 世纪后半期慈善事业的发展

这一时期，我国的慈善事业产生了本质上的变化，与此同时它的规模以及在社会中的重要性也发生了变化。20 世纪后半期，财富日益集中在少数人手中，而这一现象在一个世纪以前也同样发生过。如前所述，这种财富的累积最终导致了慈善事业第四次浪潮的出现。然而，整个 20 世纪时期所创办的私人基金会如今也成为了富人的一部分，由于其市场行情不断看涨，这些富人非常享受其发展所带来的好处。

市场经济的全球化、通信和信息加工领域新技术的出现以及由此带来的股市的蓬勃发展都使得慈善事业的可用资金大量增加。美国的税法也为慈善事业的持续和发展制定了相应的奖励政策。与私营个体通过股市创造财富不同，那些免税组织从事的慈善事业是不用缴税的。然而，按联邦法律的规定，它们每年需要上缴资产的 5%。因此，随着基金会资产的增加，慈善事业可用资金的总量也在增加。然而，事实上很少有基金会上缴的金额会超过规定的 5%，因此当基金会和过去的几十年一样，其资产增加了两位数，那么基金会的绝对价值也会和它上缴的金额一样随之增加。

由此，基金会的数量及其绝对价值在 20 世纪后半期实现了显著增加。在世纪之交，当慈善事业在我国出现的时候，据统计，我国的百万富翁就已超过了 4 000 人，1999 年为 720 万人，而这一数字是 5 年前的两倍（Gregorian, 2000）。自 20 世纪 70 年代以来，私人基金会的数量也增加了两倍多；即使是在扣除通货膨胀因素的情况下，这些基金会的总资产也实现了翻番。20 世纪 50 年代和 80 年代以及 90 年代是发展最为迅速的几个时期（Renz & Lawrence, 1993），而 90 年代的发展又堪称空前。据统计，1996 年以来慈善事业的财富也实现了翻番，我国基金会 1996 年的捐款总额为 260 亿美元（个人捐款仍保持最高纪录，约 1 500 亿美元）。扣除通货膨胀因素的影响后，1975 年至 1998 年期间，基金会的捐款数额增加了 250%。每年大约有 1 000 个新基金会成立，目前基金会的总量已经超过了 50 000 个（Gregorian, 2000）。

慈善事业的多样化

除了绝对数量以及资产的增加以外，我国的基金会也日益多样化。20 世纪早期创办的基金会都是独立基金会。根据创办者制定的规定，这些基金会旨在自我永存，它们有捐赠基金，资产利息也用于资助它们的项目和计划。大多数基金会是归董事会的董事管理的，它们的职责就是承担起创办者的使命，然而从另一个方面来讲，它们运作的都是独立的个体或组织。卡内基公司、福特基金会以及联邦基金这些于 20 世纪早期慈善事业第二个时期成立的大机构都属于这一类型。第 19 章阐释过此类基金会。

然而，还出现了其他三种类型的基金会。在过去的几十年中大量涌现的一种类型被称之为社区基金会。除了其任务是服务特定社区外，这些基金会的运行类似于私人或独立基金会，也是从事公益慈善活动。纽约社区信托和芝加哥社区信托就属于此类基金会。第 20 章就介绍了此类基金会。

其他三类基金会分别是家庭或公司基金会和运作型基金会。家庭或公司基金会的功能就像是创办它们的家庭或公司的左膀右臂。通常情况下，家庭成员是家庭基金董事会的主要成员，同时基金会实际上还是创始家族的一个项目。然而基金会的职责也和独立基金会一样具有多样化。事实上，大多数的基金会在创办之初会有大量创始家族的成员加入进来。无独有偶，公司的 CEO 也可能就是公司基金会董事会的主席，但是公司基金会的职责通常和公司的发展目标有关。东芝美国基金会——电子巨头之一——开始适时地关注教育事业。通常情况下，公司基金会也与公共关系以及公司的社区分支机构有关联，至少在创办之初是这样的。它们代表了公司在"回报社会"方面所做出的努力。

公司基金会在融资方面也与独立基金会有所不同。在少数情况下，基金会确实会有捐赠基金，但是在这种情况下，这些捐赠基金代表了公司的不均衡的股权。例如，W. K. 凯洛格基金会就是一个独立基金会，但是它大约持有凯洛格公司总资产的 75% 的股权，这是因为该基金会掌有该公司的绝大多数股权，其他任何一个公司都没有权利接管凯洛格公司。然而，这意味着该基金会的可用资金与该公司的财政运行有直接的关系。在公司基金会中，这一关系可能是直接的，这是因为此类基金会实际上可能会被设置为需要获得创办公司一部分年收益的资助。

最后一类基金会是运作型基金会，此类基金会的成立也许和以往其他类型的基金会比较相似，但是它们并不会把为其他机构拨款作为自己的工作——或者除拨款以外的其他捐赠活动——事实上此类基金会会制订并运行它们自己的项目，从而为自己创造财富。拉塞尔·塞奇基金会就是一个运作型基金会，其中一个最大的项目就是为访问社会科学家设立的内部奖学金项目。

对基金会进行分门别类是一件十分复杂的事情。在格兰特基金会时，我有幸作为主席与 Beatrice A. Hamburg 共事了一段时间，他最喜欢的一句话是"如果你知道一种基金会，那么你只了解这一种基金会。"基金会的种类是相当复杂的，因此很难对它们进行分门别类。纽约的一个关于慈善事业的资源组织——基金中心——出版了一本手册，该手册的引言部分介绍了基金会的各个类型。尽管新型基金会在整个慈善事业中所占的比例还比较小，但是在慈善事业过去几十年的发展中，它们仍占据了相当大的一部分比例。而地方慈善活动，比如社区基金会，可能代表了未来慈善活动的一个密集地区却成为了一种预测因素（Hall, 1998; Nason, 1989）。

关注儿童、青少年以及家庭

儿童、青少年以及家庭已是而且将继续是慈善事业关注的主要对象。在关注儿童、青少年以及家庭问题方面有一个特殊的基金会兴趣小组——为儿童、青少年和家庭募集基金者。该组织设在华盛顿，目前会员已超过300人。该组织设有一名执行董事和一些工作人员，每年会召开年会。该组织由儿童发展基金会的 Jane Dustan 和其他人共同创办的，一开始该组织是作为基金委员会的隶属机构成立的，但在几年前它逐渐演变成一个独立机构。大多数主流基金会，包括公司基金会，都有会员，并且每年都会召开年会，这是因为大多数大型基金会都会关注儿童、青少年和家庭。

为儿童、青少年和家庭募集基金者或 GCYF 为许多会员所熟知的是，他们试图促进会员的专业化发展，其中涵盖的主题有如何进行捐款、小型组织的保险范围等。但是更为重要的是该组织还涉及了一些与项目有关的信息。该组织每年都会举行为期 2 至 3 天的年会，并邀请一些在学术界、商界、非盈利性机构、政府以及其他领域知名的报告人。该组织围绕一些主题组成几个会员组从而形成学术圈，并出版内部通讯。该组织对于那些将儿童和青少年看做与组织同样重要的捐赠人来说是一个专业组织，例如儿童发展研究学会就是为儿童发展研究者成立的组织。

还有一些特殊兴趣小组关注一些相关主题，例如教育以及家庭和临近街区。除了有基金委员会——慈善事业的主要专业组织，该组织在许多方面与美国心理学会相似——以外，还有一些区域协会。我在格兰特基金会时，纽约区域协会——NYRAG——对我的工作来说是一个非常重要的协会。尽管该协会关注的领域超出了儿童和青少年的范围，但是这一主题仍构成了其工作的主要部分，这是因为该组织的兴趣仍然是在慈善事业这个范围之内。因此慈善事业与本手册(Handbook)有着非常密切的关联。

公司和运作型基金会

公司和运作型基金会在某些方面为慈善事业提供了最新的和创新性的发展路径。本章的后半部分将探讨慈善事业的这一形式。

公司基金会为私营机构提供了一个在社区中发挥其公民责任感的渠

道。它们所从事的慈善工作使它们能够走出资本取向的观点并表现出利他行为。在我国，就自我牺牲这个方面，公司的捐赠很少会被界定为利他行为，因此，公司就像从事慈善事业的个人一样实际上都会获得足够的税收优惠。尽管如此，它也塑造了公民参与以及利他主义的一种形象，一般来说这有益于社会，同时也能减轻在资本主义社会里人们对美元的强烈关注。我认为，通过这种方式，公司基金会的价值就超越了它们的善行。例如，Andrew Carnegie 将富人看做是公众财富的托管人（Gregorian, 2000），在某种程度上说，公司基金会就是这一观点的详例。

Gregorian（2000）写道，"商业活动发现捐赠有益于商业、公共关系，同时也有益于使它们成为有责任心的公民社区的一部分"（p. 15）。有四家公司在 1998 年时捐赠的数额最大，分别是美国银行、通用汽车公司、强生公司和菲利普·莫里斯公司；然而它们捐赠的数额仅占它们税前收入的1%。当按照捐赠所占税前收入的百分之几来计算而不是按捐赠总额时，下列公司则表现得最为慷慨：冠军国际、瑚玛娜以及欧文斯科宁。不管怎样，商业活动发现社会问题就是经济问题（Gregorian, 2000），它们通过公司基金会以及更为直接的方式进行捐赠的数额都在日益增加。

运作型基金会允许基金会从事它们所倡导的活动，而不仅仅是提供资助金。通过这一方式，它们变成了社会变革中真正的玩家，并通过努力成为了真正的合作伙伴。它们为如何使用私人基金来影响社会树立了榜样。

这两类慈善事业均与四个主题有关，这四个主题构成了本手册（Handbook）的特征，并在过去的几年中成为我工作的主要部分。因此，本章的后半部分我将探讨这些主题以及这两类慈善事业所作出的贡献。

这四个主题分别是应用发展科学的出现、大学—社区合作的日益盛行、青少年积极发展的推广以及近来对公民参与的关注。

应用发展科学

近年来出现了一种新的视角指引着人类发展科学的进步。这一视角认识到环境和文化的重要性，强调发展的适宜性，甚至关注预防和干预领域的连续性和变化。最为重要的是，该视角的目的旨在架起研究与实践的桥梁，促进二者实现合作（Fisher & Lerner, 1994）。以往我认为这一观点可能会促进近几十年来失去联系的科学与慈善事业的关系得到重建（Sherrod, 1996b）。

应用发展科学的三个重要贡献

应用发展科学做出了三个极其重要而独特的贡献。首先，它使得应用研究和基础研究的界限变得模糊，长久以来我一直将其看做是一种人为的划分。这两类研究是根据其问题来源以及结果相关性的时限加以区分的，但是二者有益于我们寻求改善社会公益活动之道。自我效能感的研究（Bandura，1992）就是最初基础研究的一个例证，研究证明自我效能感对于预防 HIV 感染极其有用（Sherrod，1998）。由于社会问题的出现要快于科学提供信息解决这些问题的速度（Prewitt，1980），因此当出现新的问题时，我们需要利用一些已有的信息来应对这些新问题。对于艾滋病的传播，自我效能感研究有利于实现这一目的。同样，应用研究也比较复杂。Huston（2002）区分出了两类应用研究：相关政策研究（policy relevant），例如考察贫困影响儿童发展的机制以及政策分析（policy analyses），例如对实际社会项目和政策的考察，如福利改革。心理学家一般不会涉及后一类研究，这让人感到不幸，因为大多数项目和政策在一定程度上都是要解决行为变化的问题（Sherrod, 2002）.

应用发展科学的第二个贡献是其评价视角。以药物临床试验为基础的黑匣子评估，并不适用于社会项目和政策的研究。尽管实验设计采用随机任务来进行控制，项目组也因其允许进行因果归因而令人感到满意，但是社会项目和政策还是属于相当复杂、多元的尝试，它们会与大量微观因素和宏观因素产生相互影响。研究采用的并不是单变量药物。因此，实验设计是否真的适宜评价社会项目和策略还备受人们的质疑（Hollister & Hill，1995）。但更为重要的是还需要探索其他研究方法；与探讨项目参与变量和结果变量之间关系同样简单的研究也是非常有用的。我之前认为对于弱势儿童和青少年来说，项目和政策同学校、家庭一样对他们的发展很重要，因此项目和政策也应该作为发展背景进行研究（Sherrod，1997）。

第三，应用发展科学最重要的贡献可能就是认识到了研究者和其他人员的沟通必须是双向的。例如，研究者和社区参与者都需要参加相关课程互相学习（Sherrod，1998）。非学术人员可以向科学家学习如何评估和评判信息，同样，研究者可以了解到社区需要哪些信息。这种沟通交流不仅能推进发展，同样对于保持大众对科学的认同感也是非常关键的。事实上，科学与慈善事业日益分离的一个原因可能是在这两种观点的支持者之间并不存在这种沟通交流。

与科学的重新连接

公司和运作型基金会对应用发展科学做出了独特的贡献。公司基金会提供了一个渠道将学术机构与私营机构联系在一起。因此，它们能够通过重建慈善事业与科学的联系来影响科学与慈善事业的发展。因此我们需要在我们所知道的范围内以我们所做的为基础来改善人类的福利，同时我们还需要像我们所做的那样继续学习改善社会公益事业。应用发展科学为这两个任务提供了工具。该科学非常适合公司和运作型基金会所从事的工作。而科学视角与此类慈善活动的结合就为实现社会变革提供了一种新的可能性。

很明显，私营机构就是学术团体的一个合作者。由于商界对结果和实践应用感兴趣，因此它就对如何运用研究来指导行为从而增加结果实际发生的机率感兴趣。同时它并不能决定在没有研究支持的情况下其努力是否会对项目实施产生影响。应用发展科学为评定结果以及指导研究者和实践者的合作提供了渠道。

对投资回报率评价的评估

应用发展科学推动了人们对情境以及人口多样化的关注，同时还倡导使用多样化的方法。这已被证明是对公司基金会有用的方法，这些公司基金会对如何以评估影响力的方式来影响社会公益活动感兴趣。投资回报是在私营机构盛行的另一种观点。应用发展科学为研究评估提供了方法，这使得人们关注投资回报。评估并不一定能确定一个项目是否"有效"。应用发展科学主张评估意味着要学会与项目产生联系。例如，多年前，商业大亨 Eugene Lang 在提及一群高中生时说道，如果他们能够从高中毕业，那么他们还需要为上大学支付学费。这直接引发了一项名为"我有一个梦想"的大型慈善活动，该慈善活动开始关注从幼儿园以及一年级开始的弱势儿童的教育问题。我真的不清楚 Lang 为此捐了多少款，也不知道有多少青少年得益于他的资助而完成大学学业；同样我也不认为真的会有一个正规的实验评估系统来评估该项目。然而，从小规模探索性研究的角度来说，研究者通过该项目学习了大量知识，同时也关注了弱势儿童的教育问题。因此，无论他所作了哪些投资，回报都是相当可观的。

因此，从这个角度说，该项目又为研究发展问题提供了另一个情境（Sherrod，1997，1998）。例如，对于"我有一个梦想"来说，人们可以考察在办学质量和课程这个背景下希望以及动机会发挥哪些作用。公司项目并没有涉及政府项目关注的公众责任问题。所以，学习被看做是和社会影响同样重要的一种投资回报。学习会使得研究者接下来付出更大的努力——同样，公司也会试着尝试一个又一个营销方案。因此，假如通过运用应用发展科学这个工具研究者使得这一机制得到了良好运行，即使Lang的努力并没有让很多青少年大学毕业，尽管他非常希望他们能够完成大学学业，但是我们也应该看到该项目为帮助那些在教育方面处于弱势地位的青少年所做出的努力。实际上能够进行恰当学习的例子只是少数，例如在Lang的努力下展开的项目也不是成功的例子。尽管它确实教会了我们很多，但是目前研究的应用情况仍不乐观。而公司基金会有必要的资金能很好地将学习与社会变革联系在一起。

市场营销和宣传

公司也非常了解市场营销。事实上，它们掌握与市场营销有关的技术，而学术机构通常并不掌握此项技术。近来对拥护者们而不是学术人员所进行的研究宣传被看做是对其重要性研究的努力方向，宣传的功效在大学以及由于慈善事业的原因变得日益增强（Sherrod，1999a）。应用发展科学强化了宣传的重要性以及与多方拥护者沟通交流的重要性。学术机构与私营机构通过公司慈善展开的合作应该会对宣传领域的发展做出巨大贡献。公司让市场营销找到诀窍；而研究机构则有能力在研究的基础上产生富有意义的信息。

对儿童和青少年发展以及家庭的研究，包括基础研究和应用研究，都会对社会项目和政策的设计与评估以及对包括公司基金会在内的所有基金会的发展提供大量有用信息。然而，这一点在学术杂志中却通常被束之高阁。科研机构认识到必须承担起发挥宣传作用的某些责任，而且人们在这方面所做的努力也在与日俱增（Sherrod，1999a）。主流儿童发展学家研究学会——儿童发展研究学会正通过其政策与沟通委员会以及总部华盛顿着手将宣传看做是一项重要的优先考虑的事情。然而，这些努力主要得益于私营机构的专业知识。

多年以前，也就是在1994年的时候，当国会经过选举开始进行福利改革时，儿童发展研究学会与其他发展研究机构（美国心理学会第七分会、青少年研究学会以及国际婴儿研究学会）共同合作传达了国会的某些有待商定的研究信息。例如，国会开始考虑取消学校午餐计划，然而，从研究中我们得知即使是短期的营养不良也会对儿童发展产生持久的影响。我们雇用了一个公关公司帮助宣传这一观点并通过它们学到了许多宣传策略。例如，只有当研究出现了最新成果时，媒体才会对该研究感兴趣；与待定政策有关的决议并不能引起媒体的兴趣。哥伦比亚大学的贫困儿童中心在Lawrence Aber博士的领导下雇用了麦迪逊大街广告公司来帮助他们开展相关活动以唤起大众对贫困儿童的关注。该活动和其他类似的活动一样都是精心策划的；但遗憾的是它的花费同样也是非常昂贵的。而问题就在于这需要专业知识，即需要学术机构来传播研究知识。公司基金会就为把这种专业知识引入到研究的世界中提供了渠道。

因此，公司基金会与应用发展科学家的合作均会对彼此的工作起到改善作用。而运作型基金会也提供了一种方法来检验通过合作学到的某些知识。

大学—社区合作

全国的研究和高等教育学校均始于政府赠予地的公立大学①，并逐渐蔓延到它们所在的社区（Lerner & Simon, 1998）。大学开始摆脱常春藤的形象，逐渐认识到它们既能对社区做出大量贡献，同时它们也能从社区合作者那里学到许多知识。大学—社区合作的实例大量出现，它们有着不同的目标并以多种方式运行（Ralston, Lerner, Mullis, Simerly, & Murray, 1999）。近来某杂志特刊，NHSA②对话（2001年第二期第五卷）介绍了这一主题。

商业—社区合作

私营机构为发展与社区、学术机构的合作提供了另一个渠道。前面我探讨了公司基金会和研究者的合作是如何实现双方互惠的。因此接下来我重点探讨一下商业、社区的合作。这方面已有大量例证，例如商业界资助

---

① 政府赠予地的公立大学（Land-Grant University）是指在1862年的Morrill Act法案通过后，美国州政府拨出土地来成立的公立大学。其特色主要是注重农业及农事教育，以推行农村推广教育及训练中学的教师。——译者注
② NHSA是一本关于幼儿研究及实践的杂志。——译者注

学校或者承担起了社区中的一些职责。比如位于俄亥俄州沃伦市的通用汽车公司开设了一门课程，该课程运用现实世界中的工程问题来锻炼中学生的数学技能；来自威瑞森公司的一名主管担任特拉华州威尔明顿市一所重点中学的董事会主席（Gregorian, 2000）。和大学一样，公司也对社区做出了巨大贡献，这种贡献不仅仅是提供财政资源还包括在专业知识和技能方面的支持。同样它们也会从社区中获益。

不管怎样，公司基金会很明显推动了商业—社区合作的发展。运作型基金会在努力完成各个项目的情况下也为私营机构以及大学与社区的合作起到了催化剂的作用。

商业的相关政策问题

政府并没有对某些领域的实践活动产生特别有效的作用，就这个方面而言已有大量例证。儿童保健和育儿假就是例子（Zigler, Kagan, & Hall, 1996）。由于公民外出工作的原因，家庭在这两个领域均产生了相应的需求。因此，商业也要承担起一定的责任。

假如幼儿能够健康地生活和成长，那么我就不需要进行更多的研究去了解幼儿所需的家庭之外护理的类型有哪些。然而，由于其他一些不相关的政治问题，如州权问题，我们无法制定联邦标准（Zigler & Hall, 2000）。然而私营机构仍然可以通过公司基金会制定并试验不同的政策，通过这些政策，可以为幼儿提供划算、优质的照料。

同样，美国还是唯一一个没有完善的育儿假政策的工业化国家（Kammerman, 2000）。1993年的家庭医疗休假法（Family and Medical Leave Act）也只是起到一些象征性的作用，并没有让大多数刚刚成为父母的劳动者获益（Zigler & Hall, 2000）。完善的育儿假政策面临的最大难题就是雇主的成本问题，而这一问题在其他国家都得到了妥善解决（Kammerman, 2000）。为此，还有一个问题，即私营机构需要运用应用发展科学这个工具来参与制定并试验各种不同的策略，并评估哪些因素起了作用，对哪些人起了作用以及在哪些条件下起了作用。与社区的合作让人们弄清楚了什么才是真正最需要的，也为可能形成的或能进一步满足这一需求的社区资源提供帮助，同时还为制定有利于社区与商业的政策献计献策。

也许需要私营机构与社区进行合作的最为明显的一个领域就是教育、职业培训、提供就业以及从学校到工作过渡的管理。几年以前，我参加了一个由纽约市市长 David Dinkins 成立的 21 世纪劳动委员会。我们从私营机构中获得的信息是非常明确的。我们需要一种新的 3R 教育：推理，责任和关系（Hamburg，1993）。由于工作必定会发生变化，因此我们需要的员工应该能够进行沟通、合作、独立工作以及学会终身学习。除了进行了几项孤立的改革以外，教育，包括教师培训计划都没有获得这方面的信息。为此，私营机构应该为改变公共教育以适应其需求而承担起某些职责。

商业在某种程度上也对受教育、职业培训以及中学高年级学生的教育和就业方面实现从学校到工作的过渡起到了某些作用。现在它同样也需要关注社会上的弱势群体。随着从福利到就业过渡的人数不断增加，商业还要承担起某些责任来满足人们的就业需求，为他们提供必需的培训。这仅靠政府是不够的。我国面临的一个非常明确的问题就是贫富差距日益增大。Wilson（1987）用非常醒目的方式记录了城市贫民的窘境。当然，商业最终会通过一些机制来为这一现状尽责，通过这些机制可以获得财政收入，也可以支付酬金。因此，它可能有明确的职责通过运用其公司慈善而致力于满足穷人的需求。如何达到这个目的同时商业又必定会担忧经济增长和总体经济形势，关于这一点是非常不明确的，但是它们又必须这样做。而当经济条件适宜时这又很容易做到。

我们制订的大多数脱贫计划都是针对固定群体的。在威斯康星州密尔沃基市，一个新的尝试——新希望——并不是通过改变穷人从而让他们自己去改善民生，而只是给他们提供保证其健康生存的资源。本研究最初的调查结果显示，与之前的脱贫计划相比，该计划对儿童产生了更为积极的影响（Huston et al.，2001）。这是一个以政府为基础的社会项目，但是私营机构也有办法发起并检验其他类似的尝试。

因此，得到公司慈善支持的社区—商业合作能够为实现社会变革和学习我们的做法提供另一种机制的范例，例如大学—社区合作。

推动青少年的积极发展

在过去的几十年中，研究者做了大量的努力来致力于帮助青少年避免问题的发生或问题一旦发生帮助他们解决问题。从这个角度来看，未成年人犯罪和犯罪行为、高危性行为、学业失败、药物滥用、青少年怀孕都属于这类研究要解决的问题范围。而研究者所做的努力也成败参半。近来又出现了一种新的研究取向，这种方法旨在促进青少年的积极发展

（Larsen，2000）。它的含义是指所有的青少年都有需要，要想让青少年能够成功地成长为一个卓有成就的成年人，这些需要就必须得到满足。青少年会随着他们本身拥有的可用资源（就家庭、学校、社区而言）是否满足他们的需求而变化（Sherrod，1997）。这一观点让我们开始重新定位我们的研究和政策取向。我们不再一味地试图安排孩子们的生活或阻止问题的发生，而是评估环境并努力让孩子们去适应环境。我们已经开始着手大量工作来弄清楚青少年和他们所在环境的优势（Benson, Leffert, Scales, & Blyth, 1998; Benson, Scales, Leffert, & Roehlkepartain, 1999）。

赋予青少年责任：青少年慈善事业

此项工作的一个重要方面是赋予青少年某些重要的成人责任。一种形式就是青少年慈善事业，这种慈善事业为青少年提供资源或者青少年也可以自己创造资源，然后青少年再以慈善的方式将这些资源用于一些旨在改善他们的学校和社区的项目当中。最初将总部设在纽约市的共同美分[①]就是一个例子。该组织由 Teddy Gross 掌管，它召集青少年在全市开展募集美分的活动。美分通常没什么用处，因此大多数人通常都丢弃了。纽约市的这些青少年通过募集美分筹集了几十万美元。这些资金被划拨到学校一些由青少年掌管的小基金会里。其他一些学生可以为一些计划申请资金，从改善学校财务状况或组织活动到帮助无家可归的人和饥民都被列入到这些计划之内。独立基金会，如密歇根州巴特尔克里克的凯洛格基金会，为密歇根州以及全国青少年慈善事业的发展及成长做出了贡献。最初的研究表明这些努力为青少年的发展以及机构的改善和平稳运行作出了贡献（Topitzes, Camino, & Zeldin, 2001）。

保持政策的良好发展

公司和运作型基金会在促进青少年积极发展这个新兴领域发挥了独特

[①] 共同美分（Common Cents）是一个非营利性质的教育组织，它专门致力于设计和实施针对青少年的服务学习项目，它的使命是培养具有仁爱之心和才干的新一代年轻人，让年龄在 4～24 岁的青少年通过参与慈善事业和服务学习，贡献于他们的社区。——译者注

作用。受意识形态而不是发展需求的影响，我们更多地关注儿童、青少年以及家庭的相关政策。在我国，大量公立学校的增加就是一个例子。作为规模发展的结果，由于需要对学校进行拆分，于是卡内基公司的一项报告——转折点报告（Turning Points, 1989）——就记录了6至9年级，中学是如何与青少年的发展需求相冲突的。前青少年期的个体必定会经历一次学校变迁，与此同时他们还要应对青春期的各种变化。也就是说，变迁中混淆着变化。而慈善事业能够确保发展需求会对儿童和青少年相关政策的形成产生指引作用。私营机构和公司基金会受意识形态的影响较少，这是因为他们并不需要对选民负责。（当然，公司需要对他们的股东负责，但是这些选民通常都对经济问题感兴趣——可能除了社会责任投资以外。）由于他们并不对选民关于该怎么做事的一些观点负责，因此，公司处于一个极其强势的位置能够确保我们为儿童和青少年所做的工作会在这种新的、发展的、明智的观点的指引下开展，而这种观点旨在促进个体的积极发展。

与早期发展有关的

到目前为止，这种旨在促进发展而不是修复问题的新的发展观已经开始关注青少年群体。其中一个问题就是它是否同样也与早期发展有关。通过对儿童保健以及育儿假等问题的关注，公司基金会应该像关注青少年一样关注早期发展。因此，它们会成为探究与早期发展有关内容的完美候选者。从某种程度上说，对成熟和大脑发育早期发展的总体关注引导其走上了这种新的发展视角。

公民参与

在中断了近20年之后，我们又欣喜地看到了我国公民参与研究的复兴（Flanagan & Sherrod, 1998）。对这一领域的关注部分上是受到了 Robert Putnam（1996，2000）著作的影响，他认为我们现在在"独自打保龄①"，

---

① 独自打保龄（Bowling Alone）：引自一本书，作者是 Robert D.Putnam，美国哈佛大学公共政策学教授。本书是作者继意大利民主研究之后对美国民主社会的一项重要考察。——译者注

这是因为就公民参与而言我们面临着一种国内危机——特别是对于青少年来说。对于公民参与发展研究来说出现了一个新的推动力；近年来关于这一主题出现了两个杂志特刊（Flanagan & Sherrod,1998；Neimi, 1999）。学校也再次涉足这一主题；美国政治科学协会已经成立了公民教育的专责小组。

作为公民参与典范的公司慈善

公司基金会对这项工作来说比较重要，这是因为他们代表了公民参与的典范。公司像个体一样也有责任参与到那些远大于生产产品、提供服务之外的社会生活中去以及对经济发展做贡献。他们通过游说和其他努力成为了政策制定过程中的重要一员。随着全球化的日益发展，他们成为了有责任的多民族国家的国际公民。商业活动慈善的一面成为公司能够步出商业活动，充当公民的最直接的方式。他们不仅仅通过自己的慈善努力直接为社会造福，而且他们的行为也为社会上的其他组织和机构树立了典范。

他们还通过推动和协助个体公民行为的发展为个体的公民参与做出了贡献。鼓励员工参加竞选的活动、员工和贫困青年之间的指导项目、协助青少年顺利实现工作过渡的培训项目、给予员工儿童保育和父母责任方面的帮助等都是公司促进个体及其员工进行公民参与的几种方式。公司基金会可以通过直接与本公司合作制订项目以及通过为那些规模上并不足以具备慈善性质的商业活动提供指导的方式来提供援助。

成年期延缓

青少年面临着一个对公民参与极为重要的问题，那就是童年期和成人责任之间日益延长的延缓期。儿童比以往越来越早熟，与此同时，他们涉足某些成人行为的年龄也越来越小，如性行为和药物滥用。然而他们承担起成人责任的年龄却越来越晚，如为人父母（除了少数的未成年父母）、拥有稳定的工作以及经济独立（Sherrod, 1996; Sherrod, Haggerty, & Featherman, 1993）。为此，有趣的是，当青少年被问及成为一个成年人意味着什么的时候，他们通常会提到一些心理特征如经历亲密行为，而不是一些传统的标志性事件（Arnett, 2000）。然而，个体在青少年期会有大量公民参与的机会。青少年在 18 岁时就有了选举权，但是有越来越多的人并未行使这一权利（McLeod, 2000）。他们可以参与竞选活动，还可以在他们所在的社区中工作。像这样的机会还是相当多的。事实上，人们强烈抗议青少年参与缺失的一个原因就是他们并没有充分利用这些机会。私营机构和公司慈善能够调动起青少年这方面的积极性来。他们并不会像政客们那样去削减公民参与的相关方面。因此，青少年没有理由去怀疑他们所做的努力。因此，他们会在其失败的某些方面让青少年重新参与其中。当然，在青少年群体中流行的一些事情——例如音乐、运动、娱乐以及服饰——至少会引起他们的注意。MTV 和 Nickelodeon[①] 就是两个很好的例子。MTV 计划和走出去投票项目（Get Out and Vote）似乎已经引起了青少年的注意。这对青少年选举的影响是很难明确的，这是因为还没有研究对此进行考察。同样，Nickelodeon 的儿童选举活动也是针对年幼儿童的。罗伯特·伍德·约翰逊基金会资助了 MTV 播放的一系列预防性病感染的节目；这些节目的收视率都非常高。关于这些方面的研究还不足以解释这些项目的影响力，但是我们清楚的一点是这些方面已经引起了儿童和青少年的注意，因为这些作为公司的项目早已引起了青少年的关注。

履行社会责任

不管商业活动采取了何种方式或者选取了哪一主题，它们都需要证明自己是负责任的公民。政府必须单独承担起社会福利事业和社会慈善事业的职责，这是毫无根据的。事实上，慈善事业能持续发挥作用部分上是因为人们认识到政府并不能单独承担起这个责任。商业活动应该通过参与到这些事务中来担负起某些公民职责。人们认为，公民应像纳税一样以同样的方式通过购买商品和忠于品牌来为商业活动做出贡献。因此，人们主张商业活动要承担起某些社会责任绝不是没有道理的。很明显，公司慈善就是这一公民责任的表现。

接下来又出现了下列问题，政府、慈善活动和私营机构是否该为社会慈善事业承担起不同的责任。从某种程度上说，尽管慈善事业已有所发展，

---

① MTV（Music Television）是全球两大音乐台之一，专门播放 MV 的电视网。原本专门播放音乐录像带，后来也将播放观众对象锁定在青少年和青年上的许多不同形态的节目。——译者注
Nickelodeon 是美国知名的有线电视频道，主营儿童节目。——译者注

但由于它的资金与政府相比还较少，因此它将自己的职责界定为试验——检验新模式以及新观点。这一点备受质疑但同时它也是一种观点。商业活动也许会参与到这些对它产生直接影响的问题。儿童保健、育儿假和教育是我之前探讨的三个问题。在这里，我的观点是商业活动需要承担起某些社会责任来参与到上述问题当中，而公司慈善就是这样做的一个工具，但并不是唯一的一个。

结论

我在本章中提出公司和运作型基金会，特别是代表私营机构的公司基金会，都对促进儿童、青少年、家庭以及社区的发展做出了贡献。科学、慈善事业、政府和私营机构应该联合起来实现这一目标——创造出富有意义的社会变革，提高儿童、青少年以及家庭的幸福感。儿童和青少年是我们真正的未来，因此，他们也应该被看做是我们最珍贵的资源。只有通过所有人的努力合作，我们才能最大程度的挖掘未来的潜力。

参考文献

Abelson, R. P. (1985). A variance explanation paradox: When a little is a lot. Psychological Bulletin, 97, 129-133.

Aber, J. L. (1994). Poverty, violence, and child development: Untangling family-and community-level effects. In C. Nelson (Ed.), Threats to optimal development: Integrating biological, psychological, and social risk factors (Minnesota Symposium on Child Psychology, Vol. 27, pp. 229-272). Mahwah, NJ: Lawrence Erlbaum.

Aber, J. L., & Jones, S. (1997). Indicators of positive development in early childhood. In R. Hauser, B. Brown, & W. Prosser (Eds.), Indicators of children's well-being. New York: Russell Sage.

Aber, J. L., Bennett, N. G., Conley, D. C., & Li, J. (1997). The effects of poverty on child health and development. Annual Review of Public Health, 18, 463-483.

Aber, J. L., Gephart, M. A., Brooks-Gunn, J., & Connell, J. P. (1997). Development in context: Implications for studying neighborhood effects. In J. Brooks-Gunn, G. J. Duncan, & J. L. Aber (Eds.), Neighborhood poverty, Vol. 1: Contexts and consequences for children (pp. 44-61). New York: Russell Sage.

Aber, J. L., Gershoff, E. T., & Brooks-Gunn, J. (2001, May). Social exclusion of children in the U.S.: Compiling indicators of factors from which and by which children are excluded. Paper presented at the Social Exclusion and Children Conference, Institute for Child and Family Policy, Columbia University, New York. Available: www.childpolicyintl,org

Abramson, L. Y., Seligman, M. E. P., & Teasdale, J. D. (1978). Learned helplessness in humans: Critique and reformulation. Journal of Abnormal Psychology, 87(1), 49-74.

Achieve. (2001). Standards and accountability: Strategies for sustaining momentum. [Online]. Available: www.achieve.org/achieve.nsf/ standardform3?openform& parentunidxxx250 311191b9e438c85256aca00751c4f

Adams, M. J., Treiman, R., & Pressley, M. (1998). Reading, writing, and literacy.In W. Damon (Series Ed.), I. E. Sigel & K. A. Renninger (Vol. Eds.), Handbook of child psychology: Vol. 4, Child psychology in practice (5th ed., pp. 275-356). New York: Wiley.

Adams, P. A., & Krauth, K. (1995). Working with families and communities: The patch approach. In P. Adams & K. E. Nelson (Eds.), Reinventing human services: Community- and family-centered practice (pp. 87-108). Hawthorne, NY: Aldine de Gruyter.

Addams, J. (1904). On education. New Brunswick, NJ: Transaction Publishing. After-School Alliance. (2000, July). After-School Alert Poll Report. [Online]. Available: www.afterschoolalliance.org

Addams, J. (1910). Twenty years at Hull House witb autobiographical notes. New York: New American Library.

Adelman, H. S., & Taylor, L. (2000). Looking at school health and school reform policy through the lens of addressing barriers to learning. Children's services: Social policy, research, and practice, 3(2), 117-132.

Advisory Committee on Child Development. (1976). Toward a national policy for children and families. Washington, DC: National Academy of Sciences.

Aguilar, Y. F., Armstrong, B., Biondi, C. O., Buck, M., Curry, P., Lewis, L., McCroskey, J., Olenick, M., Perry, J., Riordan, N. D., Wainwright, M., & Weinstein, V. (2000). From child welfare to child well-being. Pasadena, CA: Casey Family Program. (75 S. Grand Avenue, Pasadena, CA 91105)

Ainsworth, M. D. S., Blehar, M. C., Waters, E., & Wall, S. (1978). Patterns of attachment. Hillsdale, NJ: Lawrence Erlbaum.

Albert, R. 1. (1998). Juvenile Accountability Incentive Block Grants Program. Washington, DC: Office of Juvenile Justice and Delinquency Prevention.

Allen, J. M., & Hawkins, A. J. (1999). Maternal gatekeeping: Mothers' beliefs and behaviors that inhibit greater father involvement in family work. Journal of Marriage and the Family, 61, 199-212.

Allen, M., & Nixon, R. (2000). The Foster Care Independence Act and John H. Chafee Foster Care Independence Program: New catalysts for reform for young people aging out of foster care. Clearinghouse Review: Journal of Poverty Law and Policy, 34(3-4), 197-216.

Alliance for Redesigning Government. (n.d.). Comprehensive Child Development Program. [Online]. Available: www.alliance.napawash.org/ alliance/picases.nsf/504ca249c786e20f85256284006da7ab/cb06dc021dOdd70385256531005aa375 ?opendocument

Almeida, D. M., & Galambos, N. 1. (1991). Examining father involvement and the quality of father-adolescent relations. Journal of Research on Adolescence, 1, 155 -172.

Altschuler, D. M. (1984). Community reintegration in juvenile offender programming. In R. A. Mathias, P. DeMuro, & R. S. Allinson (Eds.), Violent juvenile offenders: An anthology. San Francisco: National Council on Crime and Delinquency.

Altschuler, D. M., & Armstrong, T. (1992). Intensive aftercare for high-risk juve-nile parolees: A community-care model. Washington, DC: Office of Juvenile Justice and Delinquency Prevention.

Amato, P. R. (1987). Children in Australian families: The growth of competence. Sydney: Prentice Hall of Australia.

Amato, P. R. (1993). Children in Australian families: The growth of competence. Sydney: Prentice Hall of Australia.

Amato, P. R. (1998). More than money? Men's contributions to their children's lives. In A. Booth & A. C. Crouter (Eds.), Men in families:When do they get involved?What difference docs it make? (pp. 241-277). Mahwah, NJ: Lawrence Erlbaum.

Amato, P. R. (2000). The consequences of divorce for adults and children.Journal of Marriage and the Family, 62, 1269-1287.

Amato, P. R., & Gilbreth, J. G. (1999). Nonresident fathers and children's well-being: A meta-analysis. Journal of Marriage the Family, 61, 557-573.

Amato, P. R., & Keith, B. (1991). Parental divorce and the well-being of children: A meta-analysis. Psychological Bulletin, 110, 26-46.

Amato, R. R., & Rivera, F. (1999). Paternal involvement and children's behavior. Journal of Marriage and the Family, 61, 375-384.

Amedei, N. (1991). So you want to make a difference: A key to advocacy. Washington, DC: OMB Watch.

America's Children 1999. Key indicators of well-being. Retrieved on November 18, 1999, from the World Wide Web at http://www.childstats. gov/ac1999/toc.asp/.

American Association on Mental Retardation. (1992). Mental retardation: Definition, classification, and systems of supports (9th ed.). Washington, DC: Author.

American Bar Association. (2001). Youth in the criminal justice system: Guidelines for policymakers and practitioners: Washington, DC: Author.

American Indian Law Center. (1994). The model tribal research code: With materials for tribal regulation for research and checklist for Indian health boards. Albuquerque, NM: Author.

American Psychological Association. (1992). Ethical principles of psychologists and code of conduct. American Psychologist, 47(12), 1597-1611.

Andrews, R. M., & Elixhauser, A. (1998). Access to major procedures: Are Hispanics treated differently than non-Hispanic whites? Rockville, MD: Agency for Health Care Policy and Research.

Andrews, S. R., Blumenthal, J. B., Johnson, D. L., Kahn, A. J., Fergeson, C. J., Lasater, T. M., Malone, P. E., & Wallace, D. B. (1982). The skills of mothering: A study of Parent Child Development Centers. Monographs of the Society for Research in Child Development, 47(6, Serial No. 198).

Annenberg Institute for School Reform. (1998). Reasons for hope, voices for change. Providence, RI: Author.

Annie E. Casey Foundation. (1997). Success in school: Education ideas that count [Online]. Available: www.aecf.org/kidscount/index. htm

Annie E. Casey Foundation. (1998). Child care you can count on: Model programs and policies [Online]. Available: www.aecf.org/kidscount/ index.htm

Annual update of the HHS poverty guidelines. (2001, February 16). Federal Register, 66(33), 10695-10697.

Appelbaum, P. S., & Rosenbaum, A. (1989). Tarasoff and the researcher: Does the duty to protect apply in the research setting? American Psychologist, 44, 885-894.

Archbald, D. (1998). The reviews of state content standards in English language arts and mathematics: A summary and review of their methods and findings and implications for future standards development. Washington, DC: National Education Goals Panel.

Arcia, E., Reyes-Blanes, M. E., & Vazquez-Montilla, E. (2000). Constructions and reconstructions: Latino parents' values for children. Journal of Child and Family Studies, 9, 333-350.

Argys, L. M., & Peters, H. E. (1996). Can adequate child support be legislated? A theoretical model of responses to child support guidelines and enforcement efforts [Mimeographed document]. Ithaca, NY: Cornell University, Department of Policy Analysis and Management.

Argys, L. M., Peters, H. E., Brooks-Gunn, J., & Smith, J. R. (1998). The impact of child support dollars on cognitive outcomes. Demography, 35, 159-173.

Arnett, J. (2000). Emerging adulthood: A theory of development from the late teens through the twenties. American Psychologist, 55, 469-480

Arrigo, B. (1999). Social justice, criminal justice: The maturation of critical theory in law, crime, and deviance. Belmont, CA: Wadsworth.

Asarnow, J. R., Goldstein, M. J., Thompson, M., & Guthrie, D. (1993). One-year outcomes of depressive disorders in child psychiatric in-patients: Evaluation of the prognostic power of a brief measure of expressed emotion. Journal of Child Psychology and Psychiatry, 34, 129-137.

Association of University Technology Managers (AUTM). (2002). Tech Transfer: F Y 2000. Retrieved July 2, 2002, from www.autm.net/index-ie.html

Astone, N. M., & McLanahan, S. S. (1991). Family structure, parental practices, and high school competition. American Sociological Review, 56, 309-320.

Austin, M. J. (Ed.). (1997). Human services integration. New York: Haworth.

Ayers, W. (1997). A kind and just parent:the children of juvenile court, Boston: Beacon.

Azuma, H. (1994). Two modes of cognitive socialization in Japan and the United States. In P. M. Greenfield & R. R. Cocking (Eds.), Cross-cultural roots of minority child development (pp. 2-15-284). Hillsdale, NJ: Lawrence Erlbaum.

Baker, A. J. L., Piotrkowski, C. S., & Brooks-Gunn, J. (1999). The Home Instruction Program for Preschool Youngsters (HIPPY). The Future of Children, 9, 116-133.

Baker, A. J., Piotrkowski, C. S., & Brooks-Gunn, J. (1998). The effects of the Home Instruction Program for Preschool Youngsters (HIPPY) on children's school performance at the end of the program and one year later. Early Childbood Research Quarterly, 13, 571-588.

Baker, D., & Witt, P. A. (1996). Evaluation of the impact of two after-school recreation programs. Journal of Park and Recreation Administration, 14, 23-44.

Baltes, P. B. (1987). Theoretical propositions of life-span developmental psychology: On the dynamics between growth and decline. Developmental Psychology, 23, 611-626.

Baltes, P. B., & Baltes, M. M. (1980). Plasticity and variability in psychological aging: Methodological and theoretical issues. In G.

E. Gurski (Ed.),Determining the effects of aging on the central nervous system (pp. 41-66).Berlin, Germany: Schering AG (Oraniendruck).

Baltes, P. B., Lindenberger, U., & Staudinger, U. M. (1998). Life-span theory in developmental psychology. In W. Damon (Series Ed.) & R. M. Lerner (Vol. Ed.), Handbook of child psychology: Vol. 1. Theoretical models of human development (5th ed., pp. 1029-1144). New York: John Wiley.

Baltes, P. B., Lindenberger, U., Staudinger, U. M. (1998). Life-span theory in developmental psychology. In W. Damon (Series Ed.) & R. M. Lerner (Vol. Ed.), Handbook of child psychology: Vol. 1.Theoretrcal models of human development (pp. 1029-1144). New York: Wiley.

Baltes, P. B., Reese, H. W., & Lipsitt, L. P. (1980). Life-span developmental psychology. Annual Review of Psychology, 31, 65-110.

Bandura, A. (1992). A social cognitive approach to the exercise of control over AIDS infection. In R. J. DiClemente (Ed.), Adolescents and AIDS: A generation in jeopardy. Newbury Park, CA: Sage.

Bandura, A., Barbaranelli, C., Caprara, G. V., & Pastorelli, C. (1996). Multifaceted impact of self-efficacy beliefs on academic functioning. Child Development, 67, 1206-1222.

Barker, D. J. (1994). Outcome of low birthweight. Hormone Research, 42, 223-230.

Barlow, K. M., Taylor, D. M., & Lambert, W. E. (2000). Ethnicity in America and feeling "American". The Journal of Psychology, 134(6), 581-591.

Barnard, K. E. (1997). Influencing parent-child interactions for children at risk. In M. J. Guralnick (Ed.), The effectiveness of early intervention (pp. 249-268). Baltimore, MD: Brookes.

Barnard, K. E., & Solchany, J. E. (2002). Mothering. In M. H. Bornstein (Ed.), Handbook of parenting: Vol. 3. Status and social conditions of parenting (2nd ed., pp. 3-25). Mahwah, NJ: Lawrence Erlbaum.

Barnett, W. S. (1985). Benefit-cost analysis of the Perry Preschool Program and its policy implications. Educational Evaluation and Policy Analysis, 7, 333-342.

Barnett, W. S. (1995). Long-term effects of early childhood programs on cognitive and school outcomes. The Future of Children, 5(3), 25-50.

Barnett, W. S., & Masse, L. (in press). Funding issues for early care and education in the United States. In D. Cryer (Ed.), U.S.A. background report for the OECD Thematic Review. Chapel Hill, NC: National Center for Early Development and Learning.

Bassuk, E., Brooks, M. G., Buckner, J. C., & Weinreb, L. F. (1999). Homelessness and its relation to the mental health and behavior of low-income school-age children. Developmental Psychology, 35, 246-257.

Bates, E., & Roe, K. (2001). Language development in children with unilateral brain injury. In C. A, Nelson & M. Luciana (Eds.), Handbook of developmental cognitive neuroscience (pp. 281-307), Cambridge: MIT Press.

Baudelot, O., & Rayna, S. (Eds.). (2000). Coordonnateurs et coordination de la petite enfance dans les communes (Actes du colloque du Creasas). Paris: INRP.

Baumeister, A. A., & Bacharach, V. R. (1996). A critical analysis of the Infant Health and Development Program. Intelligence, 23, 79-104.

Baumrind, D. (1968). Authoritarian versus authoritative parental control. Adolescence, 3, 255-272.

Baumrind, D. (1971). Current patterns of parental authority. Developmental Psychology, 4(1), 1-103.

Baumrind, D. (1973). The development of instrumental competence through social-ization. In A. D. Pick (Ed.), Minnesota symposia on child psychology (Vol. 7, pp. 3-46). Minneapolis: University of Minnesota Press.

Baumrind, D. (1989). Rearing competent children. In W. Damon (Ed.), Child development today and tomorrow (pp. 349-378). San Francisco: Jossey-Bass.

Baumrind, D. (1991a). Effective parenting during the early adolescent transition. In P. A. Cowan & E. M. Hetherington (Eds.), Family transitions: Advances in family research series (pp. 111-163). Hillsdale, NJ: Lawrence Erlbaum.

Baumrind, D. (1991b). The influence of parenting style on adolescent competence and substance use. Joutnal of Early Adolescence, 11(1).

Bazemore, G., & Terry, W. C. (1997). Developing delinquent youths: A reintegra-tive model for rehabilitation and a new role for the juvenile justice system. Child Welfare, 76, 665.

Bazemore, G., & Umbreit, M. S. (1994). Balanced and restorative justice. Washington, DC: Office of Juvenile Justice and Delinquency Prevention.

Beardslee, W. R., Versage, E. M., & Gladstone, T. R. G. (1998). Children of affec-tively ill parents: A review of the past 10 years. Journal of the American Academy of Child and Adolescent Psychiatry, 31, 1134-1141.

Bearison, D. J. (1998). Pediatric psychology and children's medica problems. In W.Damon (Series Ed.), I. E. Sigel & K. A. Renninger (VoL. Eds.), Handbook of child psychology: Vol. 4. Child psychology in practice (5th ed., pp. 635-712). New York: Wiley.

Beck, A. T. (1967), Depression: Causes and treatment. Philadelphia: University of Pennsylvania Press.

Beck, A. T. (1976). Cognitive therapy and the emotional disorders. New York: International Universities Press.

Beck, A. T., Hollon, S. D., Young, J. E., Bedrosian, R. C., & Budenz, D. (1985). Treatment of depression with cognitive therapy and amitriptyline. Archives of General Psychiatry, 42, 142-148.

Beck, A. T., Rush, A. J., Shaw, B. F., & Emery, G. (1979). Cognitive therapy of depression. New York: Guilford Press.

Beck, R. (1979). It's time to stand up for your children: A parent's guide to child advocacy. Washington, DC: Children's Defense Fund.

Becker, G. (1993). Human capital: A theoretical and empirical analysis with special reference to education. Chicago: University of Chicago Press.

Beeghly, M., Perry, B. M., & Cicchetti, D. (1989). Structural and affective dimensions of play development in young children with Down syndrome. International Journal of Behavioral Development, 12, 257-277.

Beeman, D., & Scott, N. (1991). Therapists' attitudes toward psychotherapy informed consent with adolescents. Professional Psychology: Research Practice, 22, 230-234.

Beitel, A. H., & Parke, R. D. (1998). Paternal involvement in infancy: The role of maternal and paternal attitudes. Journal of Family

Psychology, 12, 268-288.

Bell, D., Burton, A., Shukla, R., & Whitebook, M. (1997). Making work pay in the child care industry: Promising practices for improving compensation. Washington, D. C: National Center for the Early Childhood Work Force.

Bell, R. Q. (1968). A reinterpretation of the direction of effects in studies of socialization. Psychological Review, 75, 81-95.

Bell, R. Q., & Harper, L (1977). Child effects on adults. Hillsdale, NJ: Lawrence Erlbaum.

Bell, S. M., & Ainsworth, M. D. S. (1972). Infant crying and maternal responsiveness. Child Deveioment, 43, 1171-1190.

Belsky, J., & Barends, N. (2002). Personality and parenting. In M. H. Bornstein (Ed.), Handbook of parenting: Vol. 3. Status and social ecology of parenting (2nd ed., pp. 415-438). Mahwah, NJ: Lawrence Erlbaum.

Belsky, J., Gilstrap, B., & Rovine, M. (1984). The Pennsylvania Infant and Family   Development Project,l: Stability and change in mother-infant and father-infant interaction in a family setting at one, three, and nine months. Child Development, 55, 692-705.

Belter, R. W., & Grisso, T. (1984). Children's recognition of rights violations in counseling. Professional Psychology and Practice, 15, 899-910.

Ben-Arieh, A., Kaufman, N., Andrews, A., Goerge, R., Lee, B., & Aber, J. L. (2001). Measuring and monitoring children's well-being. Dordrecht, Holland: Kluwer.

Benasich, A. A., Brooks-Gunn, J., & Clewell, B. C. (1992). How do mothers benefit from early intervention programs? Journal of Applied Developmental Psychology, 13, 311-362.

Bennett, N. G., & Lu, H. (2000). Child poverty in the states: Levels and trends from 1979 to 1998 (Childhood Poverty Research Brief No. 2). New York: National Center for Children in Poverty.

Bennett, N. G., & Lu, H. (2001). Untapped potential: State Earned Income Credits and child poverty reduction (Childhood Poverty Research Brief No. 3). New York: National Center for Children in Poverty.

Bennett, W. (2001). The index of leading cultural indicators 2001. Retrieved from the World Wide Web on May 25, 2002, at Empower.org, Washington, D. C.

Bennett, W. J. (Ed.). (1993). The book of virtues: A treasury of great moral stories. New York: Simon & Schuster.

Bennett, W. J., Dilulio, J. J., Jr., & Walters, J. P. (1996). Body count: Moral poverty and how to win America's war against crime and drugs. New York: Simon & Schuster.

Benson, P. 1. (1997). All kids are our kids: what communities must do to raise caring and responsible children and adolescents. San Francisco: Jossey-Bass.

Benson, P. L. (1993). The troubled journey: A portrait of 6th-12th grade youth. Minneapolis, MN: Search Institute.

Benson, P. L., Leffert, N., Scales, P. C., & Blyth, D. A. (1998). Younger and older adults collaborating on retelling everyday stories. Applied Developmental Science, 2(3), 138-159.

Benson, P., Leffert, N., Scales, P., & Blyth, D. (1998). Beyond the village rhetoric: Creating healthy communities for children and adolescents. Applied Developmental Science, 2, 138-159.

Benson, P., Scales, P., Leffert, N., & Roehlkepartain, E. (1999). A fragile foundation: The state of developmental assets among American youth. Minneapolis, MN: Search Institute.

Berger, J. (1990). Interactions between parents and their infants with Down syndrome. In D. Cicchetti & M. Beeghly (Eds.), Children with Down syndrome: A developmental perspective (pp. 101-146). New York: Cambridge University Press.

Bernard, J. A. (1998). Cultural competence plans: A strategy for the creation of a culturally competent system of care. In M. Hernandes & M. R. Issacs (Eds.), Promotrng cultural competence in children's mental health services (pp. 26-52). Baltimore, MD: Brookes.

Bernard, T. J. (1992). The cycle of juvenile justice. New York: Oxford University Press.

Bernstein, J., & Schmitt, J. (1998). Making work pay: The impact of the 1996-97 minimum wage increase. Washington, DC: Economic Policy Institute.

Berry, J. W. (1979). Research in multicultural societies: Implications of cross-cultural methods. Journal of Cross-Cultural Psychology, 10(4), 415-434.

Berry, J. W., Poortinga, Y. H., Pandey, J., Dasen, P. R., Saraswathi, T. S., Segall, M. H., & Kagitcibasi, C. (Eds.). (1997). Handbook of cross-cultural psychology (Vols. 1-3, 2nd ed.). Needham Heights, MA: Allyn & Bacon.

Bertram, A. D., & Pascal, C. (1999). Early childhood education and care policy in the United Kingdom (background report prepared for the OECD Thematic Review of Early Childhood Education and Care Policy). Worcester, UK: University College Worcester, Center for Research in Early Childhood.

Bess, R., Andrews, C., Jantz, A., & Russell, T. (2002). The cost of protecting vulnerable children: . What has happened since welfare reform and ASFA? (working paper). Washington, DC: Urban Institute.

Biller, H. B. (1993). Fathers and families. Westport, CT: Auburn House.

Billingsley, A. (1992). Climbing Jacob's Ladder: The enduring legacy of African American families. New York: Simon & Schuster.

Bjorklund, D. F., Yunger, J. L., & Pellegrini, A. D. (2002). The evolution of parenting and evolutionary approaches to childrearing. In M. H. Bornstein (Ed.), Handbook of parenting: Vol. 2. Biology and ecology of parenting (2nd ed., pp. 3-30). Mahwah, NJ: Lawrence Erlbaum.

Blacher, J. (1984). Sequential stages of parental adjustment to the birth of a child with handicaps: Fact or artifact? Mental Retardation, 22, .55-68.

Blacher, J., Lopez, S., Shapiro, J., & Fusco, J. (1997). Contributions to depression in Latina mothers with and without children with retardation: Implications for caregiving. Family Relationships, 46, 325-334.

Black, J. E., Jones, T. A., Nelson, C. A., & Greenough, W. T. (1998). Neuronal plasticity and the developing brain. In N. E. Alessi, J. T. Coyle, S. I. Harrison, & S. Eth. (Eds.), Handbook of child and adolescent psychiatry: Vol 6. Basic psychiatric science and treatment (pp. 31-53). New York: John Wiley.

Black, M. M., & Krishnakumar, A. (1998). Children in low income, urban settings: Interventions to promote mental health and well-being. American Psychologist, 53, 635-646.

Blank, R. M. (1995). Outlook for the U.S. labor market and prospects for low-wage entry jobs. In D. S. Nightingale & R. H. Haveman (Eds.), The work alternative: Welfare reform and the realities of the job market. Washington, DC: Urban Institute.

Blatt, B. (1985). The implications of the language of mental retardation for LD. Journal of Learning Disabilities, 18, 625-626.

Blau, D. M. (1999). The effect of income on child development. Review of Economics and Statistics, 81, 261-276.

Blau, D., & Tekin, E. (2001). The determinants and consequences of child care subsidy receipt by low-income families. In B. Meyer & G. Duncan (Eds.), The incentives of government programs and the well-being of families. Evanston, IL: Joint Center for Poverty Research. Available: www.jcpr.org/book/index.html

Blau, F., Ferber, M., & Winkler, A. (1998).The economics of women, men, and work. Upper Saddle River, NJ: Prentice Hall.

Blau, J. (1992). The visible poor: Homelessness in the United States. New York: Oxford University Press.

Blechman, E. A., & Culhane, S. E. (1993). Aggressive, depressive, and prosocial coping with affective challenges in early adolescence. Journal of Early Adolescence, 13(4), 361-382.

Bliss, T. V. P., & L□mo, T. (1973). Long-lasting potentiation of synaptic transmission in the dentate area of the anaesthetized rabbit following stimulation of the perforant path, Journal of Physiology, 232, 331-356.

Bloom, B. (1964). Stability and change in human characteristics. New York: Wiley.

Bloom, D., & Michalopoulos, C. (2001). How welfare and work policies affect employment and income: A synthesis of research. New York: Manpower Research Demonstration Corporation.

Boisjoly, J., Duncan, G. J., & Hofferth, S. (1994). Access to social capital. Journal of Family Issues, 16, 609-631.

Boring, E. G. (1950). A history of experimental psychology (2nd ed.). New York: Appleton-Century-Crofts.

Borkowski, J. G., Ramey, S. L., & Bristol-Power, M. (Eds.). (2002). Parenting and the child's world: Influences on academic, intellectual, and social-emotional development. Mahwah, NJ: Lawrence Erlbaum.

Bornstein, M. H. (1989). Maternal responsiveness: Characteristics and consequences. San Francisco: Jossey-Bass.

Bornstein, M. H. (1989). Sensitive periods in development: Structural characteristics and causal interpretations. Psychological Bulletin, 105, 179-197.

Bornstein, M. H. (1995). Form and function: Implications for studies of culture and human development. Culture Psychology, 1, 123-137.

Bornstein, M. H. (2002a). Parenting infants. In M. H. Bornstein (Ed.), Handbook of parenting: Vol. 1. Children and parenting (2nd ed., pp. 3-43). Mahwah, NJ: Lawrence Erlbaum.

Bornstein, M. H. (Ed.). (1991). Cultural approaches to parenting. Hillsdale, NJ: Lawrence Erlbaum.

Bornstein, M. H. (Ed.). (1991). Cultural approaches to parenting. Hillsdale, NJ: Lawrence Erlbaum.

Bornstein, M. H. (Ed.). (1995). Handbook of parenting: VoL. 3. Status and social conditions of parenting. Mahwah, NJ: Lawrence Erlbaum.

Bornstein, M. H. (Ed.). (2002b). Handbook of parenting (Vols. 1-5). Mahwah, NJ: Lawrence Erlbaum.

Bornstein, M. H., & Bradley, R. H. (Eds.). (2003). Socioeconomic status, parenting, and child development. Mahwah, NJ: Lawrence Erlbaum.

Bornstein, M. H., & Lamb, M. E. (1992). Development in infancy: An introduction (3rd ed.). New York: McGraw-Hill.

Bornstein, M. H., & Tamis-LeMonda, C. S. (1990). Activities and interactions of mothers and their firstborn infants in the first six months of life: Covariation, stability, continuity, correspondence, and prediction. Child Development, 61, 1206-1217.

Bornstein, M. H., Davidson, L., Keyes, C. M., Moore, K., & the Center for Child Well-Being. (Eds.). (2003). Well-being: Positive development across the life course. Mahwah, NJ: Lawrence Erlbaum.

Bornstein, M. H., Hahn, C.-S., Suizzo, M. A., & Haynes, O. M. (2001). Mothers'knowledge about child development and childrearing: National and crossnational studies. Unpublished manuscript, National Institute of Child Health and Human Development.

Bornstein, M. H., Tamis-LeMonda, C. S., & Haynes, O. M. (1999). First words in the second year: Continuity, stability, and models of concurrent and predictive correspondence in vocabulary and verbal responsiveness across age and context. Infant Behavior and Development, 22, 65-85.

Bos, H., Huston, A. C., Granger, R., Duncan, G. J., Brock, T., & McLoyd, V. C. (1999). New Hope for people with low incomes: Two-year results of a program to reduce poverty and reform welfare. New York: Manpower Demonstration and Research Corporation.

Bourgeois, J. P., Reboff, P. J., & Rakic, P. (1989). Synaptogenesis in visual cortex of normal and preterm monkeys: Evidence from intrinsic regulation of synaptic overproduction Proceedings of the National Academy of Sciences, 86, 4297-4301,

Boushey, H., Brocht, C., Gundersen, B., & Bernstein, J. (2001). Hardships in America: The real story of working families. Washington, DC: Economic Policy Institute. Available: http: //epinet.org

Bower, S. A., & Bower, G. H. (1976). Asserting yourself: A positive guide for positive change. Reading, MA: Addison-Wesley.

Bowman, B., Donovan, M. S., & Burns, M. S. (2001). Eager to learn: Educating our preschoolers. Washington, DC: National Research Council, National Academy of Sciences.

Boyer, J. B., & Baptiste, H. P. (1996). The crisis in teacher education in America: Issues of recruitment and retention of culturally different (minority) teachers. In J. Sikula, T. Buttery, & E. Guyton (Eds.), Handbook of research on teacher education (2nd ed., pp. 779-794). New York: Macmillan.

Boyum, L., & Parke, R. D. (1995). Family emotional expressiveness and children's social competence. Journal of Marriage and Family, 57, 593-708.

Bradbury, B., Jenkins, S. P., & Micklewright, J. (2001). The dynamics of child poverty in industrialized countries. New York: Cambridge University Press.

Bradley, R. H., Caldwell, B. M., Rock, S. L., Barnard, K. E., Gray, C., Hammond, M. A., Mitchell, S., Siegel, L., Ramey, C. T., Gottfried, A. W., & Johnson, D. L. (1989). Home environment and cognitive development in the first 3 years of life: A collaborative study involving six sites and three ethnic groups in North America. Developmental Psychology, 25, 217-235.

Bradley, R. H., Whiteside, L., Mundfrom, D. J., Casey, P. H., Caldwell, B. M., & Barrett, K. (1994). Impact of the Infant Health and Development Program (IHDP), on the home environments of infants born prematurely and with low birth weight. Journal of Educational Psychology, 86, 531-541.

Bradley, R. H., Whiteside, L., Mundfrom, D. M., Casey, P. H., Kelleher, K. J., & Pope, S. K. (1994). ·Early indications of resilience and their relation to experiences in the home environments of low birthweight, premature children living in poverty. Child Development, 65, 346-360.

Bradshaw, J., & Barnes, H. (1999, September 30-October 2). How do nations monitor the well-being of their children? Paper presented at the conference, "Child Well-Being in Rich and Transition Countries," Luxembourg, Belgium.

Bratt, R. G. (1989). Rebuilding a low-income housing policy. Philadelphia: Temple University Press.

Bratt, R. G. (1990). Neighborhood-Reinvestment Corporation sponsored mutual housing associations: Experiences in Baltimore and New York. Washington, D. C.: Neighborhood Reinvestment Corporation.

Bratt, R. G. (2002). Housing and family well-being. Housing Studies, 17, 13-26.

Bratt, R. G. (forthcoming). Housing and economic security. In R. G. Bratt, C. Hartman, & M. E. Stone (Eds.), Housing: Foundation of a new social agenda. Philadelphia: Temple University Press.

Bratt, R. G., & Keyes, L. C. (1997). New perspectives on self-sufficiency: Strategies of nonprofit housing organizations (prepared under contract to the Ford Foundation). Medford, MA: Tufts University.

Bratt, R. G., & Keyes, L. C. (1998). Challenges confronting nonprofit housing orga nizations' self-sufficiency programs. Housing Policy Debate, 9, 795-824.

Braungart-Rieker, J., Garwood, M. M., Powers, B. P., & Notaro, P. C. (1998). Infant affect and affect regulation during the still-face paradigm with mothers and fathers: The role of infant characteristics and parental sensitivity. Developmental Psychology, 34, 1428-1437.

Braver, S. L., & O'Connell, D. (1998). Divorced dads. New York: Putnam.

Break, G. F. (1980). Financing government in a federal system. Washington, DC: Brookings Institution.

Brislin, R. W. (1983). Cross-cultural research psychology. Annual Review of Psychology, 3, 363-400.

Brodkin, M., & Coleman Advocates for Children and Youth. (1994). From sand boxes to ballot boxes: San Francisco's landmark campaign to fund children's services. San Francisco: Coleman Advocates for Children and Youth.

Brody, B. A., Kinney, H. C., Kloman, A. S., & Gilles, F. H. (1987). Sequence of central nervous system myelination in human infancy: Part I. An autopsy study of myelination. Journal of Neuropathology Experimental Neurology, 46(3), 283-301.

Brody, G. H., Stoneman, Z., & Burke, M. (1987). Child temperaments, maternal differential behavior, and sibling relations. Developmental Psychology, 23, 354-362.

Brody, G. H., Stoneman, Z., Davis, C. H., & Crapps, J. M. (1991). Observations of the role relations and behavior between older children with mental retardation and their younger siblings. American Journal on Mental Retardation, 95, 527-536.

Brody, G. H., Stoneman, Z., Flor, D., McCrary, C., Hastings, L., & Conyers, O. (1994). Financial resources, parent psychological functioning, parent cocaregiving, and early adolescent competence in rural, two-parent, African-American families. Child Development, 65, 590-605.

Bronfenbrenner, U. (1974). Developmental research, public policy, and the ecology of childhood. Child Development, 45, 1-5.

Bronfenbrenner, U. (1975). Is early intervention effective? In M. Guttentag & E. L. Struening (Eds.), Handbook of evaluation research (Vol. 2, pp. 519-603). Beverly Hills, CA: Sage.

Bronfenbrenner, U. (1979). The ecology of human development. Cambridge, MA:Harvard University Press.

Bronfenbrenner, U. (1979). The ecology of human development: Experiments by nature and design. Cambridge, MA: Harvard University Press.

Bronfenbrenner, U. (1979).The ecology of human development. Cambridge, MA: Harvard University Press.

Bronfenbrenner, U. (1986). Ecology of the family as a context for human development. Developmental Psychology, 22(6), 723-742.

Bronfenbrenner, U. (1986). Ecology of the family as a context for human development: Research perspectives. Developmental Psychology, 22, 723-742.

Bronfenbrenner, U. (1986). Ecology of the family as a context for human development: Research perspectives. Developmentaly Psychology, 22, 723-742.

Bronfenbrenner, U., & Crouter, A. C. (1983). The evolution of environmental models in developmental research. In P. H. Mussen (Series Ed.) & W. Kessen (Vol. Ed.), Handbook of child psychology: Vol. 1. History, theory, and methods (pp. 357-414). New York: Wiley.

Bronfenbrenner, U., & Morris, P. (1998). The ecology of developmental process. In W. Damon (Series Ed.) & R. M. Lerner (VoL Ed.), Handbook of child psychology: Vol. 1. Theoretical models of human development (5th ed., pp. 993-1028). New York: Wiley.

Bronfenbrenner, U., & Morris, P. A. (1998). The ecology of developmental process. In W. Damon (Series Ed.) & R. M. Lerner (Vol. Ed.), Handbook of child psychology: Vol. 1. Theoretical models of human development (5th ed., pp. 993-1028). New York: Wiley.

Bronfenbrenner, U., Kessel, F., Kessen, W., & White, S. (1986). Toward a critical social history of developmental psychology. American Psychologist, 41(11), 1218-1230.

Bronfenbrenner, U., McClelland, P., Wethington, E., Moen, P., & Ceci, S. (1996). The state of Americans. New York: Free Press.

Brooks-Gunn, J., & Duncan, G. J. (1997). The effects of poverty on children and youth. The Future of Children, 7(2), 55-71.

Brooks-Gunn, J., & Duncan, G. J. (1997). The effects of poverty on children and youth. The Future of Children, 7, 55-71.

Brooks-Gunn, J., & Rotheram-Borus, M. J. (1994). Rights to privacy in research: Adolescents versus parents. Ethics Behavior, 4, 109-121.

Brooks-Gunn, J., Berlin, L., & Fuligni, A. (2000). Early childhood intervention programs: What about the family? In J. Schonkoff & S. Meisels (Eds.), Handbook of early childhood intervention (2nd ed., pp. 549-588). New York: Cambridge University Press.

Brooks-Gunn, J., Brown, B., Duncan, G. J., & Moore, K. A. (1995). Child development in the context of family and community resources: An agenda for national data collections. Integrating federal statistics on children: Report of a workshop. Washington, D. C.: National Academy Press.

Brooks-Gunn, J., Klebanov, P. K., Liaw, F., & Spiker, D. (1992). Enhancing the development of low-birthweight premature infants: Changes in cognition and behavior over the first three years. Child Development, 64, 736-753.

Brooks-Gunn, J., Klebanov, P., & Duncan, G. J. (1996). Ethnic differences in children's intelligence test scores: Role of economic deprivation, home environment, and maternal characteristics. Child Development, 67, 396-408.

Brooks-Gunn, J., Liaw, F., & Klebanov, P. K. (1992). Effects of early intervention on cognitive function of low-birth-weight preterm infants. Journal of Pediatrics, 120(3), 350-359.

Brooks-Gunn, J., McCormick, M. C., Shapiro, S., Benasich, A. A., & Black, G. W. (1994). The effects of early education intervention on maternal employment, public assistance, and health insurance: The Infant Health and Development Program. American Journal of Public Health, 84, 924-931.

Brophy-Herb, H. E., Gibbons, G., Omar, M. A., & Schiffman, R. P. (1999). Low-income fathers and their infants: Interactions during teaching episodes. Infant Mental Health Journal, 20, 305-321.

Brown v. Board of Educ., 347 U.S. 483 (1954).

Brown, B. V. (1997). Indicators of children's well-being, A review of current indicators based on data from the federal statistical system. In R. Hauser, B. Brown, & W. Prosser (Eds.), Indicators of children's well-being. New York: Russell Sage.

Brown, B. V. (2001). Tracking the well-being of children and youth at the state and local levels using the federal statistical system. Assessing the New Federalism (Occasional Paper No. 52). Washington, D. C.: Urban Institute.

Brown, B. V., & Corbett, T. (2002). Social indicators and public policy in the age of devolution. In R. Weissberg, L. Weiss, O. Reyes, & H. Walberg (Eds.), Trends in the well-being of children and youth. Washington, DC, Child Welfare League of America Press.

Brown, B. V., Smith, B., & Harper, M. (2001). International surveys containing information on children and their families: An overview. Washington, D C.: Child Trends.

Bruck, M., Ceci, S. J., & Hembrooke, H. (1998). Reliability and credibility of young children's reports: From research to policy and practice. American Pvychologist. 53(2), 136-151.

Bruner, J. S. (1990). Culture and human development: A new look. Human Development, 33(6), 344-355.

Bugental, D. B., & Happaney, K. (2002). Parental attributions. In M. H. Bornstein (Ed.), Handbook of parenting: Vol. 3. Status and social conditions of parenting (2nd ed., pp. 509-535). Mahwah, NJ: Lawrence Erlbaum.

Bugental, D. B., Mantyla, S. M., & Lewis, J. (1989). Parental attributions as moderators of affective communication to children at risk for physical abuse. In D. Cicchetti & V. Carlson (Eds.), Child maltreatment: Theory and research on the causes and consequences of child abuse and neglect. (pp. 254-279). New York: Cambridge University Press.

Bunker, J. P., Frazier, H. Y., & Mosteller, F. (1995). The role of medical care in determining health: Creating an inventory of benefits. In B. C. I. Amick, S. Levine, A. R Tarlov, & D. C. Walsh (Eds.), Society and health. New York: Oxford University Press.

Burchardt, T., Le Grand, J., & Piachaud, D. (1999). Social exclusion in Britain 1991-1995. Social Policy and Administration, 33, 227-244.

Burchinal, M. R., & Nelson, L. (2000). Family selection and child care experiences: Implications for studies of child outcomes. Early Childhood Research Quarterly, 15, 385-411.

Burchinal, M. R., Roberts, J. E., Riggins, R., Zeisel, S. A., Neebe, E., & Bryant, D. (2000). Relating quality of center-based child care to early cognitive and language development longitudinally. Child Development, 71, 339-357.

Busciglio, J., & Yankner, B. A. (1995). Apoptosis and increased generation of reactive oxygen species in Down's syndrome neurons in vitro. Nature, 378, 776-779.

Butterfield,F. (1998, July 15). Hard time: A special report—Profits at a juvenile prison come with a chilling cost. New York Times.

Butts, J. (1997). Delays in juvenile court processing of delinquency cases. Washington, DC: Office of Juvenile Justice and Delinquency Prevention.

Cabrera, N., & Peters, H. E. (2000). Public policies and father involvement. Marriage Family Review, 29, 295-314.

Cahan, E. D. (1986). William T. Grant Foundation: The first fifty years,1936-1986. New York: William T. Grant Foundation.

Cairns, R. B. (1998). The making of developmental psychology. In W. Damon (Series Ed.) & R. M. Lerner (Vol. Ed.), Handbook of child psychology: Vol. 1. Theoretical models of human development (5th ed., pp. 993-1028). New York: Wiley.

Cairns, R. B., Bergman, L. R., & Kagan, J. (Eds.). (1998). Methods and models for studying the individual: Essays in honor of Marian Radke-Yarrow. Thousand Oaks, CA: Sage.

Caldwell, B. M., & Bradley, R. H. (1984). Home Observation for Measurement of the Environment. Little Rock: University of Arkansas Press.

Campbell, F. A., & Ramey, C. T. (1994). Effects of early intervention on intellectual academic achievement: A follow-up study of children from low-income families. Child Development, 65, 684-698.

Campbell, F. A., & Ramey, C. T. (1994). Effects of early intervention on intellectual and academic achievement: A follow-up study of children from low-income families. Child Development, 65, 684-698.

Campbell, F. A., & Ramey, C. T. (1995). Cognitive and school outcomes for highrisk African American students in middle adolescence: Positive effects of early intervention. American Educational Research Journal, 32, 743-772.

Campbell, F. A., Pungello, E. P., Miller-Johnson, S., Burchinal, M., & Ramey, C. T. (2001). The development of cognitive and academic abilities: Growth curves from an early childhood educational experiment. Developmental Psychology, 37, 231-242.

Campbell, F. A., Ramey, C. T., Pungello, E. P., Sparling, J., & Miller-Johnson, S. (2002). Early childhood education: Young adult outcomes from the Abecedarian Project. Applied Developmental Science, 6, 42-57.

Campbell, N. D., Appelbaum, J. C., Martinson, K., & Martin, E. (2000). Be all that you can be: Lessons from the military for improving our nation's child care system. Washington, DC: National Women's Law Center.

Capizzano, J., Koralek, R., Botsko, C., & Bess, R. (2001). Recent changes in Colorado welfare and work, child care, and child welfare systems (State Update No. 9). Washington, DC: Urban Institute.

Capps, R. (2001). Hardship among children of immigrants: Findings from the 1999 National Survey of America's Families (Assessing the New Federalism, Series B, No. B-29). Washington, DC: Urban Institute.

Carlson, M., & McLanahan, S. (2002). Fragile families, father involvement, and public policy. In C. S. Tamis-Lemonda & N. Cabrera (Eds.), Handbook of father involvement (pp. 461-488). Mahwah, NJ: Lawrence Erlbaum.

Carlson, S. J., Andrews, M. S., & Bickel, G. W. (1999). Measuring food insecurity and hunger in the United States: Development of a national benchmark measure and prevalence estimates. Journal of Nutrition, 129, 510S-516S.

Carnegie Council on Adolescent Development. (1989). Turning points: Preparing American youth for the 21st century. New York: Carnegie Corporation of New York.

Carnegie Council on Children. (1977). All our children. New York: Harcourt Brace Jovanovich.

Carnegie Task Force on Meeting the Needs of Young Children. (1994). Starting points: Meeting the needs of our youngest children. New York: Carnegie Corporation of New York.

Carson, E. D. (2001). Introduction: How are the children? In C. J. DeVita & R. Mosher-Williams (Eds.),Who speaks for America's children ? The role of child advocates in public policy (pp. xi-xviii). Washington, DC: Urban Institute.

Carson, J., & Parke, R. D. (1996). Reciprocal negative affect in parent-child inter-actions and children's peer competency. Child Development, 67, 2217-2226.

Castner, L. (2000). Trends in FSP participation rates: Focus on 1994 to 1998. Washington, DC: Mathematica Policy Research.

Cato Institute. (1997). The advancrng nanny state: Why the government should stay out of child care. Washington, DC: Author. Available: www.cato.org/pubs/pas/pa-285

Cauthen, N. K., Knitzer, J., & Ripple, C. H. (2000). Map and track: State initiatives for young children and families (rev. ed.). New York: National Center for Children in Poverty.

Cauthen, N., Knitzer, J., & Ripple, C. (2000). Map and track: State initiatwes for young children and families. New York: National Center for Children in Poverty.

Center for Community Change. (1999). Comprehensive services in public housing: Lessons from the field. Washington, DC: Author.

Center for Education Reform. (2000). Education reform, update: Charter growth on the rise. [Online]. Available:

Center for Human Resources. (1999). Summary report of national evaluation of Learn and Serve America: School and community-based programs. Waltham, MA: Brandeis University, Heller School, Center for Human Resources.

Center for Research on Women. (1996). "I wish the kids didn't watch so much TV": Out of school time in three low income communities. Wellesley, MA: Wellesley College, Center for Research on Women.

Center for the Study of Social Policy. (2001). Using data to ensure accountability: Building capacity for local decisionmaking (Vol. 6 in a series of learning guides). Washington, DC: Author.

Center on Crime, Communities, and Culture. (1997). Education as crime prevention: Providing education to prisoners. New York: Open Sociew Institute.

Center on Education Policy. (2000). School vouchers: What we know and don't know . . . and how we could learn more. [Online]. Available: www.ctredpol.org/cep.site.index.html

Centers for Disease Control. (2001). School health programs: An investment in our nation's future. Atlanta, GA: Author.

Chahin, J., Villarruel, F. A., & Viramontez, R. A. (1999). Dichos y Regranes: The transmission of cu ltural values and beliefs. In H.P. McAdoo(Ed.),Family ethnicity: Strength in diversity (pp. 153-170). Thousand Oaks, CA: Sage.

Changeux, J. P., & Danchin, A. (1976). Selective stabilisation of developing synapses as a mechanism for the specification of neuronal networks. Nature 64(5588), 705-712.

Charles Stewart Mott Foundation. (1998, September 24). Polls find overwhelming support for after-school enrichment programs to keep kids safe and smart [press release]. Flint, MI: Author. (Poll conducted by Lake Snell Perry and Associates and the Tarrance Group)

Charles Stewart Mott Foundation. (2001). 21st Century Community Learning Centers: A unique public-private partnership. [Online]. Available: www.mott.org/21.asp

Chase-Lansdale, P. L., Brooks-Gunn, J., & Zamsky, E. S. (1994). Young African-American multigenerational families in poverty: Quality of mothering and grandmothering. Child Development, 65, 373-393.

Chen, X., Rubin, K. H., & Li, B. (1995). Depressed mood in Chinese children: Relations with school performance and family environment. Journal of Consulting and Clinical Psychology, 63(6), 938-947.

Chenn, A., & McConnell, S. K. (1995). Cleavage orientation and the asymmetric inheritance of Notch 1 immunoreactivity in mammalian neurogenesis. Cell, 82, 631-641.

Chenn, A., Braisted, J. E., McConnell, S. K., & O'Leary, D. D. M. (1997). Development of the cerebral cortex: Mechanisms controlling cell fate, laminar and areal paterning, and axonal connectivity. In W. M. Cowan, T. M. Jessell, & S. L. Zipursky (Eds.), Molecular and cellular approaches to neural development. New York: Oxford University Press.

Cherlin, A. J. (1992). Marriage, divorce, remarriage. Cambridge, MA: Harvard University Press.

Chernick, H., & Reschovsky, A. (1996). State responses to block grants: Will the social safety net survive? Focus, 18(1), 25-29. (Madison, WI: Institute for Research on Poverty)

Chibucos, T., & Lerner, R. M. (1999). Serving children and families through community-university partnerships: Success stories. Norwell, MA: Kluwer.

Child Care Bureau. (2001). FY 1999 CCDF data tables and charts. Washington, DC: U.S. Department of Health and Human Services, Administration for Children and Families. Available: www.acf.dhhs.gov/programs/ccb/research/99acf800/cover.htm

Child Trends. (2000). Social indicators and social programs: Researcher forges new links. The Child Indicator Newsletter, (1)2, 2. Washington, D. C.: Author.

Child Trends. (2001). Highlights from the national conference on child and youth indicators. The Child Indicator Newsletter (3)2, 1. Washington, D. C.: Author.

Children's Bureau. (2001). Programs: Promoting safe and stable families. Washington, DC: U.S. Department of Health and Human Services, Administration for Children and Families. Available: www.acf.dhhs.gov/ programs/cb/ programs/fpfs.htm

Children's Defense Fund. (1994). Wasting America's future: The Children's Defense Fund report on the costs of child poverty. Boston: Beacon.

Children's Defense Fund. (1997). Poverty matters: The cost of child poverty in America. Washington, DC: Author.

Children's Defense Fund. (1999). The state of America's children yearbook 1999. Washington, DC: Author.

Children's Defense Fund. (2000). A fragile foundation: State child care assistance policies-Final state child care report. Washington, DC:

Author. Available:www.childrensdefense,org

Children's Defense Fund. (2000). Families struggling to make it in the workforce: A post welfare report. Washington, DC: Author.

Children's Defense Fund. (2001a). Background materials on key sections of the Act to Leave No Child Behind. Washington, DC: Author.

Children's Defense Fund. (2001b). Polls indicate widespread support for increased investments in child care [Online]. Available: www.childrensdefense.org/cc-polls.htm

Children's Defense Fund. (2001c). The state of America's children yearbook 2001. Washington, DC: Author.

Choi, S. C., Kim, U., & Choi, S. H. (1993). Indigenous analysis of collective repre-sentations: A Korean perspective. In U. Kim & J. W. Berry (Eds.), Cross-cultural research and methodology series: Vol. 17. Indigenous psychologies: Research and experience in cultural context (pp. 193-210). Thousand Oaks, CA: Sage.

Chong, B. W., Babcook, C. J., Salamat, M. S., Nemzek, W., Kroeker, D., & Ellis, W. G. (1996). A magnetic resonance template for normal neuronal migration in the fetus. Neurosurgery, 39, 110-116.

Chugani, H. T. (1999). PET scanning studies of human brain development and plasticity. Developmental Neuropsychology, 16(3), 379-381.

Cicchetti, D., & Carlson, V. (1989). Child maltreatment: Theory and research on the causes and consequences of child abuse and neglect. Cambridge, UK: Cambridge University Press.

Cicchetti, D., & Sroufe, L. A. (2000). The past as prologue to the future: The times, they've been a-changin'. [Editorial]. Development and Psychopathology, 12(3), 255-264.

Cicchetti, D., & Toth, S. L. (1998). The development of depression in children and adolescents. American Psychologist, 53, 221-242.

Cicchetti, D., & Toth, S. L. (1998a). The development of depression in children and adolescents. American Psychologist, 53(2), 221-243.

Cicchetti, D., & Toth, S. L. (1998b). Perspectives on research and practice in developmental psychopathology. In W. Damon (Series Ed.), I. E. Sigel & K. A. Renninger (Vol. Eds.), Handbook of child psychology: Vol. 4. Child psychology in practice (5th ed., pp. 479-484). New York: Wiley.

Citro, C. F., & Michael, R. T. (Eds.). (1995). Measuring poverty: A new approach. Washington, DC: National Academy Press.

Clark, R. (1988). Critical factors in why disadvantaged children succeed or fail in school. New York: Academy for Educational Development.

Clark, R. L., King, R. B., Spiro, C., & Steuerle, C. E. (2001). Federal expenditures on children: 1960-1997 (Occasional Paper No. 45). Washington, DC: Urban Institute.

Clark, R., & Long, S. (1995). Child care prices: A profile of six communities—Final report. Washington, DC: Urban Institute.

Clarke, G. N., Hawkins, W., Murphy, M., & Sheeber, L. (1993). School-based primary prevention of depressive symptomatology in adolescents: Findings from two studies. Journal of Adolescent Research, 8, 183-204,

Clarke, G. N., Hawkins, W., Murphy, M., Sheeber, L. B., Lewinsohn, P. M., & Seeley, J. R. (1995). Targeted prevention of unipolar depressive disorder in an at-risk sample of high school adolescents: A randomized trial of a group cognitive intervention. Journal of the American Academy of Child and Adolescent Psychiatry, 34, 312-321.

Clarke, S. H., & Campbell, F. A. (1998). Can intervention early prevent crime later? The Abecedarian Project compared with other programs. Early Childhood Research Quarterly, 13, 319-343.

Clarke-Stewart, K. A. (1978). And daddy makes three: The father's impact on mother and young child. Child Development, 49, 466-478.

Clarke-Stewart, K. A., & Allhusen, V. D. (2002). Nonparental caregiving. In M. H. Bornstein (Ed.), Handbook of parenting: Vol. 3. Status and social conditions of parenting (2nd ed., pp. 215-252). Mahwah, NJ: Lawrence Erlbaum.

Clarke-Stewart, K. A., & Hayward, C. (1996). Advantages of father custody and contact for the psychological well-being of school-age children. Journal of Applied Developmental Psychology, 17, 239-270.

Coalition for America's Children. (1999). Effective language for communicating children's issues. Washington, DC: Benton Foundation.

Coalition for Community Schools. (2000). Community schools: Partnerships for Excellence. Washington, DC: Institute for Educational Leadership.

Coalition for Community Schools. (2001). Analysis of outcomes of youth development organizations (taken from Boys and Girls Clubs of America, Campfire Inc., Girls Inc., Youth Development Institute of the Fund for the City of New York, and YMCA). Unpublished manuscript, Institute for Educational Leadership, Washington, DC.

Cochran, M., & Niego, S. (2002). Parenting and social networks. In M. H. Bornstein (Ed.), Handbook of parenting: Vol. 4. Applied parenting (2nd ed., pp. 123-148). Mahwah, NJ: Lawrence Erlbaum.

Coie, J. D., Watt, F., West, S. G., Hawkins, J. D., Asarnow, J. R., Markman, H. J., Ramey, S. L., Shure, M. B., & Long, B. (1993). The science of prevention: A conceptual framework and some directions for a national research program. American Psychologist, 48, 1013-1022.

Coie, J. D., Watt, N. F., West, S. G., Hawkins, J. D., Asarnow, J. R., Markman, H. J., Ramey, S. L., Shure, M. B., & Long, B. (1993). The science of prevention: A conceptual framework and some directions for a national research program. American Psychologist, 48(10), 1013-1022.

Cole, M. (1990). Cognitive development and formal schooling. In L. Moll (Ed.), Vygotsky Education. New York: Cambridge University Press.

Cole, M. (1996). Cultural psychology: A once and future discipline. Cambridge, MA: Belknap/Harvard University Press.

Coleman, P. K., & Karraker, K. H. (1998). Self-efficacy and parenting quality: Findings and future applications. Developmental Review, 18, 47-85.

Coley, R. L., & Chase-Lansdale, P. 1. (1998). Adolescent pregnancy and parenthood: Recent evidence and future directions. American Psychologist, 53(2), 152-166.

Collins, W. A., Maccoby, E. E., Steinberg, L., Hetherington, E. M., & Bornstein, M. H. (2000). Contemporary research on parenting: The case for nature and nurture. American Psychologist,55(2), 218-232.

Collins, W. A., Maccoby, E. E., Steinberg, L., Hetherington, E. M., & Bornstein, M. H. (2000). Contemporary research on parenting: The case of nature and nurture, American Psychologist, 55, 218-232.

Coltrane, S. (1996). Family man. New York: Oxford University Press.

Commissioner's Office of Research and Evaluation and the Head Start Bureau. (2001). Building their futures: How Early Head Start programs are enhancing the lives of infants and toddlers in low-income families. Washington, DC: U.S. Department of Health and Human Services, Administration on Children, Youth, and Families.

Common Cause. (2001). Why you should care about campaign finance reform (Common Cause series about the impact of big money in politics) [Online]. Available: www.commoncause.org

Communities in Schools. (2000). 1999-2000 network report. Alexandria, VA: Author. (previously known as Cities in Schools)

Community Transportation Association of America. (2001). JOBLINKS: Connecting people to the workplace——Summary of the demonstration projects. Washington, DC: Author. Available: www.ctaa.org/ntrc/atj/joblinks/job_hist#jobl

Community Transportation Association of America. (1999). Assessment of the JOBLINKS □ demonstration projects: Connecting people to the workplace. Washington, DC: Author, Available: www.ctaa.org/ntrc/atj/pubs/joblinks_ii_eval

Conduct Problems Prevention Research Group. (1992). A developmental and clinical model for the prevention of conduct disorder: The FAST Track Program. Development and Psycbopatbology, 4, 509-527.

Conger, R. D., & Elder, G. H. Jr. (1994). Families in troubled times. New York: de Gruyter.

Conger, R. D., Ge, X., Elder, G. H., Lorenz, F. O., & Simons, R. 1. (1994). Economic stress, coercive family process, and developmental problems of ado-lescents. Child Development, 65, 541-561.

Connell, J., & Kubisch, A. (1998). Applying a theory of change approach to the evaluation of comprehensive community initiatives: Progress, prospects, and problems. In K. Fulbright-Anderson, A. Kubisch, & J. Connell (Eds.), New approaches to evaluating community initiatives: Vol. 2. Theory, measurement, and analysis. Washington, D C.: Aspen Institute.

Conservation Company and Juvenile Law Center. (1994). Building bridges: Strategic planning and alternative financing for system reform. Philadelphia: Author.

Cook, T. (2000). The false choice between theory-based evaluation and experimentation. In P. Rogers, T. Hacsi, A. Petrosino, & T. Huebner (Eds.), Program theory in evaluation challenges and opportunities: New directions for evaluation. San Francisco: Jossey-Bass.

Coombs, R. H., & Landsverk, J. (1988). Parenting styles and substance use during childhood and adolescence.Journal of Marriage and Family Therapy, 50, 473-82.

Cooper Marcus, C. (1995). House as a mirror of self. Berkeley, CA: Conari Press.

Corbett, T. (2001, June 14-15). Social indicators as a policy tool: Welfare reform as a case study. Paper presented at conference, "Key Indicators of Child and Youth Well-Being: Completing The Picture," Bethesda, MD.

Corporation for Enterprise Development. (2000). Individual Development Accounts: QA on the Assets for Independence Act (Public Law 105-285). Washington, DC: Author. Available: www.cfed.org

Corporation for National Service. (1990). National and Community Service Act of 1990. [Online]. Available: www.nationalservice.org/resources/cross/cncs_statute.pdf

Cost, Quality, and Child Outcomes Study Team. (1995). Cost, quality, and child outcomes in child care centers (technical report), Denver, CO: University of Denver, Center for Research in Economic and Social Policy.

Coulton, C., & Hollister, R. (1998). Measuring comprehensive community initia-tive outcomes using data available for small areas. In K. Fulbright-Anderson, A. Kubisch, & J. Connell (Eds.), New approaches to evaluating community initiatives: Vol. 2. Theory, measurement, and analysis. Washington, D. C.: Aspen Institute.

Council of Chief State School Officers. (1992). Student success through collaboration. Washington, DC: Author. Available: www.ccsso.org/colabpol.html

Council of Chief State School Officers. (1996). Standards for Preparing school leaders. Washington, DC: Author.

Council of State Community Development Agencies and the American Public Welfare Association. (1991). Linking housing and human services: Describing the context. Washington, DC: Author.

Courtney, M. E., Barth, R. P., Berrick, J. D., Brooks, D., Needell, B., & Park, L. (1996). Race and child welfare services: Past research and future directions. Child Welfare, 75(2), 99-137.

Covey, L. S., Glassman, A. H., & Stetner, F. (1998). Cigarette smoking and major depression. Journal of Addictive Diseases, 17, 35-46.

Covington, S. (2001). In the midst of plenty: Foundation funding of child advocacy organizations in the 1990's. In C. J. DeVita & R. Mosher-Williams (Eds.),Who speaks for America's children? The role of child advocates in public policy (pp. 39-80). Washington, DC: Urban Institute.

Cowan, P. A., Powell, D., & Cowan, C. P. (1998). Parenting interventions: A family systems perspective. In I. E. Sigel & K. A. Renninger (Eds.), Handbook of child psychology, 5th ed., Vol. 4: Child psychology in practice (pp. 3-72). New York: John Wiley.

Cowan, P. A., Powell, D., & Cowan, C. P. (1998). Parenting interventions: A family systems perspective. In W. Damon (Series Ed.), I. E. Sigel & K. A. Renninger (Vol. Eds.), Handbook of child psychology: Vol. 4. Child psychology in practice (5th ed., pp. 3-72). New York: Wiley.

Cowen, E. L., Wyman, P. A., Work, W. C., & Parker, G. R. (1990). The Rochester Child Resilience Project: Overview and summary of first year findings. Development and Psychopathology, 2, 193-212.

Cox, M. J., Owen, M. T., Henderson, U. K., & Margand, N. A. (1992). Prediction of infant-father and infant-mother attachment. Developmental Psychology, 28, 474-483.

Cox, M. J., Owen, M. T., Lewis, J. M., & Henderson, U. K. (1989). Marriage, adult adjustment, and early parenting. Child Development, 60, 1015-1024.

Crawley, S. B., & Sherrod, R. B. (1984). Parent-infant play during the first year of life. Infant Behavior and Development, 7, 65-75.

Crespo, C. J. (2000). Encouraging physical activity in minorities. The Physician and Sports Medicine, 28(10), 36-51.

Crouter, A. C., & Head, M. R. (2002). Parental monitoring and knowledge of children. In M. H. Bornstein (Ed.), Handbook of parenting: Vol. 3.

Status and social conditions of parenting (2nd ed., pp. 461-483). Mahwah, NJ: Lawrence Erlbaum.

Crowley, J. C., & Katz, L. C. (1999). Development of ocular dominance columns in the absence of retinal input. Nature Neuroscience, 2, 1125-1130.

Crowley, J. C., & Katz, L. C. (2000). Early development of ocular dominance columns. Science, 290, 1321-1324.

Csikszentmihalyi, M., & Rathunde, K. (1998). The development of the person: An experiential perspective on the ontogenesis of psychological complexity. In W. Damon (Series Ed.) & R. M. Lerner (Vol. Ed.), Handbook of child psychology: Vol. 1. Theoretical models of human development (5th ed., 635-684). New York: Wiley.

Cuban, L. (2001). Leadership for student learning: Urban school leadership—Different in kind and degree. Washington, DC: Institute for Educational Leadership.

Cummings, E. M., & Cummings, J. S. (2002). Parenting and attachment. In M. H. Bornstein (Ed.), Handbook of parenting: Vol.5. Practical parenting (2nd ed., pp. 35-58). Mahwah, NJ: Lawrence Erlbaum.

Cummings, E. M., & Davies, P. T. (1999). Depressed parents and family functioning: Interpersonal effects and children's functioning and development. In T. Joiner & J. C. Coyne (Eds.), Advances in interpersonal approaches: The interactional nature of depression (pp. 299-327). Washington, DC: American Psychological Association.

Cummings, E. M., & O'Reilly, A. W. (1997). Fathers in family context: Effects of marital quality on child adjustment. In M. E. Lamb (Ed.), The role of the father in child development (3rd ed., pp. 49-65). New York: Wiley.

Cummings, E. M., Davies, P. T., & Campbell, S. B. (2000). Developmental psycbopatbology and family process. New York: Guilford.

Cureton, S. T. (2000). Justifiable arrests or discretionary justice? Predictors of racial arrest differentials. Journal of Black Studies, 30(5), 703-719.

Currie, J. M. (1995). Welfare and the well-being of children. Chur, Switzerland: Harwood Academic.

Currie, J., & Yelowitz, A. (2000). Are public housing projects good for kids? Journal of Public Economics, 75, 99-124.

D'Andrade, R. G. (1984). Cultural meaning systems. In R. A. Shweder & R. A. LeVine (Eds.), Culture theory: Essays on. mind, self, and emotion. (pp. 88-119). New York: Cambridge University Press.

D'Andrade, R. G., & Strauss, C. (1992). Cultural models and human motives. Cambridge, U.K.: Cambridge University Press.

Dalaker, J., & Naifeh, M. (1998). Poverty in the United States: 1997, current population reports (Series pp.60-201). Washington, D.C: Government Printing Office.

Damiani, V. B. (1999). Responsibility and adjustment in siblings of children with disabilities: Update and review. Families in Society, 80, 34-40.

Damon, W. (1997). The youth charter: How communities can work together to raise standards for all our children. New York: Free Press.

Damon, W. (Series Ed.). (1998). Handbook of child psychology (Vols. 1-4). New York: Wiley.

Darling: N., & Steinberg, L, (1993). Parenting style as context: An integrative model. Psychological Bulletin, 113, 487-496.

Daro, D. A., & Harding, K. A. (1999). Healthy Families America: Using research to enhance practice. The Future of Children, 9(1), 152-176.

Daskal, J. (1998). In search of shelter: The growing shortage of affordable rental housing. Washington, DC: Center on Budget and Policy Priorities.

Dauber, S., & Epstein, J. (1993). Parent attitudes and practices of involvement in inner-city elementary and middle schools. In N. F. Chavkin (Ed.), Families and schools in a pluralistic society (pp. 53-71). Albany: State University of New York Press.

David and Lucille Packard Foundation. (2001). Build community and national commitment. [Online]. Available: www.packard.org/index.cgi? pagexxx childbuild

Davies, P. T., & Cummings, E. M. (1994). Marital conflict and child adjustment: An emotional security hypothesis. Psychological Bulletin, 116, 387-411.

Davies, P. T., & Cummings, E. M. (1994). Marital conflict and child adjustment: An emotional security hypothesis. Psychological Bulletin, 116, 387-411.

Davisdon, E. S., & Benjamin, L. T. Jr. (1987). A history of the child study movement in America. In J. A. Glover & R. R. Ronning (Eds.), Historical foundations of educational psychology (pp. 41-60). New York: Plenum.

Dawson, D. (1991). Family structure and children's health and well-being: Interview survey on child health. Journal of Marriage and the Family, 53, 573-584.

Day, J. C. (1996). Population projections of the United States by age, sex, race, and Hispanic origin: 1995-2050 (Current Population Reports, No. P25-1130). Washington, DC: Government Printing Office.

De Kanter, A., Williams, R., Cohen, G.,& Stonehill, R. (2000). 21st Century Community Learning Centers: Providing quality afterschool learning opportunities for America's families. Washington, DC: U.S. Department of Education.

Dehaene, S., Dupoux, E., Mehler, J., Cohen, L., Paulesu, E., Perani, D., van de Moortele, P. F., Lehericy, S., & Le Bihan, D. (1997). Anatomical variability in the cortical representation of first and second language. Neurroreport, 8, 3809-3815.

Dekovic, M., & Jassens, J. M. A. M. (1992). Parents' child-rearing style and child's sociometric status. Developmental Psychotogy, 28, 925-932.

Del Conte, A., & Kling, J. (2001, January-February). A synthesis of MTO research on self-sufficiency, safety and health, and behavior and delinquency. Poverty Research News, pp. 3-6. (Evanston, IL: Joint Center for Poverty Research)

DeLew, N., & Weinick, R. M. (2000). An overview: Eliminating racial, ethnic, and SES disparities in health care. Health Care Financing Review, 21(4), 1-7.

Delpit, L. D. (1995). Other people's children: Cultural conflict in the classroom. New York: New Press.

deMan, A. F., & Leduc, C. P. (1995). Suicidal ideation in high school students: Depression and other correlates.Journal of Clinical Psychology, 51(2), 173-181.

DeParle, J. (1996, October 20). Slamming the door. New York Times Magazine, pp. 52-57, 68, 94, 105.

Devaney, B., & Stuart, E. (1998). Eating breakfast: Effects of the School Breakfast Program. Alexandria, VA: U.S. Department of Agriculture, Food, and Nutrition Service, Office of Analysis, Nutrition, and Evaluation.

Devins, G. M., & Orme, C. M. (1985). Center for epidemiological studies depression scale. In D. J. Keyser & R. C. Sweetland (Eds.), Test critiques (pp. 144-160). Kansas City, MO: Test Corporation of America.

DeVita, C. J., & Mosher-Williams, R. (Eds.). (2001).Who speaks for America's children? The role of child advocates in public policy. Washington, DC: Urban Institute.

DeVita, C. J., Mosher-Williams, R., & Stengel, N. A. J. (2001). Nonprofit organi- zations engaged in child advocacy. In C. J. DeVita & R. Mosher-Williams (Eds.),Who speaks for America's children? The role of child advocates in public policy (pp. 3-37). Washington, DC: Urban Institute,

Dewey, J. (1902). The school as social center: An address delivered before the National Council of Education, Minneapolis, Minnesota, July 1902. Elementary School Teacher, 3, 73-86.

DeWolff, M. S., & van IJzendoorn, M. H. (1997). Sensitivity and attachment: A meta-analysis on parental antecedents of infant attachment. Child Development, 68, 571-591.

Dickie,J., & Matheson, P. (1984, August). Mother-father-infant:Who needs support? Paper presented at the meeting of the American Psychological Association Convention, Toronto, Canada.

Dickson, K. L., Walker, H., & Fogel, A. (1997). The relationship between smile type and play type during parent-infant play. Developmental Psychology, 33, 925-933.

Diebler M. F., Farkas-Bargeton E., & Wehrle, R. (1979). Developmental changes of enzymes associated with energy metabolism and the synthesis of some neurotransmitters in discrete areas of human neocortex. Journal of Neurochemistry, 32(2), 429-435.

Dienhart, A., & Daly, K. (1997). Men and women co-creating father involvement in a nongenerative culture. In A. J. Hawkins & D. C. Dollahite (Eds.), Generative fathering (pp. 147-164). Thousand Oaks, CA: Sage.

Dix, T., Gershoff, E. T., & Miller, P. C. (2001). Child-orientation and depressive symptoms in mothers. Unpublished manuscript, University of Texas at Austin.

Dixon, R. A., & Lerner, R. M. (1999). History and systems in developmental psy-chology. In M. Bornstein & M. Lamb (Eds.), Developmental psychology: An. advanced textbook. (4th ed., pp. 3-45). Hillsdale, NJ: Lawrence Erlbaum.

Dixon, R. A., & Lerner, R. M. (1999). History of systems in developmental psychology.In M. H. Bornstein & M. E. Lamb (Eds.), Developmental psychology: An advanced textbook (4th ed., pp. 3-45). Mahwah, NJ: Lawrence Erlbaum.

Dodge, K. (1986), A social information processing model of social competence in children. In M. Perlmutter (Ed.), Cognitive perspectives on children's social and behavroral development. Hillsdale, NJ: Lawrence Erlbaum.

Dodge, K. A., & Frame, C. L. (1982). Social cognitive biases and deficits in aggressive boys. Child Development, 53, 620-635.

Doherty, W. J., Kouneski, E. F., & Erickson, M. F. (1998). Responsible fathering: An overview and conceptual framework.Journal of Marriage and the Family, 60, 277-292.

Dolbeare, C. N. (2000). Housing budget trends and 2000 advocate's guide to housing and community development policy (National Low Income Housing Coalition/LIHIS). [Online]. Available: www.nlihc.org/advocates/06.htm

Donate-Bartfield, D., & Passman, R. H. (1985). Attentiveness of mothers and fathers to their baby cries. Infant Behavior and Development, 8, 385-393.

Downer, R. T. (1998). Children's psychological well-being as a function of housing status and process resources in low-income families. Dissertation Abstracts International, 58(11-B), 62-56.

Downey, G., & Coyne, J. C. (1990). Children of depressed parents: An integrative review. Psychological Bulletin, 108, 50-76.

Downey, G., & Coyne, J. C. (1990). Children of depressed parents: An integrative review. Psychological Bulletin, 108, 50-76.

Dryfoos, J. (2000, September). Evaluation of community schools: Findings to date. Washington, DC: Coalition for Community Schools. Available: www. communityschools.org

Dryfoos, J. G. (1990). Adolescents at risk: Prevalence and prevention. New York: Oxford University Press.

Dryfoos, J. G. (1990). Adolescents at risk: Prevalence and prevention. New York:Oxford University Press.

Dryfoos, J. G. (1998). Safe passage: Making it through adolescence in a risky society. New York: Oxford University Press.

Duggan, A. K., McFarlane, E. C., Windham, A. M., Rohde, C. A., Salkever, D. S., Fuddy, L., Rosenberg, L. A., Buchbinder, S. B., & Sia, C. C. J. (1999). Evaluation of Hawaii's Healthy Start program. The Future of Children, 9, 66-90.

Dumas, J., Prinz, R. J., Smith, E. M., & Laughlin, J. (1999). The EARLY ALLIANCE prevention trial: An integrated set of interventions to promote competence and reduce risk for conduct disorder, substance abuse, and school failure. Clinical Child and Family Psychology Review, 2, 37-53.

Duncan, G. J, Brooks-Gunn, J., Klebanov, P. K. (1994). Economic deprivation and early childhood development. Child Development, 65, 296-318.

Duncan, G. J., & Brooks-Gunn, J. (1997). The consequences of growing up poor. New York: Russell Sage.

Duncan, G. J., & Brooks-Gunn, J. (2000). Family poverty, welfare reform, and child development. Child Development, 71, 188-196.

Duncan, G. J., & Chase-Lansdale, P. L. (2001, February). Welfare reform and child well-being. Paper prepared for the Blank/Haskins Conference, "The New World of Welfare Reform," Washington, D.C.

Duncan, G., & Aber, J. 1. (1997). Neighborhood models and measures. In G. Duncan, J. Brooks-Gunn, & J. L. Aber (Eds.), Neighborhood poverty: Context and consequences for children (pp. 44-61). New York: Russell Sage.

Duncan, G., J., Yeung, J., Brooks-Dunn, J., & Smith, J. (1998). How much does childhood poverty affect the life chances of children? American Sociological Review, 63, 406-423.

Dunn, J. R., & Hayes, M. V. (2000). Social inequality, population health, and housing: A study of two Vancouver neighborhoods. Social Science and Medicine, 51, 563-587.

Dunst, C. J., & Trivette, C. M. (1994). Aims and principles of family support programs. In C. J. Dunst & C. M. Trivette (Eds.), Supporting and strengthening families: Vol. 1. Methods, strategies, and practices (pp. 30-48). Cambridge, MA: Brookline Books.

Durrett, M. E., Richards, P., Otaki, M., Pennebaker, J., & Nyquist, L. (1986). Mother's involvement with infant and her perception of spousal support, Japan and America.Journal of Marriage and the Family, 68, 187-194.

Dweck, C. S., & Licht, B. (1980). Learned helplessness and intellectual achievement. In J. Garber & M. Seligman (Eds.), Human helplessness: Theory and applications. New York: Academic Press.

Dyson, L. L. (1989). Adjustment of siblings of handicapped children: A comparison. Journal of Pediatric Psychology, 14, 215-229.

Dyson, L. L. (1997). Fathers and mothers of school-age children with developmental disabilities: Parental stress, family functioning, and social support. American Journal on Mental Retardation, 102, 267-279.

Early Success Steering Committee. (2000,January). Early Success: Creating an early care and education system for Delaware's children. Wilmington, DE: Author.

Eccles, J. S., Lord, S., & Buchanan, C. M. (1996). School transitions in early adolescence: What are we doing to your young people? In J. A. Graber,J. Brooks-Gunn, & A. C. Petersen (Eds.), Transitions through adolescence (pp. 251-284). Mahwah, NJ: Lawrence Erlbaum.

Eccles, J., Templeton, J., & Brown, B. (2001, June 14-15). A developmental framewok for selecting indicators of well-being during adolescent and young adultyears, Paper presented at conference, "Key Indicators of Child and Youth Well-Being: Completing the Picture," Bethesda, MD.

Eckenrode, J., Ganzel, B., Henderson, C. R., Smith, E., Olds, D., Powers, J., Cole, R., Kitzman, H., & Sidora, K. (2000). Preventing child abuse and neglect with a program of nurse home visitation: The limiting effects of domestic violence. Journal of the American Medical Association, 284, 1430-1431.

Eckensberger, L. H. (1990). On the necessity of the culture concept in psychology:A view from cross-cultural psychology. In F. J. R. van de Vijver & G. J. M. Hutschemaekers (Eds.), The investigation of culture: Current issues in cultural psychology (pp. 153-183). Tilburg, Netherlands: Tilburg University Press.

Edin, K., & Lein, L. (1997). Making ends meet: How single mothers survive wel fare and low wage work. New York: Russell Sage.

Education and Human Services Consortium. (1991). What it takes: Structuring interagency partnerships to connect children and families with comprehensive services. Washington, DC: Author.

Education for All Handicapped Children Act Amendments of 1986, Pub. L. No. 99-457 (1986).

Education of All Handicapped C.hildren Act, Pub. L. No. 94-142 (1975).

Edwards, C. P., Gandini,L., & Giovaninni, D. (1996). The contrasting developmental timetables of parents and preschool teachers in two cultural communities. In S. Harkness & C. M. Super (Eds.), Parents' cultural belief systems: Their origins, expressions, and consequences (pp. 270-288). New York: Guilford.

Eheart, B. K. (1982). Mother-child interactions with non-retarded and mentally retarded preschoolers. American Journal of Mental Deficiency, 87, 20-25.

Ehrle, J., Seefeldt, K., Snyder, K., & McMahon, P. (2001). Recent changes in Wisconsin wel fareand work, child care and child welfare systems (State Update No. 8). Washington, DC: Urban Institute.

Eisenberg, L., Baker, B. L., & Blacher, J. (1998). Siblings of children with mental retardation living at home or in residential placement. Journal of Child Psychology and Psychiatry and Allied Disciplines, 39, 355-363.

Eisenberg, N. (1989). Empathy and sympathy. In W. Damon (Ed.), Child development today and tomorrow (pp. 137-154). San Francisco: Jossey-Bass.

Eisenberg, N. (1998). Introduction. In W. Damon (Series Ed.) & N. Eisenberg (Vol.Ed.), Handbook of child psychology: Vol. 3. Social, emotional, and personality development (5th ed., pp. 1-24). New York: Wiley.

Eisenberg, N., & Valiente, C. (2002). Parenting and children's prosocial and moral development. In M. H. Bornstein (Ed.), Handbook of parenting: Vol. 5. Practical parenting (2nd ed., pp. 111-142). Mahwah, NJ: Lawrence Erlbaum.

Eisenberg, N., Fabes, R. A., Guthrie, I. K., Murphy, B. C., Maszk, P., Holmgren, R., & Suh, K. (1996). The relations of regulation and emotionality to problem behavior in elementary school children. Development and Psychopathology, 8, 141-162.

Elbert, T., Pantev, C., Wienbruch, C., Rockstroh, B., & Taub, E. (1995). Increased cortical representation of the fingers of the left hand in string players. Science, 270(5234), 305-307.

Elder, G. H. (1995). Life trajectories in changing societies. In A. Bandura (Ed.), Selfefficacy in changing societies (pp, 46-68). New York: Cambridge University Press.

Elder, G. H., & Caspi, A. (1988). Economic stress in lives: Developmental perspectives. Journal of Social Issues, 44, 25-45.

Elder, G. H., Eccles, J. S., Ardelt, M., & Lord, S. (1995). Inner-city parents under economic pressure: Perspective on the strategies of parenting. Journal of Marriage and the Family, 57, 771-784.

Elkind, D. (2002). Early childhood education. In R. M. Lerner, F. Jacobs, & D. Wertlieb (Eds.), Promoting positive child, adolescent, and family development. Thousand Oaks, CA: Sage. Manuscript in preparation.

Ellis, A. (1962). Reason and emotion in psychotherapy. New York: Lyle Stuart.

Ellis, A., & Grieger, R. (1977). Handbook of rational-emotive therapy. New York: Springer.

Ellwood, D. (2000). The impact of the Earned Income Tax Credit and social policy reforms on work, marriage, and living arrangements. National Tax Journal, 53(4), 1063-1106.

Elvevag, B., & Weinberger, D. R. (2001). The neuropsychology of schizophrenia and its relationship to the neurodevelopmental model. In C. A. Nelson & M. Luciana (Eds.), Handbook of developmental cognitive neuroscience (pp. 577-595). Cambridge: MIT Press.

Emery, R. (1988). Marriage, divorce, and children's adjustment. Newbury Park, CA: Sage.

Emery, R. E., & Laumann-Billings, L. (1998). An overview of the nature, causes, and consequences of abusive family relationships: Toward differentiating maltreatment and violence. American Psychologist, 53(2), 121-135.

Emery, R. E., & O'Leary, K. D. (1982). Children's perceptions of marital discord and behavior problems of boys and girls. Journal of Abnormal Child Psychology, 10, 11-24.

Employment and Training Administration. (2001). Adult training programs. Washington, DC: U.S. Department of Labor. Available: www.doleta.gov/programs/adult_program.asp

Enriques, V. G. (1977). Filipino psychology in the Third World. Philippine Journal of Psychology, 10, 3-18.

Entwisle, D. R., & Alexander, K. L. (1992). Summer setback: Race, poverty, school composition, and mathematics achievement in the first two years of school. American Sociological Review, 57, 72-84.

Epstein, A. S., Larner, M., & Halpern, R. (1995). A guide to developing community-based family support programs. Ypsilanti, MI: High/Scope Press.

Epstein, J. L. (1992). School and family partnerships. In M. Alkin (Ed.), Encyclopedia of educational research (pp. 1139-1151). New York: Macmillan.

Epstein, J. L. (1996). Perspectives and previews on research and policy for school, family, and community partnerships. In A. Booth & J. F. Dunn (Eds.), Family school links: How do they affect educational outcomes? (pp. 209-246). Mahwah, NJ: Lawrence Erlbaum.

Epstein, J. L., & Sanders, M. G. (2002). Family, school, and community partnerships. In M. H. Bornstein (Ed.), Handbook of parenting: Vol. 5. Practical parenting (2nd ed., pp. 407-437). Mahwah, NJ: Lawrence Erlbaum.

Epstein, J.L. (1991). Effects on student achievement of teacher practices of parent involvement. In S. Silvern (Ed.), Advances in reading/language research, Vol. 5: Literacy through family, community, and school interaction. Greenwich, CT: JAI.

Epstein, W. M. (1999). Children who could have been: The legacy of child welfare in wealthy America. Madison: University of Wisconsin Press.

Erickson, C. A., Jagadeesh, B., & Desimone, R. (2000). Clustering of perirhinal neurons with similar properties following visual experience in adult monkeys.Nature Neuroscience, 3, 1143-1148.

Erikson, M. F., & Kurz-Riemer, K. (1999). Infants, toddlers, and families: A frame work for support and intervention. New York: Guilford.

Essential Functions and Change Strategies Task Force. (1993). Quality 2000: The essential functions of the early care and education system: Rationale and definition. New Haven, CT: Yale University, Bush Center.

Etzioni, A. (Ed.). (1995). Rigbts and the common good (A. Etzioni, Ed.). New York: St. Martin's.

European Commission Childcare Network. (1996). Quality targets in services for young children. Brussels, Belgium: Author.

Evans, G. W., Chan, H-Y. E., Wells, N. M., & Saltzman, H. (2000). Housing quality and mental health.Journal of Consulting and Clinical Psychology, 68, 526-530.

Fadiman, A. (1997). The spirit catches you and you fall down: A Hmong child, her American doctors, and the collision of two cultures. New York: Farrar, Strauss, & Giroux.

Families and Work Institute. (1996a). Brain development for young children: New frontiers for research, policy, and practice. New York: Author. (Materials prepared in conjunction with a conference organized by the Families and Work Institute)

Families and Work Institute. (1996b). Rethinking the brain: New insights into early development. New York: Author. (Materials prepared in conjunction with a conference organized by the Families and Work Institute)

Family and Medical Leave Act, Pub. L. No. 103-3 (1993).

Family Support Act, Pub. L. No. 100-485 (1988).

Family Support America. (1996). Making the case for family support. Chicago: Author. Available: www.familysupportamerica.org/downloads/making%20the %20case.pdf

Fantuzzo, J. W., Stevenson, H. C., Weiss, A D., & Hampton, V. R. (1997). A part-nership directed school-based intervention for child physical abuse and neglect: Beyond mandatory reporting. School Psychology Review, 26, 298-313.

Farber, B. (1959). The effects of the severely retarded child on the family system. Monographs of the Society for Research in Child Development, 24(2, Serial No. 71).

Farran, D. C. (2000). Another decade of intervention for children who are low income or disabled: What do we know? In J. P. Shonkoff & S. J. Meisels (Eds.), Handbook of early childhood intervention (2nd ed., pp. 510-548). New York: Cambridge University Press.

Farrow, F., with the Executive Session on Child Protection. (1997). Child protection: Building community partnersbips—Getting from here to there. Cambridge, MA: Harvard University, John F. Kennedy School of Government.

Federal Council of Citizenship Training. (1924). Community scorecard. U.S.Department of the Interior, Bureau of Education. Washington: U.S. Government Printing Office.

Federal Interagency Forum on Child and Family Statistics. (2001). America's children: Key national indicators of well-being 2001. Washington, D.C.: U.S. Government Printing Office.

Federal Transit Administration. (1998).The challenge of job access: Moving toward a solution. Washington, DC: U.S. Department of Transportation. Available: www.fhwa.dot.gov/reports/challeng.htm

Federal Transit Administration. (2000). Use of TANF, WtW, and job access funds for transportation. Washington, DC: U.S. Department of Transportation. Available: www.fta.dot.gov/wtw/uoft.html

Federal Transit Administration. (2001). Job access and reverse commute grants. Washington, DC: U.S. Department of Transportation. Available: www.fta.dot. gov/wtw/jarcgfs.htm

Feild, T. (1996). Managed care and child welfare: Will it work? Public Welfare, 54(3), 4-10.

Feld, B. (1993). Juvenile (in)justice and the criminal court alternative. Crime Delinquency, 3 9, 403.

Field, T., Gewirtz, J. L., Cohen, D., Garcia, R., Greenberg, R., & Collins, K. (1984). Leave-takings and reunions of infants, toddlers, preschoolers, and their parents. Child Development, 55, 628-635.

Fiese, B. H., Sameroff, A. J., Grotevant, H. D., Wamboldt, F. S., Dickstein, S., & Fravel, D. L. (1999). The stories that families tell: Narrative coherence, narrative interaction, and relationship beliefs. Monographs of the Society for Research in Child Development, 64(2, Serial No. 257).

Fisher, C, B., Jackson, J., & Villarruel, F. (1997). The study of African American and Latin American children and youth. In W. Damon (Series Ed.) & R. M. Lerner (Vol. Ed.), Handbook of child psychology: Vol. 1. Theoretical models of human development (5th ed., pp. 1145-1207). New York: Wiley.

Fisher, C. B. (1993). Integrating science and ethics in research with high-risk children and youth. SRCD Social Policy Report, 7, 1-27.

Fisher, C. B. (1994). Reporting and referring research participants: Ethical challenges for investigators studying children and youth. Ethics Behavior, 4, 87-95.

Fisher, C. B. (1997). A relational perspective on ethics-in-science decision making for research with vulnerable populations. IRB: A Review of Human Subjects Research, 19, 1-4.

Fisher, C. B. (1997). A relational perspective on ethics-in-science decision making for research with vulnerable populations. IRB: Review of Human Subjects Research, 19, 1-4.

Fisher, C. B. (1999). Relational ethics and research with vulnerable populations. Reports on research involving persons with mental disorders that may affect decision-making capacity (Vol. II, pp. 29-49). Commissioned Papers by the National Bioethics Advisory Commission, Rockville, MD.

Fisher, C. B. (2000). Relational ethics in psychological research: One feminist's journey. In M. Brabeck (Ed.), Practicing feminist ethics in psychology(pp. 125-142). Washington, DC: American Psychological Association.

Fisher, C. B., & Brennan, M. (1992). Application and ethics in developmental psychology. In D. L. Featherman, R. M. Lerner, & M. Perlmutter (Eds.), Life-span development and behavior (Vol. 11, pp. 189-219). Hillsdale, NJ: Lawrence Erlbaum.

Fisher, C. B., & Fyrberg, D. (1994). Participant partners: College students weigh the costs and benefits of deceptive research, American Psychologist, 49(5), 417-427.

Fisher, C. B., & Lerner, R. M. (Eds.). (1994). Applied developmental psychology. New York: McGraw-Hill.

Fisher, C. B., & Lerner, R.M. (1994). Foundations of applied developmental psychology. In C. B. Fisher & R. M. Lerner (Eds.), Applied developmental psychology (pp. 3-20). New York: McGraw-Hill.

Fisher, C. B., & Murray, J. P. (1996). Applied developmental science comes of age. In C. B. Fisher, J. P. Murray, & I. E. Sigel (Eds.), Applied developmental science: Graduate training for diverse disciplines and educational settings (pp. 1-22). Norwood, NJ: Ablex.

Fisher, C. B., & Murray, J. P. (1996). Applied developmental science comes of age. In C. B. Fisher, J. P. Murray, & I. E. Sigel (Eds.), Graduate training in applied developmental science for diverse disciplines and educational settings (pp. 1-22). Norwood NJ: Ablex.

Fisher, C. B., & Rosendahl, S. A. (1990). Risks and remedies of research participation. In C. B. Fisher & W. W. Tryon (Eds.), Ethics in applied developmental psychology: Emerging issues in an emerging field (pp. 43-59). Norwood, NJ: Ablex.

Fisher, C. B., & Tryon, W. W. (Eds.). (1990). Ethics in applied developmental psychology: Emerging issues in an emerging field (pp. 43-59). Norwood, NJ: Ablex.

Fisher, C. B., & Wallace, S. A. (2000). Through the community looking glass: Re-evaluating the ethical and policy implications of research on adolescent risk and psychopathology. Ethics Behavior, 10, 99-118.

Fisher, C. B., .& Tryon, W. W. (Eds.). (1990). Ethics in applied developmental psychology: Emerging issues in an emerging field (Vol. 4). Norwood, NJ: Ablex.

Fisher, C. B., Higgins-D'Allesandro, A., Rau, J. M. B., Kuther, T., & Belanger, S. (1996). Reporting and referring research participants: The view from urban adolescents. Child Development, 67, 2086-2099.

Fisher, C. B., Hoagwood, K., & Jensen, P. (1996). Casebook on ethical issues in research with children and adolescents with mental disorders. In K. Hoagwood, P. Jensen, & C. B. Fisher (Eds.), Ethical issues in research with children and adolescents with mental disorders (pp. 135-238). Hillsdale, NJ: Lawrence Erlbaum.

Fisher, C. B., Murray, J. P., & Sigel, I. E. (Eds.). (1996). Applied developmental science: Graduate training for diverse disciplines and educational settings.Norwood, NJ: Ablex.

Fisher, C. B., Murray, J. P., DiII,J. R., Hagen, J. W., Hogan, M. J., Lerner, R. M., Rebok, G. W., Sigel, I., Sostek, A. M., Spencer, M. B., & Wilcox, B. (1993). The national conference on graduate education in the applications of developmental science across the lifespan. Journal of Applied Developmental Psychology, 14, 1-10.

Fisher, C., & Lerner, R. (Eds.). (1994). Applied developmental psychology. New York: McGraw-Hill.

Fishman, D. B. (1999). The case for pragmatic psychology. New York: New York University Press.

Fix, M., & Passel, J. S. (1999). Trends in noncitizens' and citizens' use of public benefits followzng welfare reform: 1994-1997. Washington, DC: Urban Institute.

Flanagan, C., & Sherrod, L. R. (1998, Fall). Political development: Growing up in a global community. A special issue of the Journal of Social Issues, 54.

Flynn, M. (1999). Using TANF to finance out-of-school time and community school initiatives. Washington, DC: Finance Project.

Folks, H. (1902). The care of destitute neglected and delinquent children (Classics Series). Washington, D. C.: National Association of Social Workers.

Fong, R. (2001). Cultural competency in providing family-centered services. In E. Walton, P. Sandau-Beckler, & M. Mannes (Eds.), Balancing family-centered services and child well-being: Exploring issues in policy, practice, tbeory, and research (pp. 55-68). New York: Columbia University Press.

Food and Nutrition Service. (1987). The national WIC evaluation: An evaluation of the Special Supplemental Food Program for Women, Infants, and Children, Vol. 1: Summary. Alexandria, VA: U.S. Department of Agriculture.

Food and Nutrition Service. (2000). Program basics: WIC at a glance. Alexandria, VA: U.S. Department of Agriculture. Available: www.fns. usda.gov/wic/programinfo/wicataglance.htm

Food and Nutrition Service. (2001a). Facts about the Child and Adult Care Food Program. Alexandria, VA: U.S. Department of Agriculture. Available: www.fns.usda.gov/cnd/care/cacfp/cacfpfaqs.htm

Food and Nutrition Service. (2001b). Food Stamp Program participation and costs. Alexandria, VA: U.S. Department of Agriculture. Available: www.fns.usda.gov/pd/fssummar.htm

Food and Nutrition Service. (2001c). School Breakfast Program. Fact sheet. Alexandria, VA: U.S. Department of Agriculture. Available: www. fns.usda.gov/cnd/breakfast/a boutbfat/faqs.htm

Food and Nutrition Service. (2001d). School Lunch Program: Fact sheet. Alexandria, VA: U.S. Department of Agriculture. Available: www.fns. usda. gov/cnd/lunch/a boutlunch/faqs.htm

Food and Nutrition Service. (2001e). WIC program and participation costs. Alexandria, VA: U.S. Department of Agriculture. Available: www. fns.usda. gov/pd/wisummary.htm

Ford, D. L., & Lerner, R. M. (1992). Developmental systems theory: An integrative approach. Newbury Park, CA: Sage.

Forehand, R., Long, N., Brody, G. H., & Fauber, R. (1986). Home predictors of young adolescents' school behavior and academic performance. Child Development, 57, 213-221.

Forness, S. R., Ramey, S. L., Ramey, C. T., Hsu, C., Brezausek, C. M., MacMillan, D. L., Kavale, K. A., & Zima, B. T. (1998). Head Start children finishing first grade: Preliminary data on school identification of children at risk for special education. Behavioral Disorders, 23, 111-123.

Forsythe, P. W. (1992). Homebuilders and family preservation. Children and Youth Services Review, 14, 37-47.

Fosburg, L. B., & Dennis, D. L. (Eds.). (1999). Practical lessons: The 1998 National Symposium on Homelessness Research (prepared for U.S. Department of Housing and Urban Development and U.S. Department of Health and Human Services). Washington, DC: U.S. Department of Housing and Urban Development.

Fox, J. A., Flynn, E. A., Newman, S., & Christeson, W. (2000). Fight Crime and Invest in Kids: America's after-school choice-The prime time for juvenile crime. Washington, DC: Fight Crime and Invest in Kids.

Francescato, G., Weideman, S., Anderson, J. R., & Chenoweth, R. (1979). Residents' satisfaction in HUD-assisted housing: Design and management factors (report prepared for the U.S. Department of Housing and Urban Development and Office of Policy Development and Research). Washington, DC: U.S. Department of Housing and Urban Development.

Fraser, M. W., Nelson, K. E., & Rivard, J. C. (1997). Effectiveness of family preservation services. Social Work Research, 21(3), 138-153.

Fraser, M. W., Nelson, K. E., & Rivard, J. C. (1997). Effectiveness of family preservation services. Social Work Research, 21, 138-153.

Freedman, B. (1975). A moral theory of informed consent. Hastings Center Report, 5, 32-39.

Freeman, L. (1998). Interpreting the dynamics of public housing: Cultural and ratio nal choice explanations. Housing Policy Debate, 9, 323-353.

Freeman, L., & Botein, H. (2002). Subsidized housing and neighborhood impacts: A theoretical discussion and review of the evidence. Journal of Planning Literature, 16, 359-378.

French-American Foundation. (1999). Ready to learn: The French system of early education and care offers lessons for the United States. New York: Author.

Friedman, J. (1992). Empowerment: The politics of development. Cambridge, MA: Blackwell.

Friedman, M. (1997). A guide to developing and using performance measures in results-based budgeting, Washington, D. C.: Finance Project. (See also www.raguide,org and www.fiscalpolicystudies.com)

Furstenberg, F. F. (1999). Managing to make it: Urban families and adolescent success. Chicago: University of Chicago Press.

Furstenberg, F. F. Jr., & Harris, K. M. (1993). When.fathers matter/why fathers matter: The impact of paternal involvement on the offspring of adolescent mothers. In A. Lawson & D. L. Rhode (Eds.), The politics of pregnancy: Adolescent sexuality and public policy (pp. 189-215). New Haven, CT: Yale University Press.

Furstenberg, F. F. Jr., Nord, C. W., Peterson,J. L., & Zill, N. (1983). The life course of children of divorce. American Sociological Review, 2, 695-701.

Furstenberg, F., & Hughes, M. (1997). The influence of neighborhoods on children's development: A theoretical perspective and a research agenda. In R. Hauser, B. Brown, & W. Prosser (Eds.), Indicators of cildren's well-being.New York: Russell Sage.

Futrel, M. H. (1999). Recruiting minority teachers. Educational Leadership, 56(8), 30-33.

Gabriel, A. L. (1962).The educational ideas of Vincent of Beauvais. Notre Dame, IL: University of Notre Dame Press.

Gadomski, A., Jenkins, P., & Nichols, M. (1998). Impact of a Medicaid primary care provider and preventive care on pediatric hospitalization. Pediatrics, 101, E1.

Galinsky, E., Howes, C., Kontos, S., & Shinn, M. (1994). The study of children in family child care and relative care. New York: Families and Work Institute.

Gallagher, J., & Clifford, R. (2000, Spring). The missing support infrastructure in early childhood. Early Childhood Research and Practice, 2(1), 1-24.

Gallimore, R., Bernheimer, L. P., & Weisner, T. S. (1999). Family life is more than managing crisis: Broadening the agenda of research on families adapting to childhood disability. In R. Gallimore, L. P. Bernheimer, D. L. MacMillan, D. L. Speece, & S. Vaughn (Eds.), Developmental perspectives on children with high-incidence disabilities (pp. 55-80). Mahwah, NJ: Lawrence Erlbaum.

Gallimore, R., Coots, J., Weisner, T., Garnier, H., & Guthrie, D. (1996). Family responses to children with early developmental delays, II: Accommodation intensity and activity in early and middle childhood. American Journal on Mental Retardation, 101, 215-232.

Gambone, M. (1998). Challenges of measurement in community change initiatives. In K. Fulbright-Anderson, A. Kubisch, & J. Connell (Eds.), New approaches to evaluating community initiatives: Vol. 2. Theory, measurement, and analysis. Washington, D. C.: Aspen Institute.

Garbarino, J. (1995). Raising children in a socially toxic environment. San Francisco: Jossey-Bass.

Garbarino, J., Dubrow, N., Kostelny, K., & Pardo, C. (1992). Children in danger: Coping with the consequences of community violence. San Francisco: Jossey-Bass.

Garbarino, J., Kostelny, K., & Barry, F. (1997). Value transmission in an ecological context: The high-risk neighborhood. In J. E. Grusec & L. Kuczynski (Eds.), Parenting and children's internalization of values: A handbook of contemporary theory (pp. 307-332). New York: John Wiley.

Garbarino, J., Vorrasi, J. A., & Kostelny, K. (2002). Parenting and public policy. In M. H. Bornstein (Ed.), Handbook of parenting: Vol. 5. Practical parenting (2nd ed., pp. 487-507). Mahwah, NJ: Lawrence Erlbaum.

Garber, J., & Flynn, C. (1998). Origins of depressive cognitive style. In D. Routh & R. J. DeRubeis (Eds.), The science of clinical psychology: Evidence of a century's progress (pp. 53-93). Washington, DC: American Psychological Association.

Garcia Coll, C. T., Meyer, E. C., & Brillon, L. (1995). Ethnic and minority parenting. In M. H. Bornstein (Ed.), Handbook of parenting: Vol. 2. Biology and ecology of Parenting (pp. 189-209). Mahwah, NJ: Lawrence Erlbaum.

Garcia Coll, C. T., & Magnuson, K. (2000). Cultural differences as sources of developmental vulnerabilities and resources. In J. P. Shonkoff & S. J. Meisels (Eds.), Handbook of early childhood intervention (2nd ed., pp. 94-114). New York: Cambridge University Press.

Garcia Coll, C., & Magnuson, K. (1999). Culturalinfluences on child development: Are we ready for a paradigm shift? In A. Masten (Ed.), Cultural processes in child development: The Minnesota symposia on child psychology (Vol. 29, pp. 1-24). Hillsdale, NJ: Lawrence Erlbaum.

Gardiner, H. W., Mutter, J. D., & Kosmitzki, C. (1998). Lives across cultures: Cross-cultural human development, Boston, MA: Allyn & Bacon.

Gardner, J. (1990). On leadership. New York: Free Press.

Gardner, R., & Talbert-Johnson, C. (2000). School reform and desegregation: The real deal or more of the same? Education and Urban Society, 33(1), 74-87.

Garfinkel, I., Heintze, T., & Huang, C. (2000). The effects of child support enforcement on women's incomes. Joint Center for Poverty Research Policy Brief, 3(5). (Evanston, IL: Joint Center for Poverty Research)

Garmezy, N. (1991). Resiliency and vulnerability to adverse developmental outcomes associated with poverty. American Behavioral Scientist, 34, 416-430.

Garner, W. R. (1972). The acquisition and application of knowledge: A symbiotic relation. American Psychologist, 27, 941-946.

Garrison, C. Z., Schluchter, M. D., Schoenbach, V. J., & Kaplan, B. K. (1989). Epidemiology of depressive symptoms in young adolescents. Journal of the American Academy of Child and Adolescent Psychiatry, 28, 343-351.

Gaskins, S. (1996). How Mayan parental theories come into play. In S. Harkness & C. M. Super (Eds.), Parents' cultural belief systems: Their origins, expressions, and consequences (pp. 345-363). New York: Guilford.

Gaylin. W., & Macklin, R. (1982). Who speaks for the child: The problems of proxy consent. New York: Plenum.

Geen, R., & Tumlin, K. (1999). State efforts to remake child welfare: Responses to new challenges and increased scrutiny (Assessing the New Federalism, Occasional Paper No. 29). Washington, DC: Urban Institute.

Geen, R., & Waters Boots, S. (1999). The potential effects of welfare reform on states' financing of child welfare services. Children and Youth Services Reviews, 21, 865-880.

Gemignani, R. J. (1994). Juvenile correctional education: A time for change. Washington, DC: Office of Juvenile Justice and Delinquency Prevention.

Generations United. (2001). Public policy agenda for the 107th Congress. Washington, DC: Author.

Gennetian, L. A., & Miller, C. (2000). Reforming welfare and rewarding work: Final report on the Minnesota Family Investment Program. New York: Manpower Demonstration and Research Corporation.

Geronimus, A., & Korenman, S. (1993). The costs of teenage childbearing: Evidence and interpretation. Demography, 30, 281-290.

Gershoff, E. T. (2002). Corporal punishment by parents and associated child behaviors and experiences: A meta-analytic and theoretical review. Psychological Bulletin, 128, 539-579.

Gibbs, J. T. (1988). Conclusions and recommendations. In J. T. Gibbs, A. F. Brunswick, M. E. Conner, R. Dembo, T. E. Larson, R. J. Reed, & B. Solomon (Eds.), Young, black, and male in America: An endangered species (pp. 317-363). Dover, MA: Auburn.

Gibson, A., & Brammer, M. J. (1981). The influence of divalent cations and substrate concentration on the incorporation of myo-inositol into phospholipids of isolated bovine oligodendrocytes. Journal of Neurochemistry, 36(3), 868-874.

Giedd, J. N., Blumenthal, J., Jeffries, N. O., Castellanos, F. X., Liu, H., Zijdenbos, A., Paus, T., Evans, A. C., & Rapoport, J. L. (1999). Brain development during childhood and adolescence: A longitudinal MRI study. Nature Neuroscience, 2(10), 861-863.

Gilens, M. (1999). Why Americans hate welfare. Chicago: University of Chicago Press.

Giles-Sims, J., Straus, M. A., & Sugarman, D. B. (1995). Child, maternal, and family characteristics associated with spanking. Family Relations, 44, 170-176.

Gillham, J. E., Reivich, K. J., Jaycox, L., & Seligman, M. E. P. (1995). Preventing depressive symptoms in schoolchildren: Two-year follow-up. Psychological Science, 6, 343-351.

Gillham, J. E., Shatté, A. J., & Freres, D. R. (2000). Preventing depression: A review of cognitive-behavioral and family interventions. Applied Preventive Psychology, 9, 63-68.

Gilliam, W. S., & Zigler, E. F. (2000). A critical meta-analysis of all evaluations of state-funded preschool from 1977 to 1998: Implications for policy, service delivery, and program evaluation. Early Childbood Research Quarterly, 15, 441-473.

Gilliam, W. S., Ripple, C. H., Zigler, E. F., & Leiter, V. (2000). Evaluating child and family demonstration initiatives: Lessons from the Comprehensive Child Development Program. Early Childhood Research Quarterly, 15, 41-59.

Giovannoni, J. (1989). Definitional issues in child maltreatment. In D. Cicchetti & V. Carlson (Eds.), Child maltreatment: Theory and research on the causes and consequences of child abuse and neglect (pp. 3-37). Cambridge, UK: Cambridge University Press.

Glaser, B. G., & Strauss, A. L. (1967), The discovery of grounded theory: Strategies for qualitative research. Chicago: Aldine.

Gleason, P., & Suitor, C. (2001). Children's diets in the mid-1990s: Dietary intake and its relationship with school meal participation (CN-01-CDI). Alexandria, VA: U.S. Department of Agriculture, Food and Nutrition Service, Office of Analysis, Nutrition, and Evaluation.

Glisson, C. (1994). The effect of services coordination teams on outcomes for children in state custody. Administration in Social Work, 18(4), 1-23.

Goering, J., Kraft, J., Feins, J., Mclnnis, D., Olin, M. J., & Elhassan, H. (1999). Moving to Opportunity for Fair Housing demonstration. Washington, DC: U.S. Department of Housing and Urban Development.

Goetz, E. G., Lam, H. K., & Heitlinger, A. (1996). There goes the neighborhood? The impact of subsidized multi-family housing on urban neighborhoods. Minneapolis: University of Minnesota, Center for Urban and Regional Affairs and Neighborhood Planning for Community Revitalization.

Goldberg, J. (2000, June 20). The color of suspicion. The New York Times, p. 50.

Goldberg, S. (1977). Social competence in infancy: A model of parent-infant interaction. Merrill-Palmer Quarterly, 29, 163-177.

Goldman-Rakic, P. S. (1987). Development of cortical circuitry and cognitive function. Child Development, 58(3), 601-622.

Goldsmith, H. H., & Alansky, J. A. (1987). Maternal and infant temperamental predictors of attachment: A meta-analytic review. Journal of Consulting and Clinical Psychology, 55(6), 805-816.

Goldstein, J., Freud, A., Solnit, A. J., & Goldstein, S. (1986). In the best interests of the child. New York: Free Press.

Gollin, E. S. (1981). Development and plasticity, In E. S. Gollin (Ed.),Developmental plasticity: Behavioral and biological aspects of variations in development (pp. 231-251). New York: Academic Press.

Golonka, S., & Matus-Grossman, L. (2001). Opening doors: Expanding educational opportunities for low-income workers. New York:

Manpower Research Demonstration Corporation and National Governors Association Center for Best Practices.

Gomby, D. S., Culross, P. L., & Behrman, R. E. (1999). Home visiting: Recent program evaluations–Analysis and recommendations. The Future of Children, 9(1), 4-26.

Gomby, D. S., Culross, P. L., & Behrman, R. E. (1999). Home visiting: Recent program evaluations-Analysis and recommendations. The Future of Children, 9, 4-26.

Gomby, D. S., Larner, M. B., Stevenson, C. S., Lewit, E. M., & Behrman, R. E. (1995). Long-term outcomes of early intervention programs: Analysis and recommendations. The Future of Children, 5(3), 6-24.

Gonzalez-Ramos, G., Zayas, L. H., & Cohen, E. V. (1998). Child-rearing values of low-income, urban Puerto Rican mothers of preschool children. Professional Psychology: Research Practice, 29(4), 377-382.

Goodman, G. S., Emery, R. E., & Haugaard,J.J (1998). Developmental psychology and law: The cases of divorce, child maltreatment, foster care, and adoption. In W. Damon (Series Ed.), I. E. Sigel & K. A. Renninger (Vol. Eds.), Handbook of child psychology: Vol. 4. Child psychology in practice (5th ed., pp. 775-874). New York: Wiley.

Goodnow, J. J. (2002). Parents' knowledge and expectations: Using what we know. In M. H. Bornstein (Ed.), Handbook of parenting: Vol. 3. Status and social conditions of parenting (2nd ed., pp. 439-460). Mahwah, NJ: Lawrence Erlbaum.

Goodnow, J. J., & Collins, W. A. (Eds.). (1990). Development according to parents: The nature, sources, and consequences of parents' ideas. Hillsdale, NJ: Lawrence Erlbaum.

Goodnow, J. J., Miller, P. J., & Kessel, F. (Eds.). (1995). Cultural practices as contexts for development. San Francisco: Jossey-Bass.

Goodrich, M. (1975). Bartholomaeus Anglicus on child-rearing. History of Childbood Quarterly: The Journal of Psychobistory, 3, 75-84.

Goodson, B. D., Layzer, J. I., St. Pierre, R. G., Bernstein, L. S., & Lopez, M. (2000). Effectiveness of a comprehensive, five-year family support program for low-income children and their families: Fin dings from the Comprehensive Child Development Program. Early Childhood Research Quarterly, 15, 5-39.

Goodson, B. D., Layzer, J. I., St. Pierre, R. G., Bernstein, L. S., & Lopez, M. (2000). Effectiveness of a comprehensive, five-year family support program for lowincome children and their families: Findings from the Comprehensive Child Development Program. Early Childhood Research Quarterly, 15(1), 5-39.

Gornick, J. C., & Meyers, M. K. (2001). Lesson-drawing in family policy: Media reports and empirical evidence about European developments. Journal of Comparative Policy Analysis: Research and Practice, 3, 31-57.

Gortmaker, S. 1. (1979). Poverty and infant mortality in the United States. American Sociological Review, 44, 280-297.

Gottfried, A. E., Gottfried, A. W., & Bathurst, K. (1988). Maternal employment, family environment, and children's development: Infancy through the school years. In A. E. Gottfried & A. W. Gottfried (Eds.), Maternal employment and children's development: Longitudinal research (pp.11-58). New York: Plenum.

Gottlieb, G. (1992). Individual development and evolution: The genesis of novel behavior. New York: Oxford University Press.

Gottlieb, G. (1997). Synthesizing nature-nurture: Prenatal roots of instinctive behavior. Mahwah, NJ: Lawrence Erlbaum.

Gould, S. J. (1977). Ontogeny and phylogeny. Cambridge, MA: Harvard University Press.

Governmentwide Information Systems Division. (2001). The catalog of federal domestic assistance. Washington, DC: U.S. General Services Administration, Office of Acquisition Policy. Available: www.cdfa.gov.

Greenberg, P. E., Stiglin, L. E., Finkelstein, S. N., & Berndt, E. R. (1993). The economic burden of depression in 1990.]ournal of Clinical Psychiatry, 54, 405-426.

Greenfield, P. M. (1997). Culture as process: Empirical methods for cultural psychology. In J. W. Berry, Y. H. Poortinga, J. Pandey, P. R. Dasen, T. S. Saraswathi, M. H. Segall, & C. Kagitcibasi (Series Eds.), J. W. Berry, Y. H. Poortinga, & J. Pandey (Vol. Eds.), Handbook of cross-cultural psychology, Vo/. 1: Theory and method (2nd ed., pp. 301-346). Needham Heights, MA: Allyn & Bacon.

Greenfield, P. M., & Cocking, R. R. (1994). Cross-cultural roots of minority child development. Hillsdale, NJ: Lawrence Erlbaum.

Greenough, W. T., & Black, J. E. (1992). Induction of brain structure by experience: Substrates foycognitive development. In M. R. Gunnar & C. A. Nelson (Eds.), Developmental Behavioral Neuroscience (VoL 24, pp. 155-200). Hillsdale, NJ: Lawrence Erlbaum.

Greenough, W. T., Black, J. E., & Wallace, C. S. (1987). Experience and brain development. Child Development, 58(3), 539-559.

Greenough, W. T., Juraska, J. M., Volkmar, F. R. (1979). Maze training effects on dendritic branching in occipital cortex of adult rats. Behavioral Neural Biology, 26(3), 287-297.

Greenough, W. T., Madden, T. C., & Fleischmann, T. B. (1972). Effects of isolation, dailing handling, and enriched rearing on maze learning. Psychonomic Science, 27, 279-280.

Gregorian, V. (2000). Some reflections on the historic roots, evolution, and future of American philanthropy. Report of the President. Annual Report of the Carnegie Corporation of New York. New York: Carnegie Corporation.

Grindeland, S. (2001, July 5). Former foster child beats odds, inspires legislation. Seattle Times, p. B1.

Grisso, T., & Barnum, R. (1998). Massachusetts Youth Screening Instrument: Preliminary manual and technical report. Worcester: University of Massachusetts Medical School, Department of Psychiatry.

Grisso, T., & Schwartz, R. G. (Eds.). (1999). Youth on trial: A developmental perspective on juvenile justice. Chicago: University of Chicago Press.

Grisso, T., & Vierling, L. (1978). Minors consent to treatment: A developmental perspective. Professional Psychology, 9, 412-427.

Grønseth, E. (1978). Work sharing: A Norwegian example. In R. Rapoport & R. N. Rapoport (Eds.), Working couples. St. Lucia, Australia: Queensland Press.

Gross, D., Fogg, L., & Tucker, S. (1995). The efficacy of parent training for promoting positive parent-toddler relationships. Research in Nursing Health, 18, 489-499.

Grossmann, K., Grossmann, K. E., Spangler, G., Suess, G., & Unzner, 1. (1985). Maternal sensitivity and newborns' orientation responses as related to quality of attachment in Northern Germany. In I. Bretherton & E. Waters (Eds.),Growing poin.t of attachment theory and research (Vol. 50, pp. 233-256). Chicago: Monographs of the Society for Research in Child Development.

Grubb, W. N., & Lazerson, M. (1982). Broken promises: How Americans fail their children. New York: Basic Books.

Grusec, J. E., Hastings, P., & Mammone, N. (1994). Parenting cognitions and relationship schemas. In W. Damon (Series Ed.) & J. G. Smetana

(Vol. Ed.), New directions for child development: Vol. 66. Beliefs about parenting: Origins and developmental implications (pp. 5-19). San Francisco: Jossey-Bass.

Grych, J. H. (2002). Marital relationships and parenting. In M. H. Bornstein (Ed.), Handbook of parenting: Vol. 4. Applied parenting (2nd ed., pp. 203-225). Mahwah, NJ: Lawrence Erlbaum.

Grych, J. H., & Fincham, F. D. (1990). Marital conflict and children's adjustment: A cognitive-contextual framework. Psychological Bulletin., 2, 267-290.

Grych, J. H., & Fincham, F. D. (Eds.). (2001). Interparental conflict and child development: Theory, research and application. New York: Cambridge University Press.

Guarino-Ghezzi, S., & Loughran, E. J. (1997). Balancing juvenile justice. New Brunswick, NJ: Transaction Publishers.

Guba, E. G., & Lincoln, Y. S. (1982). Epistemological and methodological bases of naturalistic inquiry. Educational communication Technology Joumal, 30, 233-252.

Gunnarsson, L., Martin Korpi, B., & Nordenstam, U. (1999). Early childhood education and care policy in Sweden (background report prepared for the OECD Thematic Review of Early Childhood Education and Care Policy). Stockholm, Sweden: Ministry of Education and Science.

Guo, G., & Harris, K. M. (2000). The mechanisms mediating the effects of poverty on children's intellectual development. Demography, 37, 431-447.

Guralnick, M. J. (2001). A developmental systems model for early intervention. Infants and Young Children, 74(2), 1-18.

Guterman, N. B. (2001). Stopping child maltreatment before it starts: Emerging horizons in early bome visitation services. Thousand Oaks, CA: Sage.

Guterman, N. B., & Cameron, M. (1999). Young clients' exposure to community violence: How much do their therapists know? American Journal of Orthopsychiatry, 69, 382-391.

Gutman, L. M., & Eccles, J. S. (1999). Financial strain, parenting behaviors, and adolescents' achievement: Testing model equivalence between African American and European American single- and two-parent families. Child Development, 70, 1464-1476.

Gutmann, A. (1987). Democratic education. Princeton, NJ: Princeton University Press.

Haas, L. (1991). Equal parenthood and social policy: Lessons from a study of parental leave in Sweden. In J. S. Hyde & M. J. Essex(Eds.), Parental leave and cbild care: Setting a researcb and policy agenda (pp. 375-405). Philadelphia: Temple University Press.

Hagan, J. (1994). Crime and disrepute. London: Pine Forge.

Hagedorn, J. M. (1995). Forsaking our children: Bureaucracy and reform in the child welfare system. Chicago: Lake View Press.

Hagen, J. W. (1996). Graduate education in the applied developmental sciences: History and background. In C. B. Fisher & J. P. Murray (Eds.), Applied developmental science: Graduate training for diverse disciplines and educational settings, advances in applied developmental psychology. (pp. 45-51). Norwood, NJ: Ablex.

Haggerty, R. J., Sherrod, L. R., Garmezy, N., & Rutter, M. (Eds.). (1996). Stress, risk, and resilience in children and adolescents: Processes, mechanisms, and interventions. New York: Cambridge University Press.

Hains, A. A., & Ellman, S. W. (1994). Stress inoculation training as a preventative intervention for high school youths. Journal of Cognitioive Psychotherapy, 8, 219-232.

Hall, P. D. (1988). Private philanthropy and public policy: A historical appraisal. In R. Payton, M. Novak, B. O'Connell, & P. Hall (Eds.), Philanthropy: Four views. New Brunswick, NJ: Transaction Books.

Halpern, R. (1999). Fragile families, fragile solutions: A history of supportive services for families in poverty. New York: Columbia University Press.

Halpern, R. (2000). Early intervention for low-income children and families. In J. P. Shonkoff & S. J. Meisels (Eds.), Handbook of early childhood intervention (2nd ed., pp. 361-386). New York: Cambridge University Press.

Halpern, R., Deich, S., & Cohen, C. (2000). Financing after-school programs. Washington, DC: Finance Project.

Hamburg, B. A. (1993). President's Report: New Futures for the "Forgotten Half": Realizing Unused Potential for Learning and Productivity. Annual Report of the William T. Grant Foundation. New York: William T. Grant Foundation.

Hamburg, D. A. (1992). Today's children: Creating a future for a generation in crisis. New York: Times Books.

Hamburg, D. A. (1992). Today's children: Creating a future for a generation in crisis. New York: Times Books.

Hamburger, V. (1957). The concept of development in biology. In D. B. Harris (Ed.), The concept of development (pp. 49-58). Minneapolis: University of Minnesota Press.

Hamelin, A., Habicht, J., & Beaudry, M. (1999). Food insecurity: Consequences for the household and broader social implications. Journal of Nutrition, 129, 525S-528S.

Hamilton, S. F., & Hamilton, M. (1999). Creating new pathways to adulthood by adapting German apprenticeship in the United States. In W. R. Heinz (Ed.), From education to work: Cross-national perspecives (pp. 194-213). New York: Cambridge University Press.

Hamilton, W., Cook, J., Thompson, W., Buron, L., Frongillo, E., Jr., Olson, C., & Wehler, C. (1997). Household food security in the United States in 1995: Measurrng food security in the United States (summary report). Washington, DC: U.S. Department of Agriculture.

Hammond, W. R., & Yung, B. (1993). Psychology's role in the public health response to assaultive violence among young African American men. American Psychologist, 48(2), 142-154.

Hansel, L. (2001). Unlocking the nine components of CSRD. Washington, DC: National Clearinghouse for Comprehensive School Reform. Available: www.goodschools.gwu.edu/pubs/ar2 000.htm

Hanson, M. J. (1998). Ethnic, cultural and language diversity in intervention settings. In E. W. Lynch & M. J. Hanson (Eds.), Developing cross-cultural competence: A guide for working with young children and their families. (2nd ed., pp. 3-22). Baltimore, MD: Brookes.

Hanson, M. J., & Carta, J. J. (1996). Addressing the challenges of families with multiple risks. Exceptional Children, 62(3), 201-212.

Harkavy, I. (2000, June). Governance and the community: higHer education-school connection. Paper delivered at the conference, "The Learning Connection: New Partnerships Between Schools and Colleges," Kansas City, MO.

Harkness, J., & Newman, S. J. (2001). The interaction of homeownership and neighborhood conditions: Effects on low-income children.

Unpublished manuscript, Institute for Policy Studies, Johns Hopkins University.

Harkness, S., & Super, C. M. (1992). Parental ethnotheories inaction. In I. E. Sigel, A. V. McGillicuddy-DeLisi, & J. J. Goodnow (Eds.), Parental belief systems (373-391). Hillsdale, NJ: Lawrence Erlbaum.

Harkness, S., & Super, C. M. (1995). Culture and parenting. In M. H. Bornstein (Ed.), Handbook of parenting (Vol. 2, pp. 211-234). Mahwah, NJ: Lawrence Erlbaum.

Harkness, S., & Super, C. M. (Eds.). (1996). Parents cultural belief systems: Their origins, expressions, and consequences. New York: Guilford.

Harkness, S., & Super, C. M. (Eds.). (1996). Parents' cultural belief systems: Their origins, expressions, and consequences. New York: Guilford.

Harrington, R., Rutter, M., & Fombonne, E. (1996). Developmental pathways in depression: Multiple meanings, antecedents, and endpoints. Development and Psychopathology, 8, 601-616.

Harris, J. R. (1998). The nurture assumption. New York: Free Press.

Harris, M. (1992). Language experience and early language development: From input to uptake. Hillsdale, NJ: Lawrence Erlbaum.

Harry, B. (1992). An ethnographic study of cross-cultural communication with Puerto Rican-American families in the special education system. American Educational Research Journal, 29, 471-494.

Harry, B., Allen, N., & McLaughlin, M. (1995). Communication versus compliance: African-American parents' involvement in special education Exceptional Children, 61, 364-376.

Hart Research Associates, (1997). Key findings from a nationwide survey among parents of zero-to three-year-olds. Washington, D. C: Author.

Hart, C. H., Nelson, D. A., Robinson, C. C., Olsen, S. F., & McNeilly-Choque, M. K. (1998). Overt and relational aggression in Russian nursery-school-age children: Parenting style and marital linkages. Developmental Psycbology, 34, 687-697.

Hartman, C. (1998). The case for a right to housing. Housing Policy Debate, 9, 223-246.

Harwood, R. L., Miller, J. G., & Irizarry, N. L. (1995). Culture and attachment: Perceptions of the child in context. New York: Guilford.

Harwood, R. L., Miller, J. G.,& Irizarry, N. 1. (1995). Culture and attachment: Perceptions of the child in context. New York: Guilford.

Hatten, M. E. (1999). Central nervous system neuronal migration. Annual Review of Neuroscience, 22, 511-539.

Hauser, R., Brown, B. V., & Prosser, W. (Eds.). (1997). Indicators of children's well-being. New York: Russell Sage.

Hauser-Cram, P., Warfield, M. E., Shonkoff, J. P., & Krauss, M. W. (with Sayer, A., & Upshur, C. C.). (2001). Children with disabilities: A longitudinal study of child development and parent well-being. Monographs of the Society for Research in Child Development, 66(3, Serial No. 266).

Haveman, R., Wolfe, B., & Spaulding, J. (1991). Children events and circumstances influencing high school completion. Demography, 28, 133-157.

Hawkins, J. D., & Catalano, R. F. (1992). Communities That Care. San Francisco: Jossey-Bass.

Hawley, T. L., Halle, T. G., Drasin, R. E., & Thomas, N. G. (1995). Children of addicted mothers: Effects of the "crack epidemic" on the caregiving environment and the development of preschoolers. American Journal of Orthopsychiatry, 65, 364-379.

Hayden, D. (1984). Redesigning the American Dream: The future of housing, work, and family life. New York: Norton.

Haynes, N. M., & Comer, J. (1990). Helping black children succeed: The significance of some social factors. In K. Lomotey (Ed.), Going to school: The African-American experience (pp. 103-112). New York: State University of New York Press.

Head Start Bureau. (2001). 2001 Head Start fact sheet. Washington, DC: Author. Available: www2.acf.dhhs.gov/programs/hsb/about/fact2001.htm

Heath, S. B. (1982). What no bedtime story means: Narrative skills at home and school. Language in Society, 11, 49-76.

Hebb, D. O. (1949). The organization of bebavior: A neuropsychological theory. New York: John Wiley.

Hebb, D. O. (1949). The organization of behavior. New York: Wiley.

Hecht, M. L., Andersen, P. A., & Ribeau, S. A. (1989). The cultural dimensions of nonverbal communication. In M. K. Asante & W. B. Gudykunst (Eds.), Handbook of international and intercultural communication (pp. 163-185). Beverly Hills, CA: Sage.

Heckhausen, J. (1993). The development of mastery and its perception within caretaker-child dyads. In D. J. Messer (Ed.), Mastery motivation in early childhood: Development, measurement and social processes(pp. 55-79)London:Routledge .

Heclo, H. H. (1997). Values underpinning poverty programs for children. The Future of Children, 7(2), 141-148.

Heimendinger, J., Larid, N., Austin, J., Timmer, P., & Gershoff, S. (1984). The effects of the WIC program on the growth of infants. American]ournal of Clinical Nutrition, 40, 1250-1257.

Heinicke, C. M., & Guthrie, D. (1992). Stability and change in husband-wife adap tation and development of the positive parent-child relationship. Infant Behavior and Development, 15, 109-127.

Heinrich, C. J. (1998). Aiding welfare-to-work transitions: Lessons from JTPA on the cost-effectiveness of education and training services (Working Paper No. 3). Evanston, IL: Northwestern University, Joint Center for Poverty Research.

Hemmati-Brivanlou, A., Kelly, O. G., & Melton, D. A. (1994). Follistatin, an antagonist of activin, is expressed in the Spemann organizer and displays direct neuralizing activity. Cell, 77, 283-295.

Henderson, A. T., & Berla, N. (Eds.). (1994). A new generation of evidence: The family is critical to student achievement. Washington, DC: National Committee for Citizens in Education.

Henderson, C. E. (1996). Role of neurotrophic factors in neuronal development. Current Opinion in Neurobiology, 6, 64-70.

Heneghan, A. M., Horwitz, S. M., & Leventhal, J. M. (1996). Evaluating intensive family preservation programs: A methodological review. Pediatrics, 97, 535-542.

Hernandez, D. J. (1993). America's children: Resources for family, government, and the economy. New York: Russell Sage.

Hernandez, D. J., & Charney, E. (Eds.). (1998). From generation to generation: The health, and well-being of children in immigrant families. Washington, DC: National Academy Press.

Hetherington, E. M. (1998). Relevant issues in developmental science: Introduction to special issue. American Psychologist, 53, 93-

94.

Hetherington, E. M. (1998). Relevant issues in developmental science: Introduction to the special issue. American Psychologist, 53(2), 93-94,

Hetherington, E. M., & Stsanley-Hagan, M. M. (1997). The effects of divorce on fathers and their children. In M. E. Lamb (Ed.), Tbe role of tbe fatber in. child development (3rd ed., pp. 191-211). New York: Wiley.

Hetherington, E. M., Bridges, M., & Insabella, G. M. (1998). What matters? What does not? Five perspectives on the association between marital transition and children's adjustment. American Psycbologist, 53, 167-184.

Hetherington, E. M., Bridges, M., & Insabella, G. M. (1998). What matters? What does not? Five perspectives on the association between marital transitions and children's adjustment. American Psychologist, 53(2), 167-184.

Higgins-D'Alessandro, A., Fisher, C. B., & Hamilton, M. G. (1998). Educating the applied developmental psychologist for university-community partnerships. In R. M. Lerner & L. A. K. Simon (Eds.), University-community collaborations for the twenty-first century: Outreach scholarship for youth and families (pp. 157-183). New York: Garland.

Higgins-D'Alessandro, A., Fisher, C. B., & Hamilton, M. G. (1998). Educating the applied developmental psychologist for university-community partnerships. In R. M. Lerner & L. A. K. Simon (Eds.), University-community collaborations for the twenty-first century: Outreach scholarship for youth and families (pp. 157-183). New York: Garland.

Hildebrand, V., Phenice, L. A., Gray, M. M., & Hines, R. P. (2000). Knowing and serving diverse families. Columbus, OH: Merrill.

Hill, R. (1949). Families under stress. New York: Harper & Row.

Ho, D. Y. F. (1976). On the concept of face. American Journal of Sociology, 81, 867-884.

Ho, D. Y. F. (1988). Asian psychology: A dialogue on indigenization and beyond. In A. C. Paranjpe, D. Y. F. Ho, & R. W. Reiber (Eds.), Asian contributions to psychology (pp. 53-77). New York: Praeger.

Ho, D. Y. F. (1998a). Indigenous psychologies: Asian perspectives. Journal of Cross-Cultural Psychology, 29(1), 88-103.

Ho, D. Y. F. (1998b). Interpersonal relationships and relationship dominance: An analysis based on methodological relationalism. Asian Journal of Social Psychology, 1(1), 1-16.

Hoagwood, K. (1994). The Certificate of Confidentiality at NIMH: Applications and implications for service research with children. Ethics Behavior, 4, 123 -121.

Hoagwood, K., Jensen, P. S., & Fisher, C. B. (1996). Towards a science of scientific ethics in research on child and adolescent mental disorders. In K. Hoagwood, P. Jensen, & C. B. Fisher (Eds.), Ethical issues in research with children and adolescents with mental disorders (pp. 3-14). Hillsdale, NJ: LawrenceErlbaum.

Hochschild, J. L. (1995). Facing up to the American dream: Race, class, and the soul of the nation. Princeton, NJ: Princeton University Press.

Hodapp, R. M. (2002). Parenting children with mental retardation. In M. H. Bornstein (Ed.), Handbook of parenting: Vol. 1. Children and parenting (2nd ed., pp. 355-381). Mahwah, NJ: Lawrence Erlbaum.

Hoff, E., Laursen, B., & Tardif, T. (2002). Socioeconomic status and parenting. In M. H. Bornstein (Ed.), Handbook of parenting: Vol. 2. Biology and ecology of parenting (2nd ed., pp. 231-252). Mahwah, NJ: Lawrence Erlbaum.

Hofferth, S. L., Shauman, K. A., Henke, R. R., & West, J. (1998). Characteristics of children's early care and education programs: Data from the 1995 National

Hoffman, L. W. (1990). Bias and social responsibility in the study of maternal employment. In C. B. Fisher & W. W, Tyron (Eds,), Ethics in applied developmental psychology: Emerging issues in an emerging field. (Vol. 4, pp. 253-272). Norwood, NJ: Ablex.

Hogan, D., & Wells, T. (2001). Developing concise measures of childhood limitations. Unpublished manuscript.

Hogan, D., Rogers, M., & Msall, M. (2000). Functional limitations and key indicators of well-being in children with disability. Archives of Pediatric and Adolescent Medicine, 154, 1042-1048.

Holl,J. L., Szilagyi, P. G., Rodewald, L. E., Shone, L. P., Zwanziger, J., Mukamel, D. B., Trafton, S., Dick, A. W., Barth, R., & Raubertas, R. F. (2000). Evaluation of New York State's Child Health Plus: Access, utilization, quality of health care, and health status. Pediatrics, 105(3, Suppl. E), 711-718.

Holden, G. W., & Buck, M. J. (2002). Parental attitudes toward childrearing. In M. H. Bornstein (Ed.), Handbook of parenting: Vol. 3. Statvrs and social conditions of parenting (2nd ed., pp. 537-562). Mahwah, NJ: Lawrence Erlbaum.

Holden, G. W., & Miller, P. C. (1999). Enduring and different: A meta-analysis of the similarity in parents' childrearing. Psychological Bulletin, 125, 223-254.

Holder, A. R. (1981). Can teenagers participate in research without parental consent? IRB: Review of Human Subjects Research, 3, 5-7.

Hollister, R., & Hill, J. (1995). Problems in the evaluation of community-wide initiatives. In J. Connell, A. Kubisch, L. Schor, & C. Weiss (Eds.), New approaches to evaluating community initiatives: Concepts, methods, contexts. Washington, DC: The Aspen Institute.

Hollister, R., & Hill, J. (1995). Problems in the evaluation of community-wide initiatives. In J. Connell, A. Kubisch, L. Schorr, & C. Weiss (Eds.), New approaches to evaluating comprehensive community initiatives: Concepts, methods, and contexts. Washington, D.C.: Aspen Institute.

Holt, M. I. (1992). The orphan trains: Placing out in America. Lincoln: University of Nebraska Press.

Honig, A. S. (2002). Choosing child care for young children. In M. H. Bornstein (Ed.), Handbook of parenting: Vol. S. Practical parenting (2nd ed., pp. 375-405). Mahwah, NJ: Lawrence Erlbaum.

Honig, A. S., & Lally, J. R. (1982). The Family Development Research Program: Retrospective review. Early Child Development and Care, 10, 41-62.

Honig, A. S., Lally, J. R., & Mathieson, D. H. (1982). Personal-social adjustment of school children after five years in a family enrichment program. Child Care Quarterly, 11(2), 138-146.

Hood, J., & Golden, S. (1979). Beating time/making time: The impact of work scheduling on men's family roles.The Family Co-Ordinator, 28, 575-582.

Hoppes, K., & Harris, S. L. (1990). Perceptions of child attachment and maternal gratification in mothers of children with autism and Down syndrome. Journal of Clinical Child Psychology, 19, 365-370.

Horn, J. L., & Trickett, P. K. (1998). Community violence and child development. In P. K. Trickett & C. J. Schellenbach (Eds.), Violence against children in the family and the community (pp. 103-138). Washington, D. C.: American Psychological Association.

Horowitz, F. D. (2000). Child development and the PITS: Simple questions, complex answers, and developmental theory. Child Development, 71, 1-10, 8, 58.

Horowitz, F. D., & O'Brien, M. (1989). In the interest of the nature: A reflective essay on the state of our knowledge and challenges before us. American Psychologist, 44, 441-445.

Hotz, V. J., Mullin, C., & Scholz, J. K. (2001). The EITC and labor market participation of families on welfare. Joint Center for Poverty Research Policy Briefs, 3(7). (Evanston, IL: Joint Center for Poverty Research)

Household Education Survey (Report No. 98-128). Washington DC: U.S. Department of Education. Available: http://nces.ed.gov/pubs98/98128. pdf

Howes, C., Smith, E., & Galinsky, E. (1995). The Florida Child Care Quality Improvement Study. New York: Families and Work Institute.

Howey, K. R:, & Zimpher, N. L. (1991). Restructuring the education of teachers. Reston, VA: Association of Teacher Educators.

Hubner, J., & Wolfson, J. (1996). Somebody else's children: The courts, the kids, and the struggle to save America's troubled families. New York: Three Rivers Press.

HUD USER. (1997, June). HUD's housing programs serve diverse groups. Recent Research Results. (Rockville, MD: Author) Available: www. huduser.org/periodicals/rrr/diverse.html

Huey, S. J., Jr., & Weisz, J. R. (1997). Ego control, ego resiliency, and the five-factor model as predictors of behavioral and emotional problems in clinic-referred children and adolescents.Journal of Abnormal Psychology, 106, 404-415.

Humes, E. (1996). No matter how loud I shout: A year in the life of juvenile court. New York: Simon & Schuster.

Hunt,j. M. (1961). Intelligence and experience. New York: Ronald.

Hurwitz, N., & Hurwitz, S. (2000). Student-friendly care: The case for school-based health centers. American School Board Journal. [Online]. Available: www.healthinschools.org/sbhcs/papers/hurwitz.asp

Huston, A. (2002). My life as a policy researcher. In A. Higgins (Ed.), Influential lives: New directions for child development. San Francisco: Jossey-Bass.

Huston, A. C. (Ed.). (1991). Children in poverty: Child development and public policy. Cambridge, UK: Cambridge University Press.

Huston, A. C., & Wright, J. C. (1998). Mass media and children's development.In W. Damon (Series Ed.), I. E. Sigel & K. A. Renninger (Vol. Eds.), Handbook of child psychology: Vol. 4. Child psychology in practice (5th ed., pp. 999-1058). New York: Wiley.

Huston, A. C., Duncan, G. J., Granger, R., Bos, J., McLoyd, V., Mistry, R., Crosby, D., Gibson, C., Magnuson, K., Romich, J., & Ventura, A. (2001). Work-based antipoverty programs for parents can enhance the school performance and social behavior of children. Child Development, 72, 318-336.

Huston, A. C., McLoyd, V. C., & Coll, C. G. (1994). Children and poverty: Issues in contemporary research. Child Development, 65, 275-282.

Huston, A. C., McLoyd, V. C., & Garcia Coll, C. (1994). Children and poverty: Issues in contemporary research. Child Development, 65, 275-282.

Huston, A., Duncan, G., Granger, R., Bos, H., McLoyd, V., Mistry, R., Crosby, D., Gibson, C., Magnusson, K., Romich, J., & Ventura, A. (2001). Work-based anti-poverty programs for parents can enhance the school performance and social behavior of children. Child Development, 72, 318-337.

Huston, A., Duncan, G., Granger, R., Bos, J. McLoyd, V., Mistry, R., et al. (2001). Work-based anti-poverty programs for parents can enhance the school perfor mance and social behavior of children. Child Development, 72, 318-336.

Hutcheson, J. J., Black, M. M., Talley, M., Dubowtiz, H., Howard, J. B., Starr, R. H., & Thompson, B. S. (1997). Risk status and home intervention among children with failure-to-thrive: Follow-up at age 4. Journal of Pediatric Psychology, 22, 651-668.

Huttenlocher P. R., & de Courten, C. (1987). The development of synapses in striate cortex of man. Human Neurobiology, 6(1), 1-9.

Huttenlocher, P. R. (1975). Synaptic and dendritic development and mental defect. UCLA Forum in Medical Sciences, 18, 123-140.

Huttenlocher, P. R. (1979). Synaptic density in human frontal cortex: Developmental changes and effects of aging. Brain Research, 163(2), 195-205.

Huttenlocher, P. R. (1984). Synapse elimination and plasticity in developing human cerebral cortex. American Journal of Mental Deficiency, 88(5), 488-496.

Huttenlocher, P. R., & Dabholkar, A. S. (1997). Regional differences in synaptogenesis in human cerebral cortex. Journal of Comparative Neurology, 387(2), 167-178.

Hyde, J. S., Essex, M. J., & Horton, F. (1993). Fathers and parental leave: Attitudes and experiences. Journal of Family Issues, 14, 616-641.

Hynes, H. P., Brugge, D., Watts, J., & Lally, J. (2000). Public health and the physical environment in Boston public housing: A community-based survey and action agenda. Planning Practice and Research, 15(1-2), 31-49.

Individuals With Disabilities Education Act, Pub. L. No. 101-476 S 20 U.S.C. 1400 (1997).

Innes, F. K., Denton, K. L., & West, J. (2001, April). Child care factors and kinder-garten outcomes: Findings from a national study of children. Paper presented at the meeting of the Society for Research in Child Development, Minneapolis, MN.

Innocenti, M. S., Huh, K., & Boyce, G. (1992). Families of children with disabilities: Normative data and other considerations on parenting stress. Topics in Early Childhood Special Education, 12, 403-427.

Institute for Education and Social Policy. (2001). Mapping the field of organizing for school improuement. New York: Author.

Institute for Educational Leadership. (2000). Reinventing the principalship (Leadership for Student Learning series). Washington, DC: Author.

Institute of Judicial Administration-American Bar Association. (1996). Juvenile justice standards annotated: A balanced approach (R. E. Shepherd, Jr., Ed.). Chicago: American Bar Association.

Isabella, R. A. (1995). The origins of infant-mother attachment: Maternal behavior and infant development. In R. Vasta (Ed.), Annals of child development: A research annual (Vol. 10, pp. 57-81). Bristol. PA: Jessica Kingsley.

Iyengar, S. (1990). Framing responsibility for political issues: The case of poverty. Political Behavior, 12, 19-40.

Jackman, M. R. (1994). The velvet glove: Paternalism and conflict in gender, class and race. Berkeley: University of California Press.

Jackson, A., Gyamfi, P, Brooks-Gunn, J., & Blake, M. (1998). Employment status, psychological well-being, social support, and physical discipline practices of single black mothers. Journal of Marriage and the Family,60, 894-902.

Jackson, J. S. (2001). New directions in thinking about race in America: African Americans in a diversifying nation. African American Research Perspective, 7(1), 1-36.

Jacobs, F. (2001).What to make of family preservation services evaluations (Discussion Paper No. CS-70). Chicago: University of Chicago, Chapin Hall Center for Children.

Jacobson, J., Rodriguez-Planas, M., Puffer, L., Pas, E., & Taylor-Kale, 2. (2001). The consequences of welfare reform and economic changes for the Food Stamp Program: Illustrations from microsimulation (No. 01-003). Washington, DC: U.S. Department of Agriculture, Economic Research Service. Available: www.ers.usda.gov/public ations/efanrr01003

Jacobson, M. D., Weil, M., & Raff, M. C. (1997). Programmed cell death in animal development. Cell, 88, 347-354.

Jahoda, G. (1992). Crossroads between culture and mind. Cambridge, MA: Harvard University Press.

Jahoda, G., & Krewer, B. (1997). History of cross-cultural and cultural psychology. In J. W. Berry, Y. H. Poortinga, J. Pandey, P. R. Dasen, T. S. Saraswathi, M. H. Segall, & C. Kagitgibasi (Series Eds.), J. W. Berry, Y. H. Poortinga, & J. Pandey (Vol. Eds.), Handbook of cross-cultural psychology: Vol. 1. Thoeory and method (2nd ed., pp. 1-42). Needham Heights, MA: Allyn & Bacon.

Janssens, J. M. A. M., & Dekovic, M. (1997). Child rearing, prosocial moral reasoning, and prosocial behavior. International Journal of Behavioral Development, 20, 509-527.

Jaycox, L. H., Reivich, K. J., Gillham, J., & Seligman, M. E. P. (1994). Preventing depressive symptoms in school children. Behaviour Research and Therapy, 32, 801-816.

Jehl, J., Blank, M., & McCloud, B. (2001). Education and community building: Connecting two worlds, Washington, DC: Institute for Educational Leadership.

Jenkins, R.R., & Parron, D. (1995). Guidelines for adolescent health research: Issues of race and class. Journal of Adolescent Health, 17, 314-322.

Jensen, P. S., Hoagwood, K., & Fisher, C. B. (1996). Bridging scientific and ethical perspectives: Toward synthesis. In K. Hoagwood, P. Jensen, & C. B. Fisher (Eds.), Ethical issues in research with children and adolescents with, mental disorders (pp. 287-297). Hillsdale, NJ: Lawrence Erlbaum.

Jensen, P., Hoagwood, K., & Trickett, E. (1999). Ivory towers or earthen trenches? Community collaborations to foster "real world" research. Applied Developmental Science, 3(4), 206-212.

Jervis, R. (1997). System effects: Complexity in political and social life. Princeton, NI: Princeton University Press.

Jessell, T. M., & Sanes, J. R. (2000). The induction and patterning of the nervous system. In E. R. Kandel, J. H. Schwartz, & T. M. Jessell (Eds.), Principles of neural science (4th ed.). New York: McGraw-Hill.

Jessor, R. (1993). Successful adolescent development among youth in high-risk settings. American Psychologist, 48, 116-117.

Joe, J. R., & Malach, R. S. (1998). Families with Native American roots. In E. W. Lynch & M. J. Hanson (Eds.), Developing cross-cultural competence:A guide for working with children and their families. (2nd ed., pp.127-164). Baltimore, MD: Brookes.

Johnson, D. L. (1990). The Houston Parent-Child Development Center Project: Disseminating a viable program for enhancing at-risk families. Prevention in Human Services, 7(1), 89-108.

Johnson, D. L., & Breckenridge, J. N. (1982). The Houston Parent-Child Development Center and the primary prevention of behavior problems in young children. American Journal of Community Psychology, 10(3), 305-316.

Johnson, D. L., & Walker, T. (1987). A follow-up evaluation of the Houston Parent-Child Development Center: School performance. Journal of Early Intervention, 15(3), 226-236.

Johnson, D., & Walker, T. (1991). Final report of an evaluation of the Avance Parent Education and Family Support Program (submitted to the Carnegie Corporation). San Antonio, TX: Avance.

Johnson, H. C., Cournoyer, D. E., & Bond, B. M. (1995). Professional ethics and parents as consumers: How well are we doing? Families in Society, 76, 408-420.

Johnson, J. S., & Newport, E. L. (1989). Critical period effects in second language learning on the production of English consonants. Cognitive Psychology, 21, 60-99.

Johnson, N. (2001). A hand up: How state Earned Income Tax Credits help working families escape poverty in 2000: An overview. Washington, DC: Center on Budget and Policy Priorities. Available: www.cbpp.org/12-27-01sfp.pdf

Joint Center for Housing Studies. (1998). A decade of miracles: 1988-1998 (Christmas in April Tenth Year Anniversary Report and 1998 Housing Study). Cambridge, MA: Harvard University, Joint Center for Housing Studies.

Joint Center for Housing Studies. (1999). The state of the nation's housing, 1999. Cambridge, MA: Harvard University, Joint Center for Housing Studies.

Joint Center for Housing Studies. (2001). The state of the nation's housing. Cambridge, MA: Harvard University, Joint Center for Housing Studies.

Jones, P. R., & Harris, P. W. (1998). System trends 1994-1998. Philadelphia: Crime and Justice Research Institute.

Jouriles, E. N., Pfiffner, L. J., &'OLeary, S. G. (1988). Marital conflict, parenting, and toddler conduct problems. Journal of Abnormal Psycbology, 16, 197-206.

Juvenile Detention Centers Association of Pennsylvania. (1993). Juvenile detention program standards. Harrisburg: Pennsylvania Commission on Crime and Delinquency.

Kagan, S. L., & Cohen, N. (1997). Not by chance: Creating an early care and education system for America's children. New Haven, CT: Yale University, Bush Center.

Kagan, S. L., Powell, D. R., Weissbourd, B., & Zigler, E. F. (Eds.). (1987). America's family support programs. New Haven, CT: Yale University Press.

Kagitcibasi, C., & Poortinga, Y. (2000). Cross-cultural psychology: Issues and overarching themes. Journal of Cross-Cultural Psychology, 31(1), 129-147.

Kagitgibasi, C. (1996). Family and human development across cultures: A view from the other side. Mahwah, NJ: Lawrence Erlbaum.

Kahn, A. J., & Kamerman, S. B. (1999), Contracting for child and family services: A mission-sensitive guide. New York: Columbia University, School of Social Work.

Kain, J. F. (1992). The spatial mismatch hypothesis: Three decades later. Housing Policy Debate, 3, 371-460.

Kamin,L. (1974). The science and politics of IQ. Potomac, MD: Lawrence Erlbaum.

Kane, T. J. (1995). Rising public college tuition and college entry: How well do public subsidies promote access to college? (Working Paper No. 5164). Cambridge, MA: National Bureau of Economic Research.

Kaplan, R. M. (2000). Two pathways to prevention. American Psychologist, 55(4), 382-396.

Karoly, L. A., Greenwood, P. W., Everingham, S. S., Hoube, J., Kilburn, M. R., Rydell, C. P., Sanders, M., & Chiesa, J. (1998). Investing in our children: What we know and don't know about the costs and benefits of early childhood interventions. Santa Monica, CA: RAND.

Karoly, L. A., Greenwood, P. W., Everingham, S. S., Houbé, J., Kilburn, M. R., Rydell, C. P., Sanders, M., & Chiesa, J. (1998). Investing in our children:What we know and don't know about the costs and benefits of early childhood interventions. Santa Monica, CA: RAND.

Kaslow, N. J., Rehm, L. P., & Siegel, A. W. (1984). Social-cognitive and cognitive correlates of depression in children. Journal of Abnormal Child Psychology, 12, 605-620.

Katz, L. C., & Shatz, C. J. (1996). Synaptic activity and the construction of cortical circuits. Science, 274, 1133-1138.

Katz, L. F., Kling, J. R., & Liebman, J. B. (2001). Moving to Opportunity in Boston: Early results of a randomized mobility experiment. Quarterly Journal of Economics, 116, 607-664.

Kearns, A., Hiscock, R., Ellaway, A., & Macintyre, S. (2000). "Beyond four walls": The psycho-social benefits of home—Evidence from West Central Scotland. Housing Studies, 15, 387-410.

Keith-Spiegel, P. C. (1983). Children and consent to participate in research. In G. P. Melton, G. P. Koocher, & M. J. Saks (Eds.), Children's competence to consent. New York: Plenum.

Kellogg Commission on the Future of State and Land-Grant Colleges. (1999). Returning to our roots: The engaged institution. Washington, DC: National Association of State Universities and Land-Grant Colleges.

Kelly, J. B. (1994). The determination of child custody. The Future of Children, 4, 121-142.

Kelly, J. B. (2000). Children's adjustment in conflicted marriage and divorce: A decade of review of research. Journal of American Academy of Cbild Adolescent Psycbiatry, 29, 963-973.

Kelly, J. F., & Barnard, K. E. (2000). Assessment of parent-child interaraction: Implications for early intervention. In J. Shonkoff & S. Meisels (Eds.), Handbook of early childhood intervention (2nd ed., pp. 258-289). New York: Cambridge University Press.

Kelly,J. B. (in press). Legal and educational interventions for families in residence and contact disputes. Australian Journal of Family Law.

Kelly,J. B., & Lamb, M. E. (2000). Using child development research to make appropriate custody and access decisions for young children. Family and Conciliation Courts Review, 38, 297-311.

Kendall-Tackett, K. A., & Eckenrode, J. (1996). The effects of neglect on academic achievement and disciplinary problems: A developmental perspective. Child Abuse and Neglect, 20(3), 161-169.

Kennard, M. (1942). Cortical reorganization of motor function. Archives of Neurology, 48, 227-240.

Kennedy, E. M. (1999). University-community partnerships: A mutually beneficial effort to aid community development and improve academic learning opportunities. Applied Developmental Science, 3(4), 197-198.

Kenney, G. M., Ko, G., & Ormond, B. A. (2000). Gaps in prevention and treatment: Dental care for low-income children (New Federalism: National Survey of America's Families, No. B-15). Washington, DC: Urban Institute. Available: http://newfederalism.urban.org/ html/series_b/b15/b15.html

Kerr, J. F. R., Wyllie, A. H., & Currie, A. R. (1972). Apoptosis: A basic biological phenomenon with wide-ranging implications in tissue kinetics. British Journal of Cancer, 26, 239-257.

Kilpatrick, D. G., Acerno, R., Saunders, B., Resnick, H. S., Best, C. L., & Schnurr, P. P. (2000). Risk factors for adolescent substance abuse and dependence: Data from a national sample. Journal of Consulting and Clinical Psychology, 68, 19-30.

Kim, U., Park, Y. S., & Park, D. (2000). The challenge of cross-cultural psychology: The role of the indigenous psychologies. Journal o f Cross-Cultural Psychoology, 31(1), 63-75.

Kingsley, T. (1998). Neighborhood indicators: Taking advantage of the new potential. Chicago: American Planning Association. Manuscript in preparation.

Kinney, J. M., Madsen, B., Fleming, T., & Haapala, D. A. (1977). Homebuilders: Keeping families together. Journal of Consulting and Clinical Psychology, 45, 667-673.

Kinney, J. M., Madsen, B., Fleming, T., & Haapala, P. (1977). Homebuilders: Keeping families together. Journal of Consulting and Clinical Psychology, 45, 667-673.

Kinnier, R. T., Metha, A. T., Keim, J. S., & Okey, J. L. (1994). Depression, meaning-lessness, and substance abuse in "normal" and hospitalized adolescents. Journal of Alcohol and Drug Education, 39(2), 101-111.

Kirby, D. (2001). Emerging answers: Research findings on programs to reduce teen pregnancy (summary). Washington, DC: National Campaign to Prevent Teen Pregnancy.

Kirsch, I., & Sapirstein, G. (1998). Listening to Prozac but hearing placebo: A meta-analysis of antidepressant medication (Article 0002a). Prevention Treatment, 1. Retrieved June 9, 2002, from http//journals.apa.org/prevention/volume1

Kiselica, M. S. (1995). Multicultural counseling with teenage fathers: A practical guide. Thousand Oaks, CA: Sage.

Kitzman, H., Olds, D. L., Henderson, C. R., Hanks, C., Cole, R., Tatelbaum, R., McConnochie, K. H., Sidora, K., Luckey, D. W., Shaver, D., Engelhardt, K., James, D., & Barnard, K. (1997). Effect of prenatal and infancy home visitation by nurses on pregnancy outcomes, childhood mjuries, and repeated child bearing: A randomized controlled triaL Journal of the American Medical Association, 278, 644-652.

Klasen, S. (1998). Social exclusion and children in OECD countries: Some conceptual issues. Paris: Organization for Economic Cooperation and Development.

Klebanov, P. K., Brooks-Gunn, J., & Duncan, G. J. (1994). Does neighborhood and family poverty affect mothers' parenting, mental health, and social support? Journal of Marriage and the Family, 56, 441-455.

Kleinman, R. E., Murphy, J. M., Little, M., Pagano, M. E., Wehler, C. A., Regal, K., & Jellenik, M. S. (1998). Hunger in children in the United States: Potential behavioral and emotional correlates. Pediatrics, 101, 1-6.

Kleinman, A., Eisenberg, L., & Good, B. (1978). Culture, illness, and care: Clinical lessons from anthropologic and cross-cultural research. Annals of Internal Medrcine, 88, 251-258.

Klerman L. V. (1991). Alive and well? Research and policy review of health programs for poor young children. New York: National Center for Children in Poverty.

Klerman, J. A., & Leibowitz, A. (1997). Labor supply effects of state maternity leave legislation. In F. D. Blau & R. G. Ehrenberg (Eds.), Gender and family issues in tbe workplace (pp. 65-85). New York: Russell Sage.

Kluger, M. P., Alexander, G., & Curtis, P. A. (Eds.). (2000). What works in child welfare, Washington, D. C.: Child Welfare League of America.

Knitzer, J., Brenner, E., & Gadsden, V. (1997). Map and track: States initiatives to encourage responsible fatherhood. New York: National Center for Children in Poverty.

Knox, V. W. (1996). The effects of child support payments on developmental outcomes for elementary school-age children. The Journal of Human Resources, 31, 816-840.

Knox, V. W., & Bane, M. J. (1994). Child support and schooling. In I. Garfinkel, S. S. McLanahan, & P. K. Robbins (Eds.), Cbild support and cbild well-being (pp. 285-310). Washington, DC: Urban Institute.

Knox,V., Miller, C., & Gennetian, L. A. (2000): Reforming welfare and rewarding work : Final report on the Minnesota Family Investment Program. New York: Manpower Demonstration Research Corporation.

Koch, A. (2000, May 17). Can police, blacks bridge racial divide? The Seattle Times, p. A1.

Koch, S., & Leary, D. E. (Eds.). (1985). A century of psychology as science. New York: McGraw-Hill.

Koenig, H. G., George, L. K., Larson, D. B., McCullough, M. E., Branch, P. S., & Kuchibhatla, M. (1999). Depressive symptoms and nine-year survival of 1,001 male veterans. American Journal of Geriatric Psychiatry, 7, 124-131.

Kojima, H. (1998). The construction of child-rearing theories in early modern to modern Japan. In M. C. D. P. Lyra & J. Valsiner (Eds.), Construction of psychological processes in interpersonal communication (Vol. 4, pp. 13-34). Stamford, CT: Ablex.

Kolb, B., & Gibb, R. (2001). Early brain injury, plasticity, and behavior. In C. A.Nelson & M. Luciana (Eds.), Handbook of developmental cognitive neuroscience (pp. 175-190). Cambridge: MIT Press.

Konner, M. (1991). Universals of behavioral development in relation to brain myelination: In K. Gibson & A. Peterson (Eds.), Brain maturation and cognitive development: Comparative and cross cultural perspectives (pp. 181-223). New York: Aldine.

Koocher, G. P. (1990). Practicing applied developmental psychology: Playing the game you can't win. In I. E. Sigel (Ed.), Ethics in applied developmental psychology: Emerging issues in an emerging field (pp. 215-225). Norwood, NJ: Ablex.

Koocher, G. P., & Keith-Spiegel, P. C. (1990). Children, ethics, and the law. Lincoln: University of Nebraska Press.

Kostovic, I., & Rakic, P. (1990). Developmental history of the transient subplate zone in the visual and somatosensory cortex of the macaque monkey and human brain. The Journal of Comparative Neurology, 297, 441-470.

Kotelchuck, M. (1976). The infant's relationship to the father: Experimental evidence. In M. E. Lamb (Ed.), The role of the father in child development (pp. 329-344). New York: Wiley.

Kovacs, M. (1985). The Children's Depression Inventory (CDI). Psychopharmacology Bulletin, 21, 995-1124.

Kowaleski-Jones, L., & Duncan, G. (2001). The effects of WIC on children's health and development. Madison, WI: Institute for Poverty Research.

Kozol, J. (1988). Rachel and her cbildren. New York: Fawcett Columbine.

Kozol, J. (1991). Savage inequalities: Children in America's schools. New York: Harper.

Krauss, M. W. (1993). Child-related and parenting stress: Similarities and differences between mothers and fathers of children with disabilities. American Journal on Mental Retardation, 97, 393-404.

Krieger, N. (1999). Embodying inequality: A review of concepts, measures, and methods for studying health consequences of discrimination. International Journal of Health Services, 29(2), 295-352.

Krisberg, B., & Austin, J. (1993). Reinventing juvenile justice. Newbury Park, CA: Sage.

Krueger, R. A. (1988). Analyzing and reporting focus group results. Thousand Oaks: Sage.

Kuhl, P. K., Williams, K. A., Lacerda, F., Stevens K. N., & Lindblom, B. (1992). Linguistic experience alters phonetic perception in infants by 6 months of age. Science, 255, 606-608.

Kuo, Z. Y. (1930). The genesis of the cat's response to the rat. Journal of Comparative Psychology, 11, 1-35.

Kuo, Z. Y. (1967). The dynamics of behavior development. New York: Random House.

Kuo, Z. Y. (1976). The dynamics of behavior development: An epigenetic view. New York: Plenum.

Kurdek, L. A., & Sinclair, R. J. (1988). Adjustment of young adolescents in twoparent nuclear, stepfather, and mother-custody families. Journal of Consulting and Clinical Psychology, 56, 91-96.

Kuther, T., & Fisher, C. B. (1998). A profile of victimization in suburban early adolescents. Journal of Early Adolescence, 18, 53-76.

Labrell, F. (1990). Edttcational strategies and their representations in parents of toddlers. Paper presented at the Fourth European Conference on Developmental Psychology, Sterling, England.

Ladd, G. W., & Pettit, G. D. (2002). Parents and children's peer relationships. In M. H. Bornstein (Ed.), Handbook of parenting: Vol. 5. Practical parenting (2nd ed., pp. 269-309). Mahwah, NJ: Lawrence Erlbaum.

Lakin, K. C., Bruininks, R. H., & Larson, S. A. (1992). The changing face of resi-dential services. In L. Rowitz (Ed.), Mental retardation in the year 2000 (pp. 197-247). New York/Berlin: Springer-Verlag.

Lally, R. J., Mangione, P. L., & Honig, A. S. (1988). The Syracuse University Family Development Research Program: Long-range impact on an early intervention with low-income children and their families. In D. R. Powell (Ed.), Parent education as early childhood intervention: Emerging directions in theory, research, and practice (Vol. 3, pp. 79-104). Norwood, NJ: Ablex.

Lalonde,R. J. (1995). The promise of public sector-sponsored training programs. Journal of Economic Perspectives, 9, 149-168.

Lamb, M. E. (1976). Interactions between two-year-olds and their mothers and fathers. Psycbological Reports, 38, 447-450.

Lamb, M. E. (1977a). Father-infant and mother-infant interaction in the first year of life. Child Developmen.t, 48, 167-181.

Lamb, M. E. (1977b). The development of parental preferences in the first two years of life. Sex Roles, 3, 495-497.

Lamb, M. E. (1999). Non-custodial fathers and their impact on the children of divorce. In R. A. Thompson & P. R. Amato (Eds.), The post-divorce family: Researh and policy issues (pp: 105-125). Thousand Oaks, CA: Sage.

Lamb, M. E. (2002). Non-residential fathers and their children. In C. S. Tamis-Lemonda & N. Cabrera (Eds.), Handbook of fatber involvement (pp. 169-184). Mahwah, NJ: Lawrence Erlbaum.

Lamb, M. E., & Billings, L. A. (1997). Fathers of children with special needs. In M. E. Lamb (Ed.), The,e role of the father in child development (pp. 179-190). New York: Wiley.

Lamb, M. E., & Easterbrooks, M. A. (1981). Individual differences in parental sensitivity: Origins, components, and consequences. In M. E. Lamb & L. R. Sherrod (Eds.), Infant social cognition: Empirical and theoretical consi-derations (pp. 127-154). Hillsdale, NJ: Lawrence Erlbaum.

Lamb, M. E., & Elster, A. B. (1985). Adolescent mother-infant-father relationships. Developmental Psychology, 21, 768-773.

Lamb, M. E., Frodi, M., Hwang, C. P., & Frodi, A. M. (1983). Effects of paternal involvement on infant preferences for mothers and fathers. Child Development, 54, 450-458.

Lamb, M. E., Hwang, C. P., Frodi, A. M., & Frodi, M. (1982). Security of motherand father-infant attachment and its relation to sociability with strangers in traditional and nontraditional Swedish families. Infant Behavior and Development, 5, 355-367.

Lamb, M. E., Hwang, C. P., Ketterlinus, R. D., & Fracasso, M. P. (1999). Parent-child relationships: Development in the context of the family. In M. H. Bornstein & M. E. Lamb (Eds.), Developmental psychology: An advanced textbook (4th ed., pp. 411-450). Mahwah, NJ: Lawrence Erlbaum.

Lamb, M. E., Pleck, J. H., Charnov, E. L., & Levine, J. A. (1987). A biosocial perspective on paternal behavior and involvement. In J. B. Lancaster, J. Atlman, & A. Rossi (Eds.), Parenting across the life span: Biosocial dimen-sions (pp. 11-42). New York: Academic Press.

Lamb, M. E., Thompson, R .A., Garndner, W. P., Charnov, E. L. & Estes, D. (1984). Security of infantile attachment as assessed in the "strange situation": Its study and biological interpretation. Behavioral Brain Sciences, 7(1), 127-171.

Lamb, M. E., Thompson, R. A., Gardner, W., & Charnov, E. 1. (1985). Infant-motber attachment: The origins and developmental significance of individual differences in strange situation. behavior. Hillsdale, NJ: Lawrence Erlbaum.

Land, K. (2000). Social indicators. In E. Borgatta and R. Montgomery (Eds.), Encyclopedia of sociology (Rev. ed.). New York: Macmillan.

Land, K., Lamb, V., & Mustillo, S. (in press). Child and yourh well-being in the United States: Some findings from a new index. Social Indicators Research.

Landry, S. H., & Chapieski, M. L. (1990). Joint attention of six-month-old Down syndrome and preterm infants, I: Attention to toys and mother. American Journal on Mental Retardation, 91, 488-498.

Landry, S. H., Smith, K. E., Miller-Loncar, C. L., & Swank, P. R. (1997). Predicting cognitive-language and social growth curves from early maternal behaviors in children at varying degrees of biological risk. Developmental Psycychology, 33, 1040-1053.

Lareau, A. (1987). Social class differences in family-school relationships: The importance of cultural capital. Sociology of Education, 60, 73-85.

Larsen, R. (2000). Toward a psychology of positive youth development. American Psychologist, 55, 170-183.

Lassen, M. M. (1995). Community-based family support in public housing. Cambridge, MA: Harvard Family Research Project.

Law, B. (2000, September). Comments presented at a meeting discussing "A New Paradigm for Housing in Greater Boston," Chamber of Commerce, Boston.

Layzer, J. I., Goodson, B. D., Bernstein, L., & Price, C. (2001). National evaluation of family support programs: Final report: Vol. A. The meta-analysis. Cambridge, MA: Abt Associates.

Layzer,J.I., & Collins, A. (2000). State and community subsidy: Interim report executive summary. Cambridge, MA: National Study of Child Care for Low-Income Families, Abt Associations, and National Center for Children in Poverty.

Leadership Conference on Civil Rights. (2000).Justice on trial: Racial disparities in the criminal justice system. Retrieved from the World Wide Web on September 5, 2001, at http://www.civilrights.org.

Learning First Alliance. (2001). Every child learning. Washington, DC: Author.

Leavitt, J., & Loukaitou-Sideris, A. (1995). "A decent home and a suitable living environment": Dilemmas of public housing residents in Los Angeles. Journal of Arcbitectural and Planning Research, 12, 221-239.

Lebra, T. S. (1976). Japanese patterns of behavior. Honolulu: University of Hawaii Press.

Lee, C.-M., Culhane, D. P., & Wachter, S. M. (1999). The differential impacts of federally assisted housing programs on nearby property values: A Philadelphia case study. Housing Policy Debate, 10, 75-93.

Lee,B.J.,Bilaver, L. M., & Goerge, R. (2001, March-April). Health and welfare of Illinois children: Shifting WIC and food stamp use. Poverty Research News, 5, 8-9(Evanston, IL: Joint Center for Policy Research)

Leffert, N., Benson, P. L., Scales, P. C., Sharma, A. R., Drake, D. R., & Blyth, D. A. (1998). Developmental assets: Measurement and prediction of risk behaviors among adolescents. Applied Developmental Science, 2(4), 209-230.

Leiderman, P. H., Tulkin, S. R., & Rosenfeld, A. (Eds.). (1977). Culture and infancy: Variations in the human experience. New York: Academic Press.

Leler, H. (1983). Parent education and involvement in relation to the schools and to parents of school-aged children. In R. Haskins & D. Adams (Eds.), Parent education and public policy. Norwood, NJ: Ablex.

Lennon,M. C., Aber, J. L., & Blum, B. B. (1998). Program, research, and policy implications of evaluations of teenage parent programs. New York: Research forum on Children, Families, and the New Federalism.

Leon, I. (in press). Adoption losses: Naturally occurring or socially constructed? Child Development.

Leonard, P. A., Dolbeare, C. N., & Zigas, B. (1993). Children and their housing needs. Washington, DC: Center on Budget and Policy

Priorities.

Lerner, R. M. (1976). Concepts and theories of human development. Reading, MA: Addison-Wesley.

Lerner, R. M. (1984). On the nature of human plasticity. New York: Cambridge University Press.

Lerner, R. M. (1986). Concepts and theories of human development (2nd ed.). New York: Random House.

Lerner, R. M. (1991). Changing organism-context relation as the basic process of development: A developmental-contextual perspective. Developmental Psychology, 27, 27-32.

Lerner, R. M. (1991). Changing organism-context relations as the basic process of development: A developmental contextual perspective. Developmental Psychology, 27, 27-32.

Lerner, R. M. (1992). Dialectics, developmental contextualism, and the further enhancement of theory about puberty and psychosocial development. Journal of Early Adolescence, 12(4).

Lerner, R. M. (1995). America's youth in crisis: Challenges and options for programs and policies. Thousand Oaks, CA: Sage.

Lerner, R. M. (1995). America's youth in crisis: Challenges and options for programs and policies. Thousand Oaks, CA: Sage.

Lerner, R. M. (1996). Relative plasticity, integration, temporality, and diversity in human development: A developmental contextual perspective about theory, process, and method. Developmental Psychology, 32, 781-786.

Lerner, R. M. (1998). Theories of human development: Contemporary perspectives. In W. Damon (Series Ed.) & R. M. Lerner (Vol. Ed.), The hoandbook of child psychology: Vol. 1. Theoretical models of human development (5th ed., pp.l-24). New York: Wiley.

Lerner, R. M. (1998b). Theories of human development: Contemporary perspectives. In W. Damon (Series Ed.) & R. M. Lerner (Vol. Ed.), Handbook of child psychology: Vol. 1. Theoretical models of human development (5th ed., pp. 1-24). New York: John Wiley.

Lerner, R. M. (2002). Concepts and theories of human development (3rd ed.). Mahwah, NJ: Lawrence Erlbaum.

Lerner, R. M. (2002a). Adolescence: Development, diversity, context, and application; Upper Saddle River, NJ: Prentice Hall.

Lerner, R. M. (2002b). Concepts and theories of human development (3rd ed.). Mahwah, NJ: Lawrence Erlbaum.

Lerner, R. M. (Ed.). (1998a). Handbook of child psychology: Vol. 1. Theoretical models of human development (.5th ed.). New York: Wiley.

Lerner, R. M., & Fisher, C. B. (1994). From applied developmental psychology to applied developmental science: Community coalitions and collaborative careers. In C. B. Fisher & R. M. Lerner (Eds.), Applied developmental psycbology (pp. 502-522). New York: McGraw-Hill.

Lerner, R. M., & Fisher, C. B. (1994). From applied developmental psychology to applied developmental science: Community coalitions and collaborative careers. In C. B. Fisher & R. M. Lerner(Eds:), Applied Developmental Psychology (pp. 503-522). New York: McGraw-Hill.

Lerner, R. M., & Galambos, N. (1998). Adolescent development: Challenges and opportunities for research, programs, and policies. In J. T. Spence (Ed.), Annual Review of Psychology (Vol. 49, pp. 413-446). Palo Alto, CA: Annual Reviews.

Lerner, R. M., & Galambos, N. (1998). Adolescent development: Challenges and opportunities for research, programs, and policies. In J. T. Spence (Ed.), Annual review of psychology (Vol. 49, pp. 413-446). Palo Alto, CA: Annual Reviews.

Lerner, R. M., & Miller, J. R. (1998). Developing multidisciplinary institutes to enhance the lives of individuals and families: Academic potentials and pitfalls. Journal of Public Service and Outreach, 3(1).

Lerner, R. M., & Ryff, C. (1978). Implementation of the life-span view of human development: The sample case of attachment. In P. B. Baltes (Ed.), Life-span development and behavior (Vol. 1, pp. 1-44). New York: Academic Press.

Lerner, R. M., & Simon, L. A. K. (1998a). Directions for the American outreach university in the twenty-first century. In R. M. Lerner & L. A. K. Simon (Eds.), University-community collaborations for the twenty-first century: Outreach scholarship for youth and families (pp. 463-481). New York: Garland.

Lerner, R. M., & Simon, L. A. K. (1998b). The new American outreach university: Challenges and options. In R. M. Lerner & L. A. K. Simon (Eds.), University community collaborations for the twenty-first century: Outreach scholarship for youth and families (pp. 3-23). New York: Garland.

Lerner, R. M., & Simon, L. A. K. (1998b). The new American outreach university: Challenges and options. Iri R. M. Lerner & L. A. K. Simon (Eds.), University-community collaborations for the twenty-first century: Outreach scholarship for youth and families (pp. 3-23). New York: Garland.

Lerner, R. M., & Simon, L. A. K. (Eds.). (1998a). University-community collaborations for the twenty-first century: Outreach scholarship for youth and families. New York: Garland.

Lerner, R. M., & Tubman, J. G. (1990). Plasticity in development: Ethical implications for developmental interventions. In C. B. Fisher & W. W. Tryon (Eds.), Ethics in applied developmental psychotogy: Emerging issues in an emerging field (pp. 113-132). Norwood, NJ: Ablex.

Lerner, R. M., Fisher, C. B., & Weinberg, R. A. (1997). Applied developmental science: Scholarship for our times. Applied Developmental Science, 1(1), 2-3.

Lerner, R. M., Fisher, C. B., & Weinberg, R. A. (2000). Toward a science for and of the people: Promoting civil society through the application of development science. Child Development, 71, 11-20.

Lerner, R. M., Fisher, C. B., & Weinberg, R. A. (2000a). Applying developmental science in the twenty-first century: International scholarship for our times. International Journal of Behavioral Development, 24, 24-29.

Lerner, R. M., Fisher, C. B., & Weinberg, R. A. (2000a). Towards a science for and of the people: Promoting civil society through the application of developmental science. Child Development, 71, 11-20.

Lerner, R. M., Fisher, C. B., & Weinberg, R. A. (2000b). Applying developmental science in the twenty-first century: International scholarship for our times. International Journal of Behavioral Development, 24, 24-29.

Lerner, R. M., Fisher, C. B., & Weinberg, R. A. (2000b). Toward a seience for and of the people: Promoting civil society through the application of developmental science. Child Development, 71(1), 11-20.

Lerner, R. M., Miller, J. R., Knott, J. H., Corey, K. E., Bynum, T. S., Hoopfer, L. C., McKinney, M. H., Abrams, L. A., Hula, R. C., & Terry, P. A. (1994). Integrating scholarship and outreach in human development research, policy, and service: A developmental contextual perspective. In D. L. Featherman, R. M.Lerner, & M. Perlmutter (Eds.), Life-span development and behauior (Vol. 12, pp. 249-273). Hillsdale, NJ: Lawrence Erlbaum.

Lerner, R. M., Ostrom, C. W., & Freel, M. A. (1995). Promoting positive youth and community development through outreach scholarship: Comments on Zeldin and Peterson. Journal of Adolescent Research, 10, 486-502.

Lerner, R. M., Rothbaum, F., Boulos, S., & Castellino, D. R. (2002). Developmental systems perspective on parenting. In M. H. Bornstein (Ed.), Handbook of parenting: Vol. 2. Biology and ecology of parenting (2nd ed., pp. 285-309). Mahwah, NJ: Lawrence Erlbaum.

Lerner, R. M., Sparks, E. E., & McCubbin, 1. (2000). Family diversity and family policy. In D. Demo, K. Allen, & M. Fine (Eds.), Handbook of family diversity (pp. 380-401). New York: Oxford University Press.

Lerner, R. M., Sparks, E. S., & McCubbin, L. (1999). Family diversity and family policy: Strengtbening families for America's children. Norwell, MA: Kluwer.

Lerner, R., & Simon, L. (Eds.). (1998). Creating the new outreach university for America's youth and families: Building university-community collaborations in the 21st century. New York: Garland.

Leventhal,J. M. (2001). The prevention of child abuse and neglect: Successfully out of the blocks. Child Abuse and Neglect, 25, 431-439.

Leventhal,T., & Brooks-Gunn, J. (2000). The neighborhoods they live in: Effects of neighborhood residence on child and family outcomes. Psychological Bulletin, 126,309-337.

Levine, C., Dubler, N. N., & Levine, R. J. (1991). Building a new consensus: Ethical principles and policies for clinical research on HIV/AIDS. IRB: A Review of Human Subjects Research, 13(1-2), 1-17.

Levine, J. A., & Pitt, E. W. (1995). New expectations: Community strategies for responsible fatherhood. New York: Families and Work Institute.

Levine, J. A., & Pittinsky, T. (1997). Working fathers: New strategies for balancing work and family. Reading, MA: Addison-Wesley.

Levine, J. A., Murphy, D., & Wilson, S. (1993). Getting men involved: Strategies for early childhood programs. New York: Scholastic.

Levine, R. (1986). Ethics and regulation of clinical research (2nd ed.). Baltimore: Urban & Schwarzenberg.

LeVine, R. A. (1973). Culture, behavior, and personality. Chicago: Aldine.

LeVine, R. A., Dixon, S., LeVine, S., Richman, A., Leiderman, P. H., Keefer, C., & Brazelton, T. B. (1994). Child care and culture: Lessons from Africa. Cambridge, U.K.: Cambridge University Press.

LeVine, R. L., Dixon, S., LeVine, S., Richman, A., Leiderman, P. H., Keefer, C.H.,& Brazelton, B. T. (1994). Child care and culture: Lessons from Africa. boston: Cambridge University Press.

Levy-Shiff, R., & Israelashvili, R. (1988). Antecedents of fathering: Some further exploration. Developmental psychology, 24, 434-440.

Lewinsohn, P. M. (1974). A behavioral approach to depression. In R. J. Friedman & M. M. Katz (Eds.), The psychology of depression: Contemporary theory and research. New York: Guilford.

Lewinsohn, P. M., Hops, H., Roberts, R., & Seeley, J. (1993). Adolescent psychopathology: I. Prevalence and incidence of depression and other DSM-III-R disorders in high school students. Journal of Abnormal Psychology, 102, 110-120.

Lewinsohn, P. M., Rohde, P., & Seeley, J. R. (1996). Adolescent suicidal ideation and attempts: Prevalence, risk factors, and clinical implications. Clinical psychology: Science and Practice, 3, 25-46.

Lewis, M. (1997). Altering fate. New York: Guilford.

Lewis, M. A., Giovannoni, J. M., & Leake, B. (1997). Two-year placement outcomes of children moved at birth from drug-using and non-drug-using mothers in Los Angeles, Social Work Research, 21(2), 81-90.

Li, X., Stanton, B., Black, M. M., Romer, D., Ricardo, I., & Kaljee, L. (1997). Risk behavior and perception among youths residing in urban public housing developments. Bulletin of the New York Academy of Medicine, 71, 252-266.

Liaw, F., & Brooks-Gunn, J. (1994). Cumulative familial risks and low-birthweight children's cognitive and behavioral development. Journal of Clinical Child Psychology, 23, 360-372.

Lieberman, G. A., & Hoody, L. L. (1998). Closing the achievement gap: Using the environment as an integrating context for learning. San Diego: State Education and Environment Roundtable.

Lieberman, M., Doyle, A. B., & Markiewicz, D. (1999). Development patterns in security of attachment to mother and father in late childhood and early adolescence: Associations with peer relations. Child Development, 70, 202-213.

Linares,L.O., Heeren, T., Bronfman, E., Zuckerman, B., Augustyn, M., & Tronick, E. (2001). A mediation model for the impact of exposure to community violence on early child behavior problems. Child Development, 72, 639-652.

Lindsey, D. (1994). The welfare of children. Oxford, UK: Oxford University Press.

Lindsey, D., & Doh, J. (1996). Family preservation and support services and California's families, Section A. Background briefing report prepared for California Family Impact Seminar, Sacramento.

Lindsey, E. W., Mize, J., & Pettit, G. S. (1997). Mutuality in parent-child play: Consequences for children's peer competence. Journal of Social Personal Relationships, 14, 523-538.

Lipman,E. L., & Offord, D. R. (1997). Psychosocial morbidity among poor children in Ontario. In G. Duncan & J. Brooks-Gunn (Eds.), Consequences of growing up poor (pp. 239-287). New York: Russell Sage.

Liss, M. (1994). State and federal laws governing reporting for researchers. Ethics Behavior, 4, 133-146.

Little, R. R. (1993). What's working for today's youth: The issues, the programs, and the learnings. Paper presented at the ICYF Fellows Colloquium, Michigan State University, East Lansing.

Loeber, R., & Stouthamer-Loeber, M. (1998). Development of juvenile aggression and violence: Some common misconceptions and controversies. American Psychologist, 53(2), 242-259.

Lorenz, K. (1966). On aggression. New York: Harcourt, Brace & World.

Los Angeles County Children's Planning Council. (1998). Laying the groundwork for change: Los Angeles County's first action plan for its children, youth, and families (executive summary). Los Angeles: Author.

Louv, R. (1994). Reinventing fatberhood (Occasional Papers Series, No. 14). New York: United Nations.

Lozoff,B.,Jimenez, E., & Wolf, A. W. (1991). Long-term developmental outcome of infants with iron deficiency. New England Journal of Medicine, 325, 687-694.

Lu,H.,Song, Y., & Bennett, N. G. (2001). Estimating the impact of welfare reform on the economic well-being of children, 1987-1999 (Childhood Poverty Research Brief No. 4). New York: National Center for Children in Poverty.

Luborsky, L. (1995). Are common factors across different psychotherapies the main explanation for the dodo bird verdict that "Everyone has won so all shall have prizes"? Clinical Psychology: Science and Practice, 2(1), 106-109.

Luborsky, L., Crits-ChrYstoph, P., Mellon, J. (1986). Advent of objective measures of the transference concept. Journal of Consulting Clinical Psychology, 54(1), 39-47.

Luborsky, L., Singer, B., & Luborsky, L. (1975). Comparative studies of psy-chotherapies: Is it true that "Everyone has won and all must have prizes"? Archives of General Psychiatry, 32, 995-1007.

Ludwig, J., Duncan, G. J., & Pinkston, J. C. (2000). Neighborhood effects on eco-nomic self-sufficiency: Evidence from a randomized housing-mobility experiment. Evanston, IL: Joint Center for Poverty Research.

Ludwig, J., Ladd, H. F., & Duncan, G. J. (2000, November). The effects of urban poverty on educational outcomes: Evidence from a randomized experiment. Paper presented at the meeting of the Association of Public Policy and Management, Seattle, WA.

Luster, T., & McAdoo, H. (1994). Factors related to the achievement and adjustment of young African American children. Child Development, 65, 1080-1094.

Lynch, D. J., Fay, L., Funk, J., & Nagel, R. (1993). Siblings of children with mental retardation: Family characteristics and adjustment. Journal of Child and Family Studies, 2, 87-96.

Maccoby, E. E., & Martin, J. (1983). Socialization in the context of the family: Parent-child interaction. In E. M. Hetherington (Ed.), Handbook of child psychology: Vol. 4. Socialization, personality and social development (4th ed., pp. 1-104). New York: Free Press.

MacDonald, K., & Parke, R. D. (1984). Bridging the gap: Parent-child play interaction and peer interactive competence. Child Development, 55, 1265-1277.

Macedo, D. (1994). English only: The tongue-tying of America. In D. Macedo (Ed.), Taking sides: Clashing views on controversial issues in race and ethnicity (pp. 135-145). Guilford, CT: Dushkin.

Mack, J. (1909). The juvenile courty Harvard Law Review, 23, 104-122.

Magana, S. M. (1999). Puerto Rican families caring for an adult with mental retardation: Role of familism. American Journal on Mental Retardation, 104, 466-482.

Magill-Evans, J., & Harrison, M. J. (1999). Parent-child interactions and development of toddlers born preterm. Western Journal of Nursing Research, 21, 292-307.

Mahoney, G., Fors, S., & Wood, S. (1990). Maternal directive behavior revisited. American Journal on Mental Retardation, 94, 398-406.

Maier, E. H., & Lachman, M. E. (2000). Consequences of early parental loss and separation for health and well-being in midlife. International Journal of Behavioral Development, 24, 183-189.

Main, M., & Weston, D. (1981). The quality of the toddler's relationship to mother and to father: Related to conflict behavior and the readiness to establish new relationships. Child Development, 52, 932-940.

Malm, K., Bess, R., Leos-Urbel, J., & Geen, R. (2001). Running to keep in place: The continuing evolution of our nation's child welfare system (Assessing the New Federalism, Occasional Paper No. 54). Washington, DC: Urban Institute.

Malone, M., Nathan, J., & Sedio, D. (1993). Facts, figures, and faces: A look at Minnesota's school choice programs. Minneapolis: University of Minnesota, Center for School Change and Other School Reform Issues. Available: www.hhh.umn.edu/centers/s chool-change/reform.htm

Maloney, D., Romig, D., & Armstrong, T. (1988). Juvenile probation: The balanced approach. Juvenile and Family Court Journal, 39, 1-63.

Manley, F., Reed, B., & Burns, R. (1960). Community schools in action: The Flint Program, Chicago: University of Chicago Press.

Manno, B., Finn, C., Jr., Bierlein, L., & Vanourek, G. (1998, Spring). Charter schools: Accomplishments and dilemmas. Teacber's College Record. Available:www.tcrecord.org

Mansbach, I. K., & Greenbaum, C. N. (1999). Developmental maturity expecta tions of Israeli fathers and mothers: Effects of education, ethnic origin, and reli giosity. International Journal of Behavioral Development, 23, 771-797.

Mardiros,M. (1989). Conception of childhood disability among Mexican American parents. Medical Anthropology, 12, 55-68.

Marfo,K.(1990). Maternal directiveness in interactions with mentally handicapped children: An analytical commentary. Journal of Child Psychology and Psychiatry, 31, 531-549.

Margolin, G. (1998). Effects of domestic violence on children. In P. K. Trickett & C. J. Schellenbach (Eds.), Violence against children in the family and the community (pp. 57- 102). Washington, D. C.:American Psychological Association.

Markus, H. R., & Kitayama, S. (1991). Culture and the self: Implications for cognition, emotion, and motivation. Psychological Review, 98(2), 224-253.

Marsella, A. J. (1998). Toward a "global-community psychology": Meeting theb needs of a changing world. American Psychologist, 53(2), 1282-1291.

Marsh, A., Gordon, D., Heslop, P., & Pantazis, C. (2000). Housing deprivation and health: A longitudinal analysis. Housing Studies, 15, 411-428.

Marshall, S. (1995). Ethnic socialization of African American children: Implications for parenting, identity development, and academic achievement. Youth and Adolescence, 24(4), 337-357.

Martin, J. H., & Jessell, T. M. (1991). Development as a guide to the regional anatomy of the brain. In E. R. Kandel, J. H. Schwartz, & T. M. Jessell (Eds.), Principles of neural science (3rd ed.). Norwalk, CT: Appleton & Lange.

Martinez, E. A. (1999). Mexican American/Chicano families: Parenting as diverse as the families themselves. In H. P. McAdoo (Ed.), Family ethnicity: Strength in diversity (pp. 121-134). Thousand Oaks, CA: Sage.

Martland, N., & Rothbaum, F. (1999). Cameo feature news: University and community partnership disseminates child development information. In T. R. Chibucos & R. M. Lerner (Eds.), Serving children and families through community-university partnerships: Success stories (pp. 173-180). Boston: Kluwer.

Mason, M. A. (2000). The state as superparent. In P. A. Fass & M. A. Mason (Eds.), Childhood in America (pp. 549-554). New York: New York University Press.

Massachusetts Department of Education. (2001). Securing our future: Planning what we want for our youngest children. Malden, MA: Author.

Masten, A. (Ed.). (1999). Cultural processes in child development: Vol. 29. The Minnesota symposia on child psychology. Hillsdale, NJ: Lawrence Erlbaum.

Masten, A. S., & Coatsworth, J. D. (1998). The development of competence in favorable and unfavorable environments: Lessons from research on successful children. American Psychologist, 53(2), 205-220.

Masten, A., Morison, P., Pelligrini, D., & Tellegen, A. (1990). Competence under stress: Risk and protective factors. In J. Rolf, A. S. Masten, D. Cicchetti, K. Nuechterlein, & S. Weintraub (Eds.), Risk and protective factors in the development of psychopathology (pp. 236-256). New York: Cambridge University Press.

Matte, T. D., & Jacobs, D. E. (2000). Housing and health: Current issues and implications for research and programs. Journal of Urban Health, 77, 7-25.

Mattis, J. S. (1997). The spiritual well-being of African Americans: A preliminary analysis.Journal of Prevention and Intervention in the Community, 16, 103-120.

Maurer, D., Lewis, T. L., Brent, H. P., & Levin, A. V. (1999). Rapid improvement in the acuity of infants after visual input. Science, 286, 108-110.

Mayer,S.E.(1997). What money can't buy: Family income and children's life chances.Cambridge, MA: Harvard University Press.

Mayer,S.E.(2001). The explanatory power of parental income on children's outcomes:Final report. Chicago: University of Chicago, Harris School of Public Policy Studies.

Maynard, R. (1997). Kids having kids. Washington, D.C.: Urban Institute.

Maynard,R.A.(1997).Kids having kids: Economic costs and social consequences of teen pregnancy. Washington, DC: Urban Institute.

McAdoo, H. P. (Ed.). (1999). Family ethnicity: Strength in diversity. Thousand Oaks, CA: Sage.

McAdoo, H. P., & Rukuni, M. (1993). A preliminary study of family values of the women of Zimbabwe.Journal of Black Psychology, 190, 48-62.

McAlpin, J. P. (2000, November 28). Report: More minorities searched. The Record, n.p.

McBride, B. A., & McBride, R. J. (1993). Parent education and support programs for fathers: Research guiding practice. Childhood Education, 70, 4-9.

McBride, B. A., & Rane, T. R. (1997). Role identity, role investments, and paternal involvement: Implications for parenting programs for men. Early Childhood Research Quarterly, 2, 173-197.

McBride, B. A., Rane, T. R., & Bae, J. H. (1999, April). Intervening with teachers to encourage fatber/male involvement in early childhood programs. Paper presented at the meeting of the Society for Research in Child Development, Albuquerque, NM.

McBride, M. C., & Kemper, T. L. (1982). Pathogenesis of four-layered microgyric cortex in man. Acta Neuropathologica, 57, 93-98.

McCall, R. B. (1996). The concept and practice of education, research, and public service in university psychology departments. American Psychologist, 51(4), 379-388.

McCall, R. B., Groark, C. J., Strauss, M. S., & Johnson, C. N. (1995). The University of Pittsburgh office of child development: An experiment in promoting interdisciplinary applied human development. Journal of Applied Developmental Psychology, 16, 593-612.

McCall, R., & Groark, C. (2000). The future of applied child development research and public policy. Child Development, 71, 197-204.

McCarton, C. M., Brooks-Gunn, J., Wallace, I. F., Bauer, C. R., Bennett, F. C., Bernbaum, J. C., Broyles, R. S., Casey, P. H., McCormick, M. C., Scott, D. T., Tyson, J., Tonascia, J., & Meinert, C. L. (1997). Results at age 8 years of early intervention for lowbirth-weight premature infants. Journal of the American Medical Association, 277, 126-132.

McCollum, J. A., & Hemmeter, M. L. (1997). Parent-child interaction intervention when children have disabilities. In M. J. Guralnick (Ed.), The effectiveness of early intervention (pp. 549-576). Baltimore, MD: Brookes.

McCroskey, J., & Meezan, W. (1998). Family-centered services: Approaches and effectiveness. The Future of Children, 8(1), 54-70.

McCubbin, H. I., & Patterson, J. M. (1982). Family adaptation to crises. In H.I.McCubbin & J. M. Patterson (Eds.), Family stress, coping, and social support (pp. 26-47). Springfield, IL: Charles C Thomas.

McDevitt, J. (1996). Fight Crime: Invest in Kids. Boston: Northeastern University, Center for Criminal Justice Policy Research.

McGillicuddy-DeLisi, A. V., & Sigel, I. E. (1995). Parental beliefs. In M. H. Bornstein (Ed.), Handbook of parenting: Vol. 3. Status and social conditions of parenting (pp. 333-358). Mahwah, NJ: Lawrence Erlbaum.

McGillicuddy-DeLisi, A. V., & Subramanian, S. (1996). How do children develop knowledge? Beliefs of Tanzanian and American mothers. In S. Harkness & C. M. Super (Eds.), Parents' cultural belief systems: Their origins, expressions, and consequences (pp. 143-168). New York: Guilford.

McHale, J., Khazan, I., Rotman, T., DeCourcey, W., & McConnell, M. (2002). Co-parenting in diverse family systems. In M. H. Bornstein (Ed.), Handbook of parenting: Vol. 3. Status and social conditions of parenting (2nd ed., pp. 75-107). Mahwah, NJ: Lawrence Erlbaum.

McHale,S.M., & Pawletko, T. M. (1992). Differential treatment of siblings in two family contexts. Child Development, 63, 68-81.

McLanahan, S. S., & Sandefur, G. (1994). Growing up with a single parent: What hurts, what helps. Cambridge, MA: Harvard University Press.

McLanahan, S. S., & Teitler, J. (1999). The consequences of father absence. In M. E. Lamb (Ed.), Parenting and child development in "nontraditional" families (pp. 83-102). Mahwah, NJ: Lawrence Erlbaum.

McLanahan, S. S., Seltzer, J. A., Hanson, T. L., & Thomas, E. (1995). Child support enforcement and child well-being: Greater security or greater conflicts? In I. Garfinkel, S. S. McLanahan, & P. K. Robins (Eds.), Child support and child well-being (pp. 239-254). Washington, DC: Urban Institute.

McLeod, J. (2000). Media and civic socialization of youth. Journal of Adolescent Health, 27, 45-51.

McLeod, J. D., & Kessler, R. (1990). Socioeconomic status differences in vulnerability to undesirable life events. Journal of Health and Social Behavior, 31, 162-172.

McLeod, J. D., & Shanahan, M. J. (1993). Poverty, parenting, and children's mental health. American Sociological Review, 58, 351-366.

McLeod, J. D., & Shanahan, M. J. (1996). Trajectories of poverty and children's mental health. Journal of Healtt, and Social Behavior, 37, 207-220.

McLloyd, V. C. (1998). Children in poverty: Development, public policy, and practice. In W. Damon (Series Ed.), I. E. Sigel & K. A. Renninger (Vol. Eds.), Handbook of child psychology: Vol. 4. Child psychology in practice (pp. 135-210). New York: Wiley.

McLoyd, V. C. (1990). The impact of economic hardship on black families and children: Psychological distress, parenting, and socio-emotional development. Child Develyopment, 61, 311-346.

McLoyd, V. C. (1998). Socioeconomic disadvantage and child development. American Psychologist, 53(2), 185-204.

McLoyd, V. C., Jayaratne, T. E., Ceballo, R., & Borquez, J. (1994). Unemployment and work interruption among African American single mothers: Effects on parenting and adolescent socioemotional functioning. Child Development, 65,562-589.

McPherson, M., & Shapiro, M. O. (1991). Does student aid affect college enrollment? New evidence on a persistent controversy. American Economic Review, 81, 309-318.

McRoy, R. G., Christian, C. L., & Gershoff, E. T. (2000). Empirical support for family preservation and kinship care. In R. G. McRoy & H. Alstein (Eds.), Does family preservation serve a child's best interests (pp. 23-40). Washington, DC: Georgetown University Press.

Meehan, E. J. (1975). Public bousing policy: Myth versus reality. New Brunswick, NJ: Rutgers University, Center for Urban Policy Research.

Meeks, C. B. (1980). Housing. Englewood Cliffs, NJ: Prentice Hall.

Meeks, L. F., Meeks, W. A., & Warren, C. A. (2000). Racial desegregation: Magnet schools, vouchers, privatization, and home schooling. Education and Urban Society, 33(1), 88-101.

Meisels,S.J., & Shonkoff, J. P. (2000). Early childhood intervention: A continuing evolution. In J. P. Shonkoff & S. J. Meisels (Eds,), Handbook of early childhood intervention (2nd ed., pp. 3-34). New York: Cambridge University Press.

Melamed, B. G. (2002). Parenting the ill child. In M. H. Bornstein (Ed.), Handbook of parenting: Vol. 5. Practical parenting (2nd ed., pp. 329-348). Mahwah, NJ: Lawrence Erlbaum.

Melaville, A. (1998). Learning togetber:The developing field of school-cormmunity initiatives. Washington, DC: Charles Stewart Mott Foundation.

Melnick, S., & Fiene, R, (1990, April). Assessing parents'attitudes towards school effectiveness. Paper presented at the meeting of the American Educational Research Association, Boston.

Melton, G. B. (1980). Children's concepts of their rights. Journal of Clinical Child Psychology, 9, 186-190.

Melton, G. B. (1990). Certificates of Confidentiality under the Public Health Service Act: Strong protection but not enough. Violence Victims,5, 67-71.

Melton, G. B., Levine, R. J., Koocher, G. P., Rosenthal, R., & Thompson, W. C. (1988). Community consultation in socially sensitive research: Lessons from clinical trials of treatments for AIDS. American Psychologist, 43, 573-581.

Meranze, M. (1996). Laboratories o f virtue: Punishment, revolution, and authority in Philadelphia, 1760-1835. Chapel Hill: University of North Carolina Press.

Merriam-Webster. (1970). Webster's new world dictionary (2nd ed.). Springfield, MA: Author.

Merzenich, M., Wright, B., Jenkins, W., Xerri, C., Byl, N., Miller, S., & Tallal, P. (1996). Cortical plasticity underlying perceptual, motor, and cognitive skill development: Implications for neurorehabilitation. Cold Spring Harbor Symposia on Quantitative Biology, 67, 1-8.

Meszaros, P. S. (2003). Family and consumer sciences: A holistic approach stretching to the future. In R. M. Lerner, F. Jacobs, D. Wertlieb, & F. Jacobs (Eds.), Handbook of applied developmental science: Vol. 4. Adding value to youth and family development: The engaged university and professional and academic outreach. Thousand Oaks, CA: Sage.

Metcalf, K. K., & Tait, P. A. (1999). Free market policies and public education: What is the cost of choice? Phi Delta Kappan, 81(1), 65-75.

MetLife Survey of the American Teacher. (2000). Are we preparing students for the 21st century? New York: Harris Interactive.

Meyer, H. J. (1988). Marital and mother-child relationships: Developmental history, parent personality, and child difficultness. In R. A. Hinde & J. StevensonHinde (Eds.), Relationship within families: Mutual influences (pp. 119-139). Oxford, UK: Clarendon.

Meyers, A., Frank, D., Roos, N., Peterson, K., Casey, V., Cupples, A., & Levenson, S. (1993). Public housing subsidies may improve poor children's nutrition. American Journal of Public Health, 83, 1079-1084.

Meyers, M. K., Gornick, J. C., & Peck, L. R. (2001). Packaging support for low-income families: Policy variation across the U.S. states. Journal of Policy Analysis and Management, 20, 457-483.

Meyers, M., & Gornick, J. (2000). Cross-national variation in service organization and financing. In S. B. Kamerman (Ed.), Early childhood education and care: Internation al perspectives (pp. 141-176). New York: Columbia Institute for Child and Family Policy.

Mezey, J., & Greenberg, M. (2001). CLASP comments on the May 10, 2001, Child Care High Performance Bonus Interim Final Rule. Washington, DC: Center for Law and Social Policy.

Michalopoulos, C., & Berlin, G. (2001). Financial work incentives for low-wage workers. In B. Meyer & G. Duncan (Eds.), The incentives of government programs and the well-being of families. Evanston, IL: Joint Center for Poverty Research. Available: www.jcpr.org/book/index.html

Michel, A. E., & Garey, L. J. (1984). The development of dendritic spines in the human visual cortex. Human Neurobiology, 3(4), 223-227.

Miech, R. A., Caspi, A., Moffitt, T. E., Wright, B. R. E., & Silva, P. A. (1999). Low socioeconomic status and mental disorders: A longitudinal study of selection and causation during young adulthood. American Journal of Sociology, 104, 1096-1131.

Mikulic,B., Linden, G., Pelsers, J., & Schiepers, J. (1999). Social reporting: Reconciliation of sottrces and dissemination of data, Task 2b—

The ECHP non- monetary variables as (potential) indicators of poverty and social exclusion in the European Union. Voorburg, Netherlands: Statistics Netherlands.

Miller, J. E., & Korenman, S. (1994). Poverty and children's nutritional status in the United States. American Journal of Epidemiology, 140, 233-243.

Miller, J. G. (1991). Last one over the wall: The Massachusetts experiment in closing reform schools. Columbus: Ohio State University Press.

Miller, J. G. (1997). Theoretical issues in cultural psychology. In J. W. Berry, Y. H. Poortinga, J. Pandey, P. R. Dasen, T. S. Saraswathi, M. H. Segall, & C. Kagitcibasi (Series Eds.), J. W. Berry, Y. H. Poortinga, & J. Pandey (Vol. Eds.), Handbook of cross-cultural psychology: Vol. 1. Theory and method (2nd ed., pp. 85-128). Needham Heights, MA: Allyn & Bacon.

Miller, J. G., & Chen, X. (2001). Culture and parenting: An overview [Special Section]. ISSBD Newsletter, 1(38), 1.

Miller, J., & Davis, D. (1997). Poverty history, marital history, and quality of children's home environments.Journal of Marriage and the Family, 59, 996-1007.

Miller, L., Melaville, A., & Blank, H. (2001). Bringing it together: State-drwen com- munity early childhood initiatives. Washington, DC: Children's Defense Fund.

Mills, R. J. (2000). Health insurance coverage: Current population reports. Washington, DC: U.S. Census Bureau. Available: www.census.gov/hhes/hlthins/hlthin99/hlt99asc.html

Mink,I.T., & Nihira, K. (1986). Family life-styles and child behaviors: A study of direction of effects. Developmental Psychology, 22, 610-616.

Minuchin, P. P. (1988). Relationships within the family: A systems perspective on development. In R. A. Hinde & J. Stevenson-Hinde (Eds.), Relationships within families: Mutualin fluences (pp. 7-26). New York: Oxford University Press.

Miringoff, M., Miringoff, M., & Opdicke, S. (2001). The social report: A deeper view of prosperity. Assessing the progress of American by monitoring the well-being of its people. Bronx, NY: Fordham Institute.

Mitchell, A., Ripple, C., & Chanana, N. (1998). Pre-kindergarten programs funded by the states: Essential elements for policymakers. New York: Families and Work Institute.

Mitchell, A., Stoney, L., & Dichter, H. (2001). Financing child care in the United States. Kansas City, MO: Ewing Marion Kauffman Foundation.

Molliver, M. E., Kostovic, I., & Van der Loos, H. (1973). The development of synapses in cerebral cortex of the human fetus. Brain Research, 50(2), 403-407.

Montgomery, L. E., & Carter-Pokras,O. (1993). Health status by social class and/or minority starus: Implications for environmental equiry research. Toxicology Industrial Health, 9(5), 729-773.

Moore, K. A. (1997). Criteria for indicators of child well-being. In R. Hauser, B. Brown, & W. Prosser (Eds.), Indicators of children's well-being. New York: Russell Sage.

Moore, K. A., & Glei, D. A. (1995). Taking the plunge: New measures of youth development that cross outcome domains and assess positive outcomes, Journal of Adolescent Research, 10(1), 15-40.

Moore, K. A., & Keyes, C. L. M. (2003). The study of well-being in children and adults: A brief history. In M. H. Bornstein, L. Davidson, C. M. Keyes, K. Moore, & the Center for Child Well-Being (Eds.), Well-being: Positive development across the life course. Mahwah, NJ: Lawrence Erlbaum.

Moore, K. A., Evans, V. J., Brooks-Gunn, J., & Roth, J. (2001). What are good child outcomes? In A. Thornton (Ed.), The well-being of children and families: Research and data needs. Ann Arbor: University of Michigan Press.

Moore, K., & Halle, T. (2001). Preventing problems vs. promoting the positive: What do we want for our children? In T. Owens & S. Hofferth (Eds.), Children of the millennium:Where have we come from, where are we going (Vol. 6, pp. 141-170). New York: Elsevier.

Moore, K., Halle, T., Vandivere, S., & Mariner, C. (2002). Scaling back scales: How short is too short? Sociological Methods Research, 30(4), 530-567.

Morelli, G. A., Rogoff, B., Oppenheim, D., & Goldsmith, D. (1992). Cultural variation in infants' sleeping arrangements: Questions of independence. Developmen-tal Psychology, 28(4), 604-613.

Morelli,G.A., Rogoff, B., Oppenheim, D., & Goldsmith, D. (1992). Cultural vari-ation in infants' sleeping arrangements: Questions of independence. Develpmental Psychology, 28, 604-613.

Morenoff, J., & Sampson, R. (2001, June 14-15). Constructing community indicators of child well-being. Paper presented at conference, "Key Indicators of Child and Youth Well-Being: Completing the Picture," Bethesda, MD.

Morgan, G. (in press). Regulatory policy in the United States. In D. Cryer (Ed.), U.S.A. background report for the OECD Thematic Review. Chapel Hill, NC: National Center for Early Development and Learning.

Morris, P. A., & Michalopoulos, C. (2000). The self-sufficiency project at 36 months: Effects on children of a program that increases parental employment and income (executive summary). New York: Manpower Demonstration Research Corporation.

Morris, P. A., Huston, A. C., Duncan, G. J., Crosby, D. A., & Bos, J. M. (2001). How welfare and work policies affect children: A synthesis of research. New York: Manpower Demonstration Research Corporation.

Morris, P., & Michalopoulos, C. (2000). The Self-Sufficiency Project at 36 months: Effects on children of a program that increased employment and income. Ottawa: Social Research and Demonstration Corporation.

Morrison, F. J., Lord, C., & Keating, D. P. (1984). Applied developmental psychology. In F. J. Morrison, C. Lord, & D. P. Keating (Eds.), Applied developmental psychology (Vol. 1, pp. 4-20). New York: Academic Press.

Morton, K. L. & Green, V. (1991). Comprehension of terminology related to treatment and patients' rights by inpatient children and adolescents. Journal of Clinical Child Psychology, 20, 392-399.

Mosley, J., & Thomson, E. (1995). Fathering behavior and child outcomes: The role of race and poverty. In W. Marsiglio (Ed.), Fatherhood: Contemporary theory, research, and social policy (pp.148-165). Thousand Oaks, CA: Sage.

Moynihan, D. P. (1965). The Negro family: The case for national action. Washington, D. C: Government Printing Office.

Mrazek, P. J., & Haggerty, R. J. (Eds.). (1994). Reducing risks for mental disorders: Frontiers for preventive intervention research. Washington,

DC: National Academy Press.

Munoz, R. F. (1987). Depression prevention research: Conceptual and practical considerations. In R. F. Munoz (Ed.), Depression prevention: Research directions. Washington, DC: Hemisphere.

Munoz, R. F., Mrazek, P. J., & Haggerty, R. J. (1996). Institute of Medicine report on prevention of mental disorders. American Psychologist, 51, 1116-1122.

Murphey, D. (2001, June 14-15). Creating community capacity to use indicators. Paper presented at conference, "Key Indicators of Child and Youth Well-Being: Completing the Picture," Bethesda, MD.

Murray, C. J. L., & Lopez, A. D. (1997). Global mortality, disability, and the contribution of risk factors: Global burden of disease study. Lancet, 349, 1436-1442.

Musselman, D. L., Evans, D. L., & Nemeroff, C. B. (1998). The relationship of depression to cardiovascular disease. Archives of General Psychiatry, 55, 580-592.

Mussen, P. H. (Ed.). (1970). Carmichael's manual of child psychology (3rd ed.). New York: Wiley.

Nason, J. (1989). Foundation trusteeship: Service in the public interest. New York: The Foundation Center.

National Advisory Commission on Civil Disorders. (1968). Report of the National Advisory Commission on Civil Disorders. Washington, DC: Author.

National Assessment of Educational Progress. (2001). 2000 Science assessment results. Washington, D. C.: National Center for Education Statistics.

National Association of Child Advocates. (2001). San Francisco's Coleman Advocates secures funding for children's program (Child Advocates Making a Difference series). Washington, DC: Author.

National Association of Elementary School Principals. (2001), Principals and after-school programs: A survey of pre-K-8 principals. Alexandria, VA: Belden, Russonello, & Stewart.

National Association of Housing and Redevelopment Officials. (1990). The many faces of public housing. Washington, DC: Author.

National Association of Public Child Welfare Administrators. (1999). Guidelines for a model system of protective services for abused and neglected children and their families (rev. ed.). Washington, D. C.: American Public Human Services Association.

National Association of Secondary School Principals. (2001). Priorities and barriers in high school leadership: A survey of principals. Washington, DC: Author.

National Center for Children in Poverty. (1996). One in four: America's youngest poor. New York: Author.

National Center for Children in Poverty. (2000, March 2). Nearly 2 in 3 Americans endorse investing 10 percent or more of federal budget surplus to reduce child poverty [press release]. New York: Author. Available: http://cpmcnet.columbia. edu/dept/nccp/attitpr. htm

National Center for Children in Poverty. (2002). Low-income children in the United States: A brief demographic profile. New York: Author. Available: http:// cpmcnet.columbia.edu/dept/nccp/ycpf.html

National Center for Health Sratistics. (1998). Socioeconomic status and health chartbook in health (DHHS Publication No. PHS 98-1232). Washington, D. C: U.S. Department of Health and Human Services.

National Center on Fathers and Families. (2001, March).The Fathering Indicators Framework. Retrieved from the World Wide Web on May 25, 2002, at http://www.ncoff.gse.upenn.edu/fif/fif-intro.htm.

National Coalition for the Homeless. (1999). Homeless families with children (NCH Fact Sheet No. 7). [Online]. Available: http://nch.ari.net/families.html.

National Commission for the Protection of Human Subjects of Biomedical and Behavioral Research. (1978). The Belmont report (DHEW Publications OS 78-0012). Washington, DC: U.S. Department of Health, Education and Welfare.

National Commission on Children. (1991). Beyond rhetoric: A new American agenda for children and families. Washington, DC: Government Printing Office.

National Commission on Excellence in Education. (1983). A nation. at risk: The imperative for education reform, (report to the nation and the secretary of education). [Online]. Available: www.ed.gov/pubs/natatrisk/index.html

National Community Education Association. (2001). General information. [Online]. Available: www.ncea.com

National Conference on Family Life Committee. (1948). The American family: A factual background (report of the interagency committee on background materials). Westport, CT: National Conference on Family Life.

National Education Association. (2000),Charter schools overview. [Online]. Available: www.nea.org/issues/charter

National Housing Task Force. (1988). A decent place to live. Washington, DC: Author.

National Institute on Out-of-School Time. (2001). Fact sheet on school-age children's out-of-school time. Wellesley, MA: Wellesley College, Center for Research on Women.

National Low Income Housing Coalition. (2000). Out of reach. Washington, DC: Author. Available: www.nlihc.org/oor2000/introduction. htm

National Low Income Housing Coalition. (2001). Out of reach. Washington, DC: Author. Available: http://www.nlihc.org/oor2001/introduction. htm

National Low Income Housing Coalition/LIHIS. (2000). 2000 advocate's guide to housing and community development. Washington, DC: Author. Available: www.nlihc.org/advocates/00.htm

National Research Council & Institute of Medicine. (2000). From neurons to neighborhoods: The science of early childhood development (J. P. Shonkoff & D. A. Phillips, Eds., Committee on Integrating the Science of Early Childhood Development, Board on Children, Youth, and Families, Commission on Behavioral and Social Sciences and Education). Washington, D. C.: National Academy Press.

National Research Council and Institute of Medicine. (2000). From neurons to neighborhoods (Committee on Integrating the Science of Early Childhood Development, J. P. Shonkoff & D. Phillips, Eds., Board on Children, Youth, and Families, Commission on Behavioral and Social Sciences and Education). Washington, D. C: National Academy Press.

National Research Council and Institute of Medicine. (2000). From neurons to neighborhoods: The science of early childh ood development. Washington, DC:National Academy Press.

National Research Council and Institute of Medicine. (2002), Community programs to promote youth development. In J. Eccles & J. A. Gootman (Eds.), Committee on community level programs for youth (Commission on Behavioral and Social Sciences and Education, Board on Children, Youth, and Families). Washington, D. C.: National Academy Press.

National Research Council and Institute of Medicine. (2002). Community programs to promote youth development (Committee on Community Level Programs for Youth, J. Eccles & J. A. Gootman, Eds., Board of Children, Youth, and Families, Division of Behavioral and Social Sciences and Education). Washington, DC: National Academy Press.

National Resource Center for Youth Development. (2001). Tuition waivers for foster care youth. Tulsa: University of Oklahoma. Available: www.nrcys.ou.edu/ tuitionwaivers/oregon.htm

Naylor, L. L. (1999). Introduction to American cultural diversity: Unresolved questions, issues, and problems. In L. L. Naylor (Ed.), Problems and issues of diversity in the United States (pp. 1-18). Westport, CT: Bergin & Harvey.

Neimi, R. (1999). Editor's introduction. Political Psychology, 20, 471-476.

Neisser, U., Boodoo, G., Bouchard, T. J., Boykin, A. W., Brody, N., Ceci, S. J., & Urbina, S. (1996). Intelligence: Knowns and unknowns. American Psychologist, 51, 77-101.

Nelson, C. A. (1995). The ontogeny of human memory: A cognitive neuroscience perspective.Developmental Psychology,31,723-738.

Nelson, C. A. (2001). The development and neural bases of face recognition. Infant and Child Development, 10, 3-18.

Nelson, C.A.(2000).Neural plasticity and human dvelopment: The role of early experience in sculpting memory systems. Developmental Science, 3, 115-130.

Nelson, T., J., Clamptet-Lundquist, S., & Edin, K. (2002). Sustaining fragile fatherhood: Father involvement among low-income, non-custodial fathers in Philadelphia. In C. S. Tamis-Lemonda & N. Cabrera (Eds.), Handbook of father involvement (pp. 525-554). Mahwah, NJ: Lawrence Erlbaum.

Nettleton, S., & Burrows, R. (1998). Mortgage debt, insecure home ownership, and health: An exploratory analysis. Sociology of Health and Illness, 20, 731-753.

Nettleton, S., & Burrows, R. (2000). When a capital investment becomes an emotional loss: The health consequences of the experience of mortgage possession in England. Housing Studies, 15, 463-479.

Neville, H. J., Balvelier, D., Corina, D., Rauschecker, J., Karni A., Lalwani, A., Braun A., Clark, V., Jezzard, P., & Turner, R. (1998). Cerebral organization for language in deaf and hearing subjects: Biological constraints and effects of experience. Proceedings of the National Academy of Sciences, 95, 922-929.

New, R. S., & Richman, A. L. (1996). Maternal beliefs and infant care practices in Italy and the United States. In S. Harkness & C. M. Super (Eds.), Parents' cultural belief systems: Their origins, expressions, and consequences (pp. 385-404). New York: Guilford.

Newman, S. J. (Ed.). (1999). The home front: Implications of welfare reform for housing policy. Washington, DC: Urban Institute.

Newman, S. J., & Harkness, J. (2000). Assisted housing and the educational attainment of children.Journal of Housing Economics, 9, 40-63.

Newman, S. J., & Harkness, J. (2001). The long-term effects of public housing on self-sufficiency. Unpublished manuscript, Institute for Policy Studies, Johns Hopkins University.

Newman, S. J., & Schnare, A. B. (1992). Beyond bricks and mortar: Reexamining the purpose and effects of housing assistance. Washington, DC: Urban Institute.

Newman, S. J., & Schnare, A. B. (1993). Last in line: Housing assistance for households with children. Housing Policy Debate, 4, 417-455.

Newman, S. J., & Schnare, A. B. (1997). "And a suitable living environment" : The failure of housing programs to deliver on neighborhood quality. Housing Policy Debate, 8, 703-741.

Nickols, S. Y. (2002). Family and consumer sciences in the United States. In N. J. Smelser & P. B. Baltes (Eds.), International encyclopedia of the social and behavioral sciences. Oxford, UK: Elsevier.

Nolan, B., & Whelan, C. T. (1996). Resources, deprivation, and poverty. New York: Oxford University Press.

Nolen-Hoeksema, S., Girgus, J. S., & Seligman, M. E. P. (1992). Predictors and con-sequences of childhood depressive symptoms: A 5-year longitudinal study. Journal of Abnormal Psychology, 10, 405-422.

Nord, C., Brimhall, D. A., & West, J. (1997). Fathers' involvement in tbeir children's schools. Washington, DC: U.S. Department of Education, Office of Educational Research and Improvement.

Norman, M. G. (1980). Bilateral encephaloclastic lesions in a 26-week gestation fetus: Effect on neuroblast migration. Canadian Journal of Neurological Sciences, 7, 191-194.

Novak, T., & Hoffman, D. (1998). Bridging the racial divide on the Internet. Science, 280, 390.

Nudo, R. J., Wise, B. M., SiFuentes, F., & Milliken, G. W. (1996). Neural substrates for the effects of rehabilitative training on motor recovery after ischemic infarct. Science, 272(5269), 1791-1794.

Nutrition-Cognition National Advisory Committee. (1998). Statement on the link between nutrition and cognitive development in children. Boston: Tufts University, School of Nutrition Science and Policy, Center on Hunger, Poverty, and Nutrition Policy. Available: http:// hunger.tufts.edu/pub/statement.shtml

O'Hare, W., & Reynolds, M. (2001, October). Media coverage of social indicators reports: The KIDS CO UNT experience. Paper presented at the Meetings of the Southern Demographic Association, Miami Beach, FL.

O'Leary, D. D., Schlaggar, B. L., & Tuttle, R. (1994). Specification of neocortical areas and thalamocortical connections. Annual Review of Neuroscience, 17, 419-439.

O'Neill, D. M., & O'Neill, J. E. (1997). Lessons from welfare reform: An analysis of the AFDC caseload and past welfare-to-work programs. Kalamazoo, MI: W. E. Upjohn Institute for Employment Research.

O'Rahilly, R., & Gardner, E. (1979). The initial development of the human brain. Acta Anatomica, 104, 123-133.

O'Rahilly, R., & Muller, F. (1994). The embryonic human brain: An atlas of developmental stages. New York: Wiley-Liss.

O'Rourke, N. A., Chenn, A., & McConnell, S. K. (1997). Postmitotic neurons migrate tangentially in the cortical ventricular zone. Development, 124, 997-1005.

O'Sullivan, C., & Fisher, C. B. (1997). The effect of confidentiality and reporting procedures on parent-child agreement to participate in adolescent risk research. Applied Developmental Science, 1(4), 185-197.

Oakes, J. (1985). Keeping track: How schools structure inequality. New Haven, CT: Yale University Press.

Oetting, E. R., & Beauvais, F. (1990). Adolescent drug use: Findings of national and local surveys. Journal of Consulting and Clinical Psychology, 58, 385-394.

Office of Assistant Secretary for Planning and Evaluation. (1997). The national strategy to prevent out-of-wedlock teen pregnancies. Washington, DC: U.S. Department of Health and Human Services. Available: http://aspe.hhs.gov/hsp/teenp/strategy.htm

Office of Assistant Secretary for Planning and Evaluation. (1998). Chartbook on chrldren's insurance status. Washington, DC: Author. Available: http://aspe. hhs.gov/health/98chartbk/98-chtbk.htm

Office of Child Support Enforcement. (2001). FY2000 preliminary data report. Washington, DC: U.S. Department of Health and Human Services, Administration for Children and Families. Available: www.acf.dhhs.gov/programs/cse/pubs/2000/datareport

Office of Child Support Enforcement. (2002). HHS role in child support enforcement. Washington, DC: U.S. Department of Health and Human Services, Administration for Children and Families. Available: www.hhs.gov/news/press/2002pres/cse.html

Office of Community Services. (2001). Low Income Home Energy Assistance Program, Division of Energy Assistance/OCS/ACF: LIHEAP allotments for FY 2001. Washington, DC: U.S. Department of Health and Human Services, Administration for Children and Families. Available: www.acf.dhhs.gov/programs/liheap/im01_09.htm

Office of Famly Assistance. (2001). Helping families achieve self-sufficiency: A guide on funding services for children and families through the TANF program. Washington,DC: U.S. Department of Health and Human Services, Administration for Children and Families. Available: www.acf.dhhs.gov/programs/ofa/funds2.htm#programpurpose

Office of Planning, Research, and Evaluation. (2000). Temporary Assistance for Needy Families (TANF) program: Third annual report to Congress. Washington, DC: U.S. Department of Health and Human Services, Administration for Children and Families. Available: www.acf.dhhs.gov/programs/opre/annua13.pdf

Office of the Assistant Secretary for Planning and Evaluation. (2000). Trends in the well-being of America's children and youth, 2000. Washington, DC: Government Printing Office.

Offtce of Community Services. (2000). LIHEAP home energy notebook for fiscal year 1998. Washington, DC: U.S. Department of Health and Human Services, Administration for Children and Families. Available: www.ncat.org/liheap/notebook98/notebook-l. htm#executive

Okagaki, L., & Divecha, D. J. (1993). Development of parenting beliefs. In T. Luster & L. Okagaki (Eds.), Parenting: An ecological perspective (pp. 35-67). Hillsdale, NJ: Lawrence Erlbaum.

Olds, D. L., & Kitzman, H. (1993). Review of research on home visiting for pregnant women and parents of young children. The Future of Children, 3, 53-92.

Olds, D. L., Eckenrode, J., Henderson, C. R., Jr., Kitzman, H., Powers, J., Cole, R., Sidora, K., Morris, P., Pettitt, L., & Luckey, D. (1997). Long-term effects of home visitation on maternal life course and child abuse and neglect: 15-year follow-up of a randomized trial.] ournal of the American Medical Association, 278, 637–643.

Olds, D. L., Eckenrode, J., Henderson, C. R., Kitzman, H., Powers, J., Cole, R., Sidora, K., Morris, P., Pettitt, L. M., & Luckey, D. (1997). Long-term effects of home visitation on maternal life course and child abuse and neglect: Fifteen-year follow-up of a randomized trial. Journal of the American Medical Association, 278, 637-643.

Olds, D. L., Henderson, C. R., Jr., Chamberlin, R., & Tatelbaum, R. (1986). Preventing child abuse and neglect: A randomized trial of nurse home visitation. Pediatrics, 78, 65-78.

Olds, D. L., Henderson, C. R., Jr., Tatelbaum, R., & Chamberlin, R. (1988). Improving the life-course development of socially disadvantaged mothers: A randomized trial of nurse home visitation. American Journal of Public Health, 78, 1436-1445.

Olds, D., Henderson, C. R., Cole, R., Eckenrode, J., Kitzman, H., Luckey, D., Pettitt, L., Sidora, K., Morris, P., Powers, J. (1998). Long-term effects of nurs-ing home visitation on children's criminal and antisocial behavior: 15-year follow-up of a randomized controlled trial. Journal of the American Medical Association, 280, 1238-1244.

Olds, D., Henderson, C. R., Jr., Cole, R., Eckenrode, J., Kitzman, H., Luckey, D., Pettitt, L., Sidora, K., Morris, P., & Powers, J. (1998). Long-term effects of nurse home visitation on children's criminal and antisocial behavior: 15-year follow-up of a randomized trial. Journal of the American Medical Association, 280, 1238-1244.

Olds, D., Hill, P., Robinson, J., Song, N., & Little, C. (2000). Update on home visiting for pregnant women and parents of young children. Current Problems in Pediatrics, 30, 109-148.

Olds, D., Kitzman, H., Cole, R., & Robinson, J. (1997). Theoretical foundations of a program of home visitation for pregnant women and parents of young children.Journal of Community Psychology, 25, 9-25.

Oliver, M., & Shapiro, T. (1995). Black wealth/white wealth: A new Perspective on racial inequality. New York: Routledge.

Olson, C. M. (1999). Nutrition and health outcomes associated with food insecurity and hunger. Journal of Nutrition, 129, 521S-524S.

Ong, P. (1998). Subsidized housing and work among welfare recipients. Housing Policy Debate, 9, 775-794.\

Orfield, G. (1992). Money, equity, and college access. Harvard Educational Review, 72, 337-372.

Orfield, G. (1996). Turning back to segregation. In G. Orfield & S. E. Eaton (Eds.), Dismantling desegregation: The quiet reversal of Brown v, Board of Education (pp. 1-22). New York: New Press.

Organization for Economic Cooperation and Development. (2000). OECD country note: Early childhood education and care policy in the United States of America. Paris: Author.

Organization for Economic Cooperation and Development. (2001). Starting strong: Early childhood education and care. Paris: Author.

Orr, S. (1999). Child protection at the crossroads: Child abuse, child protection, and recommendations for reform (Policy Study No. 262). Los Angeles: Reason Public Policy Institute, Available: www.rppi.org/socialservices/ps262

Orr,R.R.,Cameron, S. J., Dobson, L. A., & Day, D. M. (1993). Age-related changes in stress experienced by families with a child who has developmental delays.Mental Retardation, 31, 171-176.

Osher, T. W., & Telesford, M. (1996). Involving families to improve research. In K. Hoagwood, P. Jensen, & C. B. Fisher (Eds.), Ethical issues in research with children and adolescents with mental disorders (pp. 29-42). Hillsdale, NJ: Lawrence Erlbaum.

Ostrom, C. W., Lerner, R. M., & Freel, M. A. (1995). Building the capacity of youth and families through university-community collaborations:

The development-in-context evaluation (DICE) model.Journal of Adolescent Research, 10(4), 427-448.

Overton, B. J., & Burkhardt, J. C. (1999). Drucker could be right, but... : New leadership models for institutional-community partnerships. Applied Developmental Science, 3(4), 217-227.

Overton, W. (1998). Developmental psychology: Philosophy, concepts, and methodology. In W. Damon (Series Ed.) & R. M. Lerner (Ed.), Handbook of child psychology: Vol. 1. Theoretical models of human development (5th ed., pp. 107-187). New York: Wiley

Packer, H. L. (1968). The limits of the criminal sanction. Stanford, CA: Stanford University Press.

Page, B. I.,& Simmons, J. R. (2000) What government can do: Dealing with poverty and inequality. Chicago: University of Chicago Press.

Pagliaro, L. A. (1995). Adolescent depression and suicide: A review and analysis of the current literature. Canadian Journal of School Psychology, 11(2), 191-201.

Palkovitz, R. (1984). Parental attitudes and fathers' interactions with their 5-month-old infants. Developmental Psychology, 35, 1399-1413.

Palm, G. (1998). Developing a model of reflective practice for improving fathering programs. Philadelphia: University of Pennsylvania, National Center on Fathers and Families. Manuscript in preparation.

Pandey, S., Zahn, M., & Neeley-Barnes, S. (2000). The higher education option for poor women with children.Journal of Sociology and Social Welfare, 27, 109-170.

Papert, S., & Negroponte, N. (1996).The connected family: Bridging the digital generation gap. Marietta, GA: Longstreet.

Papouek, H., & Papousek, M. (2002). Intuitive parenting. In M. H. Bornstein (Ed.), Handbook of parenting: Vol. 2. Biology and ecology of parenting(2nd ed., pp. 183-203). Mahwah, NJ: Lawrence Erlbaum.

Papoušek, M., Papoušek, H., & Bornstein, M. H. (1985). The naturalistic vocal environment of young infants: On the significance of homogeneity and variability in parental speech. In T. M. Field & N. Fox (Eds.), Social perception in infants (pp. 269-297). Norwood, NJ: Ablex.

Pardini, P. (2001, August). School-community partnering. The School Administrator. [Online]. (Arlington, VA: American Association of School Administrators) Available: www.aasa.org/publications/sa/2001_08/pardinil.htm

Parent, D. G., Lieter, V., Kennedy, S., Livens, L., Wentworth, D., & Wilcox, S. (1994). Conditions of confinement: Juvenile detention and corrections facilities. Washington, DC: Office of Juvenile Justice and Delinquency Prevention.

Parizek, E., Falk, G., & Spar, K. (1998). Child care: State programs under the Child Care and Development Fund (Report 98-875). Washington, DC: Congressional Research Service.

Park, R. D., & Buriel, R. (1998). Socialization in the family: Ethnic and ecological perspectives. In W. Damon (Series Ed.) & N. Eisenberg (Vol. Ed.), Handbook of child psychology: Vol. 3. Social, emotional, and personality development (5th ed., pp. 463-552). New York: Wiley.

Parke, R. D. (1996). Fatherhood. Cambridge, MA: Harvard University Press.

Parke, R. D. (2002). Fathers and families. In M. H. Bornstein (Ed.), Handbook of parenting: Vol. 3. Status and social conditions of parenting (2nd ed., pp. 27-73). Mahwah, NJ: Lawrence Erlbaum.

Parke, R. D., & Bhavnagri, N. (1989). Parents as managers of children's peer rela tionships. In D. Belle (Ed.), Children's social networks and social supports (pp. 241-259). New York: Wiley.

Parke, R. D., & O'Neil, R. (2000). The influence of significant others on learning about relationships: From family to friends. In R. Mills & S. Duck (Eds.),The developmental psychology of personal relationships (pp. 15-47). London:Wiley.

Parke, R. D., Burks, V., Carson,J., Neville, B., & Boyum, 1. (1993). Family-peer relationships: A tripartite model. In R. D. Parke & S. Kellam (Eds.), Advances in family research, Vol. 4. Family relationships with other social systems (pp. 115-145). Hillsdale, NJ: Lawrence Erlbaum.

Parke, R. D., Ornstein, P. A., Reiser.J. J., & Zahn-Waxler, C. (Eds.). (1994). A century of developmental psychology. Washington, DC: American Psychological Association.

Parke, R. D., Power, T. G., & Gottman, J. M. (1979). Conceptualization and quan tifying influence patterns in the family triad. In M. E. Lamb, S. J. Suomi, & G. R. Stephenson (Eds.), Social interaction analysis: Methodological issues (pp. 231-252). Madison: University of Wisconsin Press.

Parker, F. L., Boak, A. Y., Griffin, K. W., Ripple, C., & Peay, L. (1999). Parent-child relationship, home learning environment, and school readiness. School Psychology Review, 28, 413-425.

Parker, F. L., Piotrkowski, C. S., Horn, W. F., & Greene, S. M. (1995). The challenge for Head Start: Realizing its vision as a two-generation program. In S. Smith (Ed.), Two generation programs for families in Poverty: A new intervention strategy (pp. 135-159). Norwood, NJ: Ablex.

Parker, G. (1993). Parental rearing style: Examining for links with personal vulnerability factors for depression. Social Psychiatry and Psychiatric Epidemiology, 28, 97-100.

Parks, G. (2000). The High/Scope Perry Preschool Project (October, 1997). Washington, D. C: U.S. Department of Justice, Office of Juvenile Justice and Delinquency Prevention.

Pascalis, O., de Haan, M., & Nelson, C. A. (2002). Is face processing species specific during the first year of life? Science, 296, 1321-1323.

Patterson P. H., & Nawa, H.(1993). Neuronal differentiation factors/cytokines and synaptic plasticity. Cell, 72(Suppl.), 123-137.

Patterson,M., & Blum, R. W. (1993). A conference on culture and chronic illness in chilhood: Conference summary. Pediatrics, 91(Suppl. 5), 1025-1030.

Paulsell, D., Kisker, E. E., Love, J. M., Raikes, H., Bolles, K., Rosenberg, L., Coolahan, K., & Berlin, L. J. (2000). Leading the way: Characteristics and early experiences of selected Early Head Start programs, Vol. 3: Program implementation. Washington, DC: U.S. Department of Health and Human Services, Administration on Children, Youth, and Families, Commissioner's Office of Research and Evaluation and the Head Start Bureau.

Paxson, C., & Waldfogel, J. (2001). Welfare reform and child maltreatment. Joint Center for Poverty Research Policy Brief, 3(6). (Evanston, IL:

Joint Center for Poverty Research)

Pearce, D., & Brooks, J. (2000). The self-sufficzency standard for New York. Albany: New York Association of Training and Employment Professionals.

Pearson, J. L., Stanley, B., King, C., & Fisher, C. B. (2001a). Issues to consider in intervention research with persons at high risk for suicidality. NIMH Suicide Research Consortium. Retrieved June 7, 2002, from www.nimh.nih.gov/research/suicide.htm.

Pearson, J. L., Stanley, B., King, C., & Fisher, C. B. (2001b). Intervention research for persons at high risk for suicidality: Safety and ethical considerations. Journal of Clinical Psychiatry Supplement, 62, 17-26.

Pecora, P. J., Fraser, M. W., Nelson, K. E., McCroskey, J., & Meezan, W. (1995). Evaluating family-based services. Hawthorne, NY: Aldine de Gruyter.

Pecora, P. J., Whittaker, J. K., & Maluccio, A. N. (1992.) The child welfare chal-lenge: Policy, practice, and research. Hawthorne, NY: Aldine de Gruyter.

Peisner-Feinberg, E. S., Burchinal, R. M., Culkin, M. L., Howes, C., Kagan, S. L., Yazejian, N., Byler, P., Rustici, J., & Zelazo, J. (1999). The children of the Cost. Quality and Outcomes Study go to school: Executive summary. Chapel Hill: University of North Caroline at Chapel Hill, Frank Porter Graham Child Development Center.

Pelton, L. H. (1989). For reasons of poverty: A critical analysis of the public child welfare system in the United States. New York: Praeger.

Pelton, L. H. (1992). A functional approach to reorganizing family and child welfare interventions. Children and Youth Services Review, 14, 289-303.

Pelton, L. H. (1997). Child welfare policy and practice: The myth of family preservation. American Journal of Orthopsychiatry, 67, 545-553.

Pepper, S. C. (1942). World hypotheses: A study in evidence. Berkeley: University of California   Press.

Perani, D., Paulesu, E, Galles, N. S., Dupoux, E., Dehaene, S., Bettinardi, V., Cappa, S. F., Fazio, F., & Mehler, J. (1998). The bilingual brain. Proficiency and age of acquisition of the second language.Brain,121,1841-1852.

Percy-Smith, J. (2000). Introduction: The contours of social exclusion. In J. Percy-Smith (Ed.), Policy responses to social excluszon: Towards inclusionl (pp. 1-21). Philadelphia: Open University Press.

Perez-Escamilla, R., Ferris, A. M., Drake, L., Haldeman, L., Peranick, J, Campbell, M., Peng, Y. K., Burke, G., & Bernstein, B. (2000). Food stamps are associated with food security and dietary intake of inner-city preschoolers from Hartford, Connecticut. Journal of Nutrition, 130, 2711-2717.

Personal Responsibility and Work Opportunity Reconciliation Act, Pub. L. No. 104-193 (1996).

Peterman, W. (1996). The meanings of resident empowerment: Why just about everybody thinks it's a good idea and what it has to do with resident management. Housing Policy Debate, 7, 473-490.

Peters, H. E., & Mullis, N. (1997). The role of family income and sources of income m adolescent achievement. In G. J. Duncan & J. Brooks-Gunn (Eds.), Consequences of growing up poor (pp. 340-382). New York: Russell Sage Foundation.

Petersen, A. C., Compas, B. E., Brooks-Gunn, J., Stemmler, M., Ey, S., & Grant, K. E. (1993). Depression in adolescence. American Psychologist, 48, 155-168.

Petersen, A. C., Leffert, N., Graham, B., Alwin, J., & Ding, S. (1997). Promoting mental health during the transition into adolescence. In J. Schulenberg, J. L. Maggs, & A. K. Hierrelmann (Eds.), Health risks and developmental transitions during adolescence (pp. 471-497). New York: Cambridge University Press.

Peterson, C., & Seligman, M. E. P. (1984). Causal explanations as a risk factor for depression: Theory and evidence. Psychological Review, 91, 347-374.

Peterson, C., Seligman, M. E. P., & Vaillant, G. (1988). Pessimistic explanatory style as a risk factor for physical illness: A thirty-five-year longitudinal study. Journal of Personality and Social Psychology, 55, 23-27.

Petitto, L. A., Zatorre, R. J., Gauna, K., Nikeiski, E. J., Dostie, D., & Evans, A. C. (2000). Speech-like cerebral activity in profoundly deaf people processing signed languages: Implications for the neural basis of human language.Proceedings of the National Academy of Sciences of the United States of America. 97(25), 13961-13966.

Pinderhughes, E. E., Dodge, K. A., Bates, J. E., Pettit, G. S., & Zelli, A. (2000). Discipline responses: Influences of parents' socioeconomic status, ethnicity, beliefs about parenting, stress, and cognitive-emotional processes. Journal of Family Psycbology, 14, 380-400.

Pittman, K. (1996, Winter). Community, youth, development: Three goals in search of connection. New Designs for Youth Development, pp. 4-8.

Pittman, K. (1999, September). The power of engagement. Youth Today, p. 63. Available: www.forumforyouthinvestment.org/yt-powerengage.htm

Pittman, K., & Irby, M. (1996). Preventing problems or promoting development: Competing priorities or inseparable goals? Takoma Park, MD: International Youth Foundation.

Pittman, K., Irby, M., & Ferber, T. (2000). Unfinisbed business: Further reflections on a decade of promoting youth development. Takoma Park, MD: International Youth Foundation.

Planning and Evaluation Service. (2000). Promising results, continuing challenges: Final report of the national assessment of Title I. Washington, DC: U.S. Department of Education, Office of the Deputy Secretary. Available: www.ed.gov/offices/ous/pes/exsum.hrm

Planning and Evaluation Service. (2001a). Fact sheet on Title I, Part A. Washington, DC: U.S. Department of Education, Office of the Deputy Secretary. Available: www.ed.gov/offices/ous/pes/esed/title_i_fact_sheet.pdf

Planning and Evaluation Service. (2001b). The longitudinal evaluation of school change and performance (LESCP) in Title I schools: Final report: Vol. 1. Executive summary. Washington, DC: U.S. Department of Education, Office of the Deputy Secretary. Available: www.ed.gov/offices/ous/pes/esed/ lescp_voll.pdf

Platt, A. M. (1977). The child savers: The invention of delinquency (2nd ed.). Chicago: University of Chicago Press.

Pleck, J. H. (1997). Paternal involvement: Levels, sources, and consequences. In M. E. Lamb (Ed.),The role of the father in child development

(3rd ed., pp. 66-103). New York: Wiley.

Plomin, R. (1986). Development, genetics, and psychology. Hillsdale, NJ: Lawrence Erlbaum.

Plomin, R. (2000). Behavioural genetics in the 21st century. International Journal of Behavioral Development, 24, 30-34.

Plomin, R., Corley, R., DeFries, J. C., & Faulker, D. W. (1990). Individual differ-ences in television viewing in early childhood: Nature as well as nurture. Psychological Science, 1, 371-377.

Polit, D. F., & O'Hara, J. J. (1989). Support services. In P. H. Cottingham & D. T. Ellwood (Eds.), Welfare policy for the 1990s (pp. 165-198). New York: Rockefeller Foundation.

Pollin, R. (1998). The living wage: Building a fair economy. New York: New Press.

Pomerleau, A., Malcuit, G.,' Sabatier, C. (1991). Child-rearing practices and parental beliefs in three cultural groups of Montreal: Quebecois, Vietnamese, Haitian. In M. H. Bornstein (Ed.), Cultural approaches to parenting (pp. 45-58). Hillsdale, NJ: Lawrence Erlbaum.

Pons, T. (1995). Abstract: Lesion-induced cortical plasticity. In B. Julesz & I. Kovacs (Eds.), Maturation al windows and adult cortical plasticity (pp. 175-178). Reading, MA: Addison-Wesley.

Pons, T. P., Garraghty, P. E., Ommaya, A. K., Kaas, J. H., Taub, E., & Mishkin, M. (1991). Massive cortical reorganization after sensory deafferentation in adult macaques. Science, 252, 1857- 1860.

Ponterotto, J. G., & Casas, J. M. (1991). Handbook of ethnic minority counseling research. Springfield, IL: Charles C Thomas.

Poortinga, Y. H. (1997). Toward convergence. In J. W. Berry, Y. H. Poortinga, J. Pandey, P. R. Dasen, T. S. Saraswathi, M. H. Segall, & C. Kagitcibasi (Series Eds.), J. W. Berry, Y. H. Poortinga, & J. Pandey (Vol. Eds.), Handbook of cross-cultural psychology: Vol. 1. Theory and method (2nd ed., pp. 347-387). Needham Heights, MA: Allyn & Bacon.

Poortinga, Y. H. (1998). Cultural diversity and psychological invariance: Methodological and theoretical dilemmas of (cross-)cultural psychology, In . J. G. Adair, D. Belanger & K. L. Dion (Eds.), Advances in psychoological science: Vol. 1. Social, personal, and cultural aspects (pp. 229-245). Hove, England: Psychology Press/Lawrence Erlbaum.

Posner, J. K., & Vandell, D. 1. (1999). After-school activities and the development of low-income children: A longitudinal study. Developmental Psychology, 34, 868-879.

Power, F. C., Higgins, A., & Kohlberg, L. (1989). Lawrence Kohlberg's approach to moral education. New York: Columbia University Press.

Powers, E. (1999). Block granting welfare: Fiscal impact on the states (Assessing the New Federalism, Occasional Paper No. 23). Washington, DC: Urban Institute.

Pratt, C., Katzev, A., Henderson, T., & Ozretich, R. (1997). Building results: From wellness goals to positive outcomes for Oregon's children, youth, and families. Salem, OR: Oregon Commission on Children and Families.

Pratt, C., Katzev, A., Ozretich, R., Henderson, T., & McGuigan, W. (1998). Building results III: Measuring outcomes for Oregon's children, youth, and families. Salem, OR: Oregon Commission on Children and Families.

President's Research Committee on Social Trends. (1933). Recent trends in the United States. New York: McGraw-Hill.

Press, F., & Hayes, A. (2000). Early childhood education and care policy in Australia (background report prepared for the OECD Thematic Review of Early Childhood Education and Care Policy). Sydney, Australia: Macquarie University, Division of Early Childhood and Education, Institute of Early Childhood.

Prewitt, K. (1980). The council and the usefulness of the social sciences. Annual Report of the President, 1979-1980. New York: Social Science Research Council.

Prewitt, K. (1995). Social sciences and private philanthropy: The quest for social relevance (Essays on Philanthropy, No. 15. Series on Foundations and Their Role in American Life). Indianapolis, IN: Indiana University Center on Philanthropy.

Pribesh, S., & Downey, D. B. (1999). Why are residential and school moves associated with poor school performance? Demography, 36, 521-534.

Price, D. A., & Williams, V. S. (1990). Nebraska paternity project, final report. Denver, CO: Policy Studies.

Public Agenda. (2001). Just waiting to be asked: A fresh look at attitudes on public engagement. New York: Author. Available: www.publicagenda.org/specials/pubengage/pubengage.htm

Public Welfare, Department of Health and Human Services, Protection of Human Subjects, 45 C.F.R. 46 (1991a).

Public Welfare, Department of Health and Human Services, Protection of Human Subjects, 45 C.F.R. 46, Subpart D: Additional Protections for Children Involved as Subjects in Research (1991b).

Puritz, P., Burrell, S., Schwartz, R., Soler, M., & Warboys, L. (1995). A call for justice: An assessment of access to counsel and quality of representation in delinquency proceedings. Chicago: American Bar Association.

Purpura, D. P. (1975). Dendritic differentiation in human cerebral cortex: Normal and aberrant developmental patterns. Advances in Neurology, (12)91-134.

Purpura, D. P. (1982). Normal and abnormal development of cerebral cortex in man.Neurosciences Research Program Bulletin, 20(4), 569-577.

Purves, D. (1989). Assessing some dynamic properties of the living nervous system.Quarterly Journal of Experimental Physiology, 74(7),1089-1105.

Putnam, R. (1996). The strange disappearance of civic America. The American Prospect, 34-48.

Putnam, R. (2000). Bowling alone: The collapse and revival of American community. New York: Simon and Schuster.

Putnam, S. P., Sanson, A. V., & Rothbart, M. K. (2002). Child temperament and parenting. In M. H. Bornstein (Ed.), Handbook of parenting: Vol. 1. Children and parenting (2nd ed., pp. 255-277). Mahwah, NJ: Lawrence Erlbaum.

Quint, J. C., Bos, J. M., & Polit, D. F. (1997). New Chance: Final report on a comprehensive program for young mothers in poverty and their children. New York: Manpower Demonstration Research Corporation.

Quint, J., Bos, J. M., & Polit, D. (1997). New chance: Final report on a comprehensive program for young mothers in poverty and their children. New York: Manpower Research Demonstration Corporation.

Quirk,M.,Sexton, M., Ciottone, R., Minami, H., & Wapner, S. (1984). Values held by mothers for handicapped and nonhandicapped preschoolers. Merrill Palmer Quarterly, 30, 403-418.

Rabushka, A., & Weissert, W. G. (1977). Caseworrkers or police? How tenants see public housing. Stanford, CA: Hoover Institution.

Raden, A. (1999). Universal pre-kindergarten in Georgia: A case study of Georgia's lottery-funded pre-K program (working paper). New York: Foundation for Child Development.

Radin, N. (1982). Primary caregiver and role sharing fathers. In M. E. Lamb (Ed.), Nontraditional families (pp. 173-204). Hillsdale, NJ: Lawrence Erlbaum.

Raff, M. C., Barres, B. A., Burne, J. F., Coles, H. S., Ishizaki, Y., & Jacobson, M. D. (1993). Programmed cell death and the control of cell survival: Lessons from the nervous system. Science, 262, 695-699.

Raghavan,C., Weisner, T. S., & Patel, D. (1999). The adaptive project of parenting: South Asian families with children with developmental delays. Education and Training in Mental Retardation and Developmental Disabilities, 34, 281-292.

Rakic, P. (1971). Guidance of neurons migrating to the fetal monkey neocortex. Brain Research, 33, 471-476.

Rakic, P. (1972). Mode of cell migration to the superficial layers of fetal monkey neocortex.Journal of Comparative Neurology, 145, 61-83.

Rakic, P. (1974). Neurons in rhesus monkey visual cortex: Systematic relation between time of origin and eventual disposition. Science, 183, 425-427.

Rakic, P. (1978). Neuronal migration and contact guidance in the primate telencephalon. Postgraduate Medical Journal, 54(Suppl. 1), 25-40.

Rakic, P. (1988). Specification of cerebral cortical areas. Science, 241, 170-176.

Rakic, P. (1990). Principles of neural cell migration. Experientia, 46, 882-891.

Rakic, P. (1995). Radial versus tangential migration of neuronal clones in the developing cerebral cortex. Proceedings of the National Academy of Sciences, 92,11323-11327.

Rakic, P., Bourgeois, J. P., Eckenhoff, M. F., Zecevic, N., & Goldman-Rakic, P. S.(1986). Concurrent overproduction of synapses in diverse regions of the primate cerebral cortex. Science, 232(4747), 232-235.

Rakoff, R. M. (1977). Ideology in everyday life: The meaning of the house. Politics Society, 7, 85-104.

Ralston, P., Lerner, R., Mullis, A., Simerly, C., & Murray, J. (Eds.). (1999). Social cbange, public policy, and community collaboration: Training human development professionals for the twenty first century. Norwell, MA: Kluwer.

Ramachandran, V. S., Rogers-Ramachandran, D., & Stewart, M. (1992). Perceptual correlates of massive cortical reorganization. Science, 258, 1159-1160.

Ramey, C. T. (1980). Social consequences of ecological intervention that began in infancy. In S. Harel (Ed.), The at-risk infant. Amsterdam: Excerpta Medica.

Ramey, C. T., & Campbell, F. A. (1981). Educational intervention for children at risk for mild retardation: A longitudinal analysis. In P. Mittler (Ed.), Frontiers of knowledge in mental retardation: Social, educational, and behavioral aspects. Baltimore: University Park Press.

Ramey, C. T., & Campbell, F. A. (1991). Poverty, early childhood education, and academic competence: The Abecedarian experiment. In A. C. Huston (Ed.), Children in poverty: Child development and public policy (pp. 190-221). Cambridge, UK: Cambridge University Press.

Ramey, C. T., & Haskins, R. (1981). The causes and treatment of school failure: Insights form the Carolina Abecedarian Project. In M. J. Begab, H. Garber, & H. C. Haywood (Eds.), Psycbosocial influences in retarded performance (Vol. 2). Baltimore: University Park Press.

Ramey, C. T., & Ramey, S. 1. (1992). Effective early intervention. Mental Retardation, 30, 337-345.

Ramey, C. T., & Ramey, S. L. (1998). Early intervention and early experience. American Psychologist, 53(2), 109-120.

Ramey, C. T., & Ramey, S. L. (1998). Prevention of intellectual disabilities: Early inter-   ventions to improve cognitive development. Preventive Medicine, 27, 224-231.

Ramey, C. T., Campbell, F. A., Burchinal, M., Skinner, M. L., Gardner, D. M., & Ramey, S. L. (2000). Persistent effects of early childhood education on highrisk children and their mothers. Applied Developmental Science, 4(1), 2-14.

Ramey, C. T., Dorval, B., & Baker-Ward, L. (1983). Group day care and socially disadvantaged families: Effects on the child and the family. Advances in Early Education and Day Care, 3, 69-106.

Ramey, C. T., Yeates, K. O., & Short, E. J. (1984). The plasticity of intellectual development: Insights from preventive intervention. Child Development, 55, 1913-1925.

Rampon, C., Jiang, C. H., Dong, H., Tang, Y. P., Lockhart, D. J., Schultz, P. G. Tsien, J. Z., & Hu, Y. (2000). Effects of environmental enrichment on gene expression in the brain. Proceedings of the National Academy of Sciences, 97, 12880-12884.

RAND Corporation. (2001). What do we know about vouohers and charter schools? [Online]. Available: www.rand.org/publications/rb/rb8018

Rangarajan, A., & Gleason, P. M. (2001). Food stamp leavers in Illinois: How are they doing two years laterl Final report submitted to the U.S. Department of Agriculture. Princeton, NJ: Mathematica Policy Research.

Rank, M. R., & Hirschl, T. A. (1999). The economic risk of childhood poverty in America: Estimating the probability of poverty across the formative years. Journal of Marriage and the Family, 61, 1058-1067.

Reder, N. (2000). Finding funding: A guide to federal sources for out-of-school time and community school initiatives. Washington, DC: Finance Project.

Reid, E. (2001). Building a policy voice for children through the nonprofit sector. In C. J. DeVita & R. Mosher-Williams (Eds.),Who speaks for America's children? The role of child advocates in public policy (pp. 105-133). Washington, DC: Urban Institute.

Reingold, D. A. (1997). Does inner city public housing exacerbate the employment problems of its tenants? Journal of Urban Affairs, 19, 469-486.

Reminick, R. A. (1983). Theory of ethnicity: An anthropologist's perspective. New York: University Press of America.

Renninger, K. A. (1998). Developmental psychology and instruction: Issues from and for practice. In W. Damon (Series Ed.), I. E. Sigel & K. A. Renninger (Vol. Eds.), Handbook of child psychology: Vol. 4. Child psychology in practice (5th ed., pp. 211-274). New York: Wiley.

Renz, L., & Lawrence, S. (1993). Foundation giving: Yearbook of facts and figures on private, corporate, and community foundations. New York: The Foundation Center.

Research and Forecasts. (1989). Kinder-care report: Perspectives on child care in America. Montgomery, AL: Author.

Research and Training Center on Family Support and Children's Mental Health. (2000). Roles for youth in systems of care. Focal Point: A National Bulletin on Family Support and Children's Mental Health, 14(2).

Reynolds, A. J. (1994). Effects of a preschool plus follow-on intervention for children at risk. Developmental Psycbology, 30, 787-804.

Reynolds, A. J. (1995). One year of preschool intervention or two: Does it matter? Early Childhood Research Quarterly, 10, 1-31.

Reynolds, A. J. (2000). Success in early intervention: The Chicago Child-Parent Centers. Lincoln: University of Nebraska Press.

Reynolds, A. J. (2000). Success in early intervention: The Chicago Child-Parent Centers. Lincoln: University of Nebraska Press.

Reynolds, A. J., Chang, H., & Temple, J. (1998). Early childhood intervention and juvenile delinquency: An exploratory analysis of the Chicago Child-Parent Centers. Evaluation Review, 22, 341-372.

Reynolds, A. J., Temple, J. A., Robertson, D. L., & Mann, E. (2001). Long-term effects of an early childhood intervention on educational achievement and juvenile arrest: A 15-year follow-up of low-income children in public schools. Journal of the American Medical Association, 285,2339-2346.

Richman, A. L., LeVine, R. A., New, R. S., Howrigan, G. A., Welles-Nystrom, B., & LeVine, S. E. (1988). Maternal behavior to infants in five cultures. In W. Damon (Series Ed.), R. A. LeVine & P. M. Miller (Vol. Eds.), New directions for child development: Vol. 40. Parental behavior in diverse societies (pp. 81-97). San Francisco: Jossey-Bass.

Richmond, M. (1917). Social diagnosis. New York: Russell Sage.

Richters, J. E. (1997). The Hubble hypothesis and the developmentalist's dilemma. Development and Psychopathology, 9, 193-229.

Ridgway, P., Simpson, A., Wittman, F. D., & Wheeler, G. (1994). Home making and community building: Notes on empowerment and place. Journal of Mental Health Administration, 21, 407-418.

Riggs, P. D., Baker, S., Mikulich, S. K., & Young, S. E. (1995). Depression in substance-dependent delinquents. Journal of the American Academy of Child and Adolescent Psychiatry, 34(6), 764-771.

Ripke, M., Huston, A., & Eccles, J. (2001, June 14-15). The assessment of psychological, emotional, and social development indicators in middle childhood.Paper presented at conference, "Key Indicators of Child and Youth Well-Being: Completing the Picture," Bethesda, MD.

Roach,M.A., Barratt, M., Miller, J. F., & Leavitt, L. A. (1998). The structure of mother-child play: Young children with Down syndrome and typically developing children. Developmental Psychology, 34, 77-87.

Roach,M.A., Orsmond, G. I., & Barratt, M. (1999). Mothers and fathers of children with Down syndrome: Parental stress and involvement in child care. American Journal on Mental Retardation, 104, 422-436.

Roberts,R.(1989). Developing culturally competent programs for children with special needs. Washington, DC: Georgetown University Development Center.

Robins, L. N., Helzer, J. E., Weissman, M. M., Orvaschel, H., Gruenberg, E., Burke, J. D., & Reiger, D. A. (1984). Lifetime prevalence of specific psychiatric disorders in three sites. Archives of General Psychiatry, 41, 949-958.

Roessner, J. (2000). A decent place to live: From Columbia Point to Harbor Point. Boston: Northeastern University Press.

Rogers, A. S., D'Angelo, L., & Futterman, D. (1994). Guidelines for adolescent participation in research: Current realities and possible solutions. IRB: A Review of Human Subjects Research, 16, 1-6.

Rogoff, B. (1990). Apprenticeship in thinking. New York: Oxford University Press.

Rogoff, B., Mistry, J., Göncü, A., & Mosier, C. (1993). Guided participation in cultural activity by toddlers and caregivers (Vol. 58). Chicago: University of Chicago Press.

Rohe, W. M., & Kleit, R. G. (1997). From dependency to self-sufficiency: An appraisal of the Gateway Transitional Families Program. Housing Policy Debate, 8, 75-108.

Rohe, W. M., & Kleit, R. G. (1999). Housing, welfare reform, and self-sufficiency: An assessment of the Family Self-Sufficiency Program. Housing Policy Debate, 10, 333-369.

Roisman, F. W. (1990, May-June). Establishing a right to housing: An advocate's guide. Housing Law Bulletin, pp. 39-48.

Rollins, B. C., & Thomas, D. 1. (1979). Parental support, power, and control tech niques in the socialization of children. In W. R. Burr, R. Hill, F. I. Nye, & I. Reiss (Eds.), Contemporary tbeories about the family: Vol. 1. Researcb-based theories (pp. 317-364). Glencoe, IL: Free Press.

Roper Starch Worldwide. (2000). Public opinion poll: Pvtblic attitudes toward education. and service-learning (prepared for the Academy of Educational Development and the Learning In Deed Initiative, sponsored by the W. K. Kellogg Foundation and the Ewing Marion Kauffman Foundation). [Online]. Available: www.learningindeed.org/tools/other/roper.pdf

Rose, D. (1999). Economic determinants and dietary consequences of food insecurity in the United States. Journal of Nutrition, 129, 517S-520S.

Rose, D., Habicht, J.-P., & Devaney, B. (1998). Household participation in the Food Stamp and WIC programs increases the nutrient intakes of preschool children. Journal of Nutritioń, 128, 548-555.

Rosenbaum, J. E. (1995). Changing the geography of opportunity by expanding res idential choice: Lessons from the Gautreaux program. Housing Policy Debate, 6, 231-269.

Rosenbaum, J. E. (1991). Black pioneers: Do their moves to the suburbs increase economic opportunity for mothers and children? Housing Policy Debate, 2, 1179-1213.

Rosenbaum, S., & Sonosky, C. A. (2001). Medicaid reforms and SCHIP: Health care coverage and the changing policy environment. In C. J. DeVita& R. Mosher-Williams (Eds.),Who speaks for America's children? The role of child advocates in public policy (pp. 81-104). Washington, DC: Urban Institute.

Rostgaard, T., & Fridberg, T. (1998). Caring for children and older people: A comparison of European policies and practices. Copenhagen: Danish National Institute of Social Research.

Roth, J., Borbely, C., and Brooks-Gunn, J. (2001, June 14-15). Developing indicators of confidence, character, and caring in adolescents. Paper presented at conference, "Key Indicators of Child and Youth Well-Being: Completing the Picture," Bethesda, MD.

Rothbart, M. K., & Bates, J. E. (1998). Temperament. In N. Eisenberg (Ed.), Social, emotional, and personality development (Handbook of Child Psychology, No. 3, 5th ed., pp. 105-176). New York: John Wiley.

Rothbaum, F., Pott, M., Morelli, G., & Liu-Constant, Y. (2000). Immigrant-Chinese and Euro-American parents' physical closeness with young children: Themes of family relatedness. Journal of Family Psyckology, 14(3), 334-348.

Rothman, D. J., & Rothman, S. M. (1984). The Willowbrook wars: A decade of struggle for social justice. New York: Harper & Row.

Rowe, D. (1994). The limits of family influence: Genes, experience, and behavior. New York: Guilford.

Rowe, G. (2000). State TANF policies as of July 1999 (Assessing the New Federalism, Welfare Rules Databook). Washington, DC: Urban Institute.

Rowe, J. W., & Kahn, R. L. (1998). Successful aging. New York: Pantheon.

Ruck, M. D., Keating D. P., Abramovitch, R., & Koegl, C. J. (1998). Adolescents' and children's knowledge about rights: Some evidence for how young people view rights in their own lives. Journal of Adolescence, 21, 275-289.

Rushton, J. P. (1987). An evolutionary theory of health, longevity, and personality: Sociobiology, and r/K reproductive strategies. Psychological Reports, 60, 539-549.

Rushton, J. P. (1988a). Do r/K reproductive strategies apply to human differences? Social Biology, 35, 337-340.

Rushton, J. P. (1988b). Race differences in behavior: A review and evolutionary analysis. Personality and Individual Differences, 9, 1009-1024.

Rushton, J. P. (1997). More on political correctness and race differences. Journal of Social Distress and the Homeless, 6, 195-198.

Rushton, J. P. (1999). Race, evolution, and behavior (Special abridged ed.). New Brunswick, NJ: Transaction Publishing.

Rushton, J. P. (2000). Race, evolution, and behavior (2nd special abridged ed.). New Brunswick, NJ: Transaction Publishing.

Rushton, J. P., Fulker, D. W., Neale, M. C., & Nias, D. K. (1989). Aging and the relation of aggression, altruism and assertiveness scales to the Eysenck Personality Questionnaire. Personality Individual Differences, 10, 261-263.

Russell, G. (1982). The changing role of fathers. St. Lucia, Australia: University of Queensland Press.

Russo, C. J., & Talbert-Johnson, C. (1997). The overrepresentation of African American children in special education: The resegregation of educational programming. Education and Urban Society, 29(2), 136-148.

Rutter, M. (1984, March). Resilient children. Psychology Today, pp. 57-65.

Rutter, M. (1990). Psychosocial resilience and protective mechanisms. In J. Rolf, A. S. Masten, D. Cicchetti, K. Nuechterlein, & S. Weintraub (Eds.), Risk and protective factors in the development of psychopathology (pp. 181-215). New York: Cambridge University Press.

Rutter, M., & Sroufe, L. A. (2000). Developmental psychopathology: Concepts and challenges. Development and Psychopathology, 12(3), 265-296.

Sabom, D. (2001, April 16). Should the Senate ratify the Convention on the Rights of the Child? No: It will subvert U.S. sovereignty, undermine parents, and sabotage religious teachings. Washington Times (Insight, symposium section), p. 41.

Safe Schools/Healthy Students. (2000). General information. [Online]. Available: www.sshsac.org

Sagi, A., Lamb, M. E., & Gardner, W. P. (1986). Relations between strange situa- tion behavior and stranger sociability among infants on Israeli kibbutzim. Infant Behavior and Development, 9, 271-282.

Sagi, A., Lamb, M. E., Lewkowicz, K. S., Shoham, R., Dvir, R., & Estes, D. (1985). Security of infant-mother, -father, and -metapelet attachments among kibbutz-reared Israeli children. In I. Bretherton & E. Waters (Eds.), Growing point of attachment theory and research (Vol. 50, pp. 25 7-275). Chicago: Monographs of the Society for Research in Child Development.

Sagi, A., Lamb, M. E., Shoham, R., Dvir, R., & Lewkowicz, K. S. (1985). Parent-infant interaction in families on Israeli kibbutzim. International Journal of Behavioral Development, 8, 273-284.

Sameroff, A. J. (1983). Developmental systems: Contexts and evolution. In P. H. Mussen (Series Ed.) & W. Kessen (Vol. Ed.), Handbook of child psychology: Vol. 1. History, theory, and methods (pp. 237-294). New York: Wiley.

Sameroff,A.J., & Fiese, B. H. (2000). Transactional regulation: The developmental ecology of early intervention. In J. P. Shonkoff & S. J. Meisels (Eds.),Handbook of early childhood intervention (2nd ed., PP, 135-159). New Yourk: ambridge Unirersity Press.

Samreoff,A.J., & Chandler, M. J. (1975). Reproductive risk and the continuum of caretaking casuality. In F. D. Horowitz, M. Hetherington, S. Scarr-Salapatek, & G.Siegel(Eds.), Review of child development research (Vol. 4., pp. 187-244). Chicago: University of Chicago Press.

Sandel, M., Sharfstein, J., & Shaw, R. (1999). There's no place like home: How America's housing crisis threatens our children. San Francisco: Housing America.

Sard, B. (1998, June). The role of housing providers in an era of welfare reform. Paper prepared for the research roundtable, "Managing Affordable Housing Under Welfare Reform: Recognizing Competing Demands," sponsored by Fannie Mae Foundation and Center on Budget and Policy Priorities, Washington, DC.

Sard, B., & Lubell, J. (2000). The increasing use of TANF and state matching funds to provide housing assistance to families moving from welfare to work. Washington, DC: Center on Budget and Policy Priorities.

Savner, S., & Greenberg, M. (1995). The CLASP guide to welfare waivers: 1992-1995. Washington, DC: Center for Law and Social Policy.

Savner, S., & Greenberg, M. (2001, November). Comments to the U.S. Department of Health and Human Services regarding the reauthorization of the Temporary Assistance for Needy Families (TANF) block grant. Washington, DC: Center for Law and Social Policy. Available: www.clasp.org/pubs/tanf/tanf% 20comments%201101.pdf

Scales, P. C. (1999, January). Does service-learning make a difference? Source, p. 1. (Minneapolis, MN: Search Institute)

Scales, P. C., & Leffert, N. (1999). Developmental assets: A synthesis of the scientific research on adolescent development. Minneapolis, MN: Search Institute.

Scales, P. C., Benson, P. L., Leffert, N., & Blyth, D. A. (2000). Contribution of developmental assets to the prediction of thriving among adolescents. Applied Developmental Science, 4(1), 27 46.

Scarr, S. (1994). Ethical problems in research on risky behaviors and risky populations. Ethics Behavior, 4(2), 147-156.

Scarr, S. (1998). American child care today. American Psychologist, 53(2), 95-108.

Scarr, S., & Kidd, K. K. (1983). Developmental behavior genetics. In P. H. Mussen (Series Ed.), M. M. Haith & J. J. Campos (Vol. Eds.), Handbook of child psychology: Vol. 2. Infancy and developmental psychobiology (pp. 345-433). New York: Wiley.

Schaffer, H. R., & Emerson, P. E. (1964). The development of social attachments in infancy. Monographs of the Society for Research in Child Development, 29(Whole No. 94).

Schene, P. (2001, Spring). Meeting each family's needs: Using differential responses in reports of child abuse and neglect. Best Practice, Next Practice, pp. 1-6. (Washington, D. C.: National Child Welfare Resource Center for Family-Centered Practice)

Schinke, S. P., Cole, K. C., & Roulin, S. R. (2000). Summary of enhancing the educational achievement of at-risk youth. Prevention Science, 1, 51-60.

Schirm, A. L. (2000). Reaching those in need: Food stamp participation rates in the states. Washington, DC: U.S. Department of Agriculture, Food and Nutrition Service. Available: www.fns.usda.gov/oane/menu/published/fsp/files/participation/reaching.pdf

Schirm, A. L., & Czajka, J. L. (2000). State estimates of uninsured children, January 1998. Washington, DC: U.S. Department of Health and Human Services. Available: http://aspe.os.dhhs.gov/health/reports/state%20estimates%20 of %20uninsured%20children%20(cps)/index.htm

Schlaggar, B. L., Fox, K., & O'Leary, D. D. (1993). Postsynaptic control of plasticity in developing somatosensory cortex. Nature, 364(6438), 623-626.

Schmid, R, E. (2000, January 13), Twice as many Americans by 2100, Augusta Chronicle, n.p.

Schmitz, C. L., Wagner, J. D., & Menke, E. M. (1995). Homelessness as one component of housing instability and its impact on the development of children in poverty. Journal of Social Distress and the Homeless, 4, 301-317.

Schneewind, K. A. (1995). Impact of family processes on control beliefs. In A. Bandura (Ed.), Self-efficacy in changing societies (pp. 114-148). New York: Cambridge University Press.

Schneirla, T. C. (1956). Interrelationships of the innate and the acquired in instinctive behavior. In P. P. Grasse' (Ed.), L'instinct dans le comportement desanimaux et de l'homme. Paris: Mason et Cie.

Schneirla, T. C. (1957). The concept of development in comparative psychology. In D. B. Harris (Ed.), The concept of development: An issue in the study of human behavior (pp. 78-108). Minneapolis: University of Minnesota Press.

Schoenwald, S. K., Borduin, C. M., & Henggeler, S. W. (1998). Multisystemic therapy: Changing the natural and service ecologies of adolescents and families. In M. Epstein, K. Kutash, & A. Duchnowski (Eds.), Outcomes for children and youth with behavioral and emotional disorders and their families: Programs and evaluations best practices (pp. 485-511). Austin, TX: Pro-Ed.

School Choices. (1998). School vouchers: Issues and arguments. [Online]. Available: www.schoolchoices.org/roo/vouchers.htm

Schorr, A. L. (1966). Slums and social insecurity (prepared for the U.S. Department of Health, Education, and Welfare, Research Report No. 1). Washington, DC: Government Printing Office.

Schorr, L. B. (1988). Within our reach: Breaking the cycle of disadvantage. Garden City, NY: Doubleday.

Schorr, L. B. (1988). Within our reach: Breaking the cycle of disadvantage. New York: Doubleday.

Schorr, L. B. (1988). Within our reach: Breaking the cycle of disadvantage. New York: Doubleday.

Schorr, L. B. (1997). Common purpose: Strengthening families and neighborboods to rebuild America. New York: Doubleday.

Schorr, L. B. (1997). Common purpose: Strengthening families and neighborhoods to rebuild America. Garden City, NY: Doubleday.

Schorr, L. B. (1997). Common purpose: Strengthening families and neighborhoods to rebuild America. New York: Doubleday.

Schreiner, M., Sherraden, M., Clancy, M., Johnson, L., Curley, J., Grinstein-Weiss, M., Zhan, M., & Beverly, S. (2001). Savings and asset accumulation in Individual Development Accounts: Downpayments on the American Dream Policy Demonstration, a national demonstration of Individual Development Accounts. St. Louis, MO: Center for Social Development. Available: http://gwbweb.wust1.edu/users/csd/add/addreport2001/contents.html

Schuerman, J., Rzepnicki, T., & Little, J. (1994). Putting families first: An experiment in family preservation. Hawthorne, NY: Aldine de Gruyter.

Schulenberg, J., & Maggs, J. L., & Hurrelmann, K. (Eds.). (1997). Health risks and developmental transitions during adolescence. New York: Cambridge University Press.

Schulman, K., & Adams, G. (1998). Issue brief :The high cost of child care puts quality care out of reach for many families. Washington, DC: Children's Defense Fund.

Schumacher, R., Greenberg, M., & Duffy, J. (2001). The impact of TANF funding on state child care subsidy programs. Washington, DC: Center for Law and Social Policy.

Schwebel, D. C., Plumert, J. M., & Pick, H. L. (2000). Integrating basic and applied developmental research: A new model for the twenty-first century. Child Development, 71 (1), 222-230.

Schweinhart, L. J., Barnes, H. V., Weikart, D. P., Barnett, W. S., & Epstein, A. S. (1993). Significant benefits: The High/Scope Perry Preschool Study through age 27 (Monographs of the High/Scope Educational Research Foundatioh, No. 10). Ypsilanti, Ml: High/Scope Press.

Schweinhart, L. J., Berruta-Clement, J. R., Barnett, W. S., Epstein, A. S., & Weikart, D. P. (1985). Effects of the Perry Preschool Program on youths through age 19: A summary. Topics in Early Childhood Special Education, 5(2), 26-35.

Schwienhart, L. J., & Weikart, D. P. (1980). Young children grow up: The effects of the Perry Preschool Program on youths through age 15 (Monograph No. 7). Ypsilanti, MI: High/Scope Educational Research Foundation.

Scott,B. S., Atkinson, L., Minton, H., & Bowman, T. (1997). Psychological distress of parents of infants with Down syndrome. American Journal on Mental Retardation, 102, 161-171.

Scott-Jones, D. (1994). Ethical issues in reporting and referring in research with low-income minority children. Ethics Behavior, 4, 97-108.

Sears, R. R. (1975). Your ancients revisited: A history of child development. In E. M. Hetherington (Ed.), Review of child development research (Vol 6, pp. 1-73). Chicago: University of Chicago Press.

Seccombe, K. (2000). Families in poverty in the 1990s: Trends, causes, consequences, and lessons learned. Journal of Marriage and the Family, 62, 1094-1113.

Segall, M. H., Dasen, P. R., Berry, J. W., &: Poortinga, Y. H. (1999). Human behavior in global perspective. Needham Heights, MA: Allyn & Bacon.

Seitz, V., Rosenbaum, L. K., & Apfel, N. H. (1985). Effects of family support inter- vention: A ten-year follow-up. Child Development, 56, 376-391.

Select Committee on Children, Youth, and Families. (1983). U.S. children and their families: Current conditions and recent trends, 1983. Washington, D. C.: U.S. Government Printing Office.

Select Committee on Children, Youth, and Families. (1987). U.S. children and their families: Current conditions and recent trends, 1987. Washington, D. C.: U.S. Government Printing Office.

Select Committee on Children, Youth, and Families. (1989). U.S. children and their families: Current conditions and recent trends, 1989. Washington, D. C.: U.S. Government Printing Office.

Seligman, M. E. P. (1998). The president's address. American Psychologist, 54, 559-562.

Seligman, M. E. P. (1998a). Building human strength: Psychology's forgotten mission. APA Monitor, 29(1).

Seligman, M. E. P. (1998b). Positive social science. APA Monitor, 29(4).

Seligman, M. E. P. (1998c). Work, love and play [President's column]. APA Monitor Online, 29(8). Retrieved July 3, 2002, from www.apa.org/monitor/aug98/pc.html

Seligman, M. E. P. (2002). Positive psychology, positive prevention, and positive therapy. In C. R. Snyder & S. Lopez (Eds.), Handbook of positive psychology. New York: Oxford University Press.

Seligman, M. E. P., & Schulman, P. (1986). Explanatory style as a predictor of performance as a life insurance agent. Journal of Personality and Social Psychology, 50, 832-838.

Seligman, M. E. P., Reivich, K., Jaycox, L., & Gillham, J. (1995). The optimistic child. New York: Houghton Mifflin.

Seligman, M., & Peterson, C. (in press). Positive clinical psychology. In L. Aspinwall & U. Staudinger (Eds.), A psychology of human strengths: Perspectives on an emerging field. Washington, D. C.: American Psychological Association.

Seltzer, J. A. (1998). Father by law: Effects of joint legal custody on nonresident fathers' involvement with children. Demography, 35, 135-146.

Sen, A. (1999). Development as freedom. Garden City, NY: Anchor Books.

Senge, P. (1990). The fifth discipline: The art and practice of the learning organization. New York: Doubleday Currency.

Sereny, G. (1999). Cries unheard: Why children kill-The story of Mary Bell. New York: Metropolitan Press/Henry Holt.

Shaffer, B. (1993). Service-Learning: An academic methodology. Stanford, CA: Stanford University, Department of Education.

Shapiro, J., & Tittle, K. (1990). Maternal adaptation to child disability in a Hispanic population. Family Relations, 39, 179-185.

Sharifzadeh, V. (1998). Families with Middle Eastern roots. In E. W. Lynch & M. J. Hanson (Eds.), Developing cross-cultural competence: A guide for working with children and their families. (2nd ed., pp. 441-482). Baltimore, MD: Brookes.

Sherrod, L. (1997). Promoting youth development through research-based policies. Applied Developmental Science, 1, 17-27.

Sherrod, L. R. (1996). Leaving home: The role of individual and familial factors. In "Leaving Home," a special issue of New Directions in Child Development, 71, 111-119. San Francisco: Jossey-Bass.

Sherrod, L. R. (1998). The common pursuits of modern philanthropy and the proposed outreach university: Enhancing research and education. In R. Lerner & L. Simon (Eds.), Creating the new outreach university for America's youth and families: Building university-community collaborations for the 21st century. New York: Garland.

Sherrod, L. R. (1999a). Funding opportunities for applied developmental science. In P. Ralston, R. M. Lerner, A. K. Mullis, C. Simerly, & J. Murray (Eds.), Social change, public policy, and community collaboration: Training human development professionals for the twenty-first century (pp. 121-129). Norwell, MA: Kluwer.

Sherrod, L. R. (1999a). Giving child development knowledge away: Using university-community partnerships to disseminate research on children, youth and families. Applied Developmental Science, 3, 228-234.

Sherrod, L. R. (1999b). "Giving child development knowledge away": Using university-community partnerships to disseminate research on children, youth, and families. Applied Developmental Science, 3(4), 228-234.

Sherrod, L. R. (1999b). An historical overview of philanthropy: Funding opportunities for research in applied developmental science. In P. Ralston, R. Lerner, A. Mullis, C. Simerly, & J. Murray (Eds.), Social change, public policy, and community collaboration: Training human development professionals in the twenty first century. Norwell, MA: Kluwer.

Sherrod, L. R. (2002). The psychologist's role in setting a policy agenda for children. In A. Higgins (Ed.), Influential lives: New directions for child development. San Francisco: Jossey-Bass.

Sherrod, L. R., Haggerty, R. J., & Featherman, D. L. (1993). Late adolescence and the transition to adulthood: An introduction. Journal of Research on Adolescence, 3(3), 217-226.

Shinn, M., Weitzman, B. C., Stojanovic, C., Knickman, J. R., Jimenez, L., Duchon, L., James, S., & Krantz, D. (1998). Predictors of homelessness among families in New York City: From shelter request to housing stability. American Journal of Public Health, 88, 1651-1657.

Shlay, A. B. (1993). Family self-sufficiency and housing. Housing Policy Debate, 4, 457-495.

Shlay, A. B. (1995). Housing in the broader context in the United States. Housing Policy Debate, 6, 695-719.

Shonkoff, J. (2000). Science, policy, and practice: Three cultures in search of a shared mission. Child Development, 71, 181-187.

Shonkoff, J. P., & Phillips, D. A. (2000). From neurons to neighborhoods: The science of early childhood development. Washington, DC: National Academy of Sciences Press.

Shonkoff, J. P., & Phillips, D. A. (Eds.). (2000). From neurons to neighborhoods: The scrence of early childhood development. Washington, DC: National Academy Press.

Shonkoff, J. P., Hauser-Cram, P., Krauss, M. W., & Upshur, C. C. (1992). Development of infants with disabilities and their families. Monographs of the Society for Research in Child Development, 57(6, Serial No. 230).

Shumow, L., & Miller, J. (2001). Parents' at home and at school involvement with young adolescents. Journal of Early Adolescence, 21, 68-91.

Shwalb, D. W., Shwalb, B. J., & Shoji, J. (1996). Japanese mothers' ideas about temperament. In S. Harkness & C. M. Super (Eds.), Parents' cultural belief systems: Their origins, expressions, and consequences (pp. 169-191). New York: Guilford.

Shweder, R. A. (1991). Thinking through cultures: Expeditions in cultural psychology. Cambridge, MA: Harvard University Press.

Shweder, R. A., Goodnow, J., Hatano, G., LeVine, R. A., Markus, H., & Miller, P. (1998). The cultural psychology of development: One mind, many mentalities. In W. Damon (Series Ed.) & R. M. Lerner (Vol. Ed.), Handbook of child psychology: Vol. 1. Theoretical models of human development (pp. 865-938). New York: Wiley.

Shweder, R. A., Jensen, L. A., & Goldstein, W. M. (1995). Who sleeps by whom revisited: A method for extracting the moral goods implicit in practice. In J. J. Goodnow, P. J. Miller, & F. Kessel (Eds.), Cultural practices as contexts for development (Vol. 67, pp. 21-39). San Francisco: Jossey-Bass.

Sidman, R. L., & Rakic, P. (1973). Neuronal migration, with special reference to developing human brain: A review. Brain Research, 62, 1-35.

Sidman, R., & Rakic, P. (1982). Development of the human central nervous system. In W. Haymaker & R. D. Adams (Eds.), Histology and histopathology of the nervous system Springfield, IL: Charles C Thomas.

Siegel, A. W., & White, S. H. (1982). The child study movement: Early growth and development of the symbolized child. In H. W. Reese (Ed.), Advances in child development and behavior (Vol. 17, pp. 233-285). New York: Academic Press.

Sigel, I. E. (1981). Child development research in learning and cognition in the 1980s: Continuities and discontinuities from the 1970s. Merrill Palmer Quarterly, 27(4), 347-371.

Sigel, I. E. (1985). Parental belief systems: The psychological consequences for children. Hillsdale, NJ: Lawrence Erlbaum.

Sigel, I. E. (Ed.).(1984). Parental belief systems: The psychological consequences for children. Hillsdale, NJ: Lawrence Erlbaum.

Sigel, I. E., & Cocking, R. R. (1980). Editors' message. Journal of Applied Developmental Psychology, 1(1), i-iii.

Sigel, I. E., McGillicuddy-DeLisi, A. V., & Goodnow, J. J. (1992). Parental belief systems: The psychological consequences for children (2nd ed.). Hillsdale, NJ: Lawrence Erlbaum.

Sigel, L E., & Renninger, K. A. (Eds.). (1998). Handbook of child psychology: Vol. 4. Child psychology in practice (5th ed.). New York: John Wiley.

Sigel,I. E., & McGillicuddy-De Lisi, A. (2002). Parental beliefs and cognitions: The dynamic belief systems model. In M. H. Bornstein (Ed.), Handbook of parenting: Vol. 3. Status and social conditions of parenting (2nd ed., pp. 485-508). Mahwah, NJ: Lawrence Erlbaum.

Simons, R. L. (1996). Understanding differences between divorced and intact families: Stress, interaction, and child outcome. Thousand Oaks, CA: Sage.

Simons, R. L., Lorenz, F. O., Wu, C., & Conger, R. D. (1993). Social network and marital support as mediators and moderators of the impact of stress and depression on parental behavior. Developmental Psychology, 29, 368-381.

Simons, R. L., Whitbeck, L. B., Beaman, J., & Conger, R. D. (1994). The impact of mothers' parenting, involvement by nonresidential fathers, and parental con- flict on the adjustment of adolescent children. Journctl of Marriage and tbe Family, 56, 356-374.

Simons, R. L., Whitbeck, L. B., Melby, J. N., & Wu, C. (1994). Economic pressure and harsh parenting. In R. D. Conger & G. H. Elder, Jr. (Eds.), Families in troubled times: Adapting to change in rural America (pp. 207-222). New York: Aldine de Gruyter.

Sinha, D. (1986). Psychology in a third world country: The Indian experience. New Delhi, India: Sage.

Sinha, D. (1997). Indigenizing psychology. In J. W. Berry, Y. H. Poortinga, J. Panday, P. R. Dasen, & T. S. Saraswathi, M. Segall, & C. Kagitgibasi (Series Eds.); J. W. Berry, Y. H. Poortinga, & J. Pandey (Vol. Eds.), Handbook of cross-cultural psychology: Vol. 1. Theory and method (2nd ed., pp. 129-170). Needham Heights, MA: Allyn & Bacon.

Sinha, S. R. (1995). Child-rearing practices relevant for the growth of dependency and competence in children. In J. Valsiner (Ed.), Comparative-cultural and constructivist perspectives: Child development within culturally structured environments. (Vol. 3, pp. 105-137). Norwood, NJ: Ablex.

Skinner, D., Bailey, D. B., Correa, V., & Rodriguez, P. (1999). Narrating self and disability: Latino mothers' construction of identities vis-à-vis their child with special needs. Exceptional Children, 65, 481-495.

Skocpol, T. (2000). The missing middle. New York: Norton.

Slaughter, D. (1988). Programs for racially and ethnically diverse American families: some critical issues. In H. B. Weiss & F. H. Jacobs (Eds.), Evaluating family programs (pp. 461-476). New York: Aldine.

Slaughter-Defoe, D. T. (1993). Home visiting with families in poverty: Introducing the concept of culture. The Future of Children: Home Visiting, (3)3, 172-183.

Slive, S. D., & Mistry, J. (2002). Theories of program. provider-participant relationship: Interpretation and implementation, in three programs. Working paper, Massachusetts Healthy Families Evaluation, Tufts University, Boston, MA.

Smale, G. G. (1995). Integrating community and individual practice: A new paradigm for practice. In P. Adams & K. E. Nelson (Eds.), Reinventing human services: Community- and family-centered practice (pp. 59-85). Hawthorne, NY: Aldine de Gruyter.

Small, M. L., Maher, L. S., Allensworth, D. D., Farquhar, B. K., Kann, L., & Pateman, B. C. (1995). School health services. Journal of School Health, 65, 319-325.

Smart Start Evaluation Team. (2000). Smart Start services and successes (annual report, 1999-2000). Chapel Hill: University of North Carolina, Frank Porter Graham Child Development Center.

Smart, I. H. M. (1985). A localised growth zone in the wall of the developing mouse telencephalon. Journal of Anatomy, 140, 397-402.

Smeeding, T. M., Rainwater, L., & Burless, G. (2000). United States poverty in a cross-national context (Luxembourg Income Study Working Paper No. 244). Syracuse, NY: Syracuse University. Available: http://lisweb.ceps.lu/publications. htm

Smetana, J. G. (Ed.). (1994). New directions for child development: Vol. 66. Beliefs about parenting: Origins and developmental implications San Francisco: Jossey-Bass.

Smith, C., Perou, R., & Lesesne, C. (2002). Parent education. In M. H. Bornstein (Ed.), Handbook of parenting: Vol. 4. Applied parenting (2nd ed., pp. 389-410). Mahwah, NJ: Lawrence Erlbaum.

Smith, J. L., & Schoenwolf, G. C. (1997). Neurulation: Coming to closure. Trends in Neurosciences, 20, 510-517.

Smith, J. R., & Brooks-Gunn, J. (1997). Correlates and consequences of harsh discipline for young children. Arcbives of Pediatric and Adolescent Medicine, 151, 77 7-786.

Smith, J. R., Brooks-Gunn, J., & Klebanov, P. K. (1997). Consequences of living in poverty for young children's cognitive and verbal ability and early school achievement. In G. J. Duncan & J. Brooks-Gunn (Eds.), Consequences of growing up poor (pp. 132-189). New York: Russell Sage.

Smith, P. K., & Drew, L. M. (2002). Grandparenthood. In M. H. Bornstein (Ed.), Handbook of parenting: Vol. 3. Status and social conditions of parenting (2nd ed., pp. 141-172). Mahwah, NJ: Lawrence Erlbaum.

Smith, S.,& Zaslow, M. (1995). Rationale and policy context for two-generation interventions. In S. Smith (Ed.), Two generation programs for families in poverty: A new intervention strategy (pp. 1-35). Norwood, NJ: Ablex.

Smizik, F. I., & Stone, M. E. (1988). Single-parent families and a right to housing. In E. A. Mulroy (Ed.), Women as single parents (pp. 227-270). Dover, MA: Auburn House.

Snow, C. E., & Goldfield, B. A. (1982). Building stories: The emergence of information structures from conversation. In D. Tannen (Ed.), Georgetown University's roundtable on language and linguistics. Washington, DC: Georgetown University Press.

Snow, C. E., Barnes, W. S., Chandler, J., Goodman, I. F., & Hemphill, 1. (1991). Unfilled expectations: Home and school influences on literacy. Cambridge, MA: Harvard University Press.

Social Care Group. (2000). Framework for the assessment of children in need and their families (joint project of Department of Health, Department for Education and Employment, and Home Office in England). London: Her Majesty's Stationery Office. Available: www.the-stationery-office.co.uk/doh/facn/facn.htm

Solnit, A. J., & Stark, M. H. (1961). Mourning and the birth of a defective child. Psychoanalytic Study of the Child, 16, 523-537.

Sondik, E. J., Wilson-Lucas, J., Madans, J. H., & Smith, S. S. (2000). Racial/ethnicity and the 2000 census: Implications for public health. American Journal of Public Health, 90(11), 1709-1713.

Sonenstein, F. L., Holcomb, P. A., & Seefeldt, K. S. (1994). Promising approaches to improving paternity establishment rates at the local level. In I. Garfinkel, S. S. McLanahan, & P. K. Robins (Eds.), Child support and cbild well-being (pp. 31 -59). Washington, DC: Urban Institute.

Sowell, E. R., Thompson, P. M., Holmes, C. J., Jernigan, T. L., & Toga, A. W. (1999). In vivo evidence for post-adolescent brain maturation in frontal and striatal regions. Nature Neuroscience, 2(10), 859-861.

Spanier, G. B. (1999). Enhancing the quality of life: A model for the 21st century land-grant university. Applied Developmental Science, 3(4), 199-205.

Specht, H., & Courtney, M. E. (1994). Unfaithful angels: How social work abandoned its mission. New York: Free Press.

Spemann, H., & Mangold, H. (1924). Uber induktion von embryonalanlagen dürch implantation artfremder organisatoren. Archiv Fuer Mikroskopische Anatomie Entwicklungsmechanik, 100, 599-638.

Sprague, J. F. (1991). More than housing: Lifeboats for women and children. Boston: Butterworth Architecture.

Srinivasan, S., & Guillermo, T. (2000). Toward improved health: Disaggregating Asian American and Native Hawaiian/Pacific Islander data. American Journal of Public Health, 90(11), 1731-1734.

St. Pierre, R. G., & Layzer, J. I. (1998). Improving the life chances of children in poverty: Assumptions and what we have learned (Social Policy Report No. 12). Ann Arbor, MI: Society for Research in Child Development.

St. Pierre, R. G., & Layzer, J. I. (1999). Using home visits for multiple purposes: The Comprehensive Child Development Program. The Future o f Children, 9, 134-151.

St. Pierre, R., Layzer, J., Goodson, B., & Bernstein, L. (1997). National impact evaluation of the Comprehensive Child Development Program. Cambridge, UK: Abt Associates.

Stagner, M., & Zweig, J. (2001, June 14-15). Indicators of youth well-being: Taking the long view. Paper presented at conference, "Key Indicators of Child and Youth Well-Being: Completing the Picture," Bethesda, MD.

Stallings, J., Fleming, A. S., Corter, C., Worthman, C., & Steiner, M. (2001). The effects of infant cries and odors on sympathy, cortisol, and autonomic responses in new mothers and non-postpartum women. Parenting: Science and Practice, 1, 71-100.

State Policy Documentation Project. (2001). Findings in Brief: Child care assistance. [Online]. Available: www.spdp.org

Steinberg, L., & Schwartz, R. G. (2000). Developmental psychology goes to court. In T. Grisso & R. G. Schwartz (Eds.), Youth on trial: A developmental perspective on juvenile justice. Chicago: University of Chicago Press.

Steinberg, L., Dornbusch, S. M., & Brown, B. B. (1992). Ethnic differences in adolescent achievement: An ecological perspective. American Psychologist, 47(6), 723-729.

Steiner, G. T. (1976). The children's cause. Washington, DC: Brookings Institution.

Stenberg, C. W. (1989). Federalism in transition: 1959-1979. In Readings in federalism: Perspectives on a decade of change (SR-11). Washington, DC: Advisory Committee on Intergovernmental Relations.

Stevenson, D. L., & Baker, D. P. (1987). The family-school relation and the child's school performance. Child Development, 58, 1348-1357.

Stigler, J. W., Shweder, R. A., & Herdt, G. (Eds.). (1990). Cultural psychology: Essays on comparative human development. New York: Cambridge University Press.

Stiles, J. (2001). Spatial cognitive development. In C. A. Nelson & M. Luciana (Eds.), Handbook of developmental cognitive neuroscience (pp. 399-414). Cambridge: MIT Press.

Stone, M. E. (1993). Shelter poverty: New ideas on housing affordability. Philadelphia: Temple University Press.

Stone, M. E. (forthcoming). Shelter poverty. In R. G. Bratt, C. Hartman, & M. E. Stone (Eds.), Housing: Foundation of a new social agenda. Philadelphia: Temple University Press.

Stoneman, Z. (1998). Research on siblings of children with mental retardation: Contributions of developmental theory and etiology. In J. A. Burack, R. M. Hodapp, & E. Zigler (Eds.), Handbook of mental retardation and development (pp. 669-692). New York: Cambridge University Press.

Strauss, S. (1998). Cognitive development and science education: Toward a middle level model. In W. Damon (Series Ed.), I. E. Sigel & K. A. Renninger (Vol. Eds.),Handbook of child psychology: Vol. 4. Child psychology in practice (5th ed., pp. 357-400). New York: Wiley.

Strawn. J. (1992). The states and the poor: Child poverty rises as the safety net shrinks (Social Policy Report No. 6). Ann Arbor, MI: Society for

Research in Child Development.

Subcommittee on the Tenth Edition of the RDAs, Food and Nutrition Board, Commission on Life Sciences, National Research Council. (1989). Recommended dietary allowances (10th ed.). Washington, DC: National Academy Press.

Sugarman, J. (1991). Building early childhood systems. Washington, DC: Child Welfare League of America.

Sugarman, J., Kass, N. E., Goodman, S. N., Parentesis, P., Fernandes, P., & Faden, R. (1998). What patients say about medical research. IRB: A Review of Human Subjects Research, 10, 1-7.

Sugland, B. W., Zaslow, M., Smith, J. R., Brooks-Gunn, J., Coates, D., Blumenthal, C., Moore, K. A., Griffin, T., & Bradley, R. (1995). The early childhood HOME inventory and HOME-Short Form in differing racial/ethnic groups. Journal of Family Issues, 16, 632-663.

Super, C. M., & Harkness, S. (1986). The developmental niche: A conceptualization at the interface of child and culture. International Journal of Behavioral Development, 9, 545-569.

Super, C. M., & Harkness, S. (1997). The cultural structuring of child development. In J. W. Berry, Y. P. Poortinga, J. Pandey, P. R. Dasen, T. S. Saraswathi, M. H. Segall, & C. Kagit-ibasi (Series Ed.), J. W. Berry, P. R. Dasen, & T. S. Saraswathi (Vol. Eds.). Handbook of cross-cultural psychology: Vol. 2. Basic processes and human development. Boston, MA: Allyn & Bacon.

Super, C. M., Harkness, S., van Tijen, N., van der Vlugt, E., Dykstra, J., & Fintelman, M. (1996). The three R's of Dutch childrearing and the socialization of infant arousal. In S. Harkness & C. M. Super (Eds.), Parenta' cultural belief systems: Their origins, expressions, and consequences (pp. 447-466). New York: Guilford.

Suro, R. (2000, February). Beyond economics. American Demograpbics, pp. 48-55.

Suter, D. M., & Forscher, P. (1998). An emerging link between cytoskeletal dynamics and cell adhesion molecules in growth cone guidance. Current Opinion in Neurobiology, 8, 106-116.

Symons, C. W. (1997). Bridging student health risks and academic achievement through comprehensive school health programs. Journal of School Health, 67, 224.

Takahashi, T., Nowakowski, R. S., & Caviness, V. S. Jr. (1994). Mode of cell proliferation in the developing mouse neocortex. Proceedings of the National Academy of Sciences, 91, 375-379.

Takahashi, T., Nowakowski, R. S., & Caviness, V. S. Jr. (2001). Neocortical neurogenesis: Regulation, control points, and a strategy of structural variation. In C. A. Nelson & M. Luciana (Eds.) , Handbook of develop mental cognitive neuroscience (pp. 3-22). Cambridge: MIT Press.

Takahaski, K. (1986). Examining the strange situation procedure with Japanese mothers and 12-month-old infants. Developmental Psychology, 22, 263-270.

Takanishi, R. (1993). An agenda for the integration of research and policy during early adolescence. In R. M. Lerner (Ed.), Early adolescence: Perspectives on research, policy, and intervention (pp. 457-470). Hillsdale, NJ: Lawrence Erlbaum.

Takanishi, R. (1993). The opportunities of adolescence—Research interventions and policy: Introduction to the special issue. American Psychologist, 48, 85-87.

Takanishi, R., Mortimer, A., & McGourthy, T. (1997). Positive indicators of adolescent development: Redressing the negative image of American adolescents. In R. Hauser, B. Brown, & W. Prosser (Eds.), Indicators of children's well-being. New York: Russell Sage.

Takeuchi, D. T., Williams, D. R., & Adair, R. K. (1991). Economic stress in the family and children's emotional and behavior problems. Journal of Marriage and the Family, 53, 1031-1041.

Talbert-Johnson, C. (2000). The political context of school desegregation: Equity, school improvement, and accountability. Education and Urban Society, 33(1), 8-16.

Tallal, P., & Piercy, M. (1973). Defects of non-verbal auditory perception in children with developmental aphasia. Nature, 241, 468-469.

Tallal, P., Miller, S. L., Bedi, G., Byma, G., Wang, X., Nagarajan, S. S., Schreiner, C., Jenkins, W. M., & Merzenich, M. M. (1976). Language comprehension in language-learning impaired children improved with acoustically modified speech. Science, 271, 81-84.

Tanenhaus, D. S. (2001, February). The evolution of juvenile courts in the early twentieth century: Beyond the myth of immaculate construction. Paper presented to MacArthur Foundation Research Network on Adolescent Development and Juvenile Justice, San Diego.

Tannock, R. (1988). Control and reciprocity in mothers' interactions with Down syndrome and normal children. In K. Marfo (Ed.), Parent-child interaction. and developmental disabilities:Theory, research, and intervention (pp. 162-180). New York: Praeger.

Task Force on Education of Young Adolescents. (1989). Turning points: Preparing America's youth for the 21st century. Washington, DC: Carnegie Council on Adolescent Development.

Tate, W. F., Ladson-Billings, G., & Grant, C. A. (1996). The Brown decision revisited: Mathematizing a social problem. In M. J. Shujaa (Ed.), Beyond desegregation: The politics of quality in African American schooling (pp. 29-50).Thousand Oaks, CA: Corwin.

Taub, E. (2000). Constraint-induced movement therapy and massed practice. Stroke,31(4), 986-988.

Taylor, R. J., Jackson, J. S., & Chatters, L. M. (Eds.). (1997). Family life in black America. Thousand Oaks, CA: Sage.

Teplin, L., Abram, K., & McClelland, G. (1998, March). Psychiatric and substance abuse disorders among juveniles in detention: An empirical assessment. Paper presented at the meeting of the American Psychology-Law Society, Redondo Beach, CA.

Tessier-Lavigne, M., & Goodman, C. S. (1996). The molecular biology of axon guidance. Science, 274, 1123-1133.

Teti, D. M., & Gelfand, D. M. (1991). Behavioral competence among mothers of infants in the first year: The mediational role of maternal self-efficacy. Child Development, 62, 918-929.

Teti, D. M.,& Candelaria, M. (2002). Parenting competence. In M. H. Bornstein (Ed.), Handbook of parenting: Vol. 4. Applied parenting (2nd ed., pp. 149-180). Mahwah, NJ: Lawrence Erlbaum.

The Children's Partnership. (1998). Exploring constituency-building strategies for children's issues:What's working? Santa Monica. CA: Author.

Thelen, E., & Smith, L. B. (1998). Dynamic systems theories. In W. Damon (Series Ed.) & R. M. Lerner (Vol. Ed.), Handbook of child psychology: Vol. 1. Theoretical models of human development (5th ed., pp. 563-633). New York: Wiley.

Thoenen, H. (1995). Neurotrophins and neuronal plasticity. Science, 270(5236), 593-598.

Thompson, L. (1999). Creating partnerships with government, communities, and universities to achieve results for children. Applied Developmental Science, 3(4), 213-216.

Thompson, R. (1998). Early sociopersonality development. In W. Damon (Series Ed.) & N. Eisenberg (Vol. Ed.), Handbook of child psychology: Vol. 3. Social, emotional, and personality development. (5th ed., pp. 25-104). New York: Wiley.

Thompson, R. A. (1990). Vulnerability in research: A developmental perspective on research risk. Child Development, 61, 1-16.

Thompson, R. A. (1999). The individual child: Temperament, emotion, self, and personality. In M. H. Bornstein & M. E. Lamb (Eds.), Developmental psychology: An advanced textbook (4th ed., pp. 377-409). Mahwah, NJ: Lawrence Erlbaum.

Thompson, R. A., & Nelson, C. A. (2001). Developmental science and the media: Early brain development. American Psychologist, 56(1), 5-15.

Thompson, T. S., Snyder, K., Malm, K., & O'Brien, C. (2001). Recent changes in Washington welfare and work, child care, and child welfare systems (State Update No. 6). Washington, DC: Urban Institute.

Tierney,j., Grossman, J. B., & Resch, N. (1995). Making a difference: An impact study of the Big Brothers/Big Sisters. Philadelphia: Public/ Private Ventures.

Tietze, W., Cryer, D., Bairrao, J., Palacios, J., & Wetzel, G. (1996). Comparisons of observed process quality in early care and education programs in five countries. Early Childhood Research Quarterly, 11, 447-475.

Tinsley, B. J., Markey, C. N., Ericksen, A.J., Kwasman, A., & Oritz, R. V. (2002). Health promotion for parents. In M. H. Bornstein (Ed.), Handbook of parenting: Vol. 5. Practical parenting (2nd ed., pp. 311-328). Mahwah, NJ: Lawrence Erlbaum.

Tobach, E. (1994). Personal is political is personal is political. Journal of Social Issues, 50, 221-224.

Topitzes, D., Camino, L., & Zeldin, S. (2001). A study of youth philanthropy and teen court programs in Jefferson County: Developmental processes and youth outcomes. Madison: University of Wisconsin.

Torhet, P., Gable, R., Hurst, H., IV, Montgomery, I., Szymanski, L., & Thomas, D. (1996). State responses to serious and violent juvenile crime. Washington, DC: Office of juvenile Justice and Delinquency Prevention.

Tout, K., Martinson, K., Koralek, R., & Ehrle, J. (2001). Recent changes in Minnesota welfare and work, child care, and child welfare systems (State Update No. 3). Washington, DC: Urban Institute.

Townsend, P. (1992). The international analysis of poverty. Hemel Hempstead, UK: Harvester Wheatsheaf.

Treanor, W. W., & Volenik, A. E. (1987). The new right's agenda for the states: A legislator's briefing book. Washington, DC: American Youth Work Center.

Triandis, H. C. (1980). Introduction to handbook of cross-cultural psychology. Ir H. C. Triandis &: W. W. Lambert (Eds.), Handbook of cross-cultural psychology (Vol. 1. pp. 1-14). Boston, MA: Allyn & Bacon.

Trickett, E. J., Barone, C., & Buchanan, R. M. (1996). Elaborating developmental contextualism in adolescent research and intervention: Paradigm contributions from community psychology. Journal of Research on Adolescence, 6(3), 245-269.

Trickett, P. K., & Putnam, F. W. (1998). Developmental consequences of sexual abuse. In P. K. Trickett & C. J. Schellenbach (Eds.), Violence against children in the family and the community (pp. 39-56). Washington, D. C.: American Psychological Association.

Trickett, P. K., & Schellenbach, C. J. (1998). Violence against children in the family and the community. Washington, D. C.: American Psychological Association.

Trickett, P. K., Aber, J. L., Carlson, V., & Cicchetti, D. (1991). Relationship of socioeconomic status to the etiology and developmental sequelae of physical child abuse. Developmental Psychology, 37, 149-158.

Tronick, E. Z., & Weinberg, M. K. (1997). Depressed mothers and infants: Failure to form dyadic states of consciousness. In L. Murray & P. J. Cooper (Eds.), Postpartum depression and child development (pp. 54-81). New York: Guilford.

Tuch, S. A., & Hughes, M. (1996). Whites' racial policy attitudes. Social Science Quarterly, 77(4), 723-745.

Turnbull, A. P., Blue-Banning, M., & Pereira, 1. (2000). Successful friendships of Hispanic children and youth with disabilities: An exploratory study. Mental Retardation, 38, 138-153.

Turnbull, A. P., Turbiville, V., & Turnbull, H. R. (2000). Evolution of family-professional partnerships: Collective empowerment as the model for the early twenty-first century. In J. P. Shonkoff & S. J. Meisels (Eds.), Handbook o f early childhood intervention (2nd ed., pp. 630-650). New York: Cambridge University Press.

Turner, M. A. (1998). Moving out of poverty: Expanding mobility and choice through tenant-based housing assistance. Housing Policy Debate, 9, 373-394.

Twohey, M. (2001, July 7). A moderate hangs tough. National Jrournal, p. 2159.

U.S. Bureau of the Census. (2001). Census 2000: U.S. Department of Commerce, Economics, and Statistics Administration. Washington, D. C: Author.

U.S. Bureau of the Census. (2001). Population by race and Hispanic or Latino origin, for the United States: 1990 and 2000. Washington, DC: U.S. Department of Commerce, Economics and Statistics Administration.

U.S. Catholic Conference. (1975). The rigbh to a decent home: A pastoral response to the crisis in housing: A statement of the Catholic bishops of the United States. Washington, DC: Author.

U.S. Census Bureau. (1980). General data. [Online]. Available: www.census.gov

U.S. Census Bureau. (1998). Child support for custodial mothers and fathers: 1997 (Current Population Reports, No. P60-212). Washington, DC: Author. Available: www.census.gov/prod/2000pubs/p60-212.pdf

U.S. Census Bureau. (2000). General data. [Online]. Available: www.census.gov/dmd/www/2khome.htm

U.S. Census Bureau. (2000). Poverty in the United States, 1999 (Current Population Reports, No. P60-210). Washington, DC: Author. Available: www.census.gov/prod/2000pubs/p60-210.pdf

U.S. Department of Education. (1998). Safe and smart: Making the after-school hours work for kids. Washington, DC: Author.

U.S. Department of Education. (2000). After-school programs: Keeping children safe and smart. Washington, DC: Author.

U.S. Department of Education. (2001). 21st Century Community Learning Centers. [Online]. Available: www.ed.gov/21stcclc

U.S. Department of Education. (2001). National postsecondary student aid study: Student financial aid estimates for 1999-2000. Washington, DC: U.S. Department of Education.

U.S. Department of Health and Human Services and U.S. Department of Education. (2000). Promoting better health for young people through physical activity and sports: A report to the president from the Secretary of Health and Human Services and the Secretary of Education,. [Online]. Available: www.cdc.gov/nccdphp/dash/presphysactrpt

U.S. Department of Health and Human Services, (2000). Child welfare outcomes 1998: Annual report. Washington, D. C.: U.S. Department of Health and Human Services. Available on the World Wide Web at http://www.acf.dhhs.gov/programs/cb.

U.S. Department of Health and Human Services. (1996). Adolescent time use, risky behavior, and outcomes: An analysis of national data. Washington, DC: Author.

U.S. Department of Health and Human Services. (2000). 21 million children's health: Executive summary, 2000. Retrieved from the World Wide Web at http://fatherhood.hhs.gov.

U.S. Department of Health and Human Services. (2000). A national strategy to prevent teen pregnancy: Annual report, 1999-2000. Washington, DC: Author. Available: http://aspe.hhs.gov/hsp/teenp/ann-rpt00

U.S. Department of Health and Human Services. (2001). Retrieved from the World Wide Web, May 2001, at http://fatherhood.hhs.gov.

U.S. Department of Health and Human Services. (2001). Trends in the well-being of America's children and youth 2000. Washington, D. C.: Author.

U.S. Department of Health and Human Services. (2001a). Child maltreatment 1999. Washington, D. C. Government Printing Office.

U.S. Department of Health and Human Services. (2001b). Evaluation of family preservation and reunification services (executive summary to the interim report). Washington, D. C.: Author.

U.S. Department of Health and Human Services. (2002). HHS fact sheet: The State Children's Health Insurance Program (SCHIP). Washington, DC: Author. Available: www.hhs.gov/news/press/2002pres/schip.html

U.S. Department of Housing and Urban Development. (1995). Reinvention blue-print. Washington, DC: Author.

U.S. Department of Housing and Urban Development. (1998). Rental housing assistance: The crisis continues—The 1997 report to Congress on worst case housing needs. Washington, DC: Office of Policy Development and Research.

U.S. Department of Housing and Urban Development. (1999a). Waiting in vain: An update on America's rental housing crisis. Washington, DC: Author.

U.S. Department of Housing and Urban Development. (1999b). The widening gap: New findings on housing affordability in America. Washington, DC: Author.

U.S. Department of Housing and Urban Development. (2000a). Rental housing assistance: The worsening crisis—A report to Congress on worst case housing needs. Washington, DC: Author.

U.S. Department of Housing and Urban Development. (2000b). A vision for change: The story of HUD's transformation. Washington, DC: Author.

U.S. Department of Housing and Urban Development. (2001a). Housing Choice Vouchers. Washington, DC: Author. Available: www.hud.gov/offices/pih/ programs/hcv/index.cfm

U.S. Department of Housing and Urban Development. (2001b). HUD's public housing program. Washington, DC: Author. Available: www.hud.gov/phprog.cfm

U.S. Department of Labor. (2001). Minimum wage and overtime hours under the Fair Labor Standards Act. Washington, DC: U.S. Department of Labor, Employment Standards Administration, Wage and Hour Division. Available: www.dol.gov/dol/esa/public/regs/statutes/whd/minwagel.pdf

U.S. General Accounting Office. (1992). Early intervention: Federal investments like WIC can produce savings (HRD-92-18). Washington, DC: Author.

U.S. General Accounting Office. (1993). Lead-based paint poisoning: Children not fully protected when federal agencies sell homes to public (GAO/RCED-93-38). Washington, DC: Author.

U.S. General Accounting Office. (1994). Child care and welfare recipients face service gaps (GAO/HEHS 94-87). Washington, DC: Author.

U.S. General Accounting Office. (1994). Child care: Child care subsidies increase likelihood that low-income mothers will work (HEHS-95-20). Washington DC: Author.

U.S. General Accounting Office. (1994). Elementary school children: Many change schools frequently, harming their education (GAO/HEHS-94-45). Washington, DC: Author.

U.S. General Accounting Office. (1996). Juvenile justice: Status of delinquency prevention program and description of local projects (GAO/GGD-96-147).Washington, DC: Author.

U.S. General Accounting Office. (1998). Abstracts of GAO reports and testimony, F Y 97. Washington, DC: Author.

U.S. General Accounting Office. (1999). Food Stamp Program: Various factors have led to declining participation—Report to congressional requesters (GAO/RCED-99-185). Washington, DC: Author.

U.S. General Accounting Office. (2000). Title I preschool education: More children served but gauging the effect on school readiness difficult (HEHS-00-171). Washington, DC: Author.

U.S. House of Representatives. (1998). 1998 Green Book: Background material and data on programs within the jurisdiction of the Committee on Ways and Means. Washington, DC: Government Printing Office.

U.S. Senate. (1976). Background materials concerning the Child and Family Services Act, 1975, S. 626. Washington, DC: U.S. Senate, Subcommittee on Children and Youth of the Committee on Labor and Public Welfare.

U.S. Surgeon General. (2000). Oral health in America: A report of the surgeon general. Bethesda, MD: National Institutes of Health, National Institute of Dental and Craniofacial Research.

Umbreit, M. S., & Carey, M. (1995). Restorative justice: Implications for organizational change. Federal Probation, 59, 47-54.

UNICEF Innocenti Research Centre. (2000). A league table of child poverty in rich nations (Innocenti Report Card No. 1). Florence, Italy: Author.

United Nations General Assembly. (1990). Convention on the rights of the child. New York: United Nations Children's Fund.

United Way of America. (1999). Achieving and measuring community outcomes: Challenges, issues, some approaches. Alexandria, VA: United Way of America.

Vale, L. J. (1997). Empathological places: Residents' ambivalence toward remaining in public housing. Journal of Planning Education and Research, 16, 159-175.

Valsiner, J. (1989). From group comparisons to group knowledge: Lessons from cross-cultural psychology. In J. P. Forgas & J. M. Innes (Eds.), Recent advances in social psychology: An in ternational perspective (pp. 501-510). Amsterdaru: North-Holland.

Valsiner, J. (1998). The development of the concept of development: Historical and epistemological perspectives. In W. Damon (Series Ed.) & R. M. Lerner (Vol. Ed.), Handbook of child psychology: Vol. 1. Theoretical models of human development (5th ed., pp. 189-232). New York: Wiley. von Bertalanffy, L. (1933). Modern theories of development. London: Oxford University Press.

Valsiner, J., & Litvinovic, G. (1996). Processes of generalization in parental reasoning. In S. Harkness & C. M. Super (Eds.), Parent's cultural belief systems: Their origins, expressions, and consequences (pp. 56-82). New York:Guilford.

Van Ryan, M., & Burke, J. (2000). The effect of patient race and socio-economic status on physicians' perceptions of patients, Social Science Medicine, 50(6), 813-828.

Vandell, D., & Posner, J. (1999). After school activities and the development of low-income urban children, Developmental Psychology, 35, 868-879.

Vargas, C., Crall, J., & Schneider, D. (1998). Sociodemographic distribution of pediatric dental carries: NHANES □, 2988-2994. Journal of the American Dental Association, 129, 1229-1238.

Vaughn, S., Schumm, J. S., & Sinagub, J. M.(1996). Focus group interviews in education and psychology. Thousand Oaks, CA: Sage.

Veatch, R. M. (1987). The patient as partner. Bloomington: Indiana University Press.

Vega, W. A., Kolodny, B., Hwang, J., & Noble, A. (1993). Prevalence and magni- tude of perinatal substance abuse exposures in California. New England Journal of Medicine, 329, 850-854.

Verscheuren, K., & Marcoen, A. (1999). Representation of self and socioemotional competence in kindergartners: Differential and combined effects of attachment to m++other and to father. Child Development, 70, 183-201.

Volpe, J. J. (1995). Neurology of the newborn (3rd ed.). Philadelphia: W. B. Saunders.

Vygotsky, L. S. (1978). Mind in society: The development of higher psychological processes. Cambridge, MA: Harvard University Press.

Waber, D. P., Vuori-Christiansen, L., Ortiz, N., Clement, J. R., Christiansen, N. E., Mora, J. O., Reed, R. B., & Herrera, M. G. (1981). Nutritional supplementation, maternal education, and cognitive development of infants at risk of malnutrition. American Journal of Clinical Nutrition, 43(Suppl, 4), 807-813.

Wachs, T., Uzgiris, I., & Hunt, J. (1971). Cognitive development in infants of different age levels and from different environmental backgrounds. Merrill-Palmer Quarterly, 17, 283-317.

Wagner, M. M., & Clayton, S. L. (1999). The Parents as Teachers program: Results from two demonstrations. The Future of Children, 9(1), 91-115.

Wagner, M. M., Spiker, D., Hernandez, F., Sung, J., & Gerlach-Downie, S. (2001). Multi-site Parents as Teachers evaluation: Experiences and outcomes for children and families. Menlo Park, CA: SRI International.

Waldfogel, J. (1998). Rethinking the paradigm for child protection. The Future of Children, 8(1), 104-119.

Walker, T. B., Rodriguez, G. G., Johnson, D. L., & Cortez, C. P. (1995). Avance parent-child education program. In S. Smith (Ed.), Two generation programs for families in poverty: A new intervention strategy (pp. 67-90). Norwood, NJ: Ablex.

Walker, T., & Johnson, D. L. (1988). A follow-up evaluation of the Houston Parent-Child Development Center Project: Intelligence test results. Journal of Genetic Psychology, 149, 377-381.

Walkowitz. D. J. (1999). Working with class: Social workers and the politics of middle-class identity. Chapel Hill: University of North Carolina Press.

Walsh, C., & Cepko, C. L. (1992). Widespread dispersion of neuronal clones across functional regions of the cerebral cortex. Science, 255(5043), 434-440.

Walsh, C., & Cepko, C. L. (1993). Clonal dispersion in proliferative layers of developing cerebral cortex. Nature, 362(6421), 632-635.

Walsh, F. (Ed.). (1980). Normal family processes. New York: Guilford.

Warfield, M. E., Krauss, M. W., Upshur, C. C., & Shonkoff, J. P. (1999). Adaptation during early childhood among mothers of children with disabilities. Journal of Developmental and Behavioral Pediatrics, 20, 9-16.

Weikart, D. P., & Schweinhart, L. J. (1991). Disadvantaged children and curriculum effects. New Directions for Child Development, 53, 57-64.

Weikart, D. P., & Schweinhart, L. J. (1992). High/Scope Preschool Program out-comes. In J. T. McCord & R. E. Trembly (Eds.), Preventing antisocial behavior: Interventions from birth through adolescence (pp. 67 86). New York: Guilford.

Weikart, D. P., & Schweinhart, L. J. (1997). High/Scope Perry Preschool Program. In G. W. Albee & T. P. Gullotta (Eds.), Primary prevention works (pp. 146-166). Thousand Oaks, CA: Sage.

Weikart, D. P., Bond, J. T., & McNeil, J. T. (1978). The Ypsilanti Perry Preschool Project: Preschool years and longitudinal results through fourth grade (Monographs of the High/Scope Educational Research Foundation, No. 3). Ypsilanti, MI: High/Scope Press.

Weiner, L. (2000). Democracy, pluralism, and schooling: A progressive agenda. American Educational Studies Association, 31, 212-224.

Weinger, S. (1998). Poor children "know their place": Perceptions of poverty , class, and public messages. Journal of Sociology and Social Welfare, 25, 100-118.

Weinger, S. (1999). Views of the child with mental retardation: Relationship to family functioning. Family Therapy, 26, 63-79.

Weisner, T. S. (1993). Siblings in cultural place: Ethnographic and ecocultural perspectives on siblings of developmentally delayed children. In Z. Stoneman & P. Berman (Eds.), Siblings of individuals with mental retardation, pbysical disabilities, and chronic illness (pp. 51-83). Baltimore, MD: Brookes.

Weiss, C. H. (1995). Nothing as practical as good theory: Exploring theory-based evaluation for comprehensive community initiatives for children and families. In J. Connell, A. Kubisch, L. Schorr, & C. Weiss (Eds.), New approaches to evaluating comprehensive community initiatives: Concepts, methods, and contexts. Washington, D. C.: Aspen Institute.

Weiss, H. B. (1993). Home visits: Necessary but not sufficient. The Future of Children, 3(3), 113-128.

Weiss, H. B., & Jacobs, F. H. (Eds.). (1988). Evaluating family programs. New York: Aldine de Gruyter.

Weissberg, R. P., & Greenberg, M. T. (1998). School and community competenceenhancement and prevention programs. In W. Damon (Series Ed.), I. E. Sigel & K. A. Renninger (Vol. Eds.), Handbook of child psychology: Vol. 4. Child psychology in practice (5th ed., pp. 877-954). New York: Wiley.

Weithorn, L. A. (1983). Children's capacities to decide about participation in research. IRB: A Review of Human Subjects Research, 5, 1-5.

Werker, J. F., & Vouloumanos, A. (2001). Speech and language processing in infancy: A neurocognitive approach. In C. A. Nelson & M. Luciana (Eds.), Handbook of developmental cognitice neuroscience. Cambridge: MIT Press.

Wertlieb, D. (2001). Converging trends in family research and pediatrics: Recent findings for the AAP task force on the family. Unpublished manuscript.

Wertlieb, D. (2003). Applied developmental science. In I. B. Weiner (Series Ed.), R. M. Lerner, M. A. Easterbrooks, & J. Mistry (Vol. Eds.), Handbook of psychology: Vol. 6. Developmental psychology. New York: Wiley.

Wertlieb, D. L. (1997). Children whose parents divorce: Life trajectories and turning points. In I. Gotlieb & B. Wheaton (Eds.), Stress and adversity over the life course: Trajectories and turning points (pp. 179-196). Cambridge, UK: Cambridge University Press.

Wertsch, J. V. (1985). Culture, communication, and cognition.: Vygotskian perspectives. New York: Cambridge University Press.

Wertsch, J. V. (1991). Voices of the mind. Cambridge, MA: Harvard University Press.

Wertsch, J. V., & Tulviste, P. (1992). L. S. Vygotsky and contemporary developmental psychology. Developmental Psychology, 28(4), pp. 548-557.

West, j., Brimhall, D. A., Smith, E., & Richman, N. (2001, April). Children's experiences with school: How involved are their parents? Paper presented at the meeting of the Society for Research in Child Development, Minneapolis, MN.

White, A., & Saegert, S. (1997). Return from abandonment: The tenant interim lease program and the development of low-income cooperatives in New York City's most neglected neighborhoods. In W. Van Vliet—(Ed.), Affordable housing and urban development in the United States (pp. 158-180). Thousand Oaks, CA: Sage.

White, S. H. (1992). G. Stanley Hall: From philosophy to developmental psychology. Developmental Psychology, 28, 25-34.

Whitebook, M., Howes, C., & Phillips, D. (1998). Worthy work, unlivable wages: The National Child Care Staffing Study, 1988-1997. Washington, DC: Center for the Child Care Workforce.

Whitehead, C. (1998). The benefits of better homes: The case for good quality affordable housing. London: Shelter, Paddington Churches Housing Association.

Widom, C. S. (1991). The role of placement experiences in mediating the criminal consequences of early childhood victimization. American Journal of Orthopsychiatry, 61, 195-209.

Wilcox, D. M. (1999). American core values and question of diversity. In Naylor, L. L. (Ed.), Problems and issues of diversity in the United States (pp. 19-53). Westport, CT: Bergin & Garvey.

Wilkinson, D. (1999). Reframing family ethnicity in America. In H. P. McAdoo (Ed.), Family ethnicity: Strength in diversity (pp. 15-60). Thousand Oaks, CA: Sage.

Williams, C., Scheier, L. M., Botvin, G. J., Baker, E., & Miller, N. (1997). Risk factors for alcohol use among inner-city minority youth: A comparative analysis of youth living in public and conventional housing. Journal of ChildAdolescent Substance Abuse, 6(1), 69-89.

Williams, D. R. (1999). Race, SES, and health: The added effects of racism and discrimination. Annals of New York Academy of Sciences, 896, 173-188.

Williams, D. R., & Rucker, T. D. (2000). Understanding and addressing racial disparities in health care. Health Care Financing Review, 21(4), 75-90.

Williams, S. D. (1995). Integrating the family service system from the inside out: A view from the bureaucratic trenches. Journal of Family and Economic Issues, 16, 413-424.

Williams, W. M., & Sternberg, R. J. (2002). How parents can maximize children's cognitive abilities. In M. H. Bornstein (Ed.), Handbook of parenting: Vol. 5. Practical parenting (2nd ed., pp. 169-194). Mahwah, NJ: Lawrence Erlbaum.

Wilson, W. J. (1987). The truly disadvantaged. Chicago: University of Chicago Press.

Wingfield, K. (2001). Breaking the link between child maltreatment and juvenile delinquency. Cbildren's Voices, 10(2), 8-12,

Winter, M. M., & McDonald, D. S. (1997). Parents as Teachers: Investing in good beginnings for children. In G. W. Albee & T. P. Gullotta (Eds.), Primary prevention works (pp. 119-145). Thousand Oaks, CA: Sage.

Winton, M. A., & Mara, B. A. (2001). Child abuse and neglect: Multidisciplinary approaches. Boston: Allyn & Bacon.

Wisely, S. (1998, Winter). The pursuit of a virtuous people. Advancing Philanthropy, 14-20.

Wolf, A. W., Lozoff, B., Latz, S., & Paludetto, R. (1996). Parental theories in the management of young children's sleep in Japan, Italy, and the United States. In S. Harkness & C. M. Super (Eds.), Parents' cultural belief systems: Their origins, expressions, and consequences (pp. 364-384). New York: Guilford.

Wolfe, D. A. (1999). Child abuse: Implications for child development and psychopathology (2nd ed.). Thousand Oaks, CA: Sage.

Wolfgang, M. E., Figlio, R. M., & Sellin, T. (1972). Delinquency in a birth cohort. Chicago: University of Chicago Press.

Wozniak, R. H., & Fischer, K. W. (1993). Development in context: Acting ano thinking in specific environments. Hillsdale, NJ: Lawrence Erlbaum.

Wright, J. D., Rubin, B. A., & Devine, J. A. (1998). Beside the golden door: Policy, politics, and the homeless. New York: Aldine de Gruyter.

Wulczyn, F, H, (1998). Federal fiscal reform in child welfare services. Discussion paper, Chapin Hall Center for Children, University of Chicago.

Wyatt, E. (2000, August 29). Study finds higher test scores among blacks with vouchers. The New York Times, p. A10.

Yakovlev, P. I., & LeCours, A. R. (1967). The myelogenetic cycles of regional maternal depression. International Journal of Family Psychiatry, 1,

167-182.

Yarrow, L. J., MacTurk, R. H., Vietze, P. M., McCarthy, M. E., Klein, R. P., & McQuiston, S. (1984). Developmental course of parental stimulation and its relationship to mastery motivation during infancy. Developmental Psychology, 20, 492-503.

Yeh, C. J., & Huang, K. (1996). The collective nature of ethnic identity development among Asian-American college students. Adolescence, 31 (123), 645-661.

Yogman, M. W., Kindlon, D., & Earls, F. (1995). Father involvement and cognitive/ behavioral outcomes of preterm infants. Journal of the American Academy of Child Adolescent Psychiatry, 34, 58-66.

Yoshikawa, H. (1995). Long-term outcomes of early childhood programs on social outcomes and delinquency. The Future of Children, 5(3), 51-75.

Yoshikawa, H. (1999). Welfare dynamics, support services, mothers' earnings, and child cognitive development: Implications for contemporary welfare reform. Child Development, 70, 779-801.

Yoshikawa, H., & Knitzer, J. (1997). Lessons from the field: Head Start mental health, strategies to meet changing needs. New York: National Center for Children in Poverty and American Orthopsychiatric Association.

Young, N. K., Gardner, S. L., & Denis, K. (1998). Responding to alcohol and other drug problems in cbild welfare: Weaving together practice and policy. Washington, D. C.: Child Welfare League of America.

Yuste, R., & Sur, M. (1999). Development and plasticity of the cerebral cortex: From molecules to maps. Journal of Neurobiology, 41, 1-6.

Zaff, J. F., Blount, R. L., & Phillips, L. (1999, April). Coping in adolescence: A multi-ethnic, cross-situational approach. Poster presented at the Annual Conference of the Society for Research in Child Development, Albuquerque, NM.

Zahn-Waxler, C., & Smith, K. D. (1992). The development of prosocial behavior. In V. V. Hasselt & M. Herson (Eds.), Handbook of social development (pp. 229-256). New York: Plenum.

Zahn-Waxler, C., Robinson, J. L., & Emde, R. N. (1992). The development of empathy in twins. Developmental Psychology, 28, 1038-1047.

Zaslow, M., & Eldred, C. (1998). Parenting behavior in a sample of young mothers in poverty. New York: Manpower Demonstration Research Corporation.

Zaslow, M., Reidy, M., Moorehouse, M., Halle, T., Calkins, J., & Margie, N. (2001, June 14-15). Progress and prospects in the development of indicators of school readiness. Paper presented at conference, "Key Indicators of Child and Youth Well-Being: Completing the Picture," Bethesda, MD.

Zelazo, P. R., Kotelchuck, M., Barber, L., & David, J. (1977, April). Fathers and sons: An experimental facilitation of attachment behaviors. Paper presented at the meeting of the Society for Research in Child Development, New Orleans, LA.

Zigler, E. (1980). Welcoming a new journal. Journal of Applied Developmental Psychology, 1(1), 1-6.

Zigler, E. (1998). A place of value for applied and policy studies. Child Development, 69(2), 532-542.

Zigler, E. F., & Finn-Stevenson, M. (1999). Applied developmental psychology. In M. H. Bornstein & M. E. Lamb (Eds.), Developmental psycbology: An advanced textbook (4th ed.). Mahwah, NJ: Lawrence Erlbaum.

Zigler, E. F., & Styfco, S. (1993). Using research and theory to justify and inform Head Start expansion (Social Policy Report No. 7). Ann Arbor, MI: Society for Research in Child Development.

Zigler, E. F., & Styfco, S. (2001). Extended childhood intervention prepares children for school and beyond. Journal of the American Medical Association, 285, 2378-2380.

Zigler, E. F., Finn-Stevenson, M., & Stern, B. M. (1997). Supporting children and families in the schools: The school of the 21st century. American Journal of Orthopsychiatry, 67, 396-407.

Zigler, E., & Finn-Stevenson, M. (1992). Applied developmental psychology. In M. H. Bornstein & M. E. Lamb (Eds.), Developmental psychology: An advanced textbook (3rd ed., pp. 677-729). Hillsdale, NJ: Lawrence Erlbaum.

Zigler, E., & Hall, N. (2000). Child development and social policy. New York: McGraw-Hill.

Zigler, E., Kagan, S., & Hall, N. (1996). Children, families, and government: Preparing for the 21st century. Cambridge, England: University of Cambridge Press.

Zigler, E., Taussig, C., & Black, K. (1992). Early childhood intervention: A promising preventative for juvenile delinquency. American Psychologist, 47, 997-1006.

Zill, N., & Nord, C. (1994). Running in place: How American farmilies are faring in a changing economy and an individualistic society. Washington, DC: Child Trends.

Zimring, F. E. (1998). American youth violence. New York: Oxford University Press.

Zingraff, M. T., Leiter, J., Johnsen, M. C., & Meyers, K. A. (1994). The mediating effect of good school performance on the maltreatment-delinquency relationship.Journal of Research in Crime and Delinquency, 31, 62-91.

Zinn, M. B., & Eitzen, D. (1990). Diversity in families. New York: Harper & Row.

Zukow-Goldring, P. (2002). Sibling caregiving. In M. H. Bornstein (Ed.), Handbook of parenting: Vol. 3. Status and social conditions of parenting (2nd ed., pp. 253-286). Mahwah, NJ: Lawrence Erlbaum.

Zuniga, M. E. (1998). Families with Latino roots. In E. W. Lynch & M. J. Hanson (Eds.), Developing cross-cultural competence: A guide for working with children and their families. (2nd ed., pp. 209-250). Baltimore, MD: Brookes.